Mathematik - Medien - Bildung

Horst Hischer

Mathematik - Medien - Bildung

Medialitätsbewusstsein als Bildungsziel: Theorie und Beispiele

Unter Mitarbeit von Wolf-Rüdiger Wagner

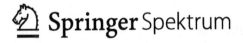 Springer Spektrum

Horst Hischer
Fakultät für Mathematik und Informatik
Universität des Saarlandes
Saarbrücken, Deutschland

ISBN 978-3-658-14166-0   ISBN 978-3-658-14167-7   (eBook)
DOI 10.1007/978-3-658-14167-7

Die Deutsche Nationalbibliothek verzeichnet diese Publikation in der Deutschen Nationalbibliografie; detaillierte
bibliografische Daten sind im Internet über http://dnb.d-nb.de abrufbar.

Springer Spektrum

Planung: Ulrike Schmickler-Hirzebruch

Gedruckt auf säurefreiem und chlorfrei gebleichtem Papier

Springer Spektrum ist Teil von Springer Nature
Die eingetragene Gesellschaft ist Springer Fachmedien Wiesbaden GmbH

Vorwort

Die 1970er Jahre brachten eine stürmische Entwicklung der Informatik als neuer Wissenschaft und zugleich damit neben technischen auch inhaltliche Möglichkeiten und Aspekte für den Mathematikunterricht und die Mathematikdidaktik. Erste elektronische Taschenrechner fanden den Weg in die Schule, dann auch programmierbare Taschenrechner und vereinzelt schon erste, noch teure Tischrechner wie z. B. WANG, und schon bald wurde das Verschwinden von Logarithmentafeln und Rechenschiebern aus dem Mathematikunterricht eingeläutet.

1978, nur drei Jahre nach Gründung der Gesellschaft für Didaktik der Mathematik e. V. (GDM), wurde der Arbeitskreis „Mathematikunterricht und Informatik in der GDM" gebildet, der sich zum Ziel setzte, die *„Auswirkungen der Informatik auf den Mathematikunterricht, die erkennbar sind und in Zukunft noch stärker in Erscheinung treten werden"*, zu untersuchen, und zwar *„unabhängig davon, in welchem Umfang Informatik selbst zum Unterrichtsgegenstand in unseren Schulen wird, da im Mathematikunterricht die methodischen und anwendungsorientierten Aspekte der Informatik gegenüber den inhaltlichen den Vorrang haben"*.

Auf die 1979 auf dem Markt erschienenen revolutionären Tischrechner Apple II und Commodore 8032 folgte eine beginnende, noch zaghafte Ausstattung der Schulen mit Computerarbeitsplätzen, was mit dem 1981 vorgestellten „PC" von IBM intensiver wurde. Es folgten erste Programmierkurse, die oft schon von engagierten Lehrkräften als „Informatik-Kurse" angeboten wurden, verbunden mit einer Diskussion in der Didaktik der Mathematik über die „richtige" bzw. „angemessene" Programmiersprache.

Einerseits führte all das zu einer bis heute anhaltenden Entwicklung von Konzepten zum *Einsatz des Computers im Mathematikunterricht*, was sich in einer Vielzahl von Aufsätzen und auch in mehreren Monographien niedergeschlagen hat.

Und andererseits entstand in der Schule das neue, zusätzlich angebotene Unterrichtsfach „Informatik", verbunden mit der immer wieder vor allem „von außen" erhobenen Forderung, nun auch Informatik zum Pflichtfach im Rahmen der Allgemeinbildung zu machen.

Rückblickend ist es nicht verwunderlich, dass bereits Anfang der 1980er Jahre gewissermaßen „vorausschauend" ein „Ruck" durch die Schullandschaft ging, begleitet und vor allem initiiert durch engagierte Plädoyers wie beispielsweise von dem Informatiker Klaus Haefner, die oft in der Forderung gipfelten, es sei nötig, diese neuen Geräte auch in Schule und Ausbildung flächendeckend zu etablieren. Solches Ansinnen stieß allerdings zunächst vielfach auf massive Vorbehalte oder gar auf große Widerstände – insbesondere auch in der Lehrerschaft –, zugleich aber wuchs das Bedürfnis nach einer vertieften *bildungstheoretischen Begründung* solcher manchmal nur als vordergründig „bildungspolitisch" empfundenen Forderungen. Grundsätzlich neu war mit Beginn dieser Phase, dass es plötzlich nicht mehr nur um den Mathematikunterricht und um den Informatikunterricht ging, sondern dass *zunehmend andere Fächer und dann sogar die Schule als Ganzes* in den Blick gerieten. Wie kam es dazu?

1983 führte die Evangelische Akademie Loccum die Tagung „Neue Technologien und Schule" durch, auf der mit Experten aus verschiedenen Bereichen wie Schule, Schulverwaltung, Wissenschaft, Politik, Gewerkschaft, Kirche und Wirtschaft erörtert wurde, ob und wie sich die Schule den durch die „Neuen Technologien" bedingten Herausforderungen stellen solle.

Schon 1984 verabschiedete dann die damals noch existierende „Bund-Länder-Kommission für Bildungsplanung und Forschungsförderung" (BLK) ein *Rahmenkonzept für die informationstechnische Bildung in Schule und Ausbildung*, das in den folgenden Jahren nahezu allen Bundesländern als Grundlage für von ihnen durchgeführte Modellversuche mit durchaus unterschiedlichen Akzentuierungen diente.

So startete z. B. in Niedersachsen 1984 – basierend auf den Ergebnissen der erwähnten Loccumer Tagung [1] – das gleichnamige Projekt „Neue Technologien und Schule" mit dem Ziel der Entwicklung von Unterrichtsbeispielen für die *thematische Behandlung* der „Neuen Technologien". Die zu erarbeitenden Beispiele sollten die Aspekte „Lerninhalt", „Werkzeug" und „Medium" berücksichtigen – und zwar fachspezifisch *nahezu alle Fächer* betreffend. Auf der Basis solcher Beispiele wurden parallel *allgemeine Ziele einer informations- und kommunikationstechnologischen Bildung* entwickelt, die einen künftig wichtig erscheinenden Aspekt von Allgemeinbildung beschreiben sollten, um den Fächern im Kontext dieser „Neuen Technologien" damit didaktische Anregungen und Hilfen bieten zu können.

Dadurch ist der nahezu alle Fächer umfassende *integrative Ansatz* gekennzeichnet, wie er ähnlich auch in Nordrhein-Westfalen verfolgt wurde. Diese beiden Konzepte stellten allerdings *nicht* den *Computereinsatz im Unterricht* in den Vordergrund (s. o.), und sie setzten sich deutlich von der zugleich in anderen Bundesländern propagierten „informationstechnischen Grundbildung" (ITG) ab, bei der es – wie schon der Name suggeriert – vorrangig um nur „technische" Aspekte ging, für deren Vermittlung dann insbesondere „Leitfächer" wie Mathematik und Informatik vorgeschlagen wurden.

1987 verabschiedete die BLK das *Gesamtkonzept für die Informationstechnische Bildung* mit empfehlenden Rahmenbedingungen für die Bundesländer, und hier wurde bereits erstmals explizit auch die *Medienerziehung* aufgeführt: [2]

> Der Umgang mit dem Computer und anderen neuen Informations- und Kommunikationstechniken stellt *Anforderungen an die Medienerziehung*, die über die bisher geübte Praxis im Bereich der klassischen audiovisuellen Medien hinausgehen.
>
> [...] *Medienkunde* [...] und die *darauf aufbauende*
> *Medienerziehung* können in unterschiedlichsten Situationen Bestandteil des Unterrichtsangebots in vielen Fächern sein. Es *bedarf* daher *keines eigenen Unterrichtsfaches.*

Es ist zu betonen, dass hier kein neues Fach wie etwa „Medienerziehung" gefordert wurde.

---

[1]   Siehe [Evangelische Akademie 1983].
[2]   [Bund-Länder-Kommission 1987, 29]; Hervorhebungen nicht im Original.

Daneben gab es aber weiterhin starke Bestrebungen seitens der Wissenschaft Informatik gegen eine solche fachübergreifende Behandlung der letztlich von ihr selbst verursachten nicht nur technischen, sondern auch gesellschaftlichen Fragen und Probleme, die mit dem Computer zusammenhängen. So wurde etwa vom „Fakultätentag Informatik" 1993 gefordert, Informatik als obligatorisches Fach in der Sekundarstufe II einzurichten. Dem wurde allerdings seitens einer Stellungnahme der GDM widersprochen, die mit dem Fazit endete: [3]

> Die dargelegten Argumentationen bezüglich allgemeinbildender Aspekte von informatischen Themen und Inhalten führen unseres Erachtens nicht zu Begründungen für ein obligatorisches Fach Informatik in der Sekundarstufe II, wohl aber zu der Forderung, daß informations- und kommunikationstechnologische Themen und Inhalte
>
> - fachbezogen prinzipiell *auch* in alle Fächer der Sekundarstufe II (und nicht nur der Sekundarstufe I) integriert werden sollen *und*
>
> - fachbezogen Gegenstand prinzipiell jeder Lehrerausbildung für die Sekundarstufen I *und* II sein sollen.

In den 1990er Jahren entwickelte sich der Computer rasant von einem ursprünglich nur der *Informationsverarbeitung* dienenden Gerät zu einem *technischen Kommunikationsmedium*, wie es bereits im Konzept der „informations- und kommunikationstechnologischen Bildung" der 1980er Jahre weitblickend angedacht war, begünstigt durch das 1989 erfundene und sich dann rasant entwickelnde World Wide Web – all das in Verbindung mit sowohl zunehmendem Preisverfall als auch gleichzeitigem Leistungszuwachs der Hard- und Software, so dass von da an der unaufhaltsame und so wohl kaum geahnte Aufstieg „des Computers" zu einem Gerät für jedermann und jedefrau begann.

Damit schwanden so manche Vorbehalte gegen eine Einbeziehung des Computers in den Unterricht, und er etablierte sich dann auch zunehmend in der Lehrerbildung der ersten und zweiten Phase. Im Mathematikunterricht und in der Mathematikdidaktik wurde er weiterhin fast nur unter dem Aspekt eines ggf. nützlichen und leistungsfähigen neuen Werkzeugs für Berechnungen und Visualisierungen betrachtet, mit denen Tafelwerke und Rechenschieber als bis dahin unverzichtbare Werkzeuge (endlich!?) abgelöst werden konnten, und es bildete sich mancherorts schnell die Meinung, dass nunmehr auch die „Kurvendiskussionen" alten Stils obsolet geworden seien.

Ab Mitte der 1990er Jahre entwickelte ich in dem von mir geleiteten Studienseminar mit allen Beteiligten ein „Integrative Medienpädagogik" genanntes fachübergreifendes Konzept (einer von Wolf-Rüdiger Wagner 1992 eingeführten Bezeichnung), das bezüglich der *Neuen Medien* auf dem „integrativen Ansatz" von 1984 basierte. Hiermit sollten die von Ludwig Issing so genannten Teilaspekte *Mediendidaktik*, *Medienkunde* und *Medienerziehung* beispielhaft für die einzelnen Fächer konkretisiert werden. Dieses Konzept wurde 1999 auf der CeBIT in Hannover vorgestellt.

---

[3]   Vgl. [Bruns et al. 1994].

Mit der 2002 erschienenen Monographie „Mathematikunterricht und Neue Medien" wollte ich daran anknüpfend darlegen, dass die *Neuen Medien* im allgemeinbildenden Unterricht, und damit dann auch speziell im Mathematikunterricht, eine umfassendere Rolle als nur die eines nützlichen Werkzeugs spielen müssen, indem sie auch Unterrichtsgegenstand werden. Dazu wurden in Verbindung mit der historischen Genese vielfältiger Konzepte vor allem bildungstheoretische Grundlagen entfaltet, und diese wurden durch erste Beispiele konkretisiert.

Doch die Entwicklung ging weiter: Einerseits sollte zu diesem Buch ein zweiter Teil mit vielfältigen Beispielen folgen, und andererseits entstand in den letzten Jahren aus der fachübergreifenden Medienpädagogik heraus ein neues Konzept unter der zwar prägnanten, aber auch blumigen und vieldeutigen Bezeichnung „Medienbildung", das dann bereits 2012 von der *Ständigen Konferenz der Kultusminister der Länder* („Kultusminister-Konferenz", KMK) in eine Empfehlung zu *„Medienbildung in der Schule"* gegossen worden ist.

Das war für mich Anlass zu einer grundlegenden Überarbeitung und Erweiterung meiner bisherigen Darstellungen. Die Vorbereitung zu einem Vortrag über „Medien und Vernetzung" bot für mich die Gelegenheit zu einer vertieften didaktischen Analyse des Themas und führte 2010 zu der Monographie *„Was sind und was sollen Medien, Netze und Vernetzungen?"*. Hier konnte ich nicht nur die Bildungsbedeutsamkeit von „Medien" differenzierter darstellen, sondern auch das didaktische Potential von „Vernetzung" analysieren, was alles in die geplante Neubearbeitung von „Mathematikunterricht und Neue Medien" Eingang finden sollte.

Als mir dann 2013 das neue Buch von Wolf-Rüdiger Wagner mit dem Titel *„Bildungsziel Medialitätsbewusstsein. Einladung zum Perspektivwechsel in der Medienbildung"* in die Hände fiel, wurde mir schlagartig klar, dass „Medialitätsbewusstsein" die Umschreibung für das ist, was mir zunehmend seit Mitte der 1980er Jahre vorschwebte – dass aber vor allem damit zugleich das Wesentliche knapp erfasst wird. Das war der Startschuss für die völlige Neukonzeption des hier nunmehr vorliegenden neuen Buches, wobei ich Wolf-Rüdiger Wagner bat, ein entsprechendes Kapitel beizusteuern.

Insbesondere zeigt die mit der Monographie von 2010 beginnende neue Analyse, dass der *Medienbegriff im Kontext von Bildung und Didaktik viel weiter zu fassen ist als bisher* und insbesondere über die „Neuen Medien" als nur „technischen Medien" hinausgehen muss! Wagners Hinweis auf eine Quellenangabe bei dem großen Naturforscher Alexander von Humboldt öffnete für mich sofort eine völlig neue Perspektive:

Nicht nur der „Infinitesimalkalkül" ist gemäß von Humboldt ein „neues Organ" und im Sinne von Wagners sog. „Organmethapher" ein „Werkzeug zur Weltaneignung" – somit also ein „Medium" (sic!) –, sondern auch viele Gebiete der Mathematik und schließlich sogar die Mathematik selber sind „Medien", weil sie nämlich eine besondere *„Sichtweise" auf die Welt* ermöglichen! Vor allem zielt gemäß Wagner die *Vermittlung von Medialitätsbewusstsein* auf die bildungsbedeutsame Einsicht, dass Medien nie die „Wirklichkeit" liefern können, sondern nur je *medienspezifisch konstruierte und inszenierte Wirklichkeitsausschnitte*, und das gilt dann auch für die Mathematik.

- *Neue Medien waren also zwar ein Anlass für dieses neue, durch „Medialitätsbewusstsein" gekennzeichnete Konzept, aber dieses erweiterte Konzept reicht nun weit darüber hinaus!*

Damit ist das *Ziel dieser Monographie* umrissen:

„Vermittlung von Medialitätsbewusstsein" soll **als bildungstheoretischer Aspekt** entfaltet und dann anhand vielfältiger Beispiele verdeutlicht werden. Das zeigt sich in der Struktur des vorliegenden Buches:

Kapitel 1 ist zunächst eine übersichtsartige *Einleitung* mit einer kurzen Darstellung des hier betrachteten Zusammenhangs zwischen *Mathematik, Medien, Bildung* und *Medienbildung.*

- Im folgenden **ersten Teil** werden in drei Kapiteln *theoretische Grundlagen* entfaltet:

In **Kapitel 2** werden Zusammenhänge sowohl zwischen *Bildung und Allgemeinbildung* als auch zwischen *Mathematikunterricht und Allgemeinbildung* erörtert. Es wird auf die Beziehung zwischen *Technik und Technologie* eingegangen, das Verhältnis zwischen *Didaktik und Methodik* wird erörtert, und das führt zur Festlegung, *Methodik als Teil der Didaktik* zu verstehen. Der aktuell inflationär benutzte Terminus *Kompetenz* wird essayartig hinterfragt, und am Schluss wird (nur kurz) der problematische, aber wichtige Terminus *Wissen* gestreift.

Kapitel 3 widmet sich einer Analyse von *Medien im didaktischen Kontext,* die durch mehrere „mediale Aspekte" gekennzeichnet sind und dann wie folgt zusammengefasst werden: *In und mit Medien setzt der lernende und erkennende Mensch seine Welt und sich selbst in Szene.* Es wird zwischen *Medien in enger Auffassung* und *Medien in weiter Auffassung* unterschieden, wobei *technische Medien* und speziell *Neue Medien* zur engen Auffassung gehören. Die Rolle von Medien im Unterricht als Werkzeug oder Hilfsmittel wird angesprochen.

Als für dieses Buch grundlegend wird definiert, was hier unter *Medienpädagogik* zu verstehen ist. Dabei wird die auf Ludwig Issing zurückgehende „klassische" Aufteilung in die Teilbereiche „Mediendidaktik, Medienkunde und Medienerziehung" aufgrund eigener neuer Einsichten (wohl erstmals) ersetzt durch die weitaus treffendere Trias *„Medienmethodik, Medienkunde* und *Medienreflexion".* Das ist einerseits der umfassenden Auffassung von „Methodik als Teil der Didaktik" (s. o.) geschuldet, und andererseits ist leider „Erziehung" oft negativ konnotiert, und inhaltlich geht es hier tatsächlich vor allem um „Reflexion".

In **Kapitel 4** verdeutlicht Wolf-Rüdiger Wagner anhand vielfältiger (auch historischer) Beispiele – vor allem jenseits der Mathematik –, was mit „Medialität" und „Medialitätsbewusstsein" gemeint ist und inwiefern hier auch die Allgemeinbildung angesprochen ist, was sich im Untertitel des Buches *„Medialitätsbewusstsein als Bildungsziel"* niederschlägt und was – wie schon erwähnt – bedeutet, dass jegliche Medien nie die Wirklichkeit liefern können, sondern nur *medienspezifisch konstruierte und inszenierte Wirklichkeitsausschnitte.* Gerade das macht also „Medialität" aus.

- Im **zweiten Teil** werden vier recht unterschiedliche *Beispielgruppen* angesprochen:

Kapitel 5 stellt dazu vorab eine geraffte Zusammenfassung des ersten Teils als Basis für diese Beispielgruppen dar.

Kapitel 6 widmet sich zunächst den *Neuen Medien* mit wesentlichen Beispielen, auch mit Berücksichtigung historischer Aspekte ihrer Entstehung, weil die Neuen Medien *Anlass* für die Entwicklung des hier vorgelegten Konzepts von „Medienbildung" sind (s. o.).

In **Kapitel 7** wird mit einem historischen Streifzug von den Babyloniern bis heute belegt, dass *Funktionen* in unterschiedlicher Weise als Medien aufgefasst werden können. Gegenüber früheren Darstellungen von mir zu historischen Aspekten von Funktionen ist diese umfangreicher und vor allem stets erläuternd in Bezug auf die jeweiligen *medialen Aspekte*: Einerseits begegnen uns Funktionen als Medien, andererseits werden Funktionen oft durch Medien dargestellt, und darüber hinaus begegnen uns manche Medien als Funktionen.

Kapitel 8 mag in diesem Kontext verwundern, aber es soll hiermit deutlich werden, dass eine Analyse der *klassischen Probleme der Antike* exemplarisch verdeutlichen kann, dass die *Mathematik auch als Medium* im Sinne eines „Werkzeugs zur Weltaneignung" auftritt: Denn je nachdem, ob man den Standpunkt einer *praktischen Geometrie* oder einer *theoretischen Geometrie* einnimmt, ergeben sich *unterschiedliche Sichtweisen und Antworten* in Bezug auf die Lösbarkeit eines (geometrischen) Problems (was eine Verallgemeinerung nahelegt).

In **Kapitel 9** werden *weitere mediale Aspekte* der Mathematik behandelt: *Visualisierungen; historische Werkzeuge; formale Aspekte* wie z. B. Variablen, Algorithmen, Kalküle, Axiome und Modelle; ferner (wenn auch nur andeutungsweise) das Verhältnis von *Mathematik, Sprache und Logik*. Stets soll auch mit dieser Beispielauswahl deutlich werden, dass die Mathematik zu eigenen, besonderen medialen Sichtweisen auf die Welt führt, also zu *medienspezifisch konstruierten und inszenierten Wirklichkeitsausschnitten*, die sich grundsätzlich von anderen medialen Zugängen wie z. B. mittels Literatur oder Dichtung unterscheiden.

Kapitel 10 widmet sich der *Vernetzung*, einer oft undefiniert benutzten Bezeichnung, die sich gleichwohl auch in der Mathematikdidaktik zunehmender Beliebtheit bei der Beschreibung von Unterrichtszielen und Bildungskonzepten erfreut. Über zwei Einstiegsbeispiele zu „Kleinen Welten", die zugleich dem elementaren Modellieren einer realen Situation dienen, erfolgt eine Begriffsanalyse, und es zeigt sich schließlich, dass auch *Vernetzung ein Medium zur Weltaneignung* ist und also bedeutsam für Medialitätsbewusstsein ist.

Ich danke Dr. Wolf-Rüdiger Wagner für seinen grundlegenden Beitrag zu diesem Buch, für die konstruktive und anregende Kommunikation im Entstehungsprozess und auch für die kritische Durchsicht vieler Teile. Den im Abbildungsverzeichnis genannten Bibliotheken danke ich für die freundliche Genehmigung zur Verwendung ihrer Digitalisate als Abbildungen in diesem Buch. Und Ulrike Schmickler-Hirzebruch und Barbara Gerlach vom Verlag Springer Spektrum danke ich schließlich für die wieder sehr gute und hilfreiche Zusammenarbeit bis hin zur Fertigstellung dieses Buches.

Horst Hischer, im April 2016

Inhalt

Teil II: Beispiele

1 Einleitung:
Mathematik, Medien, Bildung – Medienbildung?

Dass „Mathematik" – diese älteste Wissenschaft der Welt – etwas mit „Bildung" zu tun hat bzw. haben soll oder gar muss, scheint keiner Begründung oder Erläuterung zu bedürfen – oder vielleicht doch? Aber dann in diesem Zusammenhang auch noch „Medien" zu nennen – und zwar zentral eingebettet zwischen *„Mathematik"* und *„Bildung":* Das mag befremdlich oder zumindest abwegig (oder gar abstoßend?) wirken. Insbesondere scheint das Thema *„Mathematik und Medien"* keines Forums für eine seriöse Erörterung würdig zu sein. Klar, dass dann der durch die Bildungslandschaft geisternde Terminus „Medienbildung" – gelinde formuliert – erst recht keine Begeisterung in der Community zu wecken vermag, ist man doch dort bereits mit *Bildungsstandards, Kerncurricula, Kompetenzen* usw. hinreichend beglückt worden. Und für „Medienbildung" und „Medien" sind doch allenfalls „weiche" Schulfächer wie Deutsch oder Sozialkunde bzw. Politik zuständig, nicht aber solch „harte" Fächer wie die Naturwissenschaften und – insbesondere natürlich auch nicht Mathematik! Und das gilt sowieso schon (wie man ebenfalls meinen mag) seit langem für die „Medienpädagogik", der sich ja nun glücklicherweise weder die Naturwissenschaften noch die Mathematik und die Informatik in den allgemeinbildenden (sic! – „allgemeinbildenden" und nicht „allgemein bildenden"!) Schulen widmen mussten. Dagegen sei doch klar – wird man vielleicht einwenden – dass der „Computereinsatz im Unterricht", wenn überhaupt, nur bei diesen Fächern zu verorten und zu behandeln sei. – Dies war zumindest die seit den 1970er Jahren zunächst vorherrschende Haltung in der Schule, insbesondere auch in der Didaktik der Mathematik. Doch spätestens seit Beginn der Jahrtausendwende ist dieser „Computereinsatz im Unterricht" nun keine Domäne der MINT-Fächer [4] mehr, denn Computer haben sich bezüglich Anwendungsbreite und technischer Vielfalt zu einem Gebrauchsgegenstand für jedermann und jedefrau entwickelt.

Aber wozu dann noch „Medienbildung" oder Ähnliches, wenn der Umgang mit solchen „neuartigen Medien" nunmehr für nahezu alle Altersgruppen selbstverständlich geworden ist? Dazu seien überblicksweise einige Anmerkungen aus verschiedenen Perspektiven gemacht:

Zunächst verweist der Terminus „Medienbildung" auf „Medien" und auf „Bildung" und also auf einem Zusammenhang zwischen diesen beiden so bezeichneten Bereichen – jedoch:

* *„Medien" sind mehr als „Computer":* Zwar zählt man Computer und damit zusammenhängende Geräte zu „Medien" (genauer: zu „Neuen Medien" bzw. „digitalen Medien"), jedoch fallen auch viele andere „technische Geräte" unter die Kategorie „Medien", ferner gehören nicht nur „Geräte" dazu, denn auch Druckwerke wie Bücher und Zeitschriften und das Fernsehen sind „Medien" – und die Liste ist damit noch lange nicht abgeschlossen!

---

[4] MINT steht für: Mathematik, Informatik, Naturwissenschaften und Technik.

Somit ist zu klären, welche „Medien" in welcher Weise als „bildungsrelevant" anzusehen sind (Kapitel 3), was eine Besinnung in Bezug auf „Bildung" und „Allgemeinbildung" erfordert (Kapitel 2).

- *Bildung:* Erst eine Verständigung darauf, was „Bildung" sein könnte oder sein soll, macht es möglich, über die „Bildungsrelevanz" – welcher Medien auch immer – zu befinden, und dazu gehört auch „Allgemeinbildung". Jedoch: „Bildung" ist nicht mit „Belesenheit" oder „Redegewandtheit" zu verwechseln, und „Allgemeinbildung" ist nicht dasselbe wie „Allgemeinwissen" (auch wenn Letzteres für gutes Abschneiden beim Fernsehquiz nützlich ist). Ferner: Man ist nicht nur „gebildet" (Zustand), sondern man „bildet sich" (Prozess).

- *Computereinsatz:* Ein gekonnter Umgang mit dem Computer im Unterricht (Textbearbeitung, Tabellenkalkulation, Programmieren, Bildbearbeitung, Recherche im WWW, ...) mag zwar ein Anzeichen für eine gute Ausbildung oder cleveren, geschickten Umgang mit solchen „Medien" sein, jedoch ist das allein noch *kein Kennzeichen für Medienbildung.*

- *Medienbildung*: Mit dieser Bezeichnung ist programmatisch ein *Aspekt von Allgemeinbildung* gemeint, der prinzipiell alle Fächer in je spezifischer Weise als fachimmanentes Anliegen betrifft, indem im Unterricht deutlich wird, dass Medien – als Vermittler! – uns nie die „Wirklichkeit" liefern (können), sondern stets nur *medienspezifisch konstruierte und inszenierte Wirklichkeitsausschnitte:* [5] Das führt zur *Entwicklung von Medialitätsbewusstsein* [5] als einem Ziel von Medienbildung und damit auch von Allgemeinbildung.

- *Integrative Medienpädagogik:* [6] Eine solche Entwicklung von Medialitätsbewusstsein kann aber *nicht nur reflektierend* erreicht werden, sondern sie muss *auch handelnd* erfolgen: Hierzu sind gewisse Medien aus methodischen Gründen im Unterricht als sinnvolle *Unterrichtsmittel* einzusetzen, aber sie müssen auch inhaltlich als *Unterrichtsgegenstand* thematisiert werden. So erweist sich Medienbildung als „Integrative Medienpädagogik", denn *es geht dann* (integrativ für nahezu alle Fächer, wenn auch je fachspezifisch) ...

  ...*medienmethodisch* [7] um den *Einsatz* (nicht nur technischer!) Medien als nützlichen Werkzeugen oder Hilfsmitteln zur Erreichung fachspezifischer oder fachübergreifender Ziele,

  ...*medienkundlich* um die *Untersuchung* solcher Medien in angemessenem Umfang, um die *Prinzipien ihrer Strukturen* zu verstehen bzw. diese kennen zu lernen, Einblicke in ihre *historische Entwicklung* zu bekommen und ferner elementare Fähigkeiten zu ihrer *adäquaten Nutzung* auszubilden, und es geht schließlich

  ...*medienreflektierend* um eine kritische *Reflexion* der Bedeutung all solcher Medien für das Individuum und die Gesellschaft, was verantwortungsethische Aspekte einschließt.

---

[5]   Gemäß Wolf-Rüdiger Wagner in Kapitel 4.
[6]   Siehe Abschnitt 3.10.
[7]   Hierfür war bisher die Bezeichnung „mediendidaktisch" üblich, vgl. dazu S. 71 f.

Nun bleibt noch die Rolle der „Mathematik" in dem Tripel *„ Mathematik – Medien – Bildung"*
anzusprechen, die über den Bezug mit „Bildung" hinausgeht, d. h., es ist zu klären, welche
Zusammenhänge zwischen „Mathematik" und „Medien" im Kontext von „Bildung" bestehen.
Das setzt die bereits erwähnte Verständigung darüber voraus, was mit „Medien" gemeint ist. [8]
So wurden und werden in der Mathematik (seit ihren historischen Anfängen bei den Babylo-
niern und bei den Ägyptern) zur Erkenntnisgewinnung und zur Problemlösung stets unter-
schiedlichste „Medien" eingesetzt, seien es nun Keilschrifttafeln, Hieroglyphen, geometrische
Werkzeuge, Rechenhilfsmittel, numerische Tafelwerke, graphische Darstellungen und viele
andere mehr – und nun auch der Computer. Doch das ist kaum erwähnenswert, denn derartige
Medien gehören essentiell zur Mathematik. *Jedoch ist ein anderer Aspekt zu betonen:*

- *Mathematik ist ein Werkzeug zur Weltaneignung.* [9]

Da der Aspekt „Werkzeug zur Weltaneignung" typisch für „Medien im didaktischen Kontext"
ist, tritt dieses *„Werkzeug Mathematik"* also selber (auch!) *in der Rolle eines Mediums* auf.
Das gilt insbesondere für viele Begriffe oder Bereiche der Mathematik, etwa für *Funktionen*
oder für die *Analysis*. Per saldo bedeutet das:

- Zwischen *Mathematik, Medien und Bildung* besteht ein besonders inniges Verhältnis.

Dieses soll im Folgenden theoretisch entfaltet und an Beispielen verdeutlicht werden.

Medien wahrnehmen, wo man sie nicht vermutet!

Herzog August in der Herzog-August-Bibliothek zu Wolfenbüttel (Kupferstich von Conrad Bruno um 1650)

---

[8]   Siehe Kapitel 3.
[9]   Siehe dazu zunächst Abschnitt 3.3 und Kapitel 4, dann aber vor allem die Kapitel 7 bis 9.

Teil I: Theorie

2 Bildungstheoretische Grundlagen

2.1 Bildung und Allgemeinbildung

Bildung ist vor allem Selbstbildung und die
harmonische Entwicklung der ganzen Person.
Heiner Hastedt, 2012

2.1.1 Prolog: wider den Zeitgeist

Zur Präzisierung dessen, was unter „Medienbildung" verstanden werden kann oder gar soll, ist also eine Bezugnahme auf einen Begriff von „Bildung" erforderlich – doch auf welchen?

Der Terminus „Bildung" begegnet uns bereits im Alltagskontext in inhaltlich recht unterschiedlichen Zusammensetzungen wie z. B. in *Ausbildung, Einbildung, Abbildung, Nachbildung, Allgemeinbildung, Berufsbildung, Schulbildung, Lehrerbildung, Halbbildung, Scheinbildung* oder auch in *Herzensbildung*. So hat z. B. „Aus-Bildung" meist nichts mit „Ein-Bildung" zu tun (trotz des identischen grammatischen Aufbaus), und „Berufsbildung" ist zwar als eine „Bildung *für* einen Beruf" deutbar, aber Ähnliches gilt kaum für die anderen o. g. Bezeichnungen, denn etwa „Schulbildung" ist keineswegs im Sinne von „Bildung *für* die Schule" gemeint, obwohl manche Schülerinnen und Schüler das so empfinden mögen. Und ähnlich ist auch „Medienbildung" linguistisch etwas ganz anderes als „Modellbildung".

Nun ist es kaum hilfreich, zu fragen, ob z. B. „Medienbildung" eine Bildung *durch* oder *für* Medien ist (welche *Medien* sind hier eigentlich gemeint?), denn dieser Terminus entspringt nicht der Alltagssprache, sondern dem „bildungswissenschaftlichen Umfeld" und einem dort etablierten bzw. von dort aus propagierten Verständnis von „Bildung". Auch ein Blick auf die sog. „Bildungsstandards" führt nicht weiter: So liegen die *inhaltlichen Wurzeln* des Terminus „Medienbildung" in der vor-den-Bildungsstandards-Zeit bei der „Medienpädagogik" – doch vor allem konterkariert der Terminus „Bildungsstandard" den hehren Bildungsbegriff der *geisteswissenschaftlichen Pädagogik*, birgt doch diese Bezeichnung einen Widerspruch in sich, denn *Bildung* geht mit *Offenheit* und *Individualität* einher und kann somit nicht standardisiert werden – abgesehen davon, dass „Bildungsstandards" eigentlich nur „Leistungsstandards" sind, was sich auch in der „Output-Orientierung" dieses neuen „Bildungskonzepts" manifestiert.

Hierzu sei angemerkt, dass viele der seit Beginn dieses Jahrhunderts im Zusammenhang mit dem „PISA-Schock" entstandenen „Bildungsreformen" (wie schon in den 1960ern die „New Math") von der OECD initiiert, gefördert und begleitet wurden und werden, einer internationalen *Organisation für wirtschaftliche Zusammenarbeit*, was fatalerweise dazu führte, dass sich diese Bildungsreformen *ökonomischen Zielen* unterordnen. Bereits 1963 vermerkt Alexander Israel **Wittenberg** hierzu in seinem Buch „Bildung und Mathematik" bitter:[10]

---

[10] [Wittenberg 1990, XII]; in Abschnitt 2.2.2 wird Wittenbergs Allgemeinbildungskonzept angedeutet.

In Europa geht eine einflussreiche Entwicklung von einer von der O.E.C.D. organisierten Tagung aus, von der im folgenden noch die Rede sein wird. Der Einfluß rührt nicht zuletzt davon her, daß die O.E.C.D. Reformbestrebungen unterstützt, *wenn diese den von der Tagung aufgestellten Empfehlungen entsprechen.* Wie einseitig die Teilnehmer jener Tagung [...] ausgelesen waren, ist daraus ersichtlich, daß der Tagungsbericht, *New Thinking in School Mathematics,* im zusammenfassenden Schlußkapitel zu gleicher Zeit feststellen konnte: „Die Vorschläge ... sind revolutionärer Art" (was ohne Zweifel zutrifft), und: „Der Bericht zeigt große Einstimmigkeit betreffs der hauptsächlichen Vorschläge unter den Delegierten aus 17 Ländern." – Es überrascht kaum, daß die ganz anders gerichteten „revolutionären" Vorschläge und Stellungnahmen eines Martin WAGENSCHEIN – die, wie immer man sich zu ihnen stellen mag, jedenfalls zum Gewichtigsten gehören, was in den letzten Jahren über diese Fragen gedacht wurde – in keiner Zeile des Berichts erwogen werden.

Es ist wahrlich eine *Revolution,* Bildung in dieser Weise vordergründig in der Orientierung an ökonomischen Zielen „neu zu denken", aber diese Haltung passt zur derzeit in Gesellschaft und Politik verbreiteten utilitaristischen Denkweise, bei der (vorrangig!) nach dem (wirtschaftlichen!) *Nutzen* von Handlungen, Planungen und Projekten gefragt wird.

Nun soll hier nicht etwa einer Maxime der Nutzlosigkeit das Wort geredet werden, aber das Fatale an einer derartigen Haltung besteht darin, dass eine einseitige Betrachtungsweise erkennbar wird, bei der wesentliche andere Aspekte des Menschseins wie Kunst, Literatur und Musik zu den Verlierern zählen – und auch die Mathematik kann und darf seit ihren vorgeschichtlichen Anfängen *nicht auf nur (!) am „Nutzen" orientierte Aspekte* im Sinne der Frage „Wozu ist das gut?" oder eines oft propagierten sog. *Realitätsbezugs* reduziert werden.

So wird es im Kontext von *Mathematik, Medien* und *Bildung* nicht nur hilfreich, sondern sogar auch wichtig sein, im angemessenen Rahmen einen Blick darauf zu werfen, welcher *Aspektreichtum sich jenseits ökonomischer Interessen* möglicherweise mit der Bezeichnung „Bildung" verbindet. Deshalb sei eine kurze Reflexion des Bildungsbegriffs vorangestellt. [11]

2.1.2 Zur Genese des Bildungsbegriffs im deutschen Sprachraum

2.1.2.1 Vorbemerkung

Zu den wichtigen begrifflichen Bestimmungen von *Didaktik als Wissenschaft* gehört diejenige von *Didaktik als Theorie der Bildungsinhalte.* [12] Das erfordert eine Deutung von *Bildung* im *Kontext von Pädagogik und Didaktik.* Eine solche ist seit Ende der 1950er Jahre maßgeblich von dem Didaktiker und Bildungstheoretiker Wolfgang **Klafki** – dem zeitgenössischen Nestor der „geisteswissenschaftlichen Pädagogik" [13] – in Anknüpfung an große Vorgänger, zurückgehend vor allem bis auf Wilhelm **von Humboldt**, entwickelt worden – und zwar über das

---

[11] Zu den historischen Grundlagen von „Bildung" seit der Antike siehe z. B. [Hörner et al. 2008].
[12] [Kron 2000, 45 f.]; vgl. auch S. 34.
[13] Hierin zeigt sich ein eigentümlicher Zusammenhang zwischen Bildung, Erziehung und Pädagogik.

„Problem des Elementaren und die Theorie der kategorialen Bildung", [14] gipfelnd in dem sog.
Didaktischen Modell einer *„kritisch-konstruktiven Didaktik"*, [15] welches durch „Bildung als
Leitbegriff" gekennzeichnet ist, auf das Klafki seine Vorstellungen von „Allgemeinbildung"
in seinen *„Neuen Studien zur Bildungstheorie und Didaktik"* gründet. Nachfolgend seien einige Stationen zur Genese des Bildungsbegriffs im deutschen Sprachraum skizziert.

2.1.2.2   Die Phase zwischen 1770 und 1830

Klafki beginnt seine „Erste Studie" in dem o. g. Werk wie folgt: [16]

> Am Anfang eines Bandes, der Beiträge zur Entwicklung einer gegenwarts- und zukunftsorientierten
> Bildungskonzeption und zur Ausarbeitung einer bildungstheoretisch begründeten, kritisch-konstruk-
> tiven Didaktik enthält, ist es angebracht, jene Epoche philosophisch-pädagogischen Denkens – im
> Sinne kritischer Vergegenwärtigung – in Erinnerung zu rufen, in der der Bildungsbegriff und seine
> Auslegung als „Allgemeine Bildung" erstmalig in der Theorie- und Realgeschichte der Pädagogik
> zu einem Zentralbegriff pädagogischer Reflexion wurde: Es ist der Zeitraum zwischen etwa 1770
> und 1830, der philosophie-, literatur- und pädagogikgeschichtlich gewöhnlich als der in sich durch-
> aus spannungsreiche Zusammenhang von Spätaufklärung, philosophisch-pädagogischem Idealis-
> mus, deutscher literarischer Klassik, Neuhumanismus und mindestens Teilströmungen der Romantik
> umschrieben wird.

Dieser Zeitraum „zwischen etwa 1770 und 1830" ist zugleich etwa der Lebenszeitraum von
Wilhelm von Humboldt (1767 – 1845), dem bedeutenden preußischen Staatsmann, der sich
um das Bildungssystem verdient gemacht und z. B. die (später nach ihm benannte) „Berliner
Universität" gegründet hat. Klafki schreibt hierzu a. a. O. unter anderem:

> Die pädagogische Reflexion dieser Phase, in der der Bildungsbegriff aspektreich entfaltet wird, er-
> folgt weithin noch nicht im Rahmen einer selbständigen pädagogischen Disziplin, sondern sie ist
> verflochten in mehr oder minder umgreifende geschichts-, kultur-, kunst- und staatsphilosophische
> sowie anthropologische Erörterungen – so etwa bei Lessing und Wieland, Herder und Fichte, Schil-
> ler und weitgehend auch bei Humboldt –, oder sie erscheint – wie vor allem bei Goethe – als Thema
> dichterischer Gestaltung, autobiographischer Reflexion und des direkten oder brieflichen Gesprä-
> ches mit Zeitgenossen, oder sie ist – vor allem in Hegels Werk – integriertes Moment eines philoso-
> phischen Gesamtsystems. Bei Pestalozzi indessen, auch bei Kant und Herbart, Schleiermacher, Frö-
> bel und Diesterweg werden bildungstheoretische Reflexionen bereits vorwiegend innerhalb von Ar-
> gumentationszusammenhängen entfaltet, die von vornherein als spezifisch pädagogisch ausgewiesen
> sind, so jedoch, daß die Bezüge zu jenen vorher genannten, umfassenderen oder benachbarten Prob-
> lemkontexten gewahrt bleiben.

Die Nachhaltigkeit des sich in dieser Phase (innerhalb der Pädagogik) entfaltenden Bildungsbegriffs zeigt sich u. a. darin, dass sich das damit einhergehende (und hier nur andeutbare)
Bildungsverständnis schon bald darauf in maßgeblichen Enzyklopädien niedergeschlagen hat.

---

[14]   [Klafki 1959]
[15]   Dargestellt in den Auflagen von [Klafki 1985] bis [Klafki 2007].
[16]   [Klafki 2007, 15]

2.1.2.3   Zum Bildungsbegriff in klassischen Enzyklopädien

So wird z. B. in „Meyers Konversationslexikon" von 1894 (Band 2, S. 1034) ausgeführt: [17]

> **Bildung**, dem älteren Sprachgebrauch nur in der eigentlichen Bedeutung von (körperlicher) Gestaltung oder Gestalt (Bild) geläufig, wird in der neuern Sprachweise (seit J. Möser) vorwiegend im übertragenen Sinn der durch Erziehung und Unterricht bedingten geistigen Formierung des Menschen gebraucht. In dieser Anwendung ein bevorzugtes Schlagwort des Zeitalters, teilt es mit den meisten sogen. geflügelten Worten das Schicksal, daß sein Gepräge, wie bei einer abgegriffenen Münze, sich verwischt hat und sein Sinn vieldeutig geworden ist. Oft wird vergessen, daß zur wahren B. (Auswirkung, Ausprägung) des innern Menschen die B. sowohl des Verstandes als des Gemüts (d. h. des Gefühls und des Willens) gehört; oft wird ein äußerlich angenommener Schliff mit wirklicher B. verwechselt. Daß unter B. nicht nur die Thätigkeit des Bildens (Unterrichtens, Erziehens), sondern auch das Ergebnis dieser Thätigkeit verstanden werden kann, liegt in der Form des Wortes begründet. Kaum mit dem Ursinn des Wortes zu vereinigen ist die Unterscheidung zwischen materialer B. (Bereicherung oder Reichtum an Kenntnissen) und formaler B. (Befähigung zum Auffassen, Beurteilen, Darstellen), da eigentlich ausschließlich die letztere den Namen B. beanspruchen und die erstere nur als Hilfsmittel der B. angesehen werden kann; wogegen wieder mit Recht die allgemeine B. der Fachbildung, die harmonische der einseitigen, die gesunde B. der Verbildung, die abgeschlossene der Halbbildung gegenüber gestellt wird. Ganz entsprechend der zu Grunde liegenden Vorstellung des künstlerischen Bildens spricht man von verschiedenen Bildungsidealen und demnach von christlicher, patriotischer, nationaler, humaner, humanistischer oder gelehrter, realistischer B. Nach dem Bildungsgang endlich unterscheiden sich akademische und seminarische, Gymnasial- und Realschulbildung etc. Übrigens ist der ältere Sinn des Wortes durch diesen neuen pädagogischen übertragenen Gebrauch nicht völlig verdrängt. In den Naturwissenschaften z. B. findet es sich neben dem verwandten Wort »Gebilde« noch oft in jenem Sinn gebraucht (organische B., Mißbildung etc.).

Es ist hervorzuheben, dass in diesem enzyklopädischen Beitrag bereits auf die *Dichotomie von formaler und materialer Bildung* hingewiesen wird, die erst viel später durch Klafki über seine Synthese zur „kategorialen Bildung" aufgelöst wurde. [18]

Rund 60 Jahre später findet man dann im „Neuen Brockhaus" zum Thema „Bildung" u. a. Folgendes: [19]

> **Bildung** [...] der Vorgang geistiger Formung, auch die innere Gestalt, zu der der Mensch gelangen kann, wenn er seine Anlagen an den geistigen Gehalten seiner Lebenswelt entwickelt. Gebildet ist nicht, wer nur Kenntnisse besitzt und Praktiken beherrscht, sondern wer durch sein Wissen und Können teilhat am geistigen Leben; wer das Wertvolle erfaßt, wer Sinn hat für Würde des Menschen, wer Takt, Anstand, Ehrfurcht, Verständnis, Aufgeschlossenheit, Geschmack und Urteil erworben hat. Gebildet ist in einem Lebenskreis, wer den wertvollen Inhalt des dort überlieferten oder zugänglichen Geistes in eine persönlich verfügbare Form verwandelt hat.

---

[17] „Meyers Konversationslexikon" (insgesamt 21 Bände). Leipzig / Wien: Bibliographisches Institut.
[18] Betr. „kategoriale Bildung" vgl. S. 12.
[19] „Der Neue Brockhaus", Allbuch in fünf Bänden und einem Atlas. Wiesbaden: F. A. Brockhaus, Band 1, 1959, S. 287.

Bemerkenswert an diesem Brockhaus-Beitrag ist, dass hier *der zu Bildende als Subjekt* in den Vordergrund gerückt wird, wie es insbesondere in den Formulierungen „seine Anlagen" und „persönlich verfügbare Form" deutlich wird. Klafkis Arbeit setzt etwa zeitgleich hier an.

2.1.2.4 „Bildung" als Prozess der Entwicklung der Bildsamkeit

Klafki greift in seiner *Theorie der kritisch-konstruktiven Didaktik* auf dieses Konzept der „Bildsamkeit" zurück, das Friedrich W. **Kron** kurz erläutert: [20]

> Die bildungstheoretische Bestimmung didaktischen Handelns ist nicht aus einem archimedischen Punkt abgeleitet, sondern sie entspringt aus einer Paradoxie. Diese wurde bereits von Herbart [...] beschrieben, und sie hat auch in der Gegenwart noch Geltung. Sie ist einerseits dadurch gekennzeichnet, daß kulturelle Vermittlungsprozesse stets zielgerichtet und begründet sein müssen, daß ihnen aber andererseits in Erfahrung und Umgang, in Interesse und Gedankenkreis der Lernenden selbst eine individuelle Lebendigkeit entgegentritt, die sich den Arrangements nicht immer unterwirft, sondern diese auch durchbricht. Herbart hatte diese innere Lebendigkeit als Bildsamkeit [21] bezeichnet. In der Tradition der bildungstheoretischen Diskussion wird der Prozeß der Entwicklung der Bildsamkeit mit dem Begriff der Bildung belegt. [...]
>
> Die bildungstheoretische Diskussion hat zu der grundlegenden Einsicht geführt, daß der Mensch in einem lebendigen Verhältnis zur kulturellen Welt steht und diese sinnverstehend auslegt. In der systematischen Betrachtung dieses Grundphänomens erscheint dieses Verhältnis als ein Prozeß, in welchem dem Menschen eine zentrale Rolle zugesprochen wird. Der Mensch wird als jene produktive Stelle angesehen, in welcher die Dinge und Symbole der Welt verarbeitet und als kulturelle Leistungen wieder veräußert werden. Im Individuum kommen somit zwei Momente ins Spiel: die kulturellen Inhalte und die inneren Kräfte. In der Sprache der Bildungstheoretiker werden diese Momente als materialer und formaler Aspekt dieses Prozesses, der Prozeß selbst als Bildungsprozeß bezeichnet; denn in diesem Prozeß bringt der Mensch sich selbst und über sich selbst auch die Kultur hervor. Damit ist das Individuum in seinem Bildungsprozeß in das Zentrum pädagogischer und didaktischer Diskussionen und Forschungen gerückt.

Neben der Betonung des *Prozesses* – also dem *prozesshaften Charakter von Bildung* – ist aber zu beachten, dass dieser „Bildungsprozess" auch zu einem Ergebnis führt, nämlich einem *Produkt*, das ebenfalls mit „Bildung" bezeichnet wird, was bereits im ersten in Abschnitt 2.1.2.3 zitierten enzyklopädischen Beitrag mit der Formulierung *„Form des Wortes"* betont wird.

Die im letzten Zitat erwähnten „kulturellen Inhalte" machen den *materialen Aspekt* von Bildung aus, während die „inneren Kräfte" jedoch den *formalen Aspekt* betreffen – wobei beide Aspekte sowohl in „Bildung als Prozess" als auch in „Bildung als Produkt" auftreten.

In Klafkis mit „Bildung als Leitbegriff" gekennzeichnetem *Didaktischen Modell* führt dann diese „materiale Bildung" gemeinsam mit der „formalen Bildung" zur „kategorialen Bildung":

---

[20] [Kron 2000, 122]; Hervorhebungen nicht im Original.
[21] Man beachte in diesem Zusammenhang die Ausführungen zu „Medialitätsbewusstsein" in Kapitel 4.

2.1.2.5   Kategoriale Bildung als Dualismus, nicht aber als Dichotomie

Klafki widmet diesem Aspekt von „Bildung" sein erstes, 471 Seiten umfassendes Werk und greift damit die alte, ins 19. Jh. zurückgehende bereits angedeutete kontroverse Diskussion um die *Dichotomie von formaler und materialer Bildung* auf. [22] Kron schreibt dazu: [23]

> In der Auseinandersetzung mit der Tradition einerseits und der aktuellen Diskussion andererseits [...] entwickelt Klafki seine Kritik und seinen Neuansatz der „kategorialen Bildung". Zunächst weist er darauf hin, daß zwischen materialer und formaler Seite des Bildungsprozesses ein grundsätzlicher Verweisungszusammenhang bestehe, wie ihn das klassische Phänomen auch zeigt. Wenn dieser gesprengt wird, gerät eine materiale Bildung ins Abseits einer durch Bildungsinhalte angefüllten Instrumentalisierung des Bildungsprozesses; andererseits gerät die Ausuferung der formalen Bildung ins Extrem einer reinen Kräfte- und Fertigkeitsschulung. Bildung ist also als ein Ganzes zu sehen [...].
>
> Klafki bezeichnet nun diesen grundsätzlichen Verweisungszusammenhang der beiden Aspekte der Bildung in einem ganzheitlichen Konzept als „ *kategoriale Bildung* " [...]. Damit ist der Entwurf eines neuzeitlichen Bildungsbegriffs markiert. Aus der Optik der Subjekte, die in den Bildungsprozess eingelassen sind, realisiert sich die kategoriale Bildung als „doppelseitige Erschließung" der Individuen. [...] Kategoriale Bildung meint dem Worte nach, daß Menschen in der Lage sind, von der Welt begründete, d. h. durch Erkenntnis, geprüfte Aussagen zu machen. Diese Fähigkeit ist stets an Inhalte gebunden, die zur Aussage stehen. Formales und materiales Moment bilden damit eine Einheit, die auch den Bildungsprozeß ausmacht, in dem die Fähigkeit zur Aussage und die Aussage selbst gewonnen werden.

Damit wird implizit sowohl „formale" als auch „materiale" Bildung erläutert. So ist gemäß Klafki *kategoriale Bildung* nicht einfach nur ein Nebeneinander oder Miteinander von formaler und materialer Bildung (was Kron als „Verweisungszusammenhang" zitiert). Er schreibt dazu kämpferisch gegen die noch bestehende Dichotomie (die er „Dualismus" nennt): [24]

> Mit dieser Einsicht entfällt das Recht, weiter an dem üblichen Dualismus der Theorien „formaler" und „materialer" Bildung festzuhalten oder ihr Verhältnis im Sinne einer äußerlichen Verknüpfung oder Ergänzung („sowohl formale als auch materiale Bildung") zu bestimmen. In einer Theorie, die die Bildung als kategoriale Bildung im entwickelten Sinne versteht, sind Theorien formaler und die materialer Bildung in einer höheren Einheit aufgehoben. „Formale" und „materiale" Bildung bezeichnen nicht zwei als solche selbständige „Arten" oder Formen der Bildung. „Formal" und „material" deuten zwei Betrachtungsweisen des gleichen einheitlichen Phänomens an. Die Einheit des formalen und des materialen Momentes ist im B i l d u n g s e r l e b n i s unmittelbar erfahrbar.

---

[22]   [Klafki 1959]; Klafki behandelt die *kategoriale Bildung* innerhalb seiner „Zweiten Studie" von [Klafki 1963, 255 ff.] in einem eigenen Kapitel, vgl. dazu die Darstellung in [Kron 2000, 122 ff.]. Die überarbeitete Neufassung von [Klafki 1963] durch [Klafki 2007] enthält aber diese o. g. explizite „Zweite Studie" zur kategorialen Bildung nicht mehr.

[23]   [Kron 2000, 123]; unterstreichende Hervorhebungen nicht im Original. [Klafki 1959, 9] erwähnt ausdrücklich, dass Erich Lehmensick die Bezeichnung „kategoriale Bildung" 1926 in die Pädagogik eingeführt habe, wenn auch in anderem Sinn: als untergeordnet zu „formale Bildung".

[24]   [Klafki 1959, 259]; der von ihm kritisierte „Dualismus" ist eine „Dichotomie" (ein „entweder oder"), während er für ein „sowohl als auch" plädiert, was eher ein „Dualismus" ist (wie beispielsweise in der Physik der „Dualismus von Teilchen und Welle" beim Phänomen „Licht").

Kron weist vertiefend darauf hin, dass die *„didaktische Relevanz der Bildung"* im Prozess der *„doppelten Erschließung ihren Ursprung"* habe und führt dann mit Bezug auf Klafki aus: [25]

> Daher kann an einem besonderen Kulturgut auch der kulturelle Kosmos „begriffen" werden, in welchem das Einzelne seinen Sach- und Sinnzusammenhang hat. Das Einzelne steht als <u>pars pro toto</u>, als Teil für das Ganze, oder anders ausgedrückt: es steht <u>exemplarisch für das Allgemeine</u>, oder es repräsentiert einen strukturierten Sachzusammenhang. Damit kommt jedem Kulturgut, das auch Bildungsgut ist, ein wesentliches Merkmal zu. Dieses läßt sich als Verhältnis vom Einzelnen zum Ganzen begreifen […].

> Kultur- und Bildungsinhalte, die dieses Gütesiegel tragen, repräsentieren die Struktur des Allgemeinen im Einzelnen. Sie werden daher <u>das „Elementare"</u> genannt. Elementaria machen jene Unterrichtsinhalte aus, von denen erwartet werden kann, daß sie bei Schülern und Schülerinnen Bildungsprozesse auslösen. [26]

Dieses „**Elementare**" ist für Klafki durch *sieben Erscheinungsformen* gekennzeichnet: [27]

- das Fundamentale, das Exemplarische, das Typische, das Klassische, das Repräsentative, die einfachen Zweckformen, die einfachen ästhetischen Formen.

2.1.2.6 Klafki und „die Heimholung des Bildungsbegriffs"

Der Marburger Erziehungswissenschaftler Hans-Christoph **Berg** spricht 1988 von der *„zwanzigjährigen Aussperrung des zweihundertjährigen Bildungsbegriffs"*, schreibt in diesem Zusammenhang Klafki die „Heimholung des Bildungsbegriffs" zu und ergänzt u. a. mit Bezug auf den *Heidelberger Allgemeinbildungskongress* von 1986: [28]

> Eine *bildungslose Pädagogik* ist erst seit zwanzig Jahren Programm und Problem [...]. Ebenso geht es bei Heinrich Roth (1969) nicht um „Begabung und Bildung", sondern um „Begabung und Lernen" in diesem anderen maßgeblichen Gutachten des Deutschen Bildungsrats – dann in dessen „Strukturplan für das Bildungswesen" kein Kapitel über Bildung, sondern nur ein Kapitel über Lernen – war das überhaupt ein Deutscher Bildungsrat und nicht bloß ein Deutscher Lernrat? [...] dieses Kongreßthema „Allgemeinbildung" und Klafkis Plenarvortrag dazu halte ich für einen pädagogikgeschichtlich bedeutsamen Versuch zur Korrektur dieser Fehlentwicklung.

Klafki leitete nämlich 1985 mit seinen „Neuen Studien zur Bildungstheorie und Didaktik" eine *entscheidende Wende in der Didaktik* ein, die bis dahin verengt vor allem durch „Lernen als Leitbegriff" bzw. „Interaktion als Leitbegriff" gekennzeichnet war, verbunden mit der „Lernzielorientierung", die die Sprachregelung bis in die Lehrpläne bis heute dominiert (hat).

Jedoch ist nach der „Heimholung des Bildungsbegriffs" durch Klafki der von ihm beschriebene Bildungsbegriff durch die neuen *Bildungsstandards* verzerrt oder gar zerstört worden, denn wegen der „Output-Orientierung" sind es nur *Leistungsstandards*, und die für „Bildung" kennzeichnende *adressatenbezogene, individuelle Offenheit droht verloren zu gehen*.

---

[25] [Kron 2000, 123]; Hervorhebungen nicht im Original.
[26] Kron definiert „Kulturgut", „Bildungsgut", „Kulturinhalte" und „Bildungsinhalte" nicht.
[27] [Kron 2000, 123 f.]; dort werden diese Erscheinungsformen sinnfällig und ausführlich beschrieben.
[28] [Berg 1988, 20 – 21]; Hervorhebung nicht im Original.

2.1.3   Zum heutigen Verständnis von Allgemeinbildung

2.1.3.1   Die „doppelte Positionierung" der Didaktik der Mathematik

Über eine sinnvolle (Be-)Deutung von „Allgemeinbildung" ist im Zusammenhang mit „Bildung" in Pädagogik, Philosophie und Didaktik vor allem in den letzten zwei Jahrhunderten gerungen worden. Leider wird im Alltag – vor allem in den Massenmedien – „Allgemeinbildung" oft mit „Allgemeinwissen" identifiziert und damit dann zugleich „Bildung" (in einem engen *„materialen"* Verständnis gemäß 2.1.2.4 und 2.1.2.5) lediglich auf „Faktenwissen" reduziert.

Sowohl in der (fachübergreifenden) *Didaktik* [29] als auch in der *Didaktik der Mathematik* wurden in der zweiten Hälfte des 20. Jahrhunderts bemerkenswerte Vorschläge zu einem zeitgemäßen *wissenschaftlichen Verständnis von „Allgemeinbildung"* entwickelt.

Für den Mathematikunterricht sind dabei folgende zwei *in Frageform gekleidete Prozesse* hervorzuheben:

- *Welchen Beitrag vermag der Mathematikunterricht aus seinem (fachlichen) Selbstverständnis heraus zur Entwicklung eines Verständnisses von „Allgemeinbildung" zu leisten?*

- *Welche Aufgaben erwachsen dem Mathematikunterricht (wie anderen Fächern) daneben oder darüber hinaus aus einem fachübergreifenden Verständnis von „Allgemeinbildung"?*

Diese beiden Fragen beschreiben zwei wesentliche didaktische Entwicklungsprozesse, die miteinander verschränkt und als zeitlich nicht abgeschlossen zu sehen sind, und sie zeigen eine *doppelte Positionierung der Didaktik der Mathematik* bezüglich Allgemeinbildung.

2.1.3.2   Klafki: Allgemeinbildung in fachübergreifender Sicht

Für Klafki zeigt sich ein zeitgemäßes Verständnis von Allgemeinbildung unter anderem darin, dass *Bildung als Allgemeinbildung in dreifachem Sinn* zu bestimmen sei, was er drei „Bedeutungsmomente von Allgemeinbildung" nennt, an anderer Stelle auch „Dimensionen des Allgemeinbildungsbegriffs":

So erweist sich Allgemeinbildung für Klafki als *Bildung für alle*, als *Bildung im Medium des Allgemeinen* und ferner als *Bildung in allen Grunddimensionen menschlicher Interessen und Fähigkeiten*. Das durch diese (von ihm so bezeichneten) „drei Dimensionen" angedeutete didaktische Konzept hat merkwürdigerweise als „Kompetenzmodell Klafkis" Eingang in die Sekundärliteratur (und dann auch in die Bildungspolitik) gefunden, obwohl Klafki gar nicht von „Kompetenzen" spricht, sondern erfreulicherweise von „Fähigkeiten". [30]

Diese drei Dimensionen seien kurz erläutert:

---

[29] In dieser Monographie wird „Didaktik" stets gemäß [Kron 2000, 48] als das verstanden, was früher „Allgemeine Didaktik" in Abgrenzung zu „Fachdidaktik" genannt wurde; vgl. hierzu Abschnitt 2.3.

[30] Vgl. zu „Kompetenz" die Betrachtungen in Abschnitt 2.5 auf S. 35 ff.

- *Bildung für alle*

Für eine demokratisch verfasste Gesellschaftsordnung muss es selbstverständlich sein, dass „Bildung" im beschriebenen Sinn (also als Prozess und als Produkt) ein *Angebot an alle* ist und niemanden ausschließt. [31]

- *Bildung im Medium des Allgemeinen*

Klafki meint damit einen *verbindlichen Kern dessen, das alle gemeinsam angeht*. So schreibt er u. a. bezüglich „Bildung": [32]

> Sie muß [...] einen verbindlichen Kern des Gemeinsamen haben und insofern Bildung im Medium des Allgemeinen sein; [...] Allgemeinbildung muss verstanden werden als Aneignung der die Menschen gemeinsam angehenden Frage- und Problemstellungen ihrer geschichtlich gewordenen Gegenwart und der sich abzeichnenden Zukunft [...].

> Der Horizont, in dem dieses uns alle angehende Allgemeine bestimmt werden muß, [...] muß ein Welt-Horizont sein.

Statt *„im Medium des Allgemeinen"* kann man genauer *„im Medium des allen Gemeinen"* sagen und damit Klafkis Intention erfassen. Interessant ist, dass er jeweils von „Bildung im Medium ..." spricht: [33]

Denn damit erscheint hier das „allen Gemeine" – oder noch pointierter: das *„alle gemeinsam Angehende"* – als ein *Medium*, das als eine *vermittelnde Umgebung* aufzufassen ist – oder noch genauer: als Umgebung für den erkennenden und lernenden Menschen, derer sich alle Angesprochenen bewusst werden müssen, um diese von Klafki so genannten „Frage- und Problemstellungen" zu erfassen.

Hierfür wählt er an späterer Stelle die Bezeichnung „Schlüsselprobleme": [34]

> Meine Kernthese lautet: Allgemeinbildung bedeutet [...], ein geschichtlich vermitteltes Bewußtsein von zentralen Problemen der Gegenwart und [...] von der Zukunft zu gewinnen, Einsicht in die Mit-verantwortlichkeit aller angesichts solcher Probleme und Bereitschaft, an ihrer Bewältigung mitzu-wirken. Abkürzend kann man von der Konzentration auf epochaltypische Schlüsselprobleme unse-rer Gegenwart und der vermutlichen Zukunft sprechen.

Für solche „epochaltypischen Schlüsselprobleme" nennt Klafki u. a. die *Friedensfrage*, das *Umweltproblem*, die *gesellschaftlich produzierte Ungleichheit*, aber auch *Gefahren und Mög-lichkeiten der neuen Informations- und Kommunikationstechniken und -medien*. [35]

---

[31] Leider ist diese „Selbstverständlichkeit" auch im 21. Jh. noch längst nicht weltweit selbstverständlich – wobei diese Dimension nicht zwingend die Einrichtung von Gesamtschulen impliziert.

[32] [Klafki 2007, 53 f.]

[33] Vgl. die in Kapitel 3 beschriebenen Bedeutungen von Medien in didaktischer Sicht, dazu „im Medium von Kultur", „im Medium von Moral" und „im Medium der sozialen Interaktion" in Abschnitt 3.1.7.

[34] [Klafki 2007, 56]; „Schlüsselprobleme" sind nicht mit „Schlüsselqualifikationen" zu verwechseln!

[35] [Klafki 2007, 56 – 60]; weitere Erläuterungen zu Klafkis Konzept der Schlüsselprobleme z. B. bei [Hischer 2010, 201 – 204].

Zugleich warnt Klafki vor einer Verengung im Sinne von fixierten Themen und Lösungs-
wegen: [36]

> Mein Vorschlag, die Konzentration auf Schlüsselprobleme im umschriebenen Sinne als eines der
> inhaltlichen Zentren eines neuen Allgemeinbildungskonzepts anzuerkennen und die entsprechenden
> curricularen bzw. didaktischen Konsequenzen zu ziehen, setzt voraus, daß ein weitgehender Kon-
> sens über die gravierende Bedeutung solcher Schlüsselproblem diskursiv [...] erarbeitet werden
> kann, nicht aber, daß das auch hinsichtlich der Wege zur Lösung solcher Probleme von vornherein
> notwendig ist.

Und Klafki fährt ergänzend fort:

> [...] Zur bildenden Auseinandersetzung gehört zentral die – an exemplarischen Beispielen zu
> erarbeitende – Einsicht, daß und warum die Frage nach „Lösungen" der großen Gegenwarts-
> und Zukunftsprobleme verschiedene Antworten ermöglicht [...].

Diese „unterschiedlichen Wege zur Lösung" und die „verschiedenen Antworten auf die Frage
nach Lösungen" stehen in engem Zusammenhang mit *„Offenheit" im Unterricht* und mit
„Vernetzung" im pädagogisch-didaktischen Kontext. [37] Und so schreibt Klafki, dieses vertiefend: [38]

> Schließlich nenne ich noch eine weitere Bereitschaft und Fähigkeit von übergreifender Bedeutung.
> Man kann sie als „vernetzendes Denken" oder „Zusammenhangsdenken" bezeichnen. [39]

- *Bildung in allen Grunddimensionen menschlicher Interessen und Fähigkeiten*

Klafki beginnt seine Ausführungen hierzu wie folgt: [40]

> So notwendig nämlich einerseits die Konzentration auf Schlüsselprobleme ist, sie führt andererseits
> doch auch die Gefahr von Fixierungen, Blickverengung, mangelnder Offenheit mit sich. Überdies
> ist jene Konzentration auf Schlüsselprobleme mit Anspannungen, Belastungen, Anforderungen [...]
> verbunden, die nicht zuletzt auch für junge Menschen zur Überforderung [...] werden könnten, wenn
> sie die Bildungsprozesse ausschließlich bestimmen würden.

> Die Forderung nach Konzentration auf Schlüsselprobleme bedarf also der polaren Ergänzung durch
> eine Bildungsdimension, deren Inhalte und Lernformen [...] auf die Mehrdimensionalität menschli-
> cher Aktivität und Rezeptivität abzielen [...].

Allgemeinbildung muss also auch *vielseitige Bildung* sein, damit die Schülerinnen und Schüler sich als Individuen *mit eigenen Wünschen und Neigungen* erfahren können:
    „Bildung" stellt damit den Menschen als Individuum in den Vordergrund – einhergehend
mit Schülerorientierung und flexibler, „offener" Unterrichtsgestaltung.
    Das führt zum nächsten Abschnitt.

---

[36]   [Klafki 2007, 61]
[37]   Vgl. hierzu Kapitel 1 über „Vernetzung".
[38]   [Klafki 207, 63]
[39]   Man beachte, dass Klafki „vernetzendes Denken" und nicht etwa „vernetztes Denken" sagt! Auch hierzu sei auf
       Kapitel 10 über „Vernetzung" verwiesen.
[40]   [Klafki 2007, 69]; siehe hierzu auch die kommentierende Darstellung bei [Hischer 2010, 205 f.].

2.1.4   Offenheit und Unterrichtsziele vs. Lernziele

„Offene" Unterrichtsgestaltung spricht aber nicht gegen *Unterrichtsziele* bzw. *Bildungsziele*, die eine Orientierung pädagogischen Planens und Handelns ermöglichen und dafür auch nötig sind. Ein Plädoyer für „Offenheit" ist übrigens folgender Ausspruch, der Oliver **Cromwell** (1599 – 1658) nachgesagt wird:

> Ein Mann kommt am weitesten, wenn er nicht weiß, wohin er geht. [41]

Und die zur Offenheit konträre Position verdeutlicht Robert **Mager**, einer der Väter der sog. „Lernziele": [42]

> Wer nicht weiß, wohin er will, braucht sich nicht zu wundern, wenn er ganz woanders ankommt.

Die mit Magers Leitspruch verbundene Haltung zum Phänomen „Unterricht" hält sich bis heute vielfach als Argumentationshilfe. Sein Motto mag zwar mit „Bildungsstandards" und anderen früheren und aktuellen Normierungsbestrebungen verträglich sein, wohl aber kaum mit „Offenheit" und „Individualität".

Ergänzend sei angemerkt, dass der Terminus „Lernziel" seit Anfang der 1970er Jahre unkritisch und inflationär (noch immer) verwendet wird, was damals bereits der Erziehungswissenschaftler Karl-Josef **Klauer** (auch mir persönlich gegenüber) beklagte. Denn würden die Lehrpersonen Ziele *setzen*, so wären es *„Lehrziele"*. Hingegen können es (bei redlicher Wortwahl!) nur dann *„Lernziele"* sein, wenn sie von den Schülerinnen und Schülern selbstständig zumindest *gewählt* oder sogar *erarbeitet* worden wären. Günter **Jahn** schreibt dazu: [43]

> Die Ähnlichkeit von Lernzielformulierungen und militärischer Kommandosprache ist nicht zufällig. Horst Rumpf weist in seinem Aufsatz „Zweifel am Monopol des zweckrationalen Unterrichtsprinzips" (1971) auf das von Robert M. Gagné herausgegebene und für die Curriculumentwicklung folgenreiche Buch „Psychological Principles in System Development" (1962) hin. Dort beschreibt einer der Verfasser *„an einem exemplarischen Beispiel die Entwicklungsarbeit an einem effizienten Trainingskurs – er wird 'Curriculum' genannt":* das exemplarische Beispiel ist die Ausbildung von Panzerbesatzungen zu einem möglichst effektiven Endverhalten im Einsatz mit Hilfe von "operational objects", also von operationalisierbaren Lernzielen.

Diese „Wurzeln" des Lernzielkonzepts werden nachdenklich stimmen. Um „Offenheit" im Unterricht zu erreichen, müssten aber sowohl manche Ziele als auch Wege dorthin zumindest ein Stück weit „offen" – im Sinne von „noch unbestimmt" – sein bzw. bleiben oder gar erst „geöffnet" werden, indem sie sich erst im Laufe des als Prozess aufzufassenden Unterrichts entwickeln und verdichten – so wie beispielsweise in der professionellen Forschung, bei der sich erst während dieses Forschungsprozesses alternative Ziele und auch unterschiedliche Wege dorthin anbieten, um ausprobiert und verworfen oder weiter verfolgt zu werden.

---

[41]   Zitiert in [Hischer 2002 a, 187] und [Hischer 2010, 205].
[42]   Vgl. die durch „Lernen als Leitbegriff" gekennzeichneten „Didaktischen Modelle" (in [Kron 2000]).
[43]   Aus dem unveröffentlichten pikanten Vortragsmanuskript *„ Über den (Un-)Sinn von Lernzielen"* aus Mitte der 1970er Jahre von Dr. Günter Jahn (17 . 12. 1920 – 3. 9. 2015, ehemals Fachleiter für Deutsch am Studienseminar in Braunschweig), das er mir in den 1990er Jahren zur Verfügung stellte.

Werner **Jank** und Hilbert **Meyer** plädieren ganz im Sinne der o. g. Kritik von Günter Jahn anstelle von „Lernziel" für die umfassendere Bezeichnung „**Unterrichtsziel**", die auch nachfolgend stets verwendet wird: [44]

- Von einem „Lehrziel" sprechen wir immer dann, wenn dieses Ziel von Lehrenden bzw. ihren Ratgebern und Vorgesetzten formuliert worden ist.

- Von einem „Handlungsziel" sprechen wir, wenn Schüler bzw. andere Lernende sich selbst Ziele gesetzt haben, die ihr Handeln im Unterrichtsprozess leiten.

- Von „Unterrichtszielen" oder „Lehr-Lern-Zielen" sprechen wir, wenn beide Aspekte gemeint sind.

2.1.5   Inhalt, Thema, Unterrichtsinhalt, Bildungsinhalt und Bildungsgehalt

Seit Beginn dieses Kapitels war vielfach von „Inhalt" die Rede, auch in diversen Variationen wie *inhaltlich, Bildungsinhalt, kulturelle Inhalte, Kulturinhalte, Unterrichtsinhalt.* Doch was ist im Kontext von Bildung und Unterricht eigentlich ein „Inhalt"? Das scheint keiner Erörterung zu bedürfen, ja es scheint geradezu trivial und quasi selbstredend zu sein, findet man doch in fachbezogenen Lehrplänen oder Richtlinien in tabellarischer Angabe stets jahrgangsbezogen die Angabe der zu behandelnden „Inhalte", was jedermann und jedefrau sofort versteht. So schreibt Hilbert Meyer in seinen „UnterrichtsMethoden" kritisch: [45]

Wie wird das von den Schulen verwaltete Bildungswissen zum Unterrichtsinhalt? Über die Schulfächer und Bezugsdisziplinen, über Richtlinienvorgaben und Schulbücher, über Medien [46] und Anschauungsmaterialien wird ja nur vorsortiert und geordnet, was alles zum Unterrichtsinhalt werden *kann.* Was dann tatsächlich zum Unterrichtsinhalt *wird,* entscheidet sich in der Unterrichtsstunde selbst.

Und gemeinsam mit Werner Jank schreibt er präzisierend später: [47]

Es ist weithin üblich, den Inhalt einer Unterrichtsstunde als „Stoff" zu betrachten, der irgendwie aus den Lehrplänen und Schulbüchern in die Köpfe und Herzen der Schüler hineinsickert. Dies ist ein falsches Bild. Es ist aber gar nicht so einfach, theoretisch zu klären, was aus der Angabe von Stoffen einen Unterrichtsinhalt macht. Gerade am Inhaltsbegriff kann sehr gut deutlich gemacht werden, dass und wie die pädagogische Alltagssprache und die Wissenschaftssprache voneinander abweichen.

In beiden Werken wird dann das Problem dessen, was im pädagogischen Kontext unter einem „Inhalt" (nicht) zu verstehen ist, am Beispiel eines ausgestopften Modells eines Igels verdeutlicht, der im Biologieunterricht vorgestellt wird: Dieses „Igel" genannte Modell bzw. der im „Stoffplan" auftretende Name „Igel" ist keineswegs bereits ein „Inhalt" des Unterrichts, denn vielmehr entsteht der Inhalt erst im Unterrichtsprozess auf unterschiedliche Weise und zwar auch je individuell beim bzw. im Lernenden.

---

[44]   [Jank & Meyer 2002, 51 f.]; Hervorhebung nicht im Original.
[45]   [Meyer 1987, 80]
[46]   Der hier naiv und eingeengt verwendete Terminus „Medien" wird in Kapitel 3 analysiert und vertieft.
[47]   [Jank & Meyer 2002, 52]

Jank und Meyer plädieren daher dafür, zwischen „**Thema**" und „**Inhalt**" zu unterscheiden: [48]

- Das *Thema* wird von den Richtlinien, durch das Schulbuch, durch den Lehrer und/oder die Schüler vorgegeben. Es akzentuiert den Unterrichtsgegenstand im Blick auf die Zielstellung der Stunde.

- Der *Inhalt* wird durch das methodische Handeln des Lehrers und der Schüler erarbeitet. Er akzentuiert den Unterrichtsgegenstand im Blick auf den Unterrichtsprozess.

Der Unterrichtsinhalt ist mithin keine „Sache", die irgendwo außerhalb des Unterrichts existiert und vom Lehrer in das Klassenzimmer mitgebracht wird, sondern das Ergebnis eines Arbeitsprozesses.

Diese Auffassung wird auch in diesem Buch vertreten und wie folgt präzisiert: [48]

- **Unterrichtsinhalte** sind die am Unterrichtsthema bzw. -gegenstand gewonnenen, von Lehrerinnen und Lehrern und Schülerinnen und Schülern gemeinsam erzeugten Sinngebungen.

Bereits in seinen ersten „Studien zur Bildungstheorie und Didaktik" von 1963 verwendet Klafki im Zusammenhang mit der „kategorialen Bildung" [49] die schwierigen Termini „Bildungs*in*halt" und „Bildungs*ge*halt", die im vorliegenden Rahmen jedoch nicht erörtert und erst recht nicht vertieft werden können. Stattdessen sei hier diejenige Interpretation von Jank und Meyer zugrunde gelegt, die besagt, dass im Sinne des zitierten Begriffsverständnisses der „Bildungs*in*halt" dem „Unterrichtsthema" entspricht und dass weiterhin der „Bildungs*ge*halt" eng verwandt mit dem „Unterrichtsinhalt" ist. [48]

2.2   Mathematikunterricht und Allgemeinbildung

2.2.1   Zur Leitposition der wissenschaftlichen Didaktik der Mathematik

Lassen sich die Rolle, die Aufgaben und die Ziele des Mathematikunterrichts aus der zuständigen Fachwissenschaft heraus, also hier: aus der *Wissenschaft Mathematik* heraus begründen, bewerten und entwickeln?

Der Bildungstheoretiker und Didaktiker Wolfgang **Kramp** (1927–1983), früh verstorbener Kollege von Klafki in Marburg, der gemeinsam mit Klafki die *Bildungstheoretische Didaktik* geprägt hat, verneint diese Frage in seinem Artikel „Fachwissenschaft und Menschenbildung" *fachübergreifend* ganz entschieden mit der

- ***These**, daß sich verbindliche und praktikable Aussagen über Menschenbildung von den Fachwissenschaften her grundsätzlich überhaupt nicht gewinnen lassen.* [50]

Kramp führt dazu u. a. aus:

---

[48]   [Jank & Meyer 2002, 53]
[49]   Siehe Abschnitt 2.1.2.5.
[50]   [Kramp 1972, 335]

Angesichts dieser Probleme gewinnt unsere Frage nach dem Bildungsauftrag und den Bildungsmög-
lichkeiten der Schulfächer, nach ihrem Zusammenhang und ihren Grenzen, nach der rechten
Auswahl, Anordnung und Vermittlung ihrer Bildungsinhalte im Hinblick auf die Gegenwart und
Zukunft der heute heranwachsenden Generation besondere Aktualität. Eine befriedigende Antwort
darauf wird man aber weder von den Fachwissenschaften noch von der Allgemeinen Pädagogik
erwarten dürfen, sondern allein von der wissenschaftlichen Didaktik der einzelnen Fächer und der
verschiedenen Schularten [...]. [51]

Das untermauert die auf S. 14 erwähnte *doppelte Positionierung bezüglich „Mathematikunterricht und Allgemeinbildung"*. Zugleich wird die „Leitposition" der wissenschaftlichen
„Didaktik der Mathematik" bezüglich des Bildungsauftrags des Mathematikunterrichts betont
– sowohl gegenüber der Mathematik als Wissenschaft als auch gegenüber der (allgemeinen)
Erziehungswissenschaft –, wobei es gleichwohl einer *intensiven Zusammenarbeit* bedarf.

2.2.2 Wittenberg: Bildung und Mathematik

Alexander Israel **Wittenberg** (1926 – 1965) war nach Gymnasialbesuch in
Frankreich und Mathematikstudium an der ETH Zürich Mathematikprofessor
in Québec und Toronto. Mit seinem Buch „Bildung und Mathematik" engagiert er sich für einen *allgemeinbildenden Mathematikunterricht.* [52]

Vollrath schreibt hierzu im Vorwort zur zweiten Auflage von 1990: [53]

Bild 2.1: Wittenberg

Als Alexander Israel Wittenberg zu Beginn der sechziger Jahre dieses Buch
schrieb, war das Gymnasium als Institution äußerlich bedroht durch die weltweit propagierte Einrichtung von Gesamtschulen. Zugleich war damals der Mathematikunterricht
Gegenstand intensiver Reformbestrebungen, in denen es unter dem Schlagwort einer Modernisie-
rung vor allem darum ging, die Ideen der Strukturmathematik in den Unterricht einzubeziehen.

Wittenberg begründet den Bildungsauftrag des Gymnasiums in einer freiheitlich-demokratischen
Gesellschaft und zeigt am Beispiel der Geometrie, wie der Mathematikunterricht die Idee der gymnasialen Bildung verwirklichen kann. Indem er deutlich macht, wie weit die Schulwirklichkeit von
der Idee entfernt ist, will er aufrütteln und zugleich Auswege aufweisen. Wie er in seinem Vorwort
schreibt, bietet er sein Buch auf dem „Marktplatz der Ideen" an, auf dem es sich durch die Kraft seiner Argumente bewähren soll.

„Bildung und Mathematik" fand sogleich nach seinem Erscheinen lebhafte Resonanz. Martin
Wagenschein sah darin eine Verwirklichung seiner Ideen, stellte sich voll hinter das Werk und
warb eindringlich dafür. Als Helge Lenné die Mathematikdidaktik der sechziger Jahre analysierte,
hob er drei wichtige Strömungen hervor: die traditionelle „Aufgabendidaktik", die „Didaktik
Wittenbergs und Wagenscheins" und schließlich die „Neue Mathematik".

---

[51]   [Kramp 1972, 349]
[52]   [Wittenberg 1990]; vgl. hierzu das auf S. 7 wiedergegebene Zitat aus seinem Buch.
[53]   [Wittenberg 1990, V f.]

Wie im Grunde von Wittenberg vorhergesehen, scheiterte die „Neue Mathematik" und verschwand weitgehend aus den Richtlinien und Schulbüchern, damit wohl auch aus dem Unterricht. Die Schule bediente sich stattdessen wieder stärker bei der „Aufgabendidaktik", bewahrte sich aber die „Didaktik Wittenbergs und Wagenscheins" als Ideal, dem nachzustreben sei. Neben den zentralen didaktischen Begriffen wie exemplarisches Lehren, genetischer Unterricht und Themenkreismethode, die in die didaktische Literatur Eingang gefunden haben, gelten seine Unterrichtsbeispiele als Muster für besondere Unterrichtsstunden. Indem man diese Ideen über den Schulalltag erhebt, versucht man zugleich, die Schulwirklichkeit seiner Kritik zu entziehen. In der Schulpädagogik mußte Wittenberg durch seine „elitäre" Argumentation und durch seinen Begriff der Bildung suspekt werden. Denn nun wurde es Mode, diesen Begriff in der Diskussion um Ziele z. B. durch Begriffe wie Sozialisation, Qualifikation oder Kompetenz zu ersetzen. Es wurde still um das Buch. Übrig blieben Schlagworte in mathematikdidaktischen Lehrbüchern, hinter denen die Fülle seiner Ideen und die Tiefe seiner Gedanken verborgen blieben.

Nachdem in den achtziger Jahren kaum noch Mathematiklehrer am Gymnasium eingestellt werden konnten, zeichnet sich inzwischen wieder eine deutliche Nachfrage ab. Das Buch kann angehenden Lehrern eine Orientierung für ihren späteren Beruf geben. Sie können damit dem Mathematikunterricht am Gymnasium neue Impulse geben. Aber auch erfahrene Gymnasiallehrer, die Unbehagen an der Unterrichtswirklichkeit mit ihren Aufgabenplantagen und der falsch verstandenen Leistungsorientierung empfinden, können daraus Mut schöpfen, aus der Routine auszubrechen und Neues zu beginnen. Ich wünsche den Schülern am Gymnasium, daß „Bildung und Mathematik" von ihren Lehrern neu entdeckt wird.

Inzwischen hat man in der Pädagogik auch erkannt, daß auf den Begriff der Bildung als „Ziel- und Orientierungskategorie pädagogischer Bemühungen" kaum verzichtet werden kann. Für die Diskussion über die Ziele des Mathematikunterrichts gewinnen damit Wittenbergs Vorstellungen über die Vermittlung von Allgemeinbildung durch den Mathematikunterricht erneut an Bedeutung.

Mit Vollraths Hinweis im letzten Absatz auf *Bildung als „Ziel- und Orientierungskategorie pädagogischer Bemühungen"* liegt ein Bezug zu den „Neuen Studien zur Bildungstheorie und Didaktik" von Wolfgang Klafki vor (s. o.), die 1985 nur wenige Jahre vor dem Neuerscheinen von Wittenbergs Buch publiziert worden sind.

In diesem Buch plädiert Wittenberg für eine „gültige Begegnung mit der Mathematik" im Unterricht: [54]

Im Unterricht muß sich für den Schüler eine *gültige Begegnung* mit der Mathematik, mit deren Tragweite, mit deren Beziehungsreichtum, vollziehen; es muß ihm am Elementaren ein echtes Erlebnis dieser Wissenschaft erschlossen werden. Der Unterricht muß dem gerecht werden, *was Mathematik wirklich ist.*

So sollen die Schülerinnen und Schüler Mathematik als *„ Welt sui generis"* [55] bzw. *„ Wirklichkeit sui generis"* [56] erfahren, also als *„ Welt eigener Art"* bzw. *„ Wirklichkeit eigener Art".*

---

[54] [Wittenberg 1990, 50 f.]
[55] [Wittenberg 1990, 46]
[56] [Wittenberg 1990, 47], vgl. ergänzend dazu auch [Wittenberg 1990, 51].

Diese *Sichtweise* von „Mathematik als Wirklichkeit sui generis" und die aktuell anzutreffende *Forderung* nach einem „realitätsbezogenen Mathematikunterricht" meinen allerdings nicht „Wirklichkeiten" gleicher Art:

Denn Wittenberg stellt (mit Blick auf den Mathematikunterricht) „deskriptiv" dar, wie sich für ihn die Mathematik zeigt; beim sog. „realitätsbezogenen Mathematikunterricht" wird jedoch „normativ" beschrieben, wie Mathematikunterricht sein soll. Diese „Wirklichkeiten" sind damit mit Bezug auf Abschnitt 2.1.2.5 weder als Dualismus noch als Dichotomie derselben Situation anzusehen.

Wittenbergs Buch lässt sich wohl kaum kurz zusammenfassen, man muss es lesen. Es seien hier immerhin einige Passagen exemplarisch als „Leseanregungen" herausgegriffen: [57]

1. Was hat die Mathematik zu einer Allgemeinbildung beizutragen? Welche Erfahrungen erschließen sich dem Menschen in dieser Wissenschaft, die so fundamental und bedeutsam sind, daß es auf sie in einer allgemeinen Bildung wirklich ankommen kann?

2. Wie ist der Unterricht zu erteilen, damit er Gewähr dafür bietet, daß jene Erfahrungen dem Schüler in der Praxis auch tatsächlich erschlossen werden – daß deren Anrufung nicht wohlklingende Rhetorik für Schulfeiern, Lehrbuch-Vorworte und Präambeln zu Stoffprogrammen, ohne Beziehung zum tatsächlich erteilten Unterricht, bleibt?

Zu Nr. 1 des o. g. Zitats fügt er folgenden Fußnotentext an:

Wir sehen hier und im weiteren von jenen mathematischen Kenntnissen ab, die der Schüler sich allenfalls aus ausschließlich praktischen Gründen aneignen muß. Soweit es sich um die „Mathematik des Alltags" handelt, sind diese Kenntnisse so begrenzt, daß sie am Gymnasium kaum noch eine Rolle spielen. Wir haben früher besprochen, wie es sich mit Kenntnissen verhält, die, ohne einen eigentlichen Bildungswert zu besitzen, speziell für ein zukünftiges Hochschulstudium benötigt würden.

Und er konkretisiert diesen Fußnotentext in „Note 8" am Ende des Buches: [58]

Es soll die Möglichkeit nicht völlig von der Hand gewiesen werden, daß der Abiturient unter Umständen bestimmte Vorkenntnisse nicht aus Bildungsgründen, sondern als unerläßliche Grundlage für das spätere Fachstudium benötigt – etwa Grundzüge der Infinitesimalrechnung für zukünftige Mediziner. Die einzige konsequente Lösung ist dann aber, die entsprechenden Kurse aus dem eigentlichen gymnasialen Bildungsgang auszuklammern und sie nebenher, als ausgesprochen propädeutische, wahlfreie, streng sachlich ausgerichtete Kurse, zu erteilen.

Wittenberg erörtert auch die „erstaunliche Beziehung" zwischen Mathematik und Natur: [59]

Es ist eine eigenartige Dimension menschlichen Denkens, die sich hierbei offenbart. Wir erfahren eine Wirklichkeit, die weder eine solche der Natur, noch lediglich eine solche der menschlichen Psyche ist; eine Wirklichkeit sui generis, die gleichsam eigenen Rechts besteht und deren geheimnisvolle Existenz uns ein Rätsel aufgibt, dessen volles Maß wohl noch gar nicht ergründet wurde.

---

[57]   [Wittenberg 1990, 45], Beginn des Kapitels „Mathematik am Gymnasium".
[58]   [Wittenberg 1990, 278]
[59]   [Wittenberg 1990, 47 f.]; unterstreichende Hervorhebungen nicht im Original.

Zugleich erleben und erproben wir, an der Erkundung dieser Wirklichkeit, die Macht, die Folgerichtigkeit und die seltsame Eigengesetzlichkeit unseres Denkens, dessen ungeahnte Potentialitäten und, in gewisser Hinsicht, auch die Bedingungen von dessen Wirksamkeit. [...]

Die Mathematik trägt so zu unserem Erleben des eigenen Daseins die doppelte Erfahrung jener eigenartigen mathematischen Wirklichkeit und zugleich der inneren Notwendigkeiten unseres Denkens, welche uns zur Entdeckung und Durchforschung jener Wirklichkeiten führen, bei.

Dazu kommt aber noch etwas anderes: nämlich die Entdeckung der geheimnisvollen, höchst erstaunlichen Beziehung, welche zwischen jener mathematischen Wirklichkeit, beziehungsweise jenen Gesetzlichkeiten unseres Denkens, und der Natur besteht. „Das Buch der Natur ist in mathematischen Lettern geschrieben": jene gesetzmäßigen Gebilde, jene mathematischen Gestalten, die wir in unserem Denken halb schaffen und halb entdecken, wir finden sie wieder in der Wirklichkeit der Natur. Die Entdeckung der Gesetzmäßigkeit der Natur ist die Entdeckung, daß die Natur in vieler Hinsicht, auf *mathematische Weise gesetzmäßig* ist, daß jene mathematischen Gesetzlichkeiten gleichsam für die Natur verbindlich sind. (Damit ist zugleich auch die Bedeutung der Mathematik für die Beherrschung und Ausnützung der Natur durch den Menschen – das heißt für die Technik – ausgesprochen.

Die Mathematik wird also vom Menschen Kraft eigenen Denkens sowohl entdeckt als auch geschaffen, und zugleich zeigt sie sich auch in der Natur als eine dort vorhandene Gesetzmäßigkeit, die dem Menschen erst die *Möglichkeit zur Schaffung von Technik* eröffnet. [60]

2.2.3   Heymann: Thesen zu einem allgemeinbildenden Mathematikunterricht

Hans-Werner **Heymann** stellt 1996 sein eigenes umfassendes Konzept zur Positionierung des Mathematikunterrichts im Rahmen von Allgemeinbildung vor, das er 1995 vorab in acht Thesen darstellt (durchaus im Sinne von Wolfgang Kramp, vgl. Abschnitt 2.2.1.): [61]

Acht Thesen zum allgemeinbildenden Mathematikunterricht [...].

1. Zwischen gesellschaftlicher und subjektiv empfundener Bedeutsamkeit der Mathematik klafft eine Lücke: Einerseits ist Mathematik ein wesentliches Moment unserer Kultur, und unsere Zivilisation ist ohne Mathematik nicht denkbar. Vielen Heranwachsenden bleibt jedoch dunkel, weshalb es sinnvoll ist, sich über die gesamte Schulzeit hinweg mit diesem Fach zu beschäftigen.

2. Wie jedes andere Fach an allgemeinbildenden Schulen muß sich der Mathematikunterricht fragen lassen, was er zur Allgemeinbildung der Schülerinnen und Schüler beiträgt. Aus einem Allgemeinbildungskonzept läßt sich zwar nicht deduzieren, wie ein der Allgemeinbildung verpflichteter Fachunterricht im Detail auszusehen hätte. Aber Allgemeinbildungskonzepte können Kriterien liefern, anhand derer sich Unterricht beurteilen und gestalten läßt. Im Wechselspiel mit einschlägigen fachlichen und fachdidaktischen Überlegungen sollte sich mittels eines hinlänglich ausgearbeiteten Allgemeinbildungskonzepts konkretisieren lassen, welche Reform-Akzente für einen „allgemeinbildenden Unterricht" in dem betreffenden Fach sinnvoll sind.

---

[60]   Vgl. die Abschnitte 2.3, 3.1.6 und 4.4 bis 4.7.
[61]   [Heymann 1995]; Hervorhebungen nicht im Original. Die Hervorhebungen in Nr. 4 und Nr. 6 verweisen auf Aspekte der noch zu betrachten *Medienbildung* (insbesondere die „Medienreflexion").

3. Das von mir zugrunde gelegte Allgemeinbildungskonzept fußt auf der Herausarbeitung zentraler Aufgaben allgemeinbildender Schulen in unserer Gesellschaft, die ich in folgendem Katalog zusammengestellt habe: Lebensvorbereitung, Stiftung kultureller Kohärenz, Weltorientierung, Anleitung zum kritischen Vernunftgebrauch, Entfaltung von Verantwortungsbereitschaft, Einübung in Verständigung und Kooperation, Stärkung des Schüler-Ichs. Die nachfolgenden Thesen zum Mathematikunterricht orientieren sich an diesen Aufgaben.

4. **Lebensvorbereitung:** Die durch den Mathematikunterricht geleistete Lebensvorbereitung im unmittelbar pragmatischen Sinne wird sowohl über- als auch unterschätzt. Einerseits verwenden die meisten Erwachsenen in ihrem beruflichen und privaten Alltag nur selten Mathematik, die über die Stoffe von Klasse 7 hinausgeht. Andererseits werden viele „weichere", für den Alltag wichtige Qualifikationen im herkömmlichen Mathematikunterricht vernachlässigt: Lebensnützliche mathematische Alltagsaktivitäten wie Schätzen, Überschlagen, Interpretieren und Darstellen sowie die verständige Handhabung technischer Hilfsmittel wie Taschenrechner und Computer sollten im Mathematikunterricht aller Stufen, bei steigendem Anspruchsniveau, häufiger und intensiver thematisiert, mathematisch reflektiert und geübt werden.

5. **Stiftung kultureller Kohärenz:** Neben der Tradierung von Mathematik als Kulturgut hat der Mathematikunterricht die Aufgabe, der häufig beschriebenen kulturellen Isolierung der Mathematik entgegenzuwirken. Schüler sollten Mathematik – jenseits des elementaren und lebensnotwendigen Bereichs – exemplarisch als eine Art des Denkens und Problemlösens von universeller Wirksamkeit erfahren können. Der Mathematikunterricht sollte sich deutlicher an zentralen Ideen orientieren, in deren Licht die Verbindung von Mathematik und außermathematischer Kultur deutlich wird, z. B. der Idee der Zahl, des Messens, des funktionalen Zusammenhangs, des räumlichen Strukturierens, des Algorithmus, des mathematischen Modellierens.

6. **Weltorientierung:** Mathematik ist Teil unserer Welt und zugleich in ihr verborgen. Mathematikunterricht sollte vielfältige Erfahrungen ermöglichen, wie Mathematik zur Deutung und Modellierung, zum besseren Verständnis und zur Beherrschung primär nicht-mathematischer Probleme herangezogen werden kann. Der Enge herkömmlicher Anwendungen der Schulmathematik, die in den traditionellen „eingekleideten Aufgaben" zum Ausdruck kommt, sollte durch einen reflektierenden Umgang mit den betrachteten Problemen begegnet werden.

7. **Denkenlernen und kritischer Vernunftgebrauch:** Paradoxerweise ist für viele Schüler Mathematik das Fach unverstandenen Lernens schlechthin. An unverstandener Mathematik läßt sich weder alltägliches noch mathematisches Denken schulen. Der Unterricht sollte den Besonderheiten mathematischer Abstraktion und den dadurch bedingten Schwierigkeiten des Mathematiklernens entschiedener Rechnung tragen; von den Lehrenden ist zu bedenken, daß neu zu lernende Mathematik den Schülern häufig als etwas Fremdes und Unbekanntes gegenübertritt, mit dem sie sich nur im aktiven Gebrauch vertraut machen können, als Widerständiges, das bewältigt, als Noch-nicht-Vorhandenes, das erst konstruiert werden muß. Den Schülern sollte genügend Zeit und Gelegenheit gegeben werden, den eigenen Verstand aktiv konstruierend und analysierend einzusetzen, um Mathematik zu verstehen und sich ihrer zur Klärung fragwürdiger Phänomene bedienen zu können – gleichsam als „Verstärker" ihres Alltagsdenkens.

8. **Soziale und subjektive Momente des Mathematiklernens:** Verantwortungsbereitschaft, Verständigung und Kooperation, Ich-Stärke der Schüler – all das scheint mit Mathematikunterricht

im herkömmlichen Sinne wenig zu tun zu haben. Es ist aber bedenklich, die fachliche von der sozialen Dimension des Lernens [62] abzuspalten. Die allgemeinbildende Qualität des Mathematikunterrichts ist nicht nur vom Stoff abhängig, sondern von der Art, wie im Unterricht mit dem Stoff und miteinander umgegangen wird, kurz: von der Unterrichtskultur. Es ist eine Unterrichtskultur zu entwickeln, in der Raum ist für die subjektiven Sichtweisen der Schüler, für Umwege, produktive Fehler, alternative Deutungen, Ideenaustausch, spielerischen Umgang mit Mathematik, Fragen nach Sinn und Bedeutung sowie Raum für eigenverantwortliches Tun. [63]

Mit den ersten beiden Thesen geht Heymann indirekt auf die zweifache Positionierung des Mathematikunterrichts bezüglich Allgemeinbildung (gemäß S. 14 f.) ein, indem er einerseits betont, dass Mathematik ein Kulturgut ist und andererseits, dass zu klären ist, wie und was der Mathematikunterricht zur Allgemeinbildung beitragen kann.

2.2.4 Winter: Grunderfahrungen für eine mathematische Allgemeinbildung

Heinrich Winand **Winter** stellt zugleich mit dem Erscheinen von Heymanns Konzept in einem Diskussionsbeitrag mit dem Titel „Mathematikunterricht und Allgemeinbildung" ein weiteres, eigenes Konzept vor, das aus seinem Selbstverständnis und seiner profunden Kenntnis des Mathematikunterrichts heraus (auch exemplarisch) begründet, was auch in der Unterüberschrift *„Was ist mathematische Allgemeinbildung?"* zum Ausdruck kommt.

Winter beschreibt den Allgemeinbildungsbezug des Mathematikunterrichts prägnant mit Hilfe von „**drei Grunderfahrungen**": [64]

Da sich Schulunterricht – ungeachtet der berechtigten Forderung nach interdisziplinären Aktivitäten – als Fachunterricht versteht, muß jedes Fach der allgemeinbildenden Schule öffentlich aufweisen und begründen, inwieweit es für Allgemeinbildung unentbehrlich ist. Das kann nur als eine permanente Aufgabe verstanden werden. Für den Mathematikunterricht an allgemeinbildenden Schulen (bis zum Abitur) soll nun skizziert werden, in welcher Weise er für Allgemeinbildung unersetzbar ist: Der Mathematikunterricht sollte anstreben, die folgenden drei Grunderfahrungen, die vielfältig miteinander verknüpft sind, zu ermöglichen:

1. Erscheinungen der Welt um uns, die uns alle angehen oder angehen sollten, aus Natur, Gesellschaft und Kultur, in einer spezifischen Art wahrzunehmen und zu verstehen,

2. mathematische Gegenstände und Sachverhalte, repräsentiert in Sprache, Symbolen, Bildern und Formeln, als geistige Schöpfungen, als eine deduktiv geordnete Welt eigener Art zu lernen und zu begreifen,

3. in der Auseinandersetzung mit Aufgaben Problemlösefähigkeiten, die über die Mathematik hinausgehen (heuristische Fähigkeiten), zu erwerben.

---

[62] Vgl. hierzu Émile Durkheim auf S. 57 f.

[63] Vgl. zu „Unterrichtskultur" S. 48 ff., zu „spielerischem Umgang" und „produktiven Fehlern" S. 26 ff.

[64] [Winter 1995, 37]; Hervorhebungen nicht im Original. Die ersten beiden Grunderfahrungen zeigen Wittenbergs „Wirklichkeit sui generis" und insbes. „Mathematik als Medium", vgl. Kapitel 5.

Im ersten Absatz wird die auf S. 19 erwähnte „*Leitposition*" der Didaktik der Mathematik und deren auf S. 14 skizzierte „*doppelte Positionierung zur Allgemeinbildung*" erkennbar. Und mit dem im zweiten Punkt genannten Aspekt von Mathematik als einer „Welt eigener Art" spricht er Wittenbergs schöne Metapher „*Mathematik als Wirklichkeit sui generis*" an. [65]

2.2.5   Mathematik – Anwendung – Spiel – Irrtum [66]

Die Mathematik umfasst seit ihren Anfängen in vorgeschichtlicher Zeit bis heute das Spannungsfeld zwischen zwei Seiten einer Medaille: sowohl einer „spielerischen", *nicht* auf Nutzen und Anwendung gerichteten und quasi philosophischen, zur „reinen Mathematik" gehörenden Seite – als auch einer „utilitaristisch-technischen" *auf Anwendung gerichteten* Seite, die typisch ist für die „Angewandte Mathematik" und etliche Anwendungsdisziplinen:

Einerseits ist die Mathematik stets auch auf Probleme außerhalb ihrer selbst (manchmal „Rest der Welt" genannt) angewendet worden, und sie hatte und hat hierbei großen Anteil an der Entwicklung sowohl der Ingenieurwissenschaften als auch der Naturwissenschaften, vor allem der Physik, wobei sie sich zugleich durch die enormen Herausforderungen dieser Anwendungsdisziplinen (namentlich der Theoretischen Physik) in ganz besonderer Weise entwickelt hat. *Andererseits* findet sie aber ihren Sinn und ihre „Berechtigung" – ganz ähnlich wie Kunst, Literatur und Musik – auch in sich selber, ohne dass sie angewendet wird. Jedoch ist zu bedenken: Durch *Anwendungen* entstehen *verantwortungsethische Herausforderungen* für den homo faber – also den „(mittels Technik) gestaltenden Menschen". [67]

Diese Ambivalenz der Mathematik zeigt sich auch allgemeiner, denn der homo sapiens begegnet uns nicht nur in der Rolle dieses homo faber, sondern auch als homo ludens, also als „spielender Mensch", was der niederländische Kulturhistoriker Johan **Huizinga** in seinem Buch „*Homo Ludens – Vom Ursprung der Kultur im Spiel*" eindrucksvoll beschreibt. [68]

Der Erziehungswissenschaftler Horst **Ruprecht** wies 1988 in einem Festvortrag auf der Bundesmusikschulwoche in Karlsruhe zum Thema „*Spiel-Räume fürs Leben, Musikerziehung in einer gefährdeten Welt*" mit Bezug auf aktuelle naturwissenschaftliche Erkenntnisse darauf hin, dass ein wesentliches Merkmal der Evolution in einer permanenten Erhöhung der Komplexität in der Welt gesehen werden könne. Dieses führe dazu, dass nur die höher entwickelten Lebewesen eine *spielerische Entwicklungsphase* durchlaufen würden. Insbesondere zeige sich, dass sowohl die Dauer als auch die Intensität des Spiels geradezu ein entscheidendes Kriterium für die Höhe der Evolution seien:

> Der Mensch erscheint in diesem Denkmodell als das am längsten spielende und am meisten des Spielens bedürftige Wesen. [69]

---

[65]   [Wittenberg 1990, 47; 51], vgl. S. 21.
[66]   Vgl. auch [Hischer 2012, Kapitel 1].
[67]   Vgl. hierzu die ausführlichen Betrachtungen in Abschnitt 2.3.
[68]   [Huizinga 1987]
[69]   [Ruprecht 1989, 32]

Mit Bezug auf einen bedeutenden Paradigmenwechsel der naturwissenschaftlichen Weltsicht seit Mitte der 1970er Jahre – gekennzeichnet durch *„Selbstorganisation der Materie, Auto-poiesis, Synergetik oder Koevolution"* und verbunden u. a. mit den Namen Prigogine, Matu-rana, Haken und Eigen [70] – schreibt Ruprecht dann:

> Das gibt ein wenig Grund zur Hoffnung: Die mechanische Weltinterpretation der strengen früheren Erfahrungswissenschaft reicht heute nicht mehr aus zur Interpretation der Wirklichkeit, und zwar auf keiner Ebene. Die Veränderung der Welt vollzog und vollzieht sich auf allen Ebenen des Seins und Werdens oft <u>im Spiel des produktiven Zufalls</u>. Damit müßten sich auch die <u>Spiel-Räume des Denkens</u> wieder öffnen und von <u>ihren sklerotisierenden Rückständen befreien</u> in ein vielgestaltiges, Kunst, Philosophie, Religion und strenge Wissenschaft umfassendes Angebot, das <u>im Curriculum der Schulen seinen Niederschlag</u> findet. [71]

Er benutzt den Terminus „Spiel-Raum" im Sinne von „spielerischer Freiraum" als freie Über-setzung des griechischen „schole" für „Muße" (worin die heutige „Schule" zumindest sprach-lich weiterlebt). Er ruft damit eindringlich zu *mehr Muße* in der Schule auf! Und ausgerechnet auf einem Musikerzieher-Kongress schlägt er dann einen Bogen zum Mathematikunterricht: [72]

> Es ist klar, daß das Curriculum der Schulen sich öffnen muß für Spielräume in allen Fächern. <u>Mathe-matik</u> ist ein grandioses <u>Spiel des Geistes</u> und als solches müßte sie in den Schulen erscheinen.

Doch was ist hier eigentlich „Spiel"? Das bedarf einer Interpretation im bildungstheoretischen und pädagogischen Kontext. Eine *subjektive Besinnung* könnte z. B. Folgendes liefern: [73]

> Das *Spiel* findet seinen Sinn in sich selbst – es erzeugt Freude – es ist weitgehend nicht auf Nut-zen oder konkrete Anwendung gerichtet – es wird individuell, häufig in Gruppen durchgeführt, hat damit auch eine soziale Komponente – es findet dabei durchaus nicht regellos statt, wie wir schon an dem Wort „Spielregeln" sehen, die sozial ausgehandelt werden müssen – es erfordert von allen Mitspielern Aktivität, d. h., es gibt kein „passives Spielen" – und es bedarf dennoch der *Muße*.

Bereits Schiller hat die Bedeutung des „Spiels" für das Menschsein hervorgehoben: [74]

> […] der Mensch spielt nur, wo er in voller Bedeutung des Wortes Mensch ist,
> und *er ist nur da ganz Mensch, wo er spielt.*

Die Philosophin Sybille **Krämer** fragt *„Ist Schillers Spielkonzept unzeitgemäß?"* und schreibt:

> [Schiller hat damit] einen in seiner Radikalität nahezu unübertroffenen Satz hinterlassen[.] [75]

Neben dem o. g. Buch von Huizinga, das hier nicht referiert werden kann, gibt es mittlerweile eine Fülle von Untersuchungen und Reflexionen dazu, was unter „Spiel" verstanden werden kann, insbesondere aus der Philosophie, auch Kritisches zu Huizinga.

---

[70] [Ruprecht 1989, 38]; unterstreichende Hervorhebungen nicht im Original.
[71] A. a. O.; Hervorhebungen nicht im Original.
[72] [Ruprecht 1989, 39]; Hervorhebungen nicht im Original.
[73] So in [Hischer 2012, 5] als Ergebnis einer 1994 durchgeführten Arbeitstagung dokumentiert.
[74] In: „Die ästhetische Erziehung des Menschen in einer Reihe von Briefen, Fünfzehnter Brief" (1785).
[75] [Krämer 2007, 158]

Krämer versieht ihren o. g. Artikel mit dem Untertitel „*Zum Zusammenhang von Spiel und Differenz in den Briefen* » *Über die ästhetische Erziehung des Menschen*«", und sie stellt dabei heraus, dass die „Differenz" ein wesentliches Element des Spiels sei. Das kann hier nur angedeutet werden: So enthalte Schillers Konzept von „Spiel" u. a. die „Dimension",

> dass das Spiel als eine *Bewegungsfigur* begriffen wird, als die Dynamik einer oszillierenden Bewegung zwischen differenten Positionen. [76]

Mit Bezug auf sprachgeschichtliche Untersuchungen von Moritz Lazarus (1883) belegt sie dann, dass es eine „Traditionslinie" gebe, bei der [77]

> immer schon das Spiel als eine Bewegungsfigur thematisch wurde, [weil nämlich] die sprachgeschichtliche Herkunft des deutschen Wortes >Spiel< auf eine leichte, ziellos schwebende, in sich zurücklaufende Bewegung verweise. Das westgermanische >spil< bezeichnet >lebhafte Bewegungen<, das mittelalterliche >spelen< kennzeichnet das blubbernde Kochen einer Flüssigkeit. Die Wortgeschichte von >Spiel< verweist also auf eine Bewegung, die nicht in einem Aktionstunnel gefangen, die nicht auf einen Zweck hin fortschreitend gerichtet ist, sondern die sich auf ein Hin und Her, ein Vor und Zurück zwischen polaren Positionen bezieht. Es geht um eine Art ungerichteter Dynamik, um eine Bewegungsfigur, die einen Spielraum birgt, so etwa, wie ein Zahnradlager Spiel aufweist, wie Licht auf den Wellen oder der Mückenschwarm im Abendlicht spielt.

Krämer weist auch auf den interessanten historischen Kontext hin, innerhalb dessen Schiller sein Konzept von Spiel in den „Briefen" entworfen hat: [78]

> Die *Briefe* sind zuerst einmal eine zeitkritische Diagnose in politischer, sozialer, kultur- und wissenschaftsphilosophischer Hinsicht: Die mit der Französischen Revolution geweckten Hoffnungen einer Regeneration des Politischen im Sinne der Gründung eines auf Vernunft, Sittlichkeit und Freiheit gegründeten Staates sind geschwunden. Mit dem Aufstieg des Bürgertums werden Utilitarismus und Kommerzialisierung zur Lebensform: Der Nutzen avanciert zum großen Idol der Zeit. Zugleich erfährt das Vernunftdenken eine einseitige Förderung auf Kosten des Empfindungsvermögens, verselbstständigt sich die *ratio* gegenüber der *emotio,* die Abstraktion gegenüber der Anschauung.

Das weckt fatale Assoziationen an die aktuelle gesellschaftliche Situation: Zunächst sind die beiden hier erörterten Aspekte „Spiel" und „Anwendung" *grundsätzlich* zu unterscheiden, denn zu *Anwendungen* gehört stets eine zu verantwortende *Außenwirkung*, weil sie *auf Nutzen* gerichtet sind. Das *Spiel* ist hingegen *nicht auf Nutzen gerichtet* und primär ohne (geplante) Außenwirkung, es findet seinen Sinn in sich selbst. Beides trifft auch auf die Mathematik zu: Einerseits begegnet uns Mathematik *als Anwendung* und andererseits *als Spiel des Geistes* – und in „Spiel des Geistes" zeigt die Mathematik ihre philosophische und zweckfreie Seite.

Unterstellt man als (ein) Ziel des Mathematikunterrichts gemäß Wittenberg die *Vermittlung eines gültigen Bildes der Mathematik* (vgl. Abschnitt 2.2.2), so sind bei dessen Inszenierung die *beiden* Aspekte „Anwendung" und „Spiel" zu berücksichtigen.

---

[76]   [Krämer 2007, 160]; unterstreichende Hervorhebung nicht im Original; vgl. auch [Krämer 2005].
[77]   [Krämer 2007, 162 f.]; Hervorhebungen nicht im Original.
[78]   [Krämer 2007, 164]; unterstreichende Hervorhebung nicht im Original.

Insbesondere darf man nicht der Versuchung erliegen, dem Zeitgeist folgend den Mathematikunterricht damit *rechtfertigen* zu müssen, dass Mathematik nützlich und anwendbar sei. Der Philosoph Odo **Marquard** beschreibt eine solche „allgegenwärtige" Haltung kritisch als *„Ubiquisierung des Rechtfertigungsverlangens,,* und schreibt u. a.: [79]

> Denn heute bedarf offenbar alles der Rechtfertigung: […] nur eines bedarf – warum eigentlich? – keiner Rechtfertigung: die Notwendigkeit der Rechtfertigung vor allem und jedem.

- *Mathematik bedarf ebenso wenig einer Rechtfertigung wie Dichtung, Kunst und Musik!*

Zu „Anwendung" und „Spiel" gesellt sich der „Irrtum" als Dritter im Bunde: Wir verdanken Marquard die berühmte Formel *„Wir irren uns empor!",* und der Sozialphilosoph Bernd **Guggenberger** plädiert in seinem lesenswerten Buch *„Menschenrecht auf Irrtum"* passend dazu für eine positive Sicht des Irrtums, die wie folgt kommentiert und interpretiert sei: [80]

Die alte Formel des errare humanum est – „Irren ist menschlich" – werde meist als Aussage über einen verzeihlichen Mangel des Menschen missverstanden. Hingegen komme in ihr ein besonderer Vorzug des Menschen zum Ausdruck, nämlich:

Der Mensch ist des Irrens *fähig* und vermag daraus und *deshalb* zu lernen! Insbesondere spricht Guggenberger von der *„Produktivkraft des Irrtums"* für die *Weiterentwicklung unseres Wissens.* Andererseits würden die heutigen großtechnischen Systeme tendenziell zur *Irrtumskatastrophe* neigen, denn sie seien *nicht hinreichend fehlertolerant* und also unmenschlich. Diese Systeme müssten so gestaltet werden, dass menschliche Irrtümer nicht in die Katastrophe münden.

Guggenberger kontrastiert solch irrtumsfeindliche technische Systeme mit dem *„spielerisch-freien Erproben",* welches für das Menschsein im Sinne einer „tastenden Vernunft" wichtig sei, und so ist zu beachten:

- Beim **Spiel** ist der *Irrtum* nicht nur möglich und *nicht katastrophal,* sondern er gehört dazu. Man weiß nicht, wie ein Spiel oder spielerisches Tun endet, andernfalls wäre es langweilig und kein Spiel mehr: Der Irrtum ist hier geradezu *konstitutiv* – er ist also *erwünscht.*

- Hingegen in der **Technik** (und damit: bei **Anwendungen**) darf dieses nicht passieren. Der Ausgang von Handlungen, die Anwendungen nach sich ziehen, muss kalkulierbar sein: Der *Irrtum* kann in diesem Fall katastrophale Folgen haben – er ist hier *unerwünscht.*

Damit sollten aber pädagogische Situationen des Irrens nicht möglichst vermieden, sondern gesucht und gefördert werden – zur Entfaltung der *„Produktivkraft des Irrtums"* für den Menschen. Die kontrastierenden und komplementären Auffassungen von **Mathematik** *einerseits* **als Spiel (des Geistes)** und *andererseits* als Technik **und** damit **als Anwendung** können bei didaktischen Planungen möglicherweise dazu beitragen, diesen Aspekt hervortreten zu lassen.

---

[79]   [Marquard 1986, 11]
[80]   [Guggenberger 1987], ferner [Marquard 1981, 121], [Marquard 1986, 22] und [Hischer 2002 a, 135 ff.]

2.3   Technik und Technologie

„Technik" erscheint hier also im Kontrast zu „Spiel" im Kontext von „Anwendungen".

Zugleich ist festzustellen, dass im Alltag (und leider auch z. T. in der Wissenschaft) häufig unkritisch der Terminus „Technologie" auftaucht – meist synonym zu „Technik". Insbesondere findet man „Technologie" häufig in werbewirksamer Absicht als „gutklingenden" oder auch „überhöhenden" Ersatz anstelle von „Technik". Englischsprachige Veröffentlichungen tragen sicherlich hierzu bei, weil dort „technology" durchaus auch im Sinne von „Technik" verwendet wird. Aber „technology" mit „Technologie" zu übersetzen, wäre ein *schlechter Re-Import* aus dem Englischen. [81] Das deutsche „Technik" (als Wissenschaft) ist im Englischen „technology", das deutsche „Technik" (als Verfahren) hingegen wäre eher „technique".

Aber auch der Terminus „Technik" wird im deutschen Sprachraum nicht einheitlich gebraucht. So spricht man von *Fahrtechnik* und von *Kraftfahrzeugtechnik*, wobei im ersten Fall die Fähigkeit, Geschicklichkeit und Fertigkeit [82] des Fahrens bzw. des Fahrers oder der Fahrerin, also die *Fahrkunst*, gemeint sind, im zweiten Fall hingegen ist es die *Konstruktionsweise*.

Eine weitere Bedeutung begegnet uns z. B. in *„Elektrotechnik"* als einer Hochschuldisziplin und einem Studienfach, auch in *„Wissenschaft und Technik"* erkennen wir eine Bedeutungsvariante, schließlich noch eine z. B. in *„Kulturtechnik"* bzw. in *„Kulturtechniken"*. [83]

„Techno-Logie" bedeutet aber im Sinne des griechischen Wortursprungs sowohl das Verständnis als auch das *Wissen von der Technik* (ähnlich wie z. B. mit „Psychologie" sowohl das Verständnis als auch das *Wissen und die Lehre von der Psyche* gemeint ist, ebenso auch z. B. „Methodologie" als *Lehre von den wissenschaftlichen Methoden*).

Das altgriechische „techne" umfasst die *Kunst im Sinne der musischen Betätigung* und die *Kunstfertigkeit im Sinne des Handwerks*. In dem somit weit gefassten Terminus „Technologie" ist daher bereits implizit die *Reflexion über Technik* angelegt. Damit gelangen wir aber zu einem philosophisch-sozialwissenschaftlichen Verständnis von Technologie, bei dem zur „Technologie" zugleich die *Reflexion der Folgen des eigenen und des kollektiven technischen Planens und Handelns* gehört, was eine *verantwortete Technikgestaltung* nach sich zieht: Es geht dann um das „Prinzip Verantwortung" im Sinne des Philosophen Hans **Jonas**. [84]

Das würde dann – im Kontrast zum homo ludens [85] – in Anknüpfung an eine Bezeichnung des Philosophen Max **Scheler** aus dem Jahre 1926 als „Aspekt des homo faber" [86] bezeichnet

---

[81]   Vgl. [Hischer 1989]. Das gilt ähnlich auch z. B. für „editieren" für „to edit" statt „edieren", während „editieren" etwas Neues aus dem Bereich des Programmierens ist.

[82]   Vgl. zu „Fähigkeit usw." die Betrachtungen in Abschnitt 2.5.

[83]   Hierauf wird in Abschnitt 3.1.4 und insbesondere in den Abschnitten 4.5 und 4.6 eingegangen.

[84]   [Jonas 1984]

[85]   Vgl. Abschnitt 2.2.5.

[86]   Max Scheler: Die Stellung des Menschen im Kosmos (1928). [Zimmerli 1989 a, 84 – 85] verweist auch auf Schelers Werk „Mensch und Geschichte" von 1926 hin in: Scheler: Gesammelte Werke, Bd. 9, Bern / München, 1976, S. 120. Bekannt geworden ist der „homo faber" durch den Roman gleichen Titels von Max Frisch aus dem Jahre 1957, auf den hier nicht Bezug genommen wird.

werden können, womit der *Mensch als schaffendes* Wesen gemeint ist, der auch die *Folgen seines technischen Tuns* zu bedenken hat! [87] In einer Untersuchung von 1989 differenziert der Technikphilosoph Walther Ch. **Zimmerli** den homo faber aus zum *„homo faber sapiens ignoransque, omnipotens sed abstinens"*, das ist also der

Mensch als schaffendes, weises, jedoch unwissendes Wesen, allmächtig, aber zurückhaltend. [88]

Gemäß Zimmerli ist das damit verbundene Menschenbild *normativ* im Sinne einer *„Verpflichtung zur ethischen Reflexion".* [89]

Heute stehen wir vor der Situation technischer Großprojekte und deren Folgelasten, [90] die mit ihren räumlich-zeitlichen Dimensionen unserer besonderen Aufmerksamkeit bedürfen; denn sonst können sie uns schnell in die Lage des *Zauberlehrlings von Goethe* bringen:

> *Die ich rief, die Geister,*
> *Werd ich nun nicht los.*

Wobei wir Menschen dann durchaus in die Lage kommen können, dass der *rettende Meister* aus dem Zauberlehrling fehlt, der dann ja die Not beendet, indem er ruft:

> *In die Ecke,*
> *Besen! Besen!*
> *Seid's gewesen!*
> *Denn als Geister*
> *ruft euch nur zu seinem Zwecke*
> *Erst hervor der alte Meister.*

So war es z. B. 1986 im Bereich der Kernenergietechnik in Tschernobyl, aktuell werden mögliche Folgen der Gentechnik oder des sog. „Frackings" zur Erdölförderung kontrovers diskutiert, und hocheffektive Cyber-Attacken wie 2010 mit Stuxnet im Iran und nun auch noch auf Medizintechnik und Patientendaten in Kliniken offenbaren eine ganz neue Qualität. Jeweils liegen hier Situationen vor, die der „Büchse der Pandora" durchaus ähneln! Wir werden solche Situationen beherrschen *müssen* – aber werden wir es auch immer *können*?

So weist Bernd Guggenberger in seinem Buch „Das Menschenrecht auf Irrtum" [91] darauf hin, dass es im Sinne des Philosophen Karl **Löwith** schon gar nicht mehr darum ginge,

daß wir nicht alles dürfen, was wir können,

sondern vielmehr ginge es längst darum,

ob wir können, was wir müssen.

Alles Verantwortbare, alles sittlich nötige *Müssen* setze demnach ein *Können* voraus! [91]

---

[87]   Es sei angemerkt, dass Scheler neben dem homo faber vier weitere Menschenbilder betrachtet.
[88]   [Zimmerli 1989 a, 95], Übersetzung Hischer.
[89]   Vgl. [Zimmerli 1989 a, 95].
[90]   Vgl. die Ausführungen zu „Irrtum" auf S. 29 f.
[91]   [Guggenberger 1987, 13]

Es zeigt sich, dass diese wichtige Aufgabe der ethisch geleiteten verantworteten *Technikgestaltung* nicht nur Kenntnisse und Methoden aus der Mathematik, den Naturwissenschaften und der Technik erfordert, sondern dass darüber hinaus die Sozial- und Geisteswissenschaften einschließlich der Philosophie mit einbezogen werden müssen.

Technologie in einem so verstandenen Sinn weist dann einen *integrativen Aspekt* auf. Somit würde eine solche Sichtweise von Technologie nicht nur zu einer Synthese von Wissenschaft und Technik im Sinne einer sog. *„Hybridbildung"* (einer „Zwitterbildung") führen, sondern darüber hinaus zu einer *Integration mit den Sozial- und Geisteswissenschaften.* [92] Damit wird die Hoffnung verbunden, dass es zu einer Annäherung der sog. „zwei Kulturen" im Sinne von Charles Percy Snow kommt. [93]

Es muss hervorgehoben werden, dass eine solche Integration mehr wäre als nur eine *interdisziplinäre Zusammenarbeit*, wie sie in den Bereichen Forschung und Lehre in den 1970er Jahren propagiert wurde, denn diese war damals nur auf das *Überwinden der Fachgrenzen* gerichtet, während es hier um *Ganzheitlichkeit* geht, also um die Tatsache, dass man aufeinander angewiesen ist. Hierfür ist heute auch die Bezeichnung *Transdisziplinarität* üblich. [94]

Zusammenfassend sei Folgendes empfehlend festgehalten:

- Es wäre von *Technik* zu sprechen, wenn etwa nur die Verfahrens- und Funktionsweisen gemeint sind,

- von *Technologie* hingegen, wenn die verantwortete Technikgestaltung (früher oft noch „Technikfolgenabschätzung" genannt) davon nicht losgelöst wird.

Diese Termini stehen für ein *Programm*, d. h., sie sind *normativ* zu verstehen. Es scheint allerdings wenig erfolgreich zu sein, eine solche Sprachverwendung etablieren zu können. Da diese terminologische Unterscheidung zwischen „Technik" und „Technologie" in Öffentlichkeit und Presse – aber auch in fachwissenschaftlichen Kontexten – so nicht gehandhabt wird, ist dann stets sorgsam zu betrachten, was je gemeint ist.

Bild 2.2: Titelseite von Beckmanns Buch „Anleitung zur Technologie" in der dritten Ausgabe von 1787

---

[92]   Vgl. [Zimmerli 1988 b, 21]; auch [Capurro 1990] weist darauf hin.

[93]   Vgl. S. 51; Snow ist mit dem Vortrag „The Two Cultures" berühmt geworden: Er beschrieb hier die Sprachlosigkeit zwischen „Mathematik und Naturwissenschaft" und „Literatur und Kunst".

[94]   Siehe z. B. [Winiwarter 1999], ausführlich zitiert in [Hischer 2002, 64]; Hervorhebungen nicht im Original. Eine solche Transdisziplinarität erfordert die Fähigkeit und Bereitschaft zu konstruktiver Kommunikation, und hinzu kommt die Mitverantwortlichkeit aller Beteiligten als ethische Dimension.

Wenn man z. B. auf die Formulierung „Technologieeinsatz im Mathematikunterricht" trifft und es dann dabei nur um den Einsatz technischer Medien geht, so ist im hier vorgestellten Verständnis von „Technologie" der „Technikeinsatz im Mathematikunterricht" gemeint.

Derzeit sind übrigens Bestrebungen in Philosophie, Soziologie und den Technikwissenschaften erkennbar, „Technologie" (wieder!) als „Wissenschaft von der Technik" zu begreifen, wie es auf Arbeiten von Johann **Beckmann** (1739 – 1811), dem Hofrat und Professor der Ökonomie an der Universität Göttingen zurückgeht, dem *Begründer der Technologie* als einer Wissenschaft:

> Mit seiner 1777 erstmals in Göttingen erschienenen „Anleitung zur Technologie ..."[95] und der fast dreißig Jahre später vorgelegten Schrift „Entwurf der allgemeinen Technologie" (1806) gilt Beckmann als „Begründer der Technologie in Deutschland".[96]

2.4   Didaktik oder Methodik? – Methodik als Teil der Didaktik!

Zur „Bildung" gehört „Unterricht" und damit auch „Didaktik" und „Methodik". Vor 1990 untersuchte man Fragen zur Entwicklung, Planung und Analyse des Mathematikunterrichts im Osten Deutschlands in der „Methodik des Mathematikunterrichts", im Westen hingegen in der „Didaktik der Mathematik" (korrekt und treffender wäre übrigens die Bezeichnung „Didaktik des Mathematik*unterrich*ts" – wie es z. B. bei „Didaktik des Deutschunterrichts" oder bei „Didaktik des Sachunterrichts" üblich ist). Heute heißt es aber meist nur noch „Didaktik der Mathematik" oder auch kurz „Mathematikdidaktik".

Leider ist die Begriffsbestimmung sowohl von *Didaktik* als auch von *Methodik* noch immer nicht einheitlich, vor allem, was deren Verhältnis betrifft. Kron schreibt hierzu:[97]

> Dabei kann als gesichert angesehen werden, daß unter <u>Methoden</u> die Wege oder die Verfahren der Vermittlung kultureller Inhalte angesehen werden. Sie schließen die Mittel und Medien ein, die im Rahmen dieser Prozesse eingesetzt werden; sie betreffen auch die Formen der sozialen Organisation der Vermittlungsprozesse (...). Dem allgemeinen Sprachgebrauch zufolge sei demnach unter <u>Methodik</u> die Sammlung und Reflexion aller Methoden, m. a. W. die Lehre von den Methoden, verstanden.

In der Schule und in der Lehrerausbildung (insbesondere in den „Unterrichtsentwürfen" bei Lehrproben) wird häufig auch heute noch folgende früher probate und anscheinend sinnfällige Auffassung propagiert: Die *Didaktik* beschäftige sich mit der sog. „Inhaltsfrage" (also dem *„was?"* – darüber hinaus aber auch dem *„warum?"* bzw. dem *„wozu?"*), hingegen ginge es bei der *Methodik* um die Vermittlungsfrage (also um das *„wie?"* und damit um die geplanten „Methoden"). Das äußert sich dann in Unterrichtsentwürfen, die noch dieser Auffassung verpflichtet sind, im Vorhandensein der Rubrik „didaktisch-methodische Überlegungen".

---

[95]   Gemeint ist [Beckmann 1777]; Bild 2.2 zeigt das Titelblatt von [Beckmann 1787].
[96]   Aus der einleitenden Biographie zu Beckmann von Bärbel Bendach in [Beckmann 1984, 20].
[97]   [Kron 2000, 38]; Hervorhebungen nicht im Original.

Jank und Meyer kritisieren das jedoch 1994 als *„ Vulgärdefiniton"* dieser Begriffe, 2002 stattdessen als „Trivialdefinition", denn eine solche Begriffsbestimmung sei viel zu *eng*, wie schon die griechischen Ursprünge des Wortes „Didaktik" zeigen: [98]

- *didáskein:* lehren, unterrichten; belehrt werden, lernen;

- *didáskalos:* Lehrer (zumeist Sklave und männlichen Geschlechts);

- *didaskaleíon:* Schule bzw. der Raum zum Lernen;

- *dídaxis:* das Gelehrte, aber auch das Gelernte;

- *didaktiké téchne:* Lehrkunst.

Und Kron ergänzt: [99]

> Schon in der Antike bezog sich das Wort Didaktik also sowohl auf das Lehren wie auf das Lernen.

In diesem Sinne ist aktuell im (weiten!) Verständnis *Didaktik diejenige Wissenschaft, die sich mit der Theorie und Praxis des Lehrens und Lernens befasst.* Auf einer fachübergreifenden Ebene handelt es sich dann um die *„Didaktik"* (was früher „Allgemeine Didaktik" genannt wurde, [100] manchmal auch heute noch), auf der (unterrichts-)fachbezogenen Ebene sind es dann die sog. *„Fachdidaktiken". Methodik* erscheint in dieser wissenschaftlichen Auffassung *als Teil der (Fach-)Didaktik* im Sinne obiger Begriffsbestimmung.

Gleichwohl ist festzuhalten, dass „Didaktik" oft in unterschiedlicher begrifflicher und inhaltlicher Weite verwendet wird (also von einem *engen* bis zu einem *weiten* Verständnis). [Kron 2000, 43] weist auf folgende fünf (noch anzutreffende) Begriffsbestimmungen hin:

Didaktik als ...

1. Wissenschaft vom Lehren und Lernen

2. Theorie und Wissenschaft vom Unterricht

3. Theorie der Bildungsinhalte

4. Theorie der Steuerung von Lernprozessen

5. Anwendung psychologischer Lehr- und Lerntheorien

Diese fünf Bestimmungen sind *„von unterschiedlichem inhaltlichen Begriffsumfang",* [101] und zwar vom Umfang her abnehmend von der ersten bis zur letzten, wobei das nicht so zu verstehen sei, dass jede Bestimmung (bis auf die erste) in der vorhergehenden enthalten ist.

---

[98] [Jank & Meyer 1994, 17], ähnlich bei [Jank & Meyer 2002, 10 f.], siehe weiterhin [Kron 2000, 40 f.].
[99] Kron a. a. O.
[100] [Kron 2000, 48] schreibt: „[...] der Zusatz „allgemeine" Didaktik erübrigt sich [...]".
[101] Kron a. a. O.

Die ersten vier Begriffsbestimmungen beschrieb Klafki bereits 1971, [102] und die fünfte beschrieb 1970 Georg Bittner. [103] In der vierten Bestimmung schlägt sich u. a. die auf Felix von Cube und Helmar Frank zurückgehende „Kybernetische Pädagogik" mit dem „Programmierten Unterricht" nieder, [104] die hier aber nicht zu erörtern ist.

Wenngleich vor allem die erste (umfassendste!) Bestimmung in der *Wissenschaft* wohl vorherrschend ist und auch für das heutige Selbstverständnis der *Didaktik der Mathematik* als Wissenschaft zutrifft, ist zur Vermeidung von Irritationen zu beachten, dass *„Didaktik"* in der Fachliteratur stets sorgsam *im jeweiligen Kontext zu interpretieren* ist! [105] Denn der Terminus „Didaktik" wird vielfach noch immer – in Abgrenzung zur Methodik – im erwähnten *engen Verständnis* verwendet, also in Beschränkung auf die „Inhaltsfrage". [106]

Jedoch gilt *für die nachfolgenden Betrachtungen:*

- *„Methodik"* wird in dieser Monographie konsequent als *Teil der „Didaktik"* verstanden.

- Insbesondere wird künftig anstelle der bisher üblichen Bezeichnung „Mediendidaktik" konsequent der Terminus *„Medienmethodik"* verwendet. [107]

2.5 „Kompetenzen"? – ein kritisch-konstruktiver Einwurf

Der Begriff der Kompetenz hat in den letzten zehn Jahren einen enormen Aufschwung erlebt.
Im Zusammenhang mit zahlreichen Kopplungen wie Kompetenzteam, Kompetenzzentrum,
Schlüsselkompetenz, Medienkompetenz oder Kompetenzmanagement hat er insbesondere
in Fragen der Gesellschafts- und Bildungsreform verstärkt Anwendung gefunden.
Trotzdem sind die grundsätzlichen Altlasten dieses Konzeptes nicht beseitigt worden.

Hans-Dieter Huber [108]

Seit etwa Ende des 20. Jahrhunderts erleben wir in der Tat nicht nur im Bildungswesen eine ständige und geradezu inflationäre Überschwemmung mit einer Propagierung von und einer Diskussion über „Kompetenzen". Doch meinen alle, die diesen Terminus schreibend, lesend oder sprechend verwenden, damit dasselbe? Was also sind eigentlich „Kompetenzen"?

Statt diese Frage definitorisch zu beantworten, sei zunächst zu einem Gedankenspiel eingeladen, beginnend mit statistischen Anmerkungen des Kunsthistorikers Hans Dieter Huber:

Man kann die Mode dieses Begriffes an den Erscheinungszahlen von Buchtiteln sehr gut erkennen. Die Deutsche Bibliothek Frankfurt verzeichnet seit 1945 insgesamt 716 Buchtitel, die den Begriff Kompetenz enthalten. Davon sind 74,8% seit 1990 erschienen; davon wiederum 70,5% in den

---

[102] Klafki in: „Neues Pädagogisches Lexikon", vgl. [Kron 2000, 42].
[103] In: „Kleines Lexikon der Pädagogik und Didaktik", vgl. [Kron 2000, 43].
[104] [Kron 2000, 442]
[105] Detaillierte Ausführungen hierzu bei [Kron 2000, 43 ff.].
[106] Man beachte auch das Verständnis von „Didaktik als Enkulturationswissenschaft" in Abschnitt 3.1.6.
[107] So zunächst in den Abschnitten 3.9 bis 3.11 und dann konsequent stets nachfolgend.
[108] [Huber 2004, 15]; mit Dank an Wolf-Rüdiger Wagner für diesen Literaturhinweis.

letzten sieben Jahren. Während im Jahr 1990 13 Titel mit dem Titelstichwort Kompetenz erschienen sind, waren es im Jahr 2000 schon 68 und 2001 66 Titel. Die Tendenz ist also in jüngster Zeit stark ansteigend. Wie kommt es zu so einer Mode des Begriffes? Vielleicht kann man davon ausgehen, dass es sich um einen Begriff oder ein Konzept handelt, dessen Gebrauch in der Gesellschaft nicht mehr selbstverständlich ist.

Und zu dieser „Selbstverständlichkeit" schreibt Huber ergänzend a. a. O.: [109]

> Über etwas Selbstverständliches muss man eigentlich nicht reden – und auch nicht schreiben. Denn es ist <u>von selbst verständlich</u>. Wenn also über etwas Selbstverständliches eine intensive Diskussion einsetzt, dann kann man fast sicher sein, dass nur noch wenig beziehungsweise gar nichts mehr davon selbstverständlich ist. Bei einer so hohen Zahl von Publikationen zum Thema Kompetenz muss man davon ausgehen, dass wir es seit etwa zehn Jahren mit einer massiven Krise der Kompetenz und mit dem massiven Auftreten von Inkompetenz zu tun haben. [110]

Es mag vielen geläufig sein, dass Klafkis Allgemeinbildungskonzept als sog. „Kompetenz-modell" Eingang in die Sekundärliteratur gefunden hat, doch dabei spricht er nur von „Fähig-keiten" und nicht von „Kompetenzen". [111] Sollte etwa Kompetenz" nur ein anderes (beschö-nigendes, wichtig klingendes?) Wort für „Fähigkeit" sein? Bei Huber lesen wir dazu: [112]

> Kompetenz wird meist im Sinne einer besonderen Fähigkeit verstanden, die man erlernen kann, wie bei kommunikativer Kompetenz, Medienkompetenz, Sprachkompetenz, sozialer Kompetenz, und so weiter. In der gegenwärtigen Debatte ist Kompetenz also ein Begriff, der Erlerntes oder Erlernbares meint, dessen Besitz als eine Form von Wissen oder Können eine Person in besonderer Weise aus-zeichnet. Dies deutet darauf hin, dass es keinen allgemeinen Einheitsbegriff der Kompetenz mehr gibt, sondern nur noch verschiedene Partikularbegriffe. Sie bezeichnen verschiedene Aspekte von Kompetenz, ohne die logischen oder hierarchischen Beziehung genauer zu klären, in denen sie mög-licherweise zu anderen Kompetenzen stehen.

Betrachten wir nach diesen Präliminarien wieder den vorliegenden Kontext von „Bildung": Da in der aktuellen Bildungsdiskussion nicht nur „Bildungsstandards" [113] eine Rolle spielen, sondern insbesondere auch „Kompetenzen", so beispielsweise auch im Zusammenhang mit „Medienkompetenz", seien nachfolgend einige begriffskritische Anmerkungen eingeworfen.

Was also sind „Kompetenzen", bzw. was kann oder soll darunter verstanden werden? Ein Blick in *„Johann August Eberhards Synonymisches Handwörterbuch der deutschen Sprache"* in der 17. Auflage von 1910, das auch online verfügbar ist, liefert folgende erste Erläuterung: [114]

---

[109]   Man beachte das wunderbare, im Zitat hier unterstreichend hervorgehobene Wortspiel!

[110]   Die Lektüre der weiteren Ausführungen von Huber sei empfohlen. Es folgt eine eigene Betrachtung.

[111]   Zumindest habe ich bei meiner Lektüre von Klafkis Buch (ohne digitale Suchfunktion) das Wort „Kompetenz" nicht gefunden; vgl. auch S. 14.

[112]   [Huber 2004, 22]; aber man beachte: Huber behauptet keineswegs, dass „Kompetenz" stets eine „erlernte Fähigkeit" sei (was falsch wäre), sondern dass das *„meist [so] verstanden"* werde: So ist z. B. seit Chomsky und anderen Linguisten bekannt, dass der Spracherwerb nicht über Reiz-Reaktion-Lernen erfolgt (mit Dank an Wolf-Rüdiger Wagner für den Hinweis).

[113]   Eine in sich widersprüchliche Bezeichnung, vgl. S. 7, 13 und 17.

[114]   [Eberhard 1910], speziell: http://www.textlog.de/37690.html (26. 10. 2015)

Kompetent (von lat. *competens*, d. h. in der mittellat. Sprache des Rechts: zuständig, gebührlich, von lat. *competĕre*, zusammentreffen, gemeinsam erstreben) bezeichnet das, was in einem Geschäfts- oder Aufsichtsbezirk zusammentrifft und daher dem Vorsitzenden [...] untersteht, in weiterem Sinne das, wozu der Betreffende von Amts wegen oder seinen Fähigkeiten, seiner Ausbildung nach befähigt und daher auch *befugt* ist, z. B. ein *kompetenter* Richter, d. i. 1. ein Richter, dem die Sache von Rechts wegen untersteht; 2. ein spruchfähiger Richter, der auch fähig ist, die Sache zu entscheiden.

Primär bedeutet „Kompetenz" *hier* also (nur) „Zuständigkeit" (für ein Amt), und erst im weiteren Sinn gesellt sich auch die erforderliche „Fähigkeit" hinzu, die zur Ausübung des Amtes „befugt". Nun wissen wir von hierarchisch organisierten Strukturen wie Behörden, Unternehmen usw., dass „Zuständigkeit" nicht schon für sich genommen stets gepaart mit „Sachverstand" bzw. „Fähigkeit" oder „Befähigung" auftritt, wenngleich dies gewiss sinnvoll und auch wünschenswert wäre.

Deshalb heißt es bereits in dem o. g. Handwörterbuch von 1910 weiter: [114]

Die *Kompetenz* schließt also nicht nur die *Zuständigkeit*, sondern auch die *Befähigung* in sich. *Zuständig* dagegen hebt nur die Zugehörigkeit zu dem Geschäfts- oder Aufsichtskreise einer Amtsstelle oder Amtsperson hervor.

Aber etwas früher findet man z. B. in Meyers Konversationslexikon von 1896 im 10. Band:

Kompetenz (lat.), Zuständigkeit, Befugnis; der gesetzliche Wirkungskreis einer öffentlichen Stelle, namentlich einer Behörde [...].

Und auch rund 70 Jahre später wird z. B. im „Neuen Brockhaus" von 1959 noch geschrieben:

kompetent [lat.], zuständig, befugt. die **Kompetenz**, [...] Zuständigkeit, Befugnis [...]

„Kompetenz" wird hier also *nur* auf „Zuständigkeit" reduziert, während das Synonymische Handwörterbuch von 1910 herausstellt, dass stets auch die „Befähigung" für das Amt dazu gehört. „Kompetenz" bedeutet also in diesem Verständnis *weder nur* „Zuständigkeit" *noch nur* „Befähigung" (jeweils für eine Aufgabe oder ein Amt), sondern *stets beides zusammen*.

Wenn nun im Kontext von Bildung und Allgemeinbildung bei Schülerinnen und Schülern von „Kompetenz" die Rede ist, kann es sicherlich nicht um „Zuständigkeit" gehen, sondern es bleibt – wenn man die zitierte Bedeutung aus dem „Synonymischen Handwörterbuch" zugrunde legt – von diesen beiden Attributen nur die „Befähigung" bzw. die „Fähigkeit".

Es mag ja durchaus sein, dass – wie schon oben vermutet – die aktuelle Verwendung von „Kompetenz" im Bildungssystem ersatzweise für „Fähigkeit" steht, weil das dann spannender klingt. Der (vielleicht auch hier wieder mal) unkritisch übernommene Terminus „Kompetenz" aus der anglo-amerikanischen Literatur mag so zum inflationären Gebrauch von „Kompetenz" auf Kosten des Terminus „Fähigkeit" beigetragen haben.

So schreibt Huber: [112]

Der Begriff der Kompetenz findet sich in der gegenwärtigen Diskussion meist im Zusammenhang mit Fähigkeiten und Fertigkeiten, die zum Beispiel von Bewerbern in Stellenanzeigen oder in Berufsbeschreibungen erwartet werden.

Hier taucht also neben „Fähigkeit" auch der weitere Terminus „Fertigkeit" auf. Das möge zunächst Anlass sein, der Bedeutung dieser Termini „Fähigkeit" und „Fertigkeit" nachzuspüren. So schreibt bereits das Sprachgenie Goethe hierzu in seinen „Wahlverwandtschaften": [115]

> *Fähigkeiten* werden vorausgesetzt, sie sollen zu Fertigkeiten werden. Dies ist der Zweck aller Erziehung. [116]

Heißt das etwa, dass Fähigkeiten vorhanden sind und Fertigkeiten hingegen erlernt werden? Wollen *wir* das wirklich so verstehen? Versteht *man* das so?

Goethe ist zwar kein „Erziehungswissenschaftler", er hat sich aber wie andere Literaten und Philosophen seiner Zeit (etwa Schiller und Rousseau) mit Fragen der „Menschwerdung" befasst. [117] Goethes Sichtweise ist auf den ersten Blick sehr schön – doch ist sie aktuell? Und auf den zweiten Blick kommen Zweifel auf: Es kann wohl kaum sein, dass Erziehung nur darauf zielt, Fähigkeiten zu Fertigkeiten werden zu lassen! Aber vielleicht liegt nur ein Missverständnis vor, weil der Zweifler ein anderes Verständnis von „Fertigkeit" hat als Goethe?

Aber welches Verständnis denn? Und was soll es eigentlich bedeuten, dass „Fähigkeiten vorausgesetzt" werden? Müssen diese (Goethe dreist interpretierend) vielleicht sogar angeboren sein? Oder anders gefragt: „Ab wann" werden sie denn wie „vorausgesetzt"? Wir werfen daher einen singulären Blick in die aktuelle Fachliteratur. So schreibt Wolfgang Klafki im Zusammenhang mit seinem Allgemeinbildungskonzept [118] unter anderem:

> Bei der Auseinandersetzung mit Schlüsselproblemen [...] geht es nämlich nicht nur um die Erarbeitung jeweils problemspezifischer, struktureller Erkenntnisse, sondern auch um die <u>Aneignung</u> von <u>Einstellungen und Fähigkeiten</u>, deren Bedeutung über den Bereich des jeweiligen Schlüsselproblems hinausgeht. Ich nenne vier grundlegende <u>Einstellungen und Fähigkeiten</u> [...] [119]

„Aneignung" heißt hier offenbar für Klafki, dass das betreffende Merkmal (also bei ihm: eine „Fähigkeit") *erworben* und damit also *erlernt* oder *gelernt* wird bzw. werden kann. Man wird wohl kaum bereit sein, hier „Fähigkeiten" durch „Fertigkeiten" zu ersetzen. Oder doch?

Irgendwie scheinen „Fähigkeiten" bei Klafki „höherwertig" eingestuft zu sein als „Fertigkeiten" – jedoch: Passt das zu ihm? Dennoch: Vielleicht legt Klafki gerade deshalb bei seinem Allgemeinbildungskonzept stets Wert auf die *„Bildung von Fähigkeiten"* und nicht auf die von „Fertigkeiten", etwa wie hier: [120]

> Die Methapher der „Hand" signalisiert bei Pestalozzi die *Bildung der praktisch-werktätigen Fähigkeiten* des Kindes [...]

Oder neigen wir etwa dazu, hier eher von „Fertigkeiten" zu sprechen?

---

[115] Goethe: Wahlverwandtschaften I, 5.
[116] Auf „Erziehung" können wir hier nicht eingehen; vgl. hierzu z. B. [Hörner et al. 2008].
[117] Vgl. Zitat von Klafki zu „Bildung" auf S. 9; zu Schiller siehe S. 27, zu Rousseau Fußnote 182, S. 58.
[118] Vgl. Abschnitt 2.1.3.2.
[119] [Klafki 2007, 63]; Hervorhebungen nicht im Original.
[120] [Klafki 2007, 35]; „Fertigkeiten" betrachtet Klafki anscheinend nicht.

Die Auffassung von „*Fähigkeit*" als einem „*erwerbbaren Vermögen zu etwas*" tritt bei Klafki an anderen Stellen ganz klar zutage, so z. B.: [121]

- Bildung als Befähigung zu vernünftiger Selbstbestimmung

- Allgemeinbildung [...] als Bildung aller uns heute erkennbaren humanen Fähigkeitsdimensionen des Menschen.

- Damit sind Anspruch und Möglichkeit jedes Menschen gemeint, zur Selbstbestimmungsfähigkeit zu gelangen [...]

- Vielseitige Interessen- und Fähigkeitsentwicklung [...]

Bereits diese wenigen Zitate lassen vermuten, dass *Fähigkeiten* in Klafkis Auffassung *nicht nur stets angelegt* sind, *sondern* (zumindest auch!) durch (pädagogische) Anleitung bei den Adressaten *entwickelt* bzw. von diesen eigentätig *erworben werden können!* Diese Interpretation von „Fähigkeit" [122] harmoniert auch mit dem Tenor seiner „Neuen Studien zur Bildungstheorie und Didaktik".

Also übernehmen wir Klafkis (hiermit unterstellte Deutung) und modifizieren damit versuchsweise ein wenig die Goethesche wie folgt:

- *Zur Entwicklung von Fertigkeiten sind Fähigkeiten vorauszusetzen.*

So widerspricht das zunächst Goethes Auffassung nicht, wir müssen diese Kennzeichnung aber noch in Klafkis Sinn dadurch ergänzt denken, dass „Fähigkeiten" nicht einfach als „angeboren" aufzufassen sind, sondern dass es möglich ist, im Individuum „neue" Fähigkeiten anzulegen, [123] wobei dann diese Fähigkeiten durch einen weiteren Prozess „Fertigkeiten" nach sich ziehen können.

Der „*Zweck der Erziehung*" besteht dann nicht nur (in verkürzter Sichtweise gemäß Goethe) in der *Ausbildung von Fertigkeiten* aus Fähigkeiten, sondern (insbesondere auch und vor allem) in der (vorausgehenden) *Bildung von Fähigkeiten!*

Interessant ist wiederum ein Blick zurück in „*Johann August Eberhards Synonymisches Handwörterbuch der deutschen Sprache*" von 1910. [124] Die wesentlichen – im vorliegenden Kontext interessierenden – Aussagen lassen sich wie folgt gerafft interpretieren:

- **Fähigkeit**: Sie meint ein besonderes *Vermögen* des Menschen (der somit also zu etwas „imstande" ist, etwas „bewirken" kann), das er gezielt und bewusst in freier Entscheidung einsetzen kann.

---

[121] Bei [Klafki 2007] der Reihe nach auf den Seiten 19, 40, 45 und 69.
[122] ... das Klafki jedoch nach meiner Durchsicht nicht explizit formuliert!
[123] Würden wir hier „entwickeln" sagen, so gäbe es ein Problem: Denn wenn man etwas im Sinne des Wortes „entwickelt", war es ja vorher schon da und wird nur noch freigelegt. „Anlegen" ist dagegen hier offener gemeint und damit zu bevorzugen.
[124] http://www.textlog.de/synonym.html (26. 10. 2015) – hier finden sich die schönen Abschnitte „Fähigkeit. Anlagen", „Fähigkeit. Vermögen" und „Fähigkeit. Geschicklichkeit. Fertigkeit".

Zwischen *Fähigkeit* und *Fertigkeit* wird noch die *Geschicklichkeit* eingeschoben. Wenn nachfolgend von „wirksam" und damit von der „Wirkung" die Rede ist, bezieht sich das auf das gerade erwähnte, mit der „Fähigkeit" verbundene „Bewirken":

- **Geschicklichkeit**: Sie bezeichnet die personale Eigenschaft, dass jemand (erkannte) Regeln „wirksam" anwenden kann, welche eine Ausführung von komplex strukturierten Handlungen ermöglichen, die auf einer bestimmten eigenen *Fähigkeit* beruhen.

- **Fertigkeit**: Sie bezeichnet die personale Eigenschaft, dass jemand in der Lage ist, auf der eigenen *Geschicklichkeit* beruhende, bestimmte Handlungen aufgrund von wiederholter Übung zügig und routiniert auszuführen.

Im o. g. Handbuch lesen wir ferner und staunen: [125]

> Die *Fähigkeit* entsteht aus den angeborenen und erworbenen Anlagen [...]

Nun ist das kein humanwissenschaftlicher Befund, sondern nur eine *sprachwissenschaftlich begründete Aussage*. Gleichwohl steht diese im Einklang mit den vorherigen Zitaten von Klafki, was wiederum deutlich macht, dass offenbar für ihn gar kein Definitionsbedarf bestand.

Wir schließen uns daher im Folgenden dieser (nahe liegenden und plausiblen) Interpretation der Bedeutungsinhalte von „Fähigkeit" und „Fertigkeit" wie folgt definitorisch an:

- **Fähigkeiten** sind ein personales Vermögen zum „Bewirken von etwas", das angeboren oder erworben (d. h.: erlernt) sein kann.

- **Fertigkeiten** basieren auf Fähigkeiten und kennzeichnen, dass jemand bestimmte Handlungen wirksam, zügig und routiniert durchführen kann.

Das passt zur aktuellen Definition von Weinert: [126]

> [Kompetenzen sind] die bei Individuen <u>verfügbaren oder</u> durch sie <u>erlernbaren</u> kognitiven Fähigkeiten und Fertigkeiten, um bestimmte Probleme zu lösen, [...].

Unter „Kompetenzen" fallen daher zusammenfassend *„Fähigkeiten und Fertigkeiten"* (auch unter Einschluss von „Geschicklichkeit"), wobei die vorherigen Betrachtungen verdeutlichen mögen, dass es pädagogisch und didaktisch angeraten ist, die beiden (bzw. gar die drei) o. g. Aspekte (zumindest situativ!) zu unterscheiden, statt sie mit der Allerweltsfloskel „Kompetenz" zu benennen (die zudem darüber hinaus noch „Zuständigkeit" mit beinhaltet).

Daher soll es im vorliegenden Rahmen von Allgemeinbildung nicht um „Kompetenzen" gehen, sondern nur um das *Anlegen oder* ggf. das *Wecken einer Fähigkeit* (als personalem Vermögen) und darauf aufbauend um die *Entwicklung* von *Geschicklichkeit* und *Fertigkeit*. Die zur „Kompetenz" gehörende „Zuständigkeit" bleibt damit außer Betracht. [127]

---

[125] http://www.textlog.de/38018.html (26. 10. 2015)
[126] [Weinert 2001, 27]; Hervorhebungen nicht im Original.
[127] Oft wird „Können" als eine Zusammenfassung von „Fähigkeit" und „Fertigkeit" verstanden.

Wann immer aber im Folgenden dennoch, etwa zitierend, „Kompetenzen" erwähnt sein sollten, mögen mit diesem Terminus *diese drei Aspekte* – also Fähigkeit, Geschicklichkeit und Fertigkeit – begrifflich subsumiert werden, wie es selbstredend bei dem in Bild 2.3 gezeigten „Wettstreit" visualisiert wird: Vollrath schreibt dazu unter der Überschrift „Probleme des Rechnens": [128]

> Entscheidende Impulse kamen aus der Mathematik mit der Entwicklung des *Ziffernsystems*. Mit der Darstellung der Zahlen im *Dezimalsystem* wurde schriftliches Rechnen möglich. Das Ziffernrechnen trat zunächst in Konkurrenz *zum Rechnen auf Linien*, bei dem mit „Rechenpfennigen" gerechnet wurde.

> Beim schriftlichen Rechnen wurde mit Symbolen gearbeitet. Dieses Rechnen folgt strengen Regeln, die zu lernen sind. Kompliziert wird es durch die Sonderfälle [...]: das Rechnen mit der Null oder notwendige Zehnerüberträge. [...]

Bild 2.3: „Typus Arithmeticae", auch genannt „Madame Arithmatica" (Gregor Reisch 1508): „Rechen-Wettstreit" – interpretiert als Visualisierung von Fähigkeit, Geschicklichkeit und Fertigkeit.

> Beim Rechnen auf Linien wird mit Rechenpfennigen als konkreten Objekten hantiert. Auch hier gibt es natürlich Regeln, die zu lernen sind. Doch es sind relativ einfache Regeln, so wie die Regeln bei einfachen Brettspielen, die die meisten Menschen lernen können. [...]

> Dass die beiden Methoden miteinander konkurrieren, kommt gut in einem Bild aus dem Buch von Gregor Reisch (um 1470 – 1525) zum Ausdruck [...]. Dort soll „Arithmetica" in einem Wettstreit zwischen dem „Rechnen mit der Feder" und dem „Rechnen auf den Linien" entscheiden. Schon an den Gesichtern ist zu erkennen, wem die Sympathie des Verfassers gehört.

2.6   Am Rande: Bildung und Wissen – Bildung ist das Paradies!

„Wissen" hängt mit „Erkenntnis" zusammen und wird nicht nur in der Bildungstheorie und der Psychologie untersucht, sondern vor allem und schon immer in der Philosophie. So steht z. B. in dem (schulgeeigneten) „Wörterbuch der Philosophie": [129]

Wissen: Gegenbegriff zu Glauben (siehe dort). [...]

Glauben: Im allgemeinsten Sinn des Wortes eine unsichere Überzeugung, eine Vermutung. Im engeren Sinn der Gegenbegriff zu Wissen bzw. Erkenntnis, wobei zwischen dem religiösen bzw. dem philosophischen (besser: metaphysischen) Glauben zu unterscheiden ist. [...]

---

[128]   [Vollrath 2013, 108]; Bild 2.3 findet sich z. B. auch in [Vollrath 2013, 109].
[129]   Franz Austeda: *Wörterbuch der Philosophie*. Berlin: Humboldt-Taschenbuchverlag, 1968.

Das ist einleuchtend, aber es klärt keineswegs hinreichend. So ist z. B. im auf S. 10 erwähnten Brockhaus-Zitat zu lesen:

> Gebildet ist nicht, wer nur Kenntnisse besitzt und Praktiken beherrscht, sondern wer durch sein Wissen und Können teilhat am geistigen Leben.

Hier wird also betont, dass „Bildung" mehr ist als nur ein „Vorhandensein von Wissen", dass aber „Bildung" gleichwohl eine individuelle „Verfügbarkeit über Wissen" *erfordert*.

Hilbert Meyer wird auf S. 18 mit folgender Frage zitiert:

> *Wie wird das von den Schulen verwaltete Bildungswissen zum Unterrichtsinhalt?*

Hier erscheint „Wissen" speziell als ein „Bildungswissen", und zwar im Sinne einer kanonisch verwalteten Sammlung, die erst durch den Prozess der „Bildung" zum Leben erweckt wird.

Auf S. 29 ist zu lesen, dass Bernd Guggenberger von

> der *„Produktivkraft des Irrtums"* für die *Weiterentwicklung unseres Wissens*

spricht. Bedeutet das nun alles, dass „Wissen" etwas ist, das sich *im Individuum* „kumuliert"? Ist das auch mit dem *„Wissen von der Technik"* auf S. 30 gemeint? Das könnte auch Hans-Dieter Huber im Rahmen seiner „Kompetenzkritik" auf S. 36 sinngemäß unterstellt werden:

> In der gegenwärtigen Debatte ist Kompetenz also ein Begriff, der Erlerntes oder Erlernbares meint, dessen Besitz als eine Form von Wissen oder Können eine Person in besonderer Weise auszeichnet.

Da es im bildungstheoretischen Kontext von „Medien" u. a. auch um „Neue Medien" geht, wird man im Zusammenhang mit „Kompetenz" möglicherweise sogleich auch an eine diesbezügliche „Benutzungskompetenz" denken. Der Philosoph Walter Ch. Zimmerli betont dazu mit Blick auf das Internet bzw. das World Wide Web eine weitere Perspektive: [130]

> Aber Bildung bedeutet nicht nur Internet-Benutzungskompetenz, sondern auch *Persönlichkeitsbildung*. Deren Ziele bestehen nicht in Karrieremustern oder Kognitionsfertigkeiten, sondern in einer *Schärfung der Urteilskraft*, der *Erringung transkultureller Kompetenz* sowie der *Stärkung geistiger Orientierung*. [...] Wenn wir uns klarmachen, dass auch eine große Bibliothek ein externer Wissensspeicher ist, dessen Inhalt selbst gebildete Menschen nicht ständig vor sich haben, dann leuchtet ein, dass auch das Internet strukturell nichts anderes bereitstellt, als eine große Bibliothek, für die wir allerdings keinen Gesamtkatalog haben. Über Bildung zu verfügen hieße daher, so viel zu wissen, dass man sich in den externen Wissensspeichern zurechtfindet – oder in den Worten von Georg Simmel: *„Gebildet ist, wer weiß, wo er findet, was er nicht weiß."*
>
> Es geht also darum, *im Nichtwissen intelligent navigieren* zu können. Voraussetzung dafür ist ein *Wissen um die Grenzen der eigenen Kompetenz* und zugleich zu wissen, wie und mit welcher technischen Hilfe man sucht, was man noch nicht weiß, was aber als *latentes Wissen* im Netz stehen könnte [...]. Nach wie vor trifft zu, dass Bildung im Sinne dessen, was man einmal gelernt hat, eine ähnliche Bedeutung hat, wie Jean Paul sie der Erinnerung zuschrieb: *das Paradies zu sein, aus dem wir nicht vertrieben werden können.*

---

[130] [Zimmerli 2000, 22] in seinem Aufsatz mit dem Titel „Bildung ist das Paradies".
Zum *Unterschied zwischen Internet und WWW* vgl. S. 45 (siehe dazu Fußnote 134), 180, 371, 393 und 396.

Wenn also „gebildet zu sein" künftig bedeuten sollte, sich das *Wissen der Welt* (auch) im World Wide Web – diesem *„externen Wissensspeicher"* – *eigenständig erschließen* zu können und über eine *geschärfte Urteilskraft* zu verfügen, so ist über das World Wide Web hinaus weisend zu bedenken:

Es genügt nicht, (Neue) Medien im Unterricht nur einzusetzen, sondern sie sind auch bezüglich ihrer Möglichkeiten kritisch zu reflektieren – und zwar sowohl bezüglich ihrer Chancen und Risiken! *Und das macht dann erst Bildung aus!*

Das wäre aber nicht mit einer Vorstellung vereinbar, gemäß der sich „Wissen" nur auf ein kumuliertes Etwas *im Individuum* bezieht, sondern vielmehr würde „Aneignung von Wissen" einschließen, das in den neuen externen Wissensspeichern vorhandene „Wissen" zu nutzen, was bedingt, dass man gelernt hat, das auch zu *können*. Zwar ist damit noch nicht definiert, was „Wissen" ist, aber es erscheint als etwas, das gemäß Abschnitt 2.1.2.6 zur *materialen Bildung* gehört, die wiederum untrennbar gemeinsam mit der *formalen Bildung* die *kategoriale Bildung* ausmacht, wie es auch bereits im Zitat zu Meyers Lexikon auf S. 10 zum Ausdruck kommt.

Übrigens hatten Anselm Lambert und ich 2002 bei der Entstehung meines Buches über „Mathematikunterricht und Neue Medien" das o. g. Zitat von Simmel wie folgt modifiziert:

- *Gebildet ist, wer weiß, wo er findet, wie er findet, was er nicht weiß.*

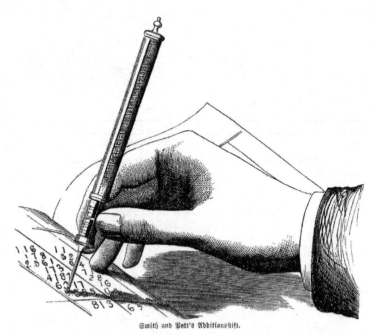

Smith und Pott's Additionsstift.

Bild 2.4: Die „Illustrirte Zeitung" berichtet am 15. Januar 1876 in Nr. 1698 auf S. 59
von der *bahnbrechenden Erfindung eines Additionstiftes*
– gefunden von Wolf-Rüdiger Wagner am 10. März 2016

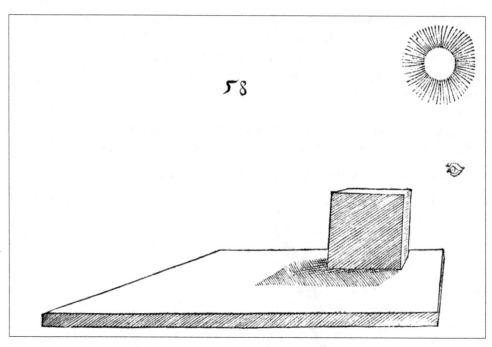

Albrecht Dürer (1525) – Zentralprojektion eines Würfels, aus:
Underweysung der Messung, mit dem Zirckel und *Richtscheyt, in Linien, Ebenen unnd gantzen corporen*

3   Medien im didaktischen Kontext

Kommunikationsmedien, Wahrnehmungsmedien, technische Medien, Massenmedien,
Medien der Überlieferung usw. Nichts scheint dringender, aber
nichts wäre auch fruchtloser, als definieren zu wollen, was Medien eigentlich sind.

Bernhard Dotzler 2001 [131]

Da es in diesem Buch um *Mathematik, Medien und Bildung* geht, ist trotz dieses Eingangszitats zu klären, was *hier* mit „Medien" gemeint ist – zwar zunächst aus einer mathematikdidaktischen Fragehaltung heraus, aber auch *fachübergreifend im Kontext von Didaktik.* [132] Dazu gehören dann auch Aspekte der in der wissenschaftlichen Pädagogik betrachteten *Enkulturation*, was wiederum voraussetzt, dass der hierfür grundlegende Terminus „Kultur" reflektiert wird.

3.1   Medien, Kultur und Enkulturation

Was sind „Medien", was *wollen* oder können *wir hier* darunter verstehen? Mit Wittgenstein betrachten wir zunächst *einige Aspekte des oft üblichen Gebrauchs des Wortes „Medien".* [133]

3.1.1   „Medien" im naiven umgangssprachlichen Verständnis

• *Massenmedien – oder: „Die Medien sind schuld ..."*

In dieser Verbindung begegnen uns Medien ständig im Alltag, und zwar sind dann Presse, Rundfunk und Fernsehen gemeint, wie es z. B. der Hinweis *„Die Medien sind schuld ..."* zeigt. Für den „Medienwissenschaftler" Norbert **Bolz** kennzeichnen die Massenmedien eine von sechs Epochen der Mediengeschichte, angefangen von der „Mündlichkeit" bis hin zur heutigen (technischen!) „Vernetzung" durch das Internet [134] und das „World Wide Web" (WWW): [135]

> Wir können sechs Epochen der Mediengeschichte unterscheiden: Mündlichkeit, Schriftlichkeit, Buchkultur, Massenmedien, Digitalisierung und Vernetzung. [...] Eine erste Zäsur in der Mediengeschichte markiert die Erfindung der Schrift – und hier melden sich schon die ersten medienkritischen Stimmen: Platon! Schriftlichkeit mündet dann in die Form des Buches. [...] das gedruckte Buch der Gutenberg-Galaxis markiert die zweite Zäsur der Mediengeschichte.

---

[131]   Zitiert in [Becker 2005, 65 f.]

[132]   „Didaktik" steht nachfolgend für die früher so genannte „Allgemeine Didaktik", vgl. Abschnitt 2.4.

[133]   Ludwig Wittgenstein: *„Die Bedeutung eines Wortes ist sein Gebrauch in der Sprache."* („Philosophische Untersuchungen", Nr. 43)

[134]   Im wissenschaftlichen Kontext sind das „Internet" (ein materieller, ungerichteter Graph, bestehend aus Servern, Routern und Computern als *Knoten* und Verbindungen zwischen ihnen als *Kanten*) und das „World Wide Web" (WWW, als virtueller, gerichteter Graph, bestehend aus Webseiten als *Knoten* und Hyperlinks zwischen ihnen als *Kanten*) streng zu unterscheiden (siehe dazu S. 180, 371, 393 und 396).

[135]   [Bolz 2009, 872]; der Bezug auf Platon lässt sich so kennzeichnen, dass *mit der Erfindung der Schriftlichkeit die Tugend der mündlichen Überlieferung verloren gegangen sei*; betr. „Gutenberg-Galaxis" vgl. auch S. 107.

Eigentlich beginnt mit dem gedruckten Buch schon die Ära der Massenmedien, aber wenn wir heute von Massenmedien sprechen, meinen wir natürlich Zeitungen, Zeitschriften, den Rundfunk und vor allem das Fernsehen. Denn zwischen den Massenmedien und der Gegenwart liegt die große Zäsur der Digitalisierung. Die Erfindung des Computers lässt sich in ihrer kulturgeschichtlichen Bedeutung tatsächlich nur mit der Erfindung der Druckerpresse vergleichen. Und in den letzten Jahren konnten wir eine Verschiebung des Interesses von der Informationsverarbeitung zur Kommunikation beobachten: Auf die Digitalisierung folgt die Vernetzung.

- *Mediengesellschaft*

Abgesehen davon, dass es im handelsrechtlichen Sinn „Mediengesellschaften" (mbH) gibt, die hier nicht gemeint sind, wird mit „Mediengesellschaft" ein *soziologischer Aspekt* einer „Gesellschaft" angesprochen. So wurden 1952 in Deutschland die ersten Fernsehsendungen der Nachkriegszeit ausgestrahlt, und dieses Ereignis wurde z. B. 2009 in der Fernsehsendung „60 x Deutschland – die Jahresschau" sinngemäß unter *„Deutschlands erste Schritte in die Mediengesellschaft"* gewürdigt. [136]

- *Unterrichtsmedien* [137]

Hier geht es um den *Medieneinsatz,* also um *Medien als methodisches Hilfsmittel* zur Unterrichtsgestaltung. Solche „Medien" werden seit langem beispielsweise vom FWU (Institut für Film und Bild in Wissenschaft und Unterricht) [138] entwickelt und den Schulen (z. B. über sog. *„Landesmedienstellen"* oder *„Bildstellen"* etc.) leihweise oder käuflich für Unterrichtszwecke angeboten. Werbe-Slogan des FWU: *„ Wir produzieren Medien für die Bildung".*

Zu solchen Medien zählten bislang Filme, ferner der Schulfunk, das Schulfernsehen und auch die klassischen (meist selbst gefertigten) Projektionsfolien für den (vor allem früher wichtigen) Overheadprojektor (OHP). Aktuell sind die Videokamera, der Computer und der Taschenrechner bzw. der Taschencomputer samt zugehörigen Projektionsmöglichkeiten (Beamer) zu nennen, wobei diese Auflistung prinzipiell offen ist: So kommen noch diverse je aktuelle „Neue Medien" hinzu, wie etwa insbesondere nun auch Smartboards, die derzeit in Schule und Hochschule schon teilweise zur Selbstverständlichkeit geworden sind. [139]

- *Unterschiedliche Deutung von „ Medium" auch im didaktischen Kontext*

Bereits diese wenigen oben aufgelisteten Beispiele weisen auf *unterschiedliche Auffassungen von „ Medium"* hin, die jeweils *kontextgebunden* sind und dann oft auch definitorisch nicht weiter hinterfragt werden, was gelegentlich sogar in wissenschaftlichen Abhandlungen so gehandhabt wird.

---

[136] Im Sender „Phönix" am 26. 12. 2009 um 09:58 h.
[137] Man findet auch die Bezeichnung „didaktische Medien", so bei [Issing 1983] oder bei Klimsa unter http://www2.tu-ilmenau.de/zsmp/Klimsa_Ausgabe_drei (26. 10. 2015): Dort wird also „Didaktik" im engen Sinn verwendet (vgl. Abschnitt 2.4), so dass damit „methodische Medien" viel treffender wäre. Wir nennen solche Medien an späterer Stelle *„ Unterrichtsmittel"* (vgl. S. 71 und S. 75).
[138] Auch als „Das Medieninstitut der Länder" tituliert: http://www.fwu.de/ (26. 10. 2015)
[139] „Derzeit" bedeutet 2016; siehe auch Abschnitt 3.6 auf S. 67.

So verwendet z. B. sogar Klafki „Medium" im didaktischen Kontext nebeneinander – und quasi selbstredend – in unterschiedlicher Bedeutung: [140]

> Bildung als Subjektentwicklung im <u>Medium</u> objektiv-allgemeiner Inhaltlichkeit

> [...]. Hier also wird der ästhetische Zustand nicht mehr nur als Vorbereitungs<u>medium</u> für die [...] Vernunftfähigkeit [...] gedeutet [...].

> [...]. Andererseits lassen diese Erläuterungen einmal mehr erkennen, daß Allgemeinbildung als „Bildung im <u>Medium</u> des Allgemeinen" nicht nur kognitive Ansprüche stellt.

> [...] des aktiven Einsatzes von <u>Medien</u> – Foto, Videoaufnahme, Tonband, Kassette – [...] durch die Schüler [...].

Im letzten Zitat ist „Medium" abgrenzend als *„ Unterrichtsmedium"* zu verstehen. Und in den vorherigen Zitaten könnte es – metaphorisch verallgemeinert – als eine *„ Umgebung"* gedeutet werden. [141] So weisen diese unterschiedlichen inhaltlichen Bedeutungen von „Medium" insgesamt auf einen bereits im didaktischen Kontext sehr *weiten Begriffsumfang* hin.

3.1.2 Kron: „Medium" im bildungswissenschaftlichen Verständnis

Kron widmet „Medien" das letzte Kapitel in seinem fachübergreifenden Buch „Grundzüge der Didaktik". Er weist zunächst auf die lateinischen Wurzeln „medius" und „medium" hin: [142]

- medius: in der Mitte, dazwischen liegend, Mittelding, vermittelnd, [143] ferner auch: störend

- medium: Mitte, aber auch: Öffentlichkeit, Gemeinwohl, Gemeingut

Er hebt anschließend hervor, dass in diesen beiden etymologischen Wurzeln von medium die folgenden *zwei Grundbedeutungen* erkennbar seien, in denen uns Medien gegenübertreten:

(1) Medien als Vermittler von Kultur ⸺ Medien in diesem Sinne sind dann

> [...] Dinge, Instrumente, symbolische Ausdrucksformen, die zwischen Mensch und Welt etwas vermitteln. Dieses Etwas bzw. der Inhalt des Vermittlungszusammenhangs kann im weitesten Sinn als Kultur, im engeren Sinn als Information über Kultur bezeichnet werden. [144]

(2) Medien als dargestellte Kultur [145] ⸺ Medien in diesem Sinne sind dann

> [...] Dinge, Instrumente, symbolische Ausdrucksformen, kurzum kulturelle Darstellungen für alle Menschen, die öffentlich und in gewisser Weise Gemeingut sind. Es könnte auch formuliert werden: Medien stellen Kultur dar, die für alle zugänglich ist. [144]

---

[140] Die Zitate stammen aus [Klafki 2007], und zwar der Reihe aus den Seiten 20 (als Überschrift), 34, 65 und 68; Hervorhebungen nicht im Original.

[141] Auf den letztgenannten Aspekt wird u. a. in Abschnitt 3.1.7 auf S. 56 f. eingegangen.

[142] [Kron 2000, 323]

[143] Kron schreibt allerdings „vermitteln", was hier durch „vermittelnd" sinnfällig präzisiert wurde.

[144] [Kron 2000, 323]

[145] Die Formulierung „Medien als dargestellte Kultur" wurde hier anstelle von Krons eher missverständlicher Formulierung *„ Medien [als] kulturelle Darstellungen"* gewählt, weil das sowohl kontextuell sinnvoll als auch vermutlich so gemeint ist. Auch trifft „dargestellte Kultur" die Situation besser als die naheliegende, analoge Formulierung „Darstellung von Kultur".

In diesen beiden Grundbedeutungen werden „Medien" sowohl durch die Auflistung *„Dinge, Instrumente, symbolische Ausdrucksformen"* als auch mit Bezug auf „Kultur" erfasst, jedoch mit folgendem (nicht trennscharf zu verstehenden!) Unterschied:

- *Medien als Vermittler von Kultur*: Hier wird den Menschen Kultur durch oder vermittels Medien nahe gebracht, kurz beschreibbar durch: „Medien *vermitteln* Kultur."

Diesen ersten Fall könnte man auch wie folgt kennzeichnen:

> ➤ Medien ermöglichen eine *mittelbare Wahrnehmung von Kultur.*

- *Medien als dargestellte Kultur*: Medien treten hier also nicht (nur) in der Rolle als Vermittler von Kultur auf, sondern kurz: „Medien *sind* selber schon (dargestellte) Kultur."

Dieser zweite Fall lässt sich auch wie folgt beschreiben:

> ➤ Medien ermöglichen eine *unmittelbare Wahrnehmung von Kultur.*

Zwar scheint diese zweite Interpretation der ersten zu widersprechen, sie pointiert aber den o. g. Deutungsansatz von Kron als eine *Doppelgesichtigkeit von Medien,* nämlich einerseits in der Formulierung „Medien als *Vermittler von Kultur"* und andererseits in „Medien als *dargestellte Kultur".* Die geradezu „klassische" und eher naive (enge!) Deutung von *Medien nur als Vermittlern* erweist sich damit als *einseitig.*

Doch was ist eigentlich mit „Kultur" gemeint, zumindest im *hier vorliegenden bildungstheoretischen Kontext von Pädagogik und Didaktik*?

So nimmt Kron in seinen Ausführungen Bezug auf ein anthropologisch und pädagogisch geprägtes *Fachverständnis* von „Kultur", während es zweifelsfrei – ähnlich wie bei „Medien" – auch ein *naives* Verständnis von „Kultur" gibt, das nun zunächst – wieder gemäß Ludwig Wittgenstein [133] – angesprochen sei:

3.1.3   „Kultur" in naiver und philosophischer Sicht

> *... denn so ungenügend der Begriff Kultur begrenzt sein mag,*
> *er setzt doch auf jeden Fall eine menschliche Gesellschaft voraus [...]*
>
> Johan Huizinga [146]

Auf den ersten Blick scheint klar zu sein, was mit „Kultur" gemeint ist, haben doch beispielsweise alle seriösen Tages- und Wochenzeitungen i. d. R. einen mehr oder weniger umfangreichen *Kulturteil,* früher meist liebevoll „Feuilleton" genannt (teilweise auch heute noch), [147] seriöse Fernseh- und Rundfunksender bieten *Kultursendungen* und *Kulturtipps* an, und manche Bundesländer haben – neben einem Kultusministerium – ein *Kulturministerium.* Und worum geht es dann in diesem Fall bei „Kultur"? Vermutlich so (?):

---

[146] [Huizinga 1987, 9]
[147] Das „Feuilleton" (= „Blättchen") wurde 1800 im „Journal des Débats" durch den Abbé Geoffroy für Theaterkritiken eingeführt, es entwickelte sich dann später zum „Kulturteil" von Zeitungen.

- „Kultur" als Dachbezeichnung für den musisch-schöngeistigen Bereich unter Einschluss von Kunst, Literatur, Musik und Theater, ggf. auch angereichert um populärwissenschaftliche Darstellungen.

Diejenigen, die sich für diese Aspekte von „Kultur" nicht interessieren oder sich in diesen Bereichen „nicht auskennen", werden dann oft

- *„Kulturbanausen"* oder *„Kulturmuffel"* oder *„kulturlos"* ...

... genannt, und passend dazu und andererseits sind

- *„Kulturschaffende ...*

... dann (vereinfacht dargestellt) all jene, die (im Gegensatz zu den Kulturbanausen) kreativ (und meist auch öffentlich, s. o.) diesen „Kulturbetrieb" gestalten *(Dichter, Schriftsteller, Musiker, Maler, Bildhauer, Schauspieler, Tänzer, Ausstellungsmacher, Journalisten, ...)*.

Zu diesem Verständnis von Kultur passt das folgende scheinbar antinomische Duo:

- *„Wissenschaft und Kultur"*

In dieser Lesart erkennen wir eine merkwürdige, wohl mitgedachte Trennung zwischen „Wissenschaft" und „Kultur", die jedoch mit einem für „Wissenschaft" zuständigen „Kulturministerium" (s. o.) nicht vereinbar ist, weil ja dann „Wissenschaft" ein Teil von „Kultur" wäre.

Im Zitat von Norbert Bolz auf S. 45 zeigt sich allerdings mit

- *„Buchkultur"* ...

... ein weiteres Verständnis von „Kultur", das nicht so gut zu dem gerade beschriebenen feuilletonistischen passt, weil es doch nicht nur die damit betrauten „Kulturschaffenden" (also hier die Dichter und Schriftsteller) betrifft, sondern auch deren „Abnehmer". Diese Buchkultur betrifft also mehr den *Umgang mit dem Medium* „Buch" und die Bedeutung dieses Mediums für die Gesellschaft und deren Mitglieder. Die „Buchkultur" ist daher strukturell eher mit der

- *„Esskultur"* ...

... (einer Gesellschaft, Gruppe, Familie, ...) vergleichbar, nicht zu vergessen auch die wichtige

- *„Streitkultur".*

Das führt uns sogleich zur vielfach diskutierten und gern locker propagierten neuen

- *„Unterrichtskultur"* [148] ...

... im „Bildungsbetrieb", und wir entfernen uns dabei immer mehr von dem feuilletonistischen Kulturverständnis. Augenzwinkernd zu erwähnen wäre auch noch der sog.

- *„Kulturbeutel".*

Ein weiteres Verständnis von „Kultur" zeigt sich im beliebten Ziel des Reisens, nämlich:

- *„andere Kulturen kennen lernen".*

---

[148] Vgl. die Thesen von Heymann auf S. 25.

Und auch im Folgenden geht es nicht nur um Dichtung, Kunst und Musik:

- *„Die Römer nannten alle Völker ‚Barbaren', die sich ihrer Kultur nicht verpflichtet sahen."*

Ein aktueller soziologischer Aspekt von „Kultur" zeigt sich z. B. in

- *„multikulturell"* oder *„Leitkultur"* oder *„Kampf der Kulturen"*.

Und wenn sich die deutsche Bundesregierung einen

- *„Staatsminister für Kultur und Medien"* ...

... leistet – was soll man davon halten? Welches Verständnis von Kultur bzw. von Medien liegt wohl hier zugrunde?

Seit 1985 wird in der Europäischen Union jährlich eine

- *„Kulturhauptstadt"* ...

... ausgerufen, [149] und im Herbst 2015 tauchten neue Wortschöpfungen auf wie z. B.

- *„Willkommenskultur"*, *„Unternehmenskultur"* und *„Kultur der Vernunft"*.

Dagegen bezeichnet man mit

- *„Kulturtechniken"*

oft (naiv?) die (zu erwerbenden bzw. erworbenen) *Fertigkeiten* des Lesens, Schreibens und Rechnens, [150] womit wir konkret beim didaktischen Kontext angelangt sind. Doch spätestens jetzt wird man geneigt sein, klären zu wollen (oder gar zu müssen?), was hier unter „Kultur" (wie auch unter „Medien") verstanden werden *soll*, wenngleich auch beispielsweise Wolfgang Klafki „Kultur" durchaus ohne explizite Definition wie selbstverständlich in einem sehr weiten Verständnis verwendet, etwa: [151]

> [...] Kanonproblem. Dieses Problem ist lange Zeit als Frage nach einem verbindlichen Kreis von <u>Kultur</u>inhalten verstanden worden.
>
> [...] zunehmende Vernetzung oder Verkoppelung des Schicksals *aller* Erdteile, <u>Kulturen</u>, Staaten [...]

Allerdings ist die hier jeweils gemeinte Bedeutung von „Kultur" vermutlich selbstredend.

Immerhin ist es naheliegend oder gar erwägenswert, im didaktischen Kontext zwischen *„Kultur im engen Sinn"* (Feuilleton oder Kunst, Literatur, Musik, Theater, ...) und *„Kultur im weiten Sinn"* (Kultur als „die Gesamtheit der Lebensäußerungen eines Volkes" [152]) zu unterscheiden, um damit dann den faktischen (?) Begriffsumfang erfassen zu können.

---

[149] Siehe die Übersicht dazu unter: https://de.wikipedia.org/wiki/Kulturhauptstadt_Europas (26. 10. 2015)
[150] Vgl. den folgenden Abschnitt 3.1.4, insbesondere dann die Abschnitte 4.5 und 4.6.
[151] Aus [Klafki 2007] S. 56 und 79; unterstreichende Hervorhebungen nicht im Original.
[152] Aus: Der Neue Brockhaus. Wiesbaden: F. A. Brockhaus, 1959, Band 3.

Zur Vertiefung sei hier die Lektüre des britischen Literaten und Naturwissenschaftlers Charles Percy **Snow** [153] bezüglich der berühmten von ihm so genannten „Zwei Kulturen" empfohlen:

Snow plädiert aus seiner aktiven Erfahrung in diesen beiden „Kulturen" – nämlich der Literatur *und* der Naturwissenschaft – für die *Notwendigkeit des Einanderverstehenwollens der sich meist nicht verstehenden „Kulturen"* der Naturwissenschaftler einerseits und der Geisteswissenschaftler andererseits, anstatt sich wie üblich eher abzugrenzen. [154]

Jürgen Habermas kommentiert 1968 dieses Problem der „Zwei Kulturen" feinsinnig: [155]

Seitdem im Jahre 1959 C. P. Snow ein Buch mit dem Titel *The Two Cultures* erscheinen ließ, hat von neuem, und nicht nur in England, eine Diskussion über das Verhältnis von Wissenschaft und Literatur eingesetzt. Wissenschaft ist dabei im Sinne von *Science* eingeschränkt auf strikte Erfahrungswissenschaften, während Literatur weit gefaßt ist und in gewissem Sinne auch das einschließt, was wir geisteswissenschaftliche Interpretation nennen. Die Abhandlung, mit der Aldous Huxley unter dem Titel *Literature und Science* in die Kontroverse eingegriffen hat, beschränkt sich freilich auf eine Konfrontation der Naturwissenschaften mit der belletristischen Literatur.

Beide Kulturen unterscheidet Huxley zunächst unter dem Gesichtspunkt der spezifischen Erfahrungen, die in ihnen verarbeitet werden: die Literatur macht Aussagen über eher private Erfahrungen, die Wissenschaften über intersubjektiv zugängliche Erfahrungen. Diese lassen sich in einer formalisierten Sprache ausdrücken, die nach allgemeinen Definitionen für jedermann verbindlich gemacht werden kann. Die Literatur hingegen muß das Unwiederholbare verbalisieren und von Fall zu Fall die Intersubjektivität der Verständigung herstellen. Aber diese Unterscheidung zwischen privaten und öffentlichen Erfahrungen gestattet nur eine erste Annäherung an das Problem. Das Moment Unaussprechlichkeit, das der literarische Ausdruck bewältigen muß, geht nicht so sehr darauf zurück, daß ihm ein in Subjektivität eingesperrtes, ein privates Erlebnis zugrunde liegt, sondern darauf, daß diese Erfahrungen sich im Horizont einer lebensgeschichtlichen Umwelt konstituieren. Die Ereignisse, auf deren Zusammenhang sich die Gesetzeshypothesen der Wissenschaft richten, lassen sich zwar in einem raumzeitlichen Koordinatensystem beschreiben, aber sie sind nicht Elemente einer Welt [...].

Abschließend und ergänzend sei noch ein kurzer Blick auf ein philosophisches Verständnis von „Kultur" geworfen, das Andreas Preußer im „Handwörterbuch Philosophie" beschreibt: [156]

Von lat. *cultura* , ›Ackerbau‹: Eine allein dem Menschen zukommende Leistung, die es ihm gestattet, über seine Naturwesenhaftigkeit hinauszugelangen. Dabei erstreckt sie sich auf alle Gebiete des Denkens und Handelns. In ihrer Urgestalt ist sie das Wissen um die Urbarmachung des von sich her brach liegenden Bodens. Doch wird sie damit und darüber hinausgehend zur Technik (griech. *techne*, ›Kunst‹), d. h. zur gestalterischen Kraft, die es fertig bringt, die widerspenstige Natur zu zähmen. Im philosophischen Bereich ist es der menschliche Geist, der kultiviert werden muss.

---

[153] Informationen über Snow z. B. unter
https://de.wikipedia.org/wiki/Charles_Percy_Snow oder https://en.wikipedia.org/wiki/C._P._Snow. (26. 10. 2015).

[154] Vgl. [Snow 1959 a] und [Snow 1959 b] in [Kreuzer 1987]; siehe dazu auch Fußnote 93, S. 32.

[155] [Habermas 1968, 104], also weit vor Erscheinen des Sammelbandes von Kreuzer (vgl. Fußnote 154); unterstreichende Hervorhebung nicht im Original. Zu „Sprache" siehe auch Abschnitt 9.4.

[156] http://www.philosophie-woerterbuch.de/ (17. 01. 2015); unterstreichende Hervorhebungen nicht im Original.

Zunächst geht es darum, alle Kräfte des Geistes zu stärken, d. h. seine Geschicklichkeit zu üben und zur Vervollkommnung anzuhalten. Die Kultivierung ist sowohl physisch, auf Disziplin ausgerichtet, als auch moralisch, auf das sittlich Gute hin orientiert. Die einzelnen Kräfte, die der Kultivierung bedürfen, sind das Erkenntnisvermögen, die Sinne, die Einbildungskraft, das Gedächtnis und die Aufmerksamkeit, sowie Verstand, Urteilskraft und Vernunft. Darüber hinausgehend kann der Mensch auch das besondere Vermögen des Geschmacks üben, woraus dann die äußerlich sichtbaren Kulturleistungen – die schönen Künste – hervorgehen. Der kultivierte Mensch unterscheidet sich also vom rohen und wilden ›Natur‹-Menschen durch seine ausgeprägtere Verstandestätigkeit, seine differenziertere Wahrnehmung von Welt und durch das Übersteigen des bloß Nützlichen und Angenehmen hin zum Schönen. Kultur gestaltet sich jedoch nicht individuell, sondern ist in einen Rahmen von Überliefertem eingebunden. Diese tradierten Umstände machen es aus, dass von bestimmten Kulturregionen gesprochen werden kann. Da es jedoch keinen Totalstandpunkt gibt – auch keinen philosophischen –, von dem aus sich aus einer überlegenen Perspektive die Kulturen miteinander vergleichen lassen, ist es nicht statthaft, den ›Wert‹ einer Kultur gegenüber anderen zu bestimmen.

„Kultur" erscheint damit zwar zunächst als umfassender *Gegensatz* zur „Natur", basierend auf „Leistungen" des Menschen in „all seinen Gebieten des Denkens und Handelns", jedoch weist Sybille Krämer darauf hin, dass

der Mensch *zugleich* Natur und Kultur [verkörpert.] [157]

Eine weitere konkretisierende Beschreibung von „Kultur" im didaktischen Kontext geht auf Werner Loch zurück, wie sie in Abschnitt 3.1.5 vorgestellt wird.

3.1.4   Kulturtechniken

Unter „Kulturtechniken" versteht man – wie vorseitig angedeutet – oft naiv nur die (zu erwerbenden bzw. erworbenen) *Fertigkeiten* [158] des Lesens, Schreibens und Rechnens. Doch bereits die Fülle der zuvor ebenfalls skizzierten Alltagsdeutungen von „Kultur" lässt den Verdacht aufkommen, dass mit „Kulturtechniken" noch andere Aspekte gemeint sein können.

So gibt es an der Bauhaus-Universität Weimar eine „Professur Geschichte und Theorie der Kulturtechniken", die ihr „Profil" wie folgt komprimiert und übersichtlich darstellt: [159]

Gegenstand des Forschungs- und Lehrgebietes [...] sind die für verschiedene Kulturen jeweils konstitutiven Disziplinen und Techniken des Mediengebrauchs in ihrer historischen Entwicklung und in ihren kultur- und erkenntnistheoretischen Grundlagen.

Dieser Bezug zu „Kultur" passt zum zweiten Zitatteil von Klafki, [151] etwa wie die „Kultur der Inka": *Kulturtechniken* sind dann die für eine „Kultur" – in diesem Sinn – spezifischen *„Disziplinen und Techniken des Mediengebrauchs"*.

---

[157] [Krämer 2007, 165].
[158] Vgl. Abschnitt 2.5; Hervorhebungen nicht im Original.
[159] http://www.uni-weimar.de/de/medien/professuren/geschichte-und-theorie-der-kulturtechniken/home/ (26. 10. 2015)

Obige Profilbeschreibung geht dann weiter: [159]

> Seit der Antike schließt das europäische Verständnis von Kultur die Vorstellung ein, dass Kultur technisch konstituiert ist. Schon im Wort ‚Kultur', das auf das lateinische *colere*, *cultura* zurückgeht, steckt ein eminent technischer Sinn, insofern *cultura* die Entwicklung und praktische Anwendung von Techniken zur Urbarmachung des Bodens und zur Besiedelung der Erde mit Wohnsitzen und Städten meint.

Der Bedeutungsumfang von cultura im Lateinischen ist noch weiter gefasst: [160]

> **cultus**, ūs, Bearbeitung, Anbau; Anpflanzung; Pflege, Wartung; Lebensweise, -gewohnheit [domesticus]; Üppigkeit; Kleidung, Tracht; Putz, Schmuck; / Bildung, Ausbildung, Erziehung, Verfeinerung; Kultur, Gesittung; Pflege, Übung; Verehrung, Huldigung. [161]

Die o. g. Profilbeschreibung der Bauhaus-Universität Weimar endet wie folgt: [159]

> Kulturtechniken sind zum einen die Praktiken der Schrift-, Bild- und Zahlbeherrschung, zum anderen auch speziellere Techniken wie Ordnungs- und Repräsentationssysteme (Diagramme, [162] Raster, Kataloge, Karten usw.), [...]. Der methodische Ansatz auf dem Gebiet der Kulturtechniken kann durch die Betonung des Praxis-Aspekts in der medienhistorischen Analyse charakterisiert werden: <u>Medien sind</u> dann <u>als Kulturtechniken beschreibbar</u>, wenn die Praktiken rekonstruiert werden, in die sie eingebunden sind, die sie konfigurieren oder die sie konstitutiv hervorbringen.

Ein derartiges Verständnis von „Kulturtechniken" umfasst also zunächst die grundsätzlichen Aspekte der „Beherrschung von Schrift, Bild und Zahl", was sodann um einige „speziellere Techniken" ergänzt wird, wobei beachtenswert ist, dass hier über das o. g. naive Verständnis hinaus das „Bild" hinzukommt.

Beim letzten Satz des letzten Zitats ist hervorhebenswert, dass uns *„Medien" unter bestimmten Voraussetzungen in der Gestalt von Kulturtechniken* begegnen können.

Erwähnt werden muss hier schließlich auch das an der Humboldt-Universität Berlin beheimatete „Helmholtz-Zentrum für Kulturtechnik" mit dem Arbeitsgebiet „Theorie und Geschichte der Kulturtechniken". Der Anfang dessen Beschreibung passt zur o. g. Definition von „Kulturtechniken": [163]

> Der Begriff der <u>Kulturtechnik</u>, dessen historischer und theoretischer Durchdringung sich ein Schwerpunkt des Helmholtz-Zentrums widmet, baut auf dem <u>Zusammenspiel von Bild, Schrift und Zahl</u> auf, das von der DFG-Forschergruppe Bild Schrift Zahl (BSZ) exemplarisch untersucht wurde. [...]

> Einzelthemen reichen von Rechen- und Kalendertechniken der Kulturen des Zweistromlands, der Formierung der griechischen Geometrie und des griechischen Alphabets, mittelalterlichen Schreib-, Zeichen- und Rechenformen oder dem frühen Buchdruck bis zu Hypertexten, zum technischen Bild, zu visuellen Argumentationsweisen und zu programmierten Modellbildungen.

---

[160] Aus: Langenscheidts Taschenwörterbuch, Berlin: Langenscheidt, 1958 (21. Auflage).
[161] Die nach „/" aufgeführten Wörter kennzeichnen eine übertragene Bedeutung.
[162] Vgl. z. B. Abschnitt 7.7.9 auf S. 219.
[163] http://www.kulturtechnik.hu-berlin.de/content/theorie-und-geschichte-der-kulturtechniken/ (26. 10. 2015);
betr. „Kulturtechniken" vgl. die Abschnitte 4.5 und 4.6; Hervorhebungen nicht im Original.

3.1.5   Herskovits & Loch: „Kultur" im bildungswissenschaftlichen Verständnis

Kron bezieht sich mit seinen Ausführungen über Medien und Kultur [164] auf den amerikanischen Kulturanthropologen Melville Jean **Herskovits** (1895 – 1963), der passend zu *„Kultur als Gesamtheit der Lebensäußerungen eines Volkes"* [165]

> Kultur als einen von Menschen für Menschen geschaffenen Bereich von Welt [166]

bestimmt und ergänzend einen bedeutsamen *Zusammenhang* zwischen *Kultur* einerseits und *Lernen und Lehren* andererseits hervorhebt:

> Menschen leben in einer kulturellen und in einer natürlichen Welt; dabei ist letztere auch kulturell überformt. Daher schließt die Bestimmung ein, daß Kultur mehr als ein Naturphänomen ist und daß sie Lernen voraussetzt und fordert, wenn Menschen – in ihr – leben sollen und wollen. Es kann hinzugefügt werden, daß damit auch das Lehren eingeschlossen ist.

Diese schlagwortartigen Darstellungen sind noch nicht hinreichend aussagekräftig und bedürfen bezüglich des mit „Kultur" bezeichneten Begriffs einer Erläuterung: Der Erziehungswissenschaftler Werner **Loch** (1928 – 2010) knüpft an Herskovits an und kennzeichnet mittels einer umfangreichen konkreten Liste all jene Bereiche menschlichen Lebens, die für ihn „Kultur" insgesamt ausmachen. So gehören in seiner (sehr weiten!) Sichtweise zur Kultur [167]

- die Sprache mit ihren Begriffen und Bedeutungen, die dem Menschen seine Welt verständlich und seine Wahrnehmungen und Gedanken mitteilbar machen,

- moralische Normen und Verhaltensmuster, die sein Leben regeln,

- emotionale Ausdrucksweisen,

- soziale Organisationen, Rollen und Spielregeln in Bezug auf sein Verhalten zum Mitmenschen,

- Einrichtungen des Rechts und der Politik in ordnender Funktion,

- Arbeits- und Wirtschaftsformen mit ihren Werkzeugen, Produktions- und Verwaltungstechniken und -praktiken für die Herstellung und Verwaltung seiner „Lebensmittel" im weitesten Sinn,

- Technik als Inbegriff aller Werkzeuge, Maschinen und Automaten (vom Menschen geschaffene ‚Organe' der Selbsterhaltung) und

- nicht der Lebensnotdurft dienende Einrichtungen und Tätigkeiten als Selbstzweck (Künste und Wissenschaften, Spiel und Sport, Feste und Feiern, religiöse Kulte).

---

[164] Vgl. hierzu S. 47 ff.
[165] Vgl. S. 50.
[166] Formulierung in [Kron 2000, 293] mit Bezug auf [Herskovits 1949, 17 f.].
[167] Hier verkürzt dargestellt.

Loch schließt diese Auflistung wie folgt: [168]

> [...] alle diese vom Menschen für den Menschen überlieferten oder geschaffenen Gebilde stellen in ihrer Gesamtheit die Kultur dar als das umfassende Medium, in dem der Mensch sein Leben verwirklicht und das von jedem zur Welt gekommenen Lebewesen menschlicher Anlage – unter Mithilfe der Erziehung – in einem Mindestmaß gelernt werden muß, wenn es Mensch werden soll.

Auf Lochs Ausführungen betreffend *„Technik"* und insbesondere auf *„Kultur als umfassendes Medium ..."* werden wir noch zurückkommen. [169] Zunächst soll das mit „Enkulturation" bezeichnete Phänomen erläutert werden, das Loch ganz wesentlich in seine pädagogischen Überlegungen eingebracht hat.

3.1.6 Enkulturation: Didaktik als Enkulturationswissenschaft

Kron vertieft den angedeuteten *Zusammenhang zwischen Kultur und Pädagogik* mit Bezug auf den 1949 von Herskovits geprägten Terminus „Enkulturation", wobei der mit „Kultur" bezeichnete Begriff zugleich eine weitere Ausschärfung in anderer Akzentuierung erfährt: [170]

> Neben dieser kulturanthropologisch orientierten Bestimmung von Kultur, in welcher die grundlegende Bedeutung von Kultur für die Entwicklung der Menschheit im Ganzen zum Tragen kommt, stellt Herskovits auch eine sozialpsychologische Bestimmung vor, die mehr die lebensweltliche Erfahrung von Individuen auf der Interaktionsebene zur Geltung bringt. Danach werden unter Kultur alle gelernten Anteile individuellen Daseins verstanden, wobei der Akzent auf dem Lernen liegt. Dieser Prozess macht die Enkulturation aus (Herskovits 1949, 626).

Für Loch ist „Enkulturation" sogar der *anthropologische Grundbegriff* der Pädagogik: [171]

> Das Lernen von Kultur ist der eigentümliche und ganze Gegenstand der Pädagogik, zu dessen Bezeichnung wir von der Kulturanthropologie den Terminus ‚Enkulturation' übernehmen [...]

> Der Kulturbegriff ist hiernach als der allgemeine Bezugsrahmen anzusehen, der allen Sozialwissenschaften gemeinsam ist ... Indem die Pädagogik die Kultur im Hinblick darauf betrachtet, daß sie von Menschen gelernt werden muß und daß der Mensch dabei unter bestimmten Bedingungen Hilfe benötigt, setzen der sich hieraus ergebende pädagogische Grundbegriff der *Enkulturation* und Begriff der Erziehung als Enkulturationshilfe eine Definition des Kulturbegriffs voraus.

- „Enkulturation" ist also als ein **Hineinwachsen in die Kultur durch bewusstes Lernen** zu verstehen.

Demgemäß kennzeichnet Kron *Didaktik in einem übergreifenden Sinn als Enkulturationswissenschaft,* [172] und dies erläutert er u. a. wie folgt: [173]

---

[168] [Loch 1969, 127], zitiert nach [Kron 2000, 295]; Hervorhebungen nicht im Original.
[169] Zu „Technik" vgl. auch S. 68; zu „Kultur als Medium" vgl. S. 57.
[170] [Kron 2000, 293; Hervorhebungen nicht im Original.
[171] [Loch 1969, 126 f.], zitiert in [Kron 2000, 50]; unterstreichende Hervorhebungen nicht im Original.
[172] Vgl. bezüglich „Didaktik" auch Abschnitt 2.3.
[173] [Kron 2000, 50]; Hervorhebungen nicht im Original

Didaktik [...] kann in einem übergreifenden Sinn <u>als Enkulturationswissenschaft</u> bestimmt werden. Damit wird die <u>Bedeutung</u> des gesellschaftlichen, interaktiven und individuellen <u>Vermittlungsprozesses kultureller und sozialer Inhalte</u> ins Zentrum von Forschung, Theoriebildung und Praxis gerückt. [...] In dieser Hinsicht liegt bereits ein Vorschlag in der Pädagogik vor, der auch auf die Didaktik übertragbar ist. Er wurde 1968 von Werner Loch [...] gemacht. In seinem Beitrag [...] wird das <u>Lernen der Kultur ins Zentrum der systematischen Diskussion</u> gerückt. Loch sieht den <u>Prozeß des Lernens von Kultur</u> sowohl in dem Interaktionsgeschehen der Erziehung als auch in dem der <u>Enkulturation</u> als deren <u>grundlegende Struktur</u> an.

Und an anderer Stelle schreibt Kron zur Enkulturation: [174]

Alle bisherigen Ausführungen lassen deutlich werden, daß das <u>Lehren und Lernen von Kultur</u> zu den kulturellen Grundtätigkeiten von Menschen gehört, die in den Sozialwissenschaften, z. B. in der Kulturanthropologie, Soziologie, Ethnologie, in dem Begriff <u>Enkulturation</u> repräsentiert sind. [...] Herskovits verbindet den Begriff von Anfang seiner Darlegungen an systematisch mit dem Begriff der Kultur sowie mit den Begriffen Gesellschaft, Sozialisation, Lernen, Person und Individuum [...]. Mit diesem Begriffsensemble sind <u>Prozesse</u> gemeint, <u>in denen funktional oder intentional Kultur vermittelt</u>, also auch gelehrt wird. <u>Lehren ist damit</u> als <u>konstitutives Moment</u> in der Definition von <u>Enkulturation</u> mitzudenken.

Unter <u>Enkulturation</u> sei in einem allgemeinen Sinn das <u>Lernen von Kultur durch Menschen und Gruppen</u> verstanden. Durch <u>Enkulturation</u> erwirbt bzw. lernt jedes Individuum einer Gesellschaft jene kulturellen Inhalte und Fertigkeiten, Symbole und Ausdrucksformen, die es selbst benötigt, um gesellschaftlich, d. h. <u>allgemein handlungsfähig zu werden</u> und zu sein. [...] <u>Grundmedium der Enkulturation ist die Kultur</u> in der Vielfalt ihrer Repräsentationen.

3.1.7   „Medium" als Umgebung

Gemäß dem letzten Zitat erscheint *Kultur als Medium,* und da Enkulturation ein Prozess ist, sogar genauer in Gestalt von *„Kultur als Medium für den Prozess der Enkulturation".* [175] Kron vertieft das, Herskovits zitierend, wie folgt: [176]

In der Auseinandersetzung mit der kulturellen Vielfalt in Lernprozessen erwerben die Mitglieder einer Gruppe oder Gesellschaft ihre kulturelle und/oder soziale Kompetenz: sie lernen u. a. Sprache, Rechnen, Lesen, [...] usw. Herskovits nennt diesen Erwerb kultureller Kompetenz „enculturation". Er formuliert:

„Denjenigen Aspekt von Lernerfahrungen, durch den sich der Mensch von anderen Lebewesen unterscheiden läßt, und durch den er im Laufe seines Lebens seine kulturellen Kompetenzen erwirbt, soll als <u>Enkulturation</u> bezeichnet werden" (Herskovits 1949, 39 Übersetzung Kron).

Es sei angemerkt, dass sich Herskovits, Loch und Kron mit der von ihnen vorgenommenen *Verknüpfung von Enkulturation und Lernen* von anderen Auffassungen abgrenzen, welche „Enkulturation" auf einen *unbewussten* Lernprozess reduzieren.

---

[174]   [Kron 2000, 232]; Hervorhebungen nicht im Original.
[175]   Vgl. auch das Zitat auf S. 55: *„ Kultur als umfassendes Medium ... "*
[176]   [Kron 2000, 232]; Hervorhebung nicht im Original; Zitat von Herskovits in kleinerem Schriftgrad.

Kron ergänzt seine Darstellung über den Zusammenhang zwischen Kultur, Enkulturation und Lernen mit Bezug auf Herskovits: [177]

> Mit der grundlegenden Annahme vom Lernen von Kultur wird auch unterstellt, daß die Kultur die menschliche Existenz überhaupt erst begründet, daß sie in vielfältigen Strukturkonzepten und konkreten Ausdrucksformen zur Wirkung und Darstellung gelangt, und daß sie mithin dynamisch wandelbar und veränderbar ist. Daher muß der Lernprozeß das Um- und Neulernen von Kultur einschließen (Herskovits 1949, 627).

> Damit ist zugleich eine anthropologisch folgenreiche Unterstellung verbunden: auch Menschen – im Medium von Kultur – sind wandelbar und veränderbar, sie entwickeln sich in und durch ihre Kultur. Indem sie Kultur einüben – also lernen – üben sie Kultur zugleich aus – also schaffen sie Kultur.

Krons Formulierung *„im Medium von Kultur"* mag erneut verblüffen. Sie passt aber zu der bereits am Anfang dieses Abschnitts gegebenen Zusammenfassung von *„Kultur als Medium für den Prozeß der Enkulturation"*, und sie findet sich ähnlich auch an anderen Stellen.

Kron verwendet eine weitere interessante Formulierung mit *„im Medium von"*, indem er auf S. 235 ff. seines Buchs mit Bezug auf den französischen Soziologen und Erziehungswissenschaftler Émile **Durkheim** [178] erneut auf „Sozialisation" (vgl. S. 56) eingeht, Kernaussagen aus Durkheims Buch „Erziehung, Moral und Gesellschaft" interpretierend: [179]

> Unter Sozialisation in einem allgemeinen Sinn sei das Lernen einer spezifischen Klasse von Kultur, nämlich der sozialen Normen und Rollen, der Wertorientierungen, die das soziale Handeln bestimmen, kurzum der Moral, verstanden. Bereits Durkheim weist auf diesen Zusammenhang hin. Ihm zufolge vollzieht sich Sozialisation u. a. als Lernen von Normen, Regeln und Verhalten, von Pflichten und Disziplin, wie z. B. in Schule und Staat; kurzum: Sozialisation geschieht im kulturellen Medium der Moral und bringt moralisches Handeln und Denken hervor. Damit erzeugt sie in jedem einzelnen Menschen der jungen Generation sowohl ein soziales als auch ein individuelles Wesen [...]. Durkheims Begriff von Sozialisation ist vom Ansatz her systematisch mit einem zentralen Teilgebiet der sozialen Kultur, also der Moral, den sozialen Normen und Regeln usw. verbunden.

Zur besseren Einordnung dieser Interpretation ist ein Blick in Durkheims Antrittsvorlesung von 1902 hilfreich, ist doch „Moral" für ihn vor allem eine soziale Kategorie: [180]

> Ich stelle nämlich als Postulat einer jeden Pädagogischen Theorie auf, daß die Erziehung eine eminent soziale Angelegenheit ist, und zwar durch ihren Ursprung wie durch ihre Funktionen, und daß folglich die Pädagogik stärker von der Soziologie abhängt als jede andere Wissenschaft. Da dies die Leitidee meiner Lehre ist, [...]

Bild 3.1: Durkheim

---

[177] [Kron 200, 293]; Hervorhebung nicht im Original.
[178] Émile Durkheim (1858 – 1917) gilt als Begründer der Soziologie als Wissenschaft; er stellte die Frage nach dem „sozialen Band" (« lien social »), welches die Gesellschaft zusammenhält.
[179] Bezogen auf [Durkheim 1973, 37 ff.]; Hervorhebungen nicht im Original.
[180] [Durkheim 2008, 37]; Hervorhebungen nicht im Original.

Die Tragweite dieser „Leitidee" Durkheims wird durch seine folgende Ergänzung deutlich: [181]

> Bis in die letzten Jahre [...] stimmten die modernen Pädagogen fast einmütig darin überein, in der Erziehung eine rein individuelle Angelegenheit zu sehen, [182] folglich die Pädagogik unmittelbar und direkt allein aus der Psychologie folgen zu lassen. Für Kant, für Herbart wie für Spencer hat die Erziehung vor allem den Zweck, in jedem Individuum (und zwar bis zur höchstmöglichen Vollendung) die für wesentlich gehaltenen Eigenschaften der menschlichen Gattung schlechthin zur Vollendung zu bringen. [...] Dieses abstrakte und einzige Ideal zu bestimmen, nahmen sich die Erziehungstheoretiker vor.

Das lässt erahnen, welche Bedeutung Durkheims Leitidee für die Entwicklung der Pädagogik hatte, indem die bis dahin nicht berücksichtigten sozialen Aspekte in den Fokus gerieten – wenn auch (zunächst) *in neuer einseitiger Sicht,* während z. B. Klafki später *auch* (erneut!) die Bedeutung des Individuums betont. [183] Mit Bezug auf das Buch „Sozialisierung und Erziehung" des österreichischen Erziehungswissenschaftlers Helmut **Fend** schreibt Kron ergänzend: [184]

> Die Ausführungen lassen erkennen, daß der Sozialisationsprozeß durchaus als Teilprozeß der Enkulturation bestimmt werden kann, wenn von der Klassifikation der Kultur im Ganzen ausgegangen wird und wenn dabei die soziale Kultur als eine Klasse, z. B. neben den Klassen der technischen, wissenschaftlichen, sprachlichen, religiösen Kultur aufgefaßt wird. Zugleich wird aus den Darlegungen aber auch deutlich, daß kein kultureller Vermittlungsprozeß als Enkulturation realisiert werden kann, ohne daß diese Realisierung nicht im kulturellen Medium der sozialen Interaktion geschieht. Es kann daher überspitzt formuliert werden: Kein Lernen von Kultur – einschließlich der sozialen Kultur – geschieht ohne soziale Interaktion, wenn vom Einzellernen einmal abgesehen wird.

Klafki kennzeichnet Allgemeinbildung u. a. „als Bildung im Medium des Allgemeinen" (vgl. S. 14 f.), so dass zusammenfassend *„im Medium von Kultur", „im Medium von Moral", „im Medium der sozialen Interaktion"* und *„im Medium des Allgemeinen"* usw. als *Beispiele für eine erweiterte Fassung eines mit „Medium" bezeichneten Begriffs* erscheinen, der Assoziationen mit dem aus der physikalischen Optik bekannten *„Medium als Umgebung"* weckt.

Zwar tritt in diesen vier Beispielen das „Medium" auch „vermittelnd" auf, jedoch zusätzlich behaftet mit dem Aspekt einer „Umgebung", [185] wodurch eine *„Möglichkeit zu etwas"* beschrieben wird. Zur *Doppelgesichtigkeit von Medium,* also den beiden bisher betrachteten Aspekten von „Medium" *als Vermittler* und *als dargestellte Kultur,* [186] gesellt sich damit – wenn auch nicht trennscharf – ein weiterer, dritter Aspekt, nämlich:

- *Medium als Umgebung für den erkennenden und lernenden Menschen.*

In diesem Sinn kann dann beispielsweise auch der oft definitionslos (!) benutzte, beliebte und recht dubiose Terminus *„Lernumgebung"* präzisierend *als Medium* aufgefasst werden!

---

[181] [Durkheim 2008, 38]; unterstreichende Hervorhebung nicht im Original.
[182] Man möge hier an den berühmten Erziehungsroman „Émile ou de l'éducation" (1762) von Jean-Jaques Rousseau denken, deutsch „Emil oder über die Erziehung", Paderborn: Schöningh, 1958.
[183] Vgl. S. 16.
[184] [Kron 2000, 237]
[185] Vgl. auch S. 47.
[186] Vgl. S. 48.

3.2 „Medium" als *Genus verbi* im Griechischen

Im gesellschaftlich-kulturellen Gebrauch gibt es weitere *Sinnbeilegungen* von „Medium", von denen Kron die folgenden vier nennt: [187]

„Medium" als *Genus verbi* [188],

„Medium" in der Kommunikationswissenschaft (Presse, Fernsehen),

„Medium" in der Physik (als „Umgebung"),

„Medium" in der Parapsychologie (als „Vermittler" zum „Jenseits").

Peter **Riemer** erläutert die erste dieser vier Sinnbeilegungen, den *Genus verbi*, wie folgt: [189]

Bild 3.2: Riemer

Hier geht es um das „Medium" als *grammatischen Terminus*, der eine *Verbform* bezeichnet und der wie die übrigen grammatischen Termini aus der lateinischen Schultradition hervorgegangen ist, jedoch in seiner Funktion schon im Indogermanischen (der Ursprache aller europäischen Sprachen) existierte und sprachgeschichtlich im Griechischen noch erhalten geblieben ist.

In dieser grammatischen Funktion bezeichnet „Medium" als Verbform eine **Handlung,** *die vom Subjekt des Satzes ausgeht und auf eben dieses Subjekt zurückwirkt.* Dies kann in verschiedener Weise geschehen:

1. **Dynamisch:** Das Subjekt ist unmittelbar vom Verbalvorgang betroffen (hedesthai: „sich freuen", akroasthai: „ hören", ergazesthai: „arbeiten").

2. **Direkt:** Subjekt und Objekt der Handlung sind identisch (louomai: „ich wasche mich").

3. **Indirekt:** Subjekt und Objekt sind zwar nominell verschieden, das Subjekt ist aber involviert (z. B. louomai to soma: „ich wasche mir den Körper", auch in einem weiteren Sinn: hoi anthropoi tous nomous ethesan: „die Menschen gaben sich die Gesetze").

4. **Kausativ:** Das Subjekt hat ein genuines Interesse an der von ihm ausgehenden Handlung, also an der Wirkung (paideuomai ton huion: „ich lasse mir den Sohn ausbilden").

5. **Reziprok:** In die durch das Verb bezeichnete Handlung sind zwei Subjekte wechselseitig einbezogen (dialegesthai: „sich unterhalten ", machesthai: „kämpfen").

Riemer ergänzt seine Ausführungen:

Diese griechische Verbform wird übrigens deshalb „Medium" genannt, weil sie *zwischen den beiden anderen Genera* liegt, nämlich zwischen Aktiv und Passiv, und nicht mehr und nicht weniger als eben diese *Mittelstellung* einnimmt.

---

[187] In Anlehnung an [Kron 2000, 323 f.] formuliert; Klammerzusätze so nicht von Kron.

[188] „Medium" ist also in diesem Sinn eine *weitere Verbform* neben „Aktiv" und „Passiv".

[189] Mit Dank für diese Erläuterungen an meinen Kollegen Peter Riemer, Altphilologe an der Universität des Saarlandes. Weitere Informationen zu Riemer unter https://de.wikipedia.org/wiki/Peter_Riemer und http://www.klassphil.uni-saarland.de/sites/institut/person.php?id=1 (26. 10. 2015).

Im o. g. grammatischen Kontext charakterisiert Riemer nun *„dynamisch"*, das im Griechischen für „mächtig" und „Kraft" steht und heute in vielen Bereichen (Physik, Musik, Informatik, Systemtheorie, …) in unterschiedlichen Bedeutungen vorkommt, als *unmittelbare Wirkung:*

> *Dynamisch* meint das unmittelbare Betroffensein, wie man es auch im Deutschen nachempfinden kann: Wer sich ärgert oder sich freut, empfindet das Gefühl ohne Umwege; man muss nicht erst aus der Haut fahren und dann reflexiv zurückkehren, um Ärger oder Freude zu empfinden; beides wächst gewissermaßen dynamisch in einem auf.

Und zum „Kausativen" schreibt er mit Bezug auf die „antike Denkweise": [190]

> Wenn man seinen Sohn in die Schule schickt, d. h. einem bestimmten Lehrer an die Hand gibt (antik gedacht), dann möchte man, dass der Junge sich in dem Sinne entwickelt, der einem selbst vorschwebt; man ist also ursächlich (kausal) an der Bildung beteiligt, ohne dabei selbst gebildet zu werden. Der kausale Aspekt steht im Vordergrund.

> Das *Bewirken* oder *Wirken* ist tatsächlich durchgängig, trifft auf die *fünf Kategorien gleichermaßen* zu, wobei aber gerade im *Kausativen* die Wirksamkeit hinsichtlich des Subjekts tangential wird.

„Medium" tritt somit im Griechischen in (zumindest) den fünf o. g. Rollen als Bezeichnung für eine *grammatische Verbform* auf. Kron zitiert übrigens die „indirekte Rolle" von Medium als Verbform nicht, sondern nur die anderen vier. Er kommentiert dann diese vier Verbformen des *Genus verbi* als „erste Bestimmung" von „Medium" (neben Kommunikationswissenschaft, Physik und Parapsychologie) wie folgt: [191]

> <u>Von didaktischem Interesse</u> ist die erste Bestimmung. Hier weist die Bedeutung des Wortes darauf hin, dass <u>Menschen an einer Handlung oder an deren Wirkung beteiligt</u> sind. Darauf weist der <u>reflexive Sinngehalt</u> hin.

Das ist im Anschluss an die vorausgehenden Beschreibungen der grammatischen Rolle von „Medium als Verbform" nachvollziehbar, und es trifft darüber hinaus auch auf die fünfte, „indirekte Verbform" zu. So meint „reflexiv" stets die *Rückbezüglichkeit* all dieser Verbformen.

Wenn wir beispielsweise „technische Medien" in ihrer didaktischen Relevanz betrachten, so ist also auch der oben erörterte *„reflexive Sinngehalt"* zu beachten, der sich bei den Aspekten *Handlung* und *Wirkung* in den fünf aufgeführten Kategorien zeigt:

- *dynamisch, direkt, indirekt, reziprok und kausativ.*

Kron fährt dann fort: [192]

> Medien werden also von Menschen hervorgebracht, und in diesem Prozeß der Hervorbringung des Mediums und seines Inhalts in der <u>Handlung</u> bringt der Mensch zugleich sich selbst ins Spiel.

Das ist ein kühner Sprung, den Riemer wie folgt kommentiert: [193]

---

[190] *Gender-Einwänden* begegnend: Es wäre absurd, *hier* „seinen Sohn oder seine Tochter" zu schreiben.
[191] [Kron 2000, 324]; Hervorhebungen nicht im Original.
[192] A. a. O.; Hervorhebungen nicht im Original.
[193] In einer Mitteilung an mich.

Mir ist schleierhaft, wie Kron von dem grammatischen Medium einfach so zu Medien im Sinne von Produkten übergehen kann und auch noch den Charakter des Subjektiven, den das griechische Medium tatsächlich hat, als Begründung heranzieht. Solche Gedankensprünge hatte einst Heidegger gemacht: Kron hat sich – glaube ich – wie Heidegger einfach verleiten lassen, Begriff und Phänomen zu vermengen.

Riemer legt hier mit Recht den Finger in eine argumentative Wunde, die Kron aufgerissen hat, wenn dieser schreibt (s. o.):

Medien werden also von Menschen hervorgebracht [...].

Denn das „also" suggeriert eine logische Schlussfolgerung, die nicht vorliegt – jedoch kann seine Ausführung als *analoge Übertragung* gesehen werden: Die fünffache Rolle, die das Wort „Medium" in seiner grammatischen Funktion aufweist, wird sinngemäß auf die beiden auf S. 47 beschriebenen „Grundbedeutungen von Medien im bildungswissenschaftlichen Verständnis" übertragen: Medien *vermitteln Kultur*, und sie *sind* dargestellte *Kultur*.

Nochmals: Wir haben es bei dem obigen Zitat von Kron nicht etwa mit einer Kennzeichnung der ursprünglichen Bedeutung von „Medium" (nämlich der Zusammenfassung von fünf unterschiedlichen Verbformen) zu tun, sondern vielmehr mit einer Übertragung der hiermit verbundenen Eigenschaften auf einen sich mittlerweile gesellschaftlich gewandelten und erweiterten Medienbegriff. Das ist verträglich mit Riemers folgender kritischer Anmerkung:

Bei allen Verben des Mediums lässt sich nun aber immer ein *Rückbezug* feststellen auf das tätige Subjekt bzw. eine starke innere Teilnahme desselben. Insofern hat Kron Recht, wenn er sagt, *„dass (bei Verben dieser Art) Menschen an einer Handlung oder an deren Wirkung beteiligt sind"*.

Das hat aber wie gesagt nichts mit der ursprünglichen Bedeutung des Wortes Medium zu tun.

Kron hat damit eine dritte Sinnbeilegung nach den beiden anfangs genannten (S. 48) betont, die er wie folgt beschreibt: [194]

– in und mit Medien setzt der Mensch seine Welt und sich selbst in Szene.

Das trifft nun auf den Aspekt *„Medium als Umgebung für den erkennenden und lernenden Menschen"* [195] zu.

Zusammenfassend begegnen uns also Medien aufgrund der bisherigen Erörterungen unter folgenden drei – offensichtlich nicht trennscharfen – Aspekten:

1. Medien vermitteln Kultur,

2. Medien sind dargestellte Kultur,

3. Medien sind eine *Umgebung* für den erkennenden und lernenden Menschen *zur Darstellung seiner Kultur und seiner selbst.*

---

[194] [Kron 2000, 324]
[195] Vgl. S. 58.

3.3   Medien als Werkzeuge zur Weltaneignung und als künstliche Sinnesorgane

Wolf-Rüdiger **Wagner** [196] geht *aus medienpädagogischer Sicht* auf eine
weitere Sinnbeilegung ein, indem er die kulturhistorisch wichtige Rolle der

- *Medien als Werkzeuge zur Weltaneignung*

betont und hierbei speziell auf

- *Medien als künstliche Sinnesorgane*

eingeht, wofür er die Bezeichnung *„Organmetapher"* verwendet, also die

Bild 3.3: Wagner

> Rolle der Medien bei der Erweiterung des menschlichen Erfahrungs- und
> Kommunikationshorizonts [...]. [197]

Schon Weigl spricht ganz in diesem Sinn von der *„Ausstattung des Menschen mit neuen Orga-
nen"* und zitiert dazu den Naturwissenschaftler Alexander von **Humboldt**: [198]

> Die naturwissenschaftliche Civilisation der Welt reicht kaum über jene glänzende Epoche hinaus,
> wo in dem Zeitalter von Galilaei, Huyghens und Fermat gleichsam neue Organe geschaffen wurden,
> <u>neue Mittel</u> den Menschen (beschauend und wissend) in einen innigeren Contact mit der Außenwelt
> zu setzen, Fernrohr, Thermometer, Barometer, die Pendeluhr und ein Werkzeug von allgemeinerem
> Gebrauche, der Infinitesimal-Calcul.

Aus der Perspektive der Mathematik und auch der
Didaktik der Mathematik ist es nun bemerkens- und
beachtenswert, dass für von Humboldt hier der

- *Infinitesimalkalkül ein „neues Organ"*

ist – insbesondere *„von allgemeinerem Gebrauch"*!

In medienpädagogischer Sicht wäre also folglich
mit Bezug auf von Humboldt der Infinitesimalkalkül ein *Werkzeug zur Weltaneignung* – und damit
sogar *ein Medium.* Allerdings hat von Humboldt
hier nicht „Kalkül" im heutigen Sinn [199] gemeint,
sondern „Kalkül" nur als „Rechnung", also die
„Infinitesimalrechnung" und damit die *„Analysis"*,
wie das folgende Zitat nachdrücklich zeigt: [200]

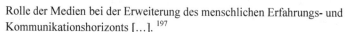

ANNALEN
DER PHYSIK UND CHEMIE.

JAHRGANG 1829, DRITTES STÜCK.

I. *Ueber die Mittel, die Ergründung einiger Phänomene des tellurischen Magnetismus zu erleichtern; von Alexander von Humboldt.*

(Auszug aus einer am 2. April 1829 vor der K. Academie der Wissenschaften zu Berlin gehaltenen Vorlesung.)

Die naturwissenschaftliche Civilisation der Welt reicht
kaum über jene glänzende Epoche hinaus, wo in dem
Zeitalter von Galilaei, Huyghens und Fermat gleichsam neue Organe geschaffen wurden, neue Mittel den
Menschen (beschauend und wissend) in einen innigeren
Contact mit der Aufsenwelt zu setzen, Fernrohr, Thermometer, Barometer, die Pendeluhr und ein Werkzeug von
allgemeinerem Gebrauche, der Infinitesimal-Calcul.

Bild 3.4: Alexander von Humboldt –
Infinitesimalkalkül (Analysis!) als „neues Organ"

---

[196]   Zur Person und zu den Arbeitsgebieten von Wagner siehe http://medienkompetenzrevisited.com/ (20. 03. 2016).

[197]   [Wagner 2004, 17]; vgl. insbesondere die ausführlichen Betrachtungen in Kapitel 4 auf S. 81 ff.

[198]   Aus [von Humboldt 1929, 319], vgl. Bild 3.4; unterstreichende Hervorhebung nicht im Original;
zitiert auch in [Weigl 1990, 9] und [Wagner 2004, 18]. Die im Zitat hervorgehobenen „neuen Mittel" sind bei
von Humboldt vermutlich im Sinne von „Medien als Vermittlern" zu deuten.

[199]   Siehe zu „Kalkül" den Abschnitt 9.3.3 „Algorithmen und Kalküle".

[200]   [von Humboldt 1850 a, 625] und ebenso in [von Humboldt 1850 b, 449]; Unterstreichung nicht im Original.

Astronomie, als Wissenschaft der Triumph mathematischer Gedankenverbindung, auf das sichere Fundament der Gravitationslehre und die Vervollkommnung der höheren <u>Analysis (eines geistigen Werkzeugs der Forschung)</u> gegründet, behandelt Bewegungs-Erscheinungen, gemessen nach Raum und Zeit; [...].

„Analysis als geistiges Werkzeug" – *und damit als Medium!* – das wird wohl Widerspruch provozieren. Wenn jedoch jemand behaupten würde, dass bei der *Anwendung der Analysis* stets *Medien unterschiedlicher Art hilfreich* waren und sind, so bedürfte dies bei Mathematikern und Mathematikerinnen und auch bei Mathematikdidaktikerinnen und Mathematikdidaktikern kaum einer vertiefenden Begründung, wenn diese sich bereits damit angefreundet haben, (z. B. technische) Medien als *„ Werkzeuge zur Weltaneignung"* als eine neben anderen Sinnbeilegungen von „Medien" anzuerkennen und damit also auch *Werkzeuge als Medien* anzusehen!

Dann allerdings sollte der Schritt zur Verinnerlichung der Behauptung, dass die *Analysis für sich bereits ein Medium* sei, nicht mehr schwer fallen. Zugleich sollte es damit möglich werden, den Blick für eine weiter gefasste Begriffsbestimmung von *„ Medium im didaktischen Kontext"* zu öffnen! Insbesondere zeigt sich dann, dass nicht nur die Analysis *als Werkzeug zur Weltaneignung* aufgefasst werden kann und damit als Medium auftritt, sondern dass uns in diesem Sinne sogar die **Mathematik insgesamt als** ein **Medium** begegnet. [201] Das passt ebenso zu Alexander von Humboldts „Weltbild", wie es Knobloch andeutet: [202]

> Aber sein „rastloses, vielleicht thörichtes Treiben vierzigjähriger Reisen" [...] bürgte für das Prinzip der Autopsie. [203] Hier hat die überragende Rolle ihre Wurzel, die Humboldt der Optik, dem Auge als Sinnesorgan zeit seines Lebens zuwies. [...] Davon zeugen schließlich die zahlreichen optischen Metaphern, wonach die <u>Mathematik zum Raum durchdringenden Fernrohr</u> wird [...], <u>zum geistigen Auge</u>, das den Neptun sah, bevor der Planet mit dem Fernrohr entdeckt wurde. [204]

Die Mathematik ermöglicht also in dieser Sichtweise einen *„ besonderen Blick auf die Welt"*, sodass mit dieser Methapher in der Tat die *Mathematik als Medium* erscheint.

Ferner ist zu beachten: Die von Wagner mit Bezug auf von Humboldt gebildete „Organmetapher" wird nun möglicherweise stutzig machen, wenn man an die Aspekte *„Medien als Vermittler von Kultur"* und *„Medien als Darstellung von Kultur"* aus Abschnitt 3.1.2 denkt – kann man hier doch (unter Bezug auf die „Naturwissenschaften") statt „Kultur" auch ohne Weiteres „Natur" wählen: Erst Medien (nicht nur technische!) ermöglichen (gemäß von Humboldt durch den *„ innigeren Contact"*, s. o.) Erkenntnisse über die „Natur". [205] Nun sind nach Werner Loch die „Naturwissenschaften" ein Teil der „Kultur", [206] und nach Sybille Krämer

> verkörpert der Mensch zugleich Natur und Kultur, [207]

was sich aber wie folgt auflösen lässt:

---

[201]   Vgl. hierzu Wittenberg (S. 22), Heymann (S. 24), Winter (S. 25), insbesondere aber S. 134 f.
[202]   Knobloch [2009, 43], mit Dank an W.-R. Wagner für den Hinweis; Hervorhebungen nicht im Original.
[203]   „Autopsie" hier im ursprünglichen Sinn als *Untersuchung eines Gegenstandes mit eigenen Augen.*
[204]   Zu Neptuns Entdeckung siehe: http://www.zeit.de/1946/31/die-entdeckung-des-planeten-neptun (26. 10. 2015)
[205]   Vgl. hierzu Kapitel 4; betr. „technische Medien" siehe Abschnitt 3.5, ergänzend auch 3.6 und 3.7.
[206]   Vgl. Abschnitt 3.1.5.
[207]   Vgl. S. 52.

Die *Naturwissenschaften – als Teil der* Kultur *– blicken auf die Natur*, und dennoch ist die *Natur nicht Teil der Kultur*. Im Ergebnis könnten die o. g. Aspekte aus Abschnitt 3.1.2 daher durchaus so bleiben, weil der Bezug auf „Natur" implizit schon mit der *Organmetapher* („Werkzeug zur Weltaneignung") erfasst wird. Gleichwohl kann fortan (insbesondere mit Blick auf von Humboldt) der Bezug auf „Natur" explizit gemacht werden, indem *„Kultur"* nun durch *„Kultur oder Natur"* ersetzt wird (also mit einem einschließenden „oder"). Damit wird auch die Mathematik erfasst, die zwar keine Naturwissenschaft, aber Teil der Kultur ist.

3.4   Medien im didaktischen Kontext: „mediale Aspekte"

Mit Blick auf die bisherigen Abschnitte ergibt sich, dass *Medien im didaktischen Kontext* in zumindest fünffacher – wenn auch keinesfalls in stets trennscharfer – Weise sog. „mediale Aspekte" aufweisen können, wobei hier schon „Werkzeug" um „Hilfsmittel" ergänzt sei: [208]

Medien begegnen uns

– als **Vermittler** von Kultur oder Natur, [209]

– als **dargestellte** Kultur oder Natur,

– als **Werkzeuge** oder **Hilfsmittel** zur Weltaneignung, [210]

– als **künstliche Sinnesorgane** und

– als **Umgebungen** bei **Handlungen**.

• Zusammenfassung:
  In und mit Medien setzt der lernende und erkennende Mensch seine Welt und sich selbst in Szene. [211]

Die ersten beiden Aspekte und der fünfte wurden auf S. 61 aufgeführt, die anderen beiden wurden in Abschnitt 3.3 erörtert. Die „Zusammenfassung" geht wörtlich auf Kron [212] zurück und wurde bereits auf S. 61 vorgestellt, und zwar als „dritte Sinnbeilegung" von Kron in Ergänzung der ersten beiden Aspekte von „Medien". Statt diese als einen eigenen, sechsten Aspekt von „Medien im didaktischen Kontext" aufzuführen, wird sie hier nun als Zusammenfassung aller fünf zuvor genannten Aspekte gedeutet, denn ganz offensichtlich fallen all diese fünf Aspekte unter diese „Zusammenfassung":

Stets geht es also um den *Menschen im Spannungsfeld zwischen „Welt"* (als Kultur oder Natur) *und „Medien"*, was in Kapitel 4 thematisiert wird. Bei dem dritten Aspekt wurde über Abschnitt 3.3 hinaus auch das „Hilfsmittel" neben „Werkzeug" aufgenommen. [208]

---

[208] Das wird in Abschnitt 3.8 auf S. 69 vertieft; zu „medial" siehe S. 78, insbesondere aber Kapitel 4.
[209] Das „oder" ist hier einschließend als „oder/und" gemeint.
[210] Das schließt „Vermittler von Kultur oder Natur" ein, sei aber extra hervorgehoben, vgl. S. 64 unten.
[211] Dieser letzte Satz passt zu Krons Zitat auf S. 61 und kann als Zusammenfassung aller fünf Medien-Aspekte aufgefasst werden, wobei *„Kultur oder Natur" von „Welt" mit eingeschlossen* wird!
[212] [Kron 2000, 324]

3.5   Medien: enge Auffassung versus weite Auffassung

Der Erziehungswissenschaftler und Medienpädagoge Gerhard Tulodziecki [213] beschreibt 1997 folgende Problemlage: [214]

Bild 3.5:
Tulodziecki

In der Umgangssprache sowie in der pädagogischen Diskussion und Literatur taucht der Medienbegriff in verschiedenen Zusammenhängen auf. Da ist z. B. die Rede davon, daß Medien das Lernen unterstützen sollen, daß die Medien zu heimlichen Erziehern geworden seien, daß das Medium „Werbung" dazu führe, daß sich bei Kindern und Jugendlichen eine Konsumorientierung ausgebreitet habe, daß das Fernsehen ein gesellschaftlich bedeutsames Medium sei, daß die Lehrperson das wichtigste Medium für die Kinder bleibe, daß es an geeigneten mediendidaktischen Kriterien für die Gestaltung und Verwendung von Medien fehle, daß Medienkunde als unterrichtliches Fach eingeführt werden sollte, daß Lehrpersonen eine medienerzieherische Ausbildung benötigten, daß „Multimedia" zu schulischen Innovationen beitragen könne usw.

In solchen und ähnlichen Formulierungen wird zum Teil ein <u>unklarer Medienbegriff</u> verwendet, der unter Umständen <u>zu widersprüchlichen Aussagen führt</u>. Außerdem ist die Verwendung von Begriffen für unterschiedliche Teilaufgaben der Medienpädagogik nicht einheitlich.

Hier wird zwar einerseits die bereits zu Beginn dieses Kapitels erwähnte oftmals anzutreffende ungenaue Begriffsbezeichnung „Medium" kritisiert, andererseits wird erneut der Begriffsreichtum von „Medium" im didaktischen Kontext deutlich, wie er in den vorangehenden Abschnitten aus verschiedenen Perspektiven analysiert und zusammengefasst wurde.

Diesen Begriffsreichtum gilt es in differenzierter Weise situativ sinnvoll zu nutzen. Tulodziecki verweist dazu sowohl auf eine *enge Auffassung* als auch auf eine *weite Auffassung* von Medien, und Kron schreibt erläuternd: [215]

<u>Zwei Grundbedeutungen</u> sind zu erkennen [...]: 1. eine <u>weite</u>, und 2. Eine <u>enge</u> Begriffsauffassung.

Die *weite Auffassung*. Hier werden alle Medien berücksichtigt, wie z. B. Sprache, Gestik und Mimik; Spiel, Fest und Feier; Unterricht; Theater; Schrift; Bild; aber auch Unterrichtsmittel wie z. B. Lehr-, Lern- und Arbeitsmittel [...]; Lernprogramme; technische, audiovisuelle und elektronische Medien; Massenmedien; Computer(-spiele); Internet; Multimedia.

Damit sind natürlich „Medien überall" – und auch Lehrerinnen und Lehrer sind dann Medien! So schreibt Tulodziecki bereits 1989 überspitzend und mit Recht hierzu:

---

[213]   Zur Person siehe: https://de.wikipedia.org/wiki/Gerhard_Tulodziecki (07. 04. 2016)
[214]   [Tulodziecki 1997, 33]; Hervorhebungen nicht im Original.
[215]   [Kron 2000, 327]; Hervorhebungen (fett und unterstreichend) nicht im Original. Er identifiziert hier (nicht nur wie im der Alltagssprache, sondern meistens im wissenschaftlichen Bereich) „Internet" umgangssprachlich mit WWW; vgl. die Erläuterung dazu in Fußnote 134 auf S. 45.

Geht man von einem solch weiten Medienbegriff aus, so hat jede Interaktion und Kommunikation –
d. h. auch jeder unterrichtliche und erzieherische Vorgang – eine mediale Komponente. [216]

Wir brauchen daher daneben (!) *auch* die bereits erwähnte *enge Auffassung*.

So ist gemäß Tulodziecki dann von einer *engen Auffassung* von Medien zu sprechen,

> wenn Informationen mit Hilfe technischer Geräte gespeichert oder übertragen und in bildlicher oder
> symbolischer Darstellung wiedergegeben werden. Beispiele für Medien in diesem engeren Sinne
> sind Arbeits- und Diaprojektoren, Film, Video und Fernsehen, Schallplatte, Tonband und Hörfunk,
> Bildplatte, Bildschirmtext und Computer. [217]

Tulodziecki versteht dabei beispielsweise die (alte und neuerdings wieder bei Liebhabern zu-
rückkehrende) *„Schallplatte als Träger von symbolischen Darstellungen"* [218] (wie etwa auf-
gezeichnete Sprache oder nonverbale „Zeichen" wie „Musik").

Damit zeichnet sich bereits ab, was unter „Medien in der engen Auffassung" zu verstehen
ist. Wir werden sie künftig, Tulodziecki folgend, „**technische Medien**" nennen und darauf im
nächsten Abschnitt exemplarisch eingehen.

An dieser Stelle sei jedoch bereits angemerkt, dass *im didaktischen Kontext beide Auffassungen von „Medium"* zu berücksichtigen sind: nämlich sowohl die

- **enge Auffassung** („technisches" Medium)

als auch die

- **weite Auffassung** („alle" Medien, z. B. als „Werkzeuge" im Sinne von Abschnitt 3.3). [219]

Und es ist stets anzugeben, welche Auffassung situativ zugrunde liegt.

Ganz in diesem Sinne ergänzt Tulodziecki: [220]

> Aus unterrichtlicher und erzieherischer Sicht bietet es sich an, zunächst von einem umfassenden
> Medienbegriff auszugehen. Damit wird sichergestellt, daß ein für pädagogische Interaktion und
> Kommunikation bedeutsamer Aspekt generell im Blick bleibt: die Form, in der Informationen bzw.
> Inhalte vermittelt werden. Auf der Basis eines solchen *weiten Medienbegriffs* können dann spezielle
> Medien durch geeignete Adjektive oder Begriffsverbindungen gekennzeichnet werden. So lassen
> sich die obigen – unter einem engeren Medienbegriff angeführten – Medien als **technische Medien**
> bezeichnen.

Diese Auffassung wird im Weiteren zugrunde gelegt.

---

[216] [Tulodziecki 1989, 14]; zitiert auch bei [Kron 2000, 327].
[217] [Tulodziecki 1989, 16 f.]; [Kron 2000, 327] zitiert hier versehentlich nicht korrekt mit
      „bildlicher und symbolischer" statt mit *„bildlicher oder symbolischer "*; Hervorhebungen nicht im Original.
[218] Mit Dank für diese persönliche Mitteilung vom 23. 11. 2009 an mich.
[219] Vgl. hierzu auch ganz ähnlich „Kultur im engen bzw. im weiten Sinn" auf S. 50.
[220] [Tulodziecki 1989, 17]; unterstreichende Hervorhebungen nicht im Original.

3.6   Ein Blick auf aktuelle technische Medien

Die Beispielsammlung für technische Medien aus dem vorletzten Zitat von Tulodziecki müssten wir heute modifizieren, denn etliche dieser Medien existieren fast nicht mehr auf dem Markt, oder sie haben (für viele!) nur noch museale Bedeutung wie etwa Diaprojektor, Schallplatte (sie findet aber derzeit erneut Interesse!), Tonband, Bildplatte und Bildschirmtext.

Neu hinzugetreten sind beispielsweise Handy, Internet, WWW, TC („Taschencomputer" für den Mathematikunterricht), DVD, HDTV, MP3-Player, Datenprojektor (umgangssprachlich „Beamer"), „Interaktives Whiteboard" (z. B. „Smartboard"), Digitalkamera (für Fotos und Videos), Text- und Spracherkennung – und neben dem schon klassischen PC als Tower oder als Notebook gibt es mittlerweile diverse weitere Typen „Persönlicher Computer" wie z. B. das Smartphone und den Tablet-PC (für nahezu alle Altersgruppen im Beruf und im Alltag).

Neben der seit langem anhaltenden rasanten Weiterentwicklung der Video- und Computerspiele, auf die hier nicht eingegangen wird, hat sich die *Aufnahme-, Bearbeitungs- und Wiedergabetechnik von Film, Bild und Ton* durch die fortschreitende Digitalisierung radikal gewandelt: Film, Bild und Ton werden fast nur noch digital aufgezeichnet und quasi nur noch am Computer bearbeitet, analoge Tonbänder und Videokassetten haben museale bzw. archivarische Bedeutung, ebenso sind beispielsweise sogar „digitale Tonbänder" (sog. DATs: „Digital Audio Tapes"), die erst in den 1980er Jahren bei professionellen und halbprofessionellen Audio-Aufnahmen Einzug hielten, faktisch nicht mehr auf dem Markt erhältlich, und für die Wartung der zugehörigen (älteren) Hardware gibt es kaum mehr qualifizierte Fachleute.

So erfolgen etwa professionelle Audio-Aufnahmen nur noch per *Hard-Disk-Recording* (mit direkter Aufzeichnung der per A/D-Wandler erzeugten digitalen Signale auf der Festplatte eines Computers), insbesondere aber nun seit einigen Jahren für jedermann mit sog. *Field-Recordern* (im Westentaschenformat z. T. „Mini-Recorder" oder „Handy-Recorder" genannt):

Diese *mobilen Digitalrekorder* verfügen meist über hochwertige interne Stereo-Mikrophone und erstaunlich gute A/D-Wandler, sie werden in immer größerer Vielfalt entwickelt und angeboten, und man kann z. B. verlustfreie WAV-Dateien (im „PCM-Format") mit hohen Abtast-Raten (z. B. bis zu 192 kHz) bei zugleich hoher Wortbreite (mindestens bis zu 24 Bit) aufnehmen und damit klassische (analoge) Tonbandmaschinen (auf jeden Fall aus dem Nicht-Profi-Bereich) qualitativ deutlich übertreffen. Die Speicherung bei solchen Field-Rekordern erfolgt wie bei heutigen Digital- und Video-Kameras auf Standard-Speicherkarten, und damit wird auch das Hard-Disk-Recording zurückgedrängt werden, das dann nur noch in der professionellen Aufnahmetechnik wichtig (und dort auch vorläufig wohl unverzichtbar) sein wird (schon wegen der notwendigen permanenten Aufnahmekontrolle per Bildschirm). Entsprechendes gilt für den Videobereich. Die aktuell in Entwicklung befindlichen MRAM-Chips (Patent u. a. bei der PTB in Braunschweig) werden einen neuen technischen Schub bewirken.

Die Digitaltechnik ist also allgegenwärtig, und das führt zu den „Neuen Medien":

3.7   Neue Medien

Die Bezeichnung „Neue Medien" wird oft naiv für solche technischen Medien verwendet, die „gerade aktuell" und in also diesem Sinne „neu" sind, was jedoch einschließt, dass sie irgendwann nicht mehr „neu" sind (und was dann wohl die weniger glückliche Schreibweise „neue Medien" zur Folge hat). Was also kann evtl. zeitlich überdauernd „neu" an ihnen sein?

Die sog. *„Auslagerung von Denkfähigkeit"*, die wir bei Wagner in der von ihm so genannten *Organmetapher* erkennen können (vgl. Abschnitt 3.3), führt zu einer Klärung im Sinne einer *intensionalen Begriffsbestimmung* (die also durch eine Eigenschaftsliste und nicht durch eine Beispielliste gekennzeichnet ist). Damit ist Folgendes gemeint: [221]

- Aus anthropologischer Sicht ist die historische Entwicklung der Technik mit einer „Auslagerung" mechanischer Fertigkeiten des Menschen (und zugleich ihrer „Verstärkung") auf Geräte und Maschinen verbunden, angefangen beim Faustkeil über Waffen und Werkzeuge bis hin zu heutigen geradezu monumentalen Baumaschinen. [222]

  Die universellen Verarbeitungsmöglichkeiten des Computers sind nun insofern revolutionär, als hierbei erstmals nicht mechanische Fertigkeiten des Menschen „ausgelagert" werden, sondern ein neuer Maschinentypus „Tätigkeiten ausführt", die bisher den Geistesleistungen des Menschen zuzurechnen waren, beruhend auf seiner Fähigkeit zum Denken.

In diesem Sinn wird nun – mit gebotener Vorsicht formuliert – partiell *„Denkfähigkeit" auf den Computer ausgelagert* – mag uns dies nun passen oder nicht. Und das begründet dann die herausragende Stellung der auf der digitalen Mikroelektronik beruhenden *Informations- (und Kommunikations-)techniken* – kurz: *„IuK-Techniken"* – und somit ihre „Neuheit".
Das führt zu folgenden Kennzeichnungen: [223]

- **Neue Techniken** sind die datenprozessierenden IuK-Techniken in der Rolle als sog. „Querschnittstechniken": Der Computer erweist sich in sehr vielen Bereichen als ein nützliches und oft gar unverzichtbares Werkzeug!

- **Neue Medien** sind dann technische Medien, die auf diesen Neuen Techniken beruhen.

Diese Termini erweisen sich als offen gegenüber künftigen bzw. bereits aktuellen technischen Weiterentwicklungen, so dass insbesondere der Plural „IuK-Techniken" vertretbar ist. Der Zusatz „datenprozessierend" dient der gezielten Interpretation der vieldeutigen Bezeichnung „Informations- und Kommunikationstechniken".

Die „Neuheit" dieser Techniken und Medien ist allerdings wegen der o. g. „Auslagerung von Denkfähigkeit" *von grundsätzlicher Art*. Somit liegt hier ein *Qualitätssprung* in der tech-

---

[221] Nach [Hischer 2002 a, 68 f.] mit Bezug auf [Fischer & Malle 1985, 257–258]; auch schon in Hischer 1989, 95] und in [Hischer 1991, 7 f.]. Vgl. auch Lochs Kennzeichnung von „Technik" auf S. 54.
[222] Vgl. Abschnitt 4.4 auf S. 95.
[223] Ähnlich in [Hischer 2002 a, 69].

nischen Entwicklung vor, demgemäß diese Techniken und Medien *nicht nur jetzt, sondern immer „neu"* sind: Das macht dann *„Neue Medien"* zu einer eigenständigen Bezeichnung und begründet die *Großschreibung* des Attributs „neue"! [224]

Synonym zu „Neue Medien" sind in der didaktischen Literatur auch die vergleichsweise eher neutralen und blassen Termini „digitale Medien" bzw. "digital media" anzutreffen, wohingegen mit dem Terminus „Neue Medien" aufgrund der o. g. „Auslagerung von Denkfähigkeit" auf Geräte und Maschinen das zeitlos qualitativ Neue dieser technischen Medien betont werden soll und auch wird.

3.8   Medien im Unterricht als Werkzeug oder als Hilfsmittel? [225]

Die Verwendung Neuer Medien (wie z. B. von Funktionenplottern oder Geometriesoftware) wird im Mathematikunterricht Entdeckungen und Ergebnisse zwar situativ schneller ermöglichen als ohne sie, jedoch ist das nicht per se ein methodischer Vorteil, denn Schnelligkeit bedeutet im Kontext von „Lernen" und „Wissenserwerb" nicht notwendig Nachhaltigkeit. So sind auch Strategien zur *Entschleunigung* bedenkenswert (man denke an Lebensweisheiten wie etwa *„Gut Ding braucht Weil"* oder an das Bibel-Zitat *„Ein Jegliches hat seine Zeit"*).[226]

Gleichwohl: Sind Neue Medien wie Funktionenplotter oder Geometriesoftware bezüglich des Mathematikunterrichts im Sinne von Abschnitt 3.4 eigentlich als „Werkzeug" oder (nur) als „Hilfsmittel" anzusehen? Gibt es da einen Unterschied? *Wollen* wir da einen sehen?

Zunächst: Vielfach findet man – auch und gerade im Kontext von Didaktik – sowohl die Gegenüberstellungen „Werkzeug und Medium" als auch „Werkzeug oder Medium", wobei Letzteres dann als „entweder Werkzeug oder Medium" verstanden werden kann und möglicherweise oft auch so gemeint ist. Diese Kontradiktion basiert wohl auf der naiven Vorstellung, dass ein Medium (wie ein Film) der passiven Vermittlung dient, während hingegen ein Werkzeug (dann im Gegensatz zum Medium gesehen) ein *aktives Erarbeiten* ermöglicht. Das widerspricht aber dem in Abschnitt 3.2 vorgestellten Genus-Verbi-Aspekt von „Medien" im *didaktischen* Kontext, demgemäß Medien „zwischen" Aktiv und Passiv liegen:

➢ Denn Medien sind mit darstellenden, vermittelnden und handelnden Aspekten verknüpft.

Im didaktischen Kontext ist dann aber das *„entweder Werkzeug oder Medium"* nicht haltbar, auch wenn „Werkzeug" in den bisherigen Ausführungen nicht als Fachbegriff definiert wurde, sondern nur implizit bei *„Werkzeug zur Weltaneignung"* im medienpädagogischen Konzept von Wagner auftrat: [227]

---

[224]   [von Hentig 2002] und [Krämer 1998 a] wählen diese Großschreibung bereits im Buchtitel!
     Ich habe diese Großschreibung auch mal bei Habermas gelesen, kann die Stelle leider nicht mehr belegen.
[225]   Vgl. [Hischer 2002 a].
[226]   Vgl. hierzu die schöne Website http://www.fritz-reheis.de/ (26. 10. 2015) von Fritz Reheis, die auch das o. g.
     Bibelzitat aus dem Alten Testament (Prediger 2, 3) enthält.
[227]   Vgl. Abschnitt 3.3 auf S. 62 f.

Medien können uns also in der Rolle eines Werkzeugs begegnen – was aber nicht bedeutet, dass automatisch jedes „Werkzeug" auch ein Medium ist (doch das steht an dieser Stelle nicht zur Diskussion).

Besteht denn nun ein *Unterschied zwischen Werkzeug und Hilfsmittel?*

In der Alltagssprache werden diese Bezeichnungen zwar meist synonym gebraucht, es lohnt sich aber, innerhalb der Fachsprache die *Möglichkeit einer Differenzierung* zu nutzen:

„Medium als Werkzeug" für den Fall, dass der Anwendungsbereich vielfältig und *ergebnisoffen* ist. Dann aber kann ein *Werkzeug* seinem Benutzer **Macht** im Sinne von Carl Friedrich **von Weizsäcker** verleihen: [228]

> Macht nenne ich die Bereitstellung von Mitteln für offengehaltene Zwecke.

„Offen" konzipierte Softwaresysteme wie Computeralgebrasysteme oder Programmiersprachen sind „mächtige" Werkzeuge. Hingegen wäre ein quasi „kastrierter" Funktionenplotter, der nur die Veranschaulichung und Parametervariation *fest implementierter* Funktionsterme erlaubt, in diesem Sinn ein geradezu *„ohnmächtiges" Hilfsmittel*, das im Wesentlichen nur für vom Autor vorgegebenen Zwecke (ähnlich einem Korkenzieher) verwendet werden kann.

Weitere Beispiele für „Werkzeuge" aus dem Bereich der Neuen Medien in diesem Sinn sind etwa *im Mathematikunterricht* „normale" Funktionenplotter, *im fächerübergreifenden Kontext* z. B. Programme für Textbearbeitung und Tabellenkalkulation.

3.9   Medienpädagogik

Medien begegnen uns im didaktischen Kontext gemäß der vorläufigen Bilanz in Abschnitt 3.4 also in sehr großer Aspektfülle. Schon hieraus ergibt sich in bildungstheoretischer Sicht, dass es in Bezug auf Medien im Unterricht *nicht nur um den methodisch begründeten Einsatz von Medien* als sog. „Unterrichtsmittel" gehen kann (also als Werkzeug oder als Hilfsmittel gemäß Abschnitt 3.8), sondern dass diese *auch thematisch als Objekte in den Blickpunkt des Unterrichts* gelangen müssen und damit dann zum „Unterrichtsinhalt" werden.

Das führt uns zur „Medienpädagogik", die Ludwig Issing (allerdings noch beschränkt auf Medien in der engen Auffassung) wie folgt beschreibt: [229]

> Für die Behandlung pädagogischer Fragen theoretischer und praktischer Art im Zusammenhang mit Medien wird in der Literatur am häufigsten der Begriff Medienpädagogik verwendet [...]. Er umfaßt alle Bereiche, in denen Medien für die Entwicklung des Menschen, für die Erziehung, für die Aus- und Weiterbildung sowie für die Erwachsenenbildung pädagogische Relevanz haben. Es erscheint deshalb sinnvoll, den Begriff „Medienpädagogik" als übergeordnete Bezeichnung für alle pädagogisch orientierten Beschäftigungen mit Medien in Theorie und Praxis zu verstehen und einzelne Aspekte der Medienpädagogik näher zu spezifizieren: [...]

---

[228] [von Weizsäcker 1992, 19]; Hervorhebung nicht im Original.
[229] [Issing 1987, 24] (Hervorhebung im Original); auch [Kron 2000, 331] geht zitierend darauf ein.

Issing geht dann auf vier Teilbereiche der Medienpädagogik ein, die er *Mediendidaktik,
Medienkunde, Medienerziehung* und *Medienforschung* nennt. Kron „verabschiedet" hierbei
die „Sonderstellung" von „Medienforschung", weil

> Forschung zu den konstitutiven Grundaufgaben einer jeden Wissenschaftsdisziplin [...] gehört. [230]

Dieser Auffassung folgend verbleiben *drei Teilbereiche* der Medienpädagogik, wobei jedoch
hier und künftig anstelle der von Issing verwendeten Bezeichnung „Mediendidaktik" stets
von „Medienmethodik" gesprochen wird, [231] und statt „Medienerziehung" wird nunmehr aus
gutem Grund der Terminus „Medienreflexion" gewählt.

In diesem Sinn lassen sich diese drei Teilbereiche der **Medienpädagogik** in Anlehnung an
Issing **in neuer Weise** wie folgt **kennzeichnen**: [232]

- **Medienmethodik** befasst sich mit den Funktionen und Wirkungen von Medien in Lehr-
  und Lernprozessen mit dem Ziel der Förderung des Lernens durch geeignete Gestaltung
  und methodisch wirksame Verwendung von Medien im Sinne von „Lernumgebungen". [233]

  Die Auswahl und der Einsatz von Medien soll dabei – unter Berücksichtigung der anthro-
  pogenen und soziokulturellen Bedingungen von Schule und Umwelt – in Abstimmung mit
  den jeweiligen Unterrichtszielen erfolgen.

Hier wird die klassische und tradierte Rolle von Medien im Rahmen von Unterrichtsplanung
und -durchführung beschrieben: „Medium" als methodisch und situativ begründetes und so
fungierendes *Unterrichtsmittel* (und damit als *Werkzeug oder Hilfsmittel* nach Abschnitt 3.8).

- **Medienkunde** betrifft – gemäß den Möglichkeiten der jeweiligen Unterrichtsfächer – die
  Vermittlung von Kenntnissen über (ggf. auch technische) Grundlagen und Grundstrukturen allgemeinbildungsrelevanter Medien unter Einschluss ihrer historischen Entwicklung.

  Hierzu gehört auch eine angemessene Vermittlung von Fähigkeiten und Fertigkeiten [234] im
  Umgang mit solchen Medien zwecks Erwerbs praktischer Erfahrungen.

Hier steht also nicht mehr nur der (im Sinne von „Medienmethodik") unterrichtsmethodisch
begründete *Einsatz von Medien* zwecks Verbesserung oder Erleichterung des Erreichens bestimmter Unterrichtsziele im Fokus, sondern die Aufmerksamkeit gilt dem vertieften bzw.
vertiefenden Verständnis der Medien und einem *pragmatischen Umgang* mit ihnen.

- **Medienreflexion** soll zu einer reflektierten bzw. reflektierenden und kritischen Haltung
  gegenüber (allgemeinbildungsrelevanten) Medien und zu einem verantwortungsvollen
  Umgang mit ihnen anleiten.

---

[230] [Kron 2000, 332]; Hervorhebung nicht im Original.
[231] Vgl. hierzu die Betrachtung und Vereinbarung in Abschnitt 2.4 auf S. 33 f.
[232] In Modifikation von [Issing 1987, 25 f.].
[233] Vgl. S. 58.
[234] Hier wird bewusst die Bezeichnung „Medienkompetenz" vermieden; vgl. hierzu Abschnitt 2.5.

Auch dieser *medienreflektierende Aspekt* ist *medienpädagogisch bedeutsam,* [235] denn er geht einerseits über den „nur" unterrichtsmethodisch bedingten Einsatz von Medien im Sinne medienmethodischer Aspekte weit hinaus, andererseits geht er auch über „nur" medienkundliche Aspekte des Kennenlernens und Handhabens etwa technischer Medien hinaus:

- Denn bei der *Medienreflexion* liegt die Betonung auf einer *kritischen Reflexion* der Bedeutung von Medien für Individuum und Gesellschaft, was zugleich *verantwortungsethische Aspekte* einschließt. [236]

Das alles leitet über zum nächsten Abschnitt.

3.10   Integrative Medienpädagogik

„Integrative Medienpädagogik" ist als eine *Weiterentwicklung der Medienpädagogik* mit einer besonderen Ausrichtung zu verstehen.

Das hiermit gemeinte Konzept entstand als Antwort auf die in den 1980er Jahren durch die Neuen Medien [237] – also durch spezielle technische Medien [238] – verursachte sowohl bildungstheoretische als auch bildungspolitische Herausforderung, [239] wie sie beispielsweise über den sog. *„integrativen Ansatz"* [239] zur Entwicklung eines schulform- und fachübergreifenden Konzepts für eine *„informations- und kommunikationstechnologische Bildung"* [239] (kurz „iuk-Bildung" genannt) als einem Aspekt von Allgemeinbildung führte.

Daran anknüpfend wurde die Bezeichnung „Integrative Medienpädagogik" 1992 erstmalig von Wolf-Rüdiger Wagner geprägt. Er beschränkt sich hierbei zunächst noch wie Tulodziecki und Issing auf Medien im engen Sinn, und zwar mit besonderem Fokus auf solche technische Medien, die der *interpersonalen Kommunikation* dienen.

Dabei geht Wagner von der Prämisse aus, dass

Medienpädagogik als gesondertes Fach [...] weder durchsetzbar noch wünschenswert [...] [240]

sei, und er strebt pragmatisch eine *Verankerung der Medienpädagogik im Unterricht* an, indem er feststellt, dass teilweise bereits

medienpädagogische Ziele nicht als eine zusätzliche Aufgabe an die Fächer herangetragen werden, sondern daß die fachbezogenen Ziele nicht ohne Wahrnehmung medienpädagogischer Fragestellungen zu erreichen sind. [241]

---

[235]   Dieser Aspekt wird von Issing sogar an erster Stelle genannt, wenn auch mit anderem Duktus:
        „*Die Medienerziehung befaßt sich mit den Medien – vorwiegend mit den Massenmedien, aber auch mit Unterrichtsmedien. Sie hat das Ziel, zu einem bewußten, reflektierten, kritischen, d. h. sozial erwünschten Umgang mit Medien zu erziehen.*"

[236]   Vgl. die Betrachtungen zu „Technologie" in Abschnitt 2.3.
[237]   Siehe Abschnitt 3.7.
[238]   Vgl. die Abschnitte 3.5, 3.6 und 3.7.
[239]   Vgl. [Behrens et al. 1986], [Hischer 1989] und [Niedersächsisches Kultusministerium 1989].
[240]   [Wagner 1992, 135]
[241]   [Wagner 1992, 136]

In diesem Zusammenhang merkt Wagner kritisch an:

> Werden Lehrerinnen und Lehrer aufgefordert, über die Verbindung ihres Faches zur Medienpädago-
> gik nachzudenken, dann wird meistens überlegt, an welchen Stellen in Rahmenrichtlinien und Lehr-
> plänen Medien wie Fernsehen, Comics, Zeitungen usw. direkt benannt werden. Selbst in den Fächern,
> in denen diese Medien inzwischen ausdrücklich erwähnt werden, geschieht dies allerdings so spora-
> disch, dass sich daraus beim besten Willen kein systematischer Beitrag zur Medienpädagogik kon-
> struieren lässt [...]. [241]

Und er gibt – aus seiner Erfahrung heraus – zu bedenken, dass

> [...] Lehrerinnen und Lehrer, die nur eine Verbindung zur Medienpädagogik sehen, wenn bestimmte
> Medien explizit erwähnt werden, keine präzise Vorstellung von Zielen und Aufgaben der Medien-
> pädagogik haben. [241]

Das führt ihn zu der Forderung, dass es wichtig wäre,

> deutlich zu machen, dass Medienanalyse und Medienkritik keine zusätzlichen Aufgaben von Schule
> sind, für die man an irgendeiner Stelle ein paar Stunden freiräumen muss, sondern dass Medien-
> kritik und Medienanalyse an vielen Stellen notwendig sind, um die Ziele des jeweiligen Faches und
> den Bildungsauftrag der Schule insgesamt zu erfüllen. Diese Überlegungen gelten sinngemäß für die
> anderen Aufgaben, Ziele und Themen der Medienpädagogik. Voraussetzung hierfür wäre jedoch,
> mit gängigen Vorstellungen über Medienpädagogik aufzuräumen, durch die der Blick auf Integra-
> tionsmöglichkeiten verstellt wird. [242]

Hier nennt er u. a. die häufig anzutreffende Fehlvorstellung, dass Medienpädagogik sich vor
allem mit der Steuerung und Regulierung des Medienkonsums befasse, doch

> [...] ebenso verbreitet ist die Vorstellung, Medienpädagogik befasse sich mit den technischen End-
> geräten bzw. bestimmten Medienprodukten. [241]

In der *„Fortschreibung eines Fehlers aus der Mediendidaktik"* [243] sieht er *eine* Ursache für
solch ein Missverständnis, weil diese sich *„oftmals auf einen Leistungsvergleich der technischen Geräte"* beschränke.

Das nachfolgend vorzustellende Konzept einer „Integrativen Medienpädagogik" greift
Wagners Ansatz auf und schreibt ihn fort. [244]

---

[242] [Wagner 1992, 138]
[243] Hiermit ist also nun im vorgestellten Verständnis „Medienmethodik" gemeint, vgl. S. 71.
[244] Das Konzept wurde in Anknüpfung an den o. g. „integrativen Ansatz" und an Wagner in den 1990er Jahren von
       mir im Studienseminar Braunschweig für das Lehramt an Gymnasien gemeinsam mit Referendar(inn)en und
       Fachleiter(inne)n fachübergreifend entwickelt und 1999 auf der CeBIT in Hannover exemplarisch vorgestellt.
       Für den Mathematikunterricht wurde es bereits in [Hischer & Weigand 1998] bezüglich der drei in Abschnitt 3.9
       genannten Aspekte skizziert, und unter dem Namen „Integrative Medienpädagogik" wurde es erstmals in
       [Hischer et al. 2000] und [Hischer 2001] in Grundzügen publiziert.

- **Integrative Medienpädagogik** ist ein normatives didaktisches Konzept, bei dem das Attribut „integrativ" eine *zweifache Qualität* aufweist: [245]

(1) *Alle drei Teilbereiche der Medienpädagogik* (nämlich: Medienmethodik, Medienkunde und Medienreflexion) sind bei der Planung, der Durchführung und der Evaluation von Unterricht in ihrer Gesamtheit (also „integrativ") und nicht losgelöst voneinander und auch nicht für sich isoliert zu berücksichtigen.

(2) Eine so verstandene Medienpädagogik kann nicht von einem einzelnen Unterrichtsfach allein übernommen werden, vielmehr sind *im Prinzip alle Unterrichtsfächer gemeinsam* (also „integrativ") mit je spezifischen Ansätzen gefordert.

Die Forderung (1) macht in anderer Akzentuierung deutlich, dass Medien im didaktischen Kontext – und damit auch im konkreten Unterricht – nicht nur ausschnittartig bzw. einseitig erscheinen dürfen, sondern dass vielmehr die gesamte Fülle der auf S. 64 aufgeführten fünf *Aspekte von Medien* (allgemein-)bildungsrelevant ist, also:

- *bei der Vermittlung von Kultur oder Natur* und *als dargestellte Kultur oder Natur,*

- *als Werkzeug oder Hilfsmittel zur Weltaneignung* und

- *als künstliches Sinnesorgan,* schließlich

- *als Umgebung bei der handelnden Inszenierung des Selbst und der Welt.*

Mit der Forderung (1) wird zugleich betont, dass aus medienpädagogischem Anspruch heraus Medien *nicht nur* unterrichtsmethodisches *Unterrichtsmittel* sein sollten, sondern in ihrer Vielfalt als *Unterrichtsgegenstand* auch zum *Unterrichtsinhalt* werden müssen. [246]

Die Forderung (2) entstand bereits in den 1980er Jahren beim o. g. *integrativen Ansatz*, verbunden mit der *Absage an das* (im Zusammenhang mit der ITG [247]) oft propagierte *„Leitfachprinzip"*, für das damals die Mathematik (oder teilweise sogar die Informatik) favorisiert wurde:

Denn kein einzelnes Fach ist in der Lage, ein solch quer zu den Fachdisziplinen liegendes und damit also transdisziplinäres Thema wie (damals „Neue Technologien" und jetzt) „Neue Medien" aus sich heraus angemessen zu behandeln, was erst recht verallgemeinert für Medien in der weiten Auffassung gilt.

---

[245]   Vgl. auch [Hischer 2002 a, 55 – 56].

[246]   Bei der Verwendung der Bezeichnung „Unterrichtsinhalt" wird hier gemäß Abschnitt 2.1.5 stets mitgedacht, dass „Unterrichtsinhalte" nicht schon durch ihre Benennung eindeutig festlegen, sondern dass diese sich erst je subjektiv im Individuum im Rahmen des Unterrichts und des je individuellen Lernvorgangs bilden, wie es Meyer in seinem Buch „UnterrichtsMethoden" am Beispiel eines ausgestopften Modells eines Igels im Biologieunterricht verdeutlicht, das noch nicht einen etwa mit „Igel" bezeichneten Unterrichtsinhalt bildet, weil dieser erst individuell (be)im Lernenden entsteht.

[247]   ITG: „Informationstechnische Grundbildung", nicht zu verwechseln mit IuK-Bildung (Fußnote 239).

3.11   Medien als Unterrichtsmittel oder als Unterrichtsgegenstand?

Im Folgenden möge man bei „Medien" zunächst konkret an „Neue Medien" im Sinne von Abschnitt 3.7 denken – um diese Einschränkung aber kurz darauf wieder fallen zu lassen.

Bei den medien*methodischen* Aspekten Neuer Medien geht es primär um deren *methodisch begründeten* Einsatz im Unterricht (und damit auch um den Umgang mit ihnen). Hingegen werden Neue Medien nun in der Integrativen Medienpädagogik sowohl unter medien*kundlichen* als auch unter medien*reflektierenden* Aspekten *zusätzlich* zum *Unterrichtsgegenstand*, und sie dienen dabei der *Aufklärung* und der Vermittlung von *Haltungen* und *Einstellungen*. Damit wird zugleich klar, dass bereits der *Umgang* mit den Neuen Medien und deren *Anwendung* nicht nur medienmethodischen Zielen dienen kann, sondern dass entsprechende individuelle Erfahrungen eine geradezu unverzichtbare Voraussetzung dafür sind, dass sie zum Unterrichtsinhalt werden können, indem einerseits ihre *Grundlagen und Grundstrukturen* analysiert und andererseits ihre *Bedeutung für Individuum und Gesellschaft* erörtert werden.

Da nun sowohl dieser Umgang mit den Neuen Medien als auch deren Thematisierung jeweils in Unterrichts*fächern* erfolgt, zeigt sich hier ihre zweifache *fachdidaktische Bedeutung*: nämlich Neue Medien in ihrer doppelten Rolle sowohl als *Unterrichtsmittel* (also methodisch gesehen als Werkzeug oder Hilfsmittel) als auch als *Unterrichtsinhalt*, was einen zu thematisierenden Gegenstand des Unterrichts voraussetzt – kurz: als *Unterrichtsgegenstand*.

Nun gehören Medienmethodik, Medienkunde und Medienreflexion im Sinne einer fächerübergreifenden Integrativen Medienpädagogik methodologisch zur sog. *Bereichsdidaktik*:

> Die *Bereichsdidaktik* orientiert sich an den Erfordernissen der gesamtgesellschaftlichen Entwicklung in verschiedenen Lebens- und Arbeitsbereichen. [248]

Kron nennt fünf Beispiele, darunter u. a.

> Elektronische Medien in der Arbeitswelt – Einführung in diesen Bereich; [...] ökologische Weltbedrohung – Einführung in verantwortete Ökologie. [248] [249]

Damit gibt es zumindest zwei didaktische *Perspektiven*, unter denen Neue Medien erscheinen können: einerseits ihre *fachdidaktischen Rollen* und andererseits in *bereichsdidaktischer Sicht* ihre *medienpädagogischen Rollen*. Und das lässt sich verallgemeinern, indem wir nun – wie eingangs angekündigt – die *Einschränkung auf Neue Medien fallen lassen*.

Dabei sollen auch hier im Sinne der bisherigen Erörterung einerseits die beiden *fachdidaktischen Rollen* von Medien und andererseits deren drei *medienpädagogische Rollen* betrachtet werden:

---

[248]   Vgl. [Kron 2000, 35 f].
[249]   In diesen (und den anderen von Kron aufgeführten Beispielen) lassen sich übrigens die von Klafki so genannten „Schlüsselprobleme" wiedererkennen, vgl. S. 15 f.

- **fachdidaktische Rollen:**

  – Medien als *Unterrichtsmittel*
  (als *Werkzeug* oder *Hilfsmittel*)

  – Medien als *Unterrichtsgegenstand*
  (als *Thema des Unterrichts*)

- **medienpädagogische Rollen:**

  – Medien in *medienmethodischer* Sicht

  – Medien in *medienkundlicher* Sicht

  – Medien in *medienreflektierender* Sicht

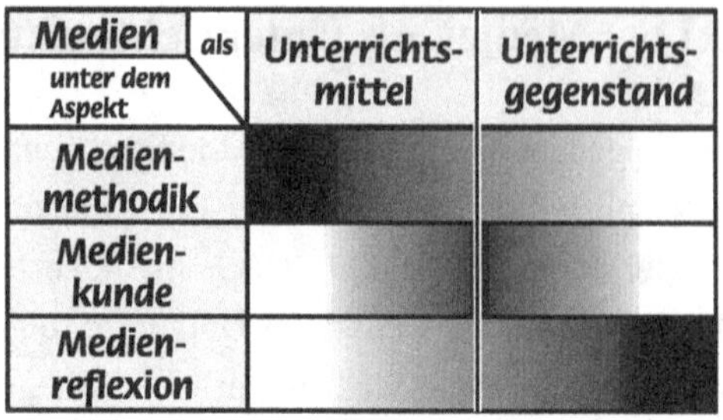

Medien unter dem Aspekt *als*	Unterrichts-mittel	Unterrichts-gegenstand
Medien-methodik		
Medien-kunde		
Medien-reflexion		

Bild 3.6: Perspektivenmatrix für Medien im Unterricht

Bild 3.6 visualisiert diesen Sachverhalt mit der hierfür konzipierten „**Perspektivenmatrix** für Medien im Unterricht" (je dunkler, desto stärker ist die perspektivische Koppelung): [250]

- **Dyas** — Die *fachdidaktischen Rollen* von Medien zeigen sich *zweifach*:
  als *Unterrichtsmittel* (Werkzeug oder Hilfsmittel [251]) oder als *Unterrichtsgegenstand*.

- **Trias** — Die *medienpädagogischen Rollen* von Medien zeigen sich *dreifach*
  (in bereichsdidaktischer Sicht):
  medienmethodisch bzw. *medienkundlich* bzw. *medienreflektierend.* [252]

Bild 3.6 soll verdeutlichen, dass die beiden Kategorien „Unterrichtsmittel" und „Unterrichtsgegenstand" der Perspektivenmatrix nicht trennscharf sind: (1) zum *Unterrichtsmittel* (also dem „Instrument") gehört meist auch (zumindest in abgeschwächter Weise) der *Unterrichtsgegenstand* (und damit das Unterrichtsthema) – und auch umgekehrt; (2) „Medienmethodik", „Medienkunde" und „Medienreflexion" beschreiben zwar jeweils *Schwerpunkte unterrichtlichen Handelns*, aber dennoch sind sie *nicht voneinander zu trennen*.

Das sei zunächst am Beispiel Neuer Medien verdeutlicht:

- *Neue Medien als Unterrichtsmittel:* Sie sind dann zwar aus bereichsdidaktischer Sicht im Rahmen von Unterrichtsplanung und -evaluation zunächst (nur) *medienmethodisch* bedeutsam, dennoch sind *teilweise* auch medienkundliche und medienreflektierende Aspekte zu berücksichtigen, sodass sie unter diesen Aspekten *auch zum Unterrichtsgegenstand* werden.

- *Neue Medien als Unterrichtsgegenstand:* Sie sind dann zwar primär medienkundlich und/ oder medienreflektierend bedeutsam, aber hierzu sind sie ggf. in gewissem Umfang auch medienmethodisch zu betrachten, womit sie dann *auch zum Unterrichtsmittel* werden. [253]

---

[250] Auf Basis der Darstellung in [Hischer 2002 a, 240] in den unteren beiden Zeilen nach einem Vorschlag von Anselm Lambert etwas modifiziert: bei „Medienkunde" wurde eine quasi symmetrische Verteilung gewählt.
[251] Vgl. Abschnitt 3.8 auf S. 69.
[252] Oder auch kombiniert; siehe Details dazu in den Abschnitten 3.9 und 3.10.
[253] Keine Theorie ohne Praxis (und umgekehrt ...)!

- Gleichwohl wird es unterrichtliche Situationen geben, in denen Neue Medien „als Unterrichtsmittel" nicht auch Unterrichtsgegenstand werden (können oder sollen), und es wird ggf. unvermeidbar sein, dass Neue Medien „als Unterrichtsgegenstand" nicht zugleich Unterrichtsmittel werden können oder sollen (z. B. weil eine Verwendung spezieller Medien oder Programme im Unterricht nicht möglich ist – evtl. auch nicht erwünscht ist!).

Die Neuen Medien spielen also – falls primär ihr *Einsatz* im Unterricht geplant sein sollte – unter *medienmethodischem Aspekt* zunächst als *Werkzeug oder Hilfsmittel* die entscheidende Rolle. Daneben sollte aber im Unterricht auch ihre Rolle für den individuellen Erkenntnis- und Lernvorgang *inhaltlich reflektiert und bewusst* werden, [254] sie können (oder sollten situativ) also in ihrer medienmethodischen Rolle *auch* zum *Unterrichtsgegenstand* werden.

Und nun liegt der Schritt nahe, diese Perspektivenmatrix mit den Dyas und der Trias grundsätzlich auf „bildungsrelevante Medien" zu beziehen, wobei das o. g. „Instrument" also auch als „nichtmaterielles Medium" (wie z. B. die Analyse) auftreten kann. [255]

3.12 Medienbildung – Schlagwort oder Bildungskonzept?

Seit Ende des ersten Jahrzehnts des 21. Jahrhunderts wird die Schullandschaft nach PISA, den „Bildungsstandards", den „Kerncurricula", den in vielen Zusammenhängen beschworenen „Kompetenzen" und einer oftmals geforderten „Vernetzung" nun auch mit „Medienbildung" als einem neuen Terminus beglückt – doch was ist damit gemeint?

So fand man dazu z. B. noch im Januar 2012 auf der Website des Landesmedienzentrums Baden-Württemberg folgende Anmerkung: [256]

> Im Laufe der letzten Jahre taucht in der Diskussion um die Medienpädagogik immer häufiger auch das Wort „Medienbildung" auf. Während die Aufgaben der Medienpädagogik recht klar beschrieben sind, steht eine Definition der Medienbildung noch am Anfang.

Die KMK [257] verabschiedete dann bereits kurz danach eine Empfehlung bezüglich „Medienbildung in der Schule". [258] Am Schluss dieser zehn Seiten langen „Empfehlung" findet sich der Abschnitt „Zusammenfassung und Schlussfolgerungen", der wie folgt beginnt:

> Medienbildung gehört zum Bildungsauftrag der Schule, denn Medienkompetenz ist neben Lesen, Rechnen und Schreiben eine weitere wichtige Kulturtechnik geworden.

Hier irritiert zunächst der entstehende Eindruck von „Medienkompetenz" als „Kulturtechnik" (also die Identifikation einer „Fähigkeit" mit einer „Technik"). [259] Es geht dann weiter:

---

254 Vgl. hierzu Kapitel 4, insbesondere Abschnitt 4.10: „*Medialitätsbewusstsein als Bildungsziel*"!
255 Siehe hierzu die Betrachtungen u. a. in Kapitel 1 und in den Abschnitten 3.3 und 5.3.2.
256 http://www.mediaculture-online.de/Medienbildung.357.0.html (Link vom 26. 01. 2012 nicht mehr gültig)
257 KMK: Ständige Konferenz der Kultusminister der Länder in der Bundesrepublik Deutschland (kurz „Kultusminister-Konferenz").
258 Verabschiedung auf der 337. Sitzung der KMK am 08. und 09. 03. 2012, nachzulesen auf S. 9: http://www.kmk.org/fileadmin/veroeffentlichungen_beschluesse/2012/2012_03_08_Medienbildung.pdf (26.10.2015)
259 Vgl. hierzu die Betrachtungen in den Abschnitten 3.1.4, 4.5 und 4.6.

Kinder und Jugendliche leben in einer durch Medien wesentlich mitbestimmten Welt und sie lernen für eine Welt, in der die Bedeutung der Medien für alle Lebensbereiche noch zunehmen wird. Deshalb müssen Heranwachsende in die Lage versetzt werden, selbstbestimmt, sachgerecht, sozial verantwortlich, kommunikativ und kreativ mit den Medien umzugehen, sie für eigene Bildungsprozesse sowie zur Erweiterung von Handlungsspielräumen zu nutzen und sich in medialen wie nichtmedialen Umwelten zu orientieren und wertbestimmte Entscheidungen zu treffen.

Vermutlich sind hier „Neue Medien" [260] gemeint. Auch der nachfolgende Text legt das nahe:

Die vorliegende Erklärung „Medienbildung in der Schule" bestimmt und begründet den Stellenwert von Medienbildung in der Schule exemplarisch in fünf besonders wichtigen Dimensionen, die sich beziehen auf:

- die Förderung der Qualität des Lehrens und Lernens durch Medien,
- die Möglichkeiten der gesellschaftlichen und kulturellen Teilhabe und Mitgestaltung,
- die Identitäts- und Persönlichkeitsbildung der Heranwachsenden,
- die Ausbildung von Haltungen, Wertorientierungen und ästhetischem Urteilsvermögen sowie
- den notwendigen Schutz vor negativen Wirkungen der Medien und des Mediengebrauchs.

Beginnend mit der Aufgabe der fortschreitenden curricularen Verankerung bis hin zur Sicherung von Qualität und Kontinuität werden für die Umsetzung der entsprechenden Zielvorstellungen insgesamt acht Handlungsfelder benannt, in denen die Rahmenbedingungen und Voraussetzungen für eine gelingende Medienbildung in der Schule geschaffen werden müssen. Nur unter Beachtung der Zusammenhänge und Wechselwirkungen dieser Handlungsfelder können bildungspolitische Maßnahmen erfolgreich sein.

„Medienbildung" wird so in einen unmittelbaren Zusammenhang mit „Medienkompetenz" gestellt, ohne zu konkretisieren, was „Medienbildung" über „Medienkompetenz" hinaus bedeutet bzw. davon unterscheidet. Ferner wird nicht erläutert, was man sich unter „medialen wie nichtmedialen Umwelten" vorzustellen hat, was beim Lesen Verdruss bereiten mag. Durchsucht man den gesamten Text, so findet man zehnmal die Verwendung von „medial", nämlich:

- medial geprägte Lebenswelt, eigene mediale Produkte, immer stärker vernetzte mediale Angebote, mediale Vorbilder, mediale Kontexte, mediale Gestaltungselemente, mediale Botschaften entschlüsseln, Nutzung medialer Technologien und Dienste.

Diese offenbar „selbstredend" gemeinte (und zur Begründung des mit „Medienbildung in der Schule" betitelten KMK-Beschlusses herangezogene) Verwendung von „medial" [261] lässt sich andeutungsweise verstehen, wenn man erneut unterstellt, dass mit „Medien" hier nur „Neue Medien" [260] gemeint sind und sich also die hier geforderte „Medienbildung" – wie schon oben vermutet – auch (nur) darauf bezieht. Zwar wird das nicht explizit konkretisiert, jedoch wird aus der Einleitung klar, dass es wohl *Neue Medien* sein müssen: [262]

---

[260] Vgl. Abschnitt 3.7.
[261] Vgl. Abschnitt 3.4. und insbesondere Kapitel 4.
[262] Vgl. S. 3 der KMK-Empfehlungen.

Ohne dass Printmedien und audiovisuelle Medien wie Film, Fernsehen und Radio seither ihre Bedeutung für Individuum, Gesellschaft und Kultur verloren hätten, haben neue technologische Entwicklungen wie Digitalisierung, Internet und die breite Verfügbarkeit mobiler Endgeräte die Medienwelt in der Zwischenzeit grundlegend verändert. Die Konvergenz alter und neuer Medien, ihre universelle Verfügbarkeit sowie interaktive Medienangebote, soziale Online-Netzwerke und mediengestützte Dienstleistungen generieren neue Möglichkeiten und Chancen des Mediengebrauchs, führen aber auch zu neuen Herausforderungen und Gefahren. Diese betreffen die Gesellschaft insgesamt wie den Einzelnen, insbesondere seine Privatsphäre, seine Persönlichkeitsrechte und seine Datenschutzgrundrechte.

Das alles ist nachvollziehbar, macht aber vielleicht noch nicht hinreichend klar, was denn nun eine „Medienbildung" (wenn man sie denn tatsächlich nur auf Neue Medien bezieht) anders ist als die bisherige (meist auf Neue Medien ausgerichtete) „Medienpädagogik". Gewiss mag es sympathisch sein, dass alles so offen formuliert ist, weil dann für die konkrete Umsetzung im Unterricht prinzipiell (die für erfolgreichen Unterricht notwendigen!) Freiräume vorliegen.

Da das hier vorliegende Buch erste Anstöße für die Planung, Durchführung und Reflexion des Mathematikunterrichts im Kontext von „Medien" im Sinne von *„Medialitätsbewusstsein"* geben möchte (wobei „Planung" die Spanne von der grundsätzlichen curricularen Planung bis hin zur individuellen Planung der Lehrpersonen meint), ist eine Konkretion erforderlich:

3.13   „Medienbildung" als „Integrative Medienpädagogik"

Zunächst soll nunmehr (wie bereits in Abschnitt 3.11) die Einschränkung auf „Neue Medien" entfallen: Was ist dann „Medienbildung", oder *was wollen wir darunter verstehen?*

Kron verzeichnet in seinem 2000 erschienenen Buch diesen Terminus noch nicht, [263] der hingegen bereits 2009 das wesentliche Anliegen des Buches „Medienbildung – Eine Einführung" von Jörissen und Marotzki ausmacht, wenngleich eine explizite Definition leider auch dort noch fehlt. Die Autoren postulieren mit Bezug auf Kants „Logik" in Gestalt seiner vier Fragen

„Was kann ich wissen? Was soll ich tun? Was darf ich hoffen? Was ist der Mensch?"

in ihrem Werk „Vier Dimensionen lebensweltlicher Orientierung". Darauf gründen sie vier „Dimensionen Strukturaler Medienbildung". Mögen hier noch gewisse Unklarheiten hinsichtlich dessen bleiben, worin sich die von ihnen propagierte „Medienbildung" manifestiert, so wird dies spätestens rückblickend im Schlusskapitel deutlich: [264]

Das Hineinwachsen in die gegenwärtige Wissensgesellschaft, die Prozesse der Erziehung, des Lernens und der Bildung sind <u>von Medien nicht mehr zu trennen</u>. Moderne Medien sind nicht etwas, was als Ingredienz von Sozialisation anzusehen ist, sondern Sozialisation in der Moderne ist immer schon <u>unhintergehbar mediale Sozialisation</u>.

---

[263] [Kron 2000]
[264] [Jörissen & Marotzki 2009, 239]; Hervorhebungen nicht im Original.

Zunächst fällt auf, dass die Autoren ihr Bildungskonzept auf „Moderne Medien" (gewisse „technische Medien" wie Film, Bild, Internet – wie sich nachfolgend zeigt) beziehen. Und die Feststellung der *Unhintergehbarkeit medialer Sozialisation* – was als Nichtausweichenkönnen gegenüber einer Sozialisation durch Medien zu bezeichnen ist – bekräftigt diese Vermutung.

Die Autoren formulieren das zwar bereits in der Einleitung, doch die Brisanz tritt erst hier hervor und erweist sich als zielführend und wesentlich für ihr Konzept der „Medienbildung":

> Das Konzept einer Strukturalen Medienbildung trägt dem Sachverhalt Rechnung, dass Sozialisation in der Moderne <u>grundlegend und unhintergehbar medial</u> erfolgt.[265]

Die Schlussbemerkungen der Autoren tragen zu einer weiteren Aufhellung bei:[266]

> Das in diesem Band vorgelegte bildungstheoretisch inspirierte <u>Konzept einer strukturalen Medien-</u><u>bildung</u> hat im exemplarischen Durchgang durch die Medien des Films, der Bilder und des Internet gezeigt, wie verschiedene Reflexionsoptionen in mediale Architekturen eingeschrieben sind. Anhand der Dimensionen Wissen, Handlung, Grenzen und Biographie[267] wurden Reflexionsdimensionen erarbeitet, die zum einen beanspruchen, Orientierungswissen in der Moderne zu strukturieren, so dass in Bildungsprozessen differenzierte Selbst- und Welthaltungen aufgebaut werden können. Zum anderen dienen sie dazu, sich im traditionellen medienpädagogischen Sinne handelnd und gestaltend zu medialen Sozialisations- und Lernumgebungen praktisch zu verhalten [...] Allen genannten exemplarischen Bereichen gemeinsam ist die Notwendigkeit, die wachsende Unbestimmtheit und zunehmende Komplexität der Moderne mit den Mitteln gesteigerter medialer Reflexivität zu bearbeiten. Das ist der <u>Kern des Medienbildungsgedankens, in dessen Zentrum der Mensch mit</u> <u>seinen medial konstituierten Selbst- und Weltverhältnissen steht.</u>

Das zu Beginn dieses Zitats erwähnte „bildungstheoretisch inspirierte Konzept" führen die Autoren auf Wilhelm von Humboldt und Wolfgang Klafki zurück.[268] Der letzte Satz passt zu den fünf Charakteristika von „Medien", insbesondere zu *„ Werkzeug oder Hilfsmittel zur Welt-aneignung"* und zu *„ Umgebung bei der handelnden Inszenierung des Selbst und der Welt".*[269]

In Anknüpfung an die vorherigen Ausführungen liegt die Interpretation nahe, dass ein wesentlicher Aspekt der von Jörissen und Marotzki postulierten „strukturalen Medienbildung" in der *Anleitung und Herausbildung zu einem „ kritischen und verantwortungsvollen Umgang mit Medien"* besteht (wenn auch in Einschränkung auf „moderne Medien", s. o.) – was gerade in den Abschnitten 3.9 und 3.11 unter „Medienreflexion" angesprochen wurde. Ein solches Verständnis von „Medienbildung" setzt aber voraus bzw. schließt mit ein, dass dann Medien im Unterricht *sowohl* unter medienmethodischen *als auch* unter medienkundlichen Aspekten eine Rolle spielen.[270]

---

[265] [Jörissen & Marotzki 2009, 7]; Hervorhebung nicht im Original.
[266] [Jörissen & Marotzki 2009, 240]; Hervorhebungen nicht im Original.
[267] Hier wird also auf die oben erwähnten vier Kantschen Fragen Bezug genommen.
[268] Vgl. Abschnitt 2.1.2.
[269] Vgl. Abschnitt 3.4 und die zusammenfassende Darstellung auf S. 74.
[270] Vgl. hierzu auch die „Perspektivenmatrix" in Bild 3.6 auf S. 76.

Da darüber hinaus auch die strukturale Medienbildung alle Fächer (fachspezifisch) betrifft, soll hier „Medienbildung" in verallgemeinerter Sich (losgelöst von anderen Auffassungen und ohne das Attribut „strukturale") als ein mit „Integrativer Medienpädagogik" im Grundsatz übereinstimmendes Konzept verstanden werden – und zwar ohne Einschränkung auf nur gewisse technische Medien.

„Medienbildung" wird damit quasi zum Synonym für „Integrative Medienpädagogik", und gleichwohl spiegeln diese beiden Termini *aufgrund ihrer jeweiligen inhaltlichen Genese unterschiedliche Akzente* wider, die aber *gemeinsam das gesamte Konzept* ausmachen:

- „Integrative Medienpädagogik" stellt die Bedeutung von Medien aus Sicht der Unterrichtsorganisation dar, also eher aus dem Blick der Lehrenden bzw. der „Planenden".

- „Medienbildung" stellt im Sinne von Allgemeinbildung den Bildungs*gehalt* und den Bildungs*inhalt* von Medien in den Vordergrund und damit also eher die thematische und inhaltliche Zielsetzung bezüglich „Medialität". [271]

- *Beide Sichtweisen* gehören aber stets zusammen, und sie werden auch von dem Konzept „Integrative Medienpädagogik" *fortan bewusst mitgedacht*, indem die „Medienbildung" hiermit davon vereinnamt wird, wie es in Bild 3.7 visualisiert wird.

- Insbesondere bezieht sich dieses Konzept grundsätzlich auf alle Medien, die für die einzelnen Fächer didaktisch relevant sind, wobei zumindest den Neuen Medien (aber nicht nur diesen) eine fachübergreifende Relevanz zukommt.

Der Mathematikunterricht ist in Bild 3.7 nur deshalb hervorgehoben, weil er im Fokus der Betrachtungen dieses Buches steht, wenngleich auch ganz bewusst eine fachübergreifende Position mit dem Blick auf Schule als Ganzes eingenommen wird. Die einzelnen Unterrichtsfächer werden gemäß diesem Konzept so auf je fachspezifische Weise dazu beitragen können, bei den Schülerinnen und Schülern *Medialitätsbewusstsein* zu entwickeln.

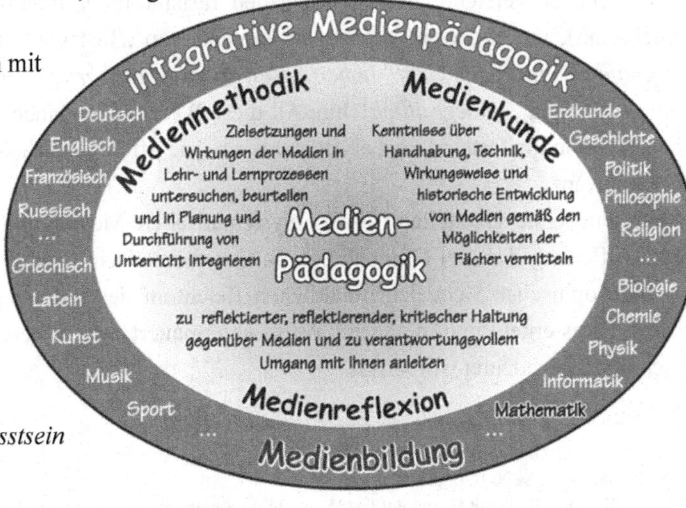

Bild 3.7: „Medienbildung" als „Integrative Medienpädagogik"

---

[271]   Zu „Bildungsgehalt" usw. siehe Abschnitt 2.1.5, zu „Medialität" Fußnote 278 und Abschnitt 4.8.

3.14   Rückblick und Ausblick aus medienphilosophischer Sicht

> *Zahllose Welten, durch Gebrauch von Symbolen aus dem Nichts erzeugt –*
> *so könnte ein Satiriker einige Hauptthemen im Werk Ernst Cassirers zusammenfassen.*
> *Diese Themen – die Vielheit von Welten, die Scheinhaftigkeit des ‚Gegebenen‘,*
> *die schöpferische Kraft des Verstehens, die Verschiedenartigkeit und die*
> *schöpferische Kraft von Symbolen – sind wesentliche Bestandteile auch meines Denkens.*
>
> Nelson Goodman 1984 [272]

Dieses Zitat, das Bernd Switalla seinem Essay „Ernst Cassirer – *ein Medienphilosoph?*"
voranstellt, weckt Assoziationen an die „Wirklichkeit sui generis", mit der Wittenberg die
Mathematik kennzeichnet. [273] Switalla beschreibt hier „Medienphilosophie" als eine Disziplin,

> innerhalb derer man eine Analyse jener Zusammenhänge anstrebt, die zwischen sinnlichen Wahr-
> nehmungsmedien, semiotischen Kommunikationsmedien und technischen Verbreitungsmedien
> bestehen. [274]

Bei der ersten Gruppe, den sinnlichen Wahrnehmungsmedien, geht es um Medienphilosophie
des *Raumes*, der *Zeit*, der *Sinne* und der *Nahsinne*, [275] bei der zweiten um Medienphilosophie
der *Kommunikation*, des *Körpers*, der *Sprache*, der *Schrift*, des *Bildes*, der *Musik*, des *Tanzes*
und des *Theaters*, und bei der dritten Gruppe um Medienphilosophie der *Stimme*, des *Buchdrucks*, der *Photographie*, des *Telefons*, des *Films*, des *Radios*, des *Fernsehens*, des *Computers*, des *Internets* und der *Virtual Reality*.

Bei den o. g. „Nahsinnen" mag im Kontext von „Medien" Verwunderung aufkommen,
weil man hier vielleicht keinen „medialen" Bezug erkennt oder vermutet. Die Autorin,
Barbara Becker, versteht darunter primär den Tastsinn (aber auch den Geschmacks- und den
Geruchssinn), und sie weist gerade im Kontext von „Tastsinn" auf die Sprachwendungen
be-„greifen", *etwas „im Griff" haben*, einen Sachverhalt *„erfasst" haben* und ferner auch auf
„unfassbar" und *„unbegreiflich"* hin. All diese Wendungen haben einerseits ihre etymologischen Wurzeln im Tastsinn, und andererseits sind sie offensichtlich von fundamentaler didaktischer Relevanz.

Für eine erste Darstellung einer „Systematischen Medienphilosophie" bildet Switallas
obige Auflistung der drei Gruppen bereits eine thematisch beeindruckende Vielfalt, die also
aus philosophischer Sicht den inhaltlichen Reichtum des mit „Medium" bezeichneten Begriffsumfangs erneut und in anderer Weise untermauert, wie er bereits in den vorangehenden
Abschnitten angedeutet worden ist.

---

[272] Anfang des Kopfzitats aus [Switalla 2008, 224].
[273] Siehe dazu u. a. S. 20 ff. und S. 254.
[274] [Switalla 2008, 224] mit Bezug auf das Vorwort von Sandbothe in [Sandbothe & Nagl 2005, XV]. [Sandbothe
2003] enthält Beiträge zur Begriffsklärung des neuen Terminus „Medienphilosophie", während [Sandbothe &
Nagl 2005] bereits eine „Systematische Medienphilosophie" präsentieren.
[275] [Becker 2005, 66]

Darüber hinaus wird diese Palette wohl in Zukunft noch zu ergänzen sein, so etwa um *Literatur* und auch um *Mathematik*, um nur zwei wichtige Beispiele zu nennen, die dann ggf. den „semiotischen Kommunikationsmedien" (oder gar einer eigenen Gruppe?) zuzuordnen wären, aber ebenfalls Beziehungen zu den „Nahsinnen" haben.

So wurde im bisherigen theoretischen Teil bereits begründet, dass die *Mathematik* als ein „Werkzeug zur Weltaneignung" anzusehen ist – und somit ebenfalls *als ein Medium*. [276] Im zweiten Teil dieses Buches wird dies durch diverse, ausführlich vorgestellte Beispiele verdeutlicht.

- *„Mathematik als Medium" ist also ein weiterer medienphilosophischer Aspekt neben den oben skizzierten, und er schlägt zugleich eine Brücke zu Wittenbergs Sichtweise von „Mathematik als Wirklichkeit sui generis".* [277]

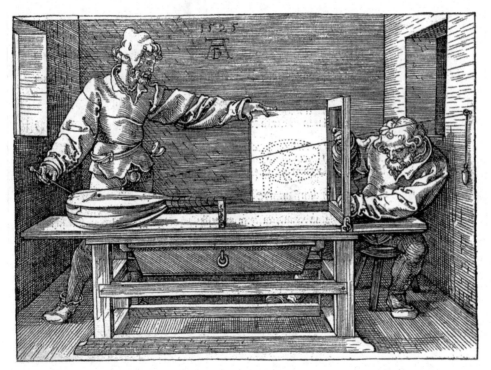

Bild 3.8: Albrecht Dürer (1525) – Zentralprojektion einer Laute, aus:
Underweysung der Messung, mit dem Zirckel und *Richtscheyt, in Linien, Ebenen unnd gantzen corporen*

---

[276]   Vgl. Abschnitt 3.3.
[277]   Siehe dazu S. 21 ff., S. 25, S. 245, S. 254 und S. 297.

Übertragung der Schwingungen einer Geige mit Hilfe eines Messingdrahtes auf ein Aufschreibgerät (1873)

4 Medialitätsbewusstsein[278] (Wolf-Rüdiger Wagner)

4.1 Prolog

Étienne-Jules Marey, ein Wissenschaftler, der nebenbei zum Filmpionier wurde

*Erst vor kurzer Zeit hat die Ausarbeitung der sogen. Methode der „momentanen Photographie"
die Physiologie mit neuen objectiven Methoden bereichert, welche uns die Möglichkeit geben,
in anschaulicher Weise die einzelnen Momente zusammengesetzter mechanischer Erscheinungen,
die sich in so kleinen Zeitabschnitten wie in 1/100 Secunde vollziehen, und dabei, ohne dass die
Einmengung des Beobachters die physische oder physiologische Norm der zu beobachtenden
Erscheinungen verändere, abzubilden. Diese Methoden haben ausserdem dem Beobachter das
Privilegium gegeben, Bewegungen zu analysiren, die in einer Entfernung vor sich gehen, ja sogar
in einem Raume, welcher Experimenten absolut unzugänglich ist (Flug der Vögel und Insecten).*

Leonid Georgievič Bellarminoff[279]

Wie sich an den Arbeiten des französischen Physiologen Étienne-Jules Marey (1830 – 1904) zeigt, musste die Fotografie, damit sie zu einem für Bewegungsanalysen nützlichen wissenschaftlichen Werkzeug werden konnte, zur Chronophotographie weiterentwickelt werden. Voraussetzung hierfür war jedoch, dass die fotochemischen Prozesse den damit verbundenen spezifischen Ansprüchen genügten und mit geeigneten Apparaten und Verfahren gekoppelt werden konnten.

Bild 4.1: Marey

Die Filmkamera, so heißt es im Brockhaus, unterscheide sich von der Stehbildkamera

> [...] konstruktiv in der Verschluß-, der Filmtransport- und der Filmspuleneinrichtung, die es ermöglichen, eine bestimmte Anzahl Bilder in einer Sekunde zu belichten und weiterzuschalten. Erforderlich ist, daß das einzelne Bild bei der Belichtung stillsteht: der Filmtransport muß also ruckweise geschehen [...].[280]

---

[278] Vorsicht! PageRank-Algorithmus! Link-Popularität! Sollte man auf die Idee kommen, einen „Google-Test" mit der Suchanfrage „Medialiät" zu starten, wird man im Zweifelsfall irritiert zurückbleiben. In den Antworten auf diese Suchanfrage finden sich überwiegend Hinweise auf „Kommunikation mit Geisteswesen", „Medialität und Hellsichtigkeit" oder auf die „Verbindungsaufnahme in die jenseitige Welt". Käme man allerdings auf die Idee, den Google-Test verfeinert mit den Begriffen „Medienwissenschaft", „Kulturwissenschaft" oder „Wissensgeschichte" über den Booleschen Operator „AND" verknüpft mit dem Begriff „Medialität" zu wiederholen, würde man auf Formulierungen stoßen, die vielleicht ebenfalls „exotisch" anmuten, die aber ganz offensichtlich nichts mit Esoterik und Parapsychologie, sondern tatsächlich etwas mit Medienwissenschaft und Medienbildung zu tun haben.

[279] [Bellarminoff 1885, 107]

[280] [Brockhaus 1988, 293]

Wenn Marey in Einführungen zur Geschichte des Films zu den „Filmpionieren" gezählt wird, dann bezieht sich diese Einschätzung auf seinen Beitrag zur Lösung der mit dem Filmantrieb verbundenen mechanischen Probleme. An Film und Kino war Marey als Wissenschaftler nicht interessiert, da hier Dinge gezeigt würden, die man mit dem Auge direkt wahrnehmen könne. [281]

Seit Beginn seiner wissenschaftlichen Karriere befasste sich Marey mit dem Thema „Bewegung", d. h. mit der Bewegung innerhalb von Körpern und mit der Bewegung von Körpern. In seiner Doktorarbeit stellte er einen tragbaren Sphygmographen, also ein Blutdruckmessgerät, vor, bei dem die Pulsfrequenz als Kurve auf einem Papierstreifen aufgezeichnet wurde. In den Folgejahren entwickelte bzw. verbesserte er eine ganze Reihe von weiteren Aufzeichnungsgeräten, mit denen dynamische Abläufe im Körper beobachtet, dargestellt und analysiert werden konnten. Gleichzeitig betrieb er Bewegungsstudien. Ihn interessierte dabei der Marschrhythmus von Soldaten ebenso wie der Flügelschlag von Tauben. Zur Erforschung all dieser Phänomene setzte er Aufzeichnungsgeräte ein, durch die die Daten der untersuchten Bewegungsabläufe festgehalten und dargestellt werden konnten.

1873 veröffentlichte Marey ein Buch mit Abbildungen zu den verschiedenen Gangarten des Pferdes. [282] Hierbei handelte es sich um ein schon lange Zeit kontrovers diskutiertes Thema. Insbesondere ging es darum, ob sich beim Galopp zeitweise alle vier Beine des Pferdes in der Luft befinden. Die Daten für die Abbildungen, in denen die jeweilige Position von Beinen und Hufen in allen Momenten der verschiedenen Gangarten gezeigt wird, hatte Marey in aufwendigen Versuchsanordnungen gesammelt (Bild 4.2):

Pferde wurden mit vier „Experimentalschuhen" ausgestattet. Diese Experimentalschuhe hatten eine luftgefüllte Kammer in der Sohle, die über einen Gummischlauch mit einer Schreibtrommel, die vom Reiter auf dem Rücken des Pferdes gehalten wurde, und einem Stift verbunden war. Beim Auftreten auf den Boden wurde die Luft aus der Kammer herausgepresst und bewegte Schreibtrommel und Stift.

Bild 4.2: Pferd mit pneumatischen Schuhen und der Aufzeichnung der Hufabdrücke auf der Schreibtrommel

Die so entstandenen Graphen zeichneten Dauer, Phasen und Intensität des Drucks auf, der von jedem Fuß auf eine Oberfläche mit gleichmäßigem Widerstand ausgeübt wurde, und erlaubten Marey zu bestimmen, wie die Füße, angetrieben von der Beinmuskulatur, ihre Arbeit beim Vorwärtsstreiben des Körpers verrichten. [283]

[281] Vgl. [Marey 1899, VII].
[282] [Marey 1873, 144 – 186]
[283] [Snyder 2002, 152 f.]

Die daraus entwickelten Darstellungen der Gangarten des Pferdes fand der kalifornische Millionär und Pferdeliebhaber Leland Stanford nicht überzeugend. Er beauftragte den renommierten Fotografen Muybridge, die Bewegungsabläufe mithilfe der Fotografie eindeutig zu klären. Muybridge positionierte für seine Bewegungsstudien mehrere Kameras an einer Reitbahn. Die Kameras wurden von den Pferden beim Vorbeilaufen durch die Berührung von Fäden ausgelöst. Mit diesen 1877 veröffentlichten Bewegungsstudien erbrachte Muybridge den fotografischen Beweis, dass sich beim galoppierenden Pferd zeitweise alle vier Beine in der Luft befinden.[284] Muybridges Reihenaufnahmen und eine persönliche Begegnung mit ihm 1881 in Paris weckten Mareys wissenschaftliches Interesse an der Fotografie. Muybridges Aufnahmen selbst enttäuschten ihn, zumal sich aus ihnen keine exakten Bewegungsabläufe rekonstruieren ließen.

Aufgrund der Fortschritte in der Optik und Fotochemie [285] sah er jedoch die Chance, fotografische Verfahren als Mess- und Registriertechniken einzusetzen. Eine Voraussetzung hierfür war die Entwicklung einer Verschlusstechnik und eines Transportmechanismus, durch die der Lichteinfall auf Bruchteile einer Sekunde verkürzt werden konnte. Zum Zeitpunkt seiner Begegnung mit Muybridge suchte Marey, um die Entwicklung von Flugapparaten voranzubringen, nach einem adäquaten Mess- und Registrierverfahren für Untersuchungen des Vogelflugs. Seine bisher praktizierten Aufzeichnungsverfahren waren dazu nicht geeignet, da sie Kontakt zwischen dem Objekt und dem Aufzeichnungsgerät voraussetzten. Für die Untersuchungen von Vögeln im freien Flug entwickelte er eine „chronophotographische Flinte" (Bild 4.3).

Bild 4.3: Marey – „chronophotographische Flinte"

Mit Blick auf den Beitrag zur Entwicklung der Filmtechnik ist es wichtig, dass ein Uhrwerk zum Einsatz kommt, [286] um die Trommel mit ihren Scheiben in eine intermittierende Bewegung zu versetzen, die notwendig ist, um den Lichteinfall vom Objektiv auf die lichtempfindliche Platte durch die auf den Scheiben angebrachten Schlitze so zu steuern, dass auf der Platte nacheinander Bilder aufgenommen werden können. Mit Hilfe dieses Apparates konnten die einzelnen Phasen des Flugverhaltens von Vögeln mit 10 bis 12 Aufnahmen pro Sekunde bei einer Belichtungszeit von einer $^1/_{720}$ Sekunde festgehalten werden, ohne in die Bewegungsabläufe verändernd einzugreifen.

Vorführgeräte waren für Marey nur interessant, weil die Korrektheit der auf den Einzelaufnahmen abgebildeten „unmöglich erscheinenden Stellungen" vielfach angezweifelt wurde.

---

[284] [Muybridge 1887]

[285] Seit den 1870er Jahren stand mit der Erfindung der Bromsilber-Gelatine-Trockenplatten ein Fotomaterial zur Verfügung, das nicht nur leichter zu handhaben war, sondern außerdem die erforderliche Empfindlichkeit für extrem kurze Belichtungszeiten mitbrachte.

[286] In mechanischen Uhrwerken bewirkt der Gangregler über das in das Hemmungsrad eingreifende Hemmstück das periodische Anhalten („Hemmen") des Räderwerks und damit den regelmäßigen Gang der Uhr.

Zur Überprüfung der über das Medium „chronophotographische Flinte" sichtbar gemachten Phänomene war man auf einen Apparat wie das „Phenakistiskop" angewiesen. Erst die Präsentation der Einzelbilder in der richtigen Reihenfolge und mit der richtigen Geschwindigkeit erbrachte den Beweis für die wissenschaftliche Relevanz der Chronophotographie. Zwar hatte auch Muybridge aus den gleichen Überlegungen heraus sein Zoopraxiskop entwickelt, weil man seinen Einzelaufnahmen von galoppierenden Pferden keinen Glauben geschenkt hatte.

> Allerdings verlangt die Zoopraxiskop-Scheibe eine perspektivische Verzerrung der Einzelaufnahmen, so dass, was einmal Fotografie war, ohnehin immer übermalt werden muss. Deswegen laufen bei Muybridge auch tote Pferde. [287]

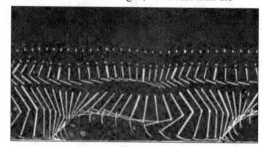

Bild 4.4: Versuchsperson

Neben der „photographischen Flinte" entwickelte Marey andere Aufnahmeapparate. Im Gegensatz zu Muybridge arbeitete er bei seinen Untersuchungen nur mit *einer* Kamera und *einem* Objektiv, belichtete aber die Platte mehrmals, so dass verschiedene Phasen der Bewegungsabläufe hintereinander auf der Platte festgehalten wurden.

Bei sehr schnellen Bewegungen stand Marey jedoch vor dem Problem, dass sich die Aufnahmen auf der Platte überlagerten. Um auch bei der gewünschten schnellen zeitlichen Abfolge der Aufnahmen die Bewegungen analysieren zu können, kleidete er seine Versuchspersonen schwarz und markierte z. B. nur das Bein, den Oberschenkel und den Arm auf der der Kamera zugewandten Körperseite mit hellen Streifen und Punkten (Bild 4.4). [288]

> Unter solchen Umständen lassen sich von demselben Gegenstande auf eine einzige Platte in der Secunde nicht nur zehn, sondern hundert verschiedene Aufnahmen bringen, ohne dass man die Schnelligkeit der Scheibendrehung zu steigern brauchte. Man muss dann nur statt des Schlitzes in der Scheibe deren zehn in genau gleich weiten Abständen anbringen. [289]

Dadurch wurden die Körperpartien, die unwichtig waren, auf dem Foto unsichtbar, während die Bewegungen der Körperteile, die man untersuchen wollte, auf helle Linien und Punkte reduziert abgebildet wurden (Bild 4.5).

Bild 4.5: Chronophotographie mit fester Platte; schematisches Bild eines Läufers, reduziert auf helle Linien, welche die Stellung der Gliedmaßen wiedergeben

---

[287] [Vagt 2009, 119]

[288] [Marey 1894, 807]; im Original heißt es: « *Avec cette méthode [la chronophotographie sur plaque fixe], il est vrai, les images de l'homme ou de l'animal en movement se réduisent à quelques points brillants et à quelques lignes. Mais cela suffit, en général, pour caractériser l'action des membres aux diverses allures.* »
Bild 4.4 zeigt eine Versuchsperson in schwarzem Anzug mit weißen Streifen auf Armen und Beinen für chronophotografische Bewegungsanalysen.

[289] [Eder 1886, 187 f.]

An diesem Vorgehen werden die Unterschiede zwischen „Filmpionieren" wie Muybridge und Wissenschaftlern wie Marey im Zugriff auf das Medium Fotografie deutlich. „Filmpionieren" dienten die Reihenfotografien zur

> [...] Herstellung einer sensationellen Oberfläche von Körpern in Bewegung, in ihrem vorläufigen medienhistorischen Fluchtpunkt zur Generierung von Illusionen und konfektionierten Phantasiewaren im Kino. In der experimentellen Physiologie entstand eine andere Strategie der Aufzeichnung und Verwertung von Körpern. Hier ging es um die Analyse der Mikroelemente von Bewegungen und deren Übersetzung in Daten, Diagramme, Statistiken, Kurven. Die (chrono-)graphische Methode sollte mit ihren Notationen zu einer Universalsprache der Physiologen führen, die weltweit verständlich und kompatibel wäre. [290]

Um Hindernisse zu überwinden, auf die er in Verfolgung seiner wissenschaftlichen Absichten stieß, leistete Marey noch einen weiteren technischen Beitrag zur Entwicklung der Filmtechnik. In einem Bericht an die Akademie der Wissenschaften vom 15. Oktober 1888 beschreibt er die Grenzen, auf die er mit der von ihm entwickelten „photo-chronographischen Methode" gestoßen sei. Zwar sei es möglich, die Veränderungen eines Objekts, das sich mehr oder weniger schnell bewegt, in einer Abfolge von Momentaufnahmen festzuhalten. Falls sich das Objekt jedoch nur sehr langsam oder sogar nur auf der Stelle bewege, ließen sich die einzelnen Bilder nur unzureichend voneinander unterscheiden oder überlagerten sich völlig. [291]

Daher, so führte er vor der Akadademie aus, beschäftige er sich in letzter Zeit mit Versuchen, für Serienaufnahmen ein langes mit einer lichtempfindlichen Schicht überzogenes Papierband zu verwenden. Keine vierzehn Tage später konnte er vor der Akademie einen solchen „Film" vorführen, auf dem es ihm gelungen sei, eine Serie von 20 Bildern pro Sekunde aufzunehmen. [292]

Der dafür konstruierte Apparat könne das Papierband 1 Meter pro Sekunde transportieren, schneller als es zurzeit für seine Untersuchungen nötig sei. Würde man die Aufnahmen machen, während das Band an dem geöffneten Verschluss vorbei bewegt wird, erhalte man nur völlig unscharfe Bilder. Mit Hilfe einer Vorrichtung, die mit einem Elektromagneten arbeitet, sei es ihm gelungen, das Papierband während der Belichtung für $^1/_{5000}$ Sekunde anzuhalten. So erhalte man Bilder mit der wünschenswerten Schärfe. Da Längenangaben kontinuierlich mitaufgezeichnet wurden, ermöglichte die zeitliche Taktung der Belichtung eine genaue Analyse der Bewegungen von Menschen und Tieren.

Je ausgeprägter das wissenschaftliche Interesse an Bewegungsanalysen war, desto weniger hatten die dazu entwickelten fotografischen Aufzeichnungsverfahren etwas mit dem Kino zu tun. Dies zeigt sich z. B. an den *Versuchen am unbelasteteten und belasteten Menschen,* die der Anatom Wilhelm Braune und der Mathematiker Otto Fischer durchführten, weil sie zu dem Ergebnis gekommen waren, dass

---

[290]   [Zielinski 2002, 282]
[291]   [Marey 1888 a]
[292]   [Marey 1888 b]

die bisherigen Registrirungen der Gehbewegungen, so sehr dieselben auch unsere Kenntnisse des menschlichen Ganges erweitert haben, doch nicht vollkommen ausreichen, um das Bewegungsgesetz in allen Einzelheiten mit voller Schärfe erkennen zu lassen. [293]

Die hierzu erforderlichen schnelleren Verschlusszeiten sowie die synchrone Aufnahme mit mehreren Apparaten war nach ihrer Einschätzung mit dem von Marey angewandten Verfahren nicht zu erreichen. Ihre Lösung für dieses Problem bestand darin,

die Unterbrechung der Exposition nicht in den Verschluss der photographischen Apparate, sondern in das photographische Object selbst [zu verlegen], so dass es gar nicht nöthig war, besondere Einrichtungen des Verschlusses an den Apparaten anzubringen.

Wir erreichten dies dadurch, dass wir die auf dem Unterschenkel befindlichen, oder fest mit demselben verbundenen Punkte, deren Bewegungscurven photographirt werden sollten, mittels des elektrischen Stromes intermittirend selbstleuchtend machten. Wir leiteten zu diesem Zwecke durch eine geeignete Vorrichtung den secundären Strom eines RÜMKORFF'SCHEN Funkeninductors an der

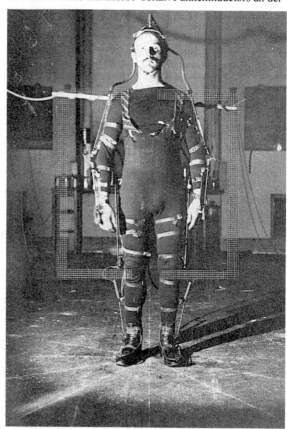

betreffenden Stelle vorbei und unterbrachen daselbst den Stromkreis in der Weise, dass die beiden Enden des unterbrochenen Drahtes sich als feine Spitzen in kurzer Entfernung gegenüber standen. Infolge dessen sprangen, wenn der Inductor in Thätigkeit gesetzt wurde, in kurzen Intervallen zwischen den beiden Spitzen helle Funken über. Diese Funken hinterliessen, trotz ihrer kurzen Dauer, einen sehr intensiven Eindruck auf der photographischen Platte, und sie gaben ferner, gerade infolge ihrer kurzen Dauer, ein sehr scharf begrenztes, nicht durch die Bewegung des Unterschenkels in die Länge gezogenes Bild. [294]

Die Versuche wurden in einem verdunkelten Saal durchgeführt. Das „Versuchsindividuum" trug dazu, wie bei Marey, einen schwarzen Anzug, der hier in erster Linie zur Befestigung Geißlerscher Röhren diente. [295]

Bild 4.6: Das „Versuchsindividuum" in voller Ausrüstung

---

[293] [Braune & Fischer 1895, 153]
[294] [Braune & Fischer 1895, 178]
[295] Siehe Bild 4.6.

Wie kompliziert die gewählte Versuchsanordnung war, zeigt sich schon allein daran, dass die

Bekleidung des Versuchsindividuums [...] gewöhnlich 6 bis 8 Stunden Zeit in Anspruch [nahm]. [296]

Die aus der fotografischen Registrierung erhaltenen Messergebnisse wurden in Koordinaten-
tabellen umgesetzt. Man erhoffte sich, dass

Resultate, welche die Coordinatentabellen zu Tage fördern, nicht bloss individuelle Gültigkeit besitzen, sondern die typischen Gesetze erkennen lassen, nach welchen die Bewegungen der Glieder
beim Gange des Menschen stattfinden.[297]

All diese Untersuchungen von Bewegungsabläufen zielten auf konkrete, anwendungsbezogene Ergebnisse. So arbeitete Marey im Auftrag des Kriegsministeriums, das nach der Niederla-
ge im deutsch-französischen Krieg daran interessiert war, die Marschleistungen der französischen Soldaten zu optimieren. Ebenso beschränkte sich das Interesse an Bewegungsabläufen
bei Pferden zu einer Zeit, in der man beim Militär noch auf Pferde als Zug- und Reittiere angewiesen war, nicht auf kalifornische Millionäre, Rennstallbesitzer und Künstler. [298]

Die Untersuchungen zur Gangart der Pferde führte der deutsche Foto- und Filmpionier
Ottomar Anschütz im staatlichen Auftrag durch: [299]

Das preussische Kriegsministerium hat sich die Vortheile [der Darstellung von Thieren in Bewegung mittels zusammenhängenden Serienaufnahmen] zuerst dienstbar gemacht. Von seiner Seite
wurde der Auftrag ertheilt, für das Militär-Reitinstitut in Hannover Pferde in Schritt, Trab, Galopp
und Carrière aufzunehmen. Die Aufnahmen liegen nun vor und erregen durch ihre Grösse (die Figur
ist 8 cm hoch) und vollkommene technische Ausführung Bewunderung. Das Thier ist z. B. in einem
Galoppsprung während ¾ Secunde zwölfmal photographirt. Der Standpunkt der Camera war absichtlich sehr tief gewählt, um genau den Aufsatz des Hufes auf dem Boden bei Beendigung des
Sprunges erkennen zu lassen; auch ist ein Horizontal-Massstab angebracht, welcher sich auf jedem
Bilde mitphotographirt. Die Aufnahmen sollen dienen, die für die Reitkunst im Allgemeinen und für
das Zureiten der Cavalliere-Romonten im Besonderen wichtigen Bewegungen des Pferdes genau
kennen zu lernen.

Sport und Leibesübungen boten sich nicht nur als ein geeignetes Untersuchungsfeld für die Analyse körperlicher Bewegungen unter Hochbelastung an, sondern es gab – nicht nur in Frankreich
– ein staatliches Interesse an der Verbesserung der schulischen Leibeserziehung. Das französische Unterrichtsministerium versuchte mit Hilfe von Physiologen wie Marey, das „Drillturnen"
durch weniger militärische Formen der Leibeserziehung zu ersetzen. Mareys Ziel war es dabei,
die Leibeserziehung, deren Methoden bis dahin auf bloßen theoretischen Annahmen beruhten,
durch seine empirischen Studien auf eine wissenschaftliche Grundlage zu stellen. [300]

---

[296] [Braune & Fischer 1895, 182f.]
[297] [Braune & Fischer 1895, 265]
[298] [Marey 1894, 805]
[299] [Eder 1886, 167]
[300] [Marey 1901, 315]; in der zweiten Hälfte des 19. Jahrhunderts wurde in Frankreich wie in anderen europäischen
       Ländern über eine Verbesserung des Schulsports diskutiert, um so der „Überbürdung" der Schüler durch gestei-
       gerte Lernanforderungen entgegenzuwirken; vgl. [Sarasin 2001, 324].

Parallel dazu beschäftigte er sich mit der Analyse von Arbeitsvorgängen, um herauszufinden, wie Bewegungen optimiert und Körperkraft am besten eingesetzt werden kann.

- Schon an dieser nicht vollständigen Aufzählung der Bereiche, in denen man sich von Bewegungsanalysen mit Hilfe der Chronophotographie [301] weiterführende Erkenntnisse versprach, zeigt sich, dass *Medien ein wichtiger Stellenwert als Werkzeug zur Weltaneignung* in gesellschaftlichen Feldern zukam und zukommt, die *bislang nicht ausreichend in Überlegungen zur Medienbildung einbezogen* werden.

Marey erkennt aber auch die Bedeutung, die fotografischen Techniken bei der Analyse und Kommunikation wissenschaftlicher Erkenntnisse zukommt. Er erwähnt in diesem Zusammenhang die fotomechanischen Kopierverfahren. Näher geht er auf die Heliogravüre ein. Mit ihrer Hilfe gelange man zu absolut originalgetreuen Kopien von Kurvendarstellungen. Es würden dadurch nicht nur Verfälschungen durch die Hand eines Zeichners vermieden, sondern es würde möglich, die Darstellungen nach Belieben zu vergrößern oder zu verkleinern. Dies erleichterte die Kombination von Kurvenzeichnungen, die in unterschiedlichen Maßstäben vorliegen. [302] Außerdem verweist Marey auf die Möglichkeit, Kurvendarstellungen fotomechanisch auf Glasplatten zu kopieren, sodass sie mithilfe der *Laterna Magica* projiziert werden können, um die Darstellungen genauer zu analysieren und anderen zu präsentieren. [303]

4.2   Medien – Medialitätsbewusstsein – Medienbildung [304]

> *Das Medium arbeitet an der Art und Weise des Wissens mit.*
> *Jeder Medienwechsel bedeutet dabei eine Verschiebung des Wissens [...].*
>
> Martina Heßler et al. [305]

Unser unmittelbarer Erfahrungs- und Kommunikationshorizont ist zeitlich und räumlich begrenzt. Ebenso verfügen wir aufgrund unserer organischen Ausstattung nur über eine begrenzte Speicher- und Verarbeitungskapazität für Informationen. Sobald wir diese Grenzen überschreiten wollen, sind wir auf *Zugänge zur Welt* angewiesen, die uns über Medien eröffnet werden. Wenn Schule ihrem Bildungsauftrag gerecht werden will, muss sie Bewusstsein dafür schaffen, welche Bedeutung den *Medien als Werkzeugen zur Weltaneignung* zukommt.

Es wäre verkürzt, diesen Bildungsauftrag, wie es in der aktuellen Diskussion über Medienbildung nahezu durchgehend der Fall ist, ausschließlich auf die Auseinandersetzung mit den Massenmedien und den Formen der computervermittelten Kommunikation zu beziehen.

---

[301] Marey spricht in dem hier zugrundeliegenden Text von « la méthode photo-chronographique ».

[302] [Marey 1885, 479]

[303] [Marey 1885, 481]

[304] In den folgenden Abschnitten werden Überlegungen aus meinem Buch „Bildungsziel Medialitätsbewusstsein: Einladung zum Perspektivwechsel in der Medienbildung" (München 2013) aufgegriffen und weiterentwickelt. Wörtliche Übernahmen werden nicht im Einzelnen als Zitate ausgewiesen.

[305] [Heßler et al. 2004, 14]

In den Bereichen von Technik, Naturwissenschaft und Medizin sowie in der Mathematik kommt Medien für die Aneignung von Welt eine mindestens ebenso große Bedeutung zu. Mit Blick auf die gesellschaftliche Relevanz der Entwicklung in diesen Bereichen sind insbesondere auch Mathematik und die naturwissenschaftlichen Fächer, die bislang nicht im Zentrum des medienpädagogischen Interesses standen, aufgerufen, ihren Beitrag zur Vermittlung von Medienbildung zu leisten.

Für die innerschulische Diskussion mag es hilfreich sein, darauf zu verweisen, dass man sich mit diesen Überlegungen auf die von der Kultusministerkonferenz (KMK) herausgegebenen Bildungsstandards beziehen kann. In den Bildungsstandards, wie sie von der KMK für Deutsch, die erste Fremdsprache, Biologie, Physik und Chemie sowie für Mathematik veröffentlicht wurden, wird nicht explizit auf Medienbildung Bezug genommen. Bei genauerer Beschäftigung weisen jedoch zentrale Kompetenzbereiche einen inhaltlichen Bezug zur Medienbildung auf. In diesem Zusammenhang mag der Hinweis auf den in den naturwissenschaftlichen Fächern für den mittleren Schulabschluss ausgewiesenen Kompetenzbereich „Erkenntnisgewinnung" genügen. So heißt es in den Bildungsstandards für Physik, Ziel naturwissenschaftlicher Grundbildung sei es, sich mit den *„spezifischen Methoden der Erkenntnisgewinnung und deren Grenzen"* auseinanderzusetzen. [306]

Auch unabhängig von den Bildungsstandards zählt es zum fachdidaktischen Selbstverständnis der Unterrichtsfächer, sich mit Methoden der Erkenntnisgewinnung im Fach bzw. den Bezugswissenschaften auseinanderzusetzen. Eine Auseinandersetzung mit den Methoden der Erkenntnisgewinnung – zumal in den Naturwissenschaften – ist immer auch eine Auseinandersetzung mit der Rolle von Medien. Seit den Anfängen der neuzeitlichen Wissenschaft besteht ein enger Zusammenhang zwischen der Entwicklung technischer Medien und den Methoden der Erkenntnisgewinnung. So schreibt etwa Böhme: [307]

> Identifizieren, Darstellen, Messen, Berechnen, Auswerten und Interpretieren sind wissenschaftliche Fundamentalakte, welche von den medialen Darstellungstechniken abhängen, die in den Wissenschaften entwickelt werden und zur Anwendung kommen.

Deutlich wird bereits hier, dass bei diesem Zugang Bereiche und Themen ins Blickfeld der Medienbildung geraten, die in der Diskussion innerhalb der Medienpädagogik bisher so gut wie keine Rolle spielten. Eine Erklärung hierfür liefert die – bisher nahezu ausschließliche – fachliche Orientierung der Medienpädagogik an der Kommunikationswissenschaft. Wie dort stand auch in der Medienpädagogik lange Zeit die Beschäftigung mit den Massenmedien und der durch Massenmedien vermittelten, öffentlichen Kommunikation im Zentrum. Da aufgrund des technischen und kulturellen Wandels seit längerem die Trennung zwischen Individual- und Massenkommunikation nicht mehr aufrechtzuerhalten ist, beschäftigt man sich sowohl in der Kommunikationswissenschaft als auch in der Medienpädagogik verstärkt mit den neuen Formen der computervermittelten Kommunikation. [308]

---

[306] [Bildungsstandards im Fach Physik für den Mittleren Schulabschluss 2005, 6]
[307] [Böhme 2004, 227]
[308] Vgl. hierzu [Wissenschaftsrat 2007, 16 – 21].

Damit blendet man aber weiterhin wichtige gesellschaftliche Bereiche aus, in denen Prozesse der Generierung, Vermittlung und Aneignung von Wissen ganz wesentlich an Medien gebunden sind. Die Rolle der *Medien als Werkzeugen zur Weltaneignung* rückt dann ins Blickfeld, wenn man sich für die Diskussion in der kulturwissenschaftlich orientierten Medienwissenschaft und damit für Fragen der Medialitätsforschung öffnet: [309]

> Medialitätsforschung reflektiert ihre Gegenstände im Hinblick auf deren <u>Medialität</u>, d. h. sie fragt nach dem <u>konstitutiven Anteil der Medien an der Generierung, Speicherung und Übermittlung von Information und Wissen</u>, sie fragt – anders formuliert – danach, wie Medien dazu beitragen, das mit zu schaffen, was sie bloß zu vermitteln scheinen. [...] Die hier vorgeschlagene Bezeichnung „Medialitätsforschung" kann deutlich machen, dass in deren Zentrum nicht eine abgrenzbare Menge von Untersuchungsgegenständen steht, sondern dass sie sich systematisch auf die medialen Dimensionen aller Kultur und deren Leistungen in technisch-materialer, ästhetisch-formaler und kommunikativ-sozialer Hinsicht konzentriert.

In der Enzyklopädie Erziehungswissenschaften Online liest man dazu: [310]

> Kernbereich der fachspezifischen Beschäftigung mit Medien bildet ihr Anteil an der Generierung, Speicherung, Wieder- und Weitergabe von Wissen und Wahrnehmungen. Vor dem Hintergrund der medialen Vermitteltheit jeglicher Kultur, dem Anteil von Medientechnologien an Wahrnehmungskonfigurationen, an Wissensordnungen, an Welt und Selbstbildern ist Medialität Ausgangspunkt medienwissenschaftlicher Überlegungen. Der Begriff der Medialität beinhaltet über Einzelmedien hinausgehende Merkmale des Medialen.

Aus der Beschreibung der Untersuchungsgegenstände, mit denen Medialitätsforschung sich beschäftigt, ergibt sich, dass eine Orientierung an der kulturwissenschaftlich orientierten Medienwissenschaft *nicht zur Aufgabe bisheriger Themen der Medienpädagogik* führt. Kommunikation spielt eine wichtige Rolle bei der Selbst- und Weltaneignung, und die Massenmedien – nicht zuletzt mit ihren Unterhaltungsangeboten – zählen weiterhin zu den wichtigsten Materiallieferanten für die Konstruktion von Weltbildern und Lebensentwürfen.

Darüber hinaus muss aber die Rolle, die den Medien bei der Generierung, Distribution und Kommunikation von Wissen in allen Bereichen zukommt, zum Thema der Medienbildung werden. Hier sind *alle Unterrichtsfächer* ebenso wie ihre Bezugswissenschaften angesprochen, da diese Themen ihren originären fachlichen Bildungsauftrag betreffen.

- Damit ergibt sich die Chance,
  Medienbildung als Teil der Allgemeinbildung in den Fächern zu verankern.

- Dazu ist es jedoch notwendig,
  sich über den veränderten Gegenstandsbereich der Medienbildung,
  den zugrunde gelegten Medienbegriff und über
  Medialitätsbewusstsein als übergeordnetes Bildungsziel zu verständigen.

---

[309] [Wissenschaftsrat 2007, 76]; Hervorhebung nicht im Original.
[310] [Missomelius 2014, 2], im Beitrag „Medienwissenschaft".

4.3   Zur generellen Medialität unserer Weltzugänge

Man wird im Übrigen kein technisches Informationsmedium verstehen können, wenn man nicht seine Beziehungen zu den natürlichen Möglichkeiten unserer menschlichen Organe reflektiert.

Michael Giesecke [311]

Im Alltag funktioniert unsere Wahrnehmung, also der Prozess, in dem aus Reizen der Umwelt Informationen gewonnen und verarbeitet werden, im Normalfall problemlos und zuverlässig. Es wird uns dabei nicht bewusst, dass die Sinnesorgane kein „Bild der Welt", sondern nur „Realitätsausschnitte" liefern, da sie nur bestimmte Eindrücke aufnehmen und im Abgleich mit abgespeicherten Schemata nur die Informationen verarbeiten, die der Orientierung in der Umwelt dienen. Die Welt, wie wir sie wahrnehmen, ist also nicht mit der physikalischen Welt oder der Realität gleichzusetzen. [312]

Im Vergleich mit anderen Lebewesen stoßen wir nicht nur auf Unterschiede, sondern auch auf die Grenzen unserer Wahrnehmungsmöglichkeiten. Weder sind wir in der Lage, uns wie Fledermäuse per Echoortung im Dunkeln zu orientieren, noch sind wir wie Zugvögel mit einem Magnetkompass ausgestattet. Für Bienen sieht eine Sonnenblume anders aus als für den Menschen. Die vom Menschen als gelb und grün wahrgenommene Sonnenblume nehmen Bienen im Unterschied dazu eher einfarbig wahr. Diese Beispiele verweisen auf die *Medialität unserer unmittelbaren Zugänge zur Welt*, d. h., auf die Abhängigkeit unserer Weltwahrnehmung von der Leistungsfähigkeit unserer Sinnesorgane und den Verarbeitungsmechanismen unseres Gehirns:

Aus der internen Verbindung von Medialität und Realität folgt [...] nicht, alle Wirklichkeit sei im Grunde eine mediale Konstruktion. Es folgt lediglich, daß es mediale Konstruktionen sind, durch die uns oder überhaupt jemandem so etwas wie Realität gegeben oder zugänglich ist. Realität ist nicht *als* mediale Konstruktion, sondern allein *vermöge* medialer Konstruktion gegeben. [313]

4.4   Medien als künstliche Sinnesorgane

Das Gebiet der Forschung erweitert sich nur mit der Vervollkommnung der Instrumente.

Alexander von Humboldt 1861 [314]

Angesichts der Grenzen, die uns durch die Medialität unserer unmittelbaren Weltzugänge gesetzt sind, macht es Sinn, von den Techniken, mit denen wir die Beschränkungen der menschlichen Organausstattung überwinden, als „Organerweiterungen" zu sprechen. [315]

---

[311]   [Giesecke 2002, 55f.]

[312]   Diese Ausführung zur „Wahrnehmung" deckt sich mit der etymologisch herzuleitenden Bedeutung des Verbs „wahrnehmen": Es bedeutet eigentlich *„ in Aufmerksamkeit nehmen, einer Sache Aufmerksamkeit schenken"*. (Duden – Etymologie. Mannheim: Bibliographisches Institut, 1963, S. 751)

[313]   [Seel 1998, 255]

[314]   Aus seinem „Briefwechsel und Gespräche mit einem jungen Freunde aus den Jahren 1848 bis 1856", Berlin; zitiert nach [Weigl 1990, 201].

[315]   Vgl. [McLuhan 1994, 142].

Damit greift man einen Technikbegriff auf, wie er in der Anthropologie gebräuchlich ist.

Unabhängig davon, ob man den Menschen als „Mängelwesen" definiert oder ob man ihn aufgrund seiner unspezifischen Organausstattung als „geborenen Generalisten" betrachtet, der sich auf die unterschiedlichsten Lebensumstände einstellen kann, zielen diese Definitionen auf die *Technikabhängigkeit des Menschen*.

Die Technik übernimmt gemäß Gehlen aus dieser Sicht für die Menschen Funktionen als „Organersatz", „Organentlastung" bzw. „Organüberbietung". [316]

Es ist aber nicht notwendig, sich bei der Verwendung der Organmetapher auf anthropologische Überlegungen zur Rolle der Technik zu beziehen. Spätestens mit der Verbreitung von Teleskop und Mikroskop taucht die Organmetapher in der Wissenschaftsgeschichte auf. Dieses Metaphernfeld findet so durchgehend Verwendung, dass es legitim ist, davon auszugehen, dass ihm der Status eines „Denkmodells" zukommt, das mehr als rhetorischer Schmuck ist. [317]

Ein frühes Beispiel hierfür liefert die 1665 von Robert Hooke (1635 – 1703), einem englischen Universalgelehrten, bekannt durch das noch ihm benannte Hookesche Gesetz der Physik, veröffentlichte Abhandlung „Micrographia", in der er seine mit Hilfe von Mikroskopen und anderen optischen Instrumenten gemachten Naturbeobachtungen vorstellt. Im Vorwort zur Micrographia legt Hooke dar, dass die menschliche Urteilskraft und Fähigkeit, die Natur zu erkennen, durch Defizite der Sinne und des Gedächtnisses begrenzt bzw. fehlerhaft seien. In Bezug auf die Sinnesorgane sei es daher zum einen wichtig, sich der Schwächen der Sinnesorgane bewusst zu sein. Zum anderen setzt Hooke auf die Entwicklung „künstlicher Sinnesorgane". [318]

Hooke denkt dabei nicht nur an optische Instrumente, sondern beschreibt Instrumente, durch die einige Naturphänomene schon damals nicht nur genauer beobachtbar, sondern auch messbar geworden waren. Erwähnung finden u. a. eine Art Barometer und das Thermometer.

Mit diesen Instrumenten beschreibt Hooke letztlich nichts anderes als die Vorläufer der diversen Sensoren, Detektoren und Messfühler, die heute als Peripheriegeräte den Computer zum Universalmedium machen.

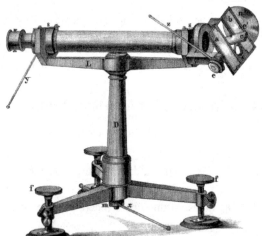

Bild 4.7: Gaußsches Heliotrop – Sonnenspiegel zum Sichtbarmachen weit entfernter Vermessungspunkte

[316]   [Gehlen 1986, 94]
[317]   Zu Metaphern als Denkmodellen vgl. [Weinrich 1964, 26].
[318]   Vgl. [Hooke 1665, 5].

Für Alexander von Humboldt war seine wissenschaftliche Praxis untrennbar mit dem vielfältigen Einsatz von Instrumenten verbunden. Welchen zentralen Stellenwert der Einsatz der Instrumente für ihn einnimmt, sieht man daran, dass für Humboldt die Entwicklung „neuer Organe", also neuer Messinstrumente, für das neuzeitliche Denken insgesamt grundlegend war. Die Humboldtsche Definition der

[Instrumente als] Mittel, den Menschen (beschauend und wissend) in einen innigeren Contact mit der Außenwelt zu setzen [...,] [319]

eröffnet einen konstruktiven Blick auf Medien. Medien treten demnach nicht zwischen den Beobachter und die Außenwelt, sondern ermöglichen den „innigeren Contact" mit der Außenwelt. Zum anderen wird durch die Verwendung der Organmetapher der Gegenstandsbereich der Medienbildung erheblich erweitert.

Mit dieser Erweiterung trägt man der Bedeutung der Medien in nahezu allen gesellschaftlichen Bereichen Rechnung.

## 4.5	Medien als „Kulturtechniken"

Auf die Frage „Was ist ein Medium?" sind die Antworten so zahlreich wie verschieden.

Stefan Münker [320]

Es gibt eine „*Vielzahl von Medienbegriffen*" [321], aber keinen „allgemeinen und tragfähigen Medienbegriff", worauf z. B. Kleiner hinweist: [322]

Ein allgemeiner und tragfähiger Medienbegriff steht bis heute nicht zur Verfügung. Medien lassen keine Eindeutigkeiten zu, sie sind grundsätzlich mehrdeutig, ubiquitär und äquivok. Mediendefinitionen können hierbei nur verschiedene Aspekte der Medien akzentuieren, nicht aber eine verbindliche, transdisziplinär akzeptierte Definition anbieten [...]. Die Gründe hierfür sind einerseits die Mehrdimensionalität sowie Komplexität der Gegenstandsbereiche, die als medial bezeichnet werden, und andererseits die verschiedenen Hinsichtnahmen auf den Begriff, die es im Alltag, der Medienpraxis und in den Wissenschaften gibt.

Deshalb ist es notwendig, den Gegenstandsbereich, auf den sich Medienbildung bezieht, einzugrenzen. *Medienbildung nimmt Medien als Werkzeuge zur Weltaneignung in den Blick.*

Das Interesse richtet sich damit auf die Techniken, durch die unsere natürlichen Möglichkeiten zur Informationsgewinnung und -verarbeitung unterstützt und erweitert werden. Der Technikbegriff darf, wie zu zeigen sein wird, dabei nicht ausschließlich auf materielle Artefakte bezogen werden.

---

[319]	Über die Mittel, die Ergründung einiger Phänomene des tellurischen Magnetismus zu erleichtern. In: *Annalen der Physik und Chemie*, Bd. 15, Leipzig 1829, S. 319; zitiert nach [Weigl 1990, 9].
[320]	[Münker 2009, 40]; siehe ähnlich auch das Eingangszitat auf S. 345.
[321]	[Wissenschaftsrat 2007, 11]
[322]	[Kleiner 2013, 27]

Dass Erweiterungen unserer Möglichkeiten zur Informationsgewinnung und -verarbeitung aber immer auch an Techniken im Sinne materieller Artefakte gebunden sind, wird an den Kulturtechniken des Schreibens und Rechnens deutlich. Die kulturellen Auswirkungen von Schreib- und Rechentechniken sind nur zu erfassen, wenn man sich sowohl konkret auf die Art der verwendeten Zeichensysteme als auch auf die Materialität der Speicherverfahren einlässt.

Das aus diesem Zusammenspiel entstehende mediale Potential entfaltet sich jedoch erst im Kontext kultureller Praktiken. Im Falle des Rechnens verweist die Herkunft der Begriffe „Kalkulieren" und „Kalkül", die von dem lateinischen Wort für die als Rechensteine benutzten Kieselsteinen abgeleitet sind, auf die Bedeutung der verwendeten Außenspeicher.

> Ohne Kerbholz, Abakus, Papier und Bleistift oder Rechenmaschinen kann der Mensch nicht rechnen. Die Fähigkeit zum Kopfrechnen ist bei den meisten von uns auf Aufgaben beschränkt, bei denen wir uns nicht mehr als zwei bis drei Zwischenergebnisse merken müssen. Und auch diesem Lernschritt ging der sinnliche Umgang mit Fingern, Kugeln oder Zeichen voraus, nicht nur in der Schule, sondern in der Geschichte der Mathematik insgesamt. Insofern kann man sagen, daß die kulturelle Evolution unserer geistigen Fähigkeiten im wesentlichen eine Evolution der Ausdrucksmittel ist. [323]

So wie das jeweils verwendete Zahlensystem von ausschlaggebender Bedeutung für die Entwicklung von Rechenverfahren war, so tief greifend sind die kulturellen Auswirkungen der verwendeten Schriftsysteme. Der Übergang von Bilderschriften zum phonetischen Prinzip hat Auswirkungen bis ins Computerzeitalter hinein: Das alphabetische System bietet – im Gegensatz zu piktographischen Systemen – eine optimale Grundlage, um sprachlichen Äußerungen in Ja- oder Nein-Entscheidungen umzusetzen, wie es der Computer und zuvor schon der Morseapparat erfordern.

Im Gegensatz zum Rechnen und zur Mathematik wurden in der Schriftkultur die Materialität und Technizität der Speichermedien und Schreibwerkzeuge vergleichsweise wenig thematisiert. Die Entwicklung der Kulturtechnik „Schreiben" kann jedoch nicht losgelöst von der Entwicklung der zum Einsatz kommenden „physikalischen Artefakte" gesehen werden, selbst wenn uns dies nicht bewusst ist, weil wir – worauf Ong hinweist – das Schreiben „tief verinnerlicht" haben.

Schreiben wird nicht erst durch Buchdruck bzw. Textverarbeitung zu einem technischen Vorgang. Schreiben war immer an Werkzeuge und Materialien gebunden. Man benötigte Griffel, Pinsel, Federn oder Bleistifte, extra dafür präparierte Oberflächen wie Tontafeln, Tierhäute oder Papier sowie Farben oder Tinte. [324]

---

[323] [Keil-Slawik 1994, 214]
[324] Vgl. [Ong 1982, 80]; im Original heißt es dazu:
  "Because we have by today so deeply interiorized writing, made it so much a part of ourselves, [...]), we find it difficult to consider writing to be a technology as we commonly assume printing and the computer to be. Yet writing (and especially alphabetic writing) is a technology, calling for the use of tools and other equipment: styli or brushes or pens, carefully prepared surfaces such as paper, animal skins, strips of wood, as well as inks or paints, and much more."

Der Wechsel von einem Schreibmaterial zu einem anderen ist dabei nicht belanglos. Dies zeigt sich am Übergang vom Papyrus zum Pergament, der zusammenfällt mit dem Wechsel von Rollen zu Kodizes. Im Vergleich zur Buchrolle ermöglicht die veränderte Bindungsart der Kodizes einen freieren Umgang mit dem Text.

> Die Anlage von Akten nach dem Prinzip einer Loseblatt-Sammlung, ihre Autonomie gegenüber dem Schreibvorgang prädestiniert Codices [...] für die nachträgliche Zusammenstellung von Rechtstexten, für Textordnung und deren Umschichtung.[325]

Die Möglichkeit zum Vor- und Zurückblättern, der gezielte Zugriff auf bestimmte Textstellen, befreite

> den Leser aus der wehrlosen Lage beidhändiger, im Wortsinn fesselnder Lektüre.[326]

Der Umgang mit Texten wurde auch in einem sehr konkreten Sinne freier, da Tierhäute im Gegensatz zu dem nur aus Ägypten zu beziehenden Papyrus billiger, überall verfügbar und mehrfach zu verwenden waren.

Vergleichbare Auswirkungen zeigen sich beim Übergang vom Pergament zum Papier im 12. Jahrhundert. Die Eigenschaften des Schreibmaterials „Papier" kamen der Ausbreitung der Schriftlichkeit in Wirtschaft, Recht und Verwaltung entgegen. Pergament spielte in der Folgezeit nur noch als Luxusschreibmaterial eine Rolle.

> Papier, produziert von arabischen Spezialisten für die Massenproduktion von Schreibmaterial, revolutionierte binnen weniger Jahrzehnte die Grundlagen der Verwaltung an den Höfen von Palermo, Aragon und anderswo. Papier hatte nicht nur den Vorteil des geringeren Preises, sondern auch erhöhter Fälschungssicherheit. Der verbreitete Trick, durch Rasur eine Textstelle auszulöschen und neu einzutragen und dabei den Echtheitsgaranten Siegel, die verkörperlichte Präsenz des Ausstellers, unbeschädigt beizubehalten, war auf dem neuen Beschreibstoff beinahe unmöglich. Papier bot schließlich auch eine neue Möglichkeit, das Echtheitszeichen in die Struktur des Schreibmaterials zu integrieren – das Wasserzeichen. [327]

Von Techniken als Kulturtechniken zu sprechen, mag tautologisch erscheinen, da sich Technik und Kultur nicht als getrennte Bereiche gegenüberstehen, sondern eingebunden sind in ein Netzwerk, in dem sie sich wechselseitig Eigenschaften und Handlungspotentiale zuschreiben:

> Niemand hat je reine Techniken gesehen – und niemand je reine Menschen. [328]

In jeder Technik stecken kulturelle Programme, Normierungen, Werte und Ideen. Jede Technik verändert sich im Gebrauch durch den Menschen. Umgekehrt heißt dies, dass Kultur und Gesellschaft nicht losgelöst von Technik verstanden werden können. Techniken im Sinne der materialen Artefakte, also der Geräte und technischen Systeme, sind

---

[325]   [Vismann 2000, 71]

[326]   [Vismann 2000, 71]

[327]   [Groebner 2004, 115]

[328]   [Latour 1996, 21]; Latour entwickelte diese Überlegungen zur Bedeutung der „Aufschreibsysteme" im Rahmen der von ihm mitbegründeten *Akteur-Netzwerk-Theorie*, die sich mit der Bedeutung von Wissenschaft und Technik für die menschliche Gesellschaft auseinandersetzt und in der die Unterscheidung zwischen Gesellschaft und Natur und zwischen Gesellschaft und Technik aufgehoben ist.

nicht allein ingenieurtechnische Konstruktionen wirksamer Werkzeuge und Maschinen, sondern zugleich auch soziale Konstruktionen der Mittel und Formen, wie in Gesellschaften gearbeitet, geforscht, kommuniziert und gelebt wird. Techniken sind nicht nur technische Installationen aus physischer Materie, Energie und Information, sondern zugleich auch material vermittelte soziale Institutionen. [329]

Der Begriff der Kulturtechniken, der über das kultur- und wissenschaftsgeschichtliche Interesse an den Medien

zu einem allgegenwärtigen Begriff der deutschsprachigen Medientheorie avanciert [ist,] [330]

hilft mit der *„ Betonung des ‚ Praxis-Aspekts'"* [331] eine für die Medienbildung wichtige Akzentuierung vorzunehmen. Kulturtechniken im Sinne planvoller und zielgerichteter Verfahrensweisen benötigen zwar eine materielle Basis, sind also von Technik im Sinne „physikalischer Artefakte", von Geräten und technischen Systemen nicht loszulösen. Zu Medien und damit interessant für die Medienbildung werden diese jedoch erst mit Blick auf die Handlungen und Praktiken, in die sie bei der Generierung, Distribution und Kommunikation von Wissen eingebunden sind.

Folgt man diesem Ansatz, so kann an die Stelle der eigentlich nie zufriedenstellenden Versuche, den Gegenstandsbereich der Medienbildung durch die Benennung von Apparaten, Geräten und System zu bestimmen, die Frage nach den Handlungen und Praktiken treten, in deren Kontext die Medien als Kulturtechniken zu Werkzeugen zur Weltaneignung werden.

Dies entspricht der Einschätzung des Wissenschaftsrats, nach der sich für die Kommunikationswissenschaft – und damit auch für die sich an der Kommunikationswissenschaft orientierende Medienpädagogik – eine vergleichbare Situation abzeichnet. In den Empfehlungen heißt es, ein Teil ihrer Untersuchungsgegenstände habe

an bis dato wie selbstverständlich vorausgesetzter Kontur verloren. [332]

So müsse

beispielsweise der Forschungsgegenstand „Fernsehen" neu bestimmt werden, wenn Laptop oder Handy neben das herkömmliche Fernsehgerät als Empfangsapparatur treten. Denn durch diese technische Entwicklung fällt das herkömmliche technische Gerät als Bestimmungsmerkmal des Forschungsobjektes „Fernsehen" aus. [333]

Zu den wichtigen Akten der Informationsgewinnung und Informationsverarbeitung zählen dabei: Sichtbarmachen, Messen, Speichern, Kommunizieren, Sammeln, Klassifizieren, Analysieren, Vergleichen, Visualisieren, Modellieren und Simulieren.

---

[329] [Rammert 2007, 14]
[330] Vgl. [Siegert 2009, 20].
[331] [Schüttpelz 2006, 87]
[332] [Wissenschaftsrat 2007, 73]
[333] [Wissenschaftsrat 2007, 74]

Dieser *Perspektivwechsel von den materiellen Artefakten zu den Handlungen und Praktiken* ist für die Bestimmung der Bereiche und Themen, mit denen sich Medienbildung zu beschäftigen hat, durchaus nicht trivial. Wenn es um medial zu erschließende Einblicke in nicht unmittelbar zugängliche Bereiche der Wirklichkeit geht, denkt man nicht sofort an den Klimawandel oder die Entwicklung des Bruttosozialprodukts:

Klimawandel und Bruttosozialprodukt stehen exemplarisch für Phänomene, die „unsichtbar" bleiben, solange keine Daten erhoben, statistisch erfasst und dargestellt werden.

Da Statistiken bzw. statistische Darstellungsformen uns einen Zugang zu Dimensionen der Wirklichkeit eröffnen, die über sinnliche Wahrnehmung nicht zu erfassen sind, müssen sie, nicht zuletzt mit Blick auf ihre gesellschaftliche Bedeutung, als Kulturtechniken zum Gegenstand der Medienbildung werden. Die Erstellung von Statistiken basiert immer auf *„wissenschaftlichen Fundamentalakten"* [334] wie dem Messen, Erfassen und Ordnen von Daten, durch die erst die Voraussetzungen geschaffen werden, damit es überhaupt zur Darstellung komplexer Phänomene in Graphen und Diagrammen kommen kann. Wichtig ist dabei, dass die Generierung, Distribution und Kommunikation von Wissen in Handlungsketten erfolgt, in deren Ablauf unterschiedliche Werkzeuge und Verfahrensweisen wichtig werden.

Auf diese notwendige Verkettung von Medienpraktiken verweist in den 80er Jahren des 19. Jahrhunderts der Mediziner und Mikrobiologe Robert Koch, wenn er in einem Zeitschriftenaufsatz schreibt: [335]

Das photographische Bild eines mikroskopischen Gegenstandes ist unter Umständen wichtiger als dieser selbst.

Selbstverständlich eröffnet erst das Mikroskop Einblicke in die Mikrowelten, doch die Befunde müssen festgehalten und zwar so gespeichert werden, dass sie ausgewertet, aber vor allem auch kommuniziert und in der Wissenschaft diskutiert werden können. Koch hebt den spezifischen Wert reproduzierbarer Abbildung mikroskopischer Befunde für die wissenschaftliche Diskussion und Lehre hervor,

[da] beim Mikroskopieren nicht zwei Beobachter zu gleicher Zeit dasselbe Object ins Auge fassen und sich darüber verständigen können, [...]. [336]

Gleichzeitig formuliert Robert Koch genaue Qualitätsanforderungen an die Erstellung wissenschaftlich verwendbarer „Photogramme" und macht damit deutlich, dass sich der „mikroskopische Gegenstand" ganz und gar nicht von „selbst zeichnet". Da geht es zum einen um die Herstellung und um das Einfärben der Präparate. Außerdem hängen die Ergebnisse von der Qualität des verwendeten Instruments, von der Beleuchtung und der Handhabung des Geräts ab. Es handelt sich also letztlich weniger um „Selbstbilder der Natur" als um Artefakte, die in einem mehrstufigen Verfahren entstehen, bei dem immer wieder zwischen möglichen Alternativen eine Entscheidung getroffen werden muss.

---

[334] [Böhme 2004, 227]
[335] [Koch 1881, 11]
[336] [Koch 1881, 10]

4.6   Kulturtechniken und Generierung von Wissen

Am Beispiel des Mikroskops zeigt sich, dass Beobachtungen und Erkenntnisse erst durch die entsprechende Speicherung der Befunde und deren Reproduktion in Publikationen für den wissenschaftlichen Diskurs relevant werden.

Auf die Bedeutung, die dem Zusammenwirken verschiedener medialer Kulturtechniken zukommt, verweist auch der französische Wissenssoziologe Bruno Latour. Er bezieht sich dabei auf den Buchdruck, die Erstellung von Graphiken, Tabellen und Statistiken jeder Art sowie grafische Techniken, wie sie durch die Linearperspektive und geometrische Projektionen möglich wurden, ebenso wie auf Verfahren der Buchhaltung und Statistik.[337]

Latour spricht in diesem Zusammenhang von „Inskriptionen",

> die mobil, aber auch unveränderlich, präsentierbar, lesbar und miteinander kombinierbar sind.[338]

Zur Erzeugung solcher „Inskriptionen", die diese Eigenschaften aufweisen, benötigt man komplexe Instrumente und Methoden. [Pernkopf 2006, 146] schreibt erläuternd:

> Der Begriff „Inskription" stammt von Jaques Derrida und wird von Latour sowie anderen Autorinnen und Autoren übernommen, um zu beschreiben, wie man in den Laboren durch Geräte von materiellen Substanzen und Prozessen zu Graphiken und Diagrammen kommt. Instrumente fungieren bei Latour als „inscription device" bzw. „Einschreibeeinrichtung" und erzeugen – oft mit hohem technischen Aufwand – Inskriptionen.

Medien im Sinne der Apparate, Methoden und der durch sie erzeugten „Inskriptionen" spielen aus dieser Perspektive eine zentrale Rolle für die Genese von Wissen und die Aneignung von Welt, da erst durch solche Inskriptionen Beobachtungen und Erkenntnisse für den wissenschaftlichen Diskurs relevant werden.[339] Neben ihrer Rolle für die Entwicklung von Wissenschaft und Technik wird die dadurch möglich werdende geordnete Sammlung, Klassifikation und Analyse von Informationen zu einer wichtigen Grundlage für die Arbeit von staatlichen und privaten Organisationen.

Diese Einschätzung gilt unabhängig davon, ob die von Latour damit verbundenen weitreichenden historischen Vorstellungen einer Überprüfung standhalten. Latour führt die mit der portugiesischen und spanischen Expansion im 15. Jahrhundert beginnende Dominanz Europas gegenüber anderen Kulturen auf die Rolle der „Inskriptionen" zurück.[340]

Folgt man diesen Überlegungen, dann hat man es letztlich mit einer unübersichtlichen Vielzahl unterschiedlichster Techniken, Verfahren und „Inskriptionen" zu tun, so dass es notwendig wird, grundsätzlich auf die Frage einzugehen, wieso diese Kulturtechniken zum Gegenstandsbereich von Medienbildung bzw. damit auch von Allgemeinbildung werden müssen.

---

[337] Vgl. hierzu z. B. die historischen Beispiele in den Abschnitten 7.7.4 bis 7.7.13.
[338] [Latour 2006, 264 f.]
[339] [Latour 2006, 266]
[340] Zur Kritik an diesen Vorstellungen siehe [Schüttpelz 2009].

Bild 4.8: Neuer mikrophotographischer Universalapparat (Mitteilungen aus der optischen Werkstätte E. Leitz in Wetzlar)

4.7 Mediengenerativismus versus Medienmarginalismus

Medien wie die Sprache, die Schrift, das Buch, das Telefon, das Radio oder das Fernsehen transportieren nicht einfach nur Information, sondern strukturieren spezifische Kommunikations- und Wahrnehmungsverhältnisse und die sich damit verbindenden Sinngehalte.

Mike Sandbothe [341]

In den Geisteswissenschaften und in der Philosophie ging man lange Zeit nahezu übereinstimmend von der *„Neutralität des Medialen gegenüber der Essenz von Geist, Sprache, Interpretation und Kultur"* aus. [342] Man meinte sich mit Inhalten und Botschaften auseinandersetzen zu können, ohne ihre mediale Darstellung thematisieren zu müssen. Die dabei in den Blick geratenden Artefakte und Verfahren schienen im besten Fall aus technischer Sicht von Interesse zu sein.

Wenn im Zusammenhang von Schreiben, Lesen und Rechnen von Kulturtechniken die Rede war, konzentrierte man sich – trotz des Begriffs „Kulturtechnik" – auf den Anteil der „Kultur", von deren Produkten man meinte, sie allein auf die Ergebnisse geistiger Anstrengungen und Bemühungen zurückführen zu können. Diesem Kulturbegriff entspricht die Vorstellung, Sinn existiere im „Urzustand mediumfrei". Dem gegenüber ist festzuhalten,

daß Sinn sich stets der Einschreibung in Medien verdankt und daß die Medialität zum Sinn nicht erst nachträglich und äußerlich hinzukommt, sondern von Anfang an für den Sinn konstitutiv ist, daß sie produktive Bedeutung für die Sinnprozesse hat. [343]

---

[341] [Sandbothe 1996]
[342] [Krämer 2004 b, 22]
[343] [Welsch 1997, 27]

Nach Switalla spricht gegen die Position des „Medienmarginalismus", dass die

> [...] symbolischen Medien der Kommunikation und der Kognition [...] von Anfang an technisierte Medien [sind]. [344]

Die Schrift ist mehr als eine Protokolliertechnik, um die Schwächen unseres Gedächtnisses und die räumlich-zeitlichen Begrenzungen unserer Kommunikationsfähigkeit durch Vermittlung eines „intersubjektiv zugänglichen Speichermediums" auszugleichen. [345] In Untersuchungen zur Bedeutung der „Schrift-Kultur" wird selbstverständlich davon ausgegangen, dass erst die Entwicklung externer Speichermedien die Voraussetzung für die Entwicklung von Geschichtsbewusstsein, Logik, Wissenschaft usw. schuf. Ein Beispiel hierfür wäre die Kopplung von historischem Bewusstsein an die Existenz historischer Literatur. [346]

Für die „medienkritische Wende", in der die Rolle der Medien hervorgehoben wird, steht diese von Marshall McLuhan in den 1960er Jahren aufgestellte These „Das Medium ist die Botschaft". [347] Die von McLuhan vertretene Gegenposition zum „Medienmarginalismus" läuft auf einen „Mediengenerativismus" hinaus, nach dem es allein die Medien in ihrer technischen Konstitution sind, die das,

> was sie übertragen, zugleich auch – irgendwie – hervorbringen. [348]

Die Formel „Das Medium ist die Botschaft" war geeignet, die Aufmerksamkeit auf die Kulturrelevanz der Medien zu lenken. In der Kritik an diesem Schlagwort bzw. an dem damit verbundenen Technikdeterminismus weist Krotz jedoch darauf hin, dass McLuhan

> [...] die Welt auf recht eindimensionale Weise [erklärt], insofern er die gesamte gesellschaftliche Entwicklung monokausal auf die Medientechnik zurückführt. Seine Argumentation hat ihm auch den berechtigten Vorwurf eingetragen, er überbewerte technische gegenüber inhaltlichen und sozialen Fragen. [349]

Die Auswirkungen von Rechen- und Schreibtechniken sind jedoch nur zu erfassen, wenn man sich auf die Art der verwendeten Zeichensysteme, auf die Materialität der Speicherverfahren sowie auf den kulturellen Kontext, in dem gerechnet und geschrieben wird, einlässt. Je genauer man Praktiken der Mediennutzung in den Blick nimmt, desto klarer zeigt sich im Vergleich konkurrierender Kulturtechniken ihr mediales Potential.

Wenn es sich bei Medien, wie oben dargelegt, um Kulturtechniken handelt, erschließt sich ihre Bedeutung erst aus dem Zusammenwirken von Technik im Sinne von Artefakten und Technik im Sinne zielgerichteter Verfahrensweisen. Hinzukommen muss die Einordnung in den kulturellen Kontext, in dem diese Kulturtechniken sich entwickelt haben und auf den sie zurückwirken.

---

[344] [Switalla 1994, 53]
[345] [Zimmerli 1989, 27]
[346] [Goody & Watt 1981, 75f.]
[347] [McLuhan 1994, 21]
[348] [Krämer 2004 b, 23]
[349] [Krotz 2008, 261]

Interessant für die Medienbildung werden Geräte und technische Systeme durch die Handlungen und Praktiken, in die sie bei der Generierung, Distribution und Kommunikation von Wissen eingebunden sind, und mit Blick auf den mit dem Begriff „Medialität" umschriebenen inhaltlichen Anteil an diesen Prozessen.

Hier erscheint der Hinweis wichtig, dass mit dem Begriff „Medialität" in der Diskussion über Medienbildung auch andere Fragestellungen verbunden werden. So rückt der Begriff „Medialität" im Kontext der „Strukturalen Medienbildung" nach Jörissen in den Mittelpunkt der Überlegungen zu den veränderten Bedingungen der Identitätsbildung: [350]

Mediale Architekturen [...] vermögen grundlegend die „kulturellen Praxen, in denen Individuen sich selbst, andere, ihre sozialen Umwelten und die Materialität ihrer Welt erfahren", zu verändern. *Medialität ist nach diesem Verständnis konstitutiv für „Selbst- und Weltverhältnisse" und somit auch für Bildungsprozesse.*

4.8 Medialität

4.8.1 Alltagswirklichkeit versus Medienwirklichkeit

Wenn in der Medienpädagogik die Rede von Medialität und Medialitätsbewusstsein ist, geht es *bisher* unter Bezug auf Fragestellungen der Kommunikationswissenschaft und Medienpsychologie um die Unterscheidung von „Alltagswirklichkeit" und „Medienwirklichkeit", also um die

[Frage, ob] Mediennutzer/innen ein Bewusstsein davon haben, dass sie sich nicht in ihrer alltäglichen Lebensrealität, sondern in einer medialen Konstruktion bewegen. [351]

Dabei geht es um den dokumentarischen Charakter sogenannter Doku-Soaps oder um die Beschäftigung mit den Phänomenen der parasozialen Interaktion, bei der in Medien auftretende Akteure und Figuren von den Medienrezipienten nicht in ihren Rollen wahrgenommen, sondern als „reale" Partner erlebt bzw. imaginiert werden.

Mit einer „medialen Konstruktion" ist man auch dann konfrontiert, wenn es sich nicht um Fiktion, sondern um Wiedergabe realer Ereignisse oder Phänomene handelt. Auf dieser Ebene werden Fragen der Medialität in der Kommunikationswissenschaft und Medienpädagogik ebenfalls thematisiert:

Prinzipiell ist eine solche Konstruiertheit natürlich auch bereits für die Fotografie anzusetzen, mit der gerade keine Realitätsabbildung geleistet wird; vielmehr werden stets Ausschnitte der wahrgenommenen Realität selegiert und ggf. mittels bestimmter Aufnahmetechniken „weiterverarbeitet" (wie beispielsweise beim Fotografieren von Gewitterwolken durch einen Rotfilter). Während der Prozess der Wirklichkeitskonstruktion bei der Fotografie auf den ersten Blick häufig verborgen bleibt, wird er heutzutage beim Fernsehen deutlicher sichtbar – z. B. bei der Live-Übertragung eines Fußballspiels, wo mehrere Kameras in unterschiedlichen Positionen zum Einsatz kommen

---

[350] [Jörissen 2014, 12]
[351] [Groeben 2002, 166]

und Superzeitlupe als ein Analyseinstrument zur Verfügung steht, wie es dem Menschen (bzw. hier: dem Schiedsrichter) allein von seinen Sinnen her nicht gegeben ist. [352]

Medialitätsbewusstsein wird im Kontext dieser Diskussion als „Dimension der Medienkompetenz" verstanden. Es geht dabei um die Vermittlung von Medienwissen, also u. a. um die Vermittlung von

> [Wissen] über wirtschaftliche, rechtliche und politische Rahmenbedingungen einzelner Medien [und] Wissen über spezifische Arbeits- und Operationsweisen von bestimmten Medien bzw. Mediengattungen; [...] [353]

Dieses Wissen soll dabei helfen, mit den „Abweichungen" zwischen „Realität" und „Medienrealität" reflektiert umzugehen. Wenn in der kulturwissenschaftlich orientierten Medienwissenschaft von Medialität die Rede ist, geht es nicht um Abweichungen von der „Realität", sondern um spezifische mediale Zugänge zur „Realität". Deutlich wird dies beim Rückblick in die Entwicklungsgeschichte der Medientechnik.

4.8.2   Medialität als „sinnmiterzeugendes" Potential

> *[...] die Kraft der sinnlichen Anschauung kann noch gesteigert und der Spielraum derselben noch bedeutend erweitert werden. Wenn wir eine große Anzahl physikalischer Beobachtungsdaten gesammelt haben, so haben wir dieselben allerdings aus der direkten sinnlichen Anschauung geschöpft, allein dieselbe mußte am Einzelnen haften bleiben. Wie groß ist dagegen der Reichtum, die Weite, die Verdichtung der Anschauung, wenn wir die Gesamtheit der Beobachtungsdaten durch eine Kurve darstellen! Und wie sehr wird hierdurch die intellektuelle Verwertung erleichtert! Registrierapparate und Registriermethoden werden in der Physik, in der Meteorologie, ja fast in allen Naturwissenschaften angewandt, und vielfach findet die Photographie hierbei ihre Verwertung.*

> Ernst Mach 1903 [354]

Der französische Physiologe Marey [355] findet als einer der Pioniere der Foto- und Filmtechnik in der medienpädagogischen Literatur Erwähnung, wenn es um die Geschichte von Film und Kino geht. Er selbst war jedoch an Film und Kino nicht interessiert. Das Kino zeigt für ihn letztlich nur Dinge, die man mit dem Auge direkt wahrnehmen kann. Für Marey bestand

> der wahre Charakter einer wissenschaftlichen Methode [...] darin, die Unzulänglichkeit unserer Sinne auszugleichen und ihre Fehler zu korrigieren. Um das zu erreichen, sollte die Chronophotographie darauf verzichten, Phänomene so wiederzugeben, wie wir sie sehen. [356]

---

352   [Groeben & Schreier 2000, 165]
353   [Groeben 2002, 167]
354   [Mach 1903, 130 f.]
355   Vgl. Abschnitt 4.1.
356   [Marey 1899, VII]; Originaltext: « Or, le vrai caractère d'une méthode scientifique est de suppléer à l'insuffisance de nos sens ou de corriger leurs eurreurs. Pour y arriver, la chronophotographie doit renoncer à représenter les phénomènes tels que nous le voyons. » (Übersetzung von Wagner.)

Wiederholt verweist Marey darauf, dass es nicht nur die Unzulänglichkeit unserer Sinne ist, die dem wissenschaftlichen Fortschritt im Wege steht, sondern auch die Begrenztheit der Sprache, wenn es darum geht, wissenschaftliche Erkenntnisse auszudrücken und zu vermitteln. [357]

Aus dem wissenschaftlichen Interesse heraus, diese Grenzen zu überschreiten, entwickelte er verschiedene Mess- und Registrierverfahren, zu denen auch die Chronophotographie zählte. In diesen Maschinen zum Sammeln wissenschaftlicher Daten sah Marey neue Sinnesorgane:

> Diese Apparate sind nicht allein dazu bestimmt, den Beobachter manchmal zu ersetzen und ihre Aufgaben in diesen Fällen mit unbestreitbarer Überlegenheit zu erfüllen; sie haben darüber hinaus auch ihre ganz eigene Domäne, wo niemand sie ersetzen kann. Wenn das Auge aufhört zu sehen, das Ohr zu hören und der Tastsinn zu fühlen oder wenn unsere Sinne uns trügerische Eindrücke vermitteln, dann sind diese Apparate wie neue Sinne von erstaunlicher Präzision. [358]

Ebenso wichtig sei es, so Marey, dass sich auf diese Weise Ergebnisse dokumentieren und kommunizieren lassen, die sprachlich gar nicht oder nur ausgesprochen schwer zu erfassen sind.

Aus der von Marey vertretenen Position lässt sich ableiten, dass sich ganz andere Fragen und Problemstellungen ergeben, wenn man nicht die Massenmedien und ihre Inszenierung bzw. Konstruktion der Wirklichkeit in den Mittelpunkt stellt, sondern primär an den Medien als Werkzeugen zur Weltaneignung interessiert ist.

Ausgehend von der generellen Medialität des menschlichen Weltbezugs [359] steht die Erweiterung des Kommunikations- und Wahrnehmungshorizonts durch das Hinzukommen immer neuer Medien im Mittelpunkt des Interesses. „Medialität" kann sich dabei sowohl auf die für ein Medium als charakteristisch erkannten Eigenschaften beziehen als auch auf medienübergreifende Phänomene. [360]

Für eine medienübergreifende Sicht steht z. B. ein Begriff wie „Gutenberg-Galaxis" [361], bei dem ein Medium – hier der Buchdruck – als „Leitmedium" einer ganzen Epoche verstanden wird.

Zwar gibt es keine allgemeingültige Antwort, wenn es um „Medialität" als der spezifischen Eigenschaft eines Mediums geht, zumindest hat sich nach Krämer in der „Vielfalt medienbezogenen Forschens" ein „gemeinsamer Nenner" herauskristallisiert,

---

[357]   Vgl. u. a. [Marey 1878, I]; Vorbild für die Weiterentwicklung der grafischen Methode war für [Marey 1868, 93] die Notenschrift, wie sie von Guido von Arezzo im 11. Jahrhundert entwickelt wurde, durch die die Veränderung gleichzeitig auftretender musikalischer Parameter wie Tonhöhe, -dauer und -lautstärke auf einer Zeitachse grafisch festgehalten werden konnte. Siehe hierzu auch Abschnitt 7.6.2 auf S. 203 f.

[358]   [Marey 1878, 108]; Originaltext: « Non seulement ces appareils sont destinés à remplacer parfois l'oberservateur, et dans ces circonstances s'acquittent de leur rôle avec une supériorité incontestable; mais ils sont aussi leur domaine propre où rien ne peut les remplacer. Quand l'œil cesse de voir, l'oreille d'entendre, et le tact de sentir, ou bien quand nos sens nous donnent de trompeuses apparances, ces appareils sont de sens nouveaux d'une étonnante précision. » (Übersetzung von Wagner.)

[359]   [Saxer 2012, 47] spricht von der Medialität *„als konstitutivem Element von Kommunikation"*, die *„als anthropologische Universale die menschliche Existenz in ihrer Totalität recht eigentlich konstituiert"*.

[360]   Vgl. [GIB 2014].

[361]   Der Begriff der Gutenberg-Galaxis wurde von Marshall McLuhan in seinem 1962 erschienenen Buch „The Gutenberg Galaxy" geprägt; siehe auch S. 45.

[nämlich] die Überzeugung, dass Medien nicht nur der Übermittlung von Botschaften dienen, vielmehr am Gehalt der Botschaften – irgendwie – selbst beteiligt sein müssen. Denn nur soweit Medien überhaupt eine sinnmiterzeugende und nicht bloß eine sinntransportierende Kraft zugesprochen wird, entpuppen sie sich als interessante Gegenstände geistes- und kulturwissenschaftlicher Arbeit. [362]

Durch die Beteiligung an der „Sinnproduktion" werden Medien zu *„kulturrelevanten und kulturverändernden Instanzen".* [363] Erst durch diesen Blick auf Medien begründet sich die Forderung nach Medienbildung.

Dieses doch eher vage „Irgendwie", mit der die Beteiligung der Medien an der Sinnproduktion umschrieben wird, wird nicht präzisiert, sondern nur variiert, wenn an anderen Stellen von der *„Prägekraft eines Mediums",* von Medien als *„Quelle von Sinn",* von der *„Kultur stiftenden Funktion der Medien"* oder davon die Rede ist, dass Medien am *„Gehalt der Botschaften selbst beteiligt sind".* [364]

Wenn es um die „Prägekraft des Mediums" oder das Medium als „Quelle von Sinn" geht, tauchen in dieser Diskussion auch häufig die Begriffe „Performativität" bzw. „performativ" auf. Diese Begriffe wurden von John Langshaw Austin, dem Begründer der Sprechakttheorie, in seinem 1962 erschienenen Buch *"How to do things with words"* geprägt. In der Sprechakttheorie geht man aus, dass

Sprechen nicht nur benennt, beschreibt und beurteilt, sondern auch erschafft, hervorbringt und konstituiert. [365]

Die performativen Sprechakte entfalten „materielle Wirkungen", das heißt, sie stellen etwas in dem Moment her, in dem sie es bezeichnen. Nach der Sprechakttheorie zählen hierzu u. a. Befehle, Namensgebungen, Eide, Versprechen, Warnungen, Beleidigungen, also Äußerungen, die nichts beschreiben, nicht wahr oder falsch sind, sondern selbst Handlungen darstellen. Die Handlungsdimension, die jedem Sprechen zuzuschreiben ist, wird unter dem Begriff „Performativität" diskutiert. Daraus ergibt sich die Parallele zu dem Medialitätsbegriff in der Medienwissenschaft, der sich auf „sinnmiterzeugendes" Potential der Medien bezieht.

4.8.3   „Sinn" ist immer an eine mediale Form gebunden

Die generelle Medialität unserer Weltzugänge zeigt sich darin, dass es keine „Botschaften" bzw. keinen „Sinn" unabhängig von einer medialen Form gibt.

Immer geht dem Medium etwas voraus; doch das, was ihm vorausgeht, ist zwar in einem anderen Medium, nie aber ohne Medium gegeben. Wenn das aber so ist, wird Intermedialität ein für die Sphäre des Medialen grundlegendes Phänomen. Medien werden zu „epistemischen Gegenständen"

---

[362] [Krämer 1998 b, 73 f.]
[363] [Klook 1995, 57]
[364] Diese und weitere ähnliche Formulierungen finden sich in Krämer, Sybille: *Die Eigensinnigkeit von Medien.* Vortrag, gehalten am 24.10.1996 im Rahmen der Universitätsvorlesung „Medien, Computer, Realität. Zur Veränderung unserer Wirklichkeitsvorstellungen durch die Neuen Medien" an der Freien Universität Berlin: http:/www.inf.fu-berlin.de/~ossnkopp/eignsinn.html (01. 05. 1999)
[365] [Krämer 2004 b, 14]

erst in dem Augenblick, in dem ein Medium die „Bühne" der Inszenierung eines anderen Mediums abgibt, welches seinerseits dabei zur „Form-in-einem-Medium" wird. Die Annahme, es gebe Einzelmedien, ist das Resultat einer Abstraktion. [366]

Wenn es keine „Botschaften" bzw. keinen „Sinn" unabhängig von einer medialen Form gibt, dann heißt dies auch, dass sich Medialität nicht absolut, sondern nur an der Differenz zwischen zwei medialen Formen zeigt bzw. beschreiben lässt. Nachvollziehbar wird diese Überlegung am Beispiel der Sprache: „Sprache" gibt es gemäß Krämer nicht

> [...] außerhalb ihrer gestischen, stimmlichen, schriftlichen oder technischen Artikulation. Diese „verkörpernde Artikulation" ist zugleich ein Akt der Konstitution des darin Artikulierten. [367]

Dies zeigt sich im Vergleich zwischen gesprochener Sprache und phonetischer Schrift. Die phonetische Schrift ist nach Maye

> nicht nur ein bloßes Abbild der gesprochenen Sprache, [sondern bringt] auch eine eigene Realität zur Darstellung [...], die nur buchstäblich existiert und mündlich nicht gegeben ist. [368]

Die Medialität der jeweils gewählten medialen Form, hier also der gesprochenen Sprache im Unterschied zur phonetischen Schrift, entfaltet ihr Potential jedoch erst im Kontext bestimmter Situationen und Handlungen.

So gilt der Grundsatz der Mündlichkeit in unserer Gesellschaft noch im Rahmen der Strafprozessordnung. Alles, was während der Hauptverhandlung geschieht, also die Vernehmung des Angeklagten, die Beweisaufnahme und die Plädoyers, muss mündlich erfolgen.

Daraus spricht nach Vismann

> ein großer Vorbehalt gegen alle Aufzeichnungsmedien. Sie selektieren und nehmen den Richtern damit schließlich ihre Autonomie zur Selektion, nichts anderes gilt als ihre eigene Wahrnehmung. [369]

Im Unterschied zum Prinzip der Mündlichkeit in der Strafprozessordnung macht es dagegen Sinn, vertragliche Abmachungen schriftlich zu kodifizieren, weil hier die medialen Vorteile einer schriftsprachlichen Fixierung zur Geltung kommen.

4.8.4 „Nur in der Prozessualität eines Vollzugs ist etwas überhaupt ein Medium"

Wie oben dargestellt, sind es nicht Apparate, Geräte oder technische Systeme, die zum Gegenstand der Medienbildung werden, sondern es sind die *Handlungen und Praktiken*, in deren Kontext die Medien als Kulturtechniken zu Werkzeugen der Weltaneignung werden:

---

[366] [Krämer 2003, 85]
[367] [Krämer 2003, 86]
[368] [Maye 2010, 125]
[369] [Vismann 2011, 122]; kritisch lässt sich gegen den Grundsatz der Mündlichkeit einwenden, dass ein Richter mit dem persönlichen Eindruck, auf den sich seine Einschätzung stützt, so gut wie jeder andere falsch liegen kann (vgl. [Rückert 2011, 17]).

Nur in der Prozessualität eines Vollzugs ist etwas überhaupt ein Medium. [370]

Diese Kultur stiftende Funktion von Medien, ihre Medialität, soll im folgenden Beispiel des Mediums „Landkarte" verdeutlicht werden. [371]

Am Medium „Landkarte" wird deutlich, dass die Funktion von Medien für die Generierung von Wissen nicht in der Verdopplung der Wirklichkeit besteht. Die Leistung der Karten bzw. der Kartografen bestand bzw. besteht gerade darin, eine Vorstellung von der Welt zu vermitteln und Orientierungsmöglichkeiten zu eröffnen, die über unsere sinnliche Wahrnehmung hinausgehen. Eine Karte im Maßstab 1:1 würde diese Funktion nicht erfüllen.

Karten werden konstruiert. Dabei wird nicht nur etwas dargestellt, sondern durch die mediale Form der Darstellung wird „Sinn" hinzugefügt, der über eine bloße Wiedergabe hinausgeht. Durch Landkarten wird Unsichtbares sichtbar gemacht. Karten visualisieren Relationen wie Lage, Entfernung und Größe zwischen geografischen Gegebenheiten, die unmittelbar nicht wahrgenommen werden können. Dies galt uneingeschränkt bis zu Beginn der Luftfahrt und der Weltraumfahrt.

> [Karten] müssen neben dem Zeichensatz, der zu ihrer „Sprache" gehört, einen Maßstab haben, ein netzartiges Koordinatensystem zur Positionierung von Orten aufweisen sowie einer Projektionsmethode folgen. [372]

Karten, die diese Voraussetzungen erfüllen, sind in unterschiedlichen Größen reproduzierbar. Sie konnten gesammelt und archiviert, mit weiteren Informationen kombiniert und einem Publikum präsentiert werden.

Ein Beispiel hierfür sind Seekarten, auf denen Seewege, Küsten, Strömungsverhältnisse, Windrichtungen, Untiefen, Seezeichen, Fahrrinnen etc. eingetragen sind. Zur Herstellung dieser Karten, benötigt man komplexe Instrumente und Methoden.

Karten als Visualisierung raum-zeitlicher Informationen müssen wie ein Text gelesen werden,

> [...] dessen Schrift sich des Projektionssystems, des Ausschnitts und der Zentrierung bedient, vor allem aber aus Linien, Färbung und Drucktypen besteht. [373]

Da unabhängig vom Maßstab gilt, dass Karten immer nur „eine selektive Repräsentation von Realität" [374] bieten können, geht es beim Lesen einer Karte auch darum, die Entscheidungen die bei ihrer Konstruktion getroffen wurden, nachzuvollziehen.

> [Die] sich verbergende Medialität der Karte aufzuspüren, bedeutet, die Karte damit als ein Instrument zur Erkenntnis der in ihr „festgeronnenen", jedoch mehr oder weniger verborgenen Herstellungs-, Darstellungs- und Nutzungskontexte einzusetzen. [375]

---

[370] [Krämer 2008, 334]
[371] Die folgenden Ausführungen orientieren sich an [Krämer 2008, 298 – 337].
[372] [Krämer 2008, 313]
[373] [Dipper 2009, 362]
[374] [Stütz 2005/2006, 83]
[375] [Krämer 2008, 304]

Letztlich entscheidet über die Qualität einer Karte die intendierte Nutzung.

Deutlich wird dies an einer Kontroverse aus den 1970er Jahren. Egal welche Projektionsart man wählt, jede zweidimensionale Karten-Abbildung der Erde ist verzerrt, da sich die
Oberfläche einer Kugel nicht verzerrungsfrei auf eine Ebene projizieren lässt. Karten unterscheiden sich dabei, je nach gewählter Projektionsart, darin, ob es beispielsweise flächen-
treue, längentreue oder winkeltreue Projektionen sind.

Kritisiert wurde in den 1970er Jahren die Verwendung der Mercator-Projektion. Dieser
Kartentyp vermittele ein eurozentrisches Weltbild, weil die Länder in den gemäßigten Breiten, also Europa und andere Industrieländer, im Vergleich zu den Gebieten in Äquatornähe
größer abgebildet werden. Besonders die Entwicklungsländer würden benachteiligt.

Sofern damit ein genereller Vorwurf gegen Mercator-Karten bzw. winkeltreue Karten verbunden war, macht dieser Vorwurf wenig Sinn, da berücksichtigt werden muss, welche Funktion eine Karte haben soll. Von dem Hintergrundbild einer Nachrichtensendung wäre zu erwarten, dass es ein „flächentreues" Weltbild vermittelt. Die Mercator-Abbildung wird dagegen wegen ihrer Winkel- und Achsentreue in fast allen Seekarten und einigen Luftfahrtkarten
verwendet.

Dies war auch der Grund für den Erfolg der Mercator-Projektion. So musste man bei einer
Atlantiküberquerung, z. B. von Portugal nach Kuba, im Heimathafen nur den Fahrtwinkel
zum Zielhafen ermitteln, auf dem Kompass markieren und konnte dann die ganze Fahrt über
immer entlang dieses Winkels reisen. Um den Schiffskurs bei längeren Strecken, wie z. B.
einer Atlantiküberquerung,

> gradlinig einzeichnen oder darstellen zu können, benötigt man ein spezielles Projektionsverfahren:
> die winkeltreue Zylinderprojektion. Der Abstand zwischen den Breitenparallelen wächst hier in
> demselben Verhältnis wie sich der Abstand der Meridiane auf der Erdkugel verkleinert. [...]
>
> Die Reise wird zum Projekt, Welt begegnet im Modus des Entwurfs. Das Schiff wird ein Projektil:
> es hält seinen Kurs aufgrund einer in der graphischen Oberfläche der gerasterten Karte operativ
> gewordenen Berechnung. [376]

Für [Krämer 2008, 317] ergibt sich daraus als Konsequenz:

> Allein an den „praktischen Verwendungsverhältnissen" kann beurteilt werden, ob eine Karte „gut"
> oder „schlecht" ist. Karten sind nicht einfach visuelle Darstellungen von etwas, sondern sie sind ein
> Mittel der Exploration von und des Operierens mit dem Dargestellten. Leistungen und Grenzen der
> Mercator-Projektion können nur im Horizont ihrer Pragmatik bestimmt werden.

Medialitätsbewusstsein heißt hier, nicht blind zu bleiben für die Praktiken der Kartierung und
Kartennutzung.

---

[376] [Siegert 2009, 37]

4.8.5   Geräte und Verfahren werden zu Medien,
indem sie Programme zur Aneignung von Welt unterstützen

> *Astronomie, als Wissenschaft der Triumph mathematischer Gedankenverbindung, auf das sichere*
> *Fundament der Gravitations-Lehre und die Vervollkommnung der höheren Analysis*
> *(eines geistigen Werkzeugs der Forschung) gegründet, behandelt Bewegungs-Erscheinungen,*
> *gemessen nach Raum und Zeit; Oertlichkeit (Position) der Weltkörper in ihrem gegenseitigen,*
> *sich stets verändernden Verhältniß zueinander; Formenwechsel, wie bei den geschweiften Cometen;*
> *Lichtwechsel, ja Auflodern und gänzliches Erlöschen des Lichtes bei fernen Sonnen.*

Alexander von Humboldt 1850 [377]

1610 veröffentlichte Galilei unter dem Titel „Sidereus Nuncius" eine wissenschaftliche Abhandlung, die auf Beobachtungen beruhte, die er mit Hilfe des kurze Zeit zuvor in Holland erfundenen Fernrohrs durchgeführt hatte. Er beschrieb darin die Entdeckung der Jupitermonde.

Diese Entdeckung widersprach nicht nur dem damals geltenden aristotelischen Weltbild, nach welchem die Erde im Zentrum des Universums steht und Mond, Sonne und Planeten sich auf Kreisbahnen um die Erde bewegen. Mit seinem methodischen Vorgehen stellte Galilei außerdem die bis dahin geltenden Vorstellungen über Erkenntnisgewinnung in Frage:

> Daß es in der Welt für den Menschen nicht nur zeitweise und vorläufig, sondern definitiv Entzogenes und Unsichtbares geben könnte, war eine der Antike wie dem Mittelalter unbekannte, unter bestimmen metaphysischen Voraussetzungen auch unvollziehbare Unterstellung. [378]

Relevant mit Blick auf die an Medialitätsbewusstsein zu stellenden Anforderungen ist, dass diese neue Auffassung über die Gewinnung naturwissenschaftlicher Erkenntnisse zur Abhängigkeit von den benutzten Geräten und Verfahren führt. Mit dem Einsatz des Fernrohrs hatte Galilei

> die natürliche Basis der Sichtbarkeit verlassen […] und eine schwankende, von Gerät zu Gerät umzudefinierende relative Sichtbarkeit eingeführt. Durch die Verwendung eines Instrumentes wird eine neue Form der Zufälligkeit der Objektivierung eingeführt. Seine Erfindung und seine wissenschaftliche Anwendung zerbricht die Jahrtausende alte Konstanz des kosmischen Erfahrungshorizonts, das Sichtbare wird abhängig vom Stand der technischen Entwicklung. [379]

Galilei geriet dabei in das Dilemma, dass er mit dem Fernrohr die Unvollkommenheit der menschlichen Sehwerkzeuge aufdeckte und zugleich die Unvollkommenheit des menschlichen Auges mit einem fehleranfälligen Instrument ausglich.

> Galileis Fernrohr hatte den Nachteil, daß es ein sehr kleines Gesichtsfeld aufwies und aufgrund der chromatischen Aberration der Linsen alle Objekte mit farbigen Rändern und oft auch verdoppelt zeigte. Für die Fernrohrwirkung und -störungen liefert Galilei jedoch keine befriedigenden Erklärungen. [380]

---

[377] [Humboldt 1850 a, 625 f.]
[378] [Blumenberg 2014, 15]
[379] [Weigl 1990, 34]
[380] [Heidelberger & Thiessen 1981, 128 f.]

Hinzu kommt die theoretisch durch nichts abgesicherte Übertragung der Ergebnisse des teleskopischen Sehens von irdischen auf himmlische Gegenstände. Nach der damaligen Vorstellung bestanden himmlische und irdische Gegenstände aus verschiedener Materie und gehorchten somit verschiedenen Gesetzen.

> Auf der Erdoberfläche – bei Gebäuden, Schiffen usw. – arbeitet das Fernrohr natürlich zufriedenstellend; mit diesen Gegenständen ist man vertraut, und ihre Kenntnis beseitigt die meisten Verfälschungen, ganz wie die Kenntnis einer Stimme und einer Sprache die Verzerrungen durch das Telefon aufhebt. Doch am Himmel funktioniert diese Kompensation nicht, was die ersten Beobachter bald bemerkten und auch sagten. Es ist also richtig, daß das Fernrohr sowohl am Himmel als auch in irdischen Fällen Täuschungen hervorruft, doch aus den soeben genannten Gründen waren nur die Täuschungen bei den Himmelsbeobachtungen ein wirkliches Problem. [381]

Genau besehen konnte Galileis Annahme, das Fernrohr ermögliche Erkenntnisse über die Dinge am Himmel, da es auf der Erde ein „echtes Bild" weit entfernter Gegenstände liefere, erst mit der bemannten Raumfahrt überprüft werden. [382]

Galileis Widersacher werden im geschichtlichen Rückblick zumeist schlicht als Ignoranten abgestempelt, die vergeblich versuchten, den wissenschaftlichen Fortschritt aufzuhalten. Erhellender wäre es, an diesem im wahrsten Sinne des Wortes epochemachenden Wissenschaftsstreit zu untersuchen, wie Annahmen und Weltbilder die Wahrnehmung beeinflussen.

> Ist es schon schwer zu erblicken, was man nicht erwartet, so ist es nahezu unmöglich, durch bloße optische Erfahrung zu akzeptieren, was im Kontext der präsumtiven Welterfassung nicht zulässig ist. [383]

Galileis Widersacher konnten die neuen Sterne nicht wahrnehmen, weil sie aus Gründen der kosmischen Harmonie an der Zahl von sieben Planeten festhalten mussten. In der Geschichte der Astronomie stößt man auch später – z. B. im Zusammenhang mit der Entdeckung weiterer Planeten oder der Entdeckung der Sonnenflecken – auf vergleichbare Phänomene. Galilei selbst unterlief ebenfalls eine Reihe von Fehlinterpretationen.

> Als 1618 drei Kometen am Himmel beobachtet wurden, gab es für Galilei einen guten Grund, seinerseits nicht 'hinzusehen': die Bahnen, die er den Kometen hätte zuerkennen müssen, widersprachen seinem beharrlichen Festhalten an dem Dogma von der Kreisform der Bahnen aller Himmelskörper [...]. Auch Galileis Optik war seiner Dogmatik unterworfen, und er behalf sich mit demselben Ausfluchtsmittel, das seine Gegner gegen die Jupitermonde angewendet hatten, indem er unbequeme Phänomene als optische Täuschungen erklärte. [384]

Die Widerlegung des aristotelischen Weltbildes durch die Entdeckung der Jupitermonde mag aus heutiger Sicht einen epochalen Einschnitt bedeuten.

---

[381] [Feyerabend 1986, 179]
[382] [Heidelberger & Thiessen 1981, 130]
[383] [Blumenberg 1975, 768]
[384] [Blumenberg 1975, 766]

Man entdeckte mit Hilfe des Fernrohrs viele neue Phänomene am Himmel, doch für die
Astronomie der damaligen Zeit hatte das Fernrohr erst einmal keine herausgehobene praktische Bedeutung, denn bei der Astronomie handelte es sich nach [Hamel 2010, 17] um eine
„winkelmessende Wissenschaft", denn

> […] es gab nur eine Aufgabe für die Astronomie, nämlich die Örter der Sterne und Planeten mit
> möglichster Genauigkeit zu messen und mathematische Verfahren zu ihrer Berechnung abzuleiten.
> Diese benötigte man zur Erstellung von Horoskopen – wir sind ja gedanklich im 16. und 17. Jahr-
> hundert –, für die Präzisierung des Kalenders, dann für die Zeichnung von Landkarten und etwas
> später für die Navigation auf See. [385]

Zum Messinstrument wurde das Fernrohr erst durch das Fadenkreuz oder die Strichplatte, mit
denen Winkel- bzw. Streckenmessungen möglich wurden. Das Keplersche Fernrohr hatte
noch kein Fadenkreuz. Je nach Quelle wird die Erfindung des Fadenkreuzes unterschiedlichen Personen zugeschrieben. Als Zeitpunkt für die Einführung des Fadenkreuzes wird weitgehend übereinstimmend die Mitte des 17. Jahrhunderts angenommen.

Die in der Folgezeit entwickelten astronomische Instrumente arbeiten unter Einbeziehung
des Fernrohrs mit Linsen- und Spiegelsystemen, um Phänomene sichtbar zu machen, die sich
dem menschlichen Auge entziehen, und gleichzeitig mit Winkelmessgeräten, um Größe, An-
ordnungen, Bewegungen und Stand der Gestirne zueinander zu messen, also um zu Erkenntnissen zu gelangen, die über bloße Beobachtungen nicht zu erzielen sind.

Folgt man den Ausführungen des Medien- und Kulturwissenschaftlers Joseph Vogl in seinem Aufsatz „Medien-Werden: Galileis Fernrohr", dann wird das Fernrohr erst in der Verfolgung der kopernikanischen Hypothesen zum Medium.
(Die Vergrößerungswirkung von Linsen war schon
länger bekannt und wurde auch schon länger z. B. von
Handwerkern eingesetzt!)

> Zu diesem Medien-Werden waren verschiedene und
> durchaus heterogene Bedingungen nötig: eine Techno-
> logie, die von den niederländischen Linsenschleifern
> herkommt; […] dann ein neues Wissen, nämlich die
> kopernikanischen Hypothesen, die ein neues Anwen-
> dungsfeld für das Fernrohr bei Galilei definierten; dann
> bestimmte experimentelle Praktiken, die sich bei Galilei
> auf die Erprobung des Sehens am Beispiel des Fernrohrs
> beziehen; […]. Die Medien-Funktion lässt sich nur als
> Zusammentreten heterogener Momente begreifen, zu
> denen technische Apparaturen oder Maschinen
> genauso gehören wie Symboliken, institutionelle Sach-
> verhalte, Praktiken oder bestimmte Wissensformen. [386]

---

[385] [Hamel 2010, 23]
[386] [Vogl 2001, 121 f.]

Bild 4.9: neues Observatorium in Paris

Scholz spricht mit Bezug auf Vogl von der „wechselseitigen Konstitution von Wissensform und Medienfunktion". [387] Auch von Humboldt ging von einer Wechselwirkung zwischen wissenschaftlicher Theoriebildung und Medienentwicklung aus. [388]

> Der Uebergang des natürlichen zum telescopischen Sehen, welcher das erste Zehnttheil des siebzehnten Jahrhunderts bezeichnet und für die Astronomie (die Kenntniß des Weltraumes) noch wichtiger wurde, als es für die Kenntniß der irdischen Räume das Jahr 1492 gewesen war, hat nicht bloß den Blick in die Schöpfung endlos erweitert; er hat auch, neben der Bereicherung des menschlichen Ideenkreises, durch Darlegung neuer und verwickelter Probleme das mathematische Wissen zu einem bisher nie erreichten Glanze erhoben. So wirkt die Stärkung sinnlicher Organe auf die Gedankenwelt, auf die Stärkung intellectueller Kraft, auf die Veredlung der Menschheit.

4.8.6 Medien entfalten ihr Potential im Zusammenwirken von Geräten und Verfahren

> *Ein nicht erkannter Fehler in einer Logarithmentafel ist wie ein nicht entdeckter Felsen unter der Wasseroberfläche. In beiden Fällen ist es nicht möglich einzuschätzen, wie viel Schiffsbrüche sie verursacht haben.*
>
> Sir John Herschel 1842 [389]

Berechnungen der Planetenbewegungen waren, solange es keine Chronometer gab, die trotz der Schiffsbewegungen eine genaue Zeitmessung ermöglichten, eine wichtige Voraussetzung dafür, dass Seefahrer auf hoher See, außerhalb der Sichtweite der Küste, ihre Position bestimmen konnten. Zur Positionsbestimmung wurden dabei „Tafeln" oder „Ephemeriden", also „Tageblätter", herangezogen, aus denen die Position der Planeten abgelesen werden konnte. 1623 hatte Johannes Kepler nach jahrelangen Vorarbeiten mit den „Rudolphinischen Tafeln" die bis dahin genauesten Tabellen der Planetenbewegungen veröffentlicht.

Die astronomischen Instrumente erlaubten immer exaktere Messungen, aber die Berechnungen, durch die man erst zu den erwünschten Ergebnissen – z. B. der Positionsbestimmung auf See – kommen konnte, hätten die mathematischen Kenntnisse der Kapitäne und Schiffsoffiziere bei weitem überfordert. In der Einleitung zu der 1614 von ihm veröffentlichten Logarithmentafel schreibt der schottische Mathematiker John Napier:

> Nichts ist so lästig in der Kunst der Mathematik, meine werten Kollegen, wie jene Eintönigkeit, die sich einstellt bei der Multiplikation und Division von großen Zahlen, beim Ziehen von Quadrat- und Kubikwurzeln. Nicht nur den damit verbundenen Zeitaufwand möge man bedenken, sondern auch das Ärgernis durch die vielen kleinen Flüchtigkeitsfehler, die hierbei entstehen können. Daher habe ich darüber nachgedacht, wie ich auf schnellem und sicherem Wege hinsichtlich besagter Misslichkeiten für eine Verbesserung sorgen könnte. [390]

---

[387] [Scholz 2008, 5]

[388] [von Humboldt 1850 a, 75]; vgl. hierzu auch Abschnitt 3.14.

[389] In Anlehnung an [Swade 2000, 13], wo es hierzu heißt: "Herschel writing in 1842 to the Chancellor of the Exchequer, [...], an undetected error in a logarithmic table is like a sunken rock at sea yet undiscovered, upon which it is impossible to say what wrecks may have taken place."

[390] [Reuning 2014]

Die Logarithmentafeln und später die auf ihrer Grundlage entwickelten Rechenschieber wurden zu unentbehrlichen Hilfsmitteln. [391]

> [In den] Rechenschiebern mit einer beweglichen Holzzunge in ihrer Mitte [...] hatten sich die Tabellen des John Napier förmlich materialisiert. Die mathematische Operation, das Addieren von Logarithmen, hatte sich gewandelt zu einer handwerklichen Operation, dem Schieben von Skalen. [392]

Wie der auf S. 115 zitierte John Herschel und seine Freunde in der 1812 gegründeten "Analytical Society" feststellten, enthielten die Logarithmentafeln eine Fülle von fehlerhaften Angaben. Diese Fehler waren zum einen zurückzuführen auf die Fehler, die den Menschen unterliefen, die in mühsamen Arbeitsschritten die Logarithmentafeln erstellten. (Im 19. Jahrhundert bezeichnete man in England mit dem Begriff „Computer" die Menschen, die diese Berechnungen ausführen mussten.) Fehler unterliefen aber auch beim Kopieren bzw. bei der Satzerstellung für den Druck. [393]

Berechnungen auf der Basis fehlerhaften Logarithmen konnten nicht nur in der Schifffahrt zur Ursache von Unfällen und Katastrophen werden. [394] Ein naheliegender Gedanke war daher die Konstruktion von Rechenmaschinen, mit denen diese Berechnungen automatisch ausgeführt werden konnten.

Diese Überlegungen griff Charles Babbage – ein Freund von John Herrschel und Mitbegründer der *Analytical Society* – mit dem Bau der "Difference Engine" auf: [395]

> In unserem Jahrhundert machte zuerst die Maschine des englischen Mathematikers Babbage [...] großes Aufsehen. Dieselbe war aber nicht zur Ausführung beliebiger Rechnungen, sondern speciell zur Berechnung und zugleich zum Druck von Tabellen bestimmt. Sie ist zwar wegen der bedeutenden Kosten, die ihre Herstellung verursachte, nicht völlig vollendet worden, hat aber als Muster gedient [für weitere Entwicklungen]. [396]

4.9   Relevanz der Medialitätsforschung für die Medienbildung

Die Medialitätsforschung fragt

> nach dem konstitutiven Anteil der Medien an der Generierung, Speicherung und Übermittlung von Information und Wissen. [397]

Folgt man diesen Fragestellungen, dann geraten Themen in den Blick, denen zunehmend gesellschaftliche Relevanz und zudem originäre Bedeutung für Bildungsprozesse in Schule zukommt. In diesem Rahmen soll dies exemplarisch an drei Themenkomplexen skizziert werden.

---

[391] Siehe weitere Ausführungen hierzu in den Abschnitten 7.7.3, 9.2.4 und 9.2.5.
[392] [Reuning 2014]; siehe hierzu auch die Abschnitte 7.7.3, 0 und 9.2.5.
[393] Siehe dazu auch S. 323 das Zitat zu Fußnote 954.
[394] Siehe dazu auch S. 324 das Zitat zu Fußnote 956.
[395] Siehe dazu auch Abschnitt 9.2.3. Eine schöne Abbildung zu dieser "Difference Engine" findet sich z. B. in [Harper's New Monthly Magazine 1864] als Holzschnitt, weitere Abbildungen unter https://commons.wikimedia.org/.
[396] [Meyers Konversations-Lexikon 1878, 474]
[397] Vgl. das Zitat zu [Wissenschaftsrat 2007, 76] auf S. 94.

4.9.1 „Wissensbilder"

> *Da Bilder für die Produktion von Erkenntnis und Verbreitung von Wissen eine*
> *immer größere Rolle spielen, liegt es nahe von der „neuen Macht der Bilder" zu sprechen,*
> *die es notwendig macht, die Fähigkeit, Bilder analytisch und kritisch lesen zu können,*
> *auch auf die Bilder in Naturwissenschaft, Technik und Medizin auszuweiten.* [398]

Bei der traditionellen Röntgenfotografie entstehen noch analoge Bilder. Die Röntgenstrahlen werden entsprechend ihrer Intensität nach Durchquerung einer bestimmten Körperpartie und der dabei erfolgenden Teilabsorption durch Gewebe usw. auf einem Film aufgezeichnet. Im Gegensatz dazu gibt es bei den neuen bildgebenden Verfahren kein „Originalbild". Diese Verfahren beruhen darauf, dass die Fülle der Daten nur über ihre Visualisierung in Computergrafiken interpretiert und ausgewertet werden kann.

> Die Durchführung des Experiments, die Aufnahme von Daten sowie die Herstellung und Interpretation von Bildern verschmilzt zu einem Prozess. [399]

Damit stellt sich die Frage, welchen Einfluss die eingesetzten Softwarewerkzeuge auf die Strukturierung des Wissens haben. Gleichzeitig wird deutlich, dass bei den bildgebenden Verfahren der Prozess der Erkenntnisgewinnung immer mit „ästhetischem Handeln" verbunden ist.

> Was gesehen wird, ist also nicht von vornherein gegeben, sondern eine Entscheidung des Wissenschaftlers, der in das Graphikprogramm eingreift und die Form der Darstellungen (Kontraste, Farbgebung, Auflösungsgrad, Perspektive, Projektionsgeometrie usw.) so lange manipuliert, bis sich vor seinen Augen ein Muster entfaltet, das seinen Erwartungen und den allgemeinen Darstellungskonventionen entspricht. [400]

Die zunehmende Verwendung bildgebender Verfahren in den verschiedensten Wissenschaftsbereichen bleibt nicht ohne Einfluss auf die Wissenschaftsberichterstattung.

In Tageszeitungen und Wochenzeitschriften tauchen seit der Verbreitung der Computergrafik Bilder nicht nur häufiger auf, sondern diese Bilder sind auch *„auffällig farbig, aufwendig gestaltet, ins Auge springend".* [401]

Diese Bilder übernehmen eine wichtige Funktion, wenn es darum geht, im Wettbewerb um knappe Ressourcen und Fördermittel öffentliche Aufmerksamkeit zu erzielen. Selbst wenn man an dem Anspruch festhält, dass es notwendig ist zu verstehen, dass es sich bei den visuellen Darstellungen der bildgebenden Verfahren nicht um „Abbildungen" im herkömmlichen optischen Sinn handelt, wird man akzeptieren müssen, dass es für Laien nicht möglich ist, die Prozesse, in dem diese Visualisierungen entstehen, nachzuvollziehen.

---

[398] Vgl. hierzu [Maar & Burda 2004].
[399] [Heßler et al. 2004, 65]
[400] [Heintz & Huber 2001, 23]
[401] [Heßler et al. 2004, 49]

Die Zuverlässigkeit und Authentizität von elektronisch erzeugten und übermittelten Bildern wird

> zunehmend über Indizien [...] (Quelle, Kontext, Programmplatz, Inszenierungsdetails, Gattungskonventionen, Kompatibilität mit Informationen in anderen Medien usw.)

bewertet werden müssen. [402] Diese Grenzen zu akzeptieren, bedeutet aber nicht, dass man darauf verzichten kann, kritisch zu verfolgen, wie mit diesen Wissensbildern öffentlich argumentiert wird, wie sie zur Stützung oder Ablehnung gesellschaftlich kontroverser Positionen herangezogen werden, welches Bild von der Welt und den Möglichkeiten der Wissenschaft uns über sie vermittelt werden.

Fächer wie Geographie und Physik können ebenso wie Biologie und Chemie aus ihrer fachdidaktischen Perspektive einen wichtigen Beitrag zur Medienbildung leisten, da bildgebende Verfahren in den jeweiligen Bezugswissenschaften eine zentrale Rolle spielen.

4.9.2   Graphische Darstellungen als Evidenzerzeuger

> *[...] jedes visuelle Medium zeigt etwas anderes – und zwar nicht nur aufgrund des Kontextes und seiner Interferenz mit anderen Medien, sondern aufgrund der Spezifik seines Formates. Visuellen Darstellungen kommt [...] eine andere epistemische Struktur zu als beispielsweise Texten oder numerischen Datenreihen, so dass jeder Medienwechsel Differenzen zeitigt. Deshalb hängt [...] das, was wir sehen, welchen Status das Wissen in visuellen Medien hat, von seinem Wie, der spezifischen Medialität des Darstellens, d. h. z. B. davon [ab], ob es als diagrammatische Zeichnung oder mikroskopische Aufnahme bzw. als numerische Rechnung oder Graph präsentiert wird.*
>
> Martina Heßler et al. [403]

Logisch-analytische Bilder (Charts, Diagramme und Graphen) dienen der visuellen Veranschaulichung quantitativer Zusammenhänge, in ihnen werden meist Zahlen als Daten in „Bilder" umgesetzt. Sie veranschaulichen nicht nur quantitative Zusammenhänge, sie interpretieren durch die Art der gewählten Darstellung und entlasten damit von Interpretationsarbeit.

> Diagramme sind wirkliche, wenn auch betont kognitive Bilder, weil sie eine ganz unglaubliche Veranschaulichung abstrakter Zahlengrößen zustande bringen können. Sie versetzen das Abstrakteste, zum Beispiel Angaben über Handelsvolumen, Tonnage, Güter, Frequenzen in Bezug auf Zeitspannen etc. in eine visuelle Konfiguration, die zeigt, was man aus bloßen Zahlenkolonnen niemals lesen könnte. Mit dem Diagramm verändert sich die Darstellung von Statistiken grundlegend. [404]

Durch Statistiken und statistische Darstellungsverfahren werden Phänomene sichtbar, die sich der unmittelbaren Wahrnehmung entziehen. Der Mediencharakter der logisch-analytischen Bilder wird häufig übersehen, wenn die Auseinandersetzung mit ihnen in Bildungsstandards und Lehrplänen und Kerncurricula dem Bereich „Methodenkompetenz" zugeordnet wird.

---

[402] [Schmidt 2001, 269]
[403] [Heßler et al. 2004, 24]
[404] [Boehm 2004, 42]

Dies gilt ganz allgemein für die Rolle, die Visualisierungspraktiken für den Konstruktionsprozess von Wissen und bei der Vermittlung von Wissen spielen. Diagramme sind in den unterschiedlichsten natur- und sozialwissenschaftlichen Disziplinen ein unverzichtbares Medium, um Ordnung in die Fülle der beschreibbaren Phänomene zu bringen. Der Streit über Theorien wird dabei oftmals zu einem „Bilderstreit".

Für die Entwicklung auf Schule und Unterricht bezogener Konzepte der Medienbildung wäre es wichtig, die medienpädagogische Relevanz dieser Themen herauszuarbeiten.

4.9.3   Leitmedien und ihr kulturprägendes Potential

Ich glaube nicht, daß in äußeren Körpern irgend etwas existiert,
das Geschmack, Gerüche, Geräusche und sofort erregt,
nur Größe, Form, Menge und Bewegung [...].
Ich denke, wenn Ohren, Zunge und Nase entfernt würden,
dann würden Formen und Zahlen bleiben,
nicht aber Gerüche, Geschmack oder Geräusche.

Galileo Galilei [405]

Das Buch war für die Vermittlung dieser „exakten Erkenntnisse" der geeignete Informationsträger. Mit dem Aufkommen des Buchdrucks wurden andere Formen der Welterfahrung abgewertet und abgedrängt, d. h. aus dem offiziellen Wissenschaftsbetrieb ausgegrenzt. [406]

Ein Beispiel für die dadurch bedingten Veränderungen von Wissenskulturen liefert die Medizin. In der Medizin des Mittelalters spielten Geruch und Geschmack, Farbe und Konsistenz von Körperausscheidungen eine wichtige Rolle.

Das über diese Sinneserfahrungen gewonnene Wissen konnte aber nur über ein unmittelbares Meister-Schüler-Verhältnis vermittelt werden, denn Gerüche sind z. B. nur im Verhältnis zu anderen Gerüchen und nicht für sich definierbar. Dies galt zumindest bis zur Entwicklung elektronischer Geruchssensoren. Vergleichbares gilt für die Identifizierung von Krankheitssymptomen anhand von Farben.

Bild 4.10: Ramellis „Leserad"

---

[405]   Galilei, zitiert nach [Mumford 1984, 405].
[406]   Siehe dazu Ramellis Bücherrad („Leserad", von Agostino Ramelli aus dem 16. Jh.) in Bild 4.10.

Im Gegensatz zu Japan, Korea und China wurden in Europa keine technischen Verfahren für den mehrfarbigen Holzdruck entwickelt. Der Holzschnitt, der für die Illustrationen im Buchdruck eine große Rolle spielte, blieb monochrom und konnte damit die Farbe als Informationsträger nicht nutzen, da die Handkolorierung, wie sie bei Handschriften üblich war, für Bücher nur in Ausnahmefällen infrage kam. Nach Giesecke hatte dies weitreichende Auswirkungen auf Entwicklungen in der neuzeitlichen Medizin:

> In den sich gerade herausbildenden Naturwissenschaften hätte kaum eine Notwendigkeit bestanden, sich von der antiken Humoreslehre mit ihrer Bevorzugung von Farben und Taktilität zu trennen. Beispielsweise wären die Harnschautraktate, die in handschriftlicher Form mit Farben arbeiteten, relativ problemlos in das Druckmedium zu übertragen gewesen. Aber genau diese Traditionslinie unterbrachen der typographische Schwarzweiß-Druck und der Schwarz-Linien-Holzschnitt mit ihrer Schwäche in der Bildproduktion radikal und für Jahrhunderte. [407]

Giesecke bezieht sich mit der Humoreslehre auf die in der Antike entwickelte (Vier-)Säftelehre, nach der alle Körpervorgänge durch die gelbe Galle und die schwarze Galle sowie durch Blut und Schleim reguliert werden. Im Rahmen dieser medizinischen Theorie zählte die Harnschau zu den wichtigsten diagnostischen Maßnahmen:

> Kolorierte Scheiben, sogenannte Urintafeln oder Harnglasscheiben, halfen als Vergleich bei der oft schwierigen Beurteilung der Harnveränderungen. [408]

Bild 4.11 Urintafel von 1506

Die Frage ist, ob die Dominanz des Buches als Träger exakter Erkenntnisse durch die Herrschaft der Algorithmen oder – vielleicht genauer – durch die Herrschaft mittels Algorithmen abgelöst wird: Jedes Modell muss mit Vereinfachungen (mit Abstraktionen und Idealisierungen) arbeiten. Modelle sind (in diesem Kontext) vereinfachte Darstellungen der Realität, nicht die Realität selbst.

Sie dienen der Untersuchung von Teilaspekten eines komplexen Systems und nehmen dafür Vereinfachungen in Kauf. Das Ziel der Modellierung bestimmt die grundlegenden Annahmen und Einschränkungen:

> [...] Modelle basieren auf subjektiven Entscheidungen der beteiligten Wissenschaftler, die sich die Welt entsprechend schneidern, wofür sich weniger formale Gültigkeitsbedingungen angeben lassen, als Plausibilitäten durch den gedanklichen Vergleich mit dem Verhalten realer Systeme. [409]

---

[407] [Giesecke 2007, 413 f.]
[408] [Regal & Nanut 2010]; siehe dazu beispielhaft Bild 4.11.
[409] [Gramelsberger 2002, 16]

Der Frage nach der Medialität bzw. Performativität kommt hier eine herausgehobene Bedeutung zu, denn

> [der Computer] schafft es, dass seine Zeichen tatsächlich unmittelbar praktisch werden [... ,] [410]

wie daran deutlich wird, dass der Computer die erste Maschine ist,

> die die Ebene der Modellbildung, also symbolisch-repräsentativer Prozesse, und die Steuerung von Realvorgängen mechanisch-technisch zusammenführt. [410]

Wenn immer mehr Entscheidungen von rechnenden Maschinen getroffen und Handlungsabläufe gesteuert werden, stellt sich die Frage nach den Möglichkeiten und Grenzen algorithmischer Verfahren bzw. danach, wo diese Grenzen gezogen werden sollten.

Medialitätsbewusstsein ist hier in besonderem Maße gefordert, so dass mit Recht die Forderung nach „digitaler Aufklärung" erhoben wird. [411] Dies betrifft nicht zuletzt die Erkenntnisgewinnung mit Hilfe von Computersimulationen.

> Bei aller Kritik an der Computersimulation beziehungsweise an falsche[n] Erwartungen etabliert sich die Simulation zunehmend im Wissenschaftsalltag, sowohl in der Grundlagenforschung als auch in der anwendungsorientierten Forschung, in der Wirtschaft wie auch in der öffentlichen Wahrnehmung. Von daher ist ein kritischer Umgang mit Computersimulationen angezeigt, der die Öffentlichkeit bezüglich der immanenten Probleme und Unsicherheiten sensibilisiert. [412]

Der wachsenden Bedeutung, die der Modellbildung und Simulation für die Erkenntnisgewinnung und Entscheidungsfindung in allen gesellschaftlichen Bereichen zukommt, tragen Bildungsstandards und Kerncurricula dadurch Rechnung, dass in Mathematik, Biologie und in anderen Fächern die kritische Reflexion von Modellen gefordert wird:

> [...] daß der Mathematikunterricht einen erheblichen Beitrag zur Medienerziehung leisten kann, indem Modelle nicht nur aufgestellt und „durchgerechnet" werden, sondern auch die Konsequenzen solcher Modellierungen und Simulationen für die Lebensgestaltung mit in den Blick genommen werden. [413]

4.10   Medialitätsbewusstsein als Bildungsziel

> *Alles, was wir über die Welt sagen, erkennen und wissen können,*
> *das wird mit Hilfe von Medien gesagt, erkannt und gewußt.*
>
> Sybille Krämer [414]

Bildung kann allgemein als Prozess und Ziel verstanden werden, [415] bei dem es um ein reflektiertes Verhältnis zu sich, zu anderen und zur Welt geht. Medien spielen in allen drei Dimensionen, also sowohl, wenn es um ein *reflektiertes Verhältnis zu sich* als auch *zu anderen* und *zu Welt* geht, eine zentrale Rolle.

---

[410] [Winkler 2004, 108 f.]

[411] [Kuri 2010]

[412] [Gramelsberger 2006, 29]; das Zitat ist wortgetreu mit dem Fehler „falsche" wiedergegeben.

[413] [Hischer & Weigand 1998, 17]; bezüglich einer Definition von „Simulation" siehe S. 145.

[414] [Krämer 1998 b, 73]

[415] Vgl. Abschnitt 2.1.2.4 auf S. 11.

- *Ziel dieses Beitrags ist es, die Aufmerksamkeit auf die Medien als Werkzeug zur Weltaneignung zu lenken, durch die unsere Zugänge zur Welt erweitert und verändert werden.*

Die Frage nach der Medialität, also

dem konstitutiven Anteil der Medien an der Generierung, Speicherung und Übermittlung von Information und Wissen, [416]

spielt bisher im medienpädagogischen Diskurs so gut wie keine Rolle. Dabei handelt es sich hierbei um ein nicht nur wissenschaftlich, sondern auch gesellschaftlich relevantes Thema. Dies zeigt sich nicht zuletzt daran, dass unter dem Schlagwort „iconic turn" seit längerem über den Bedeutungszuwachs von Bildern in Naturwissenschaften, Technik und Medizin sowie in anderen Wissenschaftsfeldern für die Produktion von Erkenntnis und Verbreitung von Wissen diskutiert wird. [417]

Während das naive Vertrauen in die Resultate unserer unmittelbaren Wahrnehmung durchaus sinnvoll ist, um unsere Handlungsfähigkeit in alltäglichen Situationen sicherzustellen, muss dieses naive Vertrauen im Umgang mit Medien durch ein reflektiertes Verhältnis, also durch *Medialitätsbewusstsein*, ersetzt werden, da wir hier mit „Konstruktionen von Wirklichkeit" konfrontiert werden, die über unsere Wahrnehmungsmöglichkeiten hinausgehen bzw. sich grundsätzlich davon unterscheiden.

Geräte und technische Systeme werden erst durch die Handlungen und Praktiken, in die sie bei der Generierung, Distribution und Kommunikation von Wissen eingebunden sind, und mit Blick auf den mit dem Begriff „Medialität" umschriebenen inhaltlichen Anteil an diesen Prozessen zu „Medien" und damit interessant für die Medienbildung. „Medialitätsbewusstsein" ersetzt nicht den Begriff „Medienkritik", der in der medienpädagogischen Diskussion eine zentrale Rolle spielt, sondern steht für eine *andere Perspektive*. „Kritik" (vom griechischen „kritike" als „Kunst der Beurteilung") ist immer an bestimmten Normen orientiert. Es geht um Wahrheit, um das Aufdecken von implizit vermittelten Normen und Vorurteilen usw.

- *Die Vermittlung von Medialitätsbewusstsein zielt dagegen auf die Einsicht, dass Medien nie Wirklichkeit, sondern nur jeweils medienspezifisch konstruierte und inszenierte Wirklichkeitsausschnitte liefern.*

Die Vermittlung von Medialitätsbewusstsein, also der Fähigkeit, [418] medienspezifische Leistungen einschätzen, reflektieren und nutzen zu können, betrifft alle Formen der Mediennutzung und -anwendung und ist im schulischen Kontext für alle Fächer relevant, da Medien für Schule und Unterricht konstitutiv sind.

---

[416] [Wissenschaftsrat 2007, 76], vgl. das vollständige Zitat auf S. 94.
[417] Vgl. [Maar & Burda 2004].
[418] Vgl. Abschnitt 2.5, S. 35 ff.

- *Das heißt, Medien sollten auch dann als Gegenstand von Medialitätsbewusstsein in den Blick genommen werden, wenn sie in Lehr- und Lernzusammenhängen nur als didaktische Mittler eingesetzt werden.* [419]

Dies betrifft sowohl ihren Einsatz zur Informationsvermittlung und zum handlungsorientierten Wissenserwerb als auch zum aktiven Kommunizieren und Präsentieren. Wenn es darum geht, Medialitätsbewusstsein zu vermitteln, muss dies insbesondere dort passieren, wo im Unterricht mit Medien gearbeitet wird.

Das Stichwort „handlungsorientierter Wissenserwerb" verweist dabei darauf, dass die Vermittlung von Medialitätsbewusstsein – nicht zuletzt durch die Verfügbarkeit der Neuen Medien – über die ziel- und sachgerechte aktive Mediennutzung erfolgen kann. An diesen Überlegungen wird deutlich:

- *Mit der Forderung nach Vermittlung von Medialitätsbewusstsein wird kein Auftrag von außen an Schule und Unterricht herangetragen.*

Mit Blick auf die Bezugswissenschaften und die fachdidaktische Diskussion kommt der Auseinandersetzung mit der Frage, welchen konstitutiven Beitrag Medien zur Generierung und Vermittlung von Wissen leisten, ein zentraler Stellenwert zu. Wichtig wäre wahrzunehmen, dass Schule hier einen originären Beitrag zur Medienbildung zu leisten hat, zumal es sich hier um einen Bildungsauftrag handelt, der in dem fachdidaktischen Selbstverständnis der Fächer seine Begründung findet.

4.11   Fazit

Bei den hier entwickelten Überlegungen zur Medienbildung wurde von der „generellen Medialität unserer Weltzugänge" ausgegangen. Damit rückt die Rolle der Medien bei der Generierung, Vermittlung und Aneignung von Wissen in den Mittelpunkt des Interesses. Da es keine „Selbstabbildung" der Wirklichkeit gibt, lässt sich

- *Medialitätsbewusstsein als übergeordnetes Ziel der Medienbildung*

definieren.

Die Vermittlung von Medialitätsbewusstsein zielt auf die Einsicht, dass Medien nie Wirklichkeit, sondern nur jeweils medienspezifisch konstruierte und inszenierte Wirklichkeitsausschnitte liefern. Dies betrifft alle Formen der Mediennutzung und -anwendung und ist

- *im schulischen Kontext für alle Fächer relevant.*

Die Wahl dieses Ausgangspunkts eröffnet einen Zugang zum Thema Medienbildung, der sich vom üblichen medienpädagogischen Diskurs unterscheidet. Deutlich wird dies, wenn man zum Vergleich den zentralen Ausgangspunkt der medienpädagogischen Diskussion der letzten Jahrzehnte heranzieht.

---

[419] Das betrifft primär die *medienmethodische Funktion* (vgl. die „Perspektivenmatrix": Bild 3.6, S. 76).

Der größte Einfluss auf die Medienpädagogik ging von Dieter Baacke und von dem von ihm im Rahmen seiner 1973 veröffentlichten Habilitationsschrift *„Kommunikation und Kompetenz. Grundlegungen einer Didaktik der Kommunikation und ihrer Medien"* in die Medienpädagogik eingeführten Kompetenzbegriff aus. So schreibt etwa Schorb hierzu:

> Sucht man den Ursprung des Begriffs Medienkompetenz in der medienpädagogischen Theorie, so stößt man auf die ‚kommunikative Kompetenz‘, einen Begriff, den Habermas (1971) in die deutsche Sozialwissenschaft und Baacke (1973) in die Medienpädagogik eingeführt hat. [420]

Baacke geht hier in Anlehnung an den Linguisten Noam Chomsky davon aus, dass der Mensch „kommunikative Kompetenz" besitzt.[421] Den Begriff „Medienkompetenz" als solchen benutzt Baacke selbst erst ab 1996. Er versteht „Medienkompetenz" als Spezialform der allgemeineren „kommunikativen Kompetenz" des Menschen:

> ‚Medienkompetenz‘ meint [...] grundlegend nichts anderes als die Fähigkeit, in die Welt aktiv aneignender Weise *auch* alle Arten von Medien für das Kommunikations- und Handlungsrepertoire von Menschen einzusetzen. [422]

Die kompetente Nutzung von Medien soll, so Baacke,

> [...] Handlungsmöglichkeiten erschließen, ästhetische Erfahrungen erweitern und schon Kinder und Jugendliche anschlußfähig machen für öffentliche Diskurse und damit für politisches Denken und Handeln. [423]

Dass man dieses Verständnis von „Medienkompetenz" gegenüber der grassierenden pragmatischen Reduktion von Medienkompetenz auf bloße „Handhabungskompetenzen" verteidigen sollte, steht außer Frage.

Medialitätsbewusstsein, also die *Fähigkeit, medienspezifische Leistungen einschätzen, reflektieren und nutzen zu können*, schafft die Voraussetzung für Medienkompetenz in dem hier in Anschluss an Baacke skizzierten Verständnis.

Medialitätsbewusstsein ist aber nicht nur notwendig, wenn es um die Partizipation an gesellschaftlichen Kommunikations- und Entscheidungsprozessen geht: Geht man von der universellen Medialität unserer Weltzugänge aus, muss im Rahmen der Medienbildung auch die konstitutive Rolle thematisiert werden, die die Medien bei der Generierung, Vermittlung und Aneignung von Wissen über die physikalische Außenwelt – also in Technik und Naturwissenschaften – spielen.

Aus dieser Perspektive zeigt sich, wie verkürzt es ist, Medienbildung ausschließlich auf die Auseinandersetzung mit den Massenmedien und den Formen der computervermittelten Kommunikation zu beziehen.

---

[420] [Schorb 2005, 257 f.]
[421] [Baacke 1973, 100 ff.]
[422] [Baacke 1996, 119]
[423] [Baacke 1996, 114]

In den Bereichen von Technik, Naturwissenschaft und Medizin sowie in der Mathematik kommt Medien für die Aneignung von Welt eine mindestens ebenso große Bedeutung zu.

Mit Blick auf die gesellschaftliche Relevanz der Entwicklung in diesen Bereichen sind insbesondere auch Mathematik und die naturwissenschaftlichen Fächer, die bislang nicht im Zentrum des medienpädagogischen Interesses standen, aufgerufen, ihren Beitrag zur Vermittlung von Medienbildung zu leisten.

Bild 4.12: Rückseite einer Deutschen Banknote, Serie „BBk III/IIIa"
(Erstausgabe 16. April 1991).

Links ist ein zu einem „Vize-Heliotropen" umgebauter Sextant zu sehen,
wie ihn Gauß für Vermessungszwecke benutzt hat,
rechts eine Skizze der Triangulation Norddeutschlands durch Gauß.
(Originalgröße 130 mm × 65 mm)

Teil II: Beispiele

Das Sechſt Cap. wie du die höch eines
Thurns abmeſſen ſolt/ wann du zu dem grund
nit gehen magſt vor andern gebewen.

ES begibt ſich offt das ainer einen Thurn abmeſſen wil/ auff
dem ebnen feld/ vnd der Thurn ſtehet in einem Schloß oder in ainer Statt/
daſelbſt mag Er zu dem grundt nit meſſen/ von dem ſtandt ſeynes abſehens/
von wegen der gräben vnnd gemeür. Darumb müß der meſſer zwaymal die
höch abſehen. Wann er zum erſten den Thurn abgeſehen hat/ ſo ſoll er gerad hynder ſich
oder für ſich geen/ nit auff ein ſeytt. In ſölher meſſung felt der ſchaten gewönlich auff die
punct des langen oder vmbkerten ſchatens/ wie du damit handeln ſolt magſt du leichtlich
erkennen auß diſem Exempel.   In der erſten ſtat oder abſehung/ felt der faden auff 5 0
punct des verkerten ſchatens/
damit tayl 1 00/ kommen 2.
Darnach in dem andern ab
ſehen felt der faden auff 2 5.
punct/ auch des gewenteen
ſchatens/ tayl 1 00 auch in
2 5 / kommen 4/ darnach
ſubtrahir 2 von 4 bleyben 2.
die ſolt du den tayler nennen.
Darnach miß wie vil ſchrit
oder Ellen von einer ſtat zu
der andern ſeyen (verſtee wo
du die zwaymal geſtanden
biſt) da findeſt du 2 4 6 ſchrit
die tayl in den tayler (das iſt

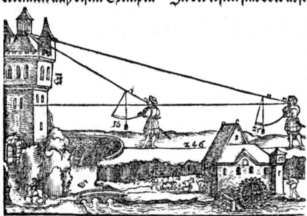

2) kommen auß der taylung 1 2 3 ſchrit/ ſo du deine leng darzü thüeſt/ ſo haſt dn die
höch des Thurns 1 2 5 ſchrit. Das magſt du in diſer figur augenſcheinlich erkennen.

Ausschnitt aus einer Seite von: Petrus Apian, Jnstrument Buch, Ingolstadt 1533

5   Mathematik und Medien – Vorbetrachtungen

5.1   Mediale Aspekte

In Abschnitt 3.4 wurden mögliche – *nicht trennscharf* aufzufassende – „mediale Aspekte"
von *Medien im didaktischen Kontext* vorgestellt, ergänzt um eine Zusammenfassung:

Medien begegnen uns

– als **Vermittler** von Kultur oder Natur,

– als **dargestellte** Kultur oder Natur,

– als **Werkzeuge** oder **Hilfsmittel** zur Weltaneignung,

– als **künstliche Sinnesorgane** und

– als **Umgebungen** bei **Handlungen**.

• Zusammenfassung: *In und mit Medien setzt der lernende und erkennende Mensch
  seine Welt und sich selbst in Szene.*

Diese Zusammenfassung lässt sich im Nachhinein als *pragmatische Begriffsbestimmung* [424]
für „Medien im didaktischen Kontext" auffassen, die durch die fünf zuvor genannten Aspekte
mit jeweils anderer Akzentuierung konkreter wird: Sie verweist auf einen großen Begriffsumfang von „Medium im didaktischen Kontext" – sowohl bezüglich *materiell gegebener* als
auch bezüglich nur *ideell imaginierter* „Medien". Folgende **offene Beispielliste** möge andeuten, dass *Medien in diesem vielfältigen Sinn auch für die Mathematik relevant* sind. Dabei
prüfe man, welche der o. g. Aspekte hier jeweils (einzeln oder gemeinsam) zutreffen könnten:

• Klassische „händische" (also im Sinne des Wortes „handhabbare") *materielle Instrumente*
  (wie z. B. „Zirkel und Lineal" als haptisch verwendbare geometrische Instrumente);

• im Gegensatz dazu aber auch nicht handhabbare *ideelle, nichtmaterielle Instrumente*
  (wie z. B.: „Zirkel und Lineal" als logisch-formales Konstrukt einer „Idee" zur algebraisch-
  axiomatischen Beschreibung dessen, was „geometrische Konstruktion" bedeuten soll);

• typische Werkzeuge wie Variablen, Formeln, Funktionen, Axiome, Axiomensysteme, ...;

• *Kalküle* und nicht als Programme kodierte *Algorithmen* (handschriftlich notiert, gedruckt,
  aber auch nur „gedacht" bzw. „verinnerlicht" und damit zugleich „handlungsleitend");

• *Neue Medien* (einerseits als Kombination von Hard- und Software; aber auch nur als
  Software in Gestalt kodierter Algorithmen, d. h. als „Programme");

---

[424] Die Bezeichnung „Definition" anstelle von „Begriffsbestimmung" wird vermieden, weil es eine logisch „scharfe"
       Definition hier ohnehin kaum geben kann (vgl. das Eingangszitat auf S. 97).

- speziell (weitere Neue Medien wie) das *Internet* (ein physikalisches, materielles Netzwerk, mathematisch beschreibbar als ungerichteter Graph) und das *World Wide Web* („WWW": ein logisches, immaterielles Netzwerk, mathematisch beschreibbar als gerichteter Graph bezüglich des logisch-strukturellen Insgesamts der weltweit verlinkten Webseiten);

- *Visualisierungen* mathematischer Begriffe, Situationen, Probleme und Lösungen (z. B. „Beweise ohne Worte" oder „figurierte Zahlen", aber auch diverse Graphen und Charts);

- Historische, ehemals wichtige, heute meist unbedeutende, kaum mehr bekannte Werkzeuge: z. B. *Tabellenwerke* für numerische Berechnungen (Logarithmentafeln, trigonometrische Tafeln, ...), *Nomogramme, Rechenschieber*, mechanische *Rechengeräte* und *-maschinen*.

- ...

5.2   Mathematikunterricht und Medialitätsbewusstsein

Gemäß Abschnitt 3.13 soll hier „Medienbildung" synonym als „Integrative Medienpädagogik" aufgefasst werden, wenngleich vom Ansatz her mit unterschiedlichen Akzenten: [425]

- „Integrative Medienpädagogik" stellt die Bedeutung von Medien aus Sicht der Unterrichtsorganisation dar, also eher aus dem Blick der Lehrenden bzw. der „Planenden".

- „Medienbildung" stellt hingegen den Bildungs*gehalt* bzw. den Bildungs*inhalt* von Medien in den Vordergrund, also eher die thematische bzw. unterrichtsinhaltliche Zielsetzung. [426]

- Beide Sichtweisen gehören aber stets zusammen, und sie werden auch von dem Konzept „Integrative Medienpädagogik" (bzw. „Medienbildung") nunmehr bewusst mitgedacht.

- Damit ist in dieser Sichtweise zwischen diesen beiden Konzepten, deren gemeinsames Anliegen in Bild 3.7 [425] dargestellt wird, kein grundsätzlicher Unterschied erkennbar.

Mit Bild 3.7 wird ferner verdeutlicht, dass auch dem Mathematikunterricht im Konzert aller Fächer eine Aufgabe bezüglich der „Medienbildung" (im Rahmen von Allgemeinbildung) erwächst, die durch die (der Bereichsdidaktik zuzuordnenden) medienpädagogischen Aspekte *Medienmethodik, Medienkunde* und *Medienreflexion* umrissen sind. Die sich daraus ergebende, in Abschnitt 3.11 auf S. 76 erwähnte **Trias** der drei *medienpädagogischen Rollen* wird mit der in Bild 3.6 dort dargestellten *„Perspektivenmatrix für Medien im Unterricht"* durch die **Dyas** der beiden *fachdidaktischen Rollen* von „Medien im didaktischen Kontext" ergänzt: Die Medien sollten nicht nur *Unterrichtsmittel* sein, sondern auch ein zu entwickelnder *Unterrichtsgegenstand*.

Das in Bild 3.7 visualisierte Bildungskonzept von „Medienbildung" im Sinne einer „Integrativen Medienpädagogik" ist also stets gemeinsam mit der in Bild 3.6 [427] dargestellten „Perspektivenmatrix" für Medien im Unterricht zu denken – beide Visualisierungen gehören mit

---

[425] Siehe dazu S. 81.
[426] Siehe bezüglich „Bildungs*gehalt*" und „Bildungs*inhalt*" auch S. 18.
[427] S. 76.

je eigenen Akzentuierungen zusammen. Diesem Konzept der Medienbildung wird nun mit dem in Kapitel 4 beschriebenen *„Medialitätsbewusstsein"* ein *weiterer wesentlicher Aspekt* zugeordnet, der bisher wohl kaum Beachtung findet: Daher wird im Fazit auf S. 123 hervorgehoben, dass

Medialitätsbewusstsein als übergeordnetes Ziel der Medienbildung

zu definieren sei, was wie folgt als Resümee aus den Abschnitten 4.10 und 4.11 präzisierbar ist.

* *Rahmenbedingungen zur Forderung: „Medialitätsbewusstsein als Bildungsziel"*

(1) *Medialität* bezieht sich gemäß Fußnote 309 auf S. 94 auf den *konstitutiven Anteil der Medien an der Generierung, Speicherung und Übermittlung von Information und Wissen.*

(2) *Medialitätsbewusstsein* soll die Aufmerksamkeit auf die Medien als *Werkzeugen zur Weltaneignung* lenken, durch die unsere Zugänge zur Welt erweitert und verändert werden.

(3) Die *Vermittlung von Medialitätsbewusstsein* zielt auf die Einsicht, dass Medien nie Wirklichkeit, sondern nur jeweils *medienspezifisch konstruierte und inszenierte Wirklichkeitsausschnitte* liefern.

(4) *Medien* sollten *auch dann als Gegenstand von Medialitätsbewusstsein* in den Blick genommen werden, *wenn* sie in Lehr- und Lernzusammenhängen *nur als didaktische Mittler* eingesetzt werden.

(5) Die Vermittlung von Medialitätsbewusstsein *betrifft alle Formen der Mediennutzung und -anwendung* und ist im schulischen Kontext *für alle Fächer relevant.*

(6) Mit der Forderung nach Vermittlung von Medialitätsbewusstsein wird kein *Auftrag von außen an Schule und Unterricht* herangetragen.

Kommentierung:

* Mit (1) wird auf die Bedeutung von „Wissen" für die Allgemeinbildung verwiesen. [428]

* Mit (2) wird ein wichtiger Aspekt von „Medien im didaktischen Kontext" betont. [429]

* In (3) wird der erkenntnistheoretische (epistemologische) Zusammenhang zwischen „Medien" und „Wirklichkeit" angesprochen.

* In (4) ist die Perspektivenmatrix aus Bild 3.6 erkennbar: Primär *medienmethodisch* als Unterrichtsmittel gedachte Medien werden ggf. zum *Unterrichtsgegenstand*, und zwar *medienkundlich* bzw. *medienreflektierend* zur Vermittlung von Medialitätsbewusstsein.

* In (5) wird betont, dass die Vermittlung von Medialitätsbewusstsein nicht nur alle Formen der (technischen oder ideellen) Mediennutzung [430] betrifft, sondern dass dies darüber hinaus *im Prinzip alle Unterrichtsfächer* angeht, wie es schon in Bild 3.7 dargestellt ist.

---

[428] Vgl. S. 35.
[429] Vgl. S. 128.
[430] Siehe hierzu die Auflistung auf S. 129 f.

- Mit (6) wird schließlich herausgestellt, dass das Bildungsziel „Medialitätsbewusstsein" im Kern *keine neuen Aufgaben an die Schule* heranträgt, sondern dass hiermit prinzipiell – wie es in Kapitel 4 entfaltet wurde – immanente allgemeinbildende und fachspezifische *Unterrichtsziele* angesprochen sind, die in *neuer Sichtweise bewusst zu machen* sind.

Bild 5.1: *„Medienbildung"* unter dem übergeordneten Ziel *„Medialitätsbewusstsein"* (bezüglich aller *Medien im didaktischen Kontext,* nicht nur bezüglich Neuer Medien)

In Bild 5.1 wird „Medienbildung" als eine derart vorgenommene Modifikation von Bild 3.7 mit „Medialitätsbewusstsein" als einem übergeordneten Ziel visualisiert. Zugleich wird hier die *bisherige* schwerpunktmäßige *Bedeutung der Neuen Medien in der Mathematikdidaktik* kritisch betont: Damit ist gemeint, dass Neue Medien im Zusammenhang mit Mathematikunterricht seit den 1970er Jahren fast nur im *medienmethodischen* Kontext (also über den „Computereinsatz") thematisiert wurden, dass aber medienkundliche Aspekte nur eine untergeordnete Rolle spielten und schließlich medienreflektierende Aspekte faktisch nicht auftraten.

Darüber hinausweisend bezieht sich das als „Medienbildung" beschriebene Bildungskonzept nun sogar – wie bereits in Abschnitt 5.1 dargestellt – auf *alle Medien im didaktischen Kontext,* und in Ergänzung zu Bild 5.1 ist stets die in Bild 5.2 erneut gezeigte Perspektivenmatrix für Medien im Unterricht aus Bild 3.6 hinzuzudenken.

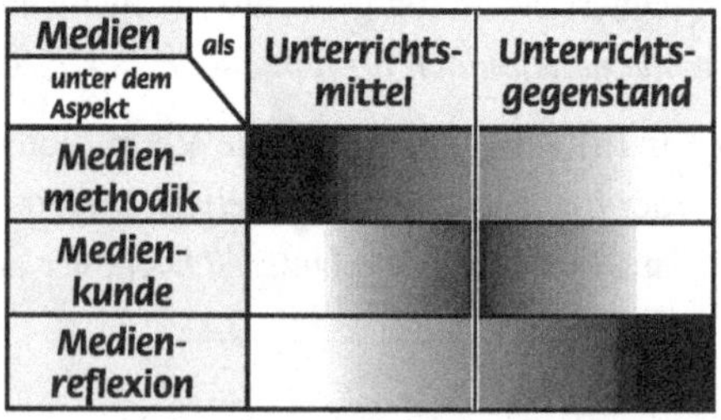

Medien unter dem Aspekt	als	Unterrichts-mittel	Unterrichts-gegenstand
Medien-methodik			
Medien-kunde			
Medien-reflexion			

Bild 5.2: Perspektivenmatrix (wie Bild 3.6 auf S. 76)

Eine derartige „Medienbildung" wird in den folgenden Kapiteln durch einige Beispiele konkretisiert, die nach folgenden Kriterien ausgewählt sind (wobei ein *weiteres „historisches"* *Kriterium* wird in Abschnitt 5.3.3 ergänzend erörtert wird):

- Die *Vielfalt von Medien* gemäß der in Abschnitt 5.1 eingangs aufgelisteten fünf medialen Aspekte soll möglichst berücksichtigt werden, um zu betonen, dass Medienbildung sich *nicht nur* – wie üblich – auf technische Medien (wie z. B. Neue Medien) bezieht.

- *„Medialitätsbewusstsein"* *als übergeordnetes Ziel von Medienbildung* soll mit der Vielfalt der auf S. 129 aufgeführten Aspekte berücksichtigt werden.

- Die drei medienpädagogischen Kategorien, die gemäß Bild 5.2 für die Medienbildung konstitutiv sind, sollen berücksichtigt werden:

  ...*Medienmethodik:* Berücksichtigung der Zielsetzungen und Wirkungen von Medien zur methodischen Unterstützung bzw. als Hilfen in Lehr- und Lernprozessen;

  ...*Medienkunde:* Vermittlung von Kenntnissen über die Handhabung, die Technik, die Wirkungsweisen und die historische Entwicklung von Medien;

  ...*Medienreflexion:* Anleitung zu einem bewussten, reflektierten, kritischen, verantwortungsvollen Umgang mit Medien.

Die Beispiele sollen mit dem Allgemeinbildungsanspruch des Mathematikunterrichts *immanent verträglich* sein. Pragmatisch sind daher *auch* Beispiele interessant, die ohnehin schon zum Kanon des Mathematikunterrichts gehören oder zumindest gehörten, indem mit ihnen – in neuer Sichtweise – ein *Beitrag zur Vermittlung von Medialitätsbewusstsein* geliefert wird.

Allerdings werden nachfolgend weder mögliche Unterrichtsgänge vorgestellt noch Untersuchungen oder Beurteilungen der methodischen Zielsetzungen des Medieneinsatzes im Unterricht erörtert. Die Beispiele sollen lediglich dazu dienen, dass sich die Leserinnen und Leser mit möglichen Aspekten von „Medialitätsbewusstsein" und „Medienbildung" vertraut machen können, um diese in ihren Unterricht einbringen zu können – dass sie zugleich aber auch zu eigenen Anregungen gelangen zu können, die sich möglicherweise aufgrund dieser neu gewonnenen Sichtweise spontan aus dem Unterrichtsprozess heraus ergeben können.

- Ein pragmatischer Einstieg in ein solches Bildungskonzept könnte z. B. darin bestehen, dass zunächst „übliche" technische Medien (wie z. B. Neue Medien) *medienpädagogisch* als *Unterrichtsmittel* eingesetzt werden, um dann *medienkundlich* zum *Unterrichtsgegenstand* zu werden, dann ggf. auch *medienreflektierend* (z. B. über aktuelle Aspekte des persönlichen Datenschutzes bei der Nutzung „sozialer Medien"), wobei mit Blick auf *Medialitätsbewusstsein* als einem übergeordneten Ziel situativ entstehendes Nachdenklichsein bei den Schülerinnen und Schülern ernst genommen werden sollte bzw. *Raum dafür* zu geben ist, dass solche Nachdenklichkeit entstehen kann. Eine solche „Unterrichtskultur" kann dann eine Keimzelle für künftige weitere Akzentuierungen des Unterrichts im Sinne von Medienbildung unter immanentem Einschluss der Entwicklung von Medialitätsbewusstsein werden.

5.3   Mathematik als Medium im historischen Kontext

5.3.1   Mathematik zwischen Anwendung und Spiel

Die Mathematik steht seit ihren Anfängen in vorgeschichtlicher Zeit bis heute im Spannungs-feld zwischen zwei Seiten einer Medaille: [431] einerseits einer „spielerischen", *nicht auf Nutzen und Anwendung* gerichteten und quasi philosophischen, zur „reinen Mathematik" gehörenden Seite, die metaphorisch durch den homo ludens – den *„spielenden Menschen"* – gekenn-zeichnet ist; andererseits durch eine „utilitaristisch-technische", *auf Anwendung gerichtete* Seite, die typisch für die „Angewandte Mathematik" und etliche Anwendungsdisziplinen ist und die dann metaphorisch den homo faber – den *„ (mittels Technik) gestaltenden Menschen"* – betrifft. Das zeigt sich auch in der historischen Entwicklung der Mathematik mit unter-schiedlicher Akzentuierung dieser beiden Seiten. [432]

Während z. B. archäologische Funde aus vorgeschichtlicher Zeit geometrische Darstel-lungen und Handlungen zeigen, die auf den homo ludens verweisen, lassen rund 4 000 Jahre alte ägyptische und babylonische Artefakte eher den homo faber erkennen, weil es dann bei den geometrischen bzw. arithmetischen Objekten vor allem um die *Lösung praktischer Prob-leme* geht, z. B. um eine nur grob angenäherte „Flächeninhaltsberechnung" oder um numeri-sche Darstellungen nicht ganzzahliger Maße durch Stammbrüche bzw. im Sexagesimalsystem.

Im Gegensatz dazu befassen sich im 5. Jh. v. Chr. die in Unteritalien wirkenden „älteren" Pythagoreer schwerpunktmäßig *nicht* mit Anwendungsfragen, sondern *in eher philosophi-scher Sicht* mit Grundsatzfragen der Mathematik, wie sie z. B. in der Proportionenlehre zum Ausdruck kommt, die sich auf ihr Credo „Alles ist Zahl" stützt: Alle „Verhältnisse" gleichar-tiger „Größen" lassen sich aus dieser Sicht als Verhältnisse ganzer Zahlen beschreiben. Pro-portionen stehen hier ersatzweise für das, was wir heute „Messen" nennen, und es scheint damit ein sehr praktischer anwendungsbezogener Aspekt vorzuliegen – noch dazu, wo diese Proportionenlehre auch für die pythagoreische Harmonielehre in der Musik verwendet wird. Doch dem steht entgegen, dass sie beispielsweise eine Theorie der „Mittelwerte" entwickelt haben, die nur wenig mit praktischer Anwendung zu tun hat, sondern ihren *Wert* – ganz im Sinne von *l'art pour l'art* – bereits *in sich* trägt. Hinzu kommt die mutmaßliche Entdeckung der Irrationalität durch Hippasos von Metapont, die – am Quadrat oder am Pentagramm – zur Grundlagenkrise der pythagoreischen Mathematik geführt habe, weil dadurch nämlich das Credo „Alles ist Zahl" hinfällig geworden sei.

Das ist zwar im Sinne einer „reinen Mathematik" wirklich „grundlegend", jedoch ist es für praktische Anwendungen vollkommen irrelevant, ob z. B. das Verhältnis von Diagonalen- und Seitenlänge eines Quadrats irrational ist oder nicht, denn hier kommt es nur auf hinreichend gute Näherungswerte an. Die pythagoreischen Mathematiker sind also in ihrer Einstellung schwerpunktmäßig dem homo ludens zuzuordnen.

---

[431] Vgl. dazu die Andeutungen in Abschnitt 2.2.5, auch ausführlicher dargestellt in [Hischer 2012, 1 ff.].
[432] Diese und nachfolgende Betrachtungen sind ausführlicher in [Hischer 2012, 106 ff.] dargestellt.

Zwei Jahrhunderte später wirken die überragenden Mathematiker Euklid und Archimedes in sehr unterschiedlicher Weise. Während Euklid – hier sehr verkürzt dargestellt – z. B. in seinen „Elementen" im Wesentlichen um einen grundlegenden Aufbau der Geometrie bemüht ist, [433] finden wir bei Archimedes in seinen Werken nicht nur mathematisch bedeutsame und strenge Untersuchungen (so etwa über „Spiralen" ohne vordergründig erkennbaren Anwendungsbezug), sondern er befasst sich als Ingenieur bekanntlich auch mit physikalisch-technischen Anwendungen wie dem Hebelgesetz oder der „archimedischen Schraube". Ferner verdanken wir ihm beispielsweise eine sehr elegante „Einschiebelösung" zur *praktischen Winkeldreiteilung*, wobei er (natürlich!) darüber hinaus auch die Korrektheit des Verfahrens beweist. [434] Euklid ist also wohl nur dem homo ludens zuzuordnen, hingegen können wir in Archimedes sowohl den homo ludens als auch den homo faber sehen. So haben damit beide Aspekte als „zwei Seiten einer Medaille" sogar in einer Person nebeneinander Bestand!

5.3.2   Mathematik als Medium

Es sei ein kurzer Blick auf die Analysis geworfen, deren historische Wurzeln zwar schon in der griechischen Antike zu erkennen sind, gefolgt von wichtigen Ergänzungen und Vertiefungen im Mittelalter und vor allem zu Beginn der Neuzeit, [435] die dann aber erstmalig vor allem mit Leibniz und Newton einen fulminanten Aufstieg erlebt, indem beide – in je unterschiedlicher Weise – einen *Kalkül* bereitstellen, nämlich den „*Infinitesimalkalkül*" als Grundlage der „Infinitesimalrechnung", im Anglo-Amerikanischen „Calculus" genannt, womit aber *nur der instrumentelle Aspekt* der erst später so genannten „Analysis" erfasst wird, mit dem dann allerdings ein eleganter, erfolgreicher und unverzichtbarer Werkzeugkasten zur Bearbeitung und Lösung vieler praktischer Probleme vornehmlich aus Physik und Technik bereitgestellt wird.

Der Naturforscher Alexander von Humboldt spricht daher davon, dass im Zeitalter von Galilaei, Huyghens und Fermat, den Vorgängern von Leibniz und Newton, der „*Infinitesimalkalkül als gleichsam neues Organ*" geschaffen worden sei (er meinte damit die Analysis). [436]

Die „*Analysis als gleichsam neues Organ*" und gemäß von Humboldt insbesondere als „*Werkzeug von allgemeinerem Gebrauche*" führt dann zur von Wagner so genannten „*Organmetapher*", die in eines der fünf Charakteristika von „Medium im didaktischen Kontext" mündet, nämlich: „*Medium als Werkzeug oder Hilfsmittel zur Weltaneignung*". [437]

Zugleich zeigt sich in diesem Werkzeugaspekt der homo faber als ein „mittels Technik gestaltender Mensch", [438] und das gilt auch für die angedeuteten frühen Anwendungsaspekte bei den Ägyptern und den Babyloniern und bei den erwähnten Vorgängern von Leibniz und Newton.

---

[433] Siehe dazu Abschnitt 8.2.2, insbesondere die kritischen Kommentare von Felgner in Abschnitt 8.7.2.
[434] Vgl. Abschnitt 9.1.3.
[435] Mehr dazu bei [Hischer & Scheid 1985], [Hischer & Scheid 1992] und [Sonar 2011].
[436] Siehe dazu die ausführliche Betrachtung in Abschnitt 3.3 auf S. 62 f.
[437] Siehe auch hier wieder S. 62 f., ferner S. 129.
[438] Vgl. zu „mittels Technik gestaltender Mensch" S. 26.

In diesem Sinn erscheint hier – über die Organmetapher bzw. über den Werkzeugaspekt – *Mathematik als Medium*. Für die Analysis gilt das scheinbar nur bis zur „exakten Grundlegung der Analysis" im 19. Jh., solange sie im Wesentlichen nur *Infinitesimal-Rechnung* war: Denn wie soll es möglich sein, bei „artifiziellen" Funktionen wie z. B. dem „Dirichlet-Monster" [439] – der von Dirichlet erfundenen, nirgends stetigen Funktion – die Mathematik als „Werkzeug oder Hilfsmittel zur *Weltaneignung*" aufzufassen?

Doch geirrt: Tatsächlich gilt das auch in diesem Fall, nämlich im Sinne der Kennzeichnung von *„Mathematik als Wirklichkeit sui generis* durch Wittenberg: [440] Wir stehen hier – gerade bei solchen Beispielen – vor der merkwürdigen Situation, dass die Mathematik zur Erforschung ihrer selbst (als einer „Wirklichkeit eigener Art") nicht nur ihre zu untersuchenden Objekte selber erschafft, sondern dazu auch eigene Werkzeuge (Sprache, Begriffe, Mengen, Kalküle, Methoden, Algorithmen, ...) entwickelt und bereitstellt. [441]

Und dennoch sind solche Werkzeuge erstaunlicherweise ggf. auch auf den „Rest der Welt" (also außerhalb dieser „Wirklichkeit sui generis") anwendbar, wie Wittenberg hervorhebt, indem er von der

> Entdeckung der geheimnisvollen, höchst erstaunlichen Beziehung, welche zwischen jener mathematischen Wirklichkeit, beziehungsweise jenen Gesetzlichkeiten unseres Denkens, und der Natur besteht,

spricht. [442] In dieser Sichtweise tritt der homo ludens – also der nicht utilitaristisch orientierte Mensch – dann nicht nur z. B. bei den Pythagoreern, bei Euklid und teilweise bei Archimedes auf, sondern auch bei der sich seit dem 19. Jh. herausbildenden sog. „reinen Mathematik":

- Stets erweist sich die *Mathematik als ein Medium*, nämlich als „Werkzeug zur Weltaneignung" – *entweder* (als „reine Mathematik" bzw. auch „theoretische Mathematik" genannt) bezogen auf sich selbst als eine „Wirklichkeit sui generis" [443] *oder* (als „angewandte Mathematik" bzw. „praktische Mathematik" und dann) bezogen auf den „Rest der Welt". Und diese beiden Seiten der Medaille weist die Mathematik auch heute noch auf. [444]

Doch wie kann nun der Mathematikunterricht so inszeniert werden, dass er zur Vermittlung von **Medialitätsbewusstsein** (als einem übergeordneten Ziel der Medienbildung) beiträgt, wie es mit diesem auf S. 131 genannten Ziel formuliert wird, damit den Adressaten bewusst wird, dass die Mathematik selber als Medium aufgefasst werden kann?

---

[439] Siehe S. 229.

[440] Siehe S. 21 f.

[441] Das gilt übrigens auch für die Informatik, wenn beispielsweise einerseits technische Kommunikationsnetzwerke entwickelt werden, und wenn dann neue informatische Forschungszweige entstehen, in denen untersucht wird, wie der Informationsfluss in diesen komplexen (von der Informatik selbst „verursachten") Netzwerken verläuft. Entsprechendes gilt für Schadsoftware wie Viren, Würmer, etc.

[442] Vgl. S. 23; Hervorhebung nicht im Original.

[443] Die „Wirklichkeit sui generis" gehört zur „Kultur" (vgl. Abschnitte 3.1.3 bis 3.1.6), nicht zur Natur!

[444] Hierzu sei auf „praktische Geometrie" vs. „theoretische Geometrie" in Abschnitt 8.7.2 auf S. 295 ff. verwiesen.

Die *Rahmenbedingungen* (1) bis (3) auf S. 131 unten geben entsprechende Hinweise, die auf beide Aspekte der Mathematik – den homo ludens *und* den homo faber – zutreffen, indem für die Schülerinnen und Schüler im Unterricht in diesen beiden Fällen jeweils Folgendes deutlich (gemacht?) wird:

(1) Den *konstitutiven Anteil der Mathematik* an der Generierung, Speicherung und Übermittlung von Information und Wissen erkennen lassen.

(2) In den Blick rücken (lassen), dass die Mathematik als ein *Werkzeug zur Weltaneignung* auftritt, mit dem die Zugänge zur Welt erweitert und verändert werden (können).

(3) Zur Einsicht führen, dass Mathematik *spezifisch konstruierte und inszenierte Wirklichkeitsausschnitte* liefert – entweder innermathematisch in der „reinen Mathematik" als „Wirklichkeit sui generis" (also als eine „Wirklichkeit eigener Art") oder aber in der „angewandten Mathematik" durch Bezug auf Situationen aus dem „Rest der Welt".

Die Vermittlung der Einsichten (1) und (2) scheint unproblematisch zu sein, auch die von (3), sofern es um *„Mathematik als Wirklichkeit sui generis"*, also den homo ludens, geht, weil im Unterricht (z. B. beim Dirichlet-Monster) mit der Frage zu rechnen ist, *„was das denn soll"*, weil es ja *„mit der Realität nichts zu tun"* habe und so etwas *„künstlich"* und *„sinnlos"* sei.

Falls dagegen eine echte Anwendungssituation der Mathematik im Sinn des homo faber vorliegt, wo soll denn dann eine „spezifisch konstruierte Wirklichkeit" gemäß (3) vorliegen?

Doch auch das trifft zu, und zwar im Fall der sog. *„Modellierung"* einer außermathematischen Situation mit Hilfe der Mathematik – also einem Mathematisieren –, und hier gilt es dann, deutlich zu machen, dass

Modelle nur vereinfachte Darstellungen der Realität, nicht aber die Realität selbst [sind.] [445]

In Abschnitt 3.4 auf S. 64 werden neben der „Organ-Metapher" – also „Medien als Werkzeuge oder Hilfsmittel zur Weltaneignung" – vier weitere Charakteristika von „Medien im didaktischen Kontext" aufgeführt, ergänzt um folgende Zusammenfassung:

In und mit Medien setzt der lernende und erkennende Mensch seine Welt und sich selbst in Szene.

Zunächst gilt aufgrund der bisherigen Betrachtungen auch diese Zusammenfassung für die Mathematik, d. h.: *Mathematik* ist *als Medium im didaktischen Kontext* anzusehen, mit dem der *Mensch seine Welt und sich selbst in Szene setzt.*

Da ferner die Mathematik ein Teil der „Kultur" ist, [446] trifft für sie speziell auch der Aspekt *„Medium als dargestellte Kultur"* zu, aber Mathematik ist auch ein *„Vermittler von Kultur oder Natur".* [447]

---

[445] Vgl. S. 120, ferner Abschnitte 9.3.4.7 und 9.3.4.8.
[446] Vgl. die Abschnitte 3.1.3 bis 3.1.6 betr. „Kultur".
[447] Bezüglich „Vermittler von Kultur oder Natur" siehe exemplarisch Kapitel 1: *Funktionen als Medien.*

Schon aus dem Zutreffen der Zusammenfassung *„In und mit Medien setzt ...“* ergibt sich, dass die Mathematik auch als eine „Umgebung bei Handlungen" auftritt, – aber doch wohl kaum als „künstliches Sinnesorgan"? Zwar könnte man geneigt sein, der Mathematik auch das Attribut eines „künstlichen Sinnesorgans" zuzugestehen, jedoch wird solch eine Zuweisung wohl eher als negativ empfunden werden können, weil das dann mit einer eher einseitigen Weltsicht konnotierbar wäre.

Mit Blick auf die eingangs in Abschnitt 5.1 auf S. 129 erneut zusammengestellten Aspekte von *Medien im didaktischen Kontext* ist also festzuhalten, dass diese – bis auf das „künstliche Sinnesorgan" – auch auf die Mathematik zutreffen: *Mathematik begegnet uns als Medium.*

5.3.3   Mathematik, Medien und Bildung im historischen Kontext

In der auf Ludwig Issing zurückgehenden Kennzeichnung von „Medienkunde" geht es um die

> Vermittlung von Kenntnissen über die Handhabung, die Technik, die Wirkungsweisen und die historische Entwicklung von Medien. [448]

Wenn nun im didaktischen Kontext – wie bisher dargelegt [449] – auch die „Mathematik als Medium" aufzufassen ist, gehören schon deshalb zu einem sich auch einer Medienbildung verpflichteten Mathematikunterricht *Fragen der historischen Entwicklung der Mathematik.*

Das mag in dieser Form als ein äußerer, aufgezwungener Grund erscheinen, jedoch liegt hier *nur ein flankierender Grund* vor, denn mathematikhistorische Bezüge gehören organisch in den Mathematikunterricht, wofür vor allem folgende drei (nicht trennscharf zu unterscheidende) Aspekte sprechen: *historische Verankerung – fundamentale Ideen – Begriffsbildung.* Das sei in Kürze skizziert: [450]

- *Historische Verankerung* und *fundamentale Ideen*

Hiermit wird an Otto Toeplitz angeknüpft, der 1927 auf der DMV-Tagung in einem Vortrag mit dem Titel „Das Problem der Universitätsvorlesungen über Infinitesimalrechnung und ihrer Abgrenzung gegenüber der Infinitesimalrechnung an den höheren Schulen" sagte:

> [...] alle diese Gegenstände der Infinitesimalrechnung, die heute als kanonisierte Requisite gelehrt werden, der Mittelwertsatz, die Taylorsche Reihe, der Konvergenzbegriff, das bestimmte Integral, vor allem der Differentialquotient selbst, und bei denen nirgends die Frage berührt wird: warum so? wie kommt man zu ihnen?, alle diese Requisite also müssen doch einmal Objekte eines spannenden Suchens, einer aufregenden Handlung gewesen sein, nämlich damals, als sie geschaffen wurden. Wenn man an diese Wurzeln der Begriffe zurückginge, würden der Staub der Zeiten, die Schrammen langer Abnutzung von ihnen abfallen, und sie würden wieder als lebensvolle Wesen vor uns erstehen. [451]

---

[448] Vgl. S. 71 und S. 133; Hervorhebung nicht im Original.
[449] Neben der Vorbetrachtung auf S. 3 und den Begründungen in den Abschnitten 3.3 und 5.3.2.
[450] Dieses wird ausführlich in [Hischer 2012] entfaltet.
[451] [Toeplitz 1927, 92].

Durch Verwendung historischer Beispiele im Unterricht, die sich als tragfähige Bausteine einer Unterrichtseinheit erweisen, soll eine „Historische Verankerung" erreicht werden, wobei diese Beispiele gemäß Toeplitz vom „Staub der Zeit" befreit und in heutiger Formulierung darzustellen sind. *„Geschichte der Mathematik"* kann so spannender *didaktischer Aspekt* zur methodischen Gestaltung von Unterricht sein und einen *Beitrag zur Kulturgeschichte* liefern.

Hiermit können und sollen zugleich *fundamentale Ideen der Mathematik* angesprochen werden. Und zwar kann man zwei Klassen fundamentaler Ideen beschreiben, die einerseits *deskriptive* und andererseits *normative* Kriterien enthalten: [452]

Deskriptive Kriterien betreffen die u. a. *Historizität* (aufzeigbar in der historischen Entwicklung der Mathematik), die *Archetypizität* (Archetypen des Handelns und Denkens, auch außerhalb der Mathematik) und die *Wesentlichkeit* (geben Aufschluss über das Wesen der *Mathematik*). *Normative Kriterien* betreffen die *Durchgängigkeit* (vertikale Gliederung curricularer Entwürfe) und die *Transparenz* (durchsichtige Gestaltung des *Mathematikunterrichts*).

Die deskriptiven Kriterien können hilfreich sein bei der *Suche* nach fundamentalen Ideen der Mathematik, die normativen Kriterien hingegen beschreiben *Erwartungen* an einen derart konzipierten Unterricht und tragen zu Zielsetzungen des *Mathematikunterrichts* bei.

Anders formuliert: Die deskriptiven Kriterien dienen der Kennzeichnung *fundamentaler Ideen der Mathematik*, während mit den normativen Kriterien die Erwartung ausgesprochen wird, dass solche fundamentalen Ideen ggf. zu *Leitlinien des Mathematikunterrichts* werden können. Es ist damit also zwischen *„fundamentalen Ideen der Mathematik"* einerseits und *„Leitlinien des Mathematikunterrichts"* andererseits zu unterscheiden. So kann der Aspekt der Historizität – auch im Sinne von Otto Toeplitz – zu einer Leitlinie des Mathematikunterrichts (neben anderen) werden.

- *Begriffsbildung*

„Begriffsbildung" ist hier nun in zweifachem Sinn zu verstehen:

– *ontogenetisch* (als Prozess der Entwicklung eines Begriffs im Individuum, z. B. bei der „Entwicklung des Zahlbegriffs im Kinde")

und

– *kulturhistorisch* (als Prozess der Entwicklung eines Begriffs innerhalb der Mathematik).

Insofern sind auch Einblicke in die *kulturhistorische Begriffsentwicklung* didaktisch wichtig und nützlich – dieses auch mit Bezug auf den Aspekt der *Historizität* bei den fundamentalen Ideen in Verbindung mit der *historischen Verankerung*. Da hier Mathematik und Medien in Bezug auf „Bildung" und „Allgemeinbildung" erörtert werden und da *Mathematik als Medium* angesehen werden kann, kommt es aus verschiedenen Gründen zu der Sichtweise:

- *Mathematik, Medien und Bildung im historischen Kontext*

---

[452] [Hischer 2012, 21], ausführliche Analyse in Kapitel 1 bei [Hischer 2012, 19 ff.].

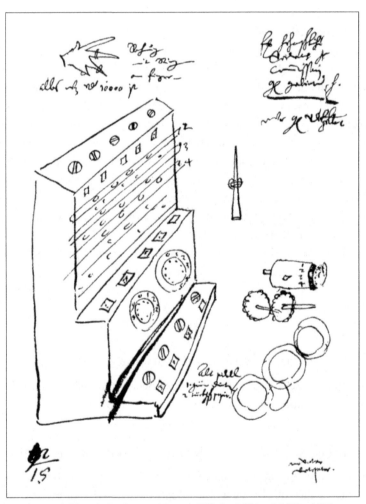

Entwurfsskizze der Rechenmaschine von Wilhelm Schickard (1592 – 1635).

Schickard schrieb dazu am 19. September 1623 in einem Brief an Kepler (vgl. [Seck 1978, 289]):

Ferner habe ich dasselbe was du rechnerisch gemacht hast, kürzlich auf mechanischem Wege versucht und eine aus elf vollständigen und sechs verstümmelten Rädchen bestehende Maschine konstruiert, welche gegebene Zahlen augenblicklich automatisch zusammenrechnet: addiert, subtrahiert, multipliziert und dividiert. Du würdest hell auflachen, wenn du da wärest und erlebtest, wie sie die Stellen links, wenn es über einen Zehner oder Hunderter weggeht, ganz von selbst erhöht, bzw. beim Subtrahieren ihnen etwas wegnimmt.

6 Neue Medien

6.1 Neue Medien als Auslöser der Diskussion um Medienbildung

In diesem Buch geht es um ein verallgemeinertes Verständnis von *Medien im Kontext von Mathematik und Bildung* mit dem Ziel der *Vermittlung von Medialitätsbewusstsein*, dabei auch – wenngleich *nicht vorrangig* – um Neue Medien. [453] Gleichwohl bilden Neue Medien den „Auslöser" für die hier vorgestellten Betrachtungen, wurden sie doch bereits seit Ende der 1960er Jahre im Zusammenhang mit dem Mathematikunterricht erörtert (beginnend mit der Diskussion über die Auswahl und die Verwendung geeigneter Programmiersprachen) – und ab Mitte der 1980er sogar fachübergreifend in fast allen damaligen Bundesländern. [454] Wegen dieser „Auslöser-Rolle" ist dieses erste Beispielkapitel den Neuen Medien gewidmet.

Parallel zu der oben angedeuteten erst zaghaft beginnenden und sich dann stürmisch entfaltenden technischen Entwicklung und der damit verbundenen zunehmenden Ausstattung von Schulen mit Hard- und Software liegt seitdem eine Vielzahl von mathematikdidaktischen Publikationen zum *Einsatz* von Neuen Medien im Unterricht vor – also vorrangig im Sinne von *Medienmethodik*, aber es gibt bisher eher wenige Vorschläge zur *Medienkunde* und gar nur verschwindend wenige zur *Medienreflexion*. [455] Daher werden im vorliegenden Rahmen keine „üblichen" Beispiele zum *Einsatz* von Neuen Medien im Mathematikunterricht vorgestellt (also keine Beispiele, die im Wesentlichen medienmethodischen Zielen dienen und die gewiss hinreichend bekannt sind), sondern es werden Beispiele beschrieben, die exemplarisch zeigen sollen, wie mit ihnen *medienkundliche* und *medienreflektierende* Ziele im Mathematikunterricht erreichbar sind.

Seit Ende der 1980er Jahre wurden *vor allem* folgende Werkzeuge bezüglich ihrer Möglichkeiten für den Einsatz im Mathematikunterricht erörtert: Funktionenplotter, Computeralgebrasysteme (CAS), Tabellenkalkulationssysteme (TKS) und Systeme für Bewegungsgeometrie (DGS) [456] unter Einschluss ihrer Möglichkeiten zur Visualisierung, ferner das World Wide Web. Da die prinzipiellen Möglichkeiten der Realisation (Desktop, Notebook, Handheld, Tablet, ...) kaum absehbar zunehmen, können sie hier auch nicht zeitlos erörtert werden.

Die Gruppierung vor allem der ersten vier genannten Werkzeugtypen ist keinesfalls trennscharf, denn das Anwendungsspektrum der einzelnen Systeme nimmt zu, und die ursprünglich unterschiedlichen, für spezielle Anwendungen konzipierten Systeme wachsen zusammen – eine Tendenz, die seit langem bei den sog. „Anwendungsprogrammen", wie etwa zur

---

[453] Siehe hierzu auch die Abschnitte 3.7, 4.10 und 5.2.
[454] Siehe [Ermert 1983], [Behrens et al. 1986], [Bund-Länder-Kommission für Bildungsplanung und Forschungsförderung 1987], [Hischer 1989], [Hischer 1991], [Hischer 2002, 217 ff.].
[455] Siehe Bild 5.1. Ein Überblick zum Computereinsatz findet sich z. B. in [Weigand & Weth 2002].
[456] Üblicherweise noch „Dynamische Geometriesysteme (DGS)" genannt, vgl. S. 178 ff.

Textbearbeitung oder zur Bildbearbeitung, zu beobachten ist. Zwar sind auch Programmiersprachen wichtige Werkzeuge, die zu Neuen Medien gehören, sie spielen aber in der didaktischen Diskussion kaum mehr eine Rolle wie noch seit den 1970er Jahren bis in den Anfang der 1990er Jahre hinein, sie tauchen dagegen implizit z. T. den bei o. g. Werkzeugen als „Makros" auf, explizit aber durchaus ggf. bei CAS, TKS und DGS und auch bei HTML-Editoren.

Nachfolgend werden einige *ausgewählte Werkzeuge* betrachtet, um daran *grundlegende medienbildende* Aspekte zu verdeutlichen.

6.2   Funktionenplotter

6.2.1   Zur Geschichte der Funktionenplotter

Der Name „Funktionenplotter" geht auf das englische „plot" als „Bauplan" zurück, und ein *Plotter* ist demgemäß ein *Planzeichner*, womit die *ursprüngliche Anwendung und Zielsetzung* angesprochen ist: Auf großen ebenen Tischen bewegte sich parallel zu einer Seite eine Schiene und auf dieser orthogonal ein Schlitten, der einen Tuschestift hielt, so dass dieser Stift wie in einem kartesischen Koordinatensystem „jeden Punkt" eines darunter liegenden Zeichenblattes „anfahren" konnte. Solch ein Plotter konnte durch ein Computerprogramm (Anfang der 1960er Jahre z. B. in Algol 60 oder Fortran geschrieben) gesteuert werden, und der Zeichenstift konnte durch entsprechende Befehle angehoben und abgesenkt werden. [457] Damit konnten Tuschezeichnungen (ggf. inklusive Beschriftung, z. B. in Normschrift) „quasi-analog" erzeugt werden, was insbesondere für jegliche Planzeichnungen (wie im Hoch- und im Tiefbau sowie im Maschinenbau) nützlich war, und man konnte mit ihnen (wie z. B. in Bild 6.1) auch *Funktionsgraphen* schön visualisieren. [458]

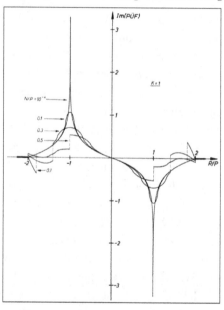

Bild 6.1: mit dem „Graphomat Z64" erzeugter Plot (1967) mit Parametern (hier Theoretische Physik: Imaginärteil einer Pseudoübertragungsfunktion (PÜF) bei einer optischen Abbildung), manuell beschriftet.

---

[457]   Es konnten (in einem „Karussell") Stifte verschiedener Farbe und Strichstärke verwendet werden.

[458]   Solche auch „Kurvenschreiber" genannten Systeme waren (schon lange vorher) und sind noch immer u. a. in der Experimentalphysik als rein „analoge" Systeme üblich und wichtig, so vor allem als „x-y-Schreiber" (auf rechteckig begrenztem Träger) und als „t-y-Schreiber" (auf „Endlospapier" zur zeitabhängigen Datenerfassung, so etwa in der Seismographie und in der Medizin beim EKG, wobei z. B. die EKG-Datenerfassung und Darstellung zunehmend auch durch digitale Systeme erfolgt).

Derartige Plotter gab es seit den Anfängen der sich um 1960 herum durchsetzenden Groß-computer (z. B. Electrologica, IBM, Zuse) in großer Perfektion. Revolutionär war der von Konrad Zuse entwickelte und 1961 vorgestellte „Graphomat Z64", der bis zum Zeichenformat von 1,2 m × 1,4 m existierte und sogar mehrfarbige „plots" erstellen konnte. [459] Noch heute werden Plotter zur Erzeugung großer Planzeichnungen verwendet. [460] Aber bereits vor diesen Plottern gab es *Textdrucker*, wofür zunächst schon existierende lochstreifengesteuerten Fern-schreiber oder auch elektrische (und steuerbare) Schreibmaschinen genutzt wurden, doch Funktionsgraphen konnten damit faktisch nicht visualisiert werden. [461]

- „*Plotter*" und „*Textdrucker*" *sind daher ursprünglich (!) grundsätzlich zu unterscheiden.*

Mit dem Aufkommen der ersten Arbeitsplatzcomputer ab Ende der 1970er Jahre, insbesonde-re zunächst durch Apple, Atari, Commodore, Sinclair, Tandy und Xerox und dann am 12. Au-gust 1981 durch den „IBM-PC" und die dazu „kompatiblen", verbunden mit der (neuen) Ver-fügbarkeit *individueller Nadeldrucker*, wuchs der Wunsch der Anwender nicht nur zum Aus-druck eigener Texte mit dem eigenen System (insbesondere für Programmlistings), sondern nun auch zur Visualisierung von Funktionsgraphen, und so entstanden die ersten selbst ent-wickelten *Programme als* sog. *Funktionenplotter*, mit denen „Rastergraphiken" sowohl am Bildschirm als auch im Ausdruck (wie z. B. in Bild 6.2) erzeugt werden konnten.

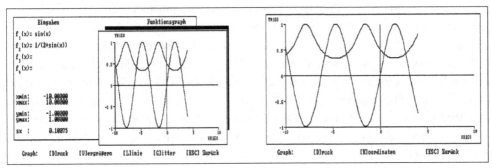

Bild 6.2: Darstellungen eines Ende der 1980er Jahre für den Mathematikunterricht entwickelten Funktionenplotters

Die Ergebnisse waren zwar für private Anwender zunächst eindrucksvoll, weil sie bis auf die eigenhändig erstellten „Schaubilder" bis dato nichts anderes kannten, doch andererseits waren die Ergebnisse (gemessen an dem Qualitätsstandard der früheren „quasi-analogen" Tusche-plotter) ebenso unbefriedigend wie die „treppenhaften" Darstellungen der zumindest noch bis Mitte der 2010er Jahre verbreiteten „Taschencomputer".

[459] http://www.konrad-zuse.net/zuse-kg/rechner/der-graphomat-z64/seite01.html (26. 10. 2015)
http://www.horst-zuse.homepage.t-online.de/z64.html (26. 10. 2015)

[460] Während Plotter damals die Ausdrucke direkt als *Vektorgraphiken* [462] erzeugten, liefern heutige Plotter (großforma-tige Laser- oder Tintendrucker) für „Planzeichnungen" vornehmlich *Rastergraphiken*. [462]

[461] Gleichwohl nutzten kreative Programmierer Textdrucker zur Erstellung grober „Rastergraphiken" durch Berück-sichtigung der unterschiedlichen „Druckdichte" der Typen (Buchstaben, Ziffern, ...).

6.2.2   Zur Struktur von Funktionenplottern

Ein „Plotter" ist (bzw. war also) ein Gerät in Gestalt eines computergesteuerten und materiell vorliegenden Druckers zur quasi-analogen *Zeichnung von Liniengraphiken*, die als Vektorgraphiken [462] aufgefasst werden können. Hingegen ist ein **Funktionenplotter** [463] *kein Gerät*, sondern ein *Programm* (zumindest ein Unterprogramm), das nur der *visuellen Darstellung* (gewisser!) *reeller Funktionen* durch Computer dient. Das (auf dem Display oder im Druck) so erzeugte „Bild" ist dann (wie der „Plot" eines „Plotters", s. o.) ein **Funktionsplot.** [463] Ein Funktionsplot ist grundsätzlich als *Rechteckmatrix* beschreibbar, bestehend aus **Bildpunkten,** die bei einem Display (dem „Bildschirm") *„Pixel"* heißen. Bei einem Farbbildschirm ist jedes Pixel (in oberflächlicher Sicht) als kleines Quadrat mit einem definierten Farb- und Helligkeitswert vorstellbar. [464]

Der Anwendungsbereich von Funktionenplottern bezieht sich zunächst auf die *Darstellung „termdefinierter" reellwertiger Funktionen* $x \mapsto f(x)$ mit $x \in \mathrm{D}_f = [a;b] \subset \mathbb{R}$, wobei dann zusätzlich f auf D_f stetig ist. Der hier mit „Term" bezeichnete Begriff bezieht sich dabei nicht nur auf *algebraische Terme*, die über einen *Termkalkül* [465] aus Zahlzeichen, Variablen und den Grundverknüpfungen Addition, Subtraktion, Multiplikation, Division und Potenzierung unter Benutzung von Klammern gebildet werden, sondern dazu gehören auch die im jeweiligen Funktionenplotter implementierten sog. „Standardfunktion" wie etwa sqrt, exp, log, sin, cos usw., wie sie z. T. in Taschenrechnern und Taschencomputern über eigene Tasten verfügbar sind. Falls solche „Terme" (im o. g. erweiterten Termverständnis) dann im jeweils gegebenen Definitionsbereich D_f Definitionslücken als „Pole" aufweisen sollten, kann das vom konkreten Funktionenplotter ggf. intern *visuell* „abgefangen" werden. Stets werden dann durch solche Funktionenplotter rechnerintern – für die Ausgabe auf ein Display oder einen Matrixdrucker – über eine intern gebildete Wertetabelle geeignete *Rastergraphiken* [462] durch „Rendern" erzeugt, die dann als ein (!) *Funktionsplot* [466] der gegebenen Funktion erscheinen.

Es gibt aber auch „Funktionenplotter" anderen Typs, die in einem ersten Schritt Vektorgraphiken [462] erzeugen:

---

[462]   Eine **Vektorgraphik** dient der knappen Beschreibung eines primär aus „Linien" bestehenden Bildes. Sie besteht im Gegensatz zu einer **Rastergraphik** nicht aus einer „Bildpunkt-Matrix" (aus „Pixeln"), sondern aus einem endlichen Datensatz (einem n-Tupel, also einem „Vektor"), der die Position, Form, Farbe und Art der einzelnen konstituierenden Linien z. B. als „Bézier-Kurven" beschreibt. Dadurch sind sie (im Gegensatz zu Rastergraphiken) prinzipiell ohne Qualitätsverlust frei skalierbar.

[463]   Manchmal findet man die sprachlich nicht korrekte Bezeichnung „Funktionsplotter": Das wäre dann aber ein Objekt, das einer konkreten Funktion zugeordnet ist wie z. B. „ihre Funktionsgleichung". Jedoch liegt hier ein „Plotter für Funktionen" vor, ähnlich wie die „Funktionentheorie" eine „Theorie für (bzw. ‚von' oder ‚der') Funktionen" ist. Ein *Funktionenplotter erzeugt* also *einen Funktionsplot.*

[464]   Bei einem Farbbildschirm besteht jedes Pixel aus drei Teilpixeln in den Farben Rot, Grün und Blau (RGB) mit je eigener Helligkeit, bei einem Monochrombildschirm ist es ein Pixel in Graustufen.

[465]   Siehe hierzu die Abschnitte 6.3.1.2 und 9.3.3.

[466]   Wohl begründet steht hier *nicht* „der" Funktionsplot; mit „Rendern" ist die „Übergabe" einer Datei in eine „Bildschirmdarstellung" gemeint, also der Prozess der Erzeugung einer „Ausgabe-Datei".

Man denke hier an die Situation, dass zu endlich vielen vorgegebenen Stützstellen (entweder automatisch rechnerintern oder nach Vorgabe des Benutzers) ein konkreter Funktionstyp (als „Term", s. o.) exakt oder angenähert „ausgewählt" wird und dass dann jedoch im nächsten Schritt aus der so intern definierten Vektorgraphik sekundär eine Rastergraphik als ein Funktionsplot errechnet wird. [467]

Diese beiden möglichen Typen von Funktionenplottern werden nun terminologisch wie folgt unterschieden: [468]

- **Termbasierte Funktionenplotter**
  ... dienen der visuellen Darstellung termdefinierter reellwertiger Funktionen $x \mapsto f(x)$ mit $x \in D_f = [a;b] \subset \mathbb{R}$, wobei f auf D_f abschnittsweise stetig ist.

- **Punktbasierte Funktionenplotter**
  ... dienen der visuellen Darstellung punktweise definierter reellwertiger Funktionen, die also in Gestalt einer endlichen Tabelle für isolierte Punkte $(x, f(x))$ vorliegt. [469]

In der Praxis können prinzipiell Funktionenplotter vorliegen, die über beide Darstellungsarten verfügen. Die auf einem Display oder einem Matrixdrucker zu sehenden Funktionsplots sind dabei in beiden Fällen notwendigerweise stets Rastergraphiken. Das gilt also auch für den Fall, dass die konkret darzustellende Funktion nur aus isolierten Punkten besteht, was Funktionenplotter bei entsprechender Programmierung prinzipiell zulassen können.

Die oben auftretende Voraussetzung „reellwertig" ist nur ideell zu verstehen, weil rechnerintern i. d. R. nur mit sog. „Maschinenzahlen" gearbeitet wird, wobei die Menge der Maschinenzahlen nur eine echte (endliche!) Teilmenge von $\mathbb{Q}$, der Menge der rationalen Zahlen, ist.

Funktionenplotter sind seit langem für nahezu alle „persönlichen" Computertypen verfügbar, also nicht nur für die schon klassischen Desktop-PCs, Notebooks und Taschencomputer, sondern natürlich auch als sog. „Apps" (applications) für Tablet-PCs etc.

6.2.3 Funktionsplots termbasierter Funktionen

6.2.3.1 Funktionsplot als Simulation eines Funktionsgraphen

Den von einem termbasierten Funktionenplotter erzeugten **Funktionsplot** verwendet man als nützliche und schnelle *Visualisierung des Funktionsgraphen einer* (termdefinierbaren!) *reellen Funktion in einem Bildschirmfenster.* Bei genauerer Betrachtung handelt es sich hier um eine *Visualisierung einer rechnerintern erzeugten Wertetabelle* einer gegebenen Funktion:

---

[467] Das nennt man „rendern". Beispielsweise ist das mit aktuell üblichen Tabellenkalkulationssystemen möglich, wenn in einer Tabelle endlich viele Paare $(x, f(x))$ erfasst und dann in einem „Liniendiagramm" (auswählbaren Typs) durch eine „Kurve" dargestellt werden, vgl. dazu Abschnitt 6.4.4.2.

[468] Man beachte hierzu die vertiefende Betrachtung von Funktionen in Kapitel 7.

[469] Siehe z. B. Abschnitt 6.4.4.2.

Die erste Feststellung ist naheliegend und möglicherweise auch sympathisch, und die zweite ist zwar nachvollziehbar, dann aber vielleicht mit einem „na und?" zu kommentieren. Bernard Winkelmann geht pointierend noch weiter, indem er die Erzeugung eines Funktions-plots durch Funktionenplotter sogar als *Simulation* bezeichnet: [470]

> Das mathematische Objekt ist der Graph einer Funktion [...]. Für die <u>Simulation</u> muß ich die Zah-lengerade durch ein endliches Intervall ersetzen (Randbedingung), dieses Intervall durch endlich-viele Punkte darin approximieren, für diese Punkte eine Approximation des Funktionswertes berech-nen, die berechneten Punkte durch Bildschirmpixel approximieren und diese durch Zwischenpixel verbinden. Mit etwas mathematischem Verständnis, z. B. bezüglich Stetigkeit und Periodizität der Sinusfunktion, gewinnt man <u>dennoch</u> einen <u>gültigen Eindruck der Funktion</u>.

Hieran wird bei sorgfältiger Betrachtung verwundern, dass der „Graph einer Funktion" (kurz: der „Funktionsgraph") dem Prozess einer „Simulation" unterzogen wird, was bedeutet, dass der (auf dem Bildschirm angezeigte) *Funktionsplot* im Ergebnis *(nur) eine Simulation des Funktionsgraphen* ist.

Schauen wir genauer hin, denn definiert Winkelmann zuvor: [471]

- **Begriff der Simulation**

Simulation ist die effektive Übersetzung eines mathematischen Objekts oder Prozesses in numeri-sche Operationen und gegebenenfalls graphische Darstellungen. Dazu gehören Parameter-Fest-legungen, Approximationen, Auswählen von Randbedingungen.

Das von ihm betrachtete „mathematische Objekt" – hier also der Funktionsgraph – wird damit per saldo (möglichst) effektiv in eine graphische Darstellung (nämlich einen Funktionsplot) „übersetzt". Aber Übersetzungen können bekanntlich Fehler enthalten. Müssen wir also etwa „Funktionsgraph" und „Funktionsplot" unterscheiden?

6.2.3.2   Funktionsgraph versus Funktionsplot

Intuitiv ist ein „Funktionsgraph" das, was man früher eingängig „Schaubild" nannte, also das, *„was man sieht"*. Doch das wirkt begrifflich mathematisch schwammig und führt bekanntlich präzisierend dazu, für eine Funktion f mit dem Definitionsbereich $D_f := A$ den **Graph** von f (also deren „Funktionsgraph") durch $G_f := \{(x, f(x)) \mid x \in A\}$ zu definieren, womit die „Menge aller Punkte von f" gemeint ist. Aber formal gilt auch $f = \{(x, f(x)) \mid x \in A\}$, was (leider?) zu $G_f = f$ führt, worauf z. B. schon Dieudonné 1960 hingewiesen hat. [472] Aber ein auf einem Display erscheinender **Funktionsplot** (zu einer gegebenen Funktion mit gegebenen Randbedingungen) ist die Menge aller von einem Funktionenplotter erzeugten Pixel, die als geordnete Paare (i, j) mit den „Koordinaten" $i \in \{1, \dots, m\}$ und $j \in \{1, \dots, n\}$ kodierbar sind, wobei für diesen Funktionsplot (also die „Bildschirmmatrix") eine $m \times n$-Rechteckmatrix

---

[470]   [Winkelmann 1992, 34], dargestellt auch in [Hischer 2002, 295 f.]; Hervorhebung nicht im Original.
[471]   Winkelmann a. a. O.
[472]   Siehe Abschnitt 7.9.9 auf S. 237; insgesamt sei bezüglich „Funktion" auf Kapitel 7 verwiesen!

zugrunde gelegt wird. Schon deshalb sind aber *„Funktionsgraph einer Funktion"* und *„Funktionsplot einer Funktion"* formal zu unterscheiden, und darüber hinaus ist festzustellen:

- Jeder Funktionsplot besteht stets aus nur endlich vielen „Punkten".

- Funktionsplots von *reellen Funktionen* f sind mit keiner echten „Teilmenge" des (auf ein Teilintervall von D_f eingeschränkten) Funktionsgraphen G_f von f identifizierbar.

6.2.3.3   Medienbildende Konsequenz: „Idee" versus „Simulation"

Die *medienkundliche* Analyse von Funktionenplottern führt also zu folgender Feststellung:

- Erzeugt ein termbasierter Funktionenplotter für eine reelle Funktion einen *Funktionsplot* als Visualierung auf einem Display oder im Ausdruck, so ist das *nur eine Simulation des Funktionsgraphen*, und zwar meist eines Ausschnitts (also einer echten Teilmenge).

Das sollte nachdenklich machen und über eine vertiefende *medienreflektierende* Betrachtung zu einem vertieften Verständnis des zugrundeliegenden mathematischen Sachverhalts führen:

- Das bedeutet darüber hinaus, dass *auch jede händisch erzeugte graphische Darstellung* einer reellen Funktion (z. B. im Rahmen von „Kurvendiskussionen" über eine Wertetabelle und ein Kurvenlineal [473]) *nur eine Simulation des Funktionsgraphen dieser Funktion ist.*

Verallgemeinert ist nämlich das, was wir von dem Funktionsgraphen (einer reellen Funktion f) visuell „wahrnehmen", [474] nur ein **„Schaubild"**, das je nach Situation mit unterschiedlicher Güte ausfällt, und *jedes* solche Schaubild von ist eine „Simulation" von f.

Und was machen eigentlich Schülerinnen und Schüler, etwa im Schuljahrgang 8, wenn sie anhand von $y = mx + n$ eine „Gerade" zeichnen (und das auch so nennen), wo sie doch gerade erst allenfalls die rationalen Zahlen „kennen"? Sie haben damit eigentlich die (lückenlose!) Gerade nur *simuliert* (ohne dies aber zu wissen). Und wir können solche Betrachtungen fortsetzen, etwa bei der Zeichnung eines Kreises. Was *ist* eigentlich eine Gerade, ein Kreis, ...?

Wenn wir Neue Medien zunächst *medienkundlich* und dann auch *medienreflektierend* über den Unterrichtsgegenstand zum Unterrichtsinhalt werden lassen (!), können wir also zugleich philosophisch-mathematische Fragen ansprechen, so etwa die Unterscheidung zwischen der *Idee* bzw. der *Vorstellung* eines Objekts und dessen *Darstellung*!

Hier können Neue Medien auf alte Medien zurück wirken, d. h.:

- *Wir können neue Inhalte in alten entdecken!*

Es ist also im Sinne des Bildens von *Medialitätsbewusstsein* bezüglich der Verwendung von termbasierten Funktionenplottern festzuhalten:

- *Jeder Funktionsplot einer reellen Funktion ist nur ein Schaubild ihres Funktionsgraphen.* [475]

---

[473]   Siehe Bild 6.16 auf S. 176.
[474]   Und „etwas wahrnehmen" heißt, „es für wahr zu nehmen", aber noch nicht notwendig, dass es „wahr *ist*".
[475]   Hier liegt zwar wegen $G_f = f$ ein zirkulärer Bezug vor, aber man beachte vertiefend Kapitel 7.

6.2.4 Überlagerungsphänomene bei periodischen Strukturen

6.2.4.1 Rückwärts laufende Kutschenräder in Wildwestfilmen

Bereits Kinobesucher früherer Zeiten kannten folgendes Phänomen bei Westernfilmen: Eine
stehende Postkutsche fährt an und wird schneller, wobei sich die Speichen der Kutschenräder
in unserer Wahrnehmung ebenfalls „immer schneller drehen". Und wenn die Kutsche noch
schneller wird, scheinen die Räder plötzlich stehen zu bleiben, um danach sogar entgegenge-
setzt zu rotieren! Und diesen Effekt finden wir heute auch bei Fernsehbildern und bei Videos.

Eine einfache Erklärung dieses Phänomens ergibt sich aus der Vorstellung, dass die „wirkliche" Bewegung der Kutsche (vermutlich?) in einem zeitlichen Kontinuum abläuft, wohingegen der Film aus einer zeitlich äquidistanten Abfolge von diskreten Einzelbildern besteht.

Diese *zeitliche Diskretisierung* nimmt unser Gehirn bekanntlich bei hinreichend großer
Frequenz der Bilderfolge dennoch als *zusammenhängend* wahr, indem es sich aus den gege-
benen Einzelbildern einen quasi-kontinuierlichen Ablauf (re-)konstruiert. Da man sich das
Zustandekommen dieser Einzelbilder modellhaft auch so vorstellen kann, dass man in einem
dunklen Raum mit einem *Stroboskop* statische Einzelbilder erzeugt, die synchron von einer
Kamera aufgenommen werden, wird dieser Effekt wird oft *„Stroboskopeffekt"* genannt. [476]

6.2.4.2 Fehldarstellungen durch Funktionenplotter

Bild 6.3 zeigt anscheinend einen (!) Funktionsplot
der Sinusfunktion im Intervall $[-\pi, \pi]$, wie er mit
einem üblichen Taschencomputer erzeugt worden
sein könnte. [477] Plotten wir nun $\sin(ax)$ für unterschiedliche sog. „Frequenzfaktoren" a, so ergibt
sich oft ein *verheerender Effekt:*

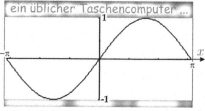

Bild 6.3: Funktionsplot der Sinus-Funktion?

So erweisen sich beispielsweise bei einem
früheren Schulrechner die Funktionsplots von $\sin(x)$ und von $\sin(127x)$ als identisch! [478] Wie
konnte der Hersteller so etwas anbieten? Ein anderer ebenfalls älterer Rechner „verhält" sich
aber keinesfalls besser, bei ihm sind z. B. die Funktionsplots von $\sin(x)$ und $\sin(239x)$ identisch, ebenso bei seinem Nachfolgemodell. [479] Wenn wir hier den Frequenzfaktor 238 wählen,
ist überhaupt kein Funktionsplot erkennbar („Nullplot" oder „leerer Plot"?), und beim Frequenzfaktor 237 sieht der Funktionsplot aus wie der bei $-\sin(x)$. Immerhin sieht der Funktionsplot von $\sin(238x) + 0.5$ aus wie der von 0.5, so dass der Funktionsplot von $\sin(238x)$
wohl der *Nullplot* gewesen ist.

---

[476] Vgl. z. B. bereits [Winkelmann 1992, 42], ferner [Hischer 2002, 58].
[477] Die Achsenbeschriftungen wurden nachträglich eingefügt.
[478] Casio FX 2.0
[479] TI 92 und Voyage 200 von Texas Instruments.

Entsprechende Effekte zeigen sich noch immer (mit anderen Frequenzfaktoren) auch *bei anderen Geräten* und darüber hinaus *auch bei auf PCs installierten Funktionsplottern* – auch bei mittlerweile deutlich höheren Display-Auflösungen. Das hier beobachtete Phänomen ist systembedingt typisch für termbasierte Funktionenplotter und wird ebenfalls *Stroboskopeffekt* genannt, [476] was deutlich machen soll, dass der hier vorliegende *statische Effekt* und der zuvor bei den Kutschenrädern geschilderte *kinematische Effekt* eine gemeinsame Erklärung gestatten.

6.2.4.3 Merkwürdige Ansichten von Brückengeländern

Viele moderne Fußgängerbrücken (aber auch Autobahnbrücken) weisen Geländer mit äquidistanten vertikalen Streben auf. Bei nahezu horizontaler Betrachtung vom Standpunkt einer seitlichen Böschung erscheint aus perspektivischen Gründen das entfernter gelegene Brückengeländer verkürzt – etwa so, wie es in Bild 6.4 simuliert wird, wobei hier ein brückenzentraler und zunächst leicht erhöhter Augpunkt zugrunde gelegt wurde.

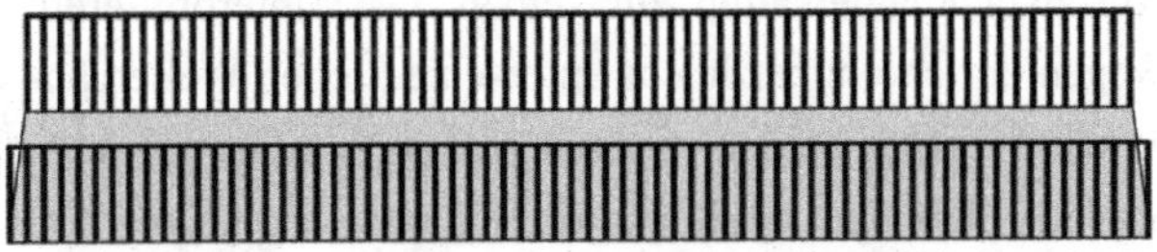

Bild 6.4: Modell von zwei Brückengeländern in perspektivischer Sicht

Wählt man nun einen etwas tiefer liegenden Augpunkt, so nimmt man die beiden Brückengeländer prinzipiell etwa so wahr wie in der Simulation von Bild 6.5, in der wir den seit Mitte des 19. Jahrhunderts diskutierten *Moiré-Effekt* erkennen können.[480]

Bild 6.5: dieselben Brückengeländer in teilweise überdeckender Sicht

Bild 6.6 simuliert nochmals die gleiche wie in Bild 6.4 und in Bild 6.5 dargestellte Situation, und zwar bereinigt auf das Wesentliche:

Bild 6.6: abstrahierte Sicht der beiden Brückengeländer

Zwei äquidistante Strichgitter mit nur geringfügig unterschiedlichem Strichabstand (physikalisch: „Gitterkonstante") werden übereinander gelegt, und dann entsteht in diesem Fall durch Überlagerung *(Interferenz der Intensitäten)* der beobachtete Effekt. [481]

Das französische Wort *„moiré"* bedeutet „schillernd" und wurde ursprünglich für wechselnde Farbspiele bei bestimmten Färbungsarten von Seidenstoffen verwendet, wie es im alten China bereits praktiziert wurde. Vor allem ist Moiré ein „Albtraum" im Druckereigewerbe beim Graphikdruck. Moiré-Effekte können ggf. auch Computer-Nutzern begegnen, wenn sie z. B. eine bereits gerasterte Graphik (erneut) scannen: Hier kann es zu einer wenig erfreulichen *Kaskadierung von Moiré-Effekten* kommen, die in der Bildverarbeitungstheorie z. B. in [Amidror 2000, XV] als *superposition of layers* beschrieben wird.

---

[480] Zusätzlich taucht hier und auch in Bild 6.6 als weiterer Effekt eine optische Täuschung auf (vgl. schnitt 9.1.6); wir betrachten hier jedoch nur den *Moiré-Effekt*, der *keine optische Täuschung* ist!

[481] Die in Bild 6.4 ff. dargestellten Simulationen lassen sich leicht mit einem Vektorgraphikprogramm erzeugen. Dazu entwickelt man nahezu spielerisch einen *Algorithmus*, mit dem man diese Strichgitter interaktiv erzeugt.

Fassen wir in Bild 6.6 die beiden Strichgitter als Darstellungen zweier periodischer (Treppen-)Funktionen mit nahezu gleicher Frequenz auf, so erhalten wir bei der dort erkennbaren Interferenz der Intensitäten offensichtlich wiederum eine neue periodische Funktion, allerdings mit einer deutlich größeren „Wellenlänge" und damit einer deutlich kleineren Frequenz. Das führt uns sofort zu einem weiteren Phänomen, nämlich den *Schwebungen*.

6.2.4.4 Schwebungen

In Bild 6.7 lassen sich die beiden oberen Bilder den Schaubildern von $\sin(ax)$ mit geringfügig verschiedenen Frequenzfaktoren a zuordnen. Sie lassen sich physikalisch als visualisierte Sinusschwingungen der Grundtöne von zwei Klaviersaiten zur selben Taste interpretieren. Wegen der erkennbar leicht unterschiedlichen Wellenlänge sind diese beiden Grundtöne auch „fast gleich". Schlägt man nun beide Saiten zugleich an, so interferieren die Schwingungen (genauer: die Schall*wellen*)

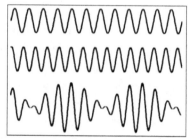

Bild 6.7: Schwebungen

dieser Grundtöne (natürlich auch die der Obertöne, worauf wir aber hier nicht eingehen), was nicht nur zu Verstärkungen wie beim Moiré-Effekt der Brückengeländer führt, sondern darüber hinaus auch zu partiellen *Auslöschungen*. Die untere Darstellung in Bild 6.7 zeigt das für diese Überlagerung typische qualitative Ergebnis: eine periodisch schwankende Amplitude, die sich in einem periodischen An- und Abschwellen der Lautstärke bemerkbar macht.

Dieses akustische Phänomen heißt bekanntlich *Schwebung* (engl. „beat"). Bei geringer werdender Frequenzdifferenz der beiden Grundschwingungen wird der zeitliche Abstand benachbarter Lautstärkemaxima der resultierenden Schwingung größer, was Klavierstimmer zum Stimmen nutzen: *Die Schwebungsfrequenz ist die als Lautstärkeschwankung wahrnehmbare Differenz der Grundfrequenzen!* Konkret gilt in Bild 6.7: Die obere Schwingung zeigt in dem Ausschnitt 12 Perioden, die mittlere 14, und die untere resultierend 2 (= 14 − 12).

6.2.4.5 Zusammenfassung und Weiterung

Schwebungen können also auftreten, wenn zwei periodische Funktionen „nahezu gleicher" Frequenz „überlagert" werden bzw. „interferieren": Im letzten Beispiel war es die Interferenz von zwei akustischen Schwingungen (wobei „Auslöschung" möglich ist), und da der bei den Brückengeländern geschilderte Moiré-Effekt durch Interferenz von Intensitäten (wenn auch ohne Auslöschung) zustande kommt, können wir auch diesen als *Schwebung* auffassen [482] – eine wohl noch nicht verbreitete Sichtweise.

---

[482] Schwebungen können unter subtilen physikalischen Versuchsanordnungen auch bei der Interferenz von Licht erzeugt werden, was sich dann in Helligkeitsschwankungen äußert (z. B. bei den sog. „Fizeau-Ringen"; vgl. physikalische Standardlehrbücher zur Optik).

Aus mathematischer Sicht gibt es also keinen Grund, Moiré-Effekte und Schwebungen als verschieden anzusehen (wenn auch aus physikalischer Sicht!). [483] Und nun lassen sich auch die beiden als „Stroboskopeffekt" geschilderten Phänomene, die so grundsätzlich anders erscheinen, mathematisch behandeln.

Amidror legt seiner Theorie über mathematische Grundlagen der Bildverarbeitung eine eingeschränkte Begriffsbestimmung von „Moiré" zugrunde, die leicht modifiziert lautet: [484]

- **Moiré-Effekt** (oder **Moiré-Phänomen**): Ein *sichtbares Phänomen*, das auftritt, wenn *Wiederholungsstrukturen* überlagert werden. Diese Überlagerung weist dann ein *neues Muster* auf, das in keiner der zugrunde liegenden Originalstrukturen vorhanden ist.

Unter „Wiederholungsstruktur" (engl. „repetitive structure") versteht Amidror eine Verallgemeinerung von „periodische Struktur", sodass es dann *nichtperiodische Wiederholungsstrukturen* gibt, wobei er drei Typen unterscheidet: [485] (1) *koordinatentransformierte* Strukturen, (2) *profiltransformierte* Strukturen und (3) *koordinaten- und profiltransformierte* Strukturen. Als elementares Beispiel für (1) betrachte man etwa $\sin(x^2)$ oder $\sin(\sqrt{x})$ über geeigneten Intervallen, als Beispiel für (2) kann eine gedämpfte Schwingung, wie sie etwa durch $\mathrm{e}^{-x}\sin(x)$ beschrieben wird, dienen, und eine Kombination aus beiden wie z. B. $\mathrm{e}^{-x}\sin(x^2)$ ist ein Beispiel für (3). So ist z. B. ein System sich nach außen iterativ fortsetzender konzentrischer Ringe mit linear wachsenden Radien (also mit konstanter Wellenlänge!) nur dann eine periodische Struktur, wenn keine Amplitudendämpfung vorliegt – hingegen im *Realfall gedämpfter Amplituden* (z. B. durch einen Steinwurf entstandene konzentrische Wasserwellen) liegt lediglich eine nichtperiodische Wiederholungsstruktur vor.

Nachfolgend werden wir *nur periodische Strukturen* (wie in den zuvor betrachteten Beispielen) betrachten. Andererseits geben wir die von Amidror (in seinem Kontext der Probleme bei der Druckgraphik [486]) gewählte Beschränkung auf „sichtbare Phänomene" auf, weil solche Effekte ja auch bei anderen periodischen Strukturen wie z. B. in der Akustik auftreten können. Und schließlich ist darauf hinzuweisen, dass die ersten beiden Phänomene sich inhaltlich in anderer Weise grundsätzlich von den letzten beiden unterscheiden: Die o. g. „Überlagerung" ("superposition of layers" [486]) bezieht sich nämlich sowohl bei dem bei Kutschenrädern zu beobachtenden Stroboskopeffekt als auch bei dem analog bei Funktionenplottern vorliegenden Effekt darauf, dass eine auf einem (z. T. zeitlichen) Kontinuum definierte Funktion mittels einer äquidistanten „Maske" *diskretisiert* (oder auch: *abgetastet*) wird.

Die Bezeichnung „Abtastung" kommt aus der Audiotechnik: Bei der „Digitalisierung" (der sog. *A/D-Wandlung*) eines vom Mikrophon gelieferten analogen Audiosignals (Musik, Sprache, ...) wird der am Ausgang des Mikrophonvorverstärkers gemessene zeitabhängige

---

[483] [Amidror 2000] betrachtet daher diese Phänomene (und weitere) *gemeinsam* in der von ihm dargelegten „Theorie der Moiré-Phänomene".

[484] [Amidror 2000, 442]

[485] [Amidror 2000, 250]

[486] Amidror 2000, XV].

Spannungspegel zu zeitlich äquidistanten Zeitpunkten gemessen (man sagt: „abgetastet") und als *Sample* (also als „Probe") gespeichert, und die *Abtastung* heißt demgemäß auch *Sampling*. Die Frequenz, mit der diese Abtastung erfolgt (also die Anzahl aller Abtastungen je Sekunde), ist die sog. *Abtastrate* oder *Samplingfrequenz* f_S. Beispielsweise wurde für Audio-CDs der Standard $f_S = 44,1\,\mathrm{kHz}$ vereinbart, für die Audio-Spur bei Video-DVDs aber 48 kHz.

Bei dem ersten Beispiel, den *Kutschenrädern*, bedeutet die Samplingfrequenz also die Anzahl der Filmbilder pro Sekunde. [487] Und auch bei *Funktionenplottern* findet eine Abtastung statt: In einem ersten Schritt wird zu einer vorgegebenen *termdefinierten* (!) reellen Funktion f über einem abgeschlossenen Intervall rechnerintern eine Wertetabelle mit äquidistanten Stützstellen erzeugt. Und in einem zweiten Schritt werden die so ermittelten (und dabei gerundeten und also nicht mehr korrekten) Punktkoordinaten $(x, f(x))$ auf die virtuellen „äquidistanten" Bildpunkte des Monitors (erneut approximiert) abgebildet. [488]

Wir betrachten nun nachfolgend *nur durch Abtastung entstandene Moiré-Phänomene*. Amidror widmet diesem Teilbereich ein eigenes Kapitel: *Sampling moirés; moirés as aliasing phenomena*. [489] In diesem Sinne können wir die weitere Zielsetzung wie folgt beschreiben, indem wir Amidrors o. g. Kennzeichnung etwas modifizieren:

- **Abtast-Moiré-Phänomen als Aliasing:** Ein *sichtbares bzw. hörbares Phänomen*, das auftritt, wenn *visuelle oder auditive periodische Strukturen* überlagert werden. Diese Überlagerung weist ein *neues Muster* auf, das in den zugrunde liegenden Originalstrukturen *nicht* vorhanden ist.

Anders formuliert: Ein *Abtast-Moiré* entsteht durch *äquidistante Abtastung*. Dieses spezielle Moiré-Phänomen gehört sowohl bei der Bearbeitung von Audiodaten als auch bei der von Graphikdaten zu einer Kategorie von *Fehldarstellungen*, die in der Technik „**Aliasing**" (englisch, von lat. *alias*: „sonst" im Sinne von „anders") genannt werden. [490]

Aufgrund der bisherigen Betrachtungen ist klar, dass sowohl bei der äquidistanten Abtastung von analogen Audiosignalen (die wir als *zeitabhängige Funktionen* auffassen können) als auch bei der visuellen Darstellung reeller Funktionen durch Funktionenplotter (die ja eine *Diskretisierung* und ebenfalls eine *äquidistante Abtastung* ist) dieses Aliasing auftreten kann, wenn die jeweils abzutastenden Funktionen „im Kleinen" (etwa dem Bildschirmausschnitt) periodisch sind: Denn in diesem Fall liegt eine *Überlagerung von (zumindest) jeweils zwei periodischen Strukturen* vor, die bei bestimmten Frequenzbedingungen beispielsweise Schwebungen liefern kann. Wir können daher wichtige Erkenntnisse über das Aliasing bei Audio- und Graphikdaten bereits dadurch gewinnen, dass wir den *Stroboskopeffekt bei Funktionenplottern* näher untersuchen, wobei wir uns insbesondere auf das Plotten von Sinusfunktionen beschränken werden und können.

---

[487]   Bei Kinofilmen 24 meist Bilder je Sekunde.

[488]   Neben der *Abtastung* spielt als weitere Diskretisierung die *Quantisierung* eine Rolle, vgl. S. 240.

[489]   [Amidror 2000, 48 ff.]

[490]   Siehe dazu den folgenden Abschnitt. Graphikprogramme haben das Option „Antialiasing".

6.2.5   Aliasing bei Funktionenplottern

6.2.5.1   Funktion und Simulation

Gemäß Winkelmann sind Funktionenplotter unter dem *Aspekt der Simulation* zu sehen: [491] Ein Funktionsplot – als eine *visuelle Darstellung einer konkreten Funktion* – ist also nur *eine Simulation dieser Funktion*!

Doch was ist eigentlich eine „Simulation"? Betrachten wir die sprachlichen Wurzeln: Das lateinische **simulo** (*ähnlich machen; nachbilden, abbilden, darstellen;* aber auch: *vorgeben, vorschützen, erheucheln*) begegnet uns in **simulacrum** (*Bild, Abbild; Traumbild* aber auch: *Trugbild, Schein, Schatten*) und in **simulatio** (*Verstellung, Heuchelei; Vorwand, Täuschung, Schein*). – „Simulation" hat damit ursprünglich (auch!) eine negative Konnotation, die aber offenbar aus unserem heutigen Bewusstsein verschwunden ist: Denn es beabsichtigt wohl niemand, eine trügerische Darstellung zu liefern, wenn es beispielsweise um „Modellierung und Simulation" oder um „Simulatoren" geht!

Gleichwohl zeigt uns Bild 6.3 sowohl eine Simulation von $\sin(x)$ im heute üblichen Verständnis als auch eine Simulation von z. B. $\sin(127x)$ und damit als „Täuschung" (wenngleich hier keine täuschende Absicht der Hersteller unterstellt wird). Derartige „Fehldarstellungen" seien daher *pleonastisch* als **„Fehlsimulationen"** bezeichnet. [492] Wenn nun das *Funktionenplotten als Simulation* auffassbar ist, müssen wir uns jedoch im Nachhinein eingestehen, dass auch das vertraute händisch erstellte Schaubild einer Funktion im Rahmen klassischer Kurvendiskussionen eigentlich nur eine Simulation ist, was zu *medienbildenden Konsequenzen* führt, wie sie bereits in Abschnitt 6.2.3.3 beschrieben wurden. [493] Ganz im Sinne dieses medienpädagogischen Anliegens plädierte bereits 1991 Winkelmann dafür, Probleme wie den Stroboskopeffekt zum Unterrichtsgegenstand zu machen: [494]

> Auch hierbei muß natürlich die Simulation durch qualitative Überlegungen unterstützt werden, um etwa den Stroboskop-Effekt entlarven und aufklären zu können. [...] Die grundsätzlichen Möglichkeiten und Grenzen symbolischen und numerischen Rechnens sollen auch im Mathematik-Unterricht vermittelt werden.

Doch kann man im Mathematikunterricht mehr leisten, als den Stroboskopeffekt vorzuführen (bzw. ihn entdecken zu lassen) und dann ggf. *medienreflektierend* ein kritisches Bewusstsein zu wecken, oder können wir etwa bei den Beteiligten darüber hinaus auch *medienkundlich* ein Verständnis für die Ursache(n) des Stroboskopeffekts entwickeln? Können wir diesen Effekt vielleicht sogar *gezielt erzeugen*?

---

[491]   Siehe Abschnitt 6.2.3.1.

[492]   Aber keinesfalls haben diese Fehlsimulationen etwas mit „optischen Täuschungen" zu tun, denn die hier beobachteten „Täuschungen" sind ja objektiv vorhanden, nämlich als Moirés, während optische Täuschungen subjektive, physiologische Wahrnehmungsstörungen sind! Vgl. hierzu Abschnitt 9.1.6.

[493]   Mehr dazu in [Hischer 2002] und [Hischer 2005].

[494]   [Winkelmann 1992, 42]

6.2.5.2 Aliasing als Abtastphänomen

Experimente ergeben, dass der *Stroboskopeffekt* nicht bei allen Funktionenplottern nur von der „Fensterbreite" des Displays und damit von der horizontalen Display-Auflösung abhängt, woraus folgt, dass er dann *nicht erst durch die diskrete Bildschirmauflösung verursacht* wird, sondern dass seine Ursache ggf. *rechnerintern* zu suchen ist. Wir betrachten hier aber der Einfachheit halber nur den Fall eines durch die Bildschirmauflösung erzeugten Aliasings:

• Der *Funktionsterm wird* hier durch die vorgegebenen bzw. gewählten äquidistanten Stützstellen *abgetastet*, und die damit erhaltenen Koordinatenpaare $(x; f(x))$ bilden eine *rechnerinterne Wertetabelle* und werden dann als Pixel auf dem Bildschirm dargestellt. [495]

Das aus neun Einzelbildern bestehende modellhafte Beispiel in Bild 6.8 zeigt das Wesentliche des Aliasings:

In diesen neun Einzelbildern sind zunächst die Graphen von $\sin(\pi x)$, $\sin(2\pi x)$, ..., $\sin(9\pi x)$ zeilenweise der Reihe nach von links oben nach rechts unten jeweils über dem Intervall $[0; 2]$ in üblicher Weise durch Funktionsplots (also mit einem Funktionenplotter) dargestellt (hellgrau). Sodann werden diese primär vorliegenden Funktionsplots bewusst *sehr vergröbert* wie folgt „abgetastet":

Als Abtastschrittweite ist ¼ gewählt, d. h., hier liegen neun *äquidistante Stützstellen* (also die *Abtaststellen*) und damit acht *Abtastintervalle* vor. Deren Anzahl ist die **Abtastrate** bzw. die „**Sampling-Frequenz**" f_S (hier also: $f_S = 8$).

Die so rechnerintern zu den Stützstellen x ermittelten Abtastwerte $f(x)$ (die *Samples*), werden *linear interpoliert dargestellt*, indem die so definierten neun „Punkte" $(x; f(x))$ auf dem Bildschirm zur Verdeutlichung durch Streckenzüge verbunden werden (dunkelgrau). So entstehen neun Einzelbilder. Jedes enthält zugleich eine „richtige" Simulation (hellgrau) mit einer hohen Abtastrate (hier: 500).

Damit wird einsichtig, weshalb die Abtastung von $\sin(4\pi x)$ (Frequenz: $a = 4 = \frac{1}{2} f_S$) und $\sin(8\pi x)$ (Frequenz: $a = 8 = f_S$) als „Aliasing-Funktionsplot" jeweils die x-Achse ergibt: Die Abtastung erfolgt immer gerade im „Nulldurchgang" des Graphen!

Die Abtastungen von $\sin(\pi x)$, $\sin(2\pi x)$ und $\sin(3\pi x)$ unterscheiden sich zwar vom Original, aber sie sind dennoch jeweils in Bezug auf die dargestellte „Periodenanzahl" dem Original noch „recht ähnlich". Bei den anderen Abtastungen ist dieses Ähnlichkeitsmerkmal hingegen gravierend verletzt!

---

[495]   Bei der Bildschirmdarstellung tritt kaskadierend ein *sekundärer Aliasing-Effekt* auf, der aber für eine grundlegende Erklärung des Phänomens zunächst entbehrlich ist. So entsteht beispielsweise die *Abtastung* eines akustischen Signals durch eine *zeitliche Diskretisierung* eines eigentlich zeitlich kontinuierlichen Vorgangs. Anschließend folgt eine *„örtliche" Diskretisierung*, indem die abgetasteten, eigentlich kontinuierlichen *Messwerte* (als Ordinaten) in endlich vielen Stufen diskretisiert werden, genannt *Quantisierung*. Diese *beiden* Diskretisierungen zusammen führen zur *Digitalisierung* und zur Erzeugung von *Treppenfunktionen*. Dieses wird ausführlich in [Hischer 2004] untersucht.

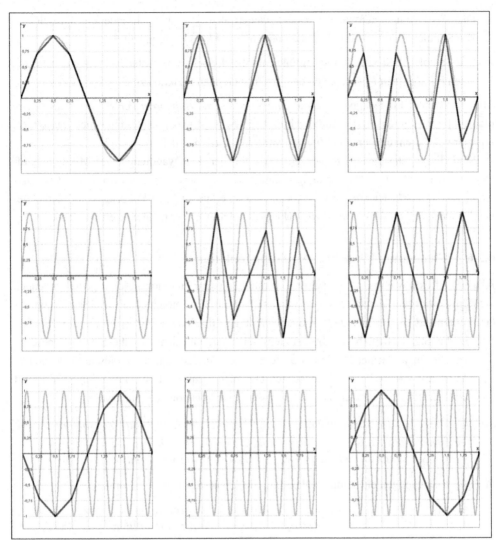

Bild 6.8: Aliasing-Funktionsplots (dunkelgrau) von $\sin(\pi x)$, $\sin(2\pi x)$, ..., $\sin(9\pi x)$
(der Reihe nach von links oben nach rechts unten) bei einer Abtastrate von 8 Intervallen in linearer Interpolation.

Die abgetasteten Plots sind hellgrau im Hintergrund dargestellt. Zur Vermeidung zusätzlicher numerisch bedingter Darstellungsprobleme wurde die x-Achse in Vielfachen von π skaliert. Ist die Periodenfrequenz gleich der halben oder der ganzen Abtastfrequenz, so erscheint als Aliasing-Funktionsplot die x-Achse selbst; die Funktionsplots von $\sin(9\pi x)$ und $\sin(\pi x)$ sind augenscheinlich identisch (in Übereinstimmung mit der Theorie). Abtastrate 8 bedeutet 9 Stützstellen.

Bei dem Frequenzfaktor 9 (im letzten Bild) stimmt der Aliasing-Funktionsplot exakt mit dem Ergebnis für den Frequenzfaktor 1 überein, beim Frequenzfaktor 8 erhalten wir den „Nullplot", und beim Frequenzfaktor 7 $(= 8 - 1)$ den an der Abszissenachse gespiegelten Plot zum Frequenzfaktor 1 – eine vorzügliche prinzipielle Übereinstimmung mit Bild 6.3 und dem dort geschilderten Phänomen für die Frequenzfaktoren 239, 238 und 237.

Es sind dann experimentell folgende *induktive Entdeckungen* möglich:

1. Die „Fehlsimulationen" von $\sin(a\pi x)$ wiederholen sich mit wachsendem a, speziell gilt: Die Simulationen von $\sin(a\pi x)$ und von $\sin((a + 8k)\pi x)$ sind identisch ($k \in \mathbb{Z}$).

2. Die Samplingfrequenz f_S muss größer als die doppelte abzutastende Frequenz sein, um einen *relativ guten Eindruck* von der zu simulierenden Funktion zu erhalten: $f_S > 2a$.

Mit der zweiten Entdeckung wird das *Shannonsche Abtasttheorem der Informationstheorie* plausibel gemacht, das in der Audiotechnik bedeutsam ist und das allerdings mehr besagt, als wir hier bei diesem elementaren Zugang entdeckt haben, nämlich:

Sind die abzutastenden Frequenzen (etwa bei der A/D-Wandlung einer Mikrophonaufnahme) kleiner als die halbe Sampling-Frequenz, so ist eine *exakte Rekonstruktion des Originalsignals möglich!* Hierzu wird die (bekanntlich bereits auf Carl Friedrich Gauß zurückgehende) *schnelle Fouriertransformation* (FFT) benutzt, was hier nicht erörtert werden kann.

6.2.6   Elementare Sätze über Funktionenplotter

Aliasing-Effekte wie in Bild 6.3 lassen sich nun bei jedem Funktionenplotter gezielt erzeugen – sofern äquidistant abgetastet wird, was als „Normalfall" betrachtet sei. Die Skalierung des Graphikfensters sei dazu wie in Bild 6.8 gewählt, also das Intervall $[0; 2]$ für die x-Achse. Die Anzahl der Stützstellen (bzw. Abtaststellen) sei $n + 1$, und damit ist die Samplingfrequenz $f_S = n$. Die zu betrachtenden Funktionsterme werden also genau an diesen $n + 1$ Stellen $x_\nu = 2\nu{:}n$ mit $\nu \in \{0, 1, \ldots, n\}$ abgetastet. Die erste induktive Entdeckung von S. 155 führt uns verallgemeinert zu dem elementar beweisbaren und dennoch eindrucksvollen

Satz 1:   Es sei f_S die Abtastfrequenz eines Funktionenplotters, $[0; 2]$ das Abtastintervall, und ferner seien $a \in \mathbb{R}$ und $k \in \mathbb{Z}$ beliebig gewählt. Dann gilt:
Die Simulationen von $\sin((a + kf_S)\pi x)$ und $\sin(a\pi x)$ sind identisch.

Beweis: Wir benötigen ein Additionstheorem, die Abtaststellen $x_\nu = \dfrac{2\nu}{n}$ und $f_S = n$:

$$
\begin{aligned}
\sin((a + kf_S)\pi x_\nu) &= \sin(a\pi x_\nu)\cos(kf_S\pi x_\nu) + \cos(a\pi x_\nu)\sin(k\,f_S\pi x_\nu) \\
&= \sin(a\pi x_\nu)\underbrace{\cos(2k\nu\pi)}_{1} + \cos(a\pi x_\nu)\underbrace{\sin(2k\nu\pi)}_{0} = \sin(a\pi x_\nu) \quad \blacklozenge
\end{aligned}
$$

Im Folgenden betrachten wir nur Funktionenplotter mit äquidistanter Abtastung.

Satz 1 erlaubt es uns nun, bei einem Funktionenplotter „beliebig viele" Fehlsimulationen von $\sin(a\pi x)$ zu erzeugen, die beispielsweise identisch zur („richtigen"!) Simulation von $\sin(\pi x)$ sind (also für $a = 1$). In Bild 6.3 ergibt sich z. B. bei dem TI-Rechner die Anzahl der Stützstellen zu 239, die zur hardwaremäßig fest eingestellten Samplingfrequenz gehört, also $f_S = 238$. Damit gilt mit der dortigen Skalierung: $\sin((a + 238k)x) = \sin(ax)$, speziell also $\sin((238k + 1)x) = \sin(x)$, oder $\sin(x) = \sin(239x) = \sin(477x) = \sin(715x) = \ldots$, was sich sofort experimentell bestätigen lässt. Für andere Werte von k erhält man „beliebig schlimme" (aber u. a. durchaus auch „schöne") und zugleich falsche Funktionsplots im Sinne von „Fehlsimulationen".

Gemäß Bild 6.8 kann eine Simulation von $\sin(a\pi x)$ auch die x-Achse ergeben:

Satz 2: *Es sei f_S die Abtastfrequenz eines Funktionenplotters, $[0; 2]$ das Abtastintervall, und $k \in \mathbb{Z}$ sei beliebig gewählt. Dann gilt:*

Die Simulationen von $\sin(k f_S \pi x)$ und von $\alpha = \sin(\tfrac{1}{2} f_S \pi x_v)$ ergeben die x-Achse.

Beweis: Die erste Behauptung folgt aus Satz 1 für $a = 0$.

Für den zweiten Teil nutzen wir wieder elementare trigonometrische Eigenschaften aus: Wegen $\cos(2\alpha) = \cos^2(\alpha) - \sin^2(\alpha) = 1 - 2\sin^2(\alpha)$ ist $\sin(\alpha) = \pm\sqrt{\tfrac{1}{2}(1 - \cos(2\alpha))}$.

Mit $\alpha = \tfrac{1}{2} f_S \pi x_v$, $x_v = \tfrac{2v}{n}$ und $f_S = n$ ist $2\alpha = 2v\pi$, und es folgt schließlich

$$\sin(\tfrac{1}{2} f_S \pi x_v) = \pm\sqrt{\tfrac{1}{2}(1 - \cos(2v\pi))} = \pm\sqrt{\tfrac{1}{2}(1 - 1)} = 0. \qquad \blacklozenge$$

Damit lassen sich weitere interessante Fehlsimulationen erzeugen, beispielsweise Parallelen zur x-Achse. In Bild 6.9 sind andere Beispiele für Fehlsimulationen der Sinus-Funktion zu sehen, die durch Aliasing verursacht werden.

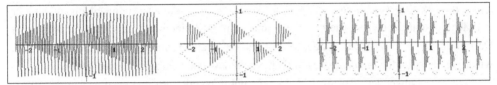

Bild 6.9: weitere Beispiele für Fehlsimulationen der Sinus-Funktion durch Aliasing

➢ Sind Funktionenplotter ohne Aliasing denkbar? Das würde zumindest erfordern, dass man zulässt, den Bildpunktabszissen jeweils mehr als eine Bildpunktordinate zuzuordnen! Plots wie in Bild 6.9 könnten dann den Ordinatenbereich $[-1; 1]$ „ganzflächig" ausfüllen. Warum?

6.2.7 Merkwürdiges: die „Hauptsätze für Funktionenplotter"

Insbesondere seit Leonhard Euler bis weit ins 19. Jh. und z. T. auch noch ins 20. Jh. hinein war „Stetigkeit" präformal (auch) als „Durchzeichenbarkeit" von „Funktionsgraphen" (eigentlich: von deren „Simulationen") zu verstehen – diese Vorstellung ist sicherlich schön und auch heute noch vielfach präsent, obwohl sie eigentlich nicht mehr zutreffend ist:

Wenn man nämlich die *„Stetigkeit einer Funktion an einer Stelle"* formal zu definieren sucht, etwa mit Hilfe des Umgebungsbegriffs, so muss diese Stelle keinesfalls Häufungswert des Definitionsbereichs sein, weil sich der Funktionsbegriff seit dem 19. Jahrhundert grundlegend *erweitert* hat, insbesondere müssen „reelle" *Funktionen nicht mehr termdefiniert* sein. Darüber hinaus muss der *Definitionsbereich kein Kontinuum mehr sein.* [496] Da dann aber eine „Stetigkeitsstelle" merkwürdigerweise eine isolierte Stelle sein darf, ergibt sich nun die fatale Konsequenz, dass reelle Funktionen an isolierten Stellen „automatisch" stetig sind (sic!).

---

[496] Siehe dazu Kapitel 7.7.

So sind dann z. B. *reelle Zahlenfolgen überall stetige Funktionen*, und speziell ist jede *reelle Funktion mit endlichem Definitionsbereich* (der also nur aus isolierten Stellen besteht!) *überall stetig!* Das konterkariert allerdings die althergebrachte Vorstellung von Stetigkeit als Durchzeichenbarkeit massiv, aber so etwas ist typisch für verallgemeinernde Sichtweisen im Prozess fortschreitender mathematischer Begriffsentwicklung:

Aus guten Gründen „holt man sich etwas ins Haus", das vorher dort nicht drin war – und muss sich dann (leider?) damit arrangieren.

Nun sind *Funktionsplots* Simulationen von Funktionen mit Hilfe von Funktionenplottern, und als solche sind sie *ebenfalls als Funktionen aufzufassen*, und zwar mit endlichem Definitionsbereich, nämlich mit m Abszissen der Rechteckmatrix-Pixel des Displays und mit den Pixel-Farbwerten an den Stellen (i, j) als Funktionswerten.[497] Sofort folgt:

- **Erster Hauptsatz für Funktionenplotter**: *Jeder Funktionsplot ist stetig.*

Delikat sind nun die didaktischen Konsequenzen: Wie soll man denn mit Hilfe von Funktionenplottern Unstetigkeiten darstellen? Dieses ist offenbar gar nicht möglich! Also sehen wir *aufgrund einer medienkundlichen Analyse Neuer Medien*, dass Unstetigkeit eigentlich nur „gedacht", nicht aber visualisiert werden kann – im Nachhinein gilt dies auch für händische Darstellungen (also Visualisierungen) von Funktionsgraphen durch Schaubilder. Das ist ein wichtiges Beispiel für *Medienreflexion!* Hätte man das schon früher erkennen können? [498]

Man mag einwenden, dass man doch bei Funktionenplottern erst gar nicht in die Verlegenheit komme, unstetige Funktionen visuell darzustellen, weil man ja bei Funktionenplottern nur termdefinierbare Funktionen darstellen könne und weil termdefinierte Funktionen auf ihrem gesamten Definitionsbereich stets stetig seien (sic!).

Dem ist andererseits entgegenzuhalten, dass erstens bei Funktionenplottern i. d. R. sog. *Standardfunktionen* implementiert sind und hierunter zumindest meist die *Vorzeichenfunktion* sign bzw. sgn *als unstetige Funktion* enthalten ist, dass aber zweitens von guten Funktionenplottern heute erwartet werden muss, dass sie abschnittsweise definierte Funktionen darstellen können. So können hier *Sprungstellen* vorliegen, also *Unstetigkeitsstellen erster Art.* [499]

Jedoch „verhalten" sich die Funktionenplotter bei solchen Sprungstellen (je nach ihrer Programmierung) durchaus unterschiedlich. Ein Beispiel: Für alle $x \in \mathbb{R}$ sei

$$f_a(x) := \begin{cases} x^2 & \text{für } x < a \\ \frac{1}{x} & \text{für } x \geq a \end{cases} \quad \text{mit } a \in \mathbb{R} \,.$$

Wie stellen konkrete Funktionenplotter diese Funktion um die Stelle a herum dar, wie *sollen* oder *können* sie das tun? Falls der Funktionenplotter keine bereichsweise Definition zulässt, kann man sich helfen, denn es gilt:

---

[497]   Vgl. Abschnitt 6.2.3.2 auf S. 146.
[498]   Man vergleiche dies mit der „Geometrie gedachter Objekte" in den späteren Abschnitten 8.7.2 und 8.7.5 .
[499]   Vgl. [Hischer & Scheid 1995, 161].

$$f_a(x) = x^2 \cdot \tfrac{1}{2} \cdot (1 - \mathrm{sgn}(x - a)) + \tfrac{1}{x} \cdot \tfrac{1}{2} \cdot (1 - \mathrm{sgn}(a - x))$$

f_a ist genau für $a = 1$ überall stetig und für $a \neq 1$ genau an der Stelle a unstetig. Bild 6.10 zeigt Funktionsplots um die die Sprungstelle a herum durch zwei verschiedene Funktionenplotter, und zwar für $a = 0{,}9$. Welche Simulation ist „richtig" oder zumindest „besser"?

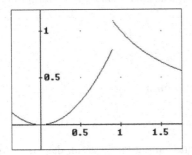 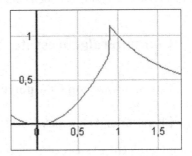

Bild 6.10: Darstellung einer Sprungstelle durch verschiedene Funktionenplotter

Der Funktionenplotter links in Bild 6.10 scheint das Problem besser zu lösen, denn es gibt ja keine „wirkliche" Verbindung zwischen den beiden „Ästen". Mit Blick auf den ersten Hauptsatz ist diese Feststellung jedoch neu zu bewerten! Denn der linke Funktionenplotter suggeriert (auch beim Zoomen) einen „Zusammenhang" des Graphen, der *nur* an der Stelle a durch den Sprung gestört zu sein scheint. Der rechte Funktionenplotter hingegen suggeriert *überall* Zusammenhang. Nun müssen wir aber zwischen dem „wirklichen" Funktionsgraphen und diesen beiden Funktionsplots unterscheiden, denn beide Funktionsplots sind aufgrund des ersten Hauptsatzes überall stetig, weil sie nur aus isolierten Punkten bestehen.

Mithin können wir aus den beiden Funktionsplots überhaupt nichts Belastbares bezüglich dieser „kritischen" Stelle ablesen. Wie auch immer: Beide *Funktionsplots als Simulationen des gegebenen Funktionsgraphen* sind wegen des Ersten Hauptsatzes überall stetig, die zugrunde liegende Funktion ist es hingegen nicht. Man kann also *Unstetigkeit* mit Hilfe von Funktionenplottern *nicht darstellen*. Vertiefende Reflexion führt schließlich zu der Einsicht, dass man *Unstetigkeit* auch *nicht zeichnen* kann, und schließlich ergibt sich die Erkenntnis, dass man eigentlich *Unstetigkeit nicht darstellen*, sondern sich *nur vorstellen* kann – kurz:

- *Man kann Unstetigkeit nur denken.* [500]

Die bisher vorgenommenen Betrachtungen zum Aliasing am Fehlsimulationen der Sinus-Funktionen führen zu einem weiteren überraschenden Hauptsatz, der erkennbar gültig ist: [501]

- *Zweiter Hauptsatz für Funktionenplotter:*

  Der Funktionsplot einer beliebigen trigonometrischen Funktion ist fast immer falsch.

---

[500] Siehe auch hier Fußnote 498 und dazu die Kommentierung zu Bild 9.1 auf S. 310.
[501] Ähnlich so bei [Hischer 2002, 309].

Es genügt hierzu, $\sin(ax)$ zu betrachten, und dieser Satz ist dann wie folgt zu lesen: „Greift" man *stochastisch* einen beliebigen Frequenzfaktor a (aus einer virtuellen Urne), so entsteht eine „Fehlsimulation". Das wurde bereits begründet; nur in „wenigen" Sonderfällen für „hinreichend kleine" Frequenzfaktoren kann man die Simulation in dem Sinne insofern als „richtig" gelten lassen, dass sie *„dennoch einen gültigen Eindruck der Funktion"* [502] vermittelt.

6.3   Computeralgebrasysteme

6.3.1   Zur Struktur von Computeralgebrasystemen

6.3.1.1   Übersicht und Geschichte

Ein **Computeralgebrasystem**, abgekürzt **CAS**, ist ein Computerprogramm, das *symbolische Berechnungen* wie beispielsweise das formale Lösen von Gleichungen und Ungleichungen einschließlich nötiger Termumformungen und auch das formale Differenzieren und Integrieren ermöglicht. Solche symbolischen Umformungen, auch „Formelmanipulationen" genannt, basieren sowohl auf *Algorithmen* als auch auf *Kalkülen* aus der Algebra und der Analysis (im Angloamerikanischen auch *Calculus* genannt, im Deutschen entsprechend Differential- und Integral*rechnung*). Diese Kalküle sind letztlich auch Grundlage jeglicher zielgerichteter händischer Bearbeitung. Es sind *Regelsysteme*, die im vorliegenden Kontext in der *Computeralgebra* formuliert und algorithmisch programmiert werden, womit ein „System für Computeralgebra" entsteht, also ein „Computeralgebra-System", kurz „Computeralgebrasystem". [503]

Üblich ist auch die *Implementation numerischer Algorithmen* in CAS, und meist werden CAS in Kombination mit einem *Funktionenplotter* [504] geliefert, die jedoch *beide* begrifflich nicht zur Computer-„Algebra" gehören. Einfache CAS liegen seit Anfang der 1990er Jahre in Kombination mit Funktionenplottern in „Taschencomputern" vor. [505] Eines der ersten CAS ist das in den 1960er Jahren entwickelte Programm **Macsyma**, das als Open-Source-Version unter dem Namen **Maxima** [506] weiterentwickelt wird. In den 1970er Jahren kam **muMATH** hinzu, in den 1980er Jahren **Mathematica** und **Maple** und Ende der 1980er Jahre **Derive** für den Mathematikunterricht. Heute gibt es eine Fülle unterschiedlicher CAS. Noch um 1990 herum war statt *Computeralgebrasystem* auch die Bezeichnung *Formelmanipulationssystem* üblich.

Einen jeweils aktuellen Überblick zu grundsätzlichen Aspekten von CAS findet man auf der Website der „Fachgruppe Computeralgebra", wo man u. a. als Zitat liest: [507]

---

[502]   [Winkelmann 1992, 34]; siehe auch Abschnitt 6.2.3.1.
[503]   Vgl. hierzu auch Abschnitt 9.3.3: „Algorithmen und Kalküle".
[504]   Siehe Abschnitt 6.2.
[505]   „Taschencomputer" sind z. B. Casio ClassPad, TI Voyage 200 und TI-nspire CAS (2015).
[506]   https://de.wikipedia.org/wiki/Maxima_(Computeralgebrasystem) (26. 10. 2015)
[507]   http://www.fachgruppe-computeralgebra.de/allgemeines/ (26. 10. 2015)

Die Computeralgebra ist ein Wissenschaftsgebiet, das sich mit Methoden zum Lösen mathematisch formulierter Probleme durch symbolische Algorithmen und deren Umsetzung in Soft- und Hardware beschäftigt. Sie beruht auf der exakten endlichen Darstellung endlicher oder unendlicher mathematischer Objekte und Strukturen und ermöglicht deren symbolische und formelmäßige Behandlung durch eine Maschine. Strukturelles mathematisches Wissen wird dabei sowohl beim Entwurf als auch bei der Verifikation und Aufwandsanalyse der betreffenden Algorithmen verwendet. Die Computeralgebra kann damit wirkungsvoll eingesetzt werden bei der Lösung von mathematisch modellierten Fragestellungen in zum Teil sehr verschiedenen Gebieten der Informatik und Mathematik sowie in den Natur- und Ingenieurwissenschaften.

6.3.1.2 Grundlegende Betriebsarten eines Computeralgebrasystems

Es sind zwei *grundsätzlich zu unterscheidenden Betriebsarten* von CAS zu unterscheiden: [508]

ST: Symbolischer Term-Modus   **NG**: Numerisch-Graphischer Modus

Der *NG-Modus* bezieht sich auf die Optionen eines guten Taschenrechners und eines Funktionenplotters und hat damit *nichts mit Computeralgebra* im engeren Sinn (s. o.) zu tun, während der *ST-Modus* das eigentlich Neue, nämlich die „Computeralgebra" (s. o.), betrifft.

Die von einem CAS (im engeren Sinn) verarbeiteten Objekte sind mathematische *Terme*, die als Bestandteile von Formeln (Gleichungen, aber auch Ungleichungen) auftreten. Terme lassen sich in beliebigen algebraischen Strukturen durch einen **Kalkül** [503] *rekursiv definieren*, etwa wie folgt im Körper $(\mathbb{R}, +, \cdot)$ der reellen Zahlen (zunächst für die Grundrechenarten):

(i)   Jedes Zahlzeichen für eine reelle Zahl ist ein Term.

(ii)   Jede Variable ist ein Term.

(iii) Ist T ein Term, so auch (T).

(iv)   Sind T_1 und T_2 Terme, so auch $T_1 + T_2$, $T_1 - T_2$, $T_1 \cdot T_2$ und $T_1 \div T_2$.

Und es könnte dann z. B. (bei „Bedarf", unter „geeigneten" Bedingungen) hinzukommen:

(v)   Ist $\varnothing \neq M \subseteq \mathbb{R}$, $f: M \to \mathbb{R}$, und ist T ein Term, so ist auch $f(T)$ ein Term.

So sind ggf. auch *reelle Funktionsterme* rekursiv definierbar, wobei man z. B. die Regel (v) auf stetige Funktionen einschränken könnte. In einer Booleschen Algebra könnte man z. B. *logische Terme* definieren, und prinzipiell geht es ähnlich in anderen Verknüpfungsstrukturen.

Neben der Erkenntnis, dass man also „Term" in einem konkreten Kontext streng formal definieren *kann*, nehmen wir für das Weitere nur die Einsicht mit, dass wir darunter einen „hinreichend anständigen" *Rechenausdruck* verstehen können und damit auch dennoch das Wesentliche erfassen. Bei einem CAS können nun in dieser vereinfachten Sichtweise *Terme vor allem in folgenden fünf Formen* auftreten: [508]

---

[508] Gemäß [Oberschelp 1996], darauf basierend dargestellt auch in [Hischer 2002, 262 ff.].

(1) *Kanonische Zeichen* für Zahlen (Integer, Festkomma, Gleitkomma), z. B. 65536, 3.141592654, $1.602 \cdot 10^{-19}$.

(2) *Zahlenpaare* und *Zahlen-Tripel*, in der Ausgabe als Simulationen [509] für Punkte der (x, y)-Ebene oder des perspektivisch dargestellten (x, y, z)-Raumes, z. B. bei Simulation von Funktionsgraphen, Kurven oder Flächen und bei Scharen solcher Objekte.

(3) Zur *Bildung komplizierterer Terme* dienen *Funktionszeichen* wie $+, -, \cdot, \div, \sqrt{\ }$, ferner z. B. *Bruchstrich, Exponentiation, Fakultät,* oder ggT, kgV, min, max, sin, log, ... und ihre *Verkettungen*, z. B. $\frac{1}{2}(1 + \sqrt{5})$, und es gibt auch Zeichen für *nullstellige Funktionen* (z. B. π, e, i) als Abkürzungen für bestimmte Zahlen (sog. *Konstanten*).

(4) *Erweiterungen des Termbegriffs* können durch Verwendung von *Variablen* für Zahlen, Zahlenpaare, Vektoren – beispielsweise $x, y, z, a, b, \vec{x}$ – usw. erfolgen.

(5) Eine *weitere Erweiterung des Termbegriffs* ergibt sich mittels *Funktionsvariablen* und *durch Operatoren* wie z. B.

$$g(h(x,y)), \; f(2, z), \; \frac{\mathrm{d}\,f(x)}{\mathrm{d}\,x}, \; \frac{\partial^2 f(x,y)}{\partial x\; \partial y}, \; \int \sin(x)\,\mathrm{d}\,x, \; \int u(x) \cdot v(x)\,\mathrm{d}\,x, \; \int_0^N \mathrm{e}^{-x^2}\,\mathrm{d}\,x, \; \dots .$$

Wenn ein CAS im NG-Modus genutzt wird, so geschieht dies weitgehend im Bereich von (1) bis (3), wobei aber auch (4) und (5) nicht ausgeschlossen sind. Das CAS wird dann im Prinzip nur wie ein programmierbarer Taschenrechner genutzt, der bei Verwendung von (2) über ein Graphik-Display verfügt. Dabei laufen intern Rechenprogramme ab, die auch umfangreiche Numerik-Algorithmen benutzen können, z. B. Verfahren zur Nullstellenbestimmung, zur numerischen Differentiation oder Integration, ferner Interpolations- und Approximations-Algorithmen. Das numerische Lösen von Gleichungen, das Darstellen von Funktionsgraphen mit einem integrierten Funktionenplotter und die Anwendung von Operationen und Optionen wie *approx* sind Indizien dafür, dass ein CAS im NG-Modus arbeitet – doch hierfür benötigt man eigentlich gar kein (im engen Sinn verstandenes) „Computeralgebrasystem"!

6.3.1.3 Termersetzungstechniken

Das Revolutionäre an Computeralgebrasystemen ist die *Möglichkeit symbolischen Rechnens* (was typisch für die „händische Mathematik" ist), also des Verarbeitens von Termen auch im Sinne von (4) und (5), und dies ist zugleich der Kern des ST-Modus. Die Terme werden dabei wie Elemente einer formalen Sprache *als Texte* verarbeitet.
Unverzichtbar sind dabei

* Algorithmen zur *Analyse der Eingabeterme* und die

* Benutzung von *Daten- und Methoden-Banken* zwecks Bereitstellung geeigneter Verarbeitungsalgorithmen.

---

[509] Vgl. Abschnitt 6.2.3.1.

Diese Art der Verarbeitung gehört in einen *zentralen Problembereich der Informatik*, nämlich in den der *Syntaxanalyse* (das sog. „Parsing" [510]) formaler Sprachen. Die hier auftretenden formalen Sprachen sind sog. *kontextfreie Sprachen* (context free languages – CFL). [511] Insbesondere *Baumstrukturen* können im Rahmen der CFL-Theorie sinnvoll behandelt werden.

Baumstrukturen spielen bei der formalen Definition von „Term" und der Analyse von Termen eine unentbehrliche Rolle, und sie sind Gegenstand mathematikdidaktischer Konzeptionen, um mit ihrer Hilfe den hierarchischen Aufbau von Termen sowohl verdeutlichen als auch verstehen zu können.

6.3.1.4   Analysis mit CAS?

Die Beispiele unter (5) auf der vorigen Seite suggerieren, dass mittels CAS auch Analysis „betrieben" werden kann. Doch wie soll das möglich sein, wo doch Analysis den Grenzwertbegriff und damit das „Unendliche" zwingend erfordert? Der Grund dafür liegt nicht in für die Analysis typischen Begriffsbildungen, die wesentlich auf dem Infiniten beruhen, sondern auf dem, was in den Bezeichnungen „Infinitesimal*rechnung*" und „Differential- und Integral*rechnung*" zum Ausdruck kommt: Man kann nämlich in der Analysis „Rechnungen" durchführen, ohne zu wissen bzw. zu verstehen, was „Grenzwert", „Differentialquotient", „bestimmtes Integral" usw. eigentlich sind und wie sie definiert werden. Und das wiederum liegt daran, dass sich viele dieser „(Be-)Rechnungen" *rein algebraisch* beschreiben lassen, indem man sie auf einen „**Kalkül**" gründet, z. B. den „Differentialkalkül", mit dem bereits Leibniz 1684 die „technischen" Grundlagen der Analysis beschrieben hat. [512]

Das sei beispielhaft für das „Differenzieren" angedeutet: Es sei id: $(\mathbb{R} \to \mathbb{R}, \, x \mapsto x)$, also die auf $\mathbb{R}$ erklärte *identische Funktion* mit $\mathrm{id}(x) = x$, und $\mathbb{R}[\mathrm{id}]$ sei die Menge aller *ganzrationalen Funktionen* mit reellen Koeffizienten. Mit $f \in \mathbb{R}[\mathrm{id}]$ ist also $f(x)$ ein *Polynom* in x. Es sei ferner $\underline{a}$ diejenige reelle *konstante Funktion*, für die $\underline{a}(x) = a$ für alle $x \in \mathbb{R}$ gilt. Wenn wir dann $(f + g)(x) := f(x) + g(x)$, $(f \cdot g)(x) := f(x) \cdot g(x)$ und $(\underline{a} \cdot f)(x) := a \cdot f(x)$ setzen (für alle $f, g \in \mathbb{R}[\mathrm{id}]$ und alle $a, x \in \mathbb{R}$), so erhalten wir einen „Funktionenraum" $(\mathbb{R}[\mathrm{id}], +, \cdot)$. Setzen wir zusätzlich $f^0 := \underline{1}$ und $f^{n+1} := f^n \cdot f$ (für alle $f \in \mathbb{R}[\mathrm{id}]$ und alle $n \in \mathbb{N}^*$), so ist auf $(\mathbb{R}[\mathrm{id}], +, \cdot)$ wie folgt eine „Derivation" $\mathfrak{D}$ (also eine „Ableitung") erklärbar:

$$\mathfrak{D}(\mathrm{id}^n) := n \cdot \mathrm{id}^{n-1}, \quad \mathfrak{D}(\underline{a}) := \underline{0}, \quad \mathfrak{D}(\underline{a} \cdot f) := \underline{a} \cdot \mathfrak{D}(f),$$

$$\mathfrak{D}(f + g) := \mathfrak{D}(f) + \mathfrak{D}(g), \quad \mathfrak{D}(f \cdot g) := \mathfrak{D}(f) \cdot g + f \cdot \mathfrak{D}(g).$$

$(\mathbb{R}[\mathrm{id}], +, \cdot)$ erweist sich als „Ring", in dem man also rein algebraisch „differenzieren" kann, ohne definiert zu haben, was $\mathfrak{D}(f)$ *inhaltlich bedeutet*. Das macht plausibel, weshalb Computeralgebrasysteme auch „differenzieren können" – obwohl sie nicht „wissen", was sie „tun" ...

---

[510]   Vgl. http://de.wikipedia.org/wiki/Parser und http://www.ucalc.com/fastmathparser.html (26. 10. 2015).

[511]   Die hiermit verbunden Hierarchie geht auf Noam Chomsky zurück und ist für die Analyse von Programmiersprachen von fundamentaler Bedeutung; vgl. Literatur zu Informatik und Linguistik.

[512]   Siehe hierzu S. 333 f. und die ausführlichen Untersuchungen in [Krämer 1991].

Wir fragen weitergehend, ob es vielleicht auch eine Quotientenregel gibt. Dazu sei

$$f := \frac{p}{q} \quad \text{mit } p, q \in \mathbb{R}\,[\mathrm{id}] \text{ und } \frac{p}{q}(x) := \frac{p(x)}{q(x)}$$

für alle $x \in \mathbb{R}$ (mit $q(x) \neq 0$ und weiteren „geeigneten" Bedingungen). Dann ist $f \cdot q = p$ und somit $\mathfrak{D}(f \cdot q) = \mathfrak{D}(f) \cdot q + f \cdot \mathfrak{D}(q)$, und Auflösung nach $\mathfrak{D}(f)$ liefert schließlich:

$$\mathfrak{D}\left(\frac{p}{q}\right) = \frac{\mathfrak{D}(p) \cdot q - p \cdot \mathfrak{D}(q)}{q^2}.$$

Die „Quotientenregel" folgt also (wie üblich) wieder aus der Produktregel, und sie gilt neben den bereits aufgeführten gewohnten „Ableitungsregeln" in diesem um eine „eingeschränkte" Division (s. o.) erweiterten Funktionenraum der gebrochen-rationalen Funktionen.

Bezüglich der durch $(f \circ g)(x) := f(g(x))$ für alle $x \in \mathbb{R}$ definierten „Verkettung" fügen wir dem bisherigen System von Ableitungsregeln als weitere Regel die „Kettenregel" hinzu:

$$\mathfrak{D}(f \circ g) := (\mathfrak{D}(f) \circ g) \circ \mathfrak{D}(g)$$

Nun können wir den Funktionenraum sukzessive erweitern, etwa um die Sinusfunktion sin, indem wir die neue Regel $\mathfrak{D}(\sin) = \cos$ ergänzen, und es wird nachvollziehbar, dass ein CAS um die jeweiligen Bedürfnisse bzw. Anforderungen wachsen (!) kann. Und falls sich dann ergibt, dass ein bestimmter Sonderfall vom CAS nicht oder nicht korrekt gelöst wird, so kann das System um weitere entsprechende (Ausnahme-)Regeln in der Datenbank ergänzt werden.

6.3.1.5 CAS und Künstliche Intelligenz?

Computeralgebrasysteme „übernehmen" damit *typisch menschliche Tätigkeiten* (und also auch *Fähigkeiten* [513]), die z. T. auf sie „ausgelagert" werden, [514] d. h., sie treten als „künstliches Sinnesorgan" auf und damit als ein „Werkzeug zur Weltaneignung". [515] Das könnte bei oberflächlicher Betrachtung dazu verleiten, CA-Systeme der sog. „künstlichen Intelligenz (KI bzw. AI [516]) zuzurechnen, weil sie doch so erstaunlich leistungsfähig seien und sogar *typisch menschliche Tätigkeiten* übernähmen. Dem *widerspricht* Oberschelp jedoch deutlich: [517]

> Bei manchen Benutzern von CA-Systemen herrscht nun die Meinung vor, daß CA-Systeme als typische Werkzeuge der Künstlichen Intelligenz [...] anzusehen seien. Es ist ein Ziel unserer Ausführungen, klarzumachen, daß eine solche Einordnung irreführend ist: Die AI stellt sich als zentrale Aufgabe die der automatischen *Entwicklung* von Verfahren. Hierbei wird mit möglichst allgemeinen logischen Techniken (z. B. PROLOG) Wissen deduktiv erzeugt und dabei versucht, die menschliche Intelligenz zu simulieren. Es geht bei CAS aber lediglich um die *Nutzung* bereits entwickelter Verfahren und insbesondere um das systematische Erkennen solcher Nutzungsmöglichkeiten. [518]

---

[513] Siehe zu „Fähigkeiten" die Erörterungen in Abschnitt 2.5.
[514] Vgl. Abschnitt 3.7.
[515] Siehe dazu die Abschnitte 3.3, 4.4 und 5.1.
[516] AI steht für "artificial intelligence".
[517] [Oberschelp 1996, 32 ff.]; Hervorhebungen nicht im Original.
[518] Es sei angemerkt, dass diese Simulation *ein* wichtiger Aspekt der KI ist. Aber in einer weiteren KI-Forschungsrichtung geht es sogar darum, *simulierend „menschliche Intelligenz" zu verstehen.*

Dieses viel weniger ambitionierte Programm der CAS birgt aber als Vorteil die Chance auf eine hohe Lösungs-Effizienz in sich. CA-Systeme verzichten also auf die Weiterentwicklung unserer Intelligenz; stattdessen versuchen sie, unser gesamtes bisher entwickeltes Wissen und Können in Antworten zu compilieren. Diese These muß man im Auge behalten, wenn der Wert von CA-Systemen für die Entwicklung der Kreativität unserer Schüler diskutiert wird.

Dennoch repräsentieren CAS eine partielle „Auslagerung" menschlicher Fähigkeiten. [513] [519]

6.3.2   Computeralgebrasysteme und Mathematikunterricht

6.3.2.1   Computeralgebrasysteme als Auslöser grundlegender didaktischer Erörterungen

Nach dem Auftreten erster Computeralgebrasysteme in den 1980er Jahren stellte der österreichische Mathematiker und Informatiker Bruno **Buchberger** sogleich die ketzerische Frage:

- *Should Students learn Integration rules?* [520]

Und er sprach in seinem Beitrag diesbezüglich von „Trivialisierung":

> In this sense the area of *arithmetic on the natural numbers is trivialized* because there exist algorithms for addition and multiplication on the natural numbers in the „symbolic representation" as decimals. (Note that arithmetic, in early stages of mathematics, was not „trivial" at all and humans who were able to perform arithmetical operations even in a limited number range were deemed to be „intelligent" far beyond average.)

> The area of *integrating functions* described by elementary transcendental expressions [...] is *trivialized*: Risch's algorithm decides, in finitely many steps, whether the integral of a given elementary transcendental function is again elementary transcendental and, in the positive case, produces the expression that describes the integral. Furthermore, this algorithm, in combination with heuristic methods, is efficient and, on modern hardware, outperforms humans by orders of magnitude.

> Similarly, *geometrical theorem proving is trivialized*: Wu's algorithm or the Gröbner basis algorithm decides in finitely many steps whether or not a given geometrical theorem that can be expressed by equational hypotheses and an equational conclusion is true or not (and, again, these algorithms work amazingly fast on quite non-trivial examples).

Zusammenfassend ist damit sinngemäß, Buchberger interpretierend, festzuhalten:

- Ein mathematisches Gebiet heißt „**trivialisiert**", sobald ein effizienter Algorithmus existiert, der jedes gegebene Problem dieses Gebiets löst.

Bereits 1962, also lange vor der Verfügbarkeit von CAS, wurde Buchbergers Einschätzung der „**Trivialisierung**" von den Grundlagentheoretikern Hans **Hermes** und Werner **Markwald** thematisiert. So schrieben sie im ersten Band des von Heinrich Behnke und anderen herausgegebenen umfangreichen Werks „Grundzüge der Mathematik" u. a. Folgendes:

---

[519]   Zur detaillierten Untersuchung konkreter CAS mit vielen Beispielen siehe [Hischer 2002, 265 ff.].
[520]   [Buchberger 1989]

Die Mathematiker haben nicht nur das Bestreben, Einsichten zu gewinnen und tiefliegende Sätze herzuleiten. Daneben bemühen sie sich ernstlich darum, allgemeine Methoden zu finden, mit deren Hilfe gewisse Klassen von Problemen systematisch behandelt und sozusagen automatisch gelöst werden können. Jede neu gefundene Methode ist ein Fortschritt der Mathematik. Damit wird allerdings der durch diese Methode beherrschte Aufgabenkreis <u>trivialisiert</u> und hört auf, ein interessantes Gebiet der schöpferischen Mathematik zu sein. [521]

Buchbergers provozierende Frage führte sofort zu einer intensiven mathematikdidaktischen Diskussion, beginnend 1991 mit einer Tagung, die unter dem Titel stand:

- *Mathematikunterricht im Umbruch? – Erörterungen zur möglichen „Trivialisierung"
  von mathematischen Gebieten durch Hardware und Software.* [522]

Im Tagungsaufruf hierzu war unter "Call for Papers" ebenso provozierend zu lesen:

Angesichts neuartiger sog. „Trivialisierer" wie den Formelmanipulationssystemen (z. B. DERIVE) stellt sich mehr denn je die Sinnfrage: Warum treiben wir Mathematik, und warum unterrichten wir eigentlich (noch?) Mathematik? Brauchen wir vielleicht ein (verbindliches?) Fach Informatik, oder brauchen wir eher ein gewandeltes Fach Mathematik (und dann keinen Informatikunterricht in der Schule)? Wie kann, sollte, muß gar ein solches gewandeltes Fach Mathematik aussehen, und zwar in bezug auf Ziele, Inhalte und Methoden?

6.3.2.2 Wie viel Termumformung „braucht" der Mensch?

Diese Überschrift wird Assoziationen an den Titel *„ Wieviel Termumformung braucht der Mensch?"* des Tagungsbandes zu der Folgetagung von 1992 hervorrufen. [523] Dieser Titel, der sowohl mit Blick auf die „trivialisierenden" Möglichkeiten der neu auf den Plan getretenen Computeralgebrasysteme gewählt wurde als auch in Anknüpfung an Leo Tolstois berühmte Erzählung *„ Wieviel Erde braucht der Mensch?",* [524] ist anschließend oft spontan dahingehend missverstanden worden, dass „Termumformungen" als eine im Mathematikunterricht zu erwerbende *Fertigkeit* angesichts der sich abzeichnenden baldigen breiten Verfügbarkeit von Computeralgebrasystemen wohl an Bedeutung verlieren könnten. Vielmehr lag unerwartet eine Situation vor, die verantwortliches *Vordenken* erforderte. Das erfordert *Zeit, Freiräume zum Experimentieren* und sorgfältiges *Abwägen,* nicht aber vorschnelle administrative Vorgaben.

Alexander Wynands schrieb in jenem Tagungsband zur Tagung von 1992: [525]

Eine symbolverarbeitende Software wie DERIVE kann nicht die Kompetenz beim Umgang mit Termen und (Un-)Gleichungen ersetzen. Ihre Existenz sollte uns jedoch veranlassen, die in unseren Schulbüchern anzutreffende <u>übertriebene Term-Vereinfachungs-Akrobatik</u> ebenso zurückzuschrau-

---

[521] [Hermes & Markwald 1962, 33]; Hervorhebung nicht im Original.
[522] [Hischer 1992]
[523] [Hischer 1993]; Tagungsbandtitel noch nach damaliger Rechtschreibung. Dieser Tagungsband trug den Untertitel *„Fragen zu Zielen und Inhalten eines künftigen Mathematikunterrichts angesichts der Verfügbarkeit informatischer Methoden".*
[524] Sie wurde 1885 veröffentlicht.
[525] [Wynands 1993, 66]; Hervorhebung nicht im Original.

ben, wie es auf Grund der Existenz von TR mit dem numerischen Ballast in der Bruchrechnung schon weitgehend geschehen ist. Höchstleistungen im Manipulieren vielziffriger Zahlen und komplizierter Terme sind weniger gefordert als **Einsicht** in die mechanisierbaren Verfahren.

Mit Bezug auf eine solche „Kalkül-Akrobatik" wurde bedenkend ergänzt: [526]

> Ergeben sich aufgrund der Existenz von Trivialisierern vielleicht neue Chancen für den Mathematikunterricht – Chancen, die wir uns eigentlich schon immer gewünscht haben? [...]

> Dabei muß aber berücksichtigt werden, daß ein künftiger Mathematikunterricht bei Wegfall „trivialisierter Gebiete", die als kalkülhafte Bereiche bisher einen quantitativ großen Teil des Unterrichts einnehmen, nicht leichter und schon gar nicht „trivial" wird.

> Zugleich wage ich die Prophezeiung, daß ein enormer Druck auf den Mathematikunterricht durch die Gesellschaft entstehen wird, wenn erst hinreichend bekannt geworden ist, womit ein wesentlicher Teil der Unterrichtszeit verbracht wird. Und stellen wir uns bitte vor, es würde dann gar behauptet, diese „Kalkülakrobatik" habe angesichts der Verfügbarkeit neuartiger Werkzeuge keinen Bildungswert mehr!

> Haben wir denn dazu eine Meinung, die Bestand haben kann?

Wie viel Termumformung braucht also der Mensch? Hierzu sei angemerkt:

- *Fragen wie diese zu stellen ist nötig*, aber *vorschnelle Antworten zu geben ist verfehlt!*

Es ist aber noch zu klären, weshalb in der Überschrift dieses Abschnitts das „braucht" – im Gegensatz zum erwähnten Tagungsbandtitel – in Anführungszeichen gesetzt ist. Dazu sei ein Blick in Tolstois Erzählung geworfen:

Der Protagonist ist der Bauer Pachom, der eigentlich in Bescheidenheit zufrieden und glücklich ist und mit seinen Nachbarn friedfertig zusammen lebt, sich eines Tages ein Stück Land kauft, dabei die Vorteile größerer Bewirtschaftungsmöglichkeiten schätzen lernt, dann in der aufkeimenden *Gier* nach immer mehr Land alle Maßstäbe verliert und schließlich an seiner eigenen Unersättlichkeit jämmerlich zugrunde geht.

Pachom meint also in seiner eigenen, *subjektiven* Sicht, immer mehr Land zu *„brauchen"*, also zu *benötigen*.

Die Genese dieser Geschichte und deren Ende zeigen jedoch, dass der Protagonist *objektiv* gesehen keineswegs so viel Land *„braucht"*, wie er zusammengerafft hat. Insofern gelingt es Tolstoi (absichtlich?) – zumindest im Sinne der deutschen Übersetzung des Titels –, die Mehrdeutigkeit des deutschen „braucht" deutlich werden zu lassen:

Was „braucht" einerseits jemand aus eigenem Anspruch (oder aus eigener Gier) heraus, um „subjektiv angemessen" leben zu können, und was „braucht" andererseits jemand, indem man ihm Etwas *zugesteht*, um damit „objektiv angemessen" leben zu können, wie es z. B. vermutlich mit der Frage: „Wie viel Platz braucht eine Legehenne?" gemeint ist?

---

[526]   [Hischer 1994 b, 389]; mit „Trivialisierer" sind anthropomorphisierend „informatische Werkzeuge" gemeint, die (wie z. B. CAS) im Sinne von Buchberger „ein mathematisches Gebiet trivialisieren".

1992, bei der erwähnten Tagung, während der sich, angeregt durch Wilfried Herget, die Frage „Wie viel Termumformung braucht der Mensch?" entwickelte, stand diese Doppeldeutigkeit nicht zur Diskussion, vielmehr wurde das „braucht" vermutlich mehrheitlich nur *objektiv* (und also einseitig) in der Sichtweise von Bildungsplanern (zu denen auch die Teilnehmerinnen und Teilnehmer der Tagung zu zählen waren) verwendet, wenn diese sich nämlich Gedanken darüber machen, in welchem Umfang und in welcher Qualität beispielsweise Termformungen usw. im Mathematikunterricht zu behandeln oder zu festigen sind, um damit vorliegende oder ggf. zu überarbeitende oder gar neu zu fassende Ziele zu erreichen.

Man stelle sich andererseits die (skurrile?) Situation vor, dass Schülerinnen und Schüler *subjektiv* geradezu danach gieren, sich mit Termumformungen, Differenzieren, Integrieren und weiteren „mathematischen Techniken" zu befassen und dass es in *unseren* didaktischen Überlegungen darum gehen würde, wie man diese Gier fördern oder bremsen kann. Insofern erscheint das „braucht" hier in Anführungszeichen, um auf diese denk*bare* und ggf. sogar denk*würdige* Doppeldeutigkeit zu verweisen.

Nachfolgend ist aber „braucht" nur *objektiv* im Sinne von Bildungsplanung zu verstehen.

6.3.2.3 Zur Auslagerung von Fertigkeiten auf Computeralgebrasysteme

Computeralgebrasysteme „können" also bestimmte *mathematische Techniken* – die „normalerweise" von einzelnen Menschen kraft ihrer *Fähigkeiten* durch hinreichendes *Üben* als (routinierte) *Fertigkeiten* erwerbbar sind [527] – übernehmen, indem diese Techniken durch geeignete Programmierung auf diese Systeme anthropomorphisierend *ausgelagert* [528] werden. Solche Systeme erscheinen dann im Sinne der von Wagner so genannten „Organmethapher" als „künstliche Sinnesorgane" und somit als „Werkzeuge zur Weltaneignung". [529]

Ist nun eine Verfügbarkeit über Computeralgebrasysteme im Mathematikunterricht als ein *didaktischer Gewinn* zu bewerten, weil sich aufgrund entstehender Freiräume *„neue Chancen für den Mathematikunterricht"* ergeben (können)? [530] Oder ist ein damit möglicherweise einhergehender Verlust an Fähigkeiten und Fertigkeiten mit Blick auf „Bildung" bzw. auf die Rolle des Mathematikunterrichts im Rahmen von „Allgemeinbildung" als Nachteil einzustufen? [531] Oder anders: Haben solche Fertigkeiten einen Bildungswert? Und wenn ja, welchen?

Diese wesentliche Frage kann derzeit wohl noch nicht abschließend seriös beantwortet werden, sofern man sie nur *medienmethodisch* [532] einstuft. So gibt es durchaus Argumente, die dafür sprechen, mit dem Einsatz solcher Systeme im Sinne von *Medienmethodik* zurückhaltend zu sein, wohingegen sich interessante *medienbildende Aspekte* in den Bereichen *Medienkunde* und *Medienreflexion* ergeben, wie in Abschnitt 6.7.2.1 angedeutet wird.

---

[527] Vgl. zu „Fertigkeiten" die Analyse in Abschnitt 2.5.
[528] Siehe Abschnitt 3.7.
[529] Vgl. die Abschnitte 3.3, 4.4 und 5.1.
[530] Siehe das Zitat auf S. 167.
[531] Hierzu sind die Betrachtungen aus Kapitel 2, insbesondere aus Abschnitt 2.2 zu beachten.
[532] Siehe hierzu die Abschnitte 2.4, 3.9 bis 3.12 und 5.1.

6.3.2.4   Das epistemologische Dreieck und der Einsatz von Computeralgebrasystemen

Im mathematikdidaktischen Kontext begegnet uns der Terminus „Begriffsbildung" unter zwei völlig unterschiedlichen Aspekten. [533] So ist z. B. die gängige Bezeichnung „Entwicklung des Zahlbegriffs" doppeldeutig und recht missverständlich, etwa:

- *Entwicklung des Zahlbegriffs im Kinde*

- *Entwicklung des Zahlbegriffs von den Pythagoreern über Peano und Dedekind bis Hilbert*

Im ersten Beispiel geht es um Begriffsbildung im **ontogenetischen** Sinn, im zweiten Beispiel hingegen um Begriffsbildung im **kulturhistorischen** Sinn. Gemeinsam ist beiden Aspekten, dass hier *Begriffsbildung als Prozess* aufzufassen ist. [534] Um den ersten Aspekt geht es hier.

In einer empirischen Analyse der *Entstehung von Wissen im Unterricht* haben Seeger, Bromme, und Steinbring herausgearbeitet, dass bei *ontogenetischer Begriffsbildung* zu unterscheiden sei zwischen *Objekt, Symbol* und *Begriff* – wobei sie deren Zusammenhänge in dem von ihnen entwickelten *epistemologischen Dreieck* darstellen. [535] Steinbring schreibt hierzu: [536]

> In Situationen der Problemlösung oder der Weiterentwicklung mathematischen Wissens sieht man sich [...] der Anforderung ausgesetzt, eine Beziehung zwischen allgemeinen strukturellen Aspekten des Wissens und Bedingungen einer mehr oder weniger konkreten, gegenständlichen Situation vorzunehmen.
>
> [...] Dieses für den Mathematikunterricht zentrale Problem der Herstellung einer Beziehung zwischen *symbolisch-struktureller Ebene* und *gegenständlich-kontextbezogener Ebene* des Wissens ist beispielhafter Ausdruck für die Wechselbeziehung zwischen *subjektbezogenen* und *objektiven* Momenten in der Wissensentwicklung. [...] Wir gehen davon aus, daß die *Bedeutung des mathematischen Begriffes* sich als eine Beziehungsform zwischen *Zeichen (oder Symbol)* und *Gegenstand (oder Objekt)* im epistemologischen Dreieck konstituiert.

Dabei zeigt sich, dass nur die hier so genannte „Objektebene" und die „Symbolebene" einer direkten Beobachtung zugänglich sind, die „Begriffsebene" hingegen nur indirekt: [537]

> Diese beiden Ebenen kann man in Unterrichtsverläufen explizit beobachten; den Begriffsinhalt [...] kann man jedoch nicht direkt identifizieren.

Bild 6.11 zeigt eine Weiterentwicklung des von Bromme, Seeger und Steinbring eingeführten epistemologischen Dreiecks, wobei anstelle ihrer bildlichen Vorstellung von „Ebenen" hier diejenige von „Sphären" im Sinne von „Bereichen" gewählt wird:

Wegen der *nicht direkt beobachtbaren Begriffs-Bildung* wird hier die *Begriffs-Sphäre* nur schemenhaft angedeutet. Zugleich bilden „Objekt" und „Symbol" aufgrund ihrer *direkt zugänglichen Beobachtbarkeit* (s. o.) die *Basis*, während der „Begriff" als abstraktes, nicht

---

[533]   Siehe dazu die Anmerkungen auf S. 139.
[534]   Siehe hierzu die ausführlichen Betrachtungen in [Hischer 2012, 34 ff.].
[535]   Vgl. [Bromme & Steinbring 1990], [Seeger 1990, 139] und [Steinbring 1993, 118], [Hischer 1996].
[536]   [Steinbring 1993, 116 f.]; unterstreichende Hervorhebungen nicht im Original.
[537]   [Bromme & Steinbring 1990, 161]

direkt greifbares Konstrukt zwischen „Objekt" und „Symbol" auf einer *höheren Sphäre* zu
denken ist. [538] Die in Bild 6.11 dargestellte Situation lässt sich dann wie folgt kommentierend
zusammenfassen:

- Der mathematische Begriff entsteht in
  kommunikativen Situationen durch Herstellung von Beziehungen einerseits zwischen
  den Gegenständen bzw. Objekten in der
  Empirie-Sphäre (**Anwendungsfälle**) und
  andererseits zwischen den Zeichen bzw.
  Symbolen in der Kalkül-Sphäre (**mathematische Struktur**).

- *Nur diese beiden Sphären sind einer Beobachtung im Unterricht direkt zugänglich*,
  weil die Kommunikation und die Handlungen sowohl der Schülerinnen und Schüler
  als auch der Lehrkraft sich hierauf beziehen.

Bild 6.11: modifiziertes epistemologisches Dreieck

In der *Empirie-Sphäre* „erfassen" die Individuen konkrete materielle oder ideelle *Objekte*,
sammeln mit ihnen Erfahrungen und klassifizieren und „begreifen" sie schrittweise als *Beispiele* oder *Nichtbeispiele* für den zu *entwickelnden Begriff* im Sinne des *Begriffsumfangs*.
Durch die damit verbundene zunehmende *symbolisierende Abstraktion* nähern sich die Individuen in der *Kalkül-Sphäre* der Beschreibung einer gemeinsamen **mathematischen Struktur**
dieser Objekte und damit einem (oder „dem"?) mathematischen *Begriffsinhalt*. Die bei diesem Abstraktionsprozess mögliche Verwendung von *Symbolen* als *bedeutungstragenden Zeichen* dient der Kommunikation zwischen den Beteiligten und bedarf eines Regelsystems, das
auf einem (zu entwickelnden) *Kalkül* unter Einschluss der mathematischen Logik beruht. [503]

Die auf diese Weise erarbeitete formale bzw. verbale (vorläufige) „Definition" wird auf
die vorhandenen und weitere Objekte der *Empirie-Sphäre* „rückwirkend" angewendet, wobei
diese nun in neuer Sicht als **Anwendungsfälle** erscheinen, gefolgt von einem erneuten Wechsel in die *Kalkül-Sphäre*, in der man „**kalkuliert**" (in Verbalisierung des Umgehens mit einem
Kalkül). Wegen der erwähnten Kommunikation zwischen den „Beteiligten" findet diese *ontogenetische Begriffsbildung nicht nur subjektiv* statt, *sondern auch intersubjektiv*.

Für den Begriffsbildungs-Prozess ist dieser (sich wiederholende!) *Sphärenwechsel* typisch,
und das im Unterricht teilweise beobachtbare Verharren in der Kalkül-Sphäre wird einer fun-
dierten Begriffs-Bildung nicht dienen können. Bekanntlich kann kein adäquates Bruchver-
ständnis entwickelt werden, wenn lediglich Bruchrechenregeln „gelernt" und angewendet

---

[538] Deshalb sind in dieser modifizierten, neuen Version des epistemologischen Dreiecks gegenüber der ursprünglichen „oben" und „unten" vertauscht. Siehe hierzu die Darstellung in [Hischer 2012, 39].

werden, und es wird kein Verständnis für infinitesimale Prozesse entwickelt werden können, wenn etwa nur Grenzwert- und Ableitungsregeln „gelernt" und angewendet werden: Damit würde jeweils die Empirie-Sphäre vernachlässigt und die Kalkül-Sphäre überbetont werden.

Umgekehrt wird man der Frage nachgehen müssen, wie es z. B. um die Begriffsentwicklung bei dominantem Computereinsatz bestellt ist: *Computeralgebrasysteme* enthalten Algorithmen und Kalküle, die nicht mehr individuell beherrscht werden müssen, so dass dadurch die Kalkül-Sphäre vernachlässigt zu werden droht, denn hierbei wird – wie bereits ausgeführt – „Denkfähigkeit" partiell auf den Computer *ausgelagert*.

Damit entsteht aber folgendes Problem: Wenn das Nutzen oder Verwenden eines Computeralgebrasystems nicht mehr ein *Kalkulieren* im bisherigen Sinn des händischen Umgehens mit Zeichen und Symbolen ist, was ist es denn dann? Kann es vielleicht sein, dass das Computeralgebrasystem auf diese Weise *zum Objekt* wird, das Umgehen mit Computeralgebrasystemen also ein Handeln in der Empirie-Sphäre darstellt?

Wenn das tatsächlich so sein sollte, so müssten wir uns jedoch ernsthaft Sorgen um die ontogenetische Begriffsbildung machen, falls Computeralgebrasysteme in großem Maße *medienmethodisch* im Mathematikunterricht eingesetzt werden, indem sie einfach an die Stelle des bisherigen händischen Kalkulierens treten. Genau dies muss offenbar vermieden werden!

So steht wohl in der Tat der Mathematikunterricht vor neuen Herausforderungen, weil zu klären ist, *welche Handlungen in der Kalkülsphäre ihren Platz finden sollen*:

- *Wie viel Termumformung braucht der Mensch?*

6.4 Tabellenkalkulationsysteme

6.4.1 Überblick

Die Namen „Tabellenkalkulation" bzw. „Tabellenkalkulationssystem" sind vielen Anwendern nicht geläufig, obwohl sie solche Programme am Arbeitsplatz einsetzen. Wenn man Ihnen jedoch an ihrem eigenen Bildschirm zeigt, dass sie gerade damit arbeiten, hört man oft sinngemäß: *„Ach so, Sie meinen Excel ... "*. Das ist dann ganz so, als ob man nicht wüsste, was ein „Betriebssystem" ist, obwohl man z. B. Windows als eigenes Betriebssystem verwendet! Hier wird also in beiden Fällen ein konkretes Produkt schon als Gattungsbezeichnung verstanden.

Tabellen sind als Funktionen anzusehen, [539] und in diesem Sinne traten sie schon vor rund 4 000 Jahren bei den Babyloniern auf, [540] dann in der Neuzeit bei numerischen Tafelwerken und statistischen Tabellen [541] – und auch heute noch dienen Tabellen einer übersichtlichen Datenerfassung.

---

[539] Siehe Kapitel 7, insbesondere Abschnitt 7.9.3 und dazu das Fazit auf S. 245 f.
[540] Abschnitt 7.5.
[541] Abschnitte 7.7.2 bis 7.7.8.

Mit *„Tabellenkalkulation"* bezeichnet man dagegen ein rein softwarebasiertes Verfahren zur verknüpften oder verknüpfenden Darstellung und Berechnung (also *„Kalkulation"*) von Daten (insbesondere von numerischen Daten und Formeln, aber auch von Text), die in den „Zellen" einer *virtuellen Tabelle* eingetragen sind.

Ein solches Verfahren wird durch ein **Tabellenkalkulationssystem** (auch „Tabellenkalkulationssoftware" oder „Tabellenkalkulationsprogramm" genannt, hier kurz „**TKS**") realisiert. Tabellenkalkulationssysteme haben mit den üblichen gedruckten Tabellen außer der äußerlichen tabellarischen *Struktur* kaum etwas gemein, denn sie gehen über die Möglichkeit einer tabellarischen *Datenerfassung* weit hinaus!

6.4.2   Historische Anmerkungen

Ab etwa 1960 gab es erste Funktionenplotter, wenn auch nur für damalige Großrechner, [542] das erste Tabellenkalkulationsprogramm wurde dagegen erst 1979 vorgestellt, und zwar nicht für Großrechner, sondern gleich für den damals brandneuen berühmten Tischcomputer Apple II und kurz darauf auch in Adaption für den ebenfalls berühmten Commodore CBM 8032 – immerhin noch vor den ersten für die neuen Tischcomputer entwickelten Funktionenplottern.

Dieses erste Tabellenkalkulationssystem war **VisiCalc** (ein sog. *Kofferwort* im Sinne von „sichtbare Berechnungen"), das 1979 von Dan Bricklin erfunden und von Bob Frankston programmiert wurde. [543] Bricklins Motto hierfür war

„eine elektronische Tafel und eine elektronische Kreide im Klassenraum".

Die Rechte an VisiCalc wurden dann an Lotus Development Corporation verkauft und führten zur Entwicklung von *Lotus 1-2-3* [TM], später zu *Quattro Pro* [TM] von der Softwarefirma Borland. Parallel entwickelte die durch den IBM-PC entstandene Firma Microsoft Anfang der 1980er Jahre für das Betriebssystem MS-DOS [TM] zunächst das Tabellenkalkulationsprogramm *Multiplan* [TM] (ergänzt durch das Graphikprogramm *Chart*), das später unter Windows von *Excel* [TM] abgelöst wurde, welches dann zum Quasi-Standard wurde, obwohl es leistungsfähige ähnliche TKS anderer Hersteller gibt. Die auf VisiCalc folgenden TKS gehörten schon bald zur „Bürosoftware" bzw. „Business-Software".

TKS werden seit den 1990er Jahren auch auf Taschencomputern implementiert.

Tabellenkalkulationsysteme sind heute aus Büro und Verwaltung nicht mehr fortzudenken, sie sind Bestandteil jedes sog. „Office-Pakets". Ob dies vom Erfinder Dan Bricklin auch so geplant war, ist nicht bekannt, aber immerhin ist VisiCalc von ihm für den *Unterrichtseinsatz* erfunden worden (siehe sein oben zitiertes Motto)! Und schon im selben Jahr, 1979, wurde VisiCalc in Deutschland für den Mathematikunterricht propagiert, es hatte sich dort aber nie flächendeckend durchsetzen können, schon weil die dafür erforderlichen Tischcomputer (s. o.) damals noch nicht in ausreichender Anzahl im Unterricht verfügbar waren.

---

[542] Abschnitt 6.2.1.
[543] http://dssresources.com/history/sshistory.html und https://de.wikipedia.org/wiki/Visicalc (26. 10. 2015)

6.4.3 Zur Struktur von Tabellenkalkulationssystemen

Die auf dem Display eines Computers zu sehende „Oberfläche" eines TKS kann man sich wie ein nach zwei Richtungen hin (nach rechts und nach unten) *unbegrenztes Schachbrett* vorstellen, also als ein *„ausgebreitetes Blatt"*. Daher werden TKS auch **„spread sheet"** oder „spreadsheet" genannt, und in der deutschsprachigen Mathematikdidaktik sind sie als **„Rechenblatt"** bekannt. Jede **„Zelle"** eines Rechenblatts (z. T. auch „Feld" genannt, was aber beispielsweise in Excel ™ etwas anderes bedeutet) hat „Koordinaten" wie ein *Schachbrettfeld* (z. B. „D3" in Bild 6.12).

Mathematisch gesehen ist solch ein Blatt eine Matrix aus m Zeilen und n Spalten, wobei m und n frei wählbar sind (im Prinzip unbegrenzt, jedoch faktisch begrenzt durch den verfügbaren Speicherplatz oder durch programmintern gesetzte Schranken), und i. d. R. sieht man auf dem Bildschirm nur einen Ausschnitt dieser Matrix.

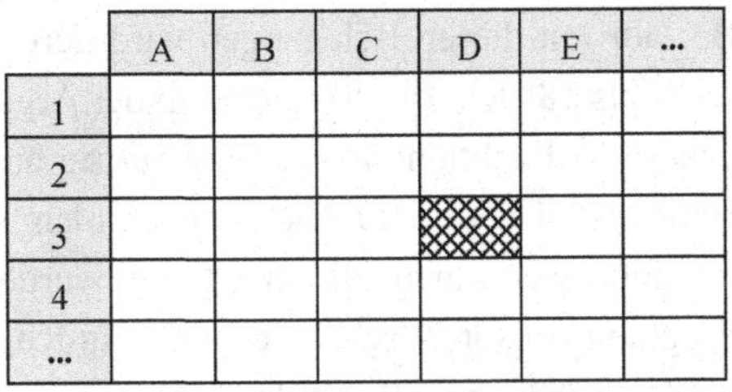

Bild 6.12: Matrixstruktur eines Rechenblatts

Leistungsfähige Tabellenkalkulationssysteme haben über die eigentliche Tabellenkalkulation hinaus meist standardmäßig ein „Chart-Tool" integriert, mit dem tabellarisch erfasste Daten durch vielfältige, individuell modifizierbare Diagramme (Balken-, Linien-, Tortendiagramme, ...) visualisiert werden können. Wegen dieser Chart-Tools sind TKS auch sogar als *Funktionenplotter* verwendbar. Aufgrund der Implementierung von **Kontrollstrukturen** (wie „if ... then ... else") und diversen mathematischen **Standardfunktionen** sind TKS in Verbindung mit der Möglichkeit der Bildung von **Termen** (die dann „Formeln" sind oder zu solchen werden) für elementarmathematische Anwendungen interessant. Mit ihnen liegt damit ein vielseitiges, durchaus auch im Mathematikunterricht nutzbares Werkzeug vor, mit dem sich sogar viele numerische **Algorithmen** programmieren und visualisieren lassen. [544]

6.4.4 Beispiele zur Verwendung von Rechenblättern

6.4.4.1 Tabellierung termdefinierter Funktionen

Zur händischen Erstellung eines Schaubilds [545] einer termdefinierten Funktion pflegte man früher eine Wertetabelle zu erstellen (die dann selber bereits eine Funktion ist [539]), und zwar zunächst äquidistant, ggf. unter Hinzunahme spezieller Punkte. Am Beispiel der Tabellierung von $f(x) = ax^2 + bx + c$ ist bereits die Leistungsfähigkeit eines TKS erkennbar: Dem System sind neben diesem Funktionsterm auch konkrete Werte der Formvariablen a, b und c und der Stützstellen mitzuteilen, ggf. über die Anfangs- und Endwerte und die Schrittweite der Tabellierung. Wenn man dann diese Werte ändert, ändert sich die Tabelle automatisch.

---

[544] Siehe z. B. den Greedy-Algorithmus in Abschnitt 6.4.4.3.
[545] Vgl. S. 146 f., insbesondere S. 240.

Zur Vereinfachung wählen wir in diesem Beispiel die Schrittweite 1, wählen eine feste Anzahl von „Stützstellen" und belassen nur den Anfangswert frei wählbar. Bild 6.13 zeigt ein mögliches Ergebnis:

Nur in den Spalten A und B sind einige Zellen belegt. Man erkennt die *Namen der Formvariablen* a, b und c (in den Zellen A3, A4, A5; diese Zellen enthalten aber nur die *Namen* der Formvariablen, also nur als *Kommentare*), ferner deren aktuelle *Belegungen mit numerischen Werten* (in den Zellen B3, B4, B5; nur mit diesen Belegungen wird gerechnet!). In den Zeilen 9 bis 18 steht die *Wertetabelle* der Argumente und der zugehörigen Funktionswerte (wie man sie auch „klassisch" von Hand erstellen könnte). Hier ist noch nicht erkennbar, ob diese Funktionswerte manuell eingetragen wurden oder ob sie vom Programm automatisch berechnet wurden – beides ist möglich! (In diesem Fall wurden sie vom Programm errechnet.) Und in der Zeile 7 stehen die „Spaltenköpfe" dieser Wertetabelle, wie man es gewohnt ist, wobei es sich aber auch hier nur um *kommentierenden Text* handelt, nicht aber um Formeln, die einer Berechnung dienen. Der konkrete Funktionsterm ist hier ebenso nur als kommentierender Text eingetragen, wenn auch nicht in mathematiküblicher, sondern *in programmierüblicher Notation*.

	A	B
1		
2		
3	a	1
4	b	-6
5	c	-6
6		
7	x	f(x) = a*x^2 + b*x + c
8		
9	1	-11
10	2	-14
11	3	-15
12	4	-14
13	5	-11
14	6	-6
15	7	1
16	8	10
17	9	21
18	10	34

Bild 6.13: Wertetabelle mit Excel ™

Mit dem Mauszeiger kann man die Schreibmarke in einer Zelle platzieren und dort etwas „eintragen". Was auf Anhieb nicht erkennbar ist: Die Zellen können (wie bei einer digitalen Datenbank) von unterschiedlichem *Typ* sein, z. B. *Zahl, Text, Formel*. Ähnlich wie bei der Darstellung in Bild 6.13 können wir den Typ einer einzelnen Zelle *so* jedoch noch nicht erkennen: Hinter den in den Feldern B9 bis B18 angezeigten numerischen Werten verbergen sich nämlich „Formeln" (und zwar für den hier vorliegenden Funktionsterm), die man in programmtypischer Weise sichtbar machen kann: Bei Excel 2010 wähle man die Registerkarte „Formeln" und dort in der Gruppe „Formelüberwachung" die Taste „Formeln anzeigen": Bild 6.14 zeigt die „Formelansicht" zu Bild 6.13.

In Excel ™ besteht eine „Formel" aus einem „Term" in programmiertypischer Notation (s. o.) mit einem vorangestellten Gleichheitszeichen. Dieser Term kann neben Rechenzeichen und Konstanten auch „Variable" als *Zeiger* auf eine (andere) Zelle enthalten, z. B. die Variable A9 im Term A9+1 in Zelle A10.

Die Inhalte in den Zellen A3, A4, A5 und A7 sind vom Typ „Text", ebenso der Inhalt von Zelle B7 (wie schon erwähnt). Die Inhalte der Zellen B3, B4, B5 und A9 sind vom Typ „Zahl". (Sie könnten jedoch auch vom Typ „Text" sein, was sehr wohl zu unterscheiden ist: Beispielsweise gilt $2 < 12$, wenn „2" und „12" vom Typ „Zahl" sind, hingegen $12 < 2$, wenn sie vom Typ „Text" sind, denn dann liegt eine „lexikographische Ordnung" vor.)

In Zelle A10 steht =A9+1 als *Formel*. Dies wurde exakt so in das (hier nicht sichtbare) obere „Eingabefeld" eingetragen.

Überträgt man nun den Inhalt dieser Zelle A10 z. B. mittels „Kopieren" und „Einfügen" (copy & paste) in die Zelle A11, so erscheint dort =A10+1. Der Zellenbezug wurde also automatisch geändert, und daher liegt hier eine *relative Adressierung* der Zelle vor. So ergeben sich auch die Zelleninhalte bis hin zu Zelle A18.

In Zelle B9 steht

=$B$3*A9^2+$B$4*A9+$B$5.

Eliminieren wir hier die merkwürdigen Dollarzeichen, so erhalten wir

=B3*A9^2+B4*A9+B5,

	A	B
2		
3	a	1
4	b	-6
5	c	-6
6		
7	x	f(x) = a*x^2 + b*x + c
8		
9	1	=$B$3*A9^2+$B$4*A9+$B$5
10	=A9+1	=$B$3*A10^2+$B$4*A10+$B$5
11	=A10+1	=$B$3*A11^2+$B$4*A11+$B$5
12	=A11+1	=$B$3*A12^2+$B$4*A12+$B$5
13	=A12+1	=$B$3*A13^2+$B$4*A13+$B$5
14	=A13+1	=$B$3*A14^2+$B$4*A14+$B$5
15	=A14+1	=$B$3*A15^2+$B$4*A15+$B$5
16	=A15+1	=$B$3*A16^2+$B$4*A16+$B$5
17	=A16+1	=$B$3*A17^2+$B$4*A17+$B$5
18	=A17+1	=$B$3*A18^2+$B$4*A18+$B$5

Bild 6.14: Formelansicht der Tabelle aus Bild 6.13.

und es wird unmittelbar klar, dass hier der Funktionsterm mit Bezug auf die Zellen, in denen die aktuellen Werte der Formvariablen stehen, programmiert wurde. Würden wir nun diesen Zelleninhalt wie schon zuvor mittels copy & paste in Zelle B10 übertragen so würde sich

=B4*A10^2+B5*A10+B6

ergeben.

Damit würde zwar korrekt Bezug auf den aktuellen Wert von x genommen, jedoch wäre ein unsinniger Bezug zu den Werten der Formvariablen entstanden. Da die Werte letzterer – im Gegensatz zu denen von x – an *festen* Stellen stehen, muss man hier *anstelle der relativen Adressierung* eine *absolute Adressierung* wählen, und das geschieht mit den Dollarzeichen vor der Spalten- und der Zeilenbezeichnung (wobei man situativ auch nur eine von beiden absolut wählen kann bzw. sogar muss, was hier aber sinnlos wäre).

Nachdem auf diese Weise die Zellen A10 und B10 programmiert wurden, kann man einfach beide gemeinsam markieren und dies auf einmal in alle gewünschten darunter liegenden Zellen kopieren, und die Programmierung der Wertetabelle ist fertig! (Es muss übrigens nicht „darunter" sein, die Zielzellen können *irgendwo* liegen!) [546]

Nach Rückkehr von der Formelansicht in die Normalansicht kann man die Belegungen der Formvariablen mit anderen Werten ändern und erhält dann sofort eine aktualisierte Wertetabelle.

---

[546] Das Kopieren in „Zellen darunter" geht in Excel alternativ zu „copy & paste" elegant mit der Maus, indem man die zu kopierende Zelle anklickt und dann mit dem Mauszeiger auf das kleine schwarze Quadrat rechts unten am Zellenrand klickt und dieses bei gedrückter Maustaste nach unten zieht.

6.4.4.2 TKS sowohl als termbasierte als auch als punktbasierte Funktionenplotter

An demselben Beispiel sei exemplarisch demonstriert, dass aktuelle TKS als termbasierte *und* als punktbasierte Funktionenplotter verwendet werden können: [547] Mit der Maus markiert man die Zellen der Wertetabelle in Bild 6.13, die als farbig markierter *Zellenblock* von Zelle A9 bis Zelle B18 erscheint, wählt in der Registerkarte „Einfügen" in der Gruppe „Diagramm" einen gewünschten Darstellungstyp (mit vielen individuellen Darstellungsmöglichkeiten), und schon erhält man einen *Funktionsplot* wie z. B. in Bild 6.15. Ver-

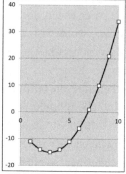

änderungen der Werte der Formvariablen (oder auch einzelner Funktionswerte) wirken sich sofort auf den Funktionsplot aus.

Die „Kurve" in Bild 6.15 wurde vom Programm *interpolierend* aus den 10 Stützpunkten aus Bild 6.13 ermittelt, wobei das programmintern verwendete Interpolationsverfahren verborgen bleibt. Anstelle der hier nicht-linearen Interpolation der Stützpunkte hätte man z. B. auch eine geradlinige mit Hilfe eines Streckenzugs wählen können. Es spielt dabei keine Rolle, dass die Wertetabelle hier durch einen Funktionsterm erzeugt wurde. Der Funktionsplot würde genauso aussehen, wenn dieselben Funktionswerte manuell eingetragen worden wären.

Bild 6.15: Funktionsplot zu
$f(x) = ax^2 + bx + c$
als Liniendiagramm

➢ *Dieser Funktionenplotter funktioniert also sowohl termbasiert als auch punktbasiert!*

- **Kritische Anmerkungen zu diesem „Funktionenplotter"**

Die so erzeugten Funktionsplots mögen ungenau erscheinen, weil die „Stützpunkte" weit auseinanderliegen und man nicht weiß, welches Interpolationsverfahren vom Hersteller verwendet wurde. Dem ist zweierlei entgegenzuhalten: Wenn man es „wie früher" von Hand machen würde, würde man auch so vorgehen und die „glatte" interpolierende Verbindung der Stützpunkte mit einem Kurvenlineal wie in Bild 6.16 zu realisieren suchen. Damit die so interpolierend gezeichnete „Kurve" ein „gültiges Schaubild" der betrachteten Funktion ist, muss man Grundsätzliches über sie im Sinne von „Kurvendiskussion" wissen (Stetigkeit, Differenzierbarkeit, ...). Das gilt auch für die „typischen" Funktionenplotter, wie sie in Abschnitt 6.2 erörtert wurden (z. B. „Aliasing"). Und andererseits kann man die Schrittweite auch bei Verwendung eines TKS kleiner wählen, wenn man möchte (was nur zu einer längeren Wertetabelle führt). Und dann ist kein großer Unterschied zu einem normalen Funktionenplotter erkennbar, zumal man auch bei denen nicht weiß, welche Schrittweite für die interne Wertetabelle verwendet und wie ggf. interpoliert wird. In methodischer Sicht kann es gerade „anfangs" sinnvoll sein, zu „erleben", dass dem Schaubild eine Wertetabelle zugrunde liegt.

Bild 6.16:
Kurvenlineal

---

[547] Vgl. S. 145; es wird wieder Excel ™ verwendet, es geht aber analog mit anderen TKS.

6.4.4.3   Greedy-Algorithmus mit Tabellenkalkulation

Der Greedy-Algorithmus ist der „gierige Algorithmus" zur Ermittlung einer Stammbruchentwicklung [548] eines gegebenen Bruchs:

Man ermittelt zum gegebenen Bruch den größten Stammbruch (das ist ein Bruch mit dem Zähler 1), der kleiner oder gleich diesem Bruch ist, bildet die Differenz, und verfährt mit dieser genau so und so weiter. Man kann zeigen, dass die Zähler der Differenzbrüche eine streng monoton fallende Folge natürlicher Zahlen bilden, und daher bricht das Verfahren stets ab. [549]

Bild 6.17 zeigt die Ergebnisansicht einer *Programmierung* des Greedy-Algorithmus mit Excel ™. Nachfolgend sind die wesentlichen Zelleninhalte in Formelansicht wiedergegeben. Anzumerken ist, dass einzelnen Zellen auch Variablennamen zugeordnet werden können:

- Die Zellen B1 bzw. B2 tragen die Variablennamen „Zaehler" bzw. „Nenner".

- C5:   =Zaehler/Nenner

- D5:   =WENN(GANZZAHL(1/C5)=1/C5;1/C5;GANZZAHL(1/C5)+1)

- E5:   =1/D5

- C6:   =WENN(E5="";"";WENN(C5-1/D5<eps;0;C5-1/D5))

- D6:   =WENN(C6="";"";WENN(C6=0;"fertig!";WENN(GANZZAHL(1/C6)=1/C6;1/C6;GANZZAHL(1/C6)+1)))

- E6:   =WENN(C6="";"";WENN(C6=0;"";1/D6))

Ab Zeile 7 werden die Zelleninhalte von Zeile 6 mit relativer Adressierung übernommen. Das Abbruchkriterium in Zelle C6 ff. steht dort nur pro forma und „sicherheitshalber", denn das Verfahren bricht theoretisch stets ab. [549] So erscheinen hier ab Zeile 9 nur „Leereinträge". Dazu füllt man die Tabelle zuvor „auf Vorrat" nach unten hin mit Formeln auf (hier an der hellgrauen Hinterlegung in Spalte D zu erkennen), was bei Bedarf jederzeit nach unten hin „verlängernd" erweitert werden kann.

	B	C	D	E
1	3			
2	13			
3	1E-12		Stammbruchnenner	
4		Zähler/Nenner	n	$1/n$
5		0,230769	5	0,200000
6		0,030769	33	0,030303
7		0,000466	2145	0,000466
8		0,000000	fertig!	
9				
10				

Bild 6.17: Greedy-Algorithmus:
$$\frac{3}{13} = \frac{1}{5} + \frac{1}{33} + \frac{1}{2145}$$

Exemplarisch zeigt sich hieran, dass Tabellenkalkulationssysteme auch zum Programmieren gewisser Algorithmen geeignet sind, insbesondere offenbar für Iterationen. [550]

---

[548]   Siehe zu „Stammbruchentwicklung" [Hischer 2012, 297 ff.].
[549]   Siehe z. B. [Ziegenbalg 2016, 100 ff.]; bezüglich „Algorithmus" siehe Abschnitt 9.3.3.
[550]   So waren z. B. die Teilnehmer eines Praktikums „Algorithmen" im WS 2006/07 (unter ihnen auch Informatikstudenten für das Lehramt) angenehm überrascht, dass manche Algorithmen auch mit TKS programmierbar sind.

6.5   Bewegungsgeometriesysteme – Dynamische Geometrie

6.5.1   Vorbemerkung

Um die Leserinnen und Leser „dort abzuholen, wo sie stehen", müsste die Überschrift dieses Abschnitts „Dynamische Geometriesysteme" oder „Dynamische Geometriesoftware" lauten, denn diese Bezeichnungen haben sich seit Anfang der 1990er Jahre im deutschen Sprachraum für das etabliert, worum es hier geht. Doch sind diese Bezeichnungen sinnvoll und angemessen? Worum geht es denn eigentlich?

Die Namensgebung „Dynamisches Geometriesystem" erscheint zunächst inhaltlich und sprachlich als problematisch. In welchem Sinn kann denn ein Programm „dynamisch" sein?

In der Physik ist mit „dynamisch" der Aspekt der (orts- und zeitabhängigen) *Bewegung materieller Körper* als *Folge einer unmittelbaren Wirkung* von *Kraft* auf *Masse* gemeint, was zur *Dynamik* als einem Teilgebiet der Mechanik innerhalb der Physik führt. Im Kontrast dazu stehen die *Statik* als Lehre von den *bewegungslosen Gleichgewichtssituationen* und die *Kinematik* als reine Bewegungslehre, bei der nur *Ort* und *Zeit* bewegter (masselos gedachter Körper) betrachtet werden. Dieses Verständnis von „Dynamik" passt zum griechischen Wortursprung, bei dem „dynamis" für „Kraft" und „dynamike" für „mächtig" steht. [551]

Nun hat mittlerweile der Terminus „Dynamik" im übertragenen Sinn als „unmittelbare Wirkung" [551] Einzug in andere Gebiete wie Musik, Informatik und Systemtheorie gefunden, wo es dann wahrlich nicht um „Kraft" geht. Und dieser erweiterte Sinn von „Dynamik" trifft nun auch auf diese neuartigen „Geometrieprogramme" zu, weil hier über eine verursachende primäre „Bewegung" einzelner virtueller geometrischer Bildschirmobjekte eine sekundäre *unmittelbare Wirkung* erzeugt und auch *unmittelbar wahrgenommen* werden kann. Die primäre *verursachende Bewegung* erfolgt aufgrund von spontanen oder auch von algorithmierten bzw. algorithmierbaren Aktionen der Programmbenutzer(innen).

Allerdings bleibt die Frage, ob das „System" selber (also das „Geometriesystem" als ein Programm) dynamisch ist oder ob das für die mit diesem System „realisierte" Geometrie gilt:

- *Liegt hier ein „System für Dynamische Geometrie"*
  oder ein „Dynamisches Geometriesystem" vor?

Die zweite Schreibweise – „Dynamisches Geometriesystem" – ist üblich, und sie kann jetzt auch gerechtfertigt werden, wenn man „Geometriesystem" ebenso als „Computerprogramm" wie „Computeralgebrasystem" versteht. Bei der ersten Schreibweise – „System für Dynamische Geometrie" – müsste man allerdings akzeptieren, dass (neben den ohnehin schon zahlreichen „Geometrien") mit solch einem „System" (also einem Programm) eine weitere, neue „Geometrie" vorliegt. Diese Einschätzung wird gestützt, weil sich nicht alle solche Systeme identisch „verhalten" und weil auch nicht per se „offen sichtlich" ist, welchem geometrischen

---

[551]   Siehe hierzu Riemers altphilologische Deutung von „dynamisch" auf S. 59 f.

Axiomensystem [552] ein konkret vorliegendes Programm genügt (Programmierfehler mit eingeschlossen). Im Sinne dieser Betrachtungen würden also die Bezeichnungen „Dynamische Geometrie" und „Dynamisches Geometriesystem" nebeneinander Bestand haben können.

In jedem Fall geht es aber um *Bewegungsgeometrie* und ein *Bewegungsgeometriesystem* (in Analogie zu „Computeralgebrasystem" und zu „Tabellenkalkulationssystem"). „Bewegungsgeometrie" wäre also als Alternative zu „Dynamische Geometrie" anzusehen, aber man könnte auch „Kinematische Geometrie" sagen.

Nachfolgend wird der unkritische Terminus „**Bewegungsgeometriesystem**" verwendet.

6.5.2 Historische Aspekte

Schon in der Mathematik der griechischen Antike kannte und praktizierte man *Bewegungsgeometrie*, so bei der „kinematischen Definition" von (Orts-)Kurven wie der Trisectrix oder der archimedischen Spirale. [553] Im 9. Jh. n. Chr. lag sie der „Gärtner-Konstruktion" einer Ellipse durch die Banū-Mūsā-Brüder in Bagdad zugrunde, [554] und sie war typisch für die „bewegungsgeometrischen" Betrachtungen des genialen Jakob Steiner im 19. Jh., wie sie z. B. in den durch „Steinersche Kreisketten" in Bild 6.18 dargestellten sog. „Porismen" („Schließungssätzen") erkennbar sind. [555]

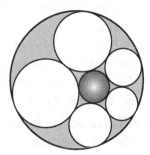

Bild 6.18: „Momentaufnahme" einer animierten „Kreiskette"

Schon in den 1950er Jahren gab es erste CAD-Systeme (**C**omputer **A**ided **D**esign) für Großrechner, und in den 1980er Jahren entstanden im Zuge der rasanten Verbreitung der "Personal Computer" für diese neuen dezentralen Computer CAD-Systeme wie AutoCad, gefolgt von einer schließlich nahezu vollständigen Ablösung der bisherigen „Zeichenmaschinen" [945] (und so dem faktischen Verschwinden des „Technischen Zeichners").

Die damit eröffneten neuen Möglichkeiten führten bereits Ende der 1980er Jahre zu ersten Programmen für eine nun dadurch realisierbare neuartige „Bewegungsgeometrie", zunächst mit „Cabri Géomètre" und „Geometer's Sketchpad", die bald darauf unter der Gattungsbezeichnung „Dynamische Geometriesysteme" (DGS) – hier *Bewegungsgeometriesysteme* genannt – in der Mathematikdidaktik bezüglich der Verwendungsmöglichkeiten im Mathematikunterricht erörtert wurden. Mittlerweile konkurrieren viele derartige Programme um die Gunst der Nutzerinnen und Nutzer.

---

[552] Vgl. Abschnitt 9.3.4.

[553] Vgl. S. 263 f., S. 275, S. 278, S. 282 f. und S. 289.

[554] Siehe auch S. 264.

[555] Diese „Schließungssätze" kann man sehr eindrucksvoll animiert mit Bewegungsgeometriesystemen darstellen: Der große äußere und der kleine innere Kreis (dunkel dargestellt) sind (passend!) fix vorgegeben, und die fünf „Zwischenkreise" berühren jeder sowohl diese beiden vorgegebenen Kreise als auch aufeinanderfolgend sich selbst. Die so aus diesen Zwischenkreisen gebildete „Kreiskette" kann dann jede Zwischenposition einnehmen, so dass die Kreiskette „um den inneren Kreis rotierend" animierbar ist. Kann dieser kleine innere Kreis beliebig vorgegeben werden? Wie findet man dann dazu eine passende Kreiskette? Sind deren mehrere möglich?

6.5.3 Typische Eigenschaften

Hier seien nur zwei wichtige Eigenschaften und dazu eine mahnende Einschränkung genannt.

Zugmodus:

Der *Zugmodus* ist wesentlich für DGS und ermöglicht die Erstellung von „beweglichen" geometrischen Konstruktionen am Bildschirm, bei denen unabhängige, sog. „freie" (vom Benutzer gesetzte) Punkte nachträglich (mit der Maus) „gezogen" und damit verschoben werden können, ohne dass dabei bei der Erstellung der Konstruktion gewisse festgelegte Zusammenhänge (als *geometrische „Invarianten"*) zwischen den geometrischen Objekten verloren gehen.

Beispiel: Erhalt der Parallelität als geometrische Invariante (bei euklidischer Geometrie).

Ortslinien:

Aufgrund der Beweglichkeit gewisser abhängiger „Basispunkte" (die aber noch einen Freiheitsgrad der Bewegung besitzen) ist es möglich, deren *Ortslinien* zu erzeugen.

Beispiel: Die Ellipse als geometrischer Ort aller Punkte, deren Abstandssumme von zwei gegebenen Punkten (den *Brennpunkten*) konstant ist.

Einschränkende Anmerkung:

Mit Hilfe eines bisher „üblichen" DGS können zwar durch Parameter-Variation geometrische Sachverhalte interaktiv *entdeckt, visualisiert* oder *verifiziert* werden, *jedoch nicht bewiesen* werden. Insofern ähnelt die Verwendung eines DGS dem Experimentieren in den Naturwissenschaften, denn auch dort können Vermutungen bzw. Theorien mittels eines Experiments nicht bewiesen, sondern nur bestätigt oder widerlegt werden (und wie in den Naturwissenschaften können Experimente mit DGS zu neuen Entdeckungen führen).

6.6 Internet und World Wide Web (WWW)

6.6.1 Historische Aspekte [556]

Ab 1968 wurde – als Spätreaktion auf den Sputnik-Schock von 1957 – im Auftrage der US-amerikanischen Luftwaffe unter Leitung des MIT [557] mit der Entwicklung des ARPANET [558] begonnen, das 1969 mit den ersten vier Knoten in Betrieb genommen wurde. Dies war der Vorläufer des Internets, und bereits 1971 stand das "file transfer protokol" (FTP) zur direkten Übertragung von Dateien (mittels „Hochladen" bzw. „Runterladen") zur Verfügung. Im selben Jahr hatte Raymund **Tomlinson** die „elektronische Post" (Email mit „Klammeraffe" @) erfunden, und 1984 wurde an der Universität Karlsruhe die erste deutsche Email empfangen.

---

[556] Ausführliche, ständig aktualisierte Informationen finden sich im WWW, z. B. (26. 10. 2015): https://de.wikipedia.org/wiki/Geschichte_des_Internets und https://de.wikipedia.org/wiki/Chronologie_des_Internets

[557] **Massachusetts I**nstitute of Technology.

[558] **A**dvanced **R**esearch **P**rojects **A**gency **N**etwork.

1989 – also erst 20 Jahre nach dem Start des Internets – entwickelte der am CERN in Genf tätige britische Physiker und Informatiker Tim **Berners-Lee** [559] sowohl die Grundlagen für das "Hyper Text Transfer Protokol" (HTTP) zur Übertragung von Hypertexten über das Internet als auch den Progammcode HTML („Hyper Text Markup Language") für die Programmierung von Webseiten. Er formulierte und fixierte damit die informatischen Grundlagen für das World Wide Web (WWW), das 1990 an den Start ging. Berners-Lee gründete 1997 am MIT das "World Wide Web Consortium" (W3C), [560] dessen Präsident er ist. [561] Das W3C wurde 2010 für den Friedensnobelpreis vorgeschlagen.

6.6.2   Zur Struktur

Berners-Lie gilt zwar als Erfinder des Internets, jedoch hat er das WWW erfunden, was nicht dasselbe ist: Im fachwissenschaftlichen Kontext ist zwischen dem *Internet* und dem *WWW* zu unterscheiden, denn das *Internet ist physikalischer Träger des WWW und anderer Dienste.*

- Das **Internet** ist als *ungerichteter Graph* beschreibbar, dessen *Knoten* aus Servern, Routern und allen temporär „online" geschalteten Endgeräten (Desktop-Computer, Tablets, ...) bestehen und dessen *Kanten* sowohl materielle als auch immaterielle Datenleitungen sind.

- Das **WWW** ist hingegen als *gerichteter Graph* beschreibbar, dessen *Knoten* aus „Web-Seiten" (und nicht „Websites") bestehen, dessen *Kanten* jedoch *„ Hyperlinks "* sind als rein logische, nichtmaterielle *gerichtete Verbindungen* zwischen einzelnen Webseiten.

Das Internet ist also ein physikalisches, im Wesentlichen materielles Konstrukt, [562] das WWW hingegen ist ein logisches, immaterielles Konstrukt. In Konsequenz dieser Feststellung kann man streng genommen nicht „im" Internet surfen, sondern nur „mit Hilfe" des Internets im World Wide Web, [563] denn das Internet ist nur der Träger (s. o.) für verschiedene wichtige *kommunikative Dienste* wie vor allem WWW, Email, FTP und die IP-Telefonie (Telefonieren über das Internet als Leitungssystem). Die Nutzung vor allem von WWW und Email hat sich seit der Jahrtausendwende von für Wissenschaft und Technik gedachten Medien zu globalen technischen *Kommunikationsmedien für jedermann und jedefrau* entwickelt.

6.6.3   Recherchemöglichkeiten

Nachdem 1990 das World Wide Web an den Start gegangen war, tauchte 1995 Alta Vista als eine der ersten Volltext-Suchmaschinen auf, und kurz darauf stand in Deutschland mit

---

[559] Informationen zu Berners-Lee unter   https://de.wikipedia.org/wiki/Tim_Berners-Lee (26. 10. 2015).
[560] https://de.wikipedia.org/wiki/World_Wide_Web_Consortium (26. 10. 2015)
[561] Stand: 26. 10. 2015.
[562] „Im Wesentlichen" dann, wenn man Funkverbindungen als *nichtmateriell* ansieht.
[563] Das Wort „surfen" für diese Tätigkeit ist übrigens tatsächlich vom „Wellenreiten" als „surfen" übernommen worden, weil man gewissermaßen von Webseite zu Webseite *wie auf einer Welle reitet.*

`Metager.de` die vom Rechenzentrum der Universität Hannover entwickelte „Suchmaschine über die Suchmaschinen" zur Verfügung, die damit deutlich mehr Suchergebnisse lieferte. Um die Jahrtausendwende verbreitete sich die 1998 vorgestellte Suchmaschine `Google` aufgrund ihrer deutlich verbesserten Recherchemöglichkeiten rasant, so dass das „Googeln" mittlerweile zu einer Gattungsbezeichnung für das Recherchieren im WWW geworden ist, auch wenn man irgend eine andere der nunmehr zahlreichen Suchmaschinen benutzt.

Zugleich hat sich das Angebot der WWW-Plattformen, die Informationen geordnet vorhalten und pflegen, quantitativ und vor allem qualitativ deutlich verbessert, so dass (zunächst durchaus nachvollziehbare) Vorbehalte gegen „WWW-Enzyklopädien" wie `Wikipedia` und Co. in den Hintergrund treten können, was insbesondere dadurch unterstrichen wird, dass klassische Print-Enzyklopädien nun (leider) nicht mehr verlegt werden (können!).

Neben solchen neuartigen, „dynamisch" wachsenden Enzyklopädien ist insbesondere auf die neuen Möglichkeiten der Literaturrecherche hinzuweisen, und zwar nicht nur wegen der bequemen Online-Zugriffsmöglichkeit auf Bibliothekskataloge z. B. von zuhause aus, sondern wegen der rasant wachsenden Verfügbarkeit digitalisierter Publikationen in entsprechenden „digitalen Bibliotheken", die z. T. – mit öffentlichen Mitteln gefördert – allen Interessenten zur Verfügung stehen.

So hat nun jeder Interessent im Prinzip die Möglichkeit, urheberrechtlich nicht mehr geschützte Werke direkt auf den eigenen Rechner herunterzuladen und damit bequem für eigene (private) Zwecke zu verwenden. [564]

Ein besonderes Problem war von Anbeginn des WWW die Frage, wie man im WWW „erschienene" Dokumente (Texte, Bilder usw.) zitieren soll und kann, weil ja nicht gesichert ist, wie lange solche „Links" als Verweise noch aktiv sind und nicht zu „toten Links" werden. So entstehen mittlerweile Lösungen wie `WayBack Machine` oder `URN-Resolver`. [565]

6.7   Anthropomorphisierende Aspekte als „Medialität"

6.7.1   Vorbemerkung

Die hier betrachteten fünf relevanten Typen Neuer Medien (Funktionenplotter, Computeralgebrasysteme, Tabellenkalkulationssysteme, Bewegungsgeometriesysteme und das World Wide Web) sind sowohl leistungsfähige als auch vielseitige *Werkzeuge*, und zwar sind sie weit mehr als nur ein „Hilfsmittel": [566]

---

[564]   Beispielsweise seien hier genannt: Göttinger Digitalisierungszentrum, Deutsche Digitale Bibliothek, Deutsches Textarchiv, ferner z. B. die mathematikhistorische Sammlung der Universität von Michigan.

[565]   Zu WayBack Machine siehe https://archive.org/; gleichwohl wird in diesem Buch bei allen URLs ein Gültigkeitsdatum angegeben. Daneben entstehen „Persistent Identifier" als URN-Resover der deutschen Nationalbibliothek: http://nbn-resolving.org/ (28. 03. 2016)

[566]   Siehe hierzu Abschnitt 3.8.

Sie begegnen uns so, als würden sie über gewisse auf sie „ausgelagerte" [567] menschliche *Fähigkeiten* oder *Fertigkeiten* [568] verfügen, und sie zeigen so in der Wahrnehmung der Benutzer *anthropomorphisierende Aspekte* als Erscheinungsbild ihrer *Medialität* in Bezug auf den übergreifenden Aspekt *„ Werkzeug zur Weltaneignung ".* [569]

Bereits 1991 wurden unter der Überschrift *»Neue Sichtweisen und Methoden aufgrund des Werkzeugs „Computer"«* die Aspekte „Trivialisierer", „Entdecker" und „Beweiser" betont, [570] im selben Jahr kamen die Aspekte „Rechenknecht", „Möglichkeitserweiterer", „Türöffner" und „Rennen gegen die Mauer" hinzu, [571] bald darauf ergänzt um „Täuscher" und „Blender", und in Bezug auf das WWW sei hier aktuell der „Recherchierer" hinzugefügt.

6.7.2 Beispiele

6.7.2.1 Trivialisierer

Hierzu wurde z. B. 1994 angemerkt: [572]

> So galt z. B. die Beherrschung arithmetischer Techniken einst als anspruchsvolle geistige Leistung – ja gar als ein Merkmal von Bildung. Der Computer – und mit ihm der Taschenrechner – hat solche menschlichen Fertigkeiten längst entzaubert und sie zur stupiden Rechenarbeit degradiert, die man lieber einer Maschine anvertraut. Buchberger nennt das – ganz im Sinne von Hermes und Markwald – *„Trivialisierung der Arithmetik durch den Computer"*. Als Werkzeug nimmt der Computer dabei die <u>klassische numerische Rolle als *Rechner, Graphiker* und *Textverarbeiter*</u> wahr.

An anderer Stelle heißt es: [573]

> Folgende „Tätigkeiten" [...], die von dem *„Denkzeug Computer"* unterstützt bzw. gar übernommen werden können, erweisen sich im bildungstheoretischen Kontext als besonders wichtig:
>
> • *Entdecken, Beweisen* und *Kalkulieren*
>
> Es handelt sich hierbei um wesentliche mathematische Aktivitäten, die *auch für den Mathematikunterricht* bedeutsam, ja geradezu konstitutiv sind. Und in allen drei Bereichen spielt der *Computer als Werkzeug* eine zunehmend wichtigere Rolle.
>
> Weil es sich hierbei um *humane* Qualifikationen handelt, stelle ich die Rolle des Computers hierbei ganz bewusst *anthropomorphisierend* dar: nämlich als *„Entdecker"* und als *„Beweiser"*; statt *„Kalkulierer"* wähle ich jedoch aus gutem Grunde die Bezeichnung *„Trivialisierer"*. [574]

---

[567] Vgl. Abschnitt 3.7.

[568] Vgl. Abschnitt 2.5.

[569] Vgl. hierzu die zusammenfassende Darstellung in Abschnitt 5.1 mit Bezug auf Kapitel 3.

[570] [Hischer 1991, 11 f.]

[571] [Winkelmann 1992, 32 f.]

[572] [Hischer 1994 d, 8]; unterstreichende Hervorhebung nicht im Original; bezüglich „Trivialisierung", Buchberger, Hermes und Markwald siehe die Zitate in Abschnitt 6.3.2.1 auf S. 165.

[573] [Hischer 2002, 115]

[574] Die Bezeichnung „Trivialisierer" taucht bereits in [Hischer 1991] und [Hischer 1992] auf.

Der Aspekt des *Kalkulierers* bzw. *Trivialisierers* spielt vor allem im Zusammenhang mit Computeralgebrasystemen eine wichtige Rolle, während die Aspekte *Entdecker* und *Beweiser* im didaktischen
Kontext insbesondere im Geometrieunterricht virulent werden – aber nicht nur dort!

Dabei ist allerdings zu beachten, dass (noch?) nicht das Werkzeug selbst „entdeckt", sondern vielmehr der Mensch mit Hilfe dieses Werkzeugs. Und entsprechend „trivialisiert" nicht der Computer,
sondern ursächlich der Mensch durch die von ihm erdachten und in den Computer implementierten
Algorithmen. Jedoch ist diese *überzeichnende Anthropomorphisierung* Absicht, indem die Rolle
dieses neuartigen „Helferleins" betont wird. Und so stellt sich ja auch die Frage, wer beim Schach-
spiel eines Menschen „gegen" einen Computer eigentlich der „Gegner" ist ...

Mit diesem „Kalkulieren" ist das Anwenden von „Kalkülen"[575] gemeint, und das macht den
Kern des ST-Modus von Computeralgebrasystemen aus.[576] Da das Kalkulieren mit Bezug auf
Buchberger bzw. Hermes und Markwald[577] also durch in Computeralgebrasysteme implementierte Algorithmen und Kalküle[578] „trivialisiert" wird, werden diese Systeme anthropomorphisierend „Trivialisierer" genannt.[579]

In Abschnitt 6.3.2.4 wurde ein mögliches didaktisches Problem in Bezug auf die Verwendung von CAS im Unterricht angesprochen. Hierzu sei vertiefend Bernd Guggenberger
zitiert, der in seinem Plädoyer für *„ Das Menschenrecht auf Irrtum"* folgende bedenkenswerte
Warnung bezüglich der *Auslagerung mechanischer Fähigkeiten auf Maschinen* formuliert:[580]

Die Großmaschinen der Gegenwart lassen kaum noch ahnen, daß sie ihre Herkunft der vielleicht
folgenschwersten Grenzüberschreitung in der Geschichte der menschlichen Arbeit verdanken – der
zwischen Werkzeug und Maschine. „Der Handwebstuhl ist ein *Werkzeug*, eine Vorrichtung, die die
Kettenfäden spannt, so daß die Finger des Handwerkers die Schußfäden um sie herumweben können. Der mechanische Webstuhl hingegen ist eine *Maschine*, und ihre Bedeutung als Zerstörerin der
Kultur liegt darin, daß sie den zutiefst menschlichen Teil der Arbeit verrichtet." Es ist zu fürchten,
daß [...] das, was von der Arbeit bleibt: jener von der Maschine belassene subhumane Rest, uns
echte Läuterungs- und Befreiungschancen *in* der Arbeit nicht mehr eröffnet.

Das führt zur philosophischen Frage, was – bezogen auf die *„ Fähigkeiten" des Trivialisierers*,
also dieses „Denkzeugs" oder „geistigen Werkzeugs" – wohl der *„ zutiefst menschliche Teil des
Kalkulierens"* ist![581] Gewiss sind die Möglichkeiten der Computeralgebrasysteme für uns
Könner, die wir das Feld *händisch* souverän beherrschen, faszinierend, und gerne nutzen auch
wir diese Möglichkeiten, falls es z. B. um die Kontrolle eigener händischer Rechnungen geht
oder solche schnell zu erledigen sind (weil wir es ja auch von Hand können). Aber damit ist ein
„regelrechter" Einsatz im Mathematikunterricht weder automatisch nachhaltig noch hilfreich.

---

[575] Siehe dazu die ausführlichen Betrachtungen in Abschnitt 9.3.3.
[576] Vgl. S. 161 ff.: CAS beruhen auf der Verwendung von Kalkülen.
[577] Zitat zu Fußnoten 520 und 522 auf S. 165.
[578] Siehe Abschnitt 6.3.1.1.
[579] Vgl. S. 165 ff.
[580] [Guggenberger 1987, 38]; das dort erwähnte Zitat zum „Handwebstuhl" stammt von Ananda Coomaraswamy.
[581] Zu „kalkulieren" siehe S. 171.

Gleichwohl wird es im Sinne einer Bildung von *Medialitätsbewusstsein* wichtig sein, im Mathematikunterricht nicht nur von der Existenz solcher CA-Systemen gehört zu haben, sondern diese sowohl *medienkundlich* als auch *medienreflektierend* behandelt zu haben, was zumindest *medienmethodisch* einen demonstrierenden, exemplarischen Einsatz erfordert: Ihre *Arbeitsweise* beruht ja „nur" auf implementierten Kalkülen und Algorithmen. Diese kann man zwar händisch anwenden, ohne zu verstehen, warum sie funktionieren, jedoch sind zum *Verständnis ihrer Funktionsweise* besondere Fähigkeiten nötig, vor allem aber zu ihrer Entwicklung! [582] So kann eine Entzauberung der „Mächtigkeit" von Computeralgebrasystemen bewirkt werden, insbesondere, wenn man sie darüber hinaus auch als „Blender" entlarvt: [583]

- *Computeralgebrasysteme haben bezüglich „Medialitätsbewusstsein als Bildungsziel" einen Bildungswert, ohne ein obligatorisches Werkzeug im Unterricht werden zu müssen.*

Mit Blick auf den o.g. „zutiefst menschlichen Teil der Arbeit", aber auch in Bezug auf eine lernpsychologisch verstandene „Verankerung" erforderlicher Fertigkeiten sei hiermit postuliert:

- *Grundlegende händische Termumformungsfertigkeiten haben einen eigenen Bildungswert, auch wenn Computeralgebrasysteme als Werkzeug im Unterricht eingesetzt werden.* [584]

6.7.2.2 Beweiser und Entdecker

„Deduktionssysteme" sind Programme zur „Automatisierung des logischen Denkens", [585] nämlich für gewisse formale Beweise. Solche Programme kann man anthropomorphisierend „Beweiser" nennen. Gerhard Holland hatte mit GEOEXPERT ein solches Programm für den Mathematikunterricht zum *Verständnis* kongruenzgeometrischer Beweise entwickelt.[586]

Allerdings wird hier keineswegs behauptet, dass es Programme gibt oder geben kann, die selbstständig mathematische Phänomene oder gar Theoreme „entdecken" können. [587] Vielmehr soll mit „Entdecker" nur ausgedrückt werden, dass der Computer als Werkzeug hilfreich sein kann, um dem *Entdecken* von mathematischen Zusammenhängen zu dienen.

So bildet der Computer mit seinen Möglichkeiten zum *Erzeugen, Unterstützen und Falsifizieren von Vermutungen* ein neuartiges Werkzeug, wenn auch nur bedingt zum *Verifizieren*. Und schon gar nicht wird hier die Erwartung ausgesprochen, dass solche Programme das Beweisen im Mathematikunterricht übernehmen können oder gar sollen – das wäre didaktisch abwegig!

Jedoch können „Beweiser" allein aufgrund ihrer Existenz ganz anders hilfreich sein:

---

[582] Siehe hierzu die Abschnitte 6.3.1.2, 6.3.1.4 und 6.3.1.5.
[583] Siehe Abschnitt 6.7.2.4.
[584] „Grundlegend" ist bezüglich „Wie viel Termumformung braucht der Mensch?" diskursiv zu klären.
[585] Vgl. hierzu beispielsweise die Seite http://www.dfki.de/~hjb/Deduktionssysteme/ (26. 10. 2015) von Forschern des „Deutschen Forschungszentrums für Künstliche Intelligenz", http://www.dfki.de.
[586] Siehe dazu die kurze exemplarische Beschreibung in [Hischer 2002, 119 ff.].
[587] ... was andererseits als Möglichkeit nicht ausgeschlossen wird.

Zunächst kommen als „Entdecker" für den Mathematikunterricht in besonderer Weise Bewegungsgeometriesysteme in Frage, weil man mit ihnen im „Zugmodus" spielerisch vielfältige geometrische Invarianten *entdecken* kann, z. B. den Peripheriewinkelsatz. Dabei entsteht jedoch vielleicht ungewollt ein neues Problem: Mit dem Einsatz solcher „Entdecker" wird nämlich das alte mathematikdidaktische Problem des *Weckens von Beweisbedürftigkeit* nicht nur nicht ausgeräumt, sondern es *verschärft sich wohl!* Warum?

Etwa bei diesem Beispiel „sieht man" unmittelbar, wie auch immer man den Kreispunkt mit der Maus bei unverändertem Zentriewinkel variiert, dass sich die Größe des Peripheriewinkels nicht ändert. Und die Reaktion? *„Basta, dann ist doch alles klar, das ist doch ein Beweis – oder etwa nicht? Und so macht man es doch auch in der Physik!"* Wirklich?

Doch mit einer solchen Reaktion bei Schülerinnen und Schülern muss gerechnet werden! Aber positiv gewendet: Diese – für engagiert und verzweifelt um Überzeugung bemühte Lehrkräfte – fatale Situation ist auch eine große Chance: Bei entsprechenden „Entdeckungen" im Unterricht nicht etwa auffordern: *„Beweise, dass das gilt!"* oder fragen: *„Kannst du beweisen, dass das gilt?"*, sondern stattdessen fragen: *„Kannst du begründen, warum das gilt?"* oder noch knapper: *„Warum mag das wohl gelten?"*.

Daher wird es vielleicht künftig ratsam sein, den *begründenden Aspekt eines Beweises* zu betonen und ihn hervorzuheben gegenüber dem *wahrheitssichernden Aspekt eines Beweises* – vielleicht sogar: von einer *„Begründung"* zu sprechen, nicht aber von einem *„Beweis"*. Das könnte *zu einer neuen medialen Sichtweise* von „Beweis" führen, etwa

- weg vom: *„Beweise, dass das ... gilt!"*
- und hin zum: *„Kannst Du begründen, warum das gilt?"*.

So macht der Computer als Instrument für *entdeckende Erkenntnisgewinnung* das Beweisen keinesfalls überflüssig, er kann diesem Prozess jedoch unterrichtsmethodisch und erkenntnistheoretisch eine andere Qualität verleihen. Dieses eingedenk sollte man mit Bezug auf die auf S. 29 f. erörterte „Produktivkraft des Irrtums" solche Situationen geradezu provozieren!

6.7.2.3   Rechenknecht, Möglichkeitserweiterer, Türöffner und „Rennen gegen die Mauer"

- *Rechenknecht*

  Der Rechner rechnet so, wie wir auch schon immer rechneten, er nimmt uns die übliche Arbeit ab. In diesem Sinne sind Computer leicht zu verstehen, und auch ihre Einsatzmöglichkeiten sind zunächst überschaubar. [588]

Beispielhaft nennt Winkelmann hierzu *Taschenrechner, Tabellenkalkulationsprogramme, Statistik-Pakete, Multiplikation von Matrizen, Ausmultiplizieren symbolischer Ausdrücke, symbolisches Differenzieren*, wobei er mit den letzten drei Beispielen auch Einsatzmöglichkeiten von Computeralgebrasystemen als „Trivialisieren" erfasst.

---

[588] [Winkelmann 1992, 32 f.], Ausarbeitung zu einem Hauptvortrag von 1991.

- *Möglichkeitserweiterer*

  Dadurch, daß der Rechner die gewohnten Verfahren schnell und mühelos erledigt, können wir damit interaktiv und explorativ umgehen, was häufig einen Umschlag von Quantität in Qualität bedeutet.

Das erläutert Winkelmann anhand folgender Beispiele:

Tabellenkalkulationssysteme erlauben „Was wäre wenn"-Untersuchungen. [589]

Funktionenplotter berechnen einfach mehr Zwischenpunkte, Vergrößern und Verkleinern sind leicht möglich („Zoomen"), auch Variationen des Funktionsterms. [590] [...]

Symbolische Berechnungen brauchen nicht bei einfachsten Termen stehenzubleiben. Wenn man dann trotzdem überschaubare Ergebnisse hat, liegen oft Einsichten nahe. [591]

Der Aspekt der „Möglichkeitserweiterung" gilt aber nicht nur für die drei hiermit angesprochenen Typen Neuer Medien, sondern erkennbar auch für die damals gerade neu aufgetretenen Bewegungsgeometriesysteme, darüber hinaus nun auch für das erst 1990 entstandene World Wide Web – und zwar insbesondere wegen der hiermit gegebenen völlig neuartigen und heute selbstverständlichen Recherchemöglichkeiten, was aber 1991 [592] wohl kaum vorhersehbar war.

Als dritten anthropomorphisierenden Aspekt nennt Winkelmann:

- *Türöffner*

  Neue Möglichkeiten durch (dem Nutzer) unbekannte oder praktisch unzugängliche Verfahren (Algorithmen); insbesondere viele Umkehrprobleme (Faktorisieren, Integrieren, Lösen von Gleichungssystemen,... – das hängt natürlich vom jeweiligen Nutzer ab).

Dieser Aspekt ist zwar nicht deutlich gegenüber dem „Möglichkeitserweiterer" abgrenzbar, der ja auch „Türen zu öffnen" vermag. Aber aufgrund der konkreten Erläuterungen sind hier offensichtlich nur Möglichkeiten eines Computeralgebrasystems gemeint.

Winkelmann beschreibt ferner einen vierten, andersartigen Aspekt:

- *„Rennen gegen die Mauer"*

  Prinzipielle oder praktisch prinzipielle Unmöglichkeiten werden sichtbarer: Vieles geht nicht, weil die speziellen Algorithmen noch nicht gefunden (ersonnen?) wurden; anderes geht beweisbar überhaupt nicht, und das ist gar nicht so weit weg.

  Beispiele

  ... aus der Informatik:
  das Halteproblem; exakte Lösung von NP-vollständigen Problemen sind für größere – aber noch auf den ersten Blick zumutbare – Konfigurationen innerhalb der endlichen Welt nicht zu finden;

---

[589]   Diese z. B. bei [Zseby 1984, 117] mit „What-If-Analyse" bezeichneten *„ inversen" Untersuchungen* bedeuten: Man ändert einen Tabelleneintrag und sieht sofort die Auswirkung(en)!

[590]   Diese Möglichkeit des heute selbstverständlich erscheinenden „Zoomens" bei Funktionenplottern ist eine technische Realisierung des von Arnold Kirsch schon in den 1970er Jahren zunächst nur gedachten „Funktionenmikroskops", vgl. [Kirsch 1979].

[591]   Siehe Abschnitte 6.2 und 6.3.

[592]   Vgl. Abschnitt 6.6.

... aus der Mathematik:
exakte Lösung von Gleichungen 5. Grades, nicht-lineare, insbesondere transzendente Gleichungssysteme, Integration in geschlossenen Termen, geschlossene Lösung nicht-linearer Differentialgleichungen.

Er schreibt dazu ergänzend mit besonderem Blick auf Computeralgebrasysteme:

Dieses *„Rennen gegen die Mauer"* ist für mich eigentlich die typische Empfindung [...]. Die Zuhilfenahme des Computers als *Rechenknecht, Erweiterer, Türöffner* kann nun gerade Grenzen, die in Ausdauer und Konzentrationsfähigkeit liegen, relativ leicht überwinden; daher können nun andersartige und auch prinzipielle Grenzen erfahren werden.

Die nicht-lineare Schwierigkeitszunahme fällt jedem Benutzer auf, der etwa [...] die (exakte) Lösung einer nicht speziell präparierten Gleichung dritten Grades verlangt: die Komplexität der erhaltenen Lösung – die spezieller Fähigkeiten zur sinnvollen Interpretation und Nutzung bedarf – ist für lineare Erwartungen überraschend hoch und kann schlagartig die explosionsartige Zunahme der Schwierigkeiten verdeutlichen; daß relativ schnell das prinzipielle „Aus" kommt, ist dann nicht mehr überraschen.

Solche *Schwierigkeitsexplosionen* gibt es anscheinend bei numerisch orientierter Software nicht oder nicht in dem Maße; zwar ist auch hier klar, daß erhöhte Ansprüche an Genauigkeit erhöhten Aufwand bedeuten, aber i. a. hat man doch keine kombinatorischen Explosionen, die Konvergenz der meisten Verfahren ist ja deutlich besser als linear.

Zur Demonstration konstruiere man eine Gleichung zu drei vorgegebenen Lösungen, etwa $(x-1)(x-2)(x-5) = 0$, und erhält per Knopfdruck mit einem CAS die korrekten Lösungen. Die Modifikation zu $(x-1)(x-2)(x-5) + 1 = 0$ zeigt dann diese *„Schwierigkeitsexplosion":*

Man erhält eine reelle und zwei komplexe Lösungen (was zu erwarten war), jedoch eine (vielleicht?) unerwartete Kompliziertheit aller drei Lösungsterme, wie bereits an der reellen Lösung in Bild 6.19 zu sehen ist.

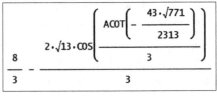

Bild 6.19: reelle Lösung von
$(x-1)(x-2)(x-5) + 1 = 0$

6.7.2.4   Täuscher und Blender

• *Täuscher*

Primär möge man hierbei an das in Abschnitt 6.2.5 beschriebene „Aliasing" denken, bei dem man durch einen per Fehlsimulation entstandenen Funktionsplot völlig in die Irre geführt werden kann und bezüglich der Gestalt des „wirklichen Schaubilds" einer Funktion *getäuscht* wird. [593] Diese Täuschungen können mehr oder weniger „offen sichtlich" sein, wie die Beispiele in Bild 6.3 (S. 148) und Bild 6.9 (S. 157) zeigen.

Neben diesem durch die zweifache Diskretisierung bedingten „Stroboskopeffekt" gibt es vielfältige weitere *numerisch bedingte Täuschungen*, die auf falschen Approximationsverfahren beruhen:

---

[593]   Auch wenn es keine optischen Täuschungen sind, vgl. Abschnitt 9.1.6 auf S. 320.

Insbesondere ist hier auf numerisch „falsche Konvergenzberechnungen" hinzuweisen, so etwa, wenn man als „Konvergenzkriterium" für numerische Folgen angibt, dass der Betrag der Differenz aufeinanderfolgender Glieder lediglich kleiner als eine vorgegebene Schranke ε sein müsse – und ein solches doch scheinbar „sinnvolles Verfahren" sogar programmiert, um damit dann einen „Grenzwert" zu „berechnen".

So kann dann bekanntlich z. B. die harmonische Reihe – je nach Wahl von ε – prinzipiell gegen einen beliebigen Wert „konvergieren" ⊗ [594]

- *Blender*

Computeralgebrasysteme können partiell zu euphemistischen Beurteilungen ihrer „Leistungsfähigkeit" führen. So erhält man zwar mit einem CAS bei der Untersuchung der harmonischen Reihe den korrekten „Grenzwert" ∞, jedoch nicht etwa deshalb, weil dieser „berechnet" wurde, sondern weil er in der zugehörigen Datenbank fest verankert ist. Hier kann man also bezüglich der „Fähigkeiten" eines Computeralgebrasystems *„geblendet"* werden.

Ein komplexeres Beispiel sei die Gamma-Funktion:

$$\Gamma(x) := \int_0^\infty e^{-t} t^{x-1}\, d\,t \quad \text{für alle } x \in \mathbb{R}_+ \,.$$

Das (nicht mehr vertriebene) CAS „DERIVE" enthält explizit die Gammafunktion als „Term" $\Gamma(x)$. Plottet man sowohl $\Gamma(x)$ als auch das obige Integral, so stimmen zwar die Funktionsplots augenscheinlich für $x > 0$ überein, während aber der Plot von $\Gamma(x)$ auch für negative Argumente definiert ist. [595] Warum ist das so? Walter Oberschelp schreibt passend hierzu:

> Das Grundproblem der CAS im ST-Modus besteht also im *Erkennen* der Aufgabe und im *Aufsuchen* und *Auswerten* der zugehörigen Theorie in der angeschlossenen Daten- und Methodenbank. Der naive Nutzer macht sich kaum eine Vorstellung von den hierbei auftretenden Problemen. So muß z. B. das Problem auch erkannt werden, wenn der Anfragende die Eingabe modifiziert, z. B. den Buchstaben *i* statt *n* als Summationsindex verwendet. [...]

> Generell kann man sagen, daß mit wachsendem *Eingabe*komfort der Erkennungsaufwand sehr stark wächst. Hingegen ergeben sich hinsichtlich des *Ausgabe*komforts kaum Probleme: Gut entwickelte CAS haben keine Schwierigkeiten, „schöne" (zweidimensionale) Formelausgaben (und natürlich Grafikausgaben) zu produzieren und diese z. B. auch durch (sogar multimediale) Kommentare zu unterstützen. Die hierzu erforderlichen Algorithmen sind [...] benutzerunabhängig anwendbar, wenn die Lösung intern gefunden worden ist.

> Die hier angedeutete Diskrepanz zwischen Eingabe-Sensibilität und Ausgabe-Robustheit, die auch für AI-Anwendungen gilt, wird häufig vom Laien nicht erkannt und führt dann zu Täuschungen hinsichtlich der Leistungsfähigkeit der Systeme. Oft versuchen deshalb Systementwickler, das Publikum durch billigen Aufwand in der Ausgabetechnik über Mängel in der Eingabe-Verarbeitung hinwegzutäuschen. [596]

---

[594]   [Herget & Sperner 1977]; weitere Beispiele u. a. bei [Herget 1990] und [Herget & Bardy 1999].
[595]   [Hischer 2002, 268 ff.], das gilt auch noch für die letzte Version 6.10 von DERIVE.
[596]   [Oberschelp 1996, 33 f.]

6.7.2.5 Recherchierer

Seit der Jahrtausendwende haben klassische mehrbändige Enzyklopädien in ihrer Rolle als aktuelle Wissensdatenbanken leider ausgedient und (nochmals: leider!) nur noch historischen Wert, und sie sind damit auch keine klassischen Geschenke mehr etwa aus Anlass der Konfirmation oder des bestandenen Abiturs.

Diverse Suchmaschinen, WWW-Portale und viele permanent aktualisierte WWW-Enzyklopädien beantworten individuelle Online-Anfragen sofort, so dass diese „Suchhelfer" in die Rolle eines individuellen „Recherchierers" schlüpfen, also metaphorisch als *verlängerte Hand beim Aufschlagen von und Blättern in Enzyklopädien.*

Konnte man anfangs vielleicht noch berechtigt bemängeln, dass damit das haptische Erlebnis des ungewollten „Hängenbleibens" beim Stöbern im Lexikon und des damit unbeabsichtigten Entdeckens neuer Dinge verloren geht, so stimmt auch das nun nicht mehr, insbesondere deshalb, weil man per Weblink sofort (unbeabsichtigt) zu anderen Seiten springen kann und sich dabei durchaus auch hier „verheddern" kann.

So entstehen bei der Nutzung dieses „*Recherchierers*" neue Herausforderungen an die „Bildung", wie sie z. B. Walther Ch. Zimmerli beschreibt: [597]

Dadurch explodiert aber auch die Menge potenziellen Wissens. Sie wird zum einen so groß, dass sie nicht mehr vollständig zugänglich ist. Zum anderen erweist sie sich als so stark mit Datenmüll kontaminiert und zugeschüttet, dass es eigener technologischer Anstrengungen bedarf, die relevanten Informationen herauszufiltern. Nicht dass wir zu viel intern gespeichertes Wissen hätten, ist das Problem der Wissensgesellschaft, sondern, dass wir zu viele und zu komfortable Zugangsmöglichkeiten zu allzu viel extern gespeichertem Wissen haben.

Wir wissen zu wenig über das Viele, das wir nicht wissen; wir wissen aber zu viel über das Wenige, was wir wissen!

Und genau hier, wo also Gefahr ist, wächst das Rettende auch. Nicht allein und von sich aus, aber doch durch den lenkenden Eingriff der Denkenden. Dass wir Zugang zu externen Wissensspeichern haben, heißt nämlich noch keineswegs, dass wir das, was in ihnen ist, bereits wüssten. Jemand, der einen Aufsatz kopiert, hat diesen allein dadurch ja auch noch nicht gelesen – vom Verstehen ganz zu schweigen. Das ganz Neue, das hier Not tut, ist ersichtlich etwas ganz Altes: *Bildung.* [...]

In weiser Voraussicht einer solchen Fehlentwicklung hat der Phänomenologe Max Scheler schon 1925 einen fiktiven klugen Mann sagen lassen,

gebildet sei jemand, dem man nicht anmerke, dass er auf der Universität gewesen sei, falls er auf der Universität gewesen sei, dem man aber auch nicht anmerke, dass er nicht auf der Universität gewesen sei, wenn er nicht auf der Universität gewesen sei.

---

[597] [Zimmerli 2002,]; siehe hierzu auch seine Ausführung auf S. 42 zu Fußnote 130.

7 Funktionen als Medien

„Funktionen" sind für die Mathematik charakteristisch, wie es z. B. ein mit *„Zukunft der Mathematik – bei der Allianz"* betiteltes Plakat zeigte, mit dem zwecks Nachwuchsgewinnung von „Young Professionals" für die „Mathematikertage im November 2001" unter einem raumfüllenden Symbol „$f(x)$" wie folgt geworben wurde:

> Karrieren die funktionieren: Mathematikertage im Open Space Forum
>
> Absolvent(inn)en und Young Professionals erleben in zwei hochinteressanten Tagen die Zukunft der Mathematik – bei der Allianz.

Der für die Mathematik fundamentale Funktionsbegriff begegnet uns inhaltlich schon vor fast 4 000 Jahren, wenngleich der Name „Funktion" im mathematischen Kontext wohl erstmals 1694 von Leibniz benutzt wurde. Zugleich treten Funktionen seit der Antike immer auch im Verständnis von *Medien* gemäß Kapitel 3 auf. Das sei im Folgenden skizziert. Dazu sind zunächst wesentliche Eigenschaften von Funktionen aufzulisten, weil ein historisch orientierter Rückblick nicht allein anhand heutiger Definitionen durchführbar ist.

7.1 Funktionen und Medienbildung

Der Funktionsbegriff ist bereits in babylonischen Tabellen erkennbar, also lange vor dem (mit dem Namen „Leibniz" verbundenen) „Beginn" innerhalb der Mathematik. Andererseits treten Funktionen noch bis in die heutige Zeit hinein auch in der Gestalt „empirischer Funktionen" auf (vor allem außerhalb der Mathematik und dort insbesondere bei „zeitachsenorientierten" Darstellungen), die jedoch in aller Regel nicht termdefinierbar sind.

Solche sich einer Termdarstellung hartnäckig widersetzenden und zugleich mit einem „Realitätsbezug" versehenen Funktionen sind dann für Jean Baptiste Joseph **Fourier** (in dessen *« Théorie analytique de la chaleur »*, [598] in der er die Darstellung periodischer Funktionen durch trigonometrische Reihen untersucht) und seinen Schüler Peter Gustav Lejeune **Dirichlet** (in der Arbeit *« Sur la convergence des séries trigonométriques qui servent a représenter une fonction arbitraire entre des limites données »*, [599] in der er untersucht, ob sich für „beliebige" Funktionen ein bestimmtes Integral definieren lässt) ein wichtiger Anlass zur Entwicklung eines ersten „termfreien" Funktionsbegriffs, der Anfang des 20. Jahrhunderts nach wesentlichen Vorarbeiten von Cantor, Peano, Peirce, Schröder und ferner auch von Frege, Russell und Whitehead schließlich durch Felix Hausdorff in Gestalt der „rechtseindeutigen Relation" zu höchster formaler Perfektion gelangt, die ihren Niederschlag in der „Bourbaki-Gruppe" findet.

---

[598] „Analytische Theorie der Wärme"
[599] „Über die Konvergenz trigonometrischer Reihen, die der Darstellung beliebiger Funktionen unter gegebenen Bedingungen dienen"

Mit entsprechender zeitlicher Verzögerung hält diese – formale – Funktionsdefinition im Rahmen der Anfang der 1960er Jahre von der OECD initiierten „New Math" [10] dann auch in Deutschland in den 1970er Jahren Einzug in den Mathematikunterricht. Zwar spielt diese ästhetische, präzise Funktionsauffassung auch in der Hochschulmathematik der 1960er und 1970er Jahre zunächst eine zunehmend größere Rolle, sie hat sich dort jedoch nie gänzlich und nachhaltig durchgesetzt. Heute haben wir uns davon (leider!?) sehr entfernt, und so begegnen uns Funktionen nun in großer Vielfalt: „Funktionen haben viele Gesichter". [600]

Außerhalb der Mathematik dienen *Funktionen* zunächst als *Medien zur Vermittlung von Kultur oder Natur*, doch mit der Entstehung der Analysis werden sie sogar zu eigenständigen *Objekten* der Mathematik, was man als *Wende vom Medium zum Objekt* bezeichnen könnte – wobei dann allerdings dieses Objekt selber zu einem Medium (im weiten Verständnis) wird ...

Andererseits werden viele in der Kultur oder in der Natur auftretende Funktionen schon seit rund 4000 Jahren bis heute gerne durch „sichtbare" Medien (z. B. Keilschrifttafeln, Graphen oder Charts) dargestellt, sie erscheinen damit also als *dargestellte Kultur oder Natur*. Darüber hinaus treten manche Medien jenseits dieser beiden Aspekte z. T. selber als Funktionen auf, z. B. über *Bilder als Funktionen*. So ist in Ergänzung zu Abschnitt 3.4 folgende **Trias in der Beziehung von Funktionen und Medien** didaktisch zu würdigen und zu beachten:

(T1) Funktionen begegnen uns als Medien –
Funktionen dienen oft der medialen *Vermittlung von Kultur oder Natur*.

(T2) Funktionen werden durch Medien dargestellt –
sowohl „reale" (in der Kultur oder der Natur auftretende) Funktionen als auch „erdachte" oder „gedachte" Funktionen werden oft durch Medien *dargestellt*.

(T3) Medien als Funktionen –
manche Medien können als Funktionen (im Sinne „eindeutiger Zuordnungen") auftreten.

Bezüglich *(T2)* sind für *termdefinierte* (also i. d. R. „ideale", nicht aber „reale") Funktionen heutzutage „termbasierte Funktionenplotter" [601] ein selbstverständliches und sinnvolles Werkzeug, und zwar insbesondere in Forschung, Entwicklung, Produktion und auch in der Schule. Im Sinne von *(T3)* sind Funktionenplotter ihrerseits Funktionen (sic!), weil sie den eingegebenen Funktionstermen und entsprechenden Parametern (Intervalle, Farbe, Strichdicke, ...) jeweils eindeutig einen Funktionsplot als „Bild" zuordnen, und die von ihnen erzeugten Funktionsplots sind dann selber als Funktionen anzusehen. [602] Hier treten dann merkwürdige Effekte wie etwa das *Aliasing* auf, und wir müssen feststellen, dass jeder Funktionsplot stetig ist (*Erster Hauptsatz für Funktionenplotter*) und dass die Funktionsplots trigonometrischer Funktionen fast immer falsch sind (*Zweiter Hauptsatz*). [603]

---

[600] Vgl. [Herget & Malitte & Richter 2000] und Abschnitt 7.3.
[601] Vgl. S. 145, 149, 176.
[602] Vgl. [Hischer 2002, 307] und die vertiefenden Beispiele in [Selzer 2006], ferner Abschnitt 7.10.
[603] Vgl. [Hischer 2002, 307 ff.] und [Hischer 2006 a], ferner Abschnitt 6.2.7.

Darüber hinaus fasst man in der Bildbearbeitung und der Bildverarbeitung (in Anwendung von Mathematik und Informatik) (digitale) „Bilder" als Funktionen auf. [604] Das Auftreten aller drei Aspekte wird nachfolgend an historischen Meilensteinen aufgezeigt. [605]

7.2   Zum aktuell nicht einheitlichen Verständnis von „Funktion"

Wir beobachten heutzutage eine Fülle formal unvereinbarer Auffassungen und Verwendungen des Wortes „Funktion" im mathematischen Kontext, z. B.:

- *die Funktion* $y = f(x)$ – *die Funktion* $f(x)$ – *die Funktion* f
- *die Funktion* $y = y(x)$ – *die Funktion* $x \mapsto f(x)$
- *der Weg ist eine Funktion der Zeit*, dann oft z. B. notiert als $s = s(t)$
- man betrachtet eine *Parabel als quadratische Funktion*
- es wird eine *Wertetabelle als Funktion* bezeichnet, ..., usw.

Strengen formalen Ansprüchen hält hierbei (zunächst?) nur *„die Funktion* f " stand, mit gewissen Abstrichen auch noch *„die Funktion* $x \mapsto f(x)$ " (also die Zuordnung des *Elements* $f(x)$ zu dem *Element* x). So ist zu fragen:

Soll das bedeuten, dass es in der heutigen Mathematik und ihren Anwendungen kein einheitliches Begriffsverständnis dessen gibt, was eine Funktion ist?

Dieser Verdacht wird genährt, wenn man zur Kenntnis nimmt, dass (auch in der Hochschulmathematik) in zunehmendem Maße (wieder!) die Bezeichnung *„Funktionen mit mehreren Veränderlichen"* anzutreffen ist (sowohl bei Titeln von Lehrbüchern als auch von Vorlesungen), wo doch eine *Funktion* in strenger Begriffsauffassung (nämlich als rechtseindeutige Relation) gar *keine Veränderlichen hat bzw. haben kann* (korrekt wäre z. B. „einstellige" bzw. „mehrstellige Funktionen"). So weist dann diese Sprechweise darauf hin, dass solche Autoren und Dozenten (wie die Altvorderen vor der Mitte des 20. Jhs.) meist *Funktionen als Terme* auffassen und damit der Sprechweise *„die Funktion* $f(x)$ " zuneigen. Spürt man dem in Gesprächen mit Mathematikern nach, so wird dieser Verdacht insofern bestätigt, als dass das, was für sie eine Funktion *ist*, ganz von dem Kontext abhängt, in dem sie forschend tätig sind:

Beispielsweise sind für Numeriker (in ihrem Kontext nachvollziehbar!) „Funktion" und „Tabelle" oftmals Synonyme, oder sie identifizieren (ebenfalls kontextuell nachvollziehbar!) „Funktion" mit „Term" (wobei $f(x)$ nicht notwendig ein *Term* sein muss). Oder man findet die Auffassung, Funktionen seien spezielle Abbildungen, und zwar von $\mathbb{R}^n$ in $\mathbb{R}$, wobei dann eine „Abbildung" lediglich eine „eindeutige Zuordnung" (im Sinne eines undefinierten, unmittelbar einleuchtenden Grundbegriffs) ist, somit also „Funktion" und „Abbildung" im Gegensatz zur mengentheoretisch begründeten Auffassung nicht identifiziert werden. So sind beispielsweise für Zahlentheoretiker Funktionen oft einfach „Abbildungen" (s. o.) von $\mathbb{Z}$ in $\mathbb{R}$ oder in $\mathbb{C}$.

---

[604]   Siehe hierzu Abschnitt 7.10.
[605]   Siehe hierzu den kulturhistorischen Überblick in den Abschnitten 7.4 bis 7.7.

Dass die althergebrachte (antiquierte?) Bezeichnung „Funktionentheorie" mitnichten eine „Theorie der Funktionen" schlechthin ist, wird sattsam bekannt sein (sie wird daher z. T. auch „Theorie komplexer Funktionen" genannt), so wie die sog. „Zahlentheorie" in der Regel keine „Theorie der Zahlen" schlechthin ist, sondern vor allem eine „Ganzzahlentheorie". Und während bei der Identifikation von „Funktion" und „Abbildung" (beides präzisierbar als rechtseindeutige Relation) z. B. ein Funktional „eigentlich" eine spezielle Funktion ist, treten in der Funktionalanalysis Funktionen dann interessanterweise wieder als spezielle Funktionale auf – und damit wird die begriffliche Verwirrung komplett! [606]

Wagen wir noch einen Blick in ein wichtiges Anwendungsfeld der Mathematik: Wenn beispielsweise Physiker etwa $s = s(t)$ notieren und diese Gleichung dann eine „Zeit-Weg-Funktion" nennen, so muss man sich als formal strenger Mathematiker mit Grausen abwenden, u. a. deshalb, weil hier die Variable s in formal zwei unterschiedlichen, nicht vereinbaren Rollen auftritt. Andererseits kommt in dieser Formulierung eine sehr schöne und inhaltlich sehr reichhaltige Auffassung (als einer „zeitabhängigen Größe") zum Ausdruck, die in einer formal einwandfreien (und dann auch aufgeblähten!) Darstellung verloren gehen würde. [607]

Wie kommen wir in dieser verworrenen Situation weiter? Der denkbare Ansatz, eine *Funktion als rechtseindeutige Relation* aufzufassen, würde das Problem keinesfalls lösen, denn noch nicht mal bei Mathematikern würde er generell auf einhellige Zustimmung stoßen!

Zwar würden grundlagentheoretisch orientierte Mathematiker (in der sog. „theoretischen Mathematik") und auch (theoretische) Informatiker dem wohl zustimmen (wobei in der theoretischen Informatik der λ-Kalkül bedeutsam ist), aber wir haben gerade gesehen, welch *unterschiedliche Auffassungen* bereits *in der Mathematik* auftreten – wohl weil die Frage nach dem, was denn eine Funktion *eigentlich* ist, (leider?) für viele (gar die meisten?) irrelevant ist.

Allerdings ist es aus didaktischer Perspektive wenig erquicklich, wenn *einerseits* mit „Funktion" – unbestreitbar – ein wesentlicher und unverzichtbarer Grundbegriff der Mathematik (und in der Folge auch: des Mathematikunterrichts) bezeichnet wird und wenn *andererseits* der Funktionsbegriff im Mathematikunterricht *entwickelt* werden soll!

7.3   Funktionen haben viele Gesichter

Ein Ansatz, die „vielen Gesichter der Funktionen" zu verstehen, könnte darin bestehen, die *Geschichte der Mathematik* danach zu befragen, wie der Funktionsbegriff entstanden ist und wie dieser sich entwickelt bzw. weiterentwickelt hat. Aber wonach soll man hier suchen?

Der nahe liegende Weg, danach Ausschau zu halten, wer zuerst das Wort „Funktion" in welchem Zusammenhang verwendet hat, führt zwar schnell auf Leibniz (s. o.), erweist sich aber leider als nicht hilfreich:

---

[606]   Erwähnenswert ist vielleicht, dass man in der Funktionalanalysis früher auch von *Funktionenfunktionen* statt von *Funktional* gesprochen hat (nach einem Hinweis von Anselm Lambert).

[607]   Auf S. 386 findet sich ein Beispiel mit L und $L(p)$, das deutlich macht, dass diese Schreibweise nützlich ist!

Denn es zeigt sich, dass die soeben beschriebene, formal nicht vereinbare Vielzahl der Auffassungen des Funktionsbegriffs gerade dessen Reichtum im Sinne der „vielen Gesichter" ausmacht. Diese Erkenntnis hat zur Folge, dass es nicht hilft, nach dem Auftreten des Wortes „Funktion" (also dem Auftreten des Begriffs*namens*) Ausschau zu halten ist, sondern dass nach Erscheinungsformen des zugehörigen Begriffsinhalts zu suchen ist, also gemäß Vollrath nach dem sog. *funktionalen Denken*, das er im (positiven Sinn) zirkulär wie folgt beschreibt: [608]

> Funktionales Denken ist eine Denkweise, die typisch für den Umgang mit Funktionen ist.

Dazu müssen wir *tatsächliche Verwendungszusammenhänge* von Funktionen in den Blick nehmen, oder anders: *Aspekte beim Umgang mit Funktionen!* Und welche Aspekte können bzw. werden das sein? Schon die o. g. exemplarische Zusammenstellung unterschiedlicher Begriffsauffassungen bzw. -interpretationen hilft weiter und führt etwa zu der folgenden, nicht hierarchisch aufzufassenden Liste von Aspekten (die freilich noch erweiterbar ist):

- *eindeutige Zuordnung   —   Abhängigkeit einer Größe von einer anderen   —*
  (insbesondere) zeitabhängige Größen   —   (empirische) (Werte-)Tabellen   —
  Kurven, Graphen, Datendiagramme (Charts)   —   Formeln

Im Einzelnen:

▫ *Eindeutige Zuordnung:* Dies ist wohl *der* wesentliche Aspekt! Leider bleiben hierbei die für Anwendungen wichtigen Aspekte wie etwa die „Abhängigkeit einer Größe von einer anderen" und die „Zeitabhängigkeit" verborgen, sie treten ggf. nur implizit im „Term" auf.

▫ *Abhängigkeit einer Größe von einer anderen:* Die damit verbundene Vorstellung einer „veränderlichen Größe" ist zwar aus formal-logischer Sicht problematisch [609] (wegen des Terminus „Größe") – aber dennoch: Sie ist (leider!?) Fakt! Und außerdem: Sie ist (z. B.) für die Naturwissenschaften geradezu unverzichtbar, und sie ist so praktisch und anschaulich!

▫ *Zeitabhängige Größe:* Auch diese Bezeichnung ist (nicht nur wegen „Größe") in formal-logischer Sicht problematisch – aber dennoch: Sie ist (leider!?) Fakt! Und wiederum: Sie ist (z. B.) für die Naturwissenschaften unverzichtbar, sie ist so praktisch und anschaulich!

▫ *(Empirische) (Werte-)Tabelle:* (Werte-)Tabellen kennen wir seit den Babyloniern. Für Numeriker sind „Funktion" und „Tabelle" durchaus Synonyme – schön! Und empirische Tabellen führten Fourier und Dirichlet zum abstrakten modernen Funktionsbegriff!

▫ *Kurve, Graph, Datendiagramm (Charts):* Diese Visualisierungen von Funktionen machen den Aspekt der eindeutigen Zuordnung „offen sichtlich", und es erscheint bei ihnen eine Funktion als „qualitative Gesamtheit" und nicht nur in Gestalt einzelner Funktionswerte.

▫ *Formel, Term:* Auch jegliche Formeln und damit auch Terme (etwa in den Naturwissenschaften) können als (i. d. R. sog. „mehrstellige") Funktionen angesehen werden!

---

[608] [Vollrath 1989, 3]
[609] Siehe hierzu auf S. 226 die Kritik von Felgner betreffend „Größe" mit Bezug auf Gottlob Frege.

Zugleich wird mit dieser (nicht abschließend gedachten) Auflistung deutlich, dass der Funktionsbegriff erst durch die Gesamtheit dieser „vielen Gesichter" erfasst werden kann, nicht aber durch die Beschränkung auf einen oder wenige von ihnen.

7.4   Zeittafel zur Entwicklung des Funktionsbegriffs

Die Zugrundelegung dieser Aspekte führt zunächst zu folgender *vereinfachter Zeittafel*, die keinen Anspruch auf Vollständigkeit erhebt und gewiss noch detaillierbar ist:

19. Jh. v. Chr.	**Babylonier:** *Tabellierung* von Funktionen
ab 5. Jh. v. Chr.	**griechische Antike:** kinematisch erzeugte *Kurven*
ca. 950 n. Chr.	**Klosterschule:** *erste zeitachsenorientierte Funktion –* graphische Darstellung der Inklination von Planetenbahnen in einem *Koordinatensystem*
Anfang 11. Jh.	**Guido von Arezzo:** Erfindung der *Notenschrift –* eine weitere zeitachsenorientierte Funktion
14. Jh.	**Mittelalter**, insbes. **Nicole d'Oresme:** *graphische Darstellung* zeitabhängiger Größen
17. Jh.	**Newton:** *Fluxionen, Fluenten;* **Leibniz, Jakob I Bernoulli:** erstmalig das Wort *„Funktion"* **Johann I Bernoulli:** *„Ordinaten"*
18. Jh.	**Johann I Bernoulli, Euler:** Funktion als *„analytischer Ausdruck"*, d. h. als *„Term"* **Euler:** Funktion (auch) als *freihändig gezeichnete Kurve* **Lambert** et al.: graphische Darstellung *empirischer Zusammenhänge*
19. Jh.	**Fourier, Dirichlet, Dedekind:** Funktion als *eindeutige Zuordnung* **Du Bois-Reymond:** Funktion als *Tabelle – Tabelle* als Funktion **Peano, Peirce, Schröder:** Funktion als *Relation*
Anfang 20. Jh.	**Hausdorff** (1914): Funktion als *zweistellige rechtseindeutige Relation*
21. Jh.	... die große Vielfalt, z. B. *Bilder als Funktionen*

Einige besonders markante Stationen seien nun skizziert. Dabei kann im vorliegenden Kontext darauf verzichtet werden, auf kinematische Kurven in der Antike einzugehen, und die mit den Namen Newton, Leibniz, Bernoulli und Euler verbundenen Stationen werden nur kurz angesprochen. [610]

---

[610] Weitere Ausführungen dazu bei [Hischer 2002, 319 ff.], [Hischer 2012, Kapitel 4] und [Sonar 2011].

7.5   Funktionen als Tabellen bei den Babyloniern

Seit der ersten Hälfte des 19. Jahrhunderts wurden im heutigen Irak, dem antiken Mesopotamien – dem „Zwischenstromland" zwischen Euphrat und Tigris – etwa *eine halbe Million babylonischer Keilschrifttafeln* ausgegraben bzw. in Bibliotheken gefunden. Dieses *kulturelle Erbe* hat also nahezu 4000 Jahre bis zu seiner Entdeckung überdauert (und der unbekannte Rest ist seit Anfang der 2000er Jahre der unwiderruflichen Zerstörung durch kriegerisches Handeln preisgegeben ...). Unter diesen bisher gefundenen Tafeln befinden sich etwa *vierhundert*, die Darstellungen *mathematischer Probleme* oder *mathematische Tabellen* enthalten.

Viele dieser Keilschrifttafeln kann man in Museen von Paris, Berlin und London und in archäologischen Sammlungen etwa der Universitäten von Yale, Columbia und Pennsylvania besichtigen. Otto Neugebauer lieferte 1935 eine erste Interpretation dieser mathematischen Tafeln, eine weitere Publikation hierzu lieferte er 1945 gemeinsam mit Abraham Sachs. [611]

Berühmt ist u. a. die etwa handtellergroße Tafel „Plimpton 322" (Maße: ca. 12,7 cm × 8,8 cm, ca. 2 cm dick) aus der (in der Universität von Columbia archivierten) Privatsammlung des Verlegers G. A. Plimpton, die in den 1920er Jahren in der Gegend von Senkereh, dem antiken Larsa, illegal ausgegraben wurde. [612] Bild 7.1 zeigt eine eindrucksvolle Transkription dieser Tafel, wie sie ein halbes Jahrhundert später die britische Mathematikhistorikerin und Orientalistin Eleanor Robson erstellt hat.

Die Keilschrifttafel Plimpton 322 ist zwar links oben und auch rechts in der Mitte und unten erkennbar beschädigt, und sie zeigt an der linken Seite eine Abbruchkante, aber die numerischen *Sexagesimaldarstellungen* konnten rekonstruiert werden. 1945 wurde Plimpton 322 erstmals durch die Orientalisten Otto Neugebauer und Abraham Sachs dechiffriert. [613]

Noch bis etwa 2000 hatte man den Entstehungszeitraum dieser Tafel nur auf

Bild 7.1: Transkription von Plimpton 322

etwa 1900 bis 1600 v. Chr. eingrenzen können. Aktuelle transdisziplinäre Untersuchungen von Eleanor Robson konnten den Zeitraum nun auf etwa 1822 bis 1762 v. Chr. begrenzen. [614] Zu der Transkription in Bild 7.1 stellte Robson 2001 eine Transliteration vor, wie sie ähnlich in Bild 7.3 zu sehen ist.

---

[611] [Neugebauer 1935], [Neugebauer & Sachs 1945].
[612] Eine sehr schöne, farbige Abbildung findet man nebst Beschreibung unter:
       http://www.columbia.edu/cu/web/eresources/exhibitions/treasures/html/158.html (14. 04. 2016)
[613] [Resnikoff & Wells 1983, 62]
[614] [Robson 2001]

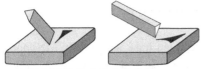

Bild 7.2: babylonische Keilschriftgravur

1;59,0,15	(1.9834)	1,59	(119)	2,49	(169)	1
1;56,56,58,14,50,6,15	(1.9492)	56,7	(3367)	1,20,25	*(4825)	2
1;55,7,41,15,33,45	(1.9188)	1,16,41	(4601)	1,50,49	(6649)	3
1;53,10,29,32,52,16	(1.8862)	3,31,49	(12709)	5,9,1	(18541)	4
1;48,54,1,40	(1.8150)	1,5	(65)	1,37	(97)	5
1;47,6,41,40	(1.7852)	5,19	(319)	8,1	(481)	6
1;43,11,56,28,26,40	(1.7200)	38,11	(2291)	59,1	(3541)	7
1;41,33,45,14,3,45	(1.6927)	13,19	(799)	20,49	(1249)	8
1;38,33,36,36	(1.6427)	8,1	*(481)	12,49	(769)	9
1;35,10,2,28,27,24,26,40	(1.5861)	1,22,41	(4961)	2,16,1	(8161)	10
1;33,45	(1.5625)	45,0	(45)	1,15,0	(75)	11
1;29,21,54,2,15	(1.4894)	27,59	(1679)	48,49	(2929)	12
1;27,0,3,45	(1.4500)	2,41	*(161)	4,49	(289)	13
1;25,48,51,35,6,40	(1.4302)	29,31	(1771)	53,49	(3229)	14
1;23,13,46,40	(1.3872)	56	(56)	1,46	*(106)	15

Bild 7.3: Transliteration von Plimpton 322
(in Klammern: Dezimalwerte der Sexagesimaldarstellungen)

In Bild 7.2 [615] ist die Erzeugung der Zeichen für „1" (links) und „10" (rechts) mit Hilfe eines „Keils" zu sehen, der in frische Tontafeln gedrückt wurde. Das Zeichen für „10" ist wohl mit dem Keil nur linkshändig so erzeugbar, so dass diese Tafel vermutlich von rechts nach links geschrieben sein könnte, wobei Robson diese Meinung nicht vertritt.

In Bild 7.3 ist in der ersten Spalte ganz rechts die *Zeilennummerierung* (von 1 bis 15) wie bei einem Tabellenkalkulationsprogramm erkennbar. Diese Tabelle enthält somit 3 Spalten mit 15 Zeilen, deren Inhalt zu deuten ist. Die *Spaltenköpfe* in der obersten Zeile von Bild 7.1 enthalten erläuternden Text zum jeweiligen Spalteninhalt (2. Spalte von rechts: „Quadrat der Diagonalen", 3. Spalte: „Quadrat der kürzeren Seite"), jedoch: In den Spalten stehen *nicht die Quadrate* der Seitenlängen, sondern die Seitenlängen selber. Konkret sei nun Zeile 11 in Bild 7.1 betrachtet (vgl. Bild 7.3). In der zweiten Spalte von links stehen von rechts gelesen 5 Einer und 4 Zehner, also 45, rechts daneben 5 Einer und 7 Zehner, also 75, sexagesimal $1 \cdot 60^1 + 15 \cdot 60^0 + 0 \cdot 60^{-1}$. Division durch 15 (als ggT) ergibt 3 und 5, was durch 4 zum pythagoreischen Tripel (3, 4, 5) ergänzt wird und das pythagoreische Tripel (45, 60, 75) liefert. Daher galt Plimpton 322 lange Zeit „*als erstes bedeutendes Dokument der Zahlentheorie*".

Doch was bedeutet die linke Spalte? Hier stehen nicht etwa die jeweils dritten Partner der pythagoreischen Tripel. Vielmehr steht hier *in heutiger Sichtweise* (!) $\sec^2(\alpha)$ (Quadrat des *Sekans* mit α als Innenwinkel gegenüber der Kathetenlänge a in der zweiten Spalte von links, vgl. Bild 7.5). So wurde hier also eine *zweistellige Funktion f tabelliert* (mit dem in Bild 7.4 angegebenen Funktionsterm). Dabei ist c die in der dritten Spalte von links stehende Hypotenusenlänge. [616]

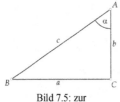

Bild 7.5: zur Spaltenstruktur in Bild 7.3

$$f(a,c) := \frac{c^2}{c^2 - a^2} = \sec^2(\alpha) = \frac{1}{\cos^2(\alpha)}$$

Bild 7.4: Inhalt der linken Spalte in Bild 7.3

- So stehen aus heutiger Sicht (!) *zweistellige Funktionen* (in Gestalt von Wertetabellen!) *am* kulturhistorischen *Anfang der Entwicklung des Funktionsbegriffs*.

---

[615] Bild 7.2 wurde in Anlehnung an [Resnikoff & Wells 1983, 18] erstellt und dabei zugleich korrigiert.

[616] Der numerische Wert in der ersten Spalte ergibt sich aus 1;33,45 korrekt zu $1 + \frac{33}{60} + \frac{45}{60^2} \approx 1,5625$.

Eleanor Robson zeigte nun 2001 und 2002 mit einer transdisziplinären Untersuchung, dass *Plimpton 322 nicht länger als Dokument zahlentheoretischer Forschung anzusehen* sei (wie bisher angenommen wurde, s. o.), sondern dass diese *Tafel Lehrenden zur Vorbereitung ihrer Übungsaufgaben diente* – sie war also ein *Unterrichtsmittel!* [617]

Man kann also davon ausgehen, dass die Tafel entsprechend (von den Schülern) mehrfach für diesen Gebrauch (und dabei dann auch fehlerhaft!) kopiert wurde. Da bereits um 3000 v. Chr. in Mesopotamien aus der Notwendigkeit der wirtschaftlichen Organisation und Verwaltung heraus die *erste Schrift* (als sumerische Keilschrift) entstanden ist und solche wirtschaftlichen Organisationsprozesse auch in Tabellen strukturiert dokumentierend erfasst wurden, kann zusammenfassend festgestellt werden:

„Plimpton 322" ist ein *Medium*, und zwar zunächst die *Darstellung einer* tabellierten *Funktion durch ein Medium*. Außerdem liegt hier ein nahezu *viertausend Jahre altes Unterrichtsmittel* vor. Die hier tabellierte *Funktion* ihrerseits tritt weiterhin *als Medium zur Vermittlung von Kultur* auf, nämlich zur Vermittlung wichtiger ökonomischer, administratriver und damit auch kultureller Zusammenhänge, also ganz im Sinne von „Enkulturation" und der pädagogischen Bedeutung von „Medium". [618] Und schließlich können wir die vorliegende *Tabelle* (also das *Medium* selber) bereits *als Funktion* ansehen, wie es in der Numerischen Mathematik (noch heute) geschieht. Somit sind bei Plimpton 322 folgende drei Aspekte bezüglich des Zusammenhangs zwischen Funktionen und Medien hervorzuheben – nämlich als **Trias** im Verhältnis von Funktion und Medium: [619]

(T1) Darstellung einer Funktion durch ein Medium

(T2) Funktion als Medium zur Vermittlung von Kultur

(T3) Medium als Funktion

7.6   Zur Dominanz zeitachsenorientierter Funktionen seit etwa 1000 n. Chr.

Wir leben in Raum und Zeit, und unser Leben „verläuft" in der Zeit, so dass es nicht verwundern dürfte, dass „reale" funktionale Zusammenhänge häufig *zeitabhängig* sind (wie die z. B. Zeit-Weg-Funktionen in der Physik). Zeitabhängige Vorgänge werden (zumindest im abendländischen Kulturkreis) seit langem über einer von links nach rechts verlaufenden „Zeitachse" graphisch dargestellt. [620]

- Interessanterweise ist nun offenbar die zeitachsenorientierte Darstellung die außerhalb der Mathematik am meisten genutzte Methode zur Visualisierung von Daten.

---

[617] Siehe Abschnitt 3.11 auf S. 75 ff.
[618] Vgl. Abschnitte 3.1.3 bis 3.1.5.
[619] Siehe hierzu S. 192, beruhend auf [Hischer 2002, 194 f. und 324 ff.] und [Hischer 2006 b].
[620] Ähnlich sind in der klassischen Malerei Gemälde meist von oben links nach unten rechts zu lesen.

Dies ist das Ergebnis einer 1983 veröffentlichten Langzeitstudie von Edward R. Tufte: [621] Für den Zeitraum von 1974 bis 1980 untersuchte er die 15 weltweit bedeutendsten Zeitungen und Nachrichtenmagazine mittels einer Stichprobe von insgesamt 3890 Graphiken bezüglich der bei ihnen üblichen *Visualisierung von Daten.* [622]

Eines der verblüffenden Ergebnisse der Hochrechnung seiner Stichprobe war, dass *mehr als 75 % der verwendeten Graphiken zeitachsenorientiert* sind. [623] Zeitachsenorientierte Darstellungen sind also für das Alltagsverständnis offenbar von besonderer Bedeutung – sie werden erstmals ab etwa 1 000 n. Chr. dokumentiert.

Dazu seien drei Beispiele aus dem europäischen Mittelalter betrachtet:

7.6.1   Klosterschule: Darstellung des Zodiacs in einem Koordinatensystem

Die Zeichnung in Bild 7.6 entstand im 10. oder im 11. Jh. in einer *Klosterschule.*

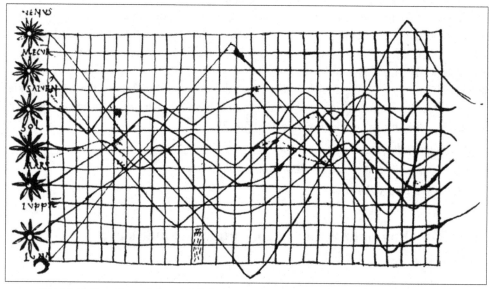

Bild 7.6: Zodiac – Planetenbahnen im Tierkreis über einer horizontalen Zeitachse, um ca. 1000 n. Chr.

Siegmund Günther entdeckte sie als Teil eines in der Bayerischen Nationalbibliothek in München befindlichen Manuskripts, worauf Funkhouser 1936 hinweist, [624] und Tufte machte diese Entdeckung 1983 schließlich in seinem Buch publik. Günther legt mit seiner 50 Seiten umfassenden Abhandlung von 1877 dar, dass damit nicht Descartes die Erfindung des Koordinatensystems zuzusprechen sei, weil es weit frühere Vorläufer wie etwa Bild 7.6 gäbe.

---

[621]   [Tufte 1983], knapp auch in [Hischer 2002, 334] skizziert.
[622]   [Tufte 1983, 83]
[623]   [Tufte 1983, 28]
[624]   [Funkhouser 1936, 260], [Günther 1877]

Günther schreibt dazu u. a.: [625]

> Die kgl. Hof- und Staatsbibliothek zu München, aus welcher zur Aufklärung dunkler Stellen in der Geschichte schon so viel wichtige Aufschlüsse hervorgegangen sind, besitzt unter ihren Codices auch einen, der von mathematisch-historischer Seite noch nicht ausgebeutet worden zu sein scheint und gleichwohl eine wahre Fundgrube für Freunde solcher Studien repräsentirt.
>
> Die Angabe des Einbandes, dass man es bei der in der Randnote namhaft gemachten mathematischen Geographie mit einem Werke des Macrobius [626] zu thun habe, ist richtig.

In einer Fußnote dazu schreibt er unter anderem:

> Es ist der Codex ein Sammelband in Quartformat, geschrieben auf Pergament, und nach Angabe der Beschreibung, sowie nach dem Urtheile eines gewiegten Münchener Handschriftenkenners, dem zehnten – oder wohl auch dem elften – Jahrhundert entstammend. [...] Ausserdem weiss man von dem Codex nur noch, dass er dem durch die Gelehrsamkeit seiner Bewohner weitberühmten Benediktinerkloster von St. Emmeram zu Regensburg entnommen wurde [...]

Günther setzt dann die Ausführungen aus obigem ersten Zitat fort: [627]

> Die Arbeit ist aber offenbar spontan zum Gebrauche in den Klosterschulen abgefasst worden; sie enthält alle wichtigen Punkte, welche man von einem damaligen Lehrbuch der „Sphaera" verlangen mochte und endet [...] mit einem Anhange „De cursu per zodiacum". [628] [...] Wir geben nachstehend den vollständigen Text dieses hochmerkwürdigen Anhanges wieder, indem wir uns diplomatisch treu an die Vorlage halten [...].

Die Formulierung über den „hochmerkwürdigen Anhang" ist in der Tat sehr „diplomatisch", weil Macrobius' Beschreibung astronomisch nicht haltbar ist, wie Günther darlegt, und gleichwohl ist das Ganze beeindruckend und historisch sensationell. Nach einer kritisch-kommentierenden Darstellung von Macrobius' Text schreibt Günther ergänzend: [629]

> So können wir denn dazu schreiten, die geschichtliche Bedeutung des bisher Erörterten in einigen Thesen zusammenzufassen.
>
> Im zehnten (event. elften) Säculum unserer Zeitrechnung stossen wir zum erstenmal auf den planmässig durchgeführten Versuch, veränderliche Grössen, und zwar speciell die Planetenstellungen im Thierkreis, graphisch darzustellen. Zu diesem Zweck wird die Zone des Zodiacus in eine Ebene aufgerollt dargestellt und nunmehr ein in 30 Theile getheilter gerade gestreckter Hauptkreis als horizontale Axe der „Longitudines", eine darauf senkrechte in 12 Teile getheilte Strecke als Axe der „Latitudines" aufgenommen. Während dann ein Stern am Himmel durch die sphärischen Ekliptikkoordinaten Länge und Breite völlig bestimmt ist, wird er in der Ebene ganz ebenso durch seine beiden rechtwinkligen Coordinaten dargestellt; die von dem Planeten wirklich

---

[625]   [Günther 1877, 18]
[626]   Ambrosius Aurelius Theodosius Macrobius, um 400 n. Chr., römischer Philosoph und Schriftsteller.
[627]   [Günther 1877, 19]; Hervorhebungen nicht im Original.
[628]   Günther übersetzt den von Macrobius gewählten Titel wie folgt: „Vom Laufe durch den Thierkreis".
[629]   [Günther 1877, 24 f.]; gesperrt gesetzter Text wie im Original.

zurückgelegte sphärische Curve verwandelt sich in eine ebene, und alle Maß-
verhältnisse können direkt dem planimetrischen Bilde entnommen werden. Wir
haben hier somit zweierlei zu unterscheiden: Erstens finden wir das, was wir
früher als erste Stufe in der Erkenntnis des Coordinatenprincipes kennzeich-
neten, erreicht und insoferne übertroffen vor, als auch die Ebene zum (beque-
meren) Operationsfelde genommen wird; zweitens sehen wir die Erhebung zur
zweiten Stufe bereits vollzogen, insoferne das Studium irregulärer krummer
Linien auf deren Coordinatendarstellung begründet wird.

Funkhouser kommentiert 1936 ergänzend Günthers Abhandlung wie folgt: [630]

> Dieser Graph ist in der Geschichte graphischer Methoden bedeutsam und begegnet uns hier als
> ältestes vorhandenes Beispiel für den Versuch, veränderbare Werte in einer Weise darzustellen, die
> heute üblichen Methoden ähnelt: Das entscheidende Merkmal ist die Verwendung eines Koordina-
> tengitters zum Zeichnen von Kurven. [...]

> Dieser Anhang, *De cursu per zodiacum*, der vermutlich von einem unbekannten Schreiber des 10.
> Jhs. ergänzt wurde, ist eine kurze Beschreibung der Planetenbahnen durch den Zodiac. Die graphi-
> sche Darstellung dient der Veranschaulichung dieser Beschreibung. Das gesamte Werk scheint eine
> Zusammenstellung für die Verwendung in Klosterschulen zu sein.

> Es handelt sich offensichtlich um eine graphische Darstellung der Inklination der Planetenbahnen
> als Funktion der Zeit.

- *Zusammenfassend ist festzuhalten:*

  Mit Bild 7.6 liegt die (nach aktuellem Stand) historisch erstmalige graphische Darstellung
  einer „zeitabhängigen Funktion" in einem Koordinatensystem vor.

Gemäß Günther, Funkhouser und Tufte seien allerdings der astronomische Inhalt dieser graphischen Darstellung und des Begleittextes verworren und wenig in Einklang zu bringen mit
den aktuellen Bewegungen der Planeten. Die horizontale Zeitachse sei in 30 Abschnitte unter-
teilt, und für jeden der sieben Himmelskörper sei auf der Vertikalachse ein eigener Startpunkt
zur Abtragung des Abstandes vom Zodiac, also vom Tierkreis, vorgesehen, aber zwischen den
sieben Kurven bestünde kein zeitlicher Zusammenhang, wie man an den Perioden sehen würde, womit für jede Kurve die Zeitachse in eigener Weise zu interpretieren sei. [631]
Funkhouser weist noch darauf hin, dass in der Mitte der Darstellung in Bild 7.6 sowohl
ein Fehler als auch eine Korrektur zu erkennen seien. Und wenn man weiterhin die damaligen
beschränkten Mittel für zeitliche Beobachtungen und das Fehlen objektiver Daten berücksich-
tige, so sei diese graphische Darstellung *„kaum mehr als ein schematisches Diagramm, wie
es heutzutage Lehrer an der Tafel zur Veranschaulichung skizzieren würden".* [632]

---

[630] [Funkhouser 1936, 260]; Übersetzung von Hischer; Hervorhebungen nicht im Original.
[631] [Günther 1877, 20 ff.], [Funkhouser 1936, 260 und 262], [Tufte 1983].
[632] [Funkhouser 1936, 262], Übersetzung durch Hischer.

Gleichwohl müssen wir hier die Absicht des damaligen Verfassers erkennen, *Messwerte einer zeitabhängigen Funktion graphisch darzustellen*. Und faktisch wurde hier bereits ein *Koordinatensystem* benutzt – also gut 600 Jahre vor Descartes (1596 – 1650). Auch spricht Tufte von einem *geheimnisvollen und isolierten Wunder in der Geschichte der graphischen Datenpräsentation*, dass es rund 800 Jahre gedauert habe, bis die nächste zeitachsenorientierte Darstellung von Messdaten auftauchte, und zwar bei Johann Heinrich Lambert (was jedoch so nicht korrekt ist). [633]

- *Didaktisches Fazit: (T1)* Die graphische Darstellung ist ein *Medium*, sie *stellt* (zugleich sieben) zeitachsenorientierte *Funktionen dar* (wobei die Zeitachse für jede Funktion individuell skaliert zu denken ist). *(T2)* Die hier visualisierten (abstrakt zu denkenden) Funktionen stellen einen (wenn auch nicht korrekten) Zusammenhang aus damaliger Sicht über die Erkenntnis der Planetenbewegungen im Tierkreis dar, sie *sind* also *Medien zur Vermittlung von Natur. (T3)* Ferner begegnen uns diese *Medien* auch hier in der Gestalt von „Schaubildern", und sie *sind* damit selber *Funktionen!* Und schließlich ist auch dieses Medium wie Plimpton 322 ein *Unterrichtsmittel* (hier in einer Klosterschule).

Funkhouser teilt mit, dass „Koordinatenpapiere" bis 1850 unbekannt gewesen seien:

> The use of coordinate paper was uncommon as late as 1850. In this connection see JEVON'S instructions on how to use squared paper. (Principles of Science, Third edition, London, 1879, PP. 492-5). It is evident that he is describing an unfamiliar procedure.

Am Ende seiner Note erwähnt Funkhouser, dass weitere Untersuchungen dieses Graphen möglicherweise neue Interpretationen jenseits von Koordinatensystemen liefern könnten – und eine solche liegt hiermit im Kontext von zeitachsenorientierten Funktionen vor.

7.6.2   Guido von Arezzo: Begründer der Notenschrift

Nahezu zur selben Zeit kreiert der Benediktiner-Mönch Guido von Arezzo (ca. 995 bis 1050, aufbauend auf den gregorianischen „Neumen", die *Notenschrift* (heute „Notentext" genannt), die zunächst noch aus einem *Notensystem* mit drei Linien besteht, bald aber *mit vier Linien* statt heute mit fünf Linien. [634]

Notentexte können als *zeitachsenorientierte Funktionen* aufgefasst werden: Die Zeitachse verläuft wieder von links nach rechts, und die Noten werden nach Tonhöhe und Dauer als Funktionswerte (ggf. als Tupel wie in Bild 7.7) vertikal über diskreten Zeitpunkten aufgetragen, wobei bei Guido z. B. Zeitpunkt und Dauer der notierten Töne *noch nicht* präzise festgelegt sind.

---

[633] [Tufte 1983, 28 f.]; hier irrt Tufte, weil Christiaan Huygens bereits 100 Jahre vor Lambert (1669) eine solche Darstellung angibt (zu Huygens vgl. S. 213; zu Johann Heinrich Lambert vgl. S. 215 ff.).

[634] Weitere Informationen zu Guido von Arezzo unter https://de.wikipedia.org/wiki/Guido_von_Arezzo (22.03. 2016), dazu auch mit der Abbildung einer Statue in Florenz, die ihn mit dem Ausschnitt eines solchen Notensystems aus vier Linien in der Hand zeigt.

Bild 7.7: Beispiel einer heute üblichen Partitur, hier aus fünf Notensystemen zu je fünf Linien

In Bild 7.7 können wir zwei wichtige *mediale Aspekte* bezüglich des Zusammenhangs von „Funktion" und „Kultur" erkennen:

- *Darstellung einer Funktion durch ein Medium*

- *Funktion als Medium zur Vermittlung von Kultur*

Das lässt sich bezüglich der auf S. 192 beschriebene „Trias" wie folgt vertiefend erläutern:

(T1): Ein Komponist möge von seiner (in statu nascendi befindlichen) Komposition bereits eine innere Vorstellung haben. Diese Vorstellung, die er ggf. partiell im Entstehungsprozess etwa am Klavier „voraushörend" erklingen lässt, *ist* für ihn bereits eine „innere Noten*funktion*", die schließlich in einem Notentext als Medium *dargestellt* wird.

(T2): Für Musiker (als Interpreten) *ist* ein Notentext die *Notenfunktion* des Komponisten, um mit ihr als *Medium* die vom Komponisten geschaffene *Kultur vermitteln* zu können, was dann durch eine individuelle Interpretation (nach eigenen Vorstellungen und Fähigkeiten) geschieht.

(T3): Das „Notentext" genannte *Medium ist eine Funktion* (die man aktuell mit einem „Notator-Progamm" – ähnlich wie bei der Textverarbeitung – „setzen" und dann auch „hören" kann).

Diese drei „medial-funktionalen" Aspekte von Notentexten gelten bis in die heutige Zeit hinein, der dritte natürlich erst mit Hilfe von Neuen Medien, und er betrifft dann auch die sog. „MIDI-Dateien" (die ebenfalls als zeitachsenorientierte Funktionen aufzufassen sind). [635]

In diesem Zusammenhang ist anzumerken, dass *„Musik als strukturierte Zeit"* aufgefasst werden kann, eine Deutung, die dem Musikwissenschaftler und Komponisten Dieter Schnebel [636] zugeschrieben wird. [637] Damit können verallgemeinert zeitachsenorientierte Funktionen auch unter dem medialen Aspekt von „strukturierter Zeit" gesehen werden.

---

[635] Mehr dazu in Abschnitt 7.10.5 auf S. 241.

[636] https://de.wikipedia.org/wiki/Dieter_Schnebel (22. 04.
       2016)https://de.wikipedia.org/wiki/Dieter_Schnebel

7.6.3   Nicole d'Oresme: geometrische Darstellung zeitabhängiger Funktionen

Nicole d'Oresme [638] war ein bedeutender Wissenschaftler, Philosoph, Ökonom und Theologe des 14. Jahrhunderts. Sein genaues Geburtsdatum (oft wird 1323 genannt) ist nicht bekannt. Er ist vermutlich zwischen 1320 und 1330 in der Normandie geboren (möglicherweise, aber nicht gesichert: in Caen). Er starb am 11. Juli 1382 in Lisieux, wo er am 16.11.1377 von König Charles V. zum Bischof geweiht wurde. Moritz Cantor schreibt dazu: [639]

> Auf Veranlassung des Königs übersetzte Oresme mehrere aristotelische Schriften aus den schon vorhandenen lateinischen Uebersetzungen in's Französische. Seine Ausdrucksweise in dieser letzteren Sprache wird sehr gerühmt. Auch sein Latein war vorzüglich [...].

Im mathematischen Kontext betrachtet Oresme u. a. die zeitliche Veränderung von „Größen" in geometrischer Darstellung, worin Hans-Georg Steiner einen wichtigen Beitrag zur Entstehung eines „geometrischen Funktionsbegriffs" sieht. [640]

So gab es damals in der Wissenschaft eine Diskussion über die Zunahme bzw. Abnahme dessen, was man in der Physik „Größen" [641] nennt, namentlich im berühmten Merton-College in Oxford, wo das Phänomen von *Bewegung und Geschwindigkeit* untersucht und diskutiert wurde. Margaret Baron schreibt hierzu: [642]

> The study of space and motion at Merton College arose from the mediaeval discussion of the intension and remission of forms, i. e. the increase and decrease of the intensity of qualities.

Aus dem Zusammenhang folgt, dass hier mit „forms" und „quantities" gemeinsam und zutreffend „Größen" [641] wie z. B. *Länge, Zeit* und *Geschwindigkeit* gemeint sind, von Cantor sinnfällig „messbare Naturerscheinungen" genannt. [643] Es geht also um die *Zunahme* und *Abnahme* solcher Größen und damit um deren (zeitliche!) *„Veränderung"*, womit Grundfragen der Analysis angesprochen werden.

In diesem Zusammenhang wird Oresme ein möglicherweise im Jahre 1364 geschriebenes Werk mit dem Titel *„Tractatus de latitudinibus formarum"* zugeschrieben, das 1486 (noch vor Einführung des Buchdrucks!) in der Vorform einer sog. „Inkunabel" erschien (Bild 7.8 [644]). Diese erste Seite beginnt mit *„Incipit putilis tractatus de latitudinibus forma"* („forma" hier in Abkürzung von „formarum"), gefolgt von dem Hinweis auf *„doctoré magistrum Nicolaú Horem"*, den Autor .

---

[637] http://www.neue-musik-brandenburg.de/Aktuell/Archiv/inter02.pdf (22. 04. 2016)

[638] Gemäß [Cantor 1900, 128] tritt Oresme (auch „Oresmius") in der Literatur auch unter den Vornamen *Nikolaus* oder *Nicholas* auf, ferner unter den Namen *Orem, Horem* und *Horen*. Daher ist *Oresme* möglicherweise eher französisch wie „Orème" auszusprechen.

[639] [Cantor 1900, 128]

[640] [Steiner 1969, 14 f.]

[641] Eine Präzisierung von „Größe" ist nicht trivial, vgl. S. 195 und Fußnote 710 zu Felgner auf S. 226.

[642] [Baron 1969, 81]

[643] [Cantor 1900, 129]

[644] Bild 7.8 zeigt den Anfang der ersten Seite aus [Oresme 1486]; mehr dazu in [Cantor 1900, 129 ff.].

Cantor übersetzt „latitudinibus formarum" als *„Ausmaass der Erscheinungen"*, [645] so dass der Anfangstext in Bild 7.8 wohl wie folgt zu verstehen ist:

> *„Hier beginnt die sehr nützliche*
> *Abhandlung über das Ausmaß*
> *der Erscheinungen (von) doctoré*
> *magistrum Nicolaú Horem ... "*

Was ist damit gemeint?

Aus heutiger Sicht könnte man den Titel dieser Arbeit folgendermaßen deuten: *Über die zeitliche Veränderung von Größen*. Die erste Figur in Bild 7.8 zeigt „latitudo uniformis", also „gleichförmige Größen", die nächste Figur hingegen „latitudo difformis", also „ungleichförmige Größen".

Bild 7.8: *Tractatus de latitudinibus formarum*

Bild 7.9 zeigt eine Montage weiterer Figuren aus dem Anfang das „Tractatus" zur *„zeitlichen Veränderung von Größen"*, mit denen Oresme seine Vorstellung bezüglich solcher Veränderungen von Größen eingangs *visualisiert*. Diese Figuren mögen bei uns sogleich Assoziationen sowohl an *Balkendiagramme* als auch an *Säulendiagramme* hervorzurufen, und sie machen deutlich, dass graphische *Darstellungen* von *Daten* auch im Sinne *funktionalen Denkens* zu betrachten sind.

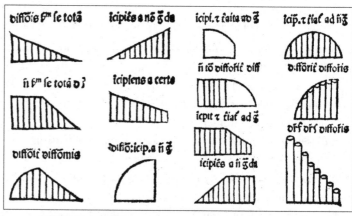

Bild 7.9: Beispiele für „Veränderung von Größen" aus S. 1 bis 3 des „Tractatus de latitudinibus formarum" von Oresme

Oresme verwendet diese Darstellungen für die Veränderung physikalischer *zeitabhängiger Größen* wie beispielsweise die *Geschwindigkeit*:

- Die *Veränderung* scheint für Oresme ein wesentlicher Aspekt zu sein!

---

[645] [Cantor 1900, 130]

Er unterscheidet zwischen der zeitlichen *Extension* einerseits und der *Intension* der Größe andererseits. Dies ist so zu verstehen, dass die *Extension* durch von links nach rechts abgetragene Punkte (als Abszissen) auf der horizontalen *Zeitachse* erfasst wird und über jedem dieser Punkte die jeweils aktuelle *Intension* durch eine Strecke entsprechender Länge (als Ordinate) dargestellt wird.

Diese Strecken können in beliebiger Richtung abgetragen werden, aber die senkrechte Abtragung ist bei ihm die übliche. Die (horizontale) Extension nennt er „longitudo", also „Länge", und die vertikal abgetragene Intension nennt er „latitudo", also „Weite".

Damit ist festzuhalten, dass uns bei Oresme in dem Paar aus *longitudo* und *latitudo* wohl historisch *erstmalig zweidimensionale Koordinaten* begegnen, also das, was später „kartesische Koordinaten" genannt wurde – knapp 300 Jahre vor Descartes! Das, was uns in dem Zeitdiagramm des Zodiacs (Bild 7.6 auf S. 200) erstmalig *qualitativ* als Koordinatensystem begegnet, erfährt hier bei Oresme erstmals eine *quantitative* Ausrichtung. [646]

Die oberen Punkte bzw. Markierungen der als kontinuierlich aufzufassenden *Intensionen*, also der „Säulen" in den Säulendiagrammen aus Bild 7.9, schließen mit den Randwerten ein *Flächenstück* ein, dessen Inhalt für Oresme ein Maß für die *Quantität* einer weiteren Größe ist, in diesem Beispiel also für den zurückgelegten Weg.

Oresme spricht in diesem Zusammenhang von *„figurae"*. Eine solche *figura* wird von zwei *latitudines* [647] gebildet, also zwei senkrechten Größendarstellungen, dem Stück *longitudo*, das sich (unten) zwischen ihnen befindet, und der Verbindungslinie der Endpunkte aller umfassten *latitudines*. [647] Die in Bild 7.9 erkennbaren *figurae* werden bei Oresme nicht nur von Strecken begrenzt, sondern auch von „Kurven" wie Kreisbögen. [648] Gemäß Cantor weist Oresme auf ein *Extremwertverhalten* hin, wobei die Figur oben rechts in Bild 7.9 betrachtet sei: [648]

> Wird die Figur durch einen Kreisabschnitt gebildet, welcher, wie wir sahen, nicht grösser als der Halbkreis sein darf, so wächst in ihr die latitudo vom Anfang bis zur Mitte und nimmt dann wieder bis zum Ende ab. Bei einer solchen Figur ist die Aenderung der Geschwindigkeit des Wachsens und Fallens am obersten Punkte am langsamsten, dagegen ist die grösste Geschwindigkeit der Zunahme, beziehungsweise der Abnahme, am Anfang und am Ende der Figur vorhanden.

Oresme hat also mit der koordinatenorientierten Darstellung zeitabhängiger Größen das wesentliche Prinzip erfasst, dass eine reelle stetige einstellige Funktion durch eine „Kurve" dargestellt werden kann. Er konnte dieses Prinzip jedoch nur im Falle einer „linearen" Funktion effektiv anwenden, obwohl er es wie in Bild 7.9 weitsichtig allgemeiner dargestellt hatte. Es sind jedoch keine Hinweise darauf zu finden, dass Oresme eine Kurve als „Summe ihrer Punkte" bzw. eine Fläche als „Summe ihrer Linien" im Sinne etwa von „Indivisibeln" ansah.

---

[646] [Baron 1969, 82] weist darauf hin, dass Oresme sogar die *Möglichkeit dreidimensionaler Koordinaten* diskutiert, um solche Größen darstellen zu können, die sowohl eine zeitliche als auch eine räumliche Extension haben.

[647] Vgl. hierzu Macrobius' Text auf S. 201; gesperrter Schriftsatz im Original.

[648] [Cantor 1900, 131]

Dies wäre andererseits auch ein statischer Aspekt, während Oresme wohl eher eine kinematische bzw. dynamische Sichtweise hatte. [649]

So bewies er mit seiner Methode die im Merton-College [650] in der ersten Hälfte des 14. Jhs. aufgestellte „*Merton-Regel*": Wird ein Körper in der Zeit t von der Anfangsgeschwindigkeit v_1 *gleichmäßig* auf die Endgeschwindigkeit v_2 beschleunigt, so gilt $s = \frac{1}{2}(v_1 + v_2)t$ **für den zurückgelegten Weg** s.

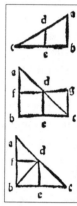

Bild 7.10: Beweis der Merton-Regel durch Oresme

Dazu sei Bild 7.10 aus Oresmes Traktat betrachtet, [651] aus deren Figuren das Wesentliche ersichtlich ist: Die Geschwindigkeit steigt vom Anfangswert (hier im oberen Bild: $v_1 = 0$) gleichmäßig auf den Endwert, so dass sich ein Dreieck (allgemein: ein Trapez) ergibt, dessen Flächeninhalt den zurückgelegten Weg darstellt. Diesen Flächeninhalt kann man aber auch aus dem Rechteck berechnen, und das ergibt die Merton-Regel.

Im Konzept von Oresme ist ein Vorläufer von Newtons „*Fluxionen*" erkennbar, also jenen „fließenden" Größen, mit denen dieser seine Analysis begründete. Im Unterschied zu Newton war Oresme jedoch nur an der endgültigen Form der „Qualitäten" interessiert, also den „Figuren" wie z. B. an Dreiecken, Trapezen etc., nicht hingegen an „momentanen" Eigenschaften, die dann für die Differentialrechnung wesentlich wurden.

- *Didaktisches Fazit:* [652]

  (T2)   Oresmes „Figuren" sind *Medien* zur Darstellung zeitabhängiger Funktionen der Physik (also der Natur),

  (T3)   diese Medien treten als Schaubilder auf und sind damit selber Funktionen,

  (T1)   und somit dienen solche durch Medien dargestellte Funktionen der *Vermittlung von Natur* (indem nämlich die zeitliche Veränderung physikalischer Größen visuell verdeutlicht wird).

7.7   Empirische Funktionen im Vorstadium formaler Begriffsentwicklung

7.7.1   Überblick

Zeitachsenorientierte Funktionen spielen auch nach dem Mittelalter in der Neuzeit eine große Rolle bis heute, und zwar im Kontext von Anwendungen der Mathematik als *empirische Funktionen*. Hinzu kommen nun aber *auch nicht zeitachsenorientierte* empirische Funktionen, etwa in der Gestalt numerischer Tabellen, wie sie uns erstmals bei den Babyloniern begegnen.

---

[649]   [Baron 1969, 86]
[650]   Vgl. S. 205.
[651]   Aus der siebtletzten Seite der Inkunabel [Oresme 1486].
[652]   Mit Bezug auf die drei Aspekte der auf S. 192 beschriebenen „Trias" bei Funktionen und Medien.

Wenn wir darüber hinaus vorwegnehmen, dass Funktionen im Kontext von Anwendungen auch als *Medien* auftreten, begegnen uns hier mit Bezug auf die grundlegenden Aspekte in Abschnitt 5.1 *Funktionen als Werkzeuge zur Weltaneignung*, indem nämlich *der lernende und erkennende Mensch mit Funktionen seine Welt und sich selbst in Szene setzt.*

Da termdefinierte Funktionen bekanntlich zur Beschreibung realer Vorgänge der Umwelt meistens nur näherungsweise „modellierend" taugen, mag es nicht verwunderlich sein, dass *empirische Funktionen* (unter Einschluss zeitachsenorientierter Funktionen) primär in Gestalt spezieller *Medien* auftreten, indem sie vor allem numerisch (in Gestalt von Tabellen) bzw. in geeigneter Weise graphisch (z. B. in Gestalt von Linien, Kurven oder Charts) dargestellt werden *(T2)*. [653] Andererseits dienen solche Medien (als empirische Funktionen) der Vermittlung von Kultur oder Natur *(T1)*, und diese Medien (Tabellen, graphische Darstellungen) *sind* dann ihrerseits Funktionen *(T3)*.

Das gilt für die folgenden vielfältigen Beispiele und wird nicht in jedem Einzelfall betont.

7.7.2 1551 Rheticus: erste trigonometrische Tabellen

Georg Joachim von Lauchen **Rheticus** (1514 – 1574), auch „Rhäticus" genannt, veröffentlicht 1551 die vermutlich erste trigonometrische Tabelle. Sein Tabellenwerk besteht aus insgesamt sieben Tafeln, wobei jede dieser Tafeln aus drei Teiltafeln besteht, die sich über je zwei gegenüberliegende Druckseiten erstrecken. Bild 7.11 zeigt von den ersten dieser sieben Tafeln ausschnittsweise deren linke Teiltafel, und rechts davon ist – etwas abgesetzt – der linke Teil der mittleren Teiltafel zu sehen (überschrieben mit *„Maius latus includen="*, was auf der rechten, hier nicht zu sehenden Druckseite mit *„tium angulum rectum"* vervollständigt wird).

Ganz links in Bild 7.11 beginnt die Winkelzählung in 1°-Schritten, rechts daneben stehen Zwischenwerte in 10-Winkelminuten-Schritten. In der Spalte „Perpendicu" (= „Perpendicula") stehen die Sinus-Werte und in der Spalte „Basis" die Kosinus-Werte. Die Spalten „Differentia" geben jeweils die Differenz des aktuellen Werts zum nächsten an, so dass man mittels *linearer Interpolation* Zwischenwerte berechnen kann – wie

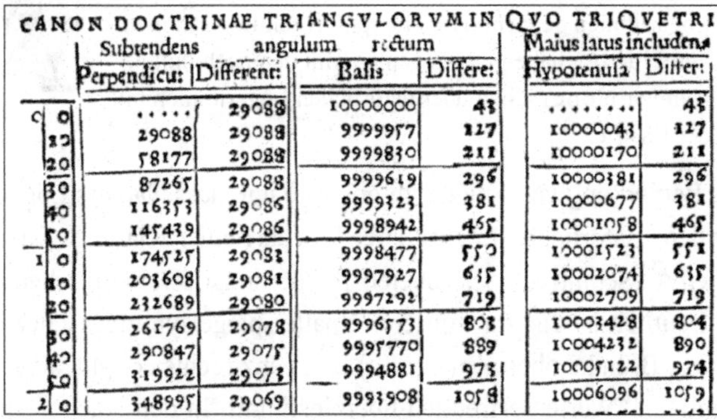

CANON DOCTRINAE TRIANGVLORVM IN QVO TRIQVETRI				Maius latus includens	
Subtendens angulum rectum					
Perpendicu:	Different:	Basis	Differe:	Hypotenufa	Differ:
......	29088	10000000	43	....	43
29088	29088	9999997	127	10000043	127
58177	29088	9999830	211	10000170	211
87265	29088	9999619	296	10000381	296
116353	29086	9999323	381	10000677	381
145439	29086	9998942	465	10001058	465
174525	29082	9998477	550	10001523	551
203608	29081	9997927	635	10002074	635
232689	29080	9997292	719	10002709	719
261769	29078	9996573	803	10003428	804
290847	29075	9995770	889	10004233	890
319922	29073	9994881	973	10005122	974
348995	29069	9993908	1058	10006096	1059

Bild 7.11: Ausschnitt (oberer Teil) aus der ersten Tafel
von insgesamt 14 Tafeln von Rheticus

nächsten an, so dass man mittels *linearer Interpolation* Zwischenwerte berechnen kann – wie man es auch noch heute machen würde. (Die mit „Hypotenusa" beginnende mittlere Teiltafel wird hier nicht erörtert.)

---

[653] Vgl. wieder die drei Aspekte der Trias auf S. 192.

7.7.3   1614 John Napier: erste „Logarithmentafeln"?

Der schottische Gutsbesitzer John **Napier** (1550 – 1617), "Laird of Merchiston", [654] veröffentlicht 1614 seine „Logarithmentafeln", so dass er seitdem als „Erfinder" der Logarithmen gilt:

> Der Gedanke logarithmischen Rechnens findet sich wohl zuerst (1484) bei dem Franzosen Nicolas
> Chuquet und dann, etwas weiter entwickelt, bei M i c h a e l S t i f e l (1486 – 1567) in seiner „Arith-
> metica integra", die 1544 in Nürnberg erschien. An ein praktisches Rechnen mit den Logarithmen
> konnte man jedoch erst nach der Erfindung der Dezimalbrüche (um 1600) denken. An der Erfindung
> der Dezimalbrüche und ihrer Symbolik war der Schweizer Mathematiker J o b s t B ü r g i (1552 –
> 1632) sehr stark beteiligt. Er war es auch, der die erste Logarithmentafel in den Jahren 1603 – 1611
> berechnete. Da er diese aber, trotz mehrfacher Aufforderung durch den Astronomen J o h a n n

> K e p l e r (1571 – 1630), mit dem er in Prag wirkte, erst
> 1620 unter dem Titel „Arithmetische und geometrische
> Progresstabuln" erscheinen ließ, kam ihm der schottische
> Gutsbesitzer J o h n N a p i e r oder Neper (1550 – 1671)
> zuvor.
>
> L o r d N a p i e r berechnete seine Logarithmen unabhän-
> gig von B ü r g i und veröffentlichte sie 1614 zu Edin-
> burgh unter dem Titel „Mirifici logarithmorum canonis
> descriptio". Erst 1619, also nach dem Tode N a p i e r s,
> kam zu dieser „Descriptio" eine „Constructio" heraus, in
> der die Berechnungsmethoden angegeben waren. Wäh-
> rend B ü r g i s Tafeln rein numerisch sind, ist N a p i e r s
> „Descriptio" eine Tafel für die Logarithmen der trigo-
> nometrischen Funktionen. Beide Verfasser, B ü r g i und
> N a p i e r, haben nicht an eine Basis oder ein System der
> Logarithmen gedacht. Die ursprünglichen Logarithmen
> von N a p i e r haben nichts gemein mit den nach ihm be-
> nannten N e p e r schen oder natürlichen Logarithmen mit
> der Basis e. [655]

Bild 7.12: Titelseite von
Napiers Logarithmentafel

Die Bemerkung von Franke im obigen Zitat, dass Napiers Logarithmen *„nichts gemein"* hätten
mit den „natürlichen Logarithmen", bedarf einer Klärung: Dazu zeigt Bild 7.14 einen vergrö-
ßerten Ausschnitt aus dem oberen Teil der in Bild 7.13 zu sehenden Tabelle von Napier.

Deutlich ist ein zur mittleren Spalte spiegelsymmetrischer Aufbau zu erkennen. Wir lesen
dann z. B. links oben $\sin(44°30')$ und ganz rechts $\cos(44°30') = \sin(45°30')$ ab, was mit den
„heutigen" Werten erfreulich übereinstimmt. In den Nachbarspalten stehen – ausweislich der
Tabellenköpfe – die „Logarithmen" dieser Werte und in der mittleren Spalte die Differenzen
aufeinanderfolgender „Logarithmen", so dass man wie bei den trigonometrischen Tabellen von
Rheticus in Bild 7.11 Zwischenwerte mittels linearer Interpolation berechnen kann.

---

[654] Er selbst schrieb sich "Jhone Neper"; "Laird" ist kein Adelstitel, sondern (nur) ein Landadelstitel. Historische
Portraits von Napier z. B. unter http://www-history.mcs.st-and.ac.uk/PictDisplay/Napier.html. (02. 04. 2016)
[655] Aus „Zur Geschichte der Logarithmentafel" von Dr. Walter Franke in [Schlömilch 1957, VI].

Berechnen wir z. B. mit der ln-Taste eines Taschenrechners „unbekümmert" die Logarithmen dieser Werte, so stimmen diese – bis auf die fehlenden negativen Vorzeichen und bis auf die Tatsache, dass diese „Logarithmen" monoton fallen statt zu steigen – in der verfügbaren Stellenzahl mit den Werten in der Tabelle überein, was bedeuten würde, dass Napier seine Logarithmen zwar nicht zur Basis e berechnet hat, aber immerhin zur Basis $\frac{1}{e}$, denn wenn $y = (\frac{1}{e})^x = e^{-x}$ gilt, dann ist $\log_{\frac{1}{e}}(y) = x = -\log_e(y) = -\ln(y)$.

Napier scheint damit tatsächlich – im Widerspruch zu Frankes Anmerkung! – die *natürlichen Logarithmen* erfunden zu haben. Und auch Cantor stellt das mit der Basis $\frac{1}{e}$ so dar! [656] Es lässt sich aber zeigen, dass die Napiers „Constructio" zugrundeliegende Basis den Wert $10^7 \cdot (e^{-1})^{-0,0000001} \approx 1.000.001$ hat, [657] womit Franke voll bestätigt wird (s. o.): Napiers Tafeln enthalten also mitnichten „natürliche Logarithmen".

Gr. 44 +/–						
44 min	Sinus	Logarithmi	Differentia	logarithmi	+ Sinus	
30	7009093	3553767	174541	3379226	7132504	30
31	7011167	3550808	168723	3382085	7130465	29
32	7013241	3547851	162905	3384946	7128425	28
33	7015314	3544895	157087	3387808	7126385	27
34	7017387	3541941	151269	3390572	7124344	26
35	7019459	3538989	145451	3393538	7122303	25
36	7021530	3536038	139632	3396406	7120261	24
37	7023601	3533089	133814	3399275	7118218	23
38	7025671	3530142	127996	3402146	7116175	22
39	7027741	3527197	122178	3405019	7114131	21
40	7029810	3524253	116359	3407894	7112086	20
41	7031879	3521311	110541	3410770	7110041	19
42	7033947	3518371	104723	3413648	7107995	18
43	7036014	3515432	98904	3416528	7105949	17
44	7038081	3512495	93086	3419409	7103902	16
45	7040147	3509560	87268	3422292	7101854	15
46	7042213	3506626	81450	3425176	7099806	14
47	7044278	3503694	75632	3428062	7097757	13
48	7046342	3500764	69814	3430940	7095708	12
49	7048406	3497835	64006	3433829	7093658	11
50	7050469	3494908	58178	3436730	7091607	10
51	7052532	3492193	52360	3439623	7089556	9
52	7054594	3489060	46543	3442517	7087504	8
53	7056665	3486139	40726	3445413	7085452	7
54	7058716	3483219	34908	3448311	7083399	6
55	7060776	3480301	29090	3451211	7081345	5
56	7062836	3477385	23273	3454112	7079291	4
57	7064895	3474470	17455	3457015	7077236	3
58	7066953	3471557	11637	3459920	7075181	2
59	7069011	3468645	5818	3462827	7073125	1
60	7071068	3465735	0	3465735	7071068	min Gr. 45

Bild 7.13: eine Seite aus Napiers Logarithmentafel

Das von Napier erfundene Kunstwort „logarithmus" geht auf „logos" und „arithmos" zurück und bedeutet also „Verhältniszahl": Den *Verhältnissen* von Gliedern einer geometrischen Folge entsprechen

Gr. 44 +/–						
44 min	Sinus	Logarithmi	Differentia	logarithmi	+ Sinus	min
30	7009093	3553767	174541	3379226	7132504	30
31	7011167	3550808	168723	3382085	7130465	29
32	7013241	3547851	162905	3384946	7128425	28
33	7015314	3544895	157087	3387808	7126385	27
34	7017387	3541941	151269	3390572	7124344	26
35	7019459	3538989	145451	3393538	7122303	25

Bild 7.14: vergrößerter Ausschnitt aus dem oberen Teil von Bild 7.13

die *Differenzen* ihrer Exponenten, und diese Exponenten sind die *„Verhältniszahlen"*. Erst Briggs hat später Tafeln zu *dekadischen Logarithmen* entwickelt: [658]

In einem Anhang zur „Constructio" sprach Napier zuerst den Gedanken aus, eine feste Basis zu nehmen, einen Gedanken, der dann von seinem Freunde, dem Oxforder Professor Henry Briggs (1556 – 1630), verwirklicht wurde. Briggs nahm als Basis seiner Logarithmen die Zahl 10 und gab 1624 die „Arithmetica logarithmica", eine Tafel der Zahlenlogarithmen, heraus. Er starb jedoch, bevor er seine sehr weit gediehenen logarithmisch-trigonometrischen Tafeln veröffentlichen konnte.

---

[656] [Cantor 1900, 736]
[657] Vgl. z. B. die ausführliche Analyse von Napiers „Constructio" in [Sonar 2011, 296 ff.].
[658] Aus „Zur Geschichte der Logarithmentafel" von Dr. Walter Franke in [Schlömilch 1957, VI f.]. Die *Briggsschen Logarithmentafeln* (vgl. S. 325) wurden noch in den 1960er Jahren im Unterricht benutzt.

7.7.4 1662 John Graunt: erste demographische Statistik

1662 erfindet der Londoner Tuchhändler Captain John **Graunt** [659] (1620 – 1674) die *demographische Statistik* für die Entwicklung von Lebenserwartungstabellen (Bild 7.15). Kurz nach Erscheinen seines Werks wurde er auf Empfehlung von König Charles II. in die „Royal Academy" aufgenommen, denn man müsse *„auch Kaufleute, welche soviel Talent und so grosse Kenntnisse besitzen, aufnehmen".* [660] 1676, zwei Jahre nach seinem Tode, erschien bereits die sechste Auflage. Bild 7.16 zeigt aus der dritten Auflage von 1665 die erste Seite aus seiner Statistik mit den Daten von 1604 bis 1627 für London. Der additive Zusammenhang erschließt sich leicht. [Graetzer 1883, 7] merkt an:

> Nicht die Resultate, zu denen Graunt gelangte, sind das Verdienstvolle, sondern die Priorität des Verfahrens und das geistvolle Vorgehen dabei.

Christiaan Huygens hat Graunts Daten 1669 erstmals graphisch ausgewertet, was zum nächsten Abschnitt führt.

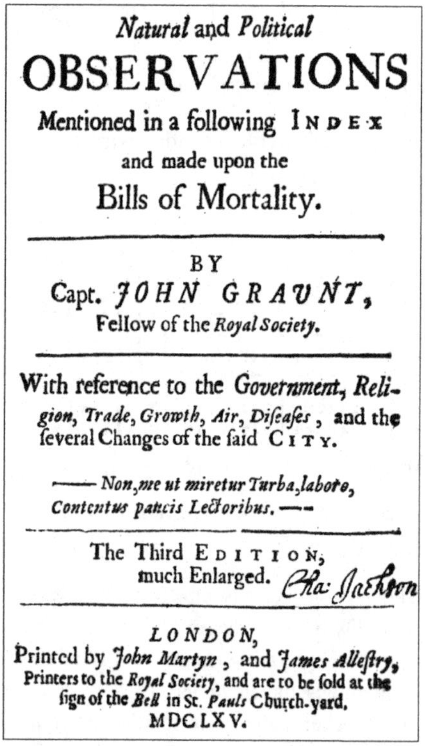

Natural and Political
OBSERVATIONS
Mentioned in a following I N D E X
and made upon the
Bills of Mortality.

BY
Capt. *JOHN GRAUNT,*
Fellow of the *Royal Society.*

With reference to the *Government, Religion, Trade, Growth, Air, Diseases* , and the several Changes of the said C I T Y.

—— *Non,me ut miretur Turba,laboro, Contentus paucis Lectoribus.* ——

The Third E D I T I O N, much Enlarged.

LONDON,
Printed by *John Martyn* , and *James Allestry,* Printers to the *Royal Society*, and are to be sold at the sign of the *Bell* in St. *Pauls* Church-yard, MDC LX V.

Bild 7.15: Titelseite aus [Graunt 1665], 3. Auflage

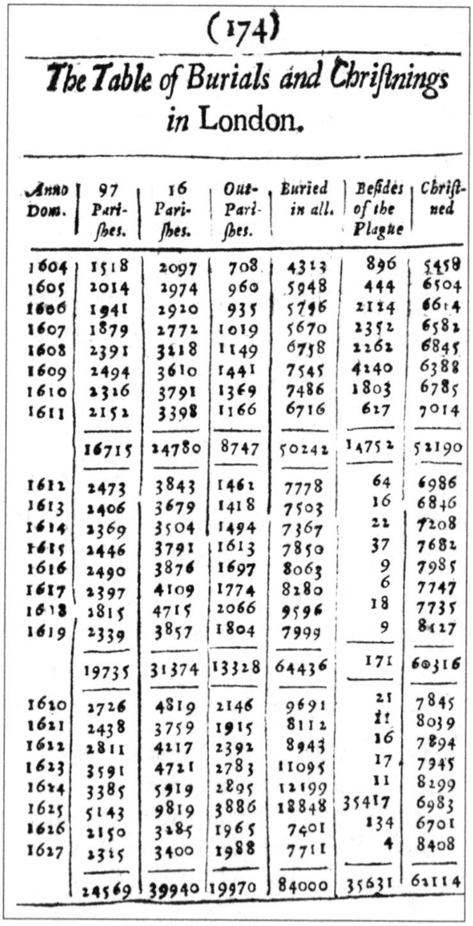

(174)

The Table of Burials and Chriftnings in London.

Anno Dom.	97 Parifhes.	16 Parifhes.	Out-Parifhes.	Buried in all.	Befides of the Plague	Chriftned
1604	1518	2097	708	4313	896	5458
1605	2014	2974	960	5948	444	6504
1606	1941	2920	935	5796	2114	6614
1607	1879	2772	1019	5670	2352	6582
1608	2391	3218	1149	6758	2262	6845
1609	2494	3610	1441	7545	4240	6388
1610	2316	3791	1369	7486	1803	6785
1611	2152	3398	1166	6716	627	7014
16715	24780	8747	50242	14752	52190	
1612	2473	3843	1461	7778	64	6986
1613	2406	3679	1418	7503	16	6846
1614	2369	3504	1494	7367	22	7208
1615	2446	3791	1613	7850	37	7682
1616	2490	3876	1697	8063	9	7985
1617	2397	4109	1774	8280	6	7747
1618	1815	4715	2066	9596	18	7735
1619	2339	3857	1804	7999	9	8427
19735	31374	13328	64436	171	60316	
1620	2726	4819	2146	9691	21	7845
1621	2438	3759	1915	8112	11	8039
1622	2811	4217	2392	8943	16	7894
1623	3591	4721	2783	11095	17	7945
1624	3385	5919	2805	12199	11	8299
1625	5143	9819	3886	18848	35417	6983
1626	2150	3385	1965	7401	134	6701
1627	2315	3400	1988	7711	4	8408
24569	39940	19970	84000	35631	62114	

Bild 7.16: Sterbetabelle aus [Graunt 1665, 174]

---

[659] Ausführlichere Informationen zu Graunt z. B. in [Graetzer 1883] und [Campbell-Kelly et al. 2003]. Historisches Portrait von Graunt unter http://www.math.yorku.ca/SCS/Gallery/images/portraits/graunt.gif. (02. 04. 2016
[660] [Graetzer 1883, 6]

7.7.5 1669 Christiaan Huygens: „Lebenslinie" und „Lebenserwartungszeit"

Christiaan **Huygens** (1629 – 1695) und sein jüngerer Bruder Lodewijk interessierten sich für die *demographische Statistik* von John Graunt. Lodewijk berechnet aus proportionalen Abschnitten der Tabellen von Graunt für ver-schiedene Altersgruppen deren *restliche Lebens-erwartungszeit*. Christiaan schreibt dazu in zwei Briefen vom 21. und vom 28. November 1669 an Lodewijk, [661] dass lineare Interpolation in diesem Falle nicht das zielführende Verfahren sei. Stattdessen wählt er für die Lösung dieses

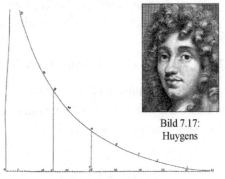

Bild 7.17:
Huygens

Alter	erreicht
x	y
6	64
16	40
26	25
36	16
46	10
56	6
66	3
76	1
86	0

Problems eine *Ausgleichs-kurve*, [662] die er durch *graphi-sche Interpolation* erhält. Er stellt dazu mit Bezug auf die

Bild 7.18: „Lebenslinie" von Huygens,
basierend auf Graunts Tabellen

Daten von Graunt, die er „englische Tabelle" nennt, Punkte in einem Koor-dinatensystem dar, indem er als Abszissenachse das Alter und als Ordina-tenachse die Anzahl der noch Lebenden dieses Alters wählt. Er verbindet dann diese Punkte durch eine glatte Kurve, genannt *Lebenslinie* (« ligne de vie », siehe Bild 7.18). [663] Diese Graphik ist wie folgt zu lesen: Von 100 Neugeborenen haben z. B. 16 das Alter 36 erreicht (siehe die Ordinate etwas links von der Mitte), 10 das Alter 46 usw. Daraus berechnet er die *„Lebenserwartungszeiten"* und erhält so z. B. für einen 16jährigen eine Lebenserwartungszeit von noch 15 Jahren, während Lodewijk 20 errechnet hatte. [663]

7.7.6 1686 Edmund Halley: Luftdruckkurve

Edmund **Halley** (1656 – 1742), wohlbekannt durch den nach ihm benannten Kometen, berichtet 1686 über Beobachtungen, die er mit einem Barometer in verschiedenen Höhen gemacht hat. Dabei interpre-tiert er seine Messwertpaare aus Höhe und Luft-druck als Punkte, die auf einer *Hyperbel* liegen (siehe Bild 7.20). Hier erscheint also eine *Hyperbel* nicht mehr wie in der Antike im geometrischen Zusam-menhang als Kegelschnitt, sondern *als Schaubild einer reellen einstelligen Funktion.*

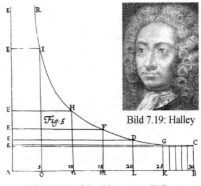

Bild 7.19: Halley

Bild 7.20: Luftdruckkurve von Halley

---

[661] Siehe [Huygens 1669].

[662] Vgl. S. 329.

[663] [Boyer 1947, 148] spricht von dieser "Lebenslinie" Huygens' als historisch *"early graph of statistical data"*.

Die Punkte auf einer Hyperbel anzunehmen, legen zwar die Koordinaten der Kurve in grober Betrachtung nahe, obwohl es physikalisch falsch ist, denn eigentlich liegt eher eine Exponentialfunktion vor. Aber konnte er das wissen?

Es sei noch angemerkt, dass Halley die Untersuchungen von Graunt zu Lebenserwartungstabellen wesentlich verbessert und vertieft hat. [664]

7.7.7   1741 / 1761   Johann Peter Süßmilch: geistiger Vater der Demographie

Johann Peter **Süßmilch** (1707 – 1767), [665] „Königlich Preußischer Oberkonsistorialrath, Probst in Cölln, und Mitglied der Königlichen Akademie der Wissenschaften", gilt als geistiger Vater der Statistik und Demographie:

Bild 7.21: Titelblatt der zweiten Auflage von Süßmilchs Buch: [Süßmilch 1761]

Ein Demograph versucht die vielfältigen Ursachen und Wirkungen der lokalen und zeitlichen Variationen in der Anzahl der Ehen, Geburten und Sterbefälle einer Bevölkerung zu erschließen. Mit seiner „Göttlichen Ordnung" wurde Süßmilch zum Stammvater der Demographen in Deutschland […]. Wie der Ökonom Oskar Morgenstern (1902 – 1977) den Mathematiker John von Neumann […] für die mathematische Modellierung wirtschaftlichen Verhaltens gewinnen konnte, so gelang es Süßmilch, den Mathematiker Euler anzuregen, das Verhalten von Populationen zu modellieren. Dabei spielte die theologische Harmonie und ihr gemeinsames Wirken gegen die „Freygeister" eine nicht unwesentliche Rolle. Wenn auch Eulers Wachstumsmodellen heute keine praktische Bedeutung zugebilligt werden kann, so ist sein Beitrag zur Mathematisierung […] einer Disziplin wie Bevölkerungswesen eine wissenschaftliche Pioniertat […]. [666]

In seinem 1741 erstmals erschienenen, 1761 grundlegend überarbeiteten Buch (Bild 7.21) verwendet er diverse Tabellen mit statistischen Bevölkerungsdaten – auch konstruierte –, um z. B. das Phänomen der *Bevölkerungsverdoppelung* modellhaft zu verdeutlichen.

---

[664]   Vgl. dazu und zur Kritik an Graunts Vorgehensweise die ausführliche Darstellung in [Graetzer 1883].

[665]   Portrait von Süßmilch in [Friendly 2009, 12] und in [Friendly & Denis 2001].

[666]   [Girlich 2011, 14]; vielfältige Infos zu Süßmilch sind auch im World Wide Web zu finden, z. B. unter http://www.deutsche-biographie.de/sfz82026.html (26. 10. 2015).

Es verdient Beachtung, dass Süßmilch z. B. in Bild 7.22 die prognostizierten Daten nach einem Ratschlag von Leonhard Euler zum besseren Verständnis auf eine Grundgesamtheit von 100.000 normiert.

Süßmilch schreibt hierzu: [667]

Es entstehet also hieraus eine Progreßion, wodurch die Zeiten der Verdoppelung können bestimmet werden. Ich habe hiebey meinen hochgeschätzten Freund und academischen Collegen, den Herrn Prof. Euler um Hülfe angesprochen, dem ich auch hiemit öffentlich für die gehabte Mühe danke.

Wenn in einem Lande 100000 Menſchen leben, und es ſtirbt Einer von 36,

Und es verhalten ſich ſodann die Gebornen zu den Gebornen, wie	So wird alsdann der Ueberſchuß der Gebornen von der Summe aller Lebende :	Dieſer Ueberſchuß der Gebornen wird ſodann ſeyn :	Und alſo wird die Verdoppelung erfolgen in Jahren:
11	277	$\frac{1}{381}$	$250\frac{1}{2}$ Jahren
12	555	$\frac{1}{180}$	125
13	722	$\frac{1}{138}$	96
14	1100	$\frac{1}{90}$	$62\frac{1}{3}$
15	1388	$\frac{1}{72}$	$50\frac{1}{4}$
16	1666	$\frac{1}{60}$	42
10: 17	1943	$\frac{1}{51}$	$35\frac{3}{4}$
18	2221	$\frac{1}{45}$	$31\frac{1}{2}$
19	2499	$\frac{1}{40}$	28
20	2777	$\frac{1}{36}$	$25\frac{3}{5}$
22	3332	$\frac{1}{30}$	$21\frac{1}{5}$
25	4165	$\frac{1}{24}$	17
30	5554	$\frac{1}{18}$	$12\frac{3}{4}$

Bild 7.22: Prognose des Bevölkerungswachstums

7.7.8 1762 / 1779 Johann Heinrich Lambert: Langzeittemperaturmessungen

Der früh verstorbene Johann Heinrich **Lambert** (1728 – 1777) [668] war nicht nur ein großer Mathematiker des 18. Jhs. (er bewies u. a. 1766 als erster die Irrationalität von π), sondern er beschäftigte sich als Mitglied der Königlich-Preußischen Akademie der Wissenschaften in Berlin auch mit Physik, Philosophie und technischen Anwendungen der Mathematik:

„Da waren Erfindungen technischer Art meist nach ihren Beschreibungen auf ihre Brauchbarkeit zu prüfen, vom Zoll zurückgehaltene optische und mechanische Instrumente zu begutachten, die Herstellung von Salz zu optimieren, der Plan zur Errichtung einer Schwefelsäurefabrik durchzusehen, eine Maschine zu beurteilen, eine Wassermaschine im Botanischen Garten zu erproben, die Frage der Berechtigung eines Brunnenbaumeisters auf Zahlung eines Vorschusses zu untersuchen, ein Universitätsstudienplan im Fach Philosophie zu prüfen und dergleichen mehr. [...]"

Für einen heutigen Mathematiker ist dieses Spektrum von Aufgaben undenkbar. [...]

Lambert war an der Berliner Akademie tätig, die unter aktiver Beteiligung von Leibniz im Jahre 1700 nach dem Vorbild der damals schon berühmten englischen „Royal Society" (London 1662) und der französischen „Académie Royale des Sciences" (Paris 1662) gegründet wurde. Die Akademien waren für die weitere Entwicklung der Naturwissenschaften und der Mathematik in vielfältiger Hinsicht von entscheidender Bedeutung [...]. [669]

1779 erschien posthum von diesem „*weyland Königlich Preußischen Oberbaurath und ordentlichen Mitglied der Königlich Preußischen Academie der Wissenschaften, auch mehrerer anderer Academien und gelehrten Gesellschaften*" das 360 Seiten und „*acht Kupfertafeln*" umfassende Werk „*Pyrometrie oder vom Maaße des Feuers und der Wärme*". [670]

---

[667] [Süßmilch 1761, 279 f.]; Zitat mit den damals üblichen Zeichen für Umlaute und langen „s" am Silbenanfang..

[668] Portraits von Lambert unter http://www-history.mcs.st-and.ac.uk/PictDisplay/Lambert.html. (02. 04. 2016)

[669] [Maaß 1988, 13 f.]; im hier kursiv gesetzten Absatz zitiert Maaß aus einer Studie von K.-R. Biermann.

[670] Bild 7.23 zeigt das Titelblatt des Buches [Lambert 1779].

Wenceslaus Johann Gustav Karten schreibt in seiner „Vorrede" für dieses Buch u. a.:

> Wenn ich vielleicht einigen Antheil daran hätte, daß Herr Lambert noch in den letzten Monaten feines Lebens ein Werk vollendet hat, wozu er im Jahr 1760 fchon Hoffnung gemacht hatte; fo müßte es mir doch um fo mehr zum vorzüglichen Vergnügen gereichen, auch an der Bekanntmachung deffelben nach dem Tode des verdienftvollen Verfaffers einigen Antheil zu haben. [...]

Bild 7.23: Titelblattausschnitt von Lamberts Werk „Pyrometrie oder vom Maaße des Feuers und der Wärme" (1779)

> Noch wenig Tage vor feinem am 25ften September 1777 erfolgten Tode hat er das ganze vollftändig ins Reine gebrachte Werk dem Herrn Verleger felbst zum Druck übergeben [...].

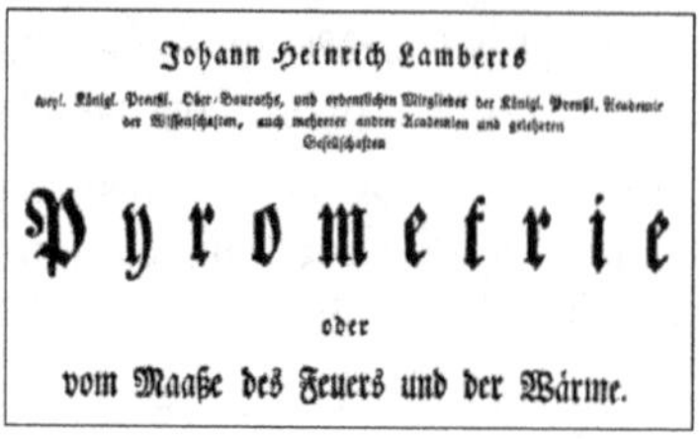

Und Johann August Eberhard ergänzt diese Vorrede um eine Laudatio mit dem Titel „*Ueber Lamberts Verdienste um die Theoretische Philosophie*".

Um zu sehen, worum es in diesem Werk geht, sei exemplarisch ein Blick in den „VIII. Theil" mit der Überschrift „*Von der Sonnenwärme*" geworfen, und hierin das „VII. Hauptstück" mit dem Titel „*Vertheilung der Sonnenwärme unter der Erde*" etwas näher betrachtet.

Lambert will die Phänomene „Wärme" und „Feuer" naturwissenschaftlich erklären. In den ersten sechs Teilen des Werkes entwickelt er eine experimentell gestützte Theorie (und damit eine „Wärmelehre"), die er mathematisch mit Methoden der damaligen Analysis beschreibt (er verwendet sowohl die „Subtangente" als auch Leibnizsche Differentialquotienten, wobei er auch zu Funktionsgleichungen und speziell zu Differentialgleichungen gelangt).

Sein o. g. „Hauptstück" aus dem letzten (sechsten Teil) beginnt mit § 669: [671]

> Die Oerter ausgenommen, die zunächst an einem feyerfpeyenden Berge liegen, ift die Grundwärme überhaupt geringer als die Winterkälte. Die Wärme, welche demnach die Erde von der Sonne erhält, vertheilt fich unter der Oberfläche fo, daß fie fich einem beftimmten Grade nähert, und diese Näherung würde, überhaupt betrachtet, logarithmisch feyn, wenn die Oberfläche alle Tage gleich viel Wärme erhielte und wieder verlöre. [672] Dieser gleichförmigen Erwärmung kommen nun die Länder unter dem Aequator am nächsten. Also müßte man dorten Beobachtungen anstellen, um die Subtangente der logarithmifchen Linie ausfündig zu machen.

Er fährt dann zu Beginn von § 670 fort:

> In Europa herrfchet in der jährlichen Erwärmung und Erkältung zu viel Ungleichheit, und diese machet, daß die Veränderungen an der Oberfläche bis in eine ziemliche Tiefe ähnliche Veränderungen unter der Erde nach fich ziehen.

Lambert erwähnt hierzu Versuche von Mariotte und Hales, „*wovon [...] die merkwürdigsten vorkommen*", und er kommt dann zur Beschreibung seiner Vorgehensweise: [672]

> Es blieben alfo, um die Vertheilung der Wärme unter der Erde vollftändigere Beobachtungen zu machen. Und dazu entfchloß fich auf meinen Antrag Herr Ott, ein gelehrter Kaufmann in Zürich im Jahr 1762.

---

[671] [Lambert 1779, 356]

[672] Lambert bezieht sich hier auf seine in § 327 gemachten Ausführungen; zu den Schriftzeichen siehe Fußnote 667.

So ist 1762 als Beginn von Lamberts Darstellung in dem 1779 erschienenen Werk anzusehen. Daher sind in der Überschrift dieses Abschnitts beide Jahresdaten gemeinsam angegeben. In den nachfolgenden Paragraphen 672 und 673 gibt Lambert eine *Versuchsbeschreibung*: [673]

Herr Ott ließ in dem Garten auf feinem vor der Stadt Zürich gelegnen Landguthe Thermometer mit Röhren von behöriger Länge an einem Orte eingraben, der dem Sonnenfchein und allen Abwechslungen des Wetters frey ausgefetzt war. Die Kugeln der Thermometer waren $\frac{1}{4}$, $\frac{1}{2}$, 1, 2, 3, 4, 6 Fuß tief, und die Röhren lang genug, dass die Stuffenleiter über der Erde empor ftunden. Die Thermometer waren mit Weingeifte

Monate.	Fuß Tiefe der Thermometer unter der Erde.						
	$\frac{1}{4}$	$\frac{1}{2}$	1	2	3	4	6
Januar.	— 8½	— 80	— 74	— 68	— 60	— 50	— 35
Februar.	— 90	— 82	— 78	— 70	— 65	— 54	— 45
Merz.	— 29	— 52	— 49	— 53	— 53	— 48	— 46
April.	+ 3	— 20	— 20	— 28	— 29	— 32	— 32
May.	+ 22	+ 13	+ 11	+ 2	— 2	— 6	— 16
Junn.	+ 51	+ 38	+ 33	+ 24	+ 18	+ 11	+ 1
July.	+ 54	+ 42	+ 40	+ 32	+ 32	+ 26	+ 18
August.	+ 4½	+ 40	+ 38	+ 34	+ 36	+ 32	+ 26
September.	+ 24	+ 22	+ 24	+ 25	+ 29	+ 28	+ 18
October.	— 12	— 16	— 13	— 7	+ 1	+ 6	+ 14
November.	— 48	— 46	— 42	— 30	— 21	— 13	— 0
December.	— 72	— 71	— 66	— 56	— 46	— 35	— 20
Mittel.	— 12	— 18	— 17	— 16	— 13	— 11	— 9

Bild 7.24: Lamberts Temperaturtabelle „unter der Erde" in unterschiedlicher Tiefe aufgrund der Ott'schen Messungen aus 4 Jahren

gefüllt, weil diefer fich stark ausdehnt, und der in der Röhre befindliche Theil zu dem in der Kugel ein unmerklicheres Verhältniß hat, als wenn Queckfilber gebraucht worden wäre. [...] Er fetzte die Beobachtungen $4\frac{1}{2}$ Jahre lang, bis kurz vor feinem Tode, fort. Er fchickte fie mir im Frühling 1768, da ich dann eine ziemlich vollftändige Abfchrift davon machen ließ, damit, wenn fie beym Zurückefchicken verlohren gehen follten, fie fo ziemlich wieder hergeftellt werden konnten.

[...] Es hatte fich nun Herr Ott nicht bloß die Mühe gegeben, den Stand der Thermometer aufzuzeichnen. Er berechnete für halbe und ganze Monate das Mittel aus den Graden eines jeden Thermometers, indem er fie zusammen addirte, und die Summe durch die Anzahl der Beobachtungen theilte. Auch bemerkte er die größten und kleinften Höhen, und nahm von diefen befonders das Mittel, welches von jenem oft merklich verfchieden war, und auch weniger brauchbar ift. Endlich nahm

Herr Ott das wahre Mittel für jeden Monat aller 4 Jahre, damit, was etwa das eine Jahr zu viel oder zu wenig hatte, durch die übrigen abgeglichen würde. Dieses gab ihm in $\frac{1}{8}$ Theilen des *du* CRESTschen Thermometers folgende Tafel [...].

Bild 7.25 zeigt Lamberts Visualisierung der Messdaten durch interpolierende Kurven als Schaubildern quasi-periodischer Funktionen.

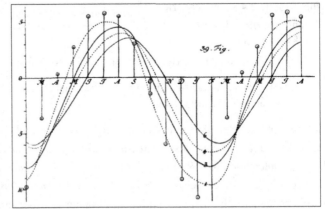

Bild 7.25: Lamberts Visualisierung der Daten aus der Tabelle in Bild 7.24 durch Schaubilder quasi-periodischer Funktionen

---

[673] [Lambert 1779, 357]; Bild 7.24 zeigt die im Zitat von Lambert beschriebene „Tafel".

Lambert kommentiert diese Visualisierung wie folgt:

Nach diefen Zahlen habe ich für die 1, 3, 4, 6 Fuß tiefen Thermometer eben fo viele krumme Linien gezeichnet, die Ordinaten aber für den nur 3 Zoll tiefen durch o angedeutet, theils um die Figur nicht zu verwirren, theils auch, weil diefes Thermometer noch mehrere Jahre durch håtte beobachtet werden müffen, um feinen wahren mittlern Gang beftimmen zu können.

In dieser Beschreibung wird ein Druckfehler des Setzers auffallen: Statt „3 Zoll" muss es wohl „$\frac{1}{4}$ Zoll" heißen. Ferner passt in Bild 7.24 die Skalierung der Ordinatenachse nicht zu den Daten. Wenn man jedoch die Visualisierung dieser Daten nachvollzieht, ergibt sich eine qualitativ sehr gute Übereinstimmung mit Lamberts Darstellung, wobei er offenbar „von Hand" schöne *Ausgleichskurven* [674] erstellt hat, mit denen er ggf. geringfügige Abweichungen von einem idealen Verlauf „ausgeglichen" hat. Und selbst die von ihm nicht dargestellte Spalte zu „2 Zoll" würde vorzüglich in sein „Schema" passen.

Zuvor, im VI. Hauptstück, das „Anwendungen der Theorie auf Beobachtungen" betitelt ist, geht er auf die *„äußere Sonnenwärme"* (also oberhalb der Erdoberfläche) ein, wofür er bereits eine Formel für den Verlauf der mittleren Jahrestemperatur in Abhängigkeit vom Breitengrad entwickelt hat. Er tes-
tet diese Formel (die wir als
Funktionsgleichung   ansehen
müssen) am Beispiel des 60.
Breitengrades (≈ Oslo), wo er
auf gut mittelbare Messdaten
aus neunzehn (!) Jahren zurückgreifen kann.

Bild 7.26 zeigt eine Übereinstimmung zwischen Theorie
(durchgezogene   Linie)   und
Praxis (einzelne Punkte).

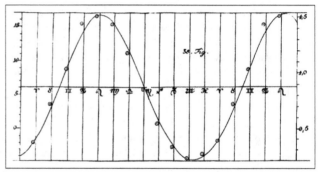

Bild 7.26: mittlere Jahrestemperatur beim 60. Breitengrad (Punkte: langjährig gemessen; durchgezogene Linie: gemäß Lamberts Theorie)

Lambert stellt daher mit Bezug auf Bild 7.25 erfreut fest: [675]

Die in der Figur gezeichneten Linien haben überhaupt eben die Gestalt, welche die für die äußere Sonnenwärme gezeichneten haben.

Lambert hat anhand physikalischer Experimente mit mathematischen *Mitteln* eine Theorie entwickelt und verifiziert, also Mathematik als *Werkzeug zur Weltaneignung* benutzt, und uns begegnet auch hier die *Trias in der Beziehung zwischen Funktionen und Medien* (vgl. S. 192). So liegt hier ein frühes Beispiel für *mathematisches Modellieren* vor, denn Lambert hat obige Kurve mathematisch begründet und nicht etwa nur als Ausgleichskurve gezeichnet. [676]

---

[674] Vgl. die Kommentierung zu „Ausgleichsgeraden" auf S. 330.
[675] [Lambert 1779, 358]
[676] Siehe dazu die kritischen Betrachtungen in den Abschnitten 9.3.4.7 und 9.3.4.8.

7.7.9   1786 / 1821 William Playfair: Datenvisualisierung durch Charts

Graunt und Süßmilch präsentierten statistische Datensätze in Tabellenform, [677] während Huygens die Daten von Graunt durch Ausgleichskurven in einem Koordinatensystem dargestellt hat, eine Visualisierung, die auch Halley und Lambert für ihre physikalisch ermittelten Messwerte gewählt haben, wobei anzumerken ist, dass schon Oresme für seine Vorstellungen Visualisierungen gewählt hat, die sowohl simulierten Funktionsgraphen als auch Balkendiagrammen ähneln. [678]

Playfair (1759 – 1823) hat nun erstmals weitere neue Formen der Präsentation statistischer Daten mit Hilfe von „Charts" eingeführt, so mit *Liniendiagrammen* wie in Bild 7.27 und in Bild 7.28. Und in seinem Hauptwerk, dem *"Commercial and Political Atlas"*, findet man neben Liniendiagrammen für Handelsbilanzen zum ersten Mal auch ein *Balkendiagramm* (was

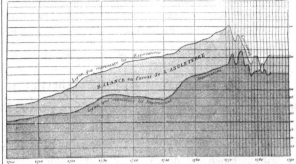

Bild 7.27: Handelsbilanz Englands von 1700 bis 1784

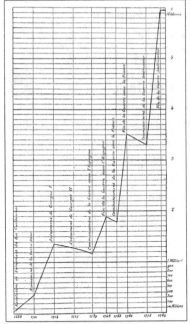

Bild 7.28: Entwicklung der Staatsschulden Englands von 1688 bis 1784

hier nicht dargestellt ist). In einem „Brief" Playfairs tritt ferner auch eine Kombination dieser beiden Typen in einem Chart auf. [679]

Neben der Darstellung endlicher Datensätze durch Linien- und Balkendiagramme hat Playfaire dafür auch *Tortendiagramme* ("pie charts") eingeführt: [680] Auf diese Weise zeigt Bild 7.29 das *Verhältnis der Flächeninhalte der US-Bundesstaaten im Jahre 1805* in Gestalt eines Tortendiagramms (mit Louisiana als größtem Bundesstaat). [681]

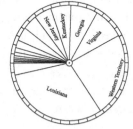

Bild 7.29: Tortendiagramm (USA) – Nachbildung in Anlehnung an das Original von Playfair

---

[677] Siehe Abschnitte 7.6.3, 7.7.4 und 7.7.7.
[678] Siehe Abschnitte 7.7.5 und 7.7.6.
[679] [Playfair 1786]; weitere schöne, z. T. auch farbige Charts in [Playfair 2005] und [Tufte 1983].
[680] [Friendly & Denis 2001].
[681] Original zu Bild 7.29 u. a. in: http://datavis.ca/milestones//admin/uploads/images/playfair1805-pie2.jpg

7.7.10   1795 / 1797 Louis Ézéchiel Pouchet: Nomogramme

1795 bzw. 1797 erfindet Louis Ézéchiel **Pouchet** (1748 – 1809) *Nomogramme* zur näherungsweisen Ausführung von Multiplikationen wie in Bild 7.30: [682] Bei diesem speziellen Fall sind alle Zahlenpaare, die auf derselben Kurve liegen, *produktgleich,* d. h., diese Kurven sind *Niveaulinien* von zweistelligen *Funktionen*, in Bild 7.30 also von $f(x, y) = z$ mit $z \in \{5, 10, 15, 20, \ldots, 100\}$, so dass hier $4,8 \cdot 5,1 \approx 24,5$ ablesbar ist. Verallgemeinert ist ein *Nomogramm* eine

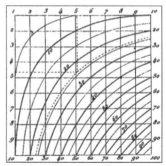

graphische Darstellung funktionaler Beziehungen zwischen n Variablen. Aus $n - k$ gegebenen Größen werden nach einer [...] Ablesevorschrift die restlichen k (meist $k = 1$) ermittelt. [683]

Bild 7.30: Nomogramm von Pouchet – Beispiel: 4,8·5,1 ≈ 24,5

Auch *Rechenschieber* [684] gehören damit in das Gebiet der *Nomographie.* [683]

7.7.11   1796 James Watt & John Southern: Dampfmaschine und Kreisprozess

John **Southern** (ca.1758 – 1815) und James **Watt** (1736 – 1819) führen 1796 in England die *erste automatische Aufzeichnung von Messwertdaten-Paaren* durch, und zwar für die Aufzeichnung von Druck und Volumen bei Dampfmaschinen mit dem sog. „Watt-Indikator", einer bis 1822 geheim gehaltenen Erfindung. [685]

Der in Bild 7.32 [686] zu sehende vergrößerte Ausschnitt zeigt deutlich, dass dieses *„funktionierende"* Gerät eine geschlossene Linie zeichnet: Hier

Bild 7.31: Watt

wird ein *thermodynamischer „Kreisprozess"* visuell erfasst! Das Studium und Verständnis dieser Kurve, die einen *funktionalen Zusammenhang* zwischen Druck und Volumen darstellt, ist zugleich ein Schlüssel zum Verständnis der *„Funktion"* der Dampfmaschine!

Dieser Watt-Indikator visualisiert beeindruckend eine Sichtweise von *„Funktion als technisches Medium"*, vermittelt einen wichtigen Zusammenhang zur Funktionsweise der Dampfmaschine und erlaubt deren Untersuchung und Kontrolle.

Der Watt-Indikator ist so in doppeltem Sinn eine „Funktion": sowohl wegen der *Funktionsweise* als auch wegen der mechanischen Realisierung einer Funktion in Gestalt einer *materialisierten Funktion.*

Bild 7.32: „Watt-Indikator" von 1796 (Ausschnitt) – Volumen-Druck-Kurve einer Dampfmaschine

---

[682]   [Friendly & Denis 2001] zitieren mit dieser Abbildung eine angebliche Arbeit von Pouchet aus dem Jahre 1795; eine ähnliche Abbildung liegt allerdings in [Pouchet 1797] vor.

[683]   [Lexikon der Mathematik 2000]

[684]   Siehe Abschnitt 9.2.5

[685]   Der in [Friendly 2009, 14] angegebene (2009 noch gültige) Link auf eine große Gesamtansicht des Watt-Indikators ist leider nicht mehr gültig; eine kleine Icon-Version findet sich auch in [Friendly & Denis 2001] (06. 04. 2016).

[686]   [Friendly 2009, 14] und [Friendly & Denis 2001].

7.7.12 1817 Alexander von Humboldt: erstmals geographische Isothermen

Alexander **von Humboldt** [687] (1769 – 1859) erstellt aufgrund seiner Messungen bei seiner Welterkundung erstmals eine Karte geographischer *Isothermen* für die nördliche Halbkugel von 90° westlicher Breite bis 120° öst-

Bild 7.33: v. Humboldt

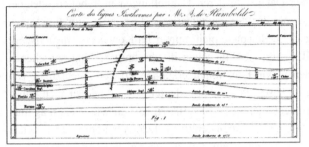

licher Breite: In Bild 7.34 sind die Längenrade horizontal und die Breitengrade vertikal abgetragen. Diese fünf Kurven sind *Ausgleichskurven zu empirisch ermittelten Daten*, sie treten also als *Schaubilder empirischer Funktionen* auf. [688]

Bild 7.34: Isothermen auf der nördlichen Halbkugel zwischen 90° West und 120 ° Ost

7.7.13 1821 Jean Baptiste Joseph Fourier: Häufigkeitsverteilung

Jean Baptiste Joseph **Fourier** (1768 – 1830) [689] stellt die *Häufigkeitsverteilung der Altersstruktur* der Einwohner von Paris in einem Koordinatensystem graphisch dar.

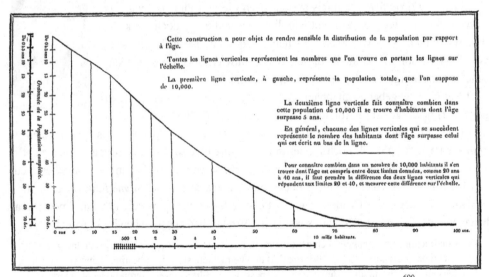

Bild 7.35: Häufigkeitsverteilung der Altersstruktur der Einwohner von Paris 1821 [690]

---

[687] Siehe auch S. 62 f., S. 95 f. und S. 135.
[688] Zu „Schaubildern" siehe S. 146 f. und S. 240, zu „Ausgleichskurven" siehe S. 329 f.
[689] Portraits von Fourier unter http://www-history.mcs.st-and.ac.uk/PictDisplay/Fourier.html. (02. 04. 2016)
[690] Aus [Fourier 1833].

7.8 Beginn der expliziten Begriffsentwicklung von „Funktion"

7.8.1 Überblick

In den bisherigen Beispielen – angefangen von den Babyloniern über zeitachsenorientierte Darstellungen bis hin zu empirischen Daten und deren Darstellungen in Tabellen oder bei diversen graphischen Figuren – begegnet uns der mathematische Terminus „Funktion" noch nicht explizit. Insbesondere tauchen diese Beispiele nicht immer im Kontext *mathematischer* Betrachtungen auf. Wohl aber werden mit ihnen die schon in Abschnitt 7.3 angesprochenen „vielen Gesichter" betont, unter denen wir Funktionen erkennen können. Sieht man von Lamberts „Wärmelehre" ab, wie sie in Abschnitt 7.7.8 angedeutet ist, so scheinen auch Funktionsterme oder gar Funktionsgleichungen hierbei keine Rolle zu spielen (vielleicht mag man sie bei Oresmes Beweis der Merton-Regel [691] „hineindenken"). Jedoch waren später Fouriers empirische Untersuchungen [692] für ihn offenbar ein Anlass, über den Begriff „Funktion" nachzudenken, der in der Mathematik zuvor schon erste Ansätze zu seiner Entwicklung erfahren hat. Daher soll zunächst ein sehr *kurzer historischer Rückblick* anderer Art folgen, weil sich dann an der Nahtstelle „Fourier" ein neuer Ast weiterentwickeln wird.

7.8.2 1671 Isaac Newton: Fluxionen und Fluenten

Isaac **Newton** (1643–1727) behandelt 1671 in seinem Werk „*De Methodis Serierum et Fluxionum*" erstmals systematisch die von ihm so genannten *Fluxionen* und *Fluenten*, veröffentlicht diese Abhandlung jedoch merkwürdigerweise nicht – sie wurde erst posthum 1736 in englischer Übersetzung von John Colson gedruckt. In diesem Werk entwickelt er für (physikalische, zeitabhängige) Größen sein Konzept von *Analysis:*

Bild 7.36: Newton

Ist x eine „gegebene zeitabhängige Größe", so bezeichnet er (in heutiger Sicht) deren zeitliche Ableitung – eine „erzeugte Größe" – mit $\dot{x}$ und nennt sie „*Fluxion*" (also: „Fluss") von x, und entsprechend bildet er $\ddot{x}$ als *Fluxion der Fluxion* – eine in der Physik noch immer übliche Schreibweise. In Umkehrung dessen sucht er zu x eine neue „erzeugte Größe" derart, dass x dann deren Fluxion ist, und er nennt diese neue Größe „*Fluente*" $\overset{\shortmid}{x}$ von x, womit er in unserem Sinne also zu einer *Stammfunktion* gelangt.

Doch was ist eine „Größe"? Gemäß Felgner hat Youschkevitsch 1976 in einem Essay behauptet, dass erstmalig Descartes von „variablen Größen" gesprochen habe, jedoch: [693]

> Der unglückliche Sprachgebrauch geht vielmehr auf ISAAC NEWTON zurück. Die abhängige Größe bezeichnete er als „erzeugte Größe" (genita) und betrachtete sie „als unbestimmt und veränderlich, gleichsam durch beständige Bewegung oder beständiges Fließen fortwährend oder abnehmend" [...]. NEWTONS Terminologie ist der Kinematik entlehnt und entspricht physikalischen Modellvorstellungen sehr gut. In der Reinen Mathematik ist sie allerdings weniger treffend.

---

[691] Siehe S. 208
[692] Wie auf S. 221 angedeutet.
[693] [Felgner 2002, 623]; man vergleiche dazu die Betrachtungen auf S. 195.

So ist festzuhalten, dass die Fluxionen und Fluenten im physikalischen Kontext bei Newton für das stehen, was man „zeitabhängige Funktionen" zu nennen pflegt. Noch heute bezeichnet man in der Physik die Ableitungen zeitabhängiger „Größen" wie den „Weg" s mit $\dot{s}$, $\ddot{s}$ usw. und kommt dann zu diversen *Differentialgleichungen* wie z. B. $m \cdot \ddot{s} = -D \cdot s$ (*Hookesches Gesetz* als dem Zusammenhang zwischen Massenbeschleunigung und Auslenkung).

7.8.3   1673 / 1694 Gottfried Wilhelm Leibniz: erstmals das Wort „Funktion"

Bei **Leibniz** (1646 – 1716) finden wir die *erstmals dokumentierte Verwendung des Wortes „Funktion" im mathematischen Kontext*, und zwar 1673 in seiner gemäß Felgner [694] unveröffentlichten Abhandlung „*Methodus tangentium inversa, seu de functionibus*", was etwa Folgendes bedeutet: „*Eine Methode, Tangenten umzukehren – oder: über Funktionen*". Aber Leibniz meint damit noch nicht das, was wir heute unter „Funktion" verstehen:

Bild 7.37: Leibniz

> Das Wort „Funktion" hatte bei Leibniz noch nicht die heutige mathematische Bedeutung, vielmehr wird es im Sinne von „funktionell" als Aufgabe, Stellung oder Wirkungsweise eines Glieds innerhalb eines Organismus bzw. einer Maschine verstanden [...] [695]

Bei diesem „*inversen Tangentenproblem*" (das also „funktioniert" [696]), geht es nur darum,

> von einer Eigenschaft der Tangente einer Kurve deren Koordinaten zu bestimmen, nach einer Stammfunktion zu suchen.

Bereits 1675 erfindet Leibniz die

> Infinitesimalrechnung auf eigenem Wege und völlig unabhängig von Newtons Fluxionsrechnung. [697]

Und 1694 publiziert er den Aufsatz „Nova calculi differentialis applicatio et usus ad multiplicem linearum construtionem ex data tangentium conditione" im Juli-Heft der Fachzeitschrift Acta Eruditorum (was etwa „Gelehrtenzeitschrift" bedeutet). Hier verwendet er das Wort Function" für die Subtangente einer Kurve:

> Leibniz nannte Function dasjenige Stück einer Geraden, welches abgeschnitten wird, indem man Gerade zieht, zu deren Herstellung nur ein fester Punkt und ein Curvenpunkt nebst der dort stattfindenden Krümmung in Gebrauch treten. [698]

Diese „Subtangente" ist (bei konkret gegebener Kurve) als Strecke bestimmter Länge vom Tangentenberührpunkt abhängig, und somit kann man sagen, dass sie eine „*Funktion des Tangentenberührpunktes*" ist! [699]

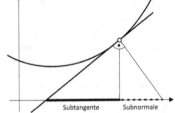

Bild 7.38: Subtangente an eine „Kurve"

---

[694]   Siehe dazu [Felgner 2002, 621].
[695]   [Krüger 2000, 44]
[696]   Betr. „funktionieren" vgl. das Zitat zum Allianz-Plakat auf S. 191.
[697]   So dargestellt bei [Hochstetter 1979, 14] (ehemals Direktor der Leibniz-Forschungsstelle Münster).
[698]   [Cantor 1901, 215]; zu „Subtangente" siehe die aktuelle Veranschaulichung in Bild 7.38.
[699]   Man beachte, dass das lateinische „functio" für „Verrichtung" oder „Ausführung" steht, sodass gemäß Leibniz die Subtangente quasi die „Ausführung" der Tangentenberührpunktbewegung ist.

Ergänzt sei, dass **Jakob I. Bernoulli** (1655 – 1705)

im Octoberheft 1694 der A. E. auf den Leibnizischen Aufsatz im Julihefte Bezug nehmend sich des gleichen Wortes im gleichen Sinne bediente. Die Zeitfol-
ge führt sodann zu dem zwischen Johann Bernoulli und Leibniz geführten Briefwechsel. Schon im Juni 1698 spricht Johann Bernoulli von irgend welchen
Functionen der Ordinaten beim isoperimetrischen Probleme. Leibniz antwortet
Ende Juli, er sei entzückt, dass Bernoulli das Wort Function grade so gebrauche
wie er selbst. Im August schlägt Bernoulli vor, eine Function von x durch X oder
durch ξ zu bezeichnen. Leibniz billigt diesen Vorschlag, meint aber zugleich,
man könne Verschiedenheiten der vorkommenden Functionen dadurch andeuten, dass man den Buchstaben ξ mit einem Zahlenindex versehe; er selbst

Bild 7.39: Jakob I.
Bernoulli

bediene sich, und zwar hauptsächlich mit Rücksicht auf die Verschiedenheit der Functionen, anderer
Zeichen. Ihm seien $\overline{x\vert}1$ und $\overline{x\vert}2$ Functionen von x, $\overline{x;y\vert}1$ und $\overline{x;y\vert}2$ Functionen von x und y, $\overline{x\vert r}1$ und
$\overline{x\vert r}2$ rationale, endlich $\overline{x\vert ri}1$ und $\overline{x\vert ri}2$ gangze rationale Functionen von x. [700]

7.8.4   1706 / 1718 Johann I. Bernoulli: erstmals Definition von „Funktion"

1706 verwendet Johann I. **Bernoulli** (1667 – 1748) das Wort „Funktion"
öffentlich in den Pariser *Abhandlungen der Académie des Sciences*, denn

> Gleich im Wortlaute der ersten Aufgabe sprach er von den *fonctions
> quelquonque de ces appliquées* [...] [701]

Bernoulli meint also „*irgendwelche Funktionen von diesen Anwendungen*",
wobei er „Funktion" (hier) aber noch nicht definiert. Seine Aussage können
wir so deuten, dass Funktionen hier für ihn *noch keine eigenständigen
Objekte* sind, sondern nur *Werkzeuge bzw. Medien für andere Zwecke*, wie

Bild 7.40: Johann I.
Bernoulli

es für die Beispiele in Abschnitt 7.7 gilt.

Zwölf Jahre später, 1718, liefert Johann I. Bernoulli dann in den erwähnten Abhandlungen
der Académie des Sciences *erstmalig eine Definition für „Funktion":* [702]

> Dort heisst es, er verstehe unter Function einer veränderlichen Grösse einen Ausdruck, der auf
> irgend eine Weise aus der veränderlichen Grösse und Constanten zusammengesetzt sei. Erst von da
> an war der neue Kunstausdruck der Wissenschaft erworben, und noch 12 Jahre später, in den Ab-
> handlungen der Académie des Sciences für 1730, unterschied wieder Johann Bernoulli zwischen
> a l g e b r a i s c h e n und t r a n s c e n d e n t e n F u n c t i o n e n, wenn er auch mit letzterem Namen nicht
> den weiten Sinn verband, der ihm nachmals beigelegt wurde, sondern ihn nur auf Integrale algebrai-
> scher Functionen bezog.

In Bernoullis Definition erscheint also aus unserer Sicht eine Funktion als „Term", und das
korrespondiert dann mit der vielfach noch heute – oder heute auch wieder – anzutreffenden
Sprechweise „*die Funktion f(x)*". [703]

---

[700] [Cantor 1901, 215 f.]; Hervorhebungen nicht im Original. „A. E." steht für „Acta Eruditorum".
[701] [Cantor 1901, 456]
[702] [Cantor 1901, 457]

Weiterhin spricht Bernoulli von *„ Funktion einer veränderlichen Größe"*. Hier geht es also wie bei Oresme um „Größen" und deren „Veränderung", aber die *verursachende veränderliche Größe* muss *nicht mehr explizit die Zeit* sein! [704]

Somit liegt hier *einerseits eine deutliche Erweiterung des* bisherigen *Funktionsbegriffs* vor, weil *nicht mehr nur die Zeitabhängigkeit* untersucht wird. *Andererseits* findet durch die Notwendigkeit der Darstellbarkeit durch Terme nicht nur eine – zunächst – sehr nützliche Konkretion statt, sondern *aus unserer heutigen Sicht* zugleich *auch eine Einschränkung*, die später erst wieder Dirichlet aufbrach. [705] Gleichwohl liegt Bernoulli mit seiner Betonung der *Veränderung* in der Tradition seiner Vorgänger seit Oresme.

Ulrich Felgner ergänzt das in seinem historischen Abriss, damit zu Euler überleitend: [706]

> Funktionen sind bei J. BERNOULLI und L. EULER demnach sprachliche Gebilde, und zwar Terme endlicher oder unendlicher Länge, die aus konkreten Zahlzeichen und den Operationen der Addition, Subtraktion, Multiplikation, Division, Potenzierung und Wurzelziehung aufgebaut sind. Man vergleiche damit EULERS allgemeiner gefaßte Definition des Funktionsbegriffs im Vorwort zu seinen *Institutiones calculi differentialis* (1755):
>
> [...] Sind nun Größen derart von anderen Größen abhängig, daß, wenn letztere sich ändern, auch erstere einer Änderung unterliegen, so heißen die ersteren Größen Funktionen der letzteren; eine Benennung, die sich so weit erstreckt, daß sie alle Arten, wie eine Größe durch eine andere bestimmt werden kann, unter sich begreift. Wenn also x eine veränderliche Größe bedeutet, so heißen alle Größen, welche auf irgendeine Art von x abhängen, oder dadurch bestimmt werden, Funktionen von x.

7.8.5   1748 Leonhard Euler: erstmals „Funktion" als grundlegender Begriff

Während für Leibniz das *Differential der Grundbegriff seiner Analysis* war und er wie auch Johann I. Bernoulli Funktionen nur als Hilfsmittel *benutzte*, wird bei Leonhard **Euler** (1707 – 1783) [707] erstmalig die *Funktion zum grundlegenden Begriff von eigenem Interesse*, und zwar in seinem berühmten Werk *„Analysin in infinitorum"*. [708]

In Band 1, Kapitel 1, S. 18 definiert Euler im Sinne von Bernoulli: [709]

> Eine <u>Funktion</u> einer veränderlichen Zahlgröße ist ein <u>analytischer Ausdruck</u>, der auf irgend eine Weise aus der veränderlichen Zahlgröße und aus eigentlichen Zahlen oder aus konstanten Zahlgrößen zusammengesetzt ist.

Bild 7.41: Euler

---

[703]   Also einem „Funktionsterm"; siehe auch S. 193 f. Allerdings ist darauf hinzuweisen, dass seit Fourier (vgl. Abschnitt 7.9.1) und Dirichlet (vgl. Abschnitt 7.9.2) $f(x)$ zwar der „Funktionswert" ist, der jedoch nicht (mehr) notwendig ein Term ist!

[704]   Bezüglich „veränderliche Größe" sei auf S. 195 und Felgners Zitat auf S. 226 verwiesen.

[705]   Siehe dazu Abschnitt 7.9.2.

[706]   [Felgner 2002, 622]; zweiter Absatz in kleinerem Schriftgrad ist ein Zitat Eulers bei Felgner.

[707]   Portraits von Euler unter http://www-history.mcs.st-and.ac.uk/PictDisplay/Euler.html. (02. 04. 2016)

[708]   Vgl. den englischen Nachdruck [Euler 1988].

[709]   Deutsche Übersetzung bei [Felgner 2002, 622]; Hervorhebungen nicht im Original.

Eulers Präzisierung gegenüber Bernoulli besteht darin, dass er zuvor erläutert, was *veränder-liche* und *konstante Größen* sind. Felgner weist hier aber zu Recht auf folgendes Problem hin: [710]

> Daß hier bei BERNOULLI, EULER und vielen anderen Autoren der Ausdruck „veränderlicher Größe" sehr unglücklich gewählt worden ist, hat GOTTLOB FREGE in seinem Essay *Was ist eine Funktion* [...] mit aller Deutlichkeit klargelegt. Die einzelnen Größen, die als Argumente einer Funktion auftreten können, verändern sich nicht (auch nicht mit der Zeit). Was sich ändern darf, sind die Belegungen der Variablen mit einzelnen Größen.

Aber auch damit ist natürlich noch nicht geklärt, was eine „Größe" ist. Das kann hier jedoch nicht vertieft werden. [711]

Eulers Definition bleibt aus einem weiteren Grund unbefriedigend, weil er nämlich nicht explizit erklärt, was ein „analytischer Ausdruck" ist. Möglicherweise werden wir ihm gerecht, wenn wir darunter einen „Term" verstehen.

Jahnke gibt dazu folgende Deutung: [712]

> Was unter ‚analytischem Ausdruck' zu verstehen ist, wird als klar unterstellt. Es sind alle Ausdrücke, die durch endlich- oder unendlich-fache Anwendung der algebraischen Operationen Addition, Subtraktion, Multiplikation, Division, Potenzieren, Wurzelziehen und der mit ihrer Hilfe definierten Operationen höherer Stufe gebildet werden können. Der Begriff war für Euler offen, insofern auch neu definierte Operationen auftreten konnten.

> Euler gab eine Klassifikation der Funktionen nach dem Typus des analytischen Ausdrucks, die wir auch heute noch benutzen und die z. T. auf Leibniz zurückging. Er unterschied zwischen *algebraischen* und *transzendenten* Funktionen. Transzendent sind solche Funktionen, die nicht algebraisch sind, die also von „Exponential- und logarithmischen Größen" und von „unzählig vielen" anderen, „auf welche die Integralrechnung führt", abhängen [...]. Die algebraischen Funktionen wiederum zerfallen in *rationale* und *irrationale*, in *entwickelte* (explizite) und *unentwickelte* (implizite), die rationalen in *ganze* und *gebrochene*. Bedeutsam ist auch seine Unterscheidung von *eindeutigen* und *mehrdeutigen* Funktionen. Zwar war die Mehrdeutigkeit von Wurzelausdrücken [713] lange bekannt, doch wurde es erst zu dieser Zeit deutlich, daß das Studium dieses Phänomens eine Aufgabe von prinzipieller Bedeutung ist.

Darüber hinaus sieht Euler „Funktion" *auch als Beziehung zwischen den Koordinaten der Punkte einer freihändig in der Ebene gezeichneten Kurve.*

• Somit verwendet Euler situativ entweder eine *rechnerische* oder eine *geometrische* Funktionsauffassung. [714]

---

[710] [Felgner 2002, 622]; vgl. hierzu auch die Anmerkung zu Newton auf S. 222, insbesondere auch die eingangs zu diesem Kapitel auf S. 194 formulierten Bedenken betr. „Größe".

[711] Es sei hierzu z. B. auf Arbeiten von Heinz Griesel verwiesen, der sich vielfach der Klärung des Größenbegriffs mit besonderem Blick auf die didaktische Relevanz gewidmet hat, vgl. [Griesel 1997] und [Griesel 2012].

[712] [Jahnke 1999 a, 143 f.]

[713] ... die wir heute per definitionem beseitigt haben, wobei aber schon „Wurzel" in der Mathematik in zwei grundverschiedenen Bedeutungen auftritt (vgl. [Hischer 2012, 49]): als Lösung einer Gleichung und als Term.

[714] [Steiner 1969]; dort S. 14 f. zum „geometrischen Funktionsbegriff" und S. 16 f. zum „rechnerischen".

7.9 Entwicklung zum modernen Funktionsbegriff seit Anfang des 19. Jhs.

Im Jahre 1829, rund 110 Jahre nach der ersten mathematischen Definition von „Funktion" durch Johann I. Bernoulli [715] und rund 80 Jahre nach Eulers verbesserter Definition [716] präsentiert Johann Peter Gustav Lejeune **Dirichlet** eine richtungweisende und zugleich revolutionäre Definition für „Funktion".

Es ist die Zeit des Beginns der sog. „exakten Grundlegung der Analysis", und hier ist *zunächst und vor allem* Jean Baptiste **Fourier** zu nennen, auf dessen *wesentlichen Vorarbeiten* sein Schüler Dirichlet anschließend aufbaut.

7.9.1 1822 Jean Baptiste Fourier: erste termfreie Definition von „Funktion"

Thomas Sonar schreibt zu **Fourier** (1768 – 1830): [717]

> Fourier war der Sohn eines Schneiders, der auf einer Kriegsschule in Auxerre erzogen wurde, wo man ihn mit 18 Jahren zum Professor machte. Obwohl er Anhänger der Ideen der Französischen Revolution war, kam er aber fast selbst während der Terrorherrschaft der Jakobiner um. Als Nachfolger von Lagrange wurde er 1797 Professor für Analysis und Mechanik an der École Polytechnique. [...] Er lebte in Paris und war von 1815 an auf Lebenszeit Sekretär der Académie des Sciences. Sein berühmtestes Werk ist *Théorie analytique de la chaleur* (Analytische Theorie der Wärme) aus dem Jahr 1822, in der er mit den nach ihm benannten Reihen die Fourier-Analyse begründet, die heute aus Mathematik und Physik nicht mehr wegzudenken ist.

In diesem 1822 erschienenen Hauptwerk, der *Theorie der Wärme*, definiert Fourier erstmals „Funktion" allgemeiner als vor ihm Bernoulli und Euler.

Er verlangt nämlich nicht mehr, dass Funktionen durch „analytische Ausdrücke" – also durch Terme – gegeben sein müssen, indem er bestimmt:

> Allgemein repräsentiert die Funktion $f(x)$ eine Folge von Werten oder Ordinaten, von denen jeder beliebig ist. Da die Abszissen x unendlich viele Werte annehmen dürfen, so gibt es auch unendlich viele Ordinaten $f(x)$. Alle haben *bestimmte* Zahlenwerte, die positiv, negativ oder Null sein können. Es wird keineswegs angenommen, dass diese Ordinaten einem gemeinsamen Gesetz unterworfen sind; sie folgen einander auf irgendeine Weise, und jede Ordinate ist so gegeben, als wäre sie allein gegeben. [718]

---

[715] Siehe S. 224.
[716] Siehe S. 225.
[717] [Sonar 2011, 476 f.];
Portraits von Fourier unter http://www-history.mcs.st-and.ac.uk/PictDisplay/Fourier.html. (02. 04. 2016)
[718] Übersetzung aus [Felgner 2002, 623], dort im französischen Original; unterstreichende Hervorhebung nicht im Original; „Folge" ist nicht im heutigen Sinn zu verstehen, sondern wohl als „Menge".

Diese verallgemeinernde Sichtweise wird auf Fouriers eigene Beschäftigung mit *empirischen Daten aus der Physik* (Theorie der Wärme, s. o.) *und der Soziologie* (Häufigkeitsvertei-lung [719]) zurückzuführen sein.

Denn solche „Primärdaten" sind – wenn überhaupt – nur angenähert durch termdefinierte Funktionen darstellbar (und damit dann durch solche modellierbar). Damit erscheinen also in der Tat nachträglich die vielfältigen graphischen bzw. numerischen bzw. mechanischen *Darstellungen empirischer Daten* – vor allem durch Graunt, Huygens, Halley, Süßmilch, Lambert, Playfair, Watt, von Humboldt und Fourier – mit *Bezug auf diese Definition von Fourier* vor rund 200 Jahren *als Funktionen*.

Allerdings waren diese *Funktionen* bisher nur „Mittel zum Zweck", sie haben „mittelbare Bedeutung", sie erscheinen damit *als Medien zur Darstellung von Kultur und Natur*.

Doch das ändert sich von nun ab *grundlegend*, weil sie zum eigenständigen *Objekt* mathematischer Untersuchungen werden. Fourier hat damit maßgeblich die Entwicklung des modernen, allgemeinen Funktionsbegriffs ab etwa der Mitte des 19. Jahrhunderts begründet.

7.9.2   1829 / 1837 Johann Peter Gustav Lejeune Dirichlet: termfreier Funktionsbegriff

Johann Peter Gustav Lejeune **Dirichlet** (1805 – 1859) [720] ist nicht etwa Franzose, wie der Name suggeriert. Er wurde 1805 in Düren geboren, einer Stadt zwischen Aachen und Köln, die damals in napoleonischer Zeit zum französischen Protektorat gehörte. Seine Familie kam aus der belgischen Stadt Richelet, und so wurde er *„der Junge aus Richelet"* bzw. der *„Le jeune de Richelet"* genannt, woraus dann *„Lejeune Dirichlet"* wurde.

So ist sein Name wohl wie „Dirischlə" auszusprechen, also mit offenem „e" wie in „Bett".

Bereits im Alter von 12 Jahren hatte er seine Leidenschaft für Mathematik entdeckt und gab dafür sein Taschengeld aus. In der Schule, einem Bonner Gymnasium, galt er als unge-wöhnlich aufmerksam und sowohl für Mathematik als auch für Geschichte besonders be-gabt. [721]

Im Jahre 1822, also im Alter von 17, nahm er das Mathematikstudium auf. Da aber

an den deutschen Universitäten zu dieser Zeit [...] (außer Gauß) keine nennenswerten Mathematiker tätig waren, wählte er Paris als Studienort, „zu dieser Zeit noch das unbestrittene Weltzentrum der Mathematik" [...]

[...] der junge Dirichlet studierte Fouriers Werk über die Wärmeleitung (das im Jahr seiner Ankunft in Paris erschien) ebenso wie Cauchys *Cours d'Analyse* und hatte persönlichen Kontakt zur Fourier. [722]

---

[719]   Siehe dazu Abschnitt 7.7.13 auf S. 221.
[720]   Portraits von Dirichlet unter http://www-history.mcs.st-and.ac.uk/PictDisplay/Dirichlet.html. (02.04. 2016)
[721]   http://www-history.mcs.st-and.ac.uk/history/Biographies/Dirichlet.html (26. 10. 2015).
[722]   [Bottazzini 1999, 331]

Um nun den weiteren Verlauf zu verstehen, muss man wissen, dass zu der Zeit klar war, dass mit Cauchys Integralbegriff zumindest stetige Funktionen integrierbar waren. Ausgehend von Fouriers Untersuchungen über trigonometrische Reihen entstand aber die Frage, ob auch für „beliebige Funktionen" ein bestimmtes Integral definierbar wäre. Und hier ist nun der Beitrag Dirichlets zu sehen:

1829 – im Alter von nur 24 Jahren – veröffentlicht er in Crelles Journal eine Arbeit mit dem Titel « Sur la convergence des séries trigonométriques qui servent a représenter une fonction arbitraire entre des limites données ». [723] In dieser Arbeit veröffentlicht er dann auch die berühmte nach ihm benannte Funktion, die als „Dirichlet-Monster" [722] bekannt ist und die wir heute verallgemeinert für reelle Zahlen a, b mit $a \neq b$ wie folgt beschreiben können:

$$\operatorname{dir}_{a,b}(x) := \begin{cases} a & \text{für } x \in \mathbb{Q} \\ b & \text{für } x \notin \mathbb{Q} \end{cases}$$

Diese Funktion ist überall unstetig. Damit hat er eine Funktion erzeugt, die im Sinne des bisher verwendeten Integralbegriffs nicht integrierbar ist. Aber diese Funktion wird (ganz im Sinne Fouriers!) quasi *„auf irgendeine Weise"* (wenn auch noch „gesetzmäßig"!) erzeugt. Fourier und sein Schüler Dirichlet haben so die Tür aufgestoßen, um den bis dahin dominierenden Eulerschen Funktionsbegriff zu verallgemeinern.

Zunächst ein kurzer Blick zurück: [724]

1823 fand Dirichlet in Paris einen Gönner in Maximilien Sébastien Foy, einem General von Napoleon, in dessen Haus er aufgenommen wurde und dessen Familie er Deutschunterricht gab. So fand er in Paris ausgezeichnete Rahmenbedingungen für seine Studien. Als General Foy 1825 starb, änderten sich diese Bedingungen. Alexander von Humboldt, der sich ebenfalls sehr für Dirichlet einsetzte, ermutigte diesen, nach Deutschland zurückzukehren. Allerdings wollte Dirichlet nicht als Student an eine Universität gehen, sondern als Dozent – und das im Alter von 20 Jahren!

Und so gab es ein großes spezifisch deutsches Problem: Er war nicht habilitiert! Nun wäre es für Dirichlet ein Leichtes gewesen, eine Habilitationsschrift vorzulegen, aber das war nicht erlaubt, denn er war noch nicht einmal promoviert, und er sprach nicht lateinisch, was Anfang des 19. Jahrhunderts in Deutschland noch Bedingung war.

Es gab dann doch eine trickreiche Lösung:

Die Universität zu Köln verlieh ihm die Ehrendoktorwürde, und an der Universität zu Breslau reichte er eine Habilitationsschrift über Polynome und Primteiler ein, und nach einer langen Kontroverse zwischen deutschen Professoren für und gegen ihn bekam er in Breslau seine erste Professur. Aber: Das Niveau war ihm dort zu niedrig, ihn zog es nach Berlin, und schließlich gelang es ihm, an die Berliner Universität zu wechseln, wo er von 1828 bis 1855 tätig war.

---

[723]   „Über die Konvergenz trigonometrischer Reihen, die der Darstellung einer beliebigen Funktion zwischen gegebenen Grenzen dienen"
[724]   Darstellung nach http://www-history.mcs.st-and.ac.uk/history/Biographies/Dirichlet.html (26. 10. 2015).

Er wurde dann Nachfolger von Gauß in Göttingen, und sein Schüler Riemann wurde später dort sein Nachfolger.

1837 veröffentlicht Dirichlet im *Repertorium der Physik* eine Arbeit „*Über die Darstellung ganz willkürlicher Funktionen durch Sinus- und Cosinusreihen*", mit der er an seine Pariser Arbeit anknüpft.

Hier finden wir seine verallgemeinerte Definition einer *Funktion,* denn er

> verlangt von einer Funktion nur noch, dass „jedem x ein einziges, endliches y" entsprechen soll. Auf eine einheitliche analytische Darstellbarkeit greift auch er nicht mehr zurück. Genauso wie FOURIER betont auch er, dass die abhängige Größe y nicht immer „nach demselben Gesetz von x abhängig" sein müsse, wenn x die Werte zwischen zwei reellen Zahlen a und b durchläuft. [725]

Dirichlet betont hier also wie Fourier, [726] dass – in heutiger Sprechweise – die „Funktionswerte" y nicht nach einem „Gesetz" vom „Argument" x abhängig sein müssen. Was bedeutet das? Dirichlet schreibt hierzu:

> [...] ja man braucht nicht einmal an eine durch mathematische Operationen ausgedrückte Abhängigkeit zu denken. Geometrisch dargestellt, d. h. x und y als Abscisse und Ordinate gedacht, erscheint eine stetige Function als eine zusammenhängende Kurve, von der jeder zwischen a und b enthaltenen Abscisse nur ein Punkt entspricht. Diese Definition schreibt den einzelnen Theilen der Kurve kein gemeinsames Gesetz vor; man kann dieselbe aus verschiedenenartigsten Theilen oder ganz gesetzlos gezeichnet denken. [...] So lange man über eine Function nur für einen Theil des Intervalls bestimmt hat, bleibt die Art ihrer Fortsetzung für das übrige Intervall ganz der Willkür überlassen. [727]

Mit den „mathematischen Operationen" meint Dirichlet das, was wir heute „Terme" nennen. Diese von ihm „gesetzlos" genannte Entstehung konkreter Funktionen entstand also – im Gegensatz zu den *analytischen Ausdrücken* bei Euler – aufgrund der Notwendigkeit der Betrachtung *empirischer funktionaler Zusammenhänge.* Felgner erläutert diese „Wende": [728]

> Funktionen sind [...] bei Fourier und Dirichlet dem Begriffe nach eindeutige Zuordnungen. Im Begriff der Funktion ist die Definierbarkeit durch einen analytischen Ausdruck nicht eingeschlossen. Dieser Funktionsbegriff wird oft nur mit dem Namen Dirichlets in Verbindung gebracht, obwohl doch Fourier der eigentliche Urheber ist.

> [...] Funktionen im Sinne von Fourier und Dirichlet müssen weder differenzierbar noch stetig sein.

Würde man dieses noch mit Hilfe der Mengensprache der Strukturmathematik umformulieren, so waren **Fourier und Dirichlet** im Grunde bei der allgemeinsten Auffassung einer *Funktion als einer rechtseindeutigen Relation* angelangt. Auf sie beide geht somit die *moderne Auffassung des Funktionsbegriffs als abstrakte Abbildungsvorschrift* zurück, wobei sie aber – natürlich! – noch nicht die Termini „Menge" und „reelle Zahl" benutzen (konnten).

---

[725] [Felgner 2002, 623 f.]; Hervorhebungen nicht im Original.

[726] Vgl. S. 227 f.

[727] [Dirichlet 1837, 135 f.], zitiert auch bei [Felgner 2002, 624]; Hervorhebungen nicht im Original.

[728] [Felgner 2002, 624]; Hervorhebung nicht im Original.

7.9.3   1875 Paul Du Bois-Reymond: Funktion als Tabelle

1875 veröffentlicht der Tübinger Mathematiker **Du Bois-Reymond** (1831 – 1889) [729] unter dem Einfluss der für das 19. Jh. kennzeichnenden „exakten Grundlegung der Analysis" in *Crelles Journal* eine Arbeit mit dem Titel „*Versuch einer Classification der willkürlichen Functionen reeller Argumente nach ihren Aenderungen in den kleinsten Intervallen".* [730]

Dieser „Versuch" von Du Bois-Reymond besteht aus fünf einzeln von ihm untersuchten Funktionenklassen: [730]

Eintheilung der Functionen nach der Art wie sie in einem ganzen, wenn auch beliebig kleinen Intervall verlaufen.

I.   Die voraussetzungslose Function [...]
II.   Die integrirbare Function [...]
III. Die stetige Function [...]
IV.   Die differentiirbare und die gewöhnliche Function [...]
V.   Die Function, die der Dirichletschen Bedingung genügt

Hier ist nur die erstgenannte Klasse von Interesse, zu der Du Bois-Reymond schreibt: [731]

Die mathematische Function, falls keine besondere Bestimmung für sie vorliegt, ist eine den Logarithmentafeln ähnliche ideale Tabelle, vermöge deren jedem vorausgesetzten Zahlenwerthe der unabhängigen Veränderlichen ein Werth oder mehrere, oder ein zwischen Grenzen, die in der Tabelle gegeben sind, unbestimmter Werth der Function zugehört. Keine Horizontalreihe der Tabelle hat irgend einen Einfluss auf die anderen, d. i. jeder Werth in der Columne der Functionalwerthe besteht für sich und kann für sich geändert werden, ohne dass die Columne aufhört eine mathematische Function darzustellen.

Mehr enthält der Begriff der mathematischen Function nicht und auch nicht weniger, er ist damit völlig erschöpft.

Als Beispiel einer voraussetzungslosen Function, die zu keiner der folgenden Klassen gehört, diene die von Dirichlet angegebene, welche Null ist für jeden rationalen, Eins für jeden irrationalen Werth des Arguments.

Das ist eine großartige Definition, die zugleich das kulturhistorisch erstmalige Auftreten von Funktionen in Gestalt von Tabellen bei den Babyloniern (S. 197) bis hin zu Lambert (S. 215 f.) und Fourier (S. 221) in den Blick rückt, und sie ist noch heute in der Numerik üblich.

Felgner kommentiert diesen von Du Bois-Reymond geprägten Begriff von „Funktion":

Auch diese Beschreibung des Funktionsbegriffes ist recht allgemein. Eine Gesetzmäßigkeit muss einer Tabelle nicht unbedingt zugrunde liegen. In die Spalte der Funktionswerte kann man ja nach Belieben Werte hineinschreiben. Aber diesen hohen Grad von Allgemeinheit hat man wohl nur bei endlichen Tabellen erreicht. [...] Was ist überhaupt eine „ideale" Tabelle [...]? [732]

---

[729] Portraits von Du Bois-Reymond unter http://www-history.mcs.st-and.ac.uk/PictDisplay/Du_Bois-Reymond.html.
(02.04. 2016)
[730] [Du Bois-Reymond 1875, 21 ff.]
[731] [Du Bois-Reymond 1875, 21 f.]; Hervorhebungen nicht im Original.
[732] [Felgner 2002, 626]; seine Einschränkung auf „endliche Tabellen" wird in Abschnitt 7.11 positiv relativiert.

Du Bois-Reymond schreibt 1876 über Dirichlet, den „großen Schüler" von Fourier: [733]

> Wenn die Entwicklung des modernen Funktionsbegriffs unstreitig von den Fourierschen Entdeckungen ihren Ausgang nahm, so wird man gerechter Weise die bewußte Förderung jenes Begriffs und der damit zusammenhängenden Prinzipien der Integralrechnung usw. auf Fouriers großen Schüler zurückführen müssen, der mehr als irgend einer seiner Zeitgenossen, besonders durch seine Untersuchungen über die Darstellungsformeln für willkürliche Funktionen, zur Läuterung dessen beigetragen hat, was man die Metaphysik der Analysis zu nennen pflegt.

Auch hier wird wieder auf das wesentlich Neue an Dirichlets Verständnis von „Funktion" Bezug genommen, nämlich die *Darstellung willkürlicher Funktionen*.

7.9.4   1887 Richard Dedekind: Abbildung als eindeutige Zuordnung

Der Braunschweiger Mathematiker Richard **Dedekind** (1831 – 1916) [734] ist wohlbekannt durch die nach ihm benannten „Schnitte" zur „vollständigen" Charakterisierung des angeordneten Körpers der reellen Zahlen. 1887 definiert er in seinem dann erst 1888 erschienenen Buch *„Was sind und was sollen die Zahlen?"* (in dem er diese „Schnitte" behandelt) in heutiger Sicht eine **Abbildung als eine eindeutige Zuordnung** (Bild 7.42) und damit im Sinne von „Funktion".

„System" verwendet Dedekind statt „Menge", einer damals allerdings noch nicht üblichen Bezeichnung. [735]

Bemerkenswert ist, dass er nicht $\varphi(s)$ als „Abbildung" (bzw. „Funktion") bezeichnet, sondern φ – also terminologisch geradezu bewundernswert modern und präzise!

„Theil von S" bedeutet bei Dedekind „Teilmenge von S", und er weist auch fast entschuldigend auf den formalen Unterschied zwischen $\varphi(t)$ und $\varphi(T)$ hin, er unterscheidet also in heutiger Terminologie formal zwischen dem „Funktionswert" eines Arguments und der „Menge aller Funktionswerte der Elemente einer gegebenen Menge von Argumenten" – was heute leider oft eher nicht sauber gemacht wird.

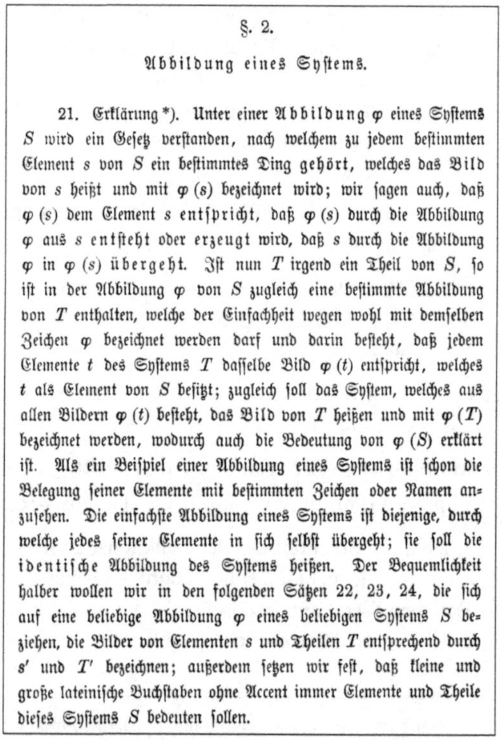

§. 2.

Abbildung eines Systems.

21. Erklärung*). Unter einer Abbildung φ eines Systems S wird ein Gesetz verstanden, nach welchem zu jedem bestimmten Element s von S ein bestimmtes Ding gehört, welches das Bild von s heißt und mit $\varphi(s)$ bezeichnet wird; wir sagen auch, daß $\varphi(s)$ dem Element s entspricht, daß $\varphi(s)$ durch die Abbildung φ aus s entsteht oder erzeugt wird, daß s durch die Abbildung φ in $\varphi(s)$ übergeht. Ist nun T irgend ein Theil von S, so ist in der Abbildung φ von S zugleich eine bestimmte Abbildung von T enthalten, welche der Einfachheit wegen wohl mit demselben Zeichen φ bezeichnet werden darf und darin besteht, daß jedem Elemente t des Systems T dasselbe Bild $\varphi(t)$ entspricht, welches t als Element von S besitzt; zugleich soll das System, welches aus allen Bildern $\varphi(t)$ besteht, das Bild von T heißen und mit $\varphi(T)$ bezeichnet werden, wodurch auch die Bedeutung von $\varphi(S)$ erklärt ist. Als ein Beispiel einer Abbildung eines Systems ist schon die Belegung seiner Elemente mit bestimmten Zeichen oder Namen anzusehen. Die einfachste Abbildung eines Systems ist diejenige, durch welche jedes seiner Elemente in sich selbst übergeht; sie soll die identische Abbildung des Systems heißen. Der Bequemlichkeit halber wollen wir in den folgenden Sätzen 22, 23, 24, die sich auf eine beliebige Abbildung φ eines beliebigen Systems S beziehen, die Bilder von Elementen s und Theilen T entsprechend durch s' und T' bezeichnen; außerdem setzen wir fest, daß kleine und große lateinische Buchstaben ohne Accent immer Elemente und Theile dieses Systems S bedeuten sollen.

Bild 7.42: Seite 6 aus [Dedekind 1888]

---

[733] [Du Bois-Reymond 1876, 9]
[734] Portraits von Dedekind unter http://www-history.mcs.st-and.ac.uk/PictDisplay/Dedekind.html. (02. 04. 2016)
[735] Vgl. hierzu die Betrachtungen zur Entstehung der Mengenlehre in [Hischer 2012, 73 ff.] .

Der Bezug von „Abbildung" auf ein „Gesetz" zu Beginn seiner „Erklärung" scheint ein Rückfall in die Zeit *vor* Fourier und Dirichlet zu sein, jedoch zeigt seine spätere Bemerkung, dass *„ein Beispiel einer Abbildung eines Systems [...] schon die Belegung seiner Elemente mit bestimmten Zeichen oder Namen"* sei, dass er ganz im Sinne von Fourier und Dirichlet denkt und mit „Gesetz" mitnichten nur „termdefinierte" Abbildungen (bzw. Funktionen) im Blick hat.

- *So liegt hier bei Dedekind eine erstaunlich aktuelle Funktionsdefinition vor!*

7.9.5 1891 Gottlob Frege – Präzision: *Funktion, Argument, Funktionswert*

Der Mathematiker und Philosoph Gottlob **Frege** (1848 – 1927) [736] begründet mit subtilen Analysen – neben George **Boole** – die *Mathematische Logik*, ist doch Logik damals noch eine philosophische Disziplin, die erst Frege der Philosophie entreißt und der Mathematik zuführt!

Am 9. 1. 1891 hält Frege vor der Jenaischen Gesellschaft für Medizin und Naturwissenschaften einen Vortrag über „Funktion und Begriff", im dem er einleitend feststellt: [737]

Ich gehe von dem aus, was in der Mathematik Funktion genannt wird. Dieses Wort hat nicht gleich anfangs eine so weite Bedeutung gehabt, als es später erlangt hat. Es wird gut sein, unsere Betrachtung bei der ursprünglichen Gebrauchsweise zu beginnen und erst dann die späteren Erweiterungen ins Auge zu fassen. Ich will zunächst nur von Funktionen eines einzigen Arguments sprechen. Ein wissenschaftlicher Ausdruck erscheint da zuerst in seiner ausgeprägten Bedeutung, wo man seiner zum Aussprechen einer Gesetzmäßigkeit bedarf. Dieser Fall trat für die Funktion ein bei der Entdeckung der höheren Analysis. Da zuerst handelte es sich darum, Gesetze aufzustellen, die von Funktionen im Allgemeinen gelten. In die Zeit der Entdeckung der höheren Analysis ist also zurückzugehen, wenn man wissen will, was zuerst in der Mathematik unter dem Wort „Funktion" verstanden wurde.

Frege geht es nicht etwa darum, wann Funktionen kulturhistorisch erstmals auftauchten (was – wie bisher geschildert – zu den babylonischen Keilschrifttafeln führen würde), sondern vielmehr darum, was zuerst *in der Mathematik* unter dem Wort „Funktion" verstanden wurde, und zwar um *„Gesetze [...], die von Funktionen im Allgemeinen gelten"*.

Er fährt dann fort: [737]

Auf diese Frage erhält man wohl als Antwort: »unter einer Funktion von x wurde verstanden ein Rechnungsausdruck, der x enthält, eine Formel, die den Buchstaben x einschließt.« Danach würde z. B. der Ausdruck

$$2 \cdot x^3 + x$$

eine Funktion von x,

$$2 \cdot 2^3 + 2$$

eine Funktion von 2 sein. Diese Antwort kann nicht befriedigen, weil dabei Form und Inhalt, Zeichen und Bezeichnetes nicht unterschieden werden, ein Fehler, dem man freilich jetzt in mathematischen Schriften, selbst von namhaften Verfassern, sehr oft begegnet. [738]

---

[736] Portrait von Frege unter http://www-history.mcs.st-and.ac.uk/PictDisplay/Frege.html (02. 04. 2016)
[737] [Frege 1881, 16].
[738] Und auch heute noch kann man entsprechenden „Fehlern" begegnen ...

Er fragt also nicht, wann und wie zuerst in der Mathematik das Wort „Funktion" verwendet wurde (was zu Leibniz und Bernoulli führen würde), sondern vielmehr, wann zuerst der mit „Funktion" bezeichnete Begriff in der Mathematik *erörtert* wurde, wann dieser Begriff also zu einem *mathematischen Objekt* wurde, was dann zwar zunächst zu Euler führt, aber in der Tat erst bei Fourier und Dirichlet Fahrt aufnimmt. Es sollte daher nicht verwundern, dass Frege sich auch damit befasst, was denn eigentlich ein „Begriff" ist, was hier nur mittelbar angedeutet werden kann: [739]

In seiner kritischen Schrift *„ Über Begriff und Gegenstand"* [740] weist Frege darauf hin, dass das Wort „Begriff" sowohl einen philosophischen als auch einen psychologischen Aspekt enthalte, denn das Wort

> „Begriff" wird verschieden gebraucht, teils in einem psychologischen, teils in einem logischen Sinne, teils vielleicht in einer unklaren Mischung von beiden. [741]

Dieser „unklare" bzw. „verschiedene" Gebrauch von „Begriff" betrifft nicht nur die Alltagssprache, sondern auch die wissenschaftliche Terminologie, was zu Missverständnissen führen kann, was aber für Frege zugleich eine „Freiheit zur Entscheidung" ist:

> Diese nun einmal vorhandene Freiheit findet ihre natürliche Beschränkung in der Forderung, daß die einmal angenommene Gebrauchsweise festgehalten werde. Ich habe mich dafür entschieden, einen rein logischen Gebrauch streng durchzuführen. [741]

Diesen „rein logischen Standpunkt" entfaltet er in seiner anderen wichtigen, bereits erwähnten Schrift *„Funktion und Begriff"*. Es wird verwundern, dass Frege hier „Funktion" und „Begriff" gemeinsam betrachtet. So schreibt er dazu unter anderem:

> [...] Wir sehen daraus, wie eng das, was in der Logik Begriff genannt wird, zusammenhängt mit dem, was wir Funktion nennen. Ja, man wird geradezu sagen können: ein Begriff ist eine Funktion, deren Wert immer ein Wahrheitswert ist. [742]

Das mag rätselhaft wirken. Nur so viel sei hier angedeutet: Frege entwickelt zuvor allein aus der Logik heraus, was er unter „Funktion" verstanden wissen will. Dazu betrachtet er zunächst *Funktionen mit nur einem Argument* und legt zugleich Wert auf die Feststellung,

> daß das Argument nicht mit zur Funktion gehört, sondern mit der Funktion zusammen ein vollständiges Ganzes bildet, [743]

und er ergänzt nach einer detaillierten Betrachtung: [744]

> Wir nennen nun das, wozu die Funktion durch ihr Argument ergänzt wird, den <u>Wert der Funktion</u> für dies Argument. So ist z. B. 3 der Wert der Funktion $2 \cdot x^2 + x$ für das Argument 1 [...].

---

[739] Siehe hierzu die didaktischen Anmerkungen in [Hischer 1996] und [Hischer 2012, 32 ff.].

[740] [Frege 1892]; es handelt sich um eine Erwiderung auf eine kritische Entgegnung des englischen Philosophen und Logikers Bruno Kerry (1858 – 1989), der sowohl Einwände gegen Cantors Mengenlehre als auch gegen Freges Logik hatte.

[741] [Frege 1892, 64]

[742] [Frege 1881, 26]

[743] [Frege 1881, 19]

[744] [Frege 1881, 20]; Hervorhebung nicht im Original.

Nachdem Frege diesen merkwürdig erscheinenden „Funktionsbegriff" zunächst auf der Basis der Arithmetik bei Zahlen und Termen entwickelt, weitet er ihn nun aus, indem er in einem ersten Erweiterungsschritt als Argumente *nicht mehr nur arithmetische Terme* zulässt, sondern auch *verbale Beschreibungen* wie z. B. beim *Dirichlet-Monster*. [745]

In einem weiteren Schritt lässt er dann auch Gleichungen bzw. Ungleichungen als „Funktionen" zu, die dann jedoch als „Funktionswert" (s. o.) „wahr" oder „falsch" liefern.

➢ Damit erscheint für Frege ein „Begriff" als „Wahrheitsfunktion", und *alle Objekte, die als Argument dieser Funktion den Wert „wahr" liefern, fallen dann unter diesen Begriff.*

7.9.6   Ende 19. Jh. Peirce, Schröder, Peano: erstmals Funktion als Relation

Ende des 19. Jahrhunderts zeichnet sich der Beginn einer neuen Sichtweise ab, indem – aus heutiger Perspektive – erstmals *versucht* wird, *Funktionen als Relationen* und *Relationen als Mengen geordneter Paare* aufzufassen. [746] Und zwar erfolgen diese ersten Schritte 1883 durch Charles Sanders **Peirce** (1839 – 1914), dann 1895 durch Ernst **Schröder** (1841 – 1902) und schließlich 1897 durch Giuseppe **Peano** (1858 – 1932), [747] wobei sie „geordnetes Paar" noch naiv und undefiniert verwenden: [748]

> Der Relationenkalkül war von Ch. S. Peirce, E. Schröder und G. Peano im ausgehenden 19. Jahrhundert entwickelt worden, aber keiner von ihnen konnte sagen, was Relationen (im ganz allgemeinen Sinne) „sind". Genauso wenig war man damals in der Lage zu sagen, was Funktionen (im allgemeinsten Sinne des Wortes) ihrer Natur nach „sind". Man konnte die aristotelische Frage, in welchem Sinne die Funktionen und Relationen ein Dasein haben, nicht beantworten. Deshalb beschränkte man sich darauf zu fordern, daß sie entweder durch sprachliche Ausdrücke gegeben sind, oder daß sie durch Abstraktion gewonnen (und mental konstruiert) werden können.

7.9.7   1903 – 1910 Russell, Zermelo, Whitehead: Annäherung an „Relation"

• **1903** *Bertrand Russell: andeutungsweise „Funktion als Relation"*

Russell (1872 – 1970) [749] nähert sich der Auffassung von Funktion als Relation:

> Die Rückführung des Funktionsbegriffs auf den Relationsbegriff findet sich (andeutungsweise) schon bei Bertrand Russell in seinen *"Principles of Mathematics" (Cambridge 1903), § 254, p. 263. Das findet aber alles nur in* der Sprache statt. [748]

Russell hatte jedoch zunächst noch Bedenken, Relationen als Mengen geordneter Paare aufzufassen, noch 1914 schrieb er an Norbert Wiener: [748]

> I do not think that a relation ought to be regarded as a set of ordered pairs.

---

[745]   Siehe S. 229.
[746]   [Felgner 2002, 626]
[747]   Portraits von Peirce, Schröder und Peano unter http://www-history.mcs.st-and.ac.uk/BiogIndex.html. (02. 04. 2016)
[748]   Persönliche Mitteilung von Ulrich Felgner an mich am 26. 08. 2011.
[749]   Portraits von Russell unter http://www-history.mcs.st-and.ac.uk/PictDisplay/Russell.html. (02. 04. 2016)

- **1908** *Ernst **Zermelo** (1871 – 1953: Definition „kartesisches Produkt" zweier Mengen*

- **1910** *Bertrand **Russell**, Alfred North **Whitehead**: erstmals Definition von „Relation"*

Russell und Whitehead (1861 – 1947) schreiben im 1. Band ihrer *„Principia Mathematica"*:

> We may regard a relation [...] as a class of couples. [...] This view of relations as classes of couples will not, however, be introduced into our symbolic treatment, and is only mentioned in order to show that it is possible so to understand the meaning of the word »relation« that a relation shall be determined by its extension. [750]

Und Felgner ergänzt hier, es sei bemerkenswert, dass Peirce, Schröder, Peano, Russell und Whitehead nicht sagen, was ein „geordnetes Paar" ist. Diese Lücke wird dann aber von **Hausdorff** geschlossen und später in genialer Weise von dem polnischen Mathematiker Kazimierz **Kuratowski** (1896 – 1980) durch die Festsetzung $(a,b) := \{\{a\},\{a,b\}\}$ präzisiert. [751]

7.9.8   1914 Felix Hausdorff: mengentheoretische Definition von „Funktion" als „Relation"

Hausdorff (1868 – 1942) [752] definiert erstmalig *„geordnetes Paar"*, wenn auch noch nicht so elegant wie später 1921 Kuratowski (s. o.), darauf aufbauend dann *Funktion* nahezu als das, was wir heute *zweistellige, rechtseindeutige Relation* nennen würden. Ulrich Felgner schreibt hierzu erläuternd: [748]

> Was „sind" Relationen? Erst zu Beginn des 20. Jahrhunderts wurde es unter Verwendung mengentheoretischer Begriffe möglich, diese Frage zu beantworten. Ausschlaggebend war die Beschreibung des Begriffs des geordneten Paares. Insofern findet sich *bei Hausdorff erstmals eine vollständig befriedigende Definition des Funktionsbegriffs*. Hausdorff kannte den Begriff der Relation – vergleiche etwa seine Notizen bei der Lektüre von Russells „Principles" im Nachlass (Kapsel 49, Fasz. 1068, Seite 25 – 26) oder seine *„Untersuchungen über Ordnungstypen"*, Teil V, p. 117, aus dem Jahre 1907. Aber er zog es fast immer vor, direkt über Mengen von geordneten Paaren zu sprechen. Das tat er auch bei seiner Definition des Funktionsbegriffs in seinem Buch *„Grundzüge der Mengenlehre"* (1914, p. 33).
>
> In meinem Essay über den Funktionsbegriff in Band II der Hausdorffschen Werke habe ich nur von einer „Umschreibung" des Funktionsbegriffs gesprochen, aber nicht von einem „Zitat". Ein Zitat war auch nicht nötig, denn in dem Band konnte man ja nachschlagen, wie Hausdorff sich selbst ausdrückt. Wann die etwas schwerfällige Ausdrucksweise von rechtseindeutigen und linkstotalen Relationen etc. aufkam, weiß ich nicht. Vermutlich erst nach 1945. In dieser Ausdrucksweise übertreibt man eine prinzipiell sinnvolle Systematik, die aber davon ablenkt, daß es wichtiger ist zu verstehen, warum die Begriffe der Funktion und der Relation nicht von der Beschreibbarkeit in irgendeiner Sprache abhängen sollen. Die Begriffe sollen in begrifflich reiner Form eingeführt werden, ohne Zuhilfenahme irgendwelcher Mittel, die ihn einengen.

---

[750] [Felgner 2002, 627]

[751] [Hischer 2012, 89 f.]

[752] Portraits von Hausdorff unter http://www-history.mcs.st-and.ac.uk/PictDisplay/Hausdorff.html. (02. 04. 2016)

Diese formale Definition von *„Funktion als rechtseindeutige Relation"* hat seit Mitte des 20. Jhs. Einzug in die Hochschule gehalten, später auch in die Schule, sie wird jedoch heute weder in der Schule noch in Wissenschaft und Anwendung durchgängig so verwendet – gleichwohl ist es eine umfassende (und wohl die umfassendste!) und zugleich präzise Definition:

> Mittels des geordneten Paares lässt sich auf der Basis des Mengenbegriffs der Funktionsbegriff in voller Allgemeinheit definieren. Es war HAUSDORFF, der diese allgemeine Definition als erster vorgeschlagen hat. Er stützt sich nicht auf „analytische Ausdrücke", auf „Gesetze", „ideale Tabellen" oder umgangssprachlich festgelegte „Relationen", sondern ausschließlich auf den Mengenbegriff. Funktionen sind Mengen von geordneten Paaren, wobei auch geordnete Paare ausschließlich unter Verwendung des Mengenbegriffs definiert sind. Jede Teilmenge C des Cartesischen Produkts $A \times B$ faßt HAUSDORFF als mehrdeutige Abbildung aus A in B auf [...].[753]

So ist es interessant, dass Hausdorff sein Zweites Kapitel mit „§1. Eindeutige Funktionen" beginnt und später „§4. Nichteindeutige Funktionen" behandelt.[754] Er scheint aber in diesem Werk das Wort „Relation" nicht zu verwenden, so dass es bei der ihm zugeschriebenen Verwendung des „Relationsbegriffs" wohl weniger um die explizite Verwendung der Bezeichnung geht, sondern um das inhaltlich damit gemeinte, was durch die Wahl seiner Bezeichnungen „Eindeutige Funktion" und „Nichteindeutige Funktion" gestützt wird.

7.9.9   Funktion und Funktionsgraph: eine kuriose Konsequenz

Es sei eine *kaum beachtete Kuriosität* erwähnt: Im Mathematikunterricht (aber auch in der Hochschule) pflegt man zwischen einer *Funktion* f und ihrem *Funktionsgraphen* G_f zu unterscheiden, wobei dann $G_f := \{(x, f(x)) \mid x \in A\}$ mit der Argumentmenge A ist. Wenn nun f als eine spezielle Relation aufgefasst wird und eine Relation als Teilmenge einer Produktmenge, dann ist definitionsgemäß $f = \{(x, f(x)) \mid x \in A\} = G_f$, d. h.:

- *Eine Funktion und ihr Graph sind dann dasselbe!*

Hierauf wies bereits 1960 Jean **Dieudonné** (1906 – 1992) hin:[755]

> It is customary, in the language, to talk of a mapping and a functional graph as if they were two kinds of objects in one-to-one correspondence, and to speak therefore of "the graph of a mapping", but this is a mere psychological distinction (corresponding to whether one looks on F either "geometrically" or "analytically").

Im nächsten Abschnitt wird eine terminologische Lösung für dieses Problem angeboten.[756]

---

[753] [Felgner 2002, 629]; Hervorhebung nicht im Original.
[754] [Hausdorff 1914, 32 und 43]
[755] [Dieudonné 1960, 5]; Dieudonné war Gründungsmitglied der 1935 unter dem Pseudonym „Nicolas **Bourbaki**" gegründeten Gruppe französischer Mathematiker. Weitere Informationen zu Dieudonné z. B. unter http://www-history.mcs.st-and.ac.uk/Biographies/Dieudonne.html (26. 10. 2015).
[756] Alternativ könnte man „Funktion" formal anders definieren, vgl. hierzu [Hischer 2012, 166].

7.10 „Gesichter" von Funktionen: ungewöhnliche Beispiele

7.10.1 Vorbemerkungen

7.10.1.1 Anfang des 21. Jhs.: Die große Vielfalt – Funktionen haben viele Gesichter

Der bisherige historische Rückblick hat *viele Gesichter* von „Funktionen" aufgezeigt. Von Anfang des 19. Jhs. bis Anfang des 20. Jhs. wurde dann um eine formal einwandfreie Klärung des Funktionsbegriffs gerungen, wie sie schließlich im Wesentlichen 1914 von Hausdorff vorgestellt wurde, um dann bis etwa Mitte des 20. Jhs. um formale Verfeinerungen bzw. Vertiefungen vervollkommnet zu werden. [757]

Die *vielen Gesichter* sind aber nicht nur für unterschiedliche Epochen im Sinne einer historischen Betrachtung typisch bzw. wichtig, sondern sie spiegeln zugleich die aktuelle *Vielfalt* dessen wieder, was derzeit in der Mathematik unter „Funktion" verstanden wird und wie es bereits in den Abschnitten 7.2 bis 7.3 skizziert wurde. Obwohl also die mengentheoretische Auffassung von „Funktion" als einer speziellen (rechtseindeutigen) Relation brillant und formal kaum schlagbar ist, bedient man sich je nach Arbeitsgebiet und Situation anderer, „einfacherer Gesichter". Dazu sollen nachfolgend einige aktuelle Beispiele vorgestellt werden.

7.10.1.2 Zu „medialen Sichtweisen" von Funktionen

Ein formaler Aufbau zur Definition von „Funktion" über „Relation" ist nicht Gegenstand dieses Buches, [758] in dem es generell um *mediale Sichtweisen der Mathematik* geht, hier also speziell um *mediale Sichtweisen von Funktionen*.

Gleichwohl bietet ein formaler Aufbau für struktur-mathematische Untersuchungen erhebliche beweistechnische Vorteile: Operationen wie z. B. „Verkettung" und „Inversion" lassen sich bereits für Relationen definieren, und dann sind diverse Eigenschaften wie etwa die Assoziativität der Verkettung (von Relationen!) beweisbar. Falls nun Funktionen als spezielle Relationen definiert sind, werden alle Relationseigenschaften wegen der „Erblichkeit" auf Funktionen übertragen. Es steht dann ein umfassender Funktionsbegriff zur Verfügung, so dass z. B. „Funktional", „Operator", „Operation", „Morphismus", „Tabelle" etc. als spezielle Funktionen erscheinen. Die Auffassung von „Funktion als Relation" verweist damit auf ein beweistechnisch *sehr mächtiges mathematisches Werkzeug*, so dass „Funktion" (und umfassender auch „Relation") im Sinne von Abschnitt 3.3 als *„Werkzeug zur Weltaneignung"* auftritt. Hierbei ist *Mathematik* die *„Welt"*, wie sie im Sinne von Alexander Israel Wittenberg als *„Wirklichkeit sui generis"* erscheint [759] (als Kontrapunkt zum so genannten „Rest der Welt").

---

[757] Siehe hierzu [Hischer 2012], ferner die Web-Darstellungen [Hischer 2013 b] und [Hischer 2014 b]; bezüglich der „Gesichter von Funktionen" siehe [Herget & Malitte & Richter 2000].
[758] Siehe hierzu die ausführlichen Betrachtungen in [Hischer 2012, 165 ff.].
[759] Vgl. Abschnitt 2.2.2 auf S. 20 ff.

Allerdings ist eine solche strukturtheoretisch bedeutsame Charakterisierung für konkrete Anwendungen von Funktionen sowohl in mathematischen Teilgebieten als auch außerhalb der Mathematik nicht immer wirklich gewinnbringend und auch oft nicht nötig. Es ergeben sich aber neben dieser *umfassenden medialen Sichtweise* von „Funktion als Relation" *spezifische mediale Sichtweisen*, wie sie bereits in den Abschnitten 7.2 und 7.3 angedeutet wurden, insbesondere die sechs *Aspekte beim Umgang mit Funktionen* in Abschnitt 7.3.

Stets aber gilt: Wenn in konkreten Situationen das wesentliche Prinzip von Funktionen – nämlich die *eindeutige Zuordnung* – nachweisbar ist, so liegen hier jeweils Funktionen vor.

7.10.2 Bilder als Funktionen – Sichtbare Funktionen

Bild 7.43 zeigt ausschnittsweise eine Vorlesungsbeschreibung aus einem „Modul-Handbuch".

Zu den Grundlagen dieser Vorlesung über Bildbearbeitung und Bildverarbeitung gehört also die *mediale Sichtweise*, „Bilder als Funktionen" auffassen zu können. Wie ist das gemeint?

Man denke hier z. B. an „Bilder", die auf den Displays von Computern, Smart Phones, TV-Monitoren etc. erscheinen:

Diese „Bilder" bestehen aus endlich vielen Punkten (hier unpräzise „Pixel" genannt), meist angeordnet als Rechteckmatrix,

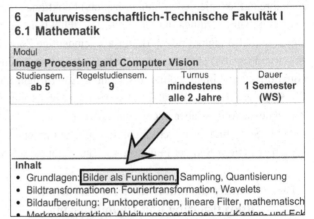

Bild 7.43: Ausschnitt aus einer Seite eines Modulhandbuchs von 2008 (zu einer Mathematik-Vorlesung an der Universität des Saarlandes)

und jedem Pixel wird zu jedem Zeitpunkt genau ein bestimmter Farbwert (inkl. Helligkeitswert) zugeordnet: Solche „Bilder" *sind* also zeitabhängige „sichtbare" Funktionen!

Verallgemeinert sind damit insbesondere auch jegliche in einem Koordinatensystem visuell dargestellten Funktionen „sichtbare Funktionen"! Das leitet zum nächsten Abschnitt über:

7.10.3 Funktionenplotter, Funktionsplots und Schaubilder von Funktionen

Funktionenplotter sind – vereinfacht gesagt [760] – *technische Medien*, [761] die „visuell" einen ausschnittsweisen Eindruck von konkreten Funktionsgraphen (also den Funktionen!) [762] liefern, indem sie eindeutig einen **Funktionsplot** als „Bild" erzeugen: eine aus „Pixeln" bestehende Rechteckmatrix, die dann gemäß Abschnitt 7.10.2 ebenfalls eine Funktion ist.

---

[760] Die auch zu findende Bezeichnung „Funktionsplotter" ist sprachlich falsch, so wie auch z. B. „Funktionstheorie" falsch wäre (zumindest nicht das treffen würde, was „Funktionentheorie" meint).
Weitere Anmerkungen zu Funktionenplottern auf den S. 69 und 192, ausführlich in Abschnitt 6.2.

[761] Vgl. S. 66 f.

[762] Denn gemäß Abschnitt 7.9.9 ist der Funktionsgraph einer Funktion genau diese Funktion!

Hier zeigen sich allerdings terminologische bzw. sprachliche Schwierigkeiten, wenn man – wie mit Bezug auf Dieudonné dargestellt [763] – „Funktion" und „Funktionsgraph" (wegen der Rückführung von „Funktion" auf „Relation", also als „Paarmenge") identifiziert. Das Problem lässt sich aber wie folgt lösen: Das, was man oft (z. B. im Mathematikunterricht) „Funktionsgraph" oder „Graph einer Funktion" nennt und womit dann eine *bildliche, visuelle Darstellung in einem Koordinatensystem* gemeint ist, sei (wie schon in den bisherigen Betrachtungen) „**Schaubild**" (der Funktion) genannt – ein zwar etwas aus der Mode gekommener, aber dennoch schöner, suggestiver und *reaktivierenswerter Terminus*, der darüber hinaus den Vorteil hat, dass der *Ausschnitt des Koordinatensystems samt Vermaßung* in ihm mit eingeschlossen ist (wie auch beim Funktionsplot), was aber bei „Funktion" nicht per se der Fall ist.

Damit sind dann bei einer gegebenen Funktion alle je erzeugten „realen" Schaubilder (und auch ihre ggf. existierenden Funktionsplots) Funktionen (als eindeutige Zuordnungen). [764]

Wenn man allerdings darauf verzichtet, „Funktion" formal als spezielle Relation zu definieren und also „Funktion" z. B. nur als „eindeutige Zuordnung" (im Sinne eines undefinierten Grundbegriffs) auffasst, dann sind „Funktion" und „Funktionsgraph" (bzw. „Graph einer Funktion") im Prinzip wohlunterscheidbar, sofern man nämlich weiterhin für den Graphen $G_f := \{(x, f(x)) \mid x \in A\}$ wählt (aufgefasst als Menge von Punkten in einem Koordinatensystem). Gleichwohl ist aber auch dann zwischen einerseits „Funktionsgraph" und andererseits sowohl „Schaubild" als auch „Funktionsplot" zu unterscheiden: Der Funktionsgraph ist also nur ein *gedachtes Bild* der Funktion, und dazu gibt es verschiedene konkrete Schaubilder.

7.10.4 Scanner als materialisierte Funktion: Diskretisierung und Digitalisierung

Der Ausschnitt aus dem Modulhandbuch in Bild 7.43 zeigt zu Beginn unter „Grundlagen" mit den Themen „Sampling" und „Quantisierung" zwei weitere *grundlegende Aspekte* der Bildbe- bzw. -verarbeitung. Das sei anhand der Bilderfolge in Bild 7.44 für das Scannen eines Bildes (hier dem Buchstaben „*f*") erläutert.

Um das Grundprinzip zu verstehen, genügt es, sich auf die Erzeugung einer „Bilddatei" als *Graustufengraphik* zu beschränken. Das Original sei dabei ein reines

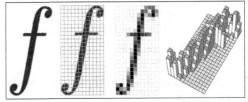

Bild 7.44: Scannen durch Sampling und Quantisierung

Schwarzweißbild (links in Bild 7.44). Zunächst sei über das zu scannende Objekt ein gedachtes *Raster* gelegt, in diesem Fall ein „Quadratgitter" aus 24 Zeilen zu jeweils 12 Quadraten. Dieses Originalbild wird jetzt zeilenweise „*abgetastet*" (z. B. von unten nach oben), indem in jeder Zeile 12 einzelne Pixel [765] „abgetastet" werden.

---

[763] Siehe hierzu das Zitat von Dieudonné in Abschnitt 7.9.9 auf S. 237.

[764] Der Klammerzusatz ist nötig, weil „Funktionsplots" sich auf „numerische" Funktionen beziehen!

[765] „Pixel" soll hier einfach für „Bildpunkt" stehen. (Gleichwohl ist „Pixel" komplexer definiert.)

Das bedeutet, dass auf photosensorischem technischem Wege die „Helligkeit" dieser Pixel in geeigneter Weise als ein *„Graustufenwert"* gemessen wird. Dazu wird also für jedes Pixel eine „Probe" (englisch: *sample*) seines Helligkeitswertes ermittelt (sie enthalten z. T. sowohl Schwarz- als auch Weißanteile!), weshalb dieser Vorgang statt „Abtastung" auch „Sampling" heißt. Insgesamt liegt hier eine *„Diskretisierung"* vor, weil die prinzipiell kontinuierlich ge- dachte (!) Originalgraphik durch die Rasterung in endlich viele Teile mit jeweils eigenem, zu messendem konstantem „Farbwert" zerlegt wird. Das dritte Bild deutet die Graustufenwerte der einzelnen Pixel an, berücksichtigend, dass etliche Quadrate nicht „voll schwarz" sind, sondern einen gewissen Weißanteil erhalten, der in der „Mischung" einen Grauwert liefert.

Um nun die Graustufenwerte numerisch zu messen, beschränkt man sich auch hier auf nur endlich viele Werte als Maße, indem also die (denkbar unendlich vielen) Werte ebenfalls dis- kretisiert werden, was man *„Quantisierung"* nennt. Scannen einer Graphik bedeutet zunächst also eine *zweifache Diskretisierung,* nämlich 1. durch *Abtastung* und 2. durch *Quantisierung.*

In einem dritten Schritt muss ein sinnvolles Maßsystem für diese endlich vielen Graustu- fenwerte festgelegt werden, die dann auch in einer Datei gespeichert werden können. Da alle Daten als Binärwörter **digital** gespeichert werden, hat sich gezeigt, dass Binärwörter der „Wortbreite 8" (d. h.: 8 Bit = 1 Byte) oft schon hinreichend gute Ergebnisse liefern.

Ein Byte ist z. B. $\boxed{0}\boxed{0}\boxed{1}\boxed{0}\boxed{1}\boxed{1}\boxed{0}\boxed{1}$, und deren gibt es $2^8 = 256$. Die Umsetzung der end- lich vielen Samples als „Graustufenwerte" in diese 256 möglichen Bytes heißt *„Digitalisie- rung".* Zusammenfassend bedeutet also „Scannen" eine *zweifache Diskretisierung mit anschlie- ßender Digitalisierung.* Die Darstellung ganz rechts in Bild 7.44 visualisiert die erfolgte *Quan- tisierung* durch ein 3D-Säulendiagramm. So wird in eindeutiger Weise jedem Originalbild eine Matrix aus Bytes als „Bild" zugeordnet, weshalb ein Scanner eine *materialisierte Funktion* ist (wie auch der Watt-Indikator auf S. 220). Auch beim *Farbscannen* werden stets nur Graustu- fenwerte ermittelt, jedoch werden die „Pixel" mittels Farbfiltern in jeweils drei „Teilpixel" vom Typ (R, G, B) zerlegt, ebenso bei Digitalkameras. Damit sind aber auch Farbscanner und Digi- talkameras (unter Einschluss von Videokameras) jeweils *materialisierte Funktionen*!

7.10.5 Hörbare Funktionen

Notentexte lassen sich als *zeitachsenorientierte Funktionen* auffassen, wie es bereits in Ab- schnitt 7.6.2 zu Guido von Arezzo dargestellt wurde und wie es exemplarisch der Partitur- ausschnitt in Bild 7.7 auf S. 204 und hier nun nachfolgend Bild 7.45 zeigen. Der Funktions- aspekt wird besonders deutlich, wenn ein solcher Notentext in eine MIDI-Datei umgewandelt wird, wie sie in der „Piano-Rolle" in Bild 7.46 sehen ist. [766]

---

[766] Diese Umwandlung erfolgt durch eine in einem Notensatzprogramm implementierte „Funktion". MIDI-Dateien sind *Steuerdateien* zur Aktivierung auswählbarer digital gesteuerter realer oder „synthetischer Musikinstru- mente". MIDI steht für „Musical Instruments Digital Interface". Der MIDI-Standard beinhaltet das Kommuni- kationsprotokoll und die Anschlüsse zum Übertragen von Noten- und Klanginformationen in Echtzeit.

Das alles bedarf einer Erläuterung: Nicht nur der Beruf des Schriftsetzers ist quasi ausgestorben, sondern auch der des Notenstechers: So bedienen sich heutzutage Komponisten, Arrangeure und natürlich auch Musikverlage höchst leistungsfähiger *Notensatzprogramme* (analog zu Textverarbeitungsprogrammen) wie beispielsweise Capella ™, Finale ™ oder Sibelius ™.

Notensatzprogramme gehören zunehmend zur Standardausstattung für den Musikunterricht in den Schulen, zumindest in Form kostenloser Demo-Versionen (wenn auch dann mit eingeschränkten Möglichkeiten). Nach Eingabe des Notentextes durch ein solches Notensatzprogramm kann dieser auch *auditiv wahrgenommen* werden, ohne den Notentext mit einem Instrument händisch erklingen zu lassen, indem man ihn nämlich über das Programm „abspielt": In Bild 7.45 ist dazu in Takt 3 eine laufende Zeitmarke (die sog. „Wiedergabelinie")

strichliert angedeutet. So kann man also diese „**Funktion**" (d. h.: den Notentext) instrumentiert **hören** (wobei man den einzelnen Stimmen freibleibend synthetische Instrumente oder aber sogar real

Bild 7.45: Anfang eines Menuetts für Klavier als Notentext

aufgenommene, „gesampelte" Instrumente zuordnen kann).

Man kann dann aus dem Notensatzprogramm heraus den Notentext in eine MIDI-Datei

konvertieren. Diese kann man dann zwar über einen Mediaplayer eines Computers hörbar machen, aber das offenbart nicht ihre Struktur, die man jedoch mit Hilfe eines MIDI-Editors *sichtbar* machen kann wie in Bild 7.46, [767] das nur eine andere Darstellung desselben Notentextausschnitts wie in ist: Musiker nennen diese Darstellung „**Piano-Rolle**", denn sie hat prinzipiell dieselbe Struktur wie die papierne Steuerrolle der früher um 1900

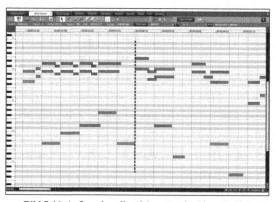

Bild 7.46: Anfang desselben Menuetts als „Piano-Rolle"

herum beliebten elektrischen Klaviere: Das *technische Medium* „Piano-Rolle" war also schon damals eine „materialisierte Funktion", die dazu diente, ein Instrument (hier also: ein Klavier) erklingen zu lassen. [768] Zum besseren Vergleich der beiden Darstellungen steht die Wiedergabelinie in Bild 7.46 an derselben Position wie in Bild 7.45.

Aufnahmen über ein Mikrophon wurden früher analog auf Tonbändern aufgezeichnet, um danach ggf. weiterverarbeitet und entweder analog auf Schallplatten und seit den 1980er Jahren digital auf Audio-CDs konserviert zu werden. Solche *(primären) Analogaufzeichnungen*

---

[767] Hier wurde das Studiomusikprogramm Samplitude ™ verwendet, es gibt aber auch kostenlose MIDI-Editoren (man suche im WWW).

[768] Vgl. den Watt-Indikator auf S. 220 und Scanner in Abschnitt 7.10.4.

gehören heute allerdings der Vergangenheit an, sie finden nunmehr nahezu ausschließlich nur noch digital per Hard-Disc-Recording oder auf Speicherkarten statt. [769] Dabei wird das analoge akustische Eingangssignal zunächst durch ein Mikrophon in ein analoges *zeitabhängiges Spannungssignal* $U(t)$ umgewandelt, das dann über einen A/D-Wandler *digitalisiert* [770] wird, indem zu *äquidistanten Zeitpunkten t* der jeweils aktuelle Spannungswert $U(t)$ als ein für das Intervall zu *wählender Mittelwert* „abgetastet" („gesampelt") wird.

Für solche digitalen Aufzeichnungen benötigt man Dateiformate, die das hörbare Frequenzspektrum in hinreichend hoher Auflösung zur Weiterbearbeitung und späteren Archivierung (auf CD bzw. DVD) erfassen. Das sind beispielsweise „Wave-Dateien", die im sog. PCM-Verfahren [771] erzeugt werden.

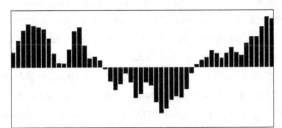

Bild 7.47: Ausschnitt aus einem
Mono-Kanal einer WAV-Datei

Bild 7.48: horizontal und vertikal gezoomter Ausschnitt
aus – Treppenfunktion aus „Samples"

Bild 7.47 zeigt einen Ausschnitt aus einer Mono-Spur einer solchen digitalen Musikaufzeichnung, und Bild 7.48 zeigt daraus einen horizontal und vertikal gezoomten Ausschnitt. Hier lässt sich die durch das *Sampling* bedingte *Diskretisierung* gut erkennen, so dass die „Wave-Dateien" als *Treppenfunktionen* – bestehend aus einzelnen „Samples" – erscheinen.

Solche Dateien sind als *zeitachsenorientierte Funktionen* aufzufassen, die sich als Schaubild einer Treppenfunktion *sichtbar* machen lassen, die aber über einen nachgeschalteten D/A-Wandler mit Verstärker und Lautsprecher auch *hörbar* gemacht werden können. Bei diesen Treppenfunktionen werden die abgetasteten Samples als Funktionswerte über den horizontalen *Abtastzeitpunkten der Zeitachse dargestellt*. In der Bildschirmdarstellung werden jedoch nicht Abtast*zeitpunkte*, sondern äquidistante, lückenlos aufeinander folgende Abtast*intervalle* benutzt, über denen die Samples als Funktionswerte aufgetragen werden.

Insgesamt liegt hier eine *mehrfache Verkettung hintereinandergeschalteter Funktionen* vor, wobei in der Sprache der Technik $S_1(t)$ und $S_2(t)$ „zeitabhängige Schallpegelfunktionen" und $U_1(t)$, $U_2(t)$ und $U_3(t)$ jeweils „zeitabhängige Spannungspegelfunktionen" bedeuten:

$$\overset{\text{Mikrophon}}{S_1(t)} \quad \overset{\text{A/D-Wandlung}}{\longmapsto \quad U_1(t)} \quad \longmapsto \quad \overset{\text{D/A-Wandlung}}{\text{WAV-Datei}} \quad \longmapsto \quad \overset{\text{Verstärkung}}{U_2(t)} \quad \longmapsto \quad \overset{\text{Lautsprecher}}{U_3(t)} \quad \longmapsto \quad S_2(t)$$

---

[769] Siehe hierzu Abschnitt 3.6 auf S. 67.
[770] Siehe S. 241.
[771] PCM: Pulse Code Modulation, es liegt eine zeitlich konstante Abtastrate (Sampling-Frequenz) vor.

Da sowohl die jeweiligen (in der Funktionensprache „verketteten") Umwandlungen als auch die jeweils umzuwandelnden bzw. umgewandelten physikalischen „Größen" als Funktionen aufzufassen sind, treten bereits in der *sehr vereinfachten Darstellung* dieser „Signalkette" von $S_1(t)$ bis hin zu $S_2(t)$ mindestens elf Funktionen auf.

7.10.6 Funktionenplotter, Kameras, Projektoren und Filme als Funktionen

Die bisherigen Betrachtungen zeigen, dass *Funktionenplotter* als Funktionen aufgefasst werden können, weil sie term- bzw. punktdefinierten Funktionen eindeutig einen Funktionsplot zuordnen. Ebenso ist jeder *Fotoapparat als materialisierte Funktion* aufzufassen (als ein „funktionierendes" Gerät wie der in Abschnitt 7.7.11 erwähnte Watt-Indikator), denn er liefert in situativ eindeutiger Weise ein „Bild" eines *Ausschnitts der Wirklichkeit* [772] – entweder (in klassischer Weise) auf einem (noch zu entwickelnden) chemisch beschichteten „Film" oder bei einer Digitalkamera als Datei, wobei anschließend eine Verkettung mit weiteren Funktionen die „Bildverarbeitung" kennzeichnet, etwa beim „klassischen" Prozess: Entwicklung des Films (zwar situativ eindeutig, jedoch nicht reproduzierbar eindeutig), Fixierung, vergrößernde Belichtung auf Fotopapier zwecks Herstellung von Abzügen, Entwicklung, Fixierung, …

Und entsprechend sind auch Filmkameras, Videokameras als Funktionen zur Darstellung von Kultur oder Natur aufzufassen, und ebenso sind die von ihnen erzeugten Produkte (nämlich die Kinofilme oder Videofilme) ihrerseits Funktionen:

Ein klassischer *Kinofilmstreifen* kann als materialisierte Darstellung einer zeitachsenorientierten Funktion aufgefasst werden:

Bestimmten diskreten, äquidistanten Zeitpunkten eines abgeschlossenen Intervalls wird eindeutig jeweils genau ein Einzelbild des Filmstreifens zugeordnet. Bild 7.49 zeigt exemplarisch einen solchen Filmstreifen, bei dem die Zeitachse erkennbar „diskret" ist.

Bild 7.49: Filmstreifen

Durch Verkettung mit der Abbildungsmaschine des Projektors (der auch eine materialisierte Funktion ist) entsteht eine nichtmaterielle „Bildfolge" auf der Leinwand. Diese wird dann verkettet mit der (optischen) „Abbildung" auf unsere Netzhaut.

So findet auch hier eine mehrfache Verkettung von Funktionen statt. Zusätzlich haben Tonfilme parallel zu dieser Zeitachse eine „Tonspur", so dass eine weitere zeitlich quasi-synchrone Zuordnung von Audioinformationen zur Bildfolge stattfindet, die unter diesem Funktionsaspekt untersuchenswert ist.

*   Ein Filmstreifen ist also ein *Medium*, und zwar *eine materialisierte Funktion!*

Bei Videofilmen liegt zwar eine strukturelle Ähnlichkeit vor, wobei die „Materialisierung" aber nur den Datenträger betrifft: Die „Bildfolge" besteht aus „Frames" genannten digitalen Einzelbildern, die durch eine „parallele" digitale Tonspur ergänzt werden.

---

[772] Vgl. ausführlich Kapitel 4, hier insbesondere Abschnitt 4.10 zu „Medialitätsbewusstsein".

7.11   Fazit

Der rund viertausend Jahre umfassende exemplarische Rückblick auf die kulturhistorische Entwicklung des Funktionsbegriffs hat eine überwältigende *Vielfalt der Erscheinungsformen* offenbart, unter denen uns Funktionen begegnen, die sich als *„Gesichter" von Funktionen* bezeichnen lassen. An den in den vorigen Abschnitten vorgestellten historischen Beispielen wurde die besondere Beziehung zwischen *Funktionen und Medien* als eine *Trias* deutlich: [773]

- *(T1): Funktionen begegnen uns als Medien* – denn Funktionen dienen der medialen Vermittlung von Kultur oder Natur. Hier ist der Werkzeugaspekt von Medien gemeint, d. h.: *Funktionen als Werkzeug oder Hilfsmittel zur Weltaneignung,* [774] oder anders: Funktionen sind in ihrer vermittelnden Rolle (als „Mittler") bei der Aneignung oder dem Verständnis von „Welt" zu sehen, wobei zur „Welt" auch die „Welt der Mathematik" (als „Wirklichkeit sui generis" [775]) gehört – das betrifft dann also nicht nur den sog. „Rest der Welt". [776]

- *(T2): Funktionen werden durch Medien dargestellt* – sowohl „reale" (in der Kultur oder der Natur auftretende) Funktionen als auch „erdachte" oder „gedachte" Funktionen werden oft durch Medien dargestellt. Das scheint zunächst selbstverständlich zu sein, aber immerhin wird hier durch die Vielfalt der Beispiele der Blick für das Auftreten von Funktionen im Sinne von *„Funktionen sind überall – aber wer weiß das schon?"* geöffnet.

- *(T3): Medien als Funktionen* – Medien können als Funktionen (im Sinne von „eindeutigen Zuordnungen") auftreten. Dieser Aspekt betrifft gemäß Abschnitt 7.10 ungewöhnliche Sichtweisen von Funktionen wie z. B. „Bilder als Funktionen", „hörbare Funktionen" und „materialisierte Funktionen". Dabei wird mit diesen neuen Sichtweisen nur deutlich gemacht, dass (neben den o. g. Beispielen) z. B. auch Formeln, Schaubilder von Funktionen, Funktionsgleichungen und Tabellen ihrerseits Funktionen *sind*. Das erscheint zwar wie ein eklatanter Verstoß gegen saubere, strenge Begriffsbildung (nämlich z. B.: Funktion als Relation), jedoch zeigen sich hierin erneut die vielen Gesichter von Funktionen. [777]

In den Abschnitten 4.10, 4.11 und 5.1 wurde die *Vermittlung von Medialitätsbewusstsein als Bildungsziel* formuliert, das auf die Einsicht zielt, dass *Medien nie Wirklichkeit,* sondern nur jeweils *medienspezifisch konstruierte und inszenierte Wirklichkeitsausschnitte* liefern.

Das gilt nun auch für den *Funktionsbegriff:* Wenn etwa gemäß *(T1)* Kultur oder Natur durch Funktionen medial vermittelt werden, ist das zwar (z. B. naturwissenschaftlich) sehr eindrucksvoll für die Gewinnung eines eigenen „Weltbildes", aber es ist gleichwohl „medienspezifisch konstruiert" und damit eine medial verengte Sicht (was man zugeben sollte).

---

[773]   Vgl. S. 192.
[774]   Siehe dazu S. 3, 62 f., 69, 74 und 80, insbesondere die umfassende Erörterung in Kapitel 4.
[775]   Vgl. S. 21 f.
[776]   ... der hier nun wegen „Wirklichkeit sui generis" nicht gut „reale Welt" genannt werden kann.
[777]   Siehe die Ausführungen in den Abschnitten 7.2 und 7.3.

Entsprechendes gilt auch für die anderen beiden Aspekte: Wenn gemäß *(T2)* Warenwirtschaftsdaten durch eine Tabelle (wie früher durch eine Keilschrifttafel) oder Charts oder gar modellierend durch Terme erfasst werden, so sind auch das medienspezifisch inszenierte Wirklichkeitsausschnitte mit je unterschiedlicher Wirkung. Auch *(T3)* überprüfe man entsprechend.

Im Unterricht sollte man daher nicht zu früh auf eine formale – wie auch immer geartete und dann wohl eher einseitige – Definition von „Funktion" zusteuern, sondern vielmehr ist in Anlehnung an die historische Vielfalt eine *Begegnung mit vielen Gesichtern* angebracht, um damit behutsam Medialitätsbewusstsein (s. o.) entstehen zu lassen.

Gleichwohl wird eine Präzision eines Begriffs von „Funktion" ein (zumindest langfristiges) Ziel bleiben (müssen). Hier bietet sich – gerade für den Mathematikunterricht – das von Paul Du Bois-Reymond überzeugend formulierte Konzept von „Funktion als Tabelle" an, das sowohl formal einfach als auch zugleich inhaltlich brillant ist: [778]

Die mathematische Function […] ist eine den Logarithmentafeln ähnliche ideale Tabelle.

Hierin zeigt sich nun aber nicht mehr – im Sinne von *(T1)* – nur die *Vorstellung* von „Tabelle als Funktion", sondern – im Sinne von *(T2)* – (als der Umkehrung davon) geradezu eine wunderbare *Definition* von *„Funktion als Tabelle"*. Und das stimmt dann auch mit der mehrfach erwähnten häufig bei Numerikern anzutreffenden Auffassung von „Funktion" überein und geht bis auf die Babylonier zurück. Dieses kann Anlass und auch Anregung sein zur Begründung eines fachlichen und methodischen Konzepts für eine *ontogenetische Entwicklung des Funktionsbegriffs* im Mathematikunterricht.

Daher sei kurz dargestellt, inwieweit mit „Funktion als Tabelle" tatsächlich ein weitreichendes Konzept für eine tragfähige Begriffsentwicklung vorliegt:

Bild 7.50 zeigt das Wesentliche der Vorstellung von „Funktion als Tabelle" bzw. von „Tabelle als Funktion" mit einer *Eingangsspalte* für das Argument x und einer *Ausgangsspalte* für den Funktionswert $f(x)$. Diese Darstellung enthält all das, was eine Funktion als „rechtseindeutige Relation" ausmacht (mit „Tabelle" als undefiniertem Grundbegriff), ist aber zugleich von jeglichem vermeidbaren Formalismus radikal befreit, denn:

x	$f(x)$
...	...
...	...
...	...
...	...
...	...

Bild 7.50:
Funktion als Tabelle
und
Tabelle als Funktion

• die geordneten Paare $(x, f(x))$ sind stets präzise erkennbar,

• wenn sich in der Eingangsspalte keine Werte wiederholen, liegt Rechtseindeutigkeit vor, also eine eindeutige Zuordnung,

• sollten sich in der Ausgangsspalte keine Werte wiederholen, liegt auch Linkseindeutigkeit vor, und die Funktion ist dann also „umkehrbar" (bzw. injektiv),

• die Definitionsmenge und die Wertemenge sind unmittelbar ablesbar,

---

[778]   Du Bois-Reymond, S. 231; siehe dazu die historischen „Tabellen-Beispiele" in den Abschnitten 7.7 und 9.2.4.

- die Definitionsmenge kann durch neu einzufügende bzw. zu löschende Zeilen jederzeit erweitert bzw. reduziert werden,

- diese Vorstellung von „Funktion als Tabelle" ist in abstrahierender Sichtweise auch auf abzählbare Definitionsmengen erweiterbar und führt dann zum Begriff „Folge",

- die Vorstellung von „Funktion als Tabelle" ist gedanklich sogar auf überabzählbare Definitionsmengen ausdehnbar (also aufzufassen als „gedachte Tabelle"), und

- die verschiedenen „Gesichter von Funktionen" sind durchaus als Tabellen auffassbar: Es liegt kein prinzipieller Unterschied zwischen dem Graphen [779] einer Funktion und einer Tabelle vor, und auch „zeitabhängige Funktionen" können als Tabelle gedacht werden.

Das Tabellenkonzept von Du Bois-Reymond ist auch auf „mehrstellige Funktionen" [780] erweiterbar, wie es in Bild 7.51 angedeutet wird:

x_1	x_2	x_3	...	x_n	$f(x_1, x_2, x_3, ..., x_n)$
...	...	...	...	...	...
...	...	...	...	...	...

Bild 7.51: n-stellige Funktion als Tabelle

Wenn sich kein „Eingangstupel" wiederholt, liegt automatisch eine Funktion vor. Auch das ist gedanklich auf abzählbare und überabzählbare Definitionsmengen erweiterbar.

Wenn es allerdings in der „Höheren Mathematik" – so etwa in der Strukturmathematik – situativ darum geht, zu *beweisen*, dass eine Funktion vorliegt, reicht das Tabellenkonzept nicht immer aus, dann entfaltet das Verständnis von „Funktion als Relation" ggf. seine Macht.

Auf S. 129 ff. wird „Medialitätsbewusstsein" als *übergeordnetes Ziel von Medienbildung* mit einer Vielzahl von Einzelaspekten betont, und auf S. 132 wird nochmals die Perspektivenmatrix bezüglich der *Dias „Unterrichtsmittel – Unterrichtsgegenstand"* und der *Trias „Medienmethodik – Medienkunde – Medienreflexion"* erläutert. Da aufgrund der Beispiele deutlich wurde, dass Funktionen auch als Medien aufgefasst werden können, ist zu fragen, was das in Bezug auf die Behandlung des Funktionsbegriffs im Mathematikunterricht bedeutet, um damit also einen *Beitrag zur Medienbildung* zu leisten. Es seien einige Aspekte betrachtet:

- Die Einbringung der Auffassung von „Funktion als Tabelle" in den Unterricht wäre für sich genommen lediglich eine durch den historischen Kontext gegebene didaktische Rechtfertigung, sie allein wäre aber noch kein bedeutsames Zeichen für „Medienbildung".

- Eine Untersuchung konkreter Funktionen im Unterricht wäre primär *medienkundlicher* Art, wie sie ohnehin üblich ist. Das ist zwar noch nicht sehr aufregend, aber zu einer medienkundlichen Behandlung gehören auch *historische Aspekte*, die es hier reichlich gibt.

---

[779] Vgl. hierzu die formale Definition von „Funktionsgraph" auf S. 237.

[780] Die Bezeichnung „Funktion mit mehreren Veränderlichen" wird hier vermieden (vgl. S. 193), obwohl sie im Sinne der vielen „Gesichter von Funktionen" und damit der Auffassung von „Funktion als Term" wieder eine gewisse Rechtfertigung erfährt. Es ist allerdings wenig glücklich, in einem formal strengen Kontext sowohl f als auch $f(x)$ zugleich jeweils „Funktion" zu nennen ...

- Die Berücksichtigung *medienmethodischer* Aspekte würde bedeuten, Funktionen (aufgefasst als Medien) *„unterstützend in Lehr- und Lernprozessen"* einzusetzen: Es müsste dadurch dann deutlich werden, dass die Verwendung von Funktionen hilfreich für andere Ziele ist, dass beispielsweise das *Entdecken funktionaler Zusammenhänge* zu „Aha-Erlebnissen" für konkrete Situationen führt und damit „Funktionen" als „Werkzeuge zur Weltaneignung" erkennbar werden.

- Bleiben noch *medienreflektierende* Aspekte, und hier wäre zu fragen:

  Gibt es neben vielfältigen Möglichkeiten des Auftretens und der Verwendung von Funktionen auch Grenzen im Umgang mit Funktionen?

Wenn als wesentliches Element von Funktionen die *eindeutige Zuordnung* erarbeitet worden ist, *sollte* aufgezeigt werden, dass beispielsweise *Kausalketten* [781] (die ja eine Verkettung eindeutiger Zuordnungen darstellen) nicht typisch für die sich in der Zeit nicht linear, sondern „verzweigt" entwickelnde „Welt" sind, weder für die lebende Welt noch für die rein materielle Welt. „Funktionen" als eindeutige Zuordnungen sind also etwas Besonderes.

Hier geht es also um die *Bewusstmachung funktionalen Denkens:* Funktionen begegnen uns nicht nur in der Mathematik, sondern auch außerhalb in vielerlei Gestalt, und Fähigkeiten und Fertigkeiten im Umgang mit ihnen und das Wissen um ihre Möglichkeiten sind außerordentlich nützlich, doch gleichwohl zeigt sich im „funktionalen Denken" eine *einseitige Betrachtungsweise der Welt* durch *medienspezifisch konstruierte und inszenierte Wirklichkeitsausschnitte.* Und das gilt selbst innerhalb der Mathematik:

Beispielsweise sind *Algorithmen* aufgrund ihres situativ je eindeutigen Ablaufs *als Funktionen aufzufassen*, aber sie sind abzugrenzen gegenüber *Kalkülen*, die *nur einen Handlungsspielraum* beschreiben, der jedoch im Ablauf frei und unbestimmt ist und damit einem ganz anderen Menschenbild entspricht als einem von Algorithmen bestimmten. [782]

- *Das sind erste Anregungen zum Bildungsziel „Vermittlung von Medialitätsbewusstsein"*
  im Kontext von „Funktionen als Medien" als Beitrag oder Baustein zur Medienbildung.

---

[781]   Siehe hierzu „Vernetzung" in Abschnitt 10.3.5.
[782]   Vgl. hierzu Abschnitt 9.2.

8 Zur Medialität mathematischer „Probleme" am Beispiel der „drei klassischen Probleme"

8.1 Die drei Probleme in früher schulbezogener Literatur

Ferdinand **Rudio** (1856 – 1929) [783] wurde 1880 bei Ernst Kummer und Karl Weierstraß in Berlin promoviert. Von 1889 bis 1928 war er Ordinarius für Mathematik in Zürich, und hier setzte er sich entscheidend für die Gesamtherausgabe von Eulers Werken ein.

Nach den von Charles Hermite 1873 geleisteten Vorarbeiten erbrachte Ferdinand von Lindemann 1882 den Beweis der Transzendenz von π, und schon zehn Jahre später erschien ein Büchlein von Rudio mit dem Titel

„Archimedes, Huygens, Lambert, Legendre. Vier Abhandlungen über die Kreismessung, mit einer Übersicht über die Geschichte des Problemes von der Quadratur des Zirkels, von den ältesten Zeiten bis auf unsere Tage versehen",

mit dem er sich auch an „Mathematiklehrer der Mittelschule" wendet (sic!) und sogar Lindemanns Beweisidee vorstellt. [784] Rudio schreibt im Vorwort:

> Zunächst darf ja die erfreuliche Thatsache hervorgehoben werden, daß das Interesse für mathematisch-historische Forschung überhaupt in immer weitere Kreise dringt und daß die Berechtigung, ja die Notwendigkeit historischer Studien auch bei den Fachgenossen immer mehr und mehr Anerkennung findet. Sodann aber dürfte es kaum ein zweites Problem geben, welches sich gerade zur E i n f ü h r u n g in das Studium der Geschichte der Mathematik so vortrefflich eignete, wie das Problem von der Quadratur des Zirkels, welches, aus unscheinbaren Anfängen hervorgegangen, im Laufe der Jahrhunderte mit fast allen mathematischen Disziplinen sich derart verkettete, daß schließlich zu seiner Lösung der gesamte Apparat moderner Wissenschaft aufgeboten und entfaltet werden mußte. Endlich hoffe ich noch speziell den Lehrern der Mittelschulen durch die Herausgabe jener nur noch schwer erhältlichen Abhandlungen einen Dienst zu erweisen.

In § 1 äußert sich Rudio dann *„Über die Ursachen der Berühmtheit des Problemes":*

> Unter allen mathematischen Problemen, die im Laufe der Jahrhunderte die Menschheit beschäftigt haben, ist keines zu einer so großen Popularität gelangt, wie das Problem von der Quadratur des Zirkels. Die Quadratur des Zirkels suchen ist geradezu eine sprüchwörtliche Redensart geworden, welche so viel bedeutet als: etwas höchst schwieriges, oder gar unmögliches und darum müßiges unternehmen. Unter allen mathematischen Problemen hat auch keines ein höheres Alter aufzuweisen, als das in Rede stehende, denn die Geschichte dieses Problemes umfaßt einen Zeitraum von rund 4 000 Jahren, ist also so alt wie die Geschichte der menschlichen Kultur. [800]

---

[783] Portraits von Rudio unter http://www-history.mcs.st-and.ac.uk/PictDisplay/Rudio.html. (02. 04. 2016)

[784] [Rudio 1892]; 1907 ließ Rudio das Büchlein „Der Bericht des Simplicius über die Quadraturen des Antiphon und des Hippokrates" (Übersetzung aus dem Griechischen mit Kommentar) folgen. Rudio übersetzte auch Archimedes' „Kreismessung", die in [Archimedes 1972] wiedergegeben ist.

Fragt man nun, worin denn die große Berühmtheit gerade dieses speziellen mathematischen Problemes begründet ist, so wird sich eine völlig befriedigende Antwort allerdings nur aus der Geschichte des Problemes selbst gewinnen lassen. Denn man kann nicht behaupten, daß das Problem an und für sich, herausgerissen aus dem Zusammenhange mit den vielen andern mathematischen Fragen, die sich im Laufe der Zeit mit jenem verknüpft haben, für die Wissenschaft oder ihre Anwendungen diejenige große Bedeutung besitze, die ihm von Fernerstehenden vielfach zugesprochen worden ist. Es hat viel wichtigere, wissenschaftlich interessantere und praktisch wertvollere Probleme gegeben, die auch eine Jahrhunderte lange Geschichte aufzuweisen haben und die doch niemals in das große Publikum gedrungen sind. [...]

Das Problem von der Quadratur des Zirkels ist vielmehr aus meist sehr trivialen Gründen zu seiner großen Berühmtheit gelangt. Zunächst gehört es zu den sehr wenigen mathematischen Problemen, die nur ausgesprochen werden müssen, um auch sofort von jedem verstanden zu werden. [785] Jeder weiß oder glaubt wenigstens zu wissen, was man unter dem Flächeninhalte einer begrenzten Figur zu verstehen habe, und jedem erscheint es daher als eine sehr einfache, leicht verständliche Aufgabe, ein Quadrat zu zeichnen, dessen Flächeninhalt genau gleich demjenigen eines gegebenen Kreises sei. Der Umstand nun, daß eine scheinbar so einfache Aufgabe doch den Anstrengungen der größten Geister den hartnäckigsten Widerstand entgegensetzte, hat von jeher eine eigentümliche Anziehungskraft ausgeübt auf die Mathematiker und vielleicht auch noch mehr auf die Nichtmathematiker, denen ja doch das Geheimnis der Fragestellung meist verborgen blieb.

Derselbe Verlag ließ 1913 eine neue Fassung zur Quadratur des Kreises folgen, und zwar von Eugen **Beutel**, einem Oberreallehrer an der Latein- und Realschule in Vaihingen-Enz, der sich offensichtlich sehr an Rudios Werk anlehnt und im Vorwort schreibt:

Mögen sich durch die Lektüre dieser Schrift zahlreiche Leser bewogen fühlen, sich eingehender mit dem Studium der Geschichte der Mathematik zu befassen, die ja auch neuerdings an den höheren Schulen mehr und mehr die ihr gebührende Beachtung findet.

1927 erschien (wiederum bei Teubner) ein neues Büchlein zu einem anderen historischen mathematischen Problem unter dem Titel „Das Delische Problem. Die Verdoppelung des Würfels". Es wurde von Aloys **Herrmann** (1898 – 1953) verfasst, [786] der 1949 zu einem der Gründungsprofessoren des Mathematischen Instituts an der Universität des Saarlandes berufen wurde. Während Rudios Büchlein wohl die erste historisch umfassende Darstellung des Problems von der Quadratur des Kreises ist, das sich an *Lehrer und Studienanfänger* richtet, gilt dies ähnlich für Herrmans Büchlein bezüglich des Delischen Problems, wobei auch er sich sogar expressis verbis an *Schüler* wendet, wie er im Vorwort schreibt:

Dieses Büchlein wendet sich in erster Linie an die Schüler der oberen Klassen höherer Lehranstalten. Das Problem von der Würfelverdoppelung schien mir besonders gut dazu geeignet, zu zeigen, daß die Mathematik nicht eine Sammlung starrer Formeln darstellt, sondern mit Leben erfüllt ist. Es lag in meiner Absicht, unter Berücksichtigung historischer Momente zunächst durch die Behandlung einzelner Fragen algebraischer und geometrischer Natur Grundlagen zu schaffen, um dann

---

[785]   Hier provoziert Rudio wohl bewusst aus didaktischen Gründen.
[786]   [Herrmann 1927, 4]

gegen Schluß eine Synthese vorzunehmen, die ihren Ausdruck in dem Unmöglichkeitsbeweis der Lösung des Problems findet. Möge dieses kleine Heftchen dazu beitragen, besonders bei den jungen Lesern, das Interesse an der reinen Mathematik zu wecken und zu fördern!

Diese Haltung Herrmanns ist erwähnenswert, weil er vor seinem Ruf an die Universität des Saarlandes u. a. in Dessau und Paris in der Luftfahrtforschung tätig war und damit also seine Aktivitäten vornehmlich Fragen der Angewandten Mathematik gewidmet hatte.

Schließlich ist noch Walter **Breidenbach** zu nennen, einer der wenigen „frühen" Professoren für Mathematik und ihre Didaktik, der 1933 bei Teubner das Büchlein über „Die Dreiteilung des Winkels" folgen ließ. Er beginnt die Einleitung wie folgt:

> Von den mathematischen Problemen, welche bereits die Griechen behandelten, sind vor allem drei berühmt geworden: die Quadratur des Kreises, das ist die Aufgabe, ein Quadrat zu zeichnen, das einem gegebenen Kreis flächengleich ist; die Verdoppelung eines Würfels, d. h. zu einem gegebenen Würfel den Würfel von doppeltem Volumen zu finden; die Dreiteilung eines gegebenen Winkels.

1953 erschien bei Teubner eine völlige Neubearbeitung von Herrmanns damals bereits vergriffenem Buch über das Delische Problem durch Breidenbach.

- *Auch der hiermit umrissene Themenkreis soll nachfolgend unter dem globalen Aspekt „Mathematik, Medien und Bildung – Medialitätsbewusstsein als Bildungsziel" betrachtet werden. Das mag verwundern und möge bei der Lektüre stets mit bedacht werden.*

8.2 Überblick zur Behandlung der drei Probleme in der Antike

8.2.1 Problemskizzen

Gemäß Rudio, Beutel, Herrmann und Breidenbach geht es also um die gut 2 400 Jahre alten *drei berühmten klassischen Probleme der griechischen Antike: Dreiteilung eines Winkels, Quadratur des Kreises und Verdoppelung des Würfel.* Bobynin stellt 1908 hierzu fest:

> Ebenso wie früher, vielleicht auch noch in größerem Maße, war die Aufmerksamkeit einiger Spezialisten und überhaupt vieler Leute, die dem aufgeklärteren Teile der Gesellschaft angehören, im Laufe der zweiten Hälfte des 18. Jahrhunderts auf das Vermächtnis des Altertums, die berühmten Aufgaben der Dreiteilung eines Winkels, Quadratur des Kreises und der Verdoppelung des Würfels, gerichtet. [787]

Ähnlich äußert sich 60 Jahre später der Mathematikhistoriker Carl. B. Boyer:

> These three problems – the squaring of the circle, the duplication of the cube, and the trisection of the angle – have since been known as the "three famous (or classical) problems" of antiquity. [788]

Und erneut ist zu fragen: Wieso liegen hier eigentlich „Probleme" vor? Worum geht es?

---

[787] [Bobynin 1908, 375]
[788] [Boyer 1968, 70]

So ist doch z. B. bei der *Quadratur des Kreises* „nur" ein Kreis mit gegebenem Radius durch eine *geometrische Konstruktion* in ein flächeninhaltsgleiches Quadrat zu verwandeln:

- Ist r der Radius des gegebenen Kreises, so ist *konstruktiv* eine Kantenlänge x mit $x^2 = \pi r^2$ zu ermitteln und damit also eine Gleichung konstruktiv zu lösen.

- Analog ist bei der *Verdoppelung des Würfels* zu einem gegebenen Würfel mit der Kantenlänge a *konstruktiv* eine weitere Kantenlänge x derart gesucht, dass $x^3 = 2a^3$ gilt.

- Und bei der *Dreiteilung eines Winkels* ist zu einem gegebenen Winkel der Größe α *konstruktiv* ein zweiter Winkel der Größe x derart zu ermitteln, dass $x = \alpha/3$ gilt.

In Bild 8.1 werden diese *Konstruktionsaufgaben* visualisiert, und zwar mit der *Variablen-Bindung* „? x: ..." in der Bedeutung von: „*Gibt es ein x, so dass ... gilt?* ". [789]

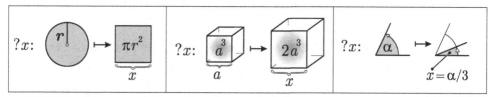

Bild 8.1: Visualisierung der mit den drei klassischen Problemen der Antike verbundenen Konstruktionsaufgaben

Dabei ist anzumerken, dass das Wort „Quadratur" sich ursprünglich nicht nur auf die „Kreisquadratur" bezieht, sondern (wegen der Umwandlung in flächeninhaltsgleiche Quadrate) generell auf *Flächeninhaltsberechnungen*, beispielsweise bei der „Quadratur der Ellipse" oder bei der „Quadratur der Möndchen des Hippokrates", später dann verallgemeinert – wie noch in der numerischen Mathematik – auf die bestimmte Integration, wo man z. T. die kaum mehr gerechtfertigte Sprechweise „Quadratur einer Differentialgleichung" findet.

Es bleibt zu klären, in welcher Hinsicht diese drei Konstruktionsaufgaben eigentlich „Probleme" bilden – Probleme, die schon in der griechischen Antike auftraten. Ein Grund dafür – so viel sei hier zunächst angedeutet – ist in den jeweils verwendeten *Konstruktionswerkzeugen* zu finden, also den (technischen?) *Medien*, [790] die spezifische konstruktive Möglichkeiten eröffnen bzw. diese bei Nichtverfügbarkeit sogar ausschließen:

So dient z. B. ein (nicht skaliertes) *Lineal* der *Zeichnung* eines Geradenabschnitts durch zwei gegebene Punkte, aber ein solcher Abschnitt lässt sich auch durch *Falten* eines Blattes Papier herstellen, ein Lineal ist also nicht zwingend nötig. Zum *Zeichnen* eines Kreises um einen gegebenen Mittelpunkt mit gegebenem Radius benötigt man jedoch ein geeignetes Instrument, vornehmlich einen *Zirkel*, ersatzweise eine andere, z. B. materielle Realisierung. [791]

---

[789]   [Freudenthal 1973 b, 585] nennt dies die „interrogative Variablenbindung".

[790]   Vgl. Kapitel 3, insbesondere Abschnitte 3.3 bis 3.6.

[791]   In der Antike kannte man alternativ den sog. „Winkelhaken" für einen Kreisbogen, vgl. S. 275 f.

8.2.2   „Konstruktion mit Zirkel und Lineal" in medialer Sicht

„Reale" geometrische Konstruktionen erfordern die *Verwendung technischer Medien*. Seit Anfang der 1990er Jahre stehen dazu für den Mathematikunterricht zunehmend Programme für eine *Bewegungsgeometrie* als neuen Werkzeugen zur Verfügung. [792] Und dabei hat erst in den 1960er Jahren das „Geodreieck" Einzug in den Mathematikunterricht gehalten (es wurde in den 1930er Jahren von der Firma Wichmann für nautische Zwecke entwickelt; [793] 1964 kam es durch die Firma Aristo als „Geodreieck" in die Schulen), waren hier doch bis dahin nur Zirkel, Lineal und ein „Zeichendreieck" (meist in Gestalt einer – nicht skalierten – Schablone eines rechtwinkligen Dreiecks [793]) „zulässig", [791] Letzteres in Verbindung mit dem üblichen (dann meist skalierten) Lineal zum „Konstruieren" von Parallelen durch sog. „Parallelverschiebung" (was im Mathematikunterricht schon lange nicht mehr „üblich" ist).

Die Verwendung dieser „traditionellen" Medien mag ihre Begründung in einem Bezug auf einen „axiomatischen Aufbau der Geometrie" mit „Zirkel und Lineal" finden, wie er vermeintlich (!) in Euklids „Elementen" gefordert sei. Streng genommen ist aber in diesen „Elementen" nur von den *ideellen Gegenständen* „Strecke" und „Kreis" die Rede, nicht aber von den technischen Medien „Lineal" und „Zirkel". [794] Dennoch legt auch dieser zunächst nur *ideelle* Bezug Euklids auf Strecken und Kreise für *praktisch durchzuführende Konstruktionen* die Verwendung von „Lineal und Zirkel" als konkreten und *realen* und technischen Medien nahe, so dass dadurch deren erwähnte, historisch zwar nicht korrekte (wenn auch nachvollziehbare!), Zuweisung zu Euklids Elementen entstanden sein mag. In diesem Sinn führt Cantor bezüglich der drei hier zu erörternden klassischen Probleme darüber hinaus aus, es seien

> drei Probleme, durch welche die höhere Mathematik, der Zirkel und Lineal nicht genügen, hervorgerufen wird. [795]

Dies darf allerdings nicht so gedeutet werden, dass die „höhere Mathematik" durch diese Probleme „erst hervorgerufen" worden ist – vielmehr gilt das „Umgekehrte": dass nämlich durch die beginnende Begründung der modernen Algebra im 19. Jahrhundert und damit „durch die höhere Mathematik" diese Probleme endlich gelöst werden konnten, und zwar sämtlich negativ in dem Sinne, dass die *ideellen Konstruktionsaufgaben mit Zirkel und Lineal nicht durchführbar* sind, oder genauer: Im 19. Jahrhundert konnte gezeigt werden, dass *diese drei klassischen Probleme* (in zu präzisierendem Sinn) *mit Zirkel und Lineal nicht lösbar* sind, wie es beispielsweise Carl B. Boyer beschreibt: [796]

> More than 2200 years later it was be proved that all three of the problems were unsolvable by means of straightedge and compasses alone. Nevertheless, the better part of Greek mathematics, and of much later mathematical thought, was suggested by efforts to achieve the impossible – or, failing this, to modify the rules.

---

[792]   Vgl. dazu Abschnitt 6.5.
[793]   Vgl. [Vollrath 1999].
[794]   Vgl. dazu die Betrachtungen in Abschnitt 8.7.2.
[795]   [Cantor 1894, 237]
[796]   [Boyer 1968, 70]

Das lässt aufhorchen: Einerseits konnte nun endlich bewiesen werden, dass die drei Probleme „mit Zirkel und Lineal" (in noch zu definierender Weise!) nicht lösbar sind, und andererseits hatte man – dieses noch nicht wissend – seit der griechischen Antike erhebliche Anstrengungen unternommen, um das (aus heutiger Sicht der „höheren Mathematik") Unmögliche zu errei-chen, zumindest aber diese Probleme durch *„Abänderung der Regeln"* und damit der für die gesuchten Konstruktionen zulässigen Medien (Werkzeuge bzw. Methoden!) zu lösen. [797]

Denn solche jeweils gesuchten „Konstruktionen" sind für konkrete, etwa mechanische Anwendungen ggf. durchaus realisierbar, und so wurden zu diesem Zweck seit der Antike noch bis ins 20. Jahrhundert hinein etliche Methoden und „Werkzeuge" bzw. „Hilfsmittel" *ge*funden oder *er*funden, die jeweils hinreichend gute praxistaugliche, und damit zumindest approximierte bzw. approximierende Lösungen liefern. In den Abschnitten 8.4 – 8.6 werden dazu exemplarisch wichtige Lösungsansätze aus der antiken griechischen Mathematik vorgestellt.

Beispielsweise ist das „Problem der Winkeldreiteilung" aus Sicht der Praxis und der Technik von ähnlicher Bedeutung wie die Frage nach der Irrationalität von $\sqrt{2}$ oder die nach der Transzendenz von π: Denn all diese „ideellen Probleme" (!) sind für handwerkliche oder technische Anwendungen gleichermaßen irrelevant – jedoch sind es zugleich jeweils *fundamentale mathematische Fragen*. So geht es bei diesen drei klassischen „Problemen" aus Sicht der „Reinen" Mathematik (im Gegensatz zur „Angewandten" Mathematik) *nicht* darum, ob und mit welchen Hilfsmitteln und Methoden man diese drei antiken Konstruktionsprobleme in praktischer Realisierung *technisch* näherungsweise (oder ggf. gar „exakt"?) lösen kann.

Vielmehr geht es einzig um die Frage, ob es möglich ist, solche für die Problemlösungen gesuchten „ideellen Konstruktionen" *nur mit Hilfe der Verwendung von Zirkel und Lineal* zu finden bzw. anzugeben – was zunächst eine *Definition dessen* voraussetzt, was man eigentlich *medial* (!) unter einer „Konstruktion mit Zirkel und Lineal" versteht *will* oder *kann*.

Zur Vermeidung von Missverständnissen bezüglich dieser „drei klassischen Probleme" ist also nachdrücklich festzuhalten, dass sie in Bezug auf eine gewünschte Konstruierbarkeit mit Zirkel und Lineal in ihrer im 19. Jahrhundert erbrachten abschließenden „negativen Lösung" *keine* Aspekte der *Anwendung von Mathematik* auf die „Wirklichkeit" (manchmal auch „Rest der Welt" genannt) betreffen, sondern dass sie ein rein innermathematisches Thema bilden – Mathematik begegnet uns hier gemäß Israel Alexander Wittenberg als *„Wirklichkeit sui generis"*, was mit Bezug auf die Mathematik als *eine aus sich selbst heraus geschaffene Wirklichkeit* aufgefasst werden kann: [798] So muss zwischen „Zirkel und Lineal" einerseits als „technischen Medien" und andererseits als „ideellen Medien" unterschieden werden. Felgner stellt dazu ganz in diesem Sinne in seiner Analyse von Hilberts „Grundlagen der Geometrie" fest: [799]

> Damit aber die logische Analyse vollständig und einwandfrei ist, muß die Geometrie von allem *„Erdenrest"* befreit werden.

---

[797] Im Kontext von „Zirkel und Lineal" mit Bezug auf obiges Zitat von Boyer beachte man, dass „rule" im Deutschen „Regel" bedeutet und dass das deutsche „Lineal" im Englischen als „ruler" auftritt.

[798] Siehe dazu S. 21 f. und [Wittenberg 1990, 51].

[799] [Felgner 2014, 202]; dieser „Erdenrest" bezieht sich auf Goethes „Faust II", 5. Akt.

Gleichwohl ist es im Sinne der Bildung von *Medialitätsbewusstsein* interessant, zu erfahren, welche „Medien" bereits in der griechischen Antike zur Lösung dieser Probleme erdacht worden sind, wobei auch *„vom Erdenrest befreite ideelle"* Lösungen *medial* zu deuten sind.

8.2.3   Zur Entstehung der drei klassischen Probleme in der Antike

8.2.3.1   Zeittafel

Es wurden also in der Geschichte der Mathematik weit über 2200 Jahre lang *Versuche zum Lösen dieser klassischen Probleme mittels Zirkel und Lineal* unternommen – Versuche, die aus heutiger Sicht vergeblich waren. Die dabei alternativ dennoch entwickelten „Lösungen" waren nur unter „Abänderung der Regeln" [796] [797] bzw. durch Erfindung anderer „Werkzeuge" zu gewinnen.

Die Zeittafel in Bild 8.2 zeigt dazu einige ausgewählte wesentliche Etappen der Bearbeitungs- bzw. Lösungsversuche dieser drei klassischen Probleme in der griechischen Antike:

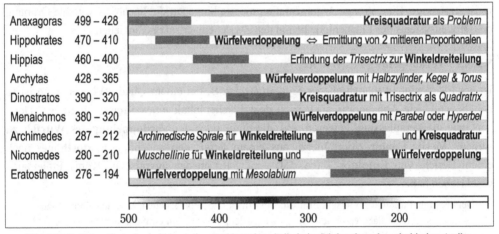

Bild 8.2: Die Behandlung der drei klassischen Probleme innerhalb dreier Jahrhunderte der griechischen Antike

8.2.3.2   Quadratur des Kreises

Zunächst taucht die **Quadratur des Kreises** auf. Die Ägypter hatten zwar schon im 16. Jh. v. Chr. den Kreisflächeninhalt mit dem für praktische Zwecke bereits recht guten Wert von $(16/9)^2 \approx 3{,}16_0$ für π approximiert, [800] aber gemäß Plutarch (45 bis 125 n. Chr.) begegnet uns die Kreisquadratur als *mathematisches Problem* vermutlich erstmals bei dem Pythagoreer **Anaxagoras** von Klazomenai, der 434 v. Chr. in Athen aus politischen Gründen in Gefangenschaft geraten war und dort dann versuchte, einen Kreis konstruktiv zu „quadrieren".

---

[800] Gemäß [Cantor 1894, 57]. Daher spricht Rudio in seinem Buch wohl von einem „4000 Jahre alten Problem" (vgl. das zweite Zitat auf S. 249).

So schreibt beispielsweise Cantor bezüglich Anaxagoras: [801]

> Er wird wohl, wie Viele nach ihm, die volle Quadratur zu erreichen gesucht haben. Aber auch darin liegt ein Verdienst, eine Aufgabe an die Tagesordnung gebracht zu haben, welche später als fruchtbringend sich erwies.

Die gewünschte und gesuchte Lösung dieser Aufgabe hätte Anaxagoras seiner Befreiung wohl kaum irgendwie näher gebracht, sie hatte also eher keinen praktischen Nutzen, und so wird diese Beschäftigung für ihn von spielerischer oder philosophischer Art gewesen sein.

Über die Zeittafel in Bild 8.2 hinaus ist **Antiphon** (480 – 411) zu erwähnen. Bei ihm finden wir die Idee, den *Kreisflächeninhalt* durch *einbeschriebene Vielecke* und durch eine *Eckenanzahlverdoppelung* zu approximieren, eine Methode, die von Eudoxos (aber nicht erst von Archimedes!) zur *Exhaustionsmethode* (der „Ausschöpfungsmethode") weiter ausgebaut worden ist. [802]

Gemäß **Bryson** von Alexandria (450 v. Chr. – ?) gibt es zwar zum Kreis ein „äußeres" bzw. ein „inneres" Quadrat, dessen Flächeninhalt größer bzw. kleiner als der des Kreises ist, und *deshalb* müsse ein zum Kreis flächengleiches Quadrat existieren – aber das ist nur eine (plausible!) Existenzaussage. Eine strenge Argumentation müsste hingegen die lineare bzw. totale Ordnung des Größensystems der Flächeninhalte und den Zwischenwertsatz heranziehen. [803]

8.2.3.3 Verdoppelung des Würfels

Ist der Flächeninhalt manch ebener Figuren (wie z. B. bei einem Quadrat) bekannt, so ist es naheliegend, wie Anaxagoras auch nach dem Flächeninhalt eines Kreises zu fragen. Doch was mag die Veranlassung gewesen sein, die Frage nach der **Verdoppelung des Würfels** zu stellen? Moritz Cantor zitiert hierzu aus einem Brief, den angeblich **Eratosthenes** nach einem Bericht von **Eutokios** [804] (ca. 480 – ca. 540) an den ägyptischen König Ptolemaios geschrieben habe: [805]

> Dem Könige Ptolemäus wünscht Eratosthenes Glück und Wohlergehen. Von den alten Tragödiendichtern, sagt man, habe einer den Minos, wie er dem Glaukos ein Grabmal errichten liess, und hörte, dass es auf allen Seiten 100 Fuss haben werde, sagen lassen:
>
>> Zu klein entwarfst Du mir die königliche Gruft,
>> Verdopple sie; des Würfels doch verfehle nicht.
>
> Man untersuchte aber auch von Seiten der Geometer, auf welche Weise man einen gegebenen Körper, ohne dass er seine Gestalt veränderte, verdoppeln könnte, und nannte die Aufgabe der Art des Würfels Verdoppelung; denn einen Würfel zu Grunde legend suchte man diesen zu verdoppeln.

---

[801] [Cantor 1894, 161]; auch [van der Waerden 1956, 209 f.] erwähnt diese „Gefängnissituation".
[802] Fälschlich wird hier meist Archimedes genannt. Mit Dank an Ulrich Felgner für diesen Hinweis!
[803] Mit dem Hinweis in diesem Satz an mich vom 11. 05. 2013 relativiert Ulrich Felgner die historische Rolle Brysons; [Boehme 2013] erörtert eine mögliche Rekonstruktion von Brysons Quadratur.
[804] Und zwar in Eutocios' Kommentar zur archimedischen Schrift über *„Kugel und Zylinder"* in Band III der von Heiberg herausgegebenen Werke des Archimedes. Siehe auch S. 270, Fußnote 833.
[805] [Cantor 1894, 199]; dieses Zitat findet man seit Anfang des 20. Jhs. in vielen Publikationen.

Die beiden einleitenden Absätze in diesem Zitat können aus heutiger mathematikhistorischer Sicht aber allenfalls als *anekdotisch hübsche Verpackung* gelten. Insbesondere wird gemäß Felgner die *Echtheit dieser Verse oft bestritten,* vor allem aber seien die *Verse von Cantor sehr schlecht übersetzt.* [806]

Felgner schreibt dazu ergänzend in derselben Mitteilung:

> Im Eratosthenes zugeschriebenen Brief werden drei (nicht zwei!) Verse aus einem „alten antiken Tragiker" zitiert. In den Versen wird aber überhaupt nicht von einem Würfel (oder Kubus) gesprochen. Sie lauten wörtlich übersetzt:
>
> > Zu klein hast Du den [eingehegten heiligen] Bereich (σηκός) der königlichen Gruft entworfen, //
> > Er soll doppelt so groß sein, doch soll ihm dabei seine Schönheit (καλός: Ebenmäßigkeit) nicht genommen werden. //
> > Verdopple geschwind (ἐν τάχει) jede Seite (κῶλον).
>
> Dabei geben die Wörterbücher an, daß „κῶλον" („kolon", Glied) auch im übertragenen Sinne „die zweite Hälfte der Laufbahn" und daher auch „die Seite der Grundfläche" meinen kann. Daraus ergibt sich, daß in den drei Versen gar nicht von der Würfelverdopplung die Rede ist, sondern nur in einem sehr naiven Sinne von der „Verdopplung" des eingefriedeten ebenen Bereichs durch Verdopplung der Seitenlängen. Moritz Cantor interpretiert die Forderung der Ebenmäßigkeit als Verdopplung der Form eines Würfels. Aber in den Versen des „alten Tragikers" steht das gar nicht.
>
> Eratosthenes fährt fort und rügt König Minos, daß dabei aber die Grundfläche vervierfacht und das gesamte Volumen verachtfacht wird. Sodann spricht er von den Bemühungen der Geometer herauszufinden, wie man denn einen Würfel richtig in seinem Volumen verdoppelt, und erwähnt dafür Hippokrates etc. und kommt dann auch auf das Delische Problem zu sprechen. Ich ziehe daraus den folgenden Schluß: Die zitierten Verse verwendet Eratosthenes, um in das Problem der Würfelverdopplung einzusteigen und klar zu machen, daß man mit der Verdopplung der Seitenlängen keinen Würfel dem Volumen nach verdoppelt etc. Am Ende will er sein eigenes Mesolabium vorstellen, mit dem man die Seitenlänge eines doppelt so großen Würfels herstellen („ergreifen") kann.
>
> **Mesolabium** = „Ergreifer der Mitte"
> (mesos (μέσος) = mitten, in der Mitte, & labein (λαβεῖν) = ergreifen).

Allerdings weist der wesentliche letzte Absatz in Cantors Zitat *(„Man untersuchte aber auch von Seiten der Geometer ...")* auf ein *mathematisches Problem* hin, das vermutlich um 450 v. Chr. aufgetaucht ist: [807] So war bereits im 5. Jh. v. Chr. die *„Verdoppelung des Quadrats"* als Problem erkannt und auch sofort gelöst worden, und auch später noch wird diese Frage bekanntlich im (vermutlich 385 v. Chr. geschriebenen) „Menon" von Platon thematisiert. Es liegt dann auf der Hand, auch nach der *„Verdoppelung eines Würfels"* zu fragen.

---

[806]   Felgner schrieb mir am 11. 05. 2013: *„Ob der Brief und ob auch das Zitat echt sind, wird in der Literatur oft bestritten. Ulrich von Wilamowitz-Moellendorff (Kleine Schriften, II) und van der Waerden (Erwachende Wissenschaft, 1966, pp. 263 ff.) haben die Echtheit des Briefes vehement bestritten und Snell & Kannicht haben die Euripides zugeschriebenen Verse im 2. Band (Seite 62) ihrer umfangreichen Sammlung von antiken Fragmenten unter die „Adespota" (dort Nr. 166) eingereiht."*

[807]   Mit Dank an Ulrich Felgner auch für diesen wichtigen Hinweis

Bild 8.3 zeigt dazu eine mögliche Schrittfolge „ohne Worte" für eine Prozedur zur Quadratverdoppelung.

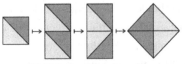

Bild 8.3: Quadratverdoppelung

Hippokrates von Chios (nicht zu verwechseln mit dem durch den „Eid" bekannten Hippokrates von Kos) leistete nun einen wichtigen Beitrag zur Lösung des Problems der Würfelverdoppelung, indem er zeigte, dass es auf die Bestimmung von zwei *mittleren Proportionalen* zweier Größen zurückführbar ist: Die Lösung eines räumlichen Problems wird dadurch also auf die Lösung eines ebenen Problems reduziert, wodurch anschaulich andere Zugangsmöglichkeiten eröffnet werden. [808]

Cantor schreibt dazu im Anschluss an das obige Zitat: [805]

> Während nun lange Zeit hindurch Alle rathlos waren, entdeckte zuerst [...] Hippokrates, dass, wenn man herausbrächte zu zwei gegebenen graden Linien, wo die grössere der kleineren Doppelte wäre, zwei mittlere Proportionalen von stetigem Verhältnisse zu ziehen, der Würfel verdoppelt werden könnte; [...]

8.2.3.4   Dreiteilung eines Winkels

Hippias von Elis erfand 420 v. Chr. eine kinematisch erzeugte Kurve, mit der er das Problem der *Winkeldreiteilung* „löste". Diese Kurve wurde daher später *Trisectrix* genannt.

Dinostratos gelang im folgenden Jahrhundert das Kunststück, mit der *Trisectrix* des Hippias das *Problem der Quadratur des Kreises* zu „lösen", und daher ging diese Kurve später auch als *Quadratrix* in die Literatur ein. So schreibt [Cantor 1894, 183 f.] hierzu:

> Hippias, und zwar Hippias von Elis, hat um 420 etwa eine Curve erfunden, welche zu doppeltem Zwecke dienen konnte, zur Dreitheilung eines Winkels und Quadratur des Kreises. Von letzterer Anwendung erhielt sie ihren Namen, Quadratrix, wie er in lateinischer Übersetzung zu lauten pflegt, aber dieser Name scheint nicht über Dinostratus hinaufzureichen, dessen Zeitalter als Bruder des Menächmus, eines Schülers des Eudoxus von Knidos etwa in die zweite Hälfte des IV. S. gesetzt werden muss. Ob die Curve früher einen anderen Namen führte, ob sie überhaupt mit Namen genannt wurde, wissen wir nicht. Der erste ganz gesicherte Name einer von der Kreislinie verschiedenen krummen Linie wird uns am Anfang des zweiten Drittels des IV. S., annähernd 20 bis 30 Jahre vor Dinostratus begegnen [...]. Ist aber der Name Quadratrix erst nachträglich der Curve des Hippias beigelegt worden, so schwindet die Nothwendigkeit anzunehmen, sie sei zum Zwecke der Kreisquadratur erfunden worden, und man darf ihren ursprünglichen Zweck in dem suchen, was nach Proklus durch sie zu verwirklichen war, in der Dreitheilung des Winkels.

Die von Hippias zur Winkeldreiteilung erfundene (und damals wohl noch namenlose) *ebene Kurve* trat also historisch zuerst auf, zur Kreisquadratur wurde sie ein Jahrhundert später von Dinostratos verwendet, und den Namen „Quadratrix" erhielt sie wohl ein weiteres Jahrhundert später von **Nikomedes**:

---

[808]   Dies wird in Abschnitt 8.5.1 behandelt.

[...] indeed, it was Nicomedes, according to Iamblichus, who appears to be responsible for naming the curve "quadratrix" *(tetragŏnizousa)* in recognition of its role in the quadrature of the circle. One wonders what was left for Nicomedes to do, however, if Hippias the Sophist had so advanced the study of this curve more than two centuries earlier. [809]

Wie mag es nun in der griechischen Antike dazu gekommen sein, dass sich im 5. Jahrhundert v. Chr. bereits die älteren Pythagoreer auch mit dem Problem der *Winkeldreiteilung* befassten? Cantor schreibt dazu mutmaßend: [810]

> Dass diese Aufgabe selbst auftauchte, kann uns nicht in Verwunderung setzen. Wir haben [...] gesehen, dass die Construction regelmässiger Vielecke eines der geometrischen Lieblingsgebiete der Pythagoräer bildete. Die Theilung des ganzen Kreisumfanges in 6, in 4, in 5 gleiche Theile wurde gelehrt, und namentlich letztere als bedeutend schwieriger erkannt als die anderen längst bekannten Theilungen. Eine überwundene Schwierigkeit reizt zur Besiegung anderer, und so mag das Verlangen wach geworden sein nicht mehr den ganzen Kreis, sondern einen beliebigen Kreisbogen in eine beliebige Anzahl gleicher Theile zu theilen. Schon bei der Dreitheilung traten unbesiegbare Schwierigkeiten auf. Versuche diese Aufgaben mit Zirkel und Lineal zu lösen mögen angestellt worden sein. Es ist uns nichts von ihnen bekannt geworden. Sie mussten erfolglos bleiben. Aber das zweite grosse Problem der Geometrie des Alterthums neben der Quadratur des Kreises, deren wir bei Anaxagoras gedenken mussten, war gestellt, und wie in der Geschichte der Mathematik fast regelmässig zunächst unlösbaren Aufgaben zu Liebe neue Methoden sich entwickelten und kräftigten, so führte die Dreitheilung des Winkels [...], die Trisektion, wie man gewöhnlich sagt, zur Erfindung der ersten von der Kreislinie verschiedenen, durch bestimmte Eigenschaften gekennzeichneten und in ihrer Entstehung verfolgbaren krummen Linie.

Mit dieser eigens zur Winkeldreiteilung erfundenen „krummen Linie" ist die o. g. *Trisectrix* gemeint, die ja auch *Quadratrix* heißt (s. o.).

8.2.4   Exakte Lösungen vs. Näherungslösungen?

Archytas hat als erster das Problem der *Würfelverdoppelung* exakt „gelöst", [811] und zwar mit Hilfe einer als Schnitt eines Halbzylinders und eines Achteltorus erzeugten *Raumkurve* unter Zuhilfenahme eines Kegels und der erwähnten Problemreduktion von **Hippokrates** auf die Ermittlung von zwei mittleren Proportionalen zweier Streckenlängen.

Menaichmos, ein Bruder von Dinostratos, gab zwei Verfahren zur „Lösung" des Problems der *Würfelverdoppelung* an, und zwar einerseits durch den *Schnitt einer Parabel mit einer Hyperbel* und andererseits durch den *Schnitt von zwei Parabeln*.

Nikomedes erfand die *Konchoïden* („Muschellinien"), die sowohl der *Winkeldreiteilung* als auch der *Würfelverdoppelung* gedient haben.

- All dies sind *exakte Lösungen* der jeweiligen klassischen Probleme! [811]

---

[809]   [Knorr 1986, 81]
[810]   [Cantor 1894, 184]
[811]   Siehe dazu die ausführliche Kommentierung von Felgner auf S. 301.

Daneben gibt es auch *Näherungslösungen* der drei Probleme: So gelang vermutlich bereits **Hippokrates** die *Würfelverdoppelung* mittels zweier Winkelhaken. **Archimedes** ist uns u. a. durch die von ihm erfundene und nach ihm benannte *Archimedische Spirale* bekannt. Diese Kurve ist elegant zur *Winkeldreiteilung* nutzbar, aber Archimedes konnte darüber hinaus zeigen, dass mit ihrer Hilfe ebenfalls die *Quadratur des Kreises* „gelöst" werden kann – dass sie also ähnlich wie die Trisectrix bzw. die Quadratrix sowohl zur Winkeldreiteilung (**Hippias**) als auch zur Kreisquadratur (**Dinostratos**) geeignet ist, was erstaunlich ist, erscheinen doch diese Probleme jeweils als geometrisch grundverschieden. **Archimedes** stellte ein elegantes Einschiebeverfahren zur *Winkeldreiteilung* vor, und **Eratosthenes**, aus der Zahlentheorie wohlbekannt durch sein „Sieb" zur Primzahlberechnung, „löste" das Problem der *Würfelverdoppelung* mit seinem *„Mesolabium"*, das er stolz dem Ptolemaios-Tempel in Alexandrien als Ausstellungsstück vermachte; vermutlich hat er auch einen hölzernen Einschiebeapparat zur *Würfelverdoppelung* erfunden (was fälschlicherweise Platon zugeschrieben wurde [812]). Und **Eudoxos** von Knidos soll mit Hilfe sog. „Bogenlinien" den Würfel verdoppelt haben, doch leider ist nicht überliefert, was diese Bogenlinien sein sollen und wie er vorgegangen ist.

8.3   Gemeinsamkeiten und Unterschiede der drei Probleme

8.3.1   Strukturelle Aspekte

Bei Betrachtung der Visualisierungen in Bild 8.1 mag auffallen, dass bei der *Kreisquadratur* und der *Würfelverdoppelung* jeweils *genau eine* Strecke bestimmter Länge vorgegeben ist und dass das jeweilige Problem dann gelöst ist, wenn es gelingt, in zulässiger Weise dazu *genau eine* weitere Streckenlänge zu konstruieren.

Bei der *Winkeldreiteilung* ist der gegebene (spitze!) Winkel hingegen erst durch *genau zwei* Streckenlängen eindeutig festlegbar, etwa (wie in Bild 8.4) durch den Radius des Einheitskreises und den Kosinus dieses Winkels. Der gesuchte gedrittelte Winkel wird dann zwar ebenfalls durch zwei Streckenlängen festgelegt, wobei aber nur noch *genau*

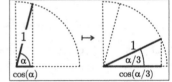

Bild 8.4: Winkelfestlegung durch je genau zwei Streckenlängen

eine (nämlich der Kosinus des gedritteten Winkels) zu ermitteln ist. (Der Fall eines stumpfen Winkels lässt sich dann hierauf zurückführen.)

Weber untersucht dazu *„Konstruktionen mit Zirkel und Lineal in günstigen Fällen"* und betrachtet in Verallgemeinerung der drei klassischen Probleme der Antike zwei Aufgabentypen, die jeweils – wie nachfolgend bezeichnet – die Eigenschaften (1) *und* (2.a) bzw. (1) *und* (2.b) erfüllen: [813]

---

[812]   Zu den Winkelhaken siehe Abschnitt 8.5.5; zum „hölzernen Apparat" siehe Abschnitt 8.5.2 auf S. 273; zu Platon siehe das Zitat von Felgner zu Fußnote 846 auf S. 276.

[813]   [Weber 1936]

Bei den so klassifizierten Konstruktionsaufgaben ist

(1) mindestens eine Streckenlänge gegeben *und* dazu genau eine Streckenlänge gesucht,

(2) *entweder* a) genau eine Streckenlänge *oder* b) mehr als eine Streckenlänge gegeben.

Und es zeigt sich dann: Ist bei einer derartigen Konstruktionsaufgabe genau eine Streckenlänge gegeben, dann gibt es *entweder* stets eine Lösung (genannt: *„durchweg konstruierbar"*)
oder stets keine. Ist jedoch mehr als eine Streckenlänge gegeben, so ist es möglich, dass die
Aufgabe zwar in gewissen Einzelfällen lösbar ist (genannt: *„gelegentlich konstruierbar"*),
jedoch nicht in jedem Fall (genannt: *„nicht durchweg konstruierbar"*).

Zum ersten Fall gehören die Kreisquadratur und die Würfelverdoppelung, und es ist
(schon aufgrund von Ähnlichkeitsbetrachtungen) plausibel: Wenn es für irgendein Quadrat
oder irgendeinen Würfel klappt, dann für jede solche Figur. Die Winkeldreiteilung gehört zum
zweiten Typ: Zunächst kann man jeden Winkel mittels Zirkel und Lineal halbieren. Ein rechter Winkel ist damit „drittelbar", denn der gesuchte Winkel der Größe 30° ergibt sich durch
Halbierung des Innenwinkels eines gleichseitigen Dreiecks. Damit ist auch 45° „drittelbar",
indem man einen Winkel der Größe 30° halbiert. So ergibt die Kombination von Halbierun-
gen mit erfolgten Drittelungen weitere Möglichkeiten zur Drittelung mancher Winkel. Zugleich wird deutlich, weshalb bisher von „Quadratur *des* Kreises", „Verdoppelung *des* Würfels" und „Dreiteilung *eines* Winkels" die Rede war.

Felgner weist ergänzend zur Winkeldreiteilung auf folgende sehr schöne Aspekte hin: [814]

Einen Winkel von 3° kann man mit Zirkel und Lineal konstruieren. (Im regulären 5-Eck tritt ja der
Winkel von 36° auf und im regulären Dreieck der Winkel von 60°. Also hat man den Winkel von
24° etc.) Daß aber der Winkel von 3° nicht mit Zirkel & Lineal gedrittelt werden kann, daß also ein
Winkel von 1° nicht mit Zirkel & Lineal konstruierbar ist, hatte schon Gauß 1799 bewiesen, als er
diejenigen Zahlen *n* charakterisierte, für die reguläre *n*-Ecke mit Zirkel & Lineal konstruierbar sind.
Das ist ein wunderbares und überraschendes Resultat. Man braucht also die Winkeltrisektion, um
den Winkel von 1° konstruieren zu können.

Mit den in Abschnitt 8.2.2 angedeuteten (noch nicht formulierten) Grundlegungen lässt sich
zeigen, dass bezüglich der (noch zu präzisierenden!) ausschließlichen Verwendung von Zirkel
und Lineal sowohl die *Kreisquadratur* als auch die *Würfelverdoppelung* nicht möglich sind
(in obiger Formulierung also: *in keinem Fall konstruierbar*), dass hingegen die *Winkeldreiteilung* zwar gelegentlich möglich ist, aber nicht in jedem Fall (also: *nicht durchweg konstruierbar*). Für die Beweisführungen bezieht man sich – im Gegensatz zur obigen Plausibilitätsbe-
trachtung – allerdings *nicht auf Streckenlängen*: Stattdessen legt man **eine Koordinatisierung
der Punkte der euklidischen Ebene** zugrunde, was dann eine *algebraische Betrachtung* im
Sinne der Lösbarkeit bzw. Nichtlösbarkeit der damit zusammenhängenden Gleichungen möglich macht. Dieser Weg wird in Abschnitt 8.7.2 angesprochen. [815]

---

[814] Mitteilung von Ulrich Felgner an mich vom 11. 05. 2013.
[815] Auf diese Weise werden diese drei klassischen Probleme der Antike meist in Vorlesungen und Lehrbüchern zur
       Algebra kurz abgehandelt, und deren „Lösung" ist dann (leider) nur noch ein Korollar ...

8.3.2   Mediale Aspekte

Die „drei klassischen Probleme der griechischen Antike" sind also, wie man seit dem 19. Jahrhundert endlich weiß, unter der ausschließlichen *ideellen* Verwendung von Zirkel und Lineal (in algebraisch zu definierender Weise!) als *nicht-technischen Medien* definitiv nicht exakt lösbar. Gleichwohl kann man auch heute noch Vorschlägen begegnen, wie man beispielsweise das Problem der Kreisquadratur „mit Zirkel und Lineal" als *technischen Medien* lösen könne – weil nicht verstanden bzw. berücksichtigt wurde, dass „Konstruktion mit Zirkel und Lineal" *algebraisch* und *nicht praktisch* gemeint ist. Andererseits wurden seit der griechischen Antike bis heute diverse *alternative Werkzeuge und Methoden* entwickelt, um mit deren Hilfe diese Probleme zumindest *ideell exakt* oder *praktisch näherungsweise* lösen zu können.

Nachfolgend werden nun einige der in der griechischen Antike erdachten Lösungsansätze vorgestellt, die meist prinzipiell im Mathematikunterricht des Gymnasiums an geeigneten Stellen thematisiert und ggf. auch elementar untersucht werden können. Die hier vorgestellten Werkzeuge und Methoden können in zwei Gruppen eingeteilt werden:

Es sind *einerseits* problemspezifisch erfundene *Kurven*, auf denen ein zu findender ausgezeichneter Punkt die exakte Problemlösung liefert. Und *andererseits* sind es *Einschiebewerkzeuge*, deren geschickte manuelle approximierende Positionierung zur Problemlösung führt.

Die verwendeten Kurven lassen sich weiterhin in für die antike Mathematik typischer Weise zweifach klassifizieren, denn man kannte damals zwei grundverschiedene Möglichkeiten, eine konkrete „Kurve" zu definieren bzw. sich ihre Entstehung zu denken: einerseits als *kinematisch definierte Kurve* im Sinne einer sog. *Bewegungsgeometrie*, die dann z. B. die *Archimedische Spirale* oder die *Muschellinie* liefert (wie es mit entsprechender Software für eine „Bewegungsgeometrie" sehr schön nachvollziehbar ist), andererseits als Kurve, die man sich als *Schnitt von zwei Flächen* zustande gekommen denken kann, so etwa *Kegelschnitte*, wobei manche dieser Kurven auf beide Weisen entstanden gedacht werden können.

Die Darstellung einiger solcher antiker Lösungsansätze wird hier insofern strukturiert, als dass die drei Aufgaben in der Reihenfolge ihrer mutmaßlich historisch *ersten Präsentation einer Lösung* behandelt werden, nicht jedoch in der Reihenfolge ihres historischen Auftretens als Problem. Da manche dieser Hilfsmittel nicht nur bei der Lösung *eines* dieser Probleme eingesetzt wurden, werden diese dann nur einmal ausführlich vorgestellt. So ergibt sich nachfolgend die Reihenfolge *Winkeldreiteilung – Würfelverdoppelung – Kreisquadratur* (vgl. die Zeittafel in Abschnitt 8.2.3.1).

Zur **Bezeichnung geometrischer Objekte** wird fortan **folgende Notation** verwendet:

$[AB]$ **Strecke** mit den Endpunkten A und B

$|AB|$ **Länge** der Strecke $[AB]$

$\langle AB \rangle$ **Verbindungsgerade** von A und B

$[AB\rangle$ der von A ausgehende **Strahl** (die Halbgerade) durch B

8.4 Dreiteilung eines Winkels

8.4.1 Ausgangslage: Strahlensatz ist nicht direkt anwendbar

Folgende Erwartungshaltung im Mathematikunterricht ist denkbar: Einen gegebenen Winkel mittels Zirkel und Lineal zu dritteln, dürfte wohl problemlos sein, ist dies doch kein Problem beim Aufteilen einer gegebenen Strecke in n gleich lange Abschnitte mittels Strahlensatz, und die Halbierung eines Winkels mit Zirkel und Lineal scheint dafür eine Blaupause zu liefern:

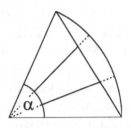

Bild 8.5: Winkeldreiteilung mittels Strahlensatz?

Bei gegebenem Winkel α drittele man die Sehne zwischen den Endpunkten der beiden gleich langen Schenkel mittels Strahlensatz, und die beiden entstandenen Strecken verlängere man bis zu dem Kreisbogen (Bild 8.5).

Nun haben die drei so entstandenen Dreiecke zwar denselben Flächeninhalt (gleich lange Basis, gleiche Höhe), aber die daraus entstandenen drei Kreisbogendreiecke sind offensichtlich nicht gleich groß. So geht's also nicht!

Wir wissen zwar nicht, ob die Mathematiker der griechischen Antike es ebenfalls zunächst so versucht haben, denn leider werden meist nur gelungene Ergebnisse archiviert und mitgeteilt – aber naheliegend ist es schon, dass sie ihr vorhandenes Instrumentarium diesbezüglich auf eine mögliche Verwendbarkeit hin befragt haben.

8.4.2 Lösungswerkzeug: die Trisectrix des Hippias von Elis

Die erste *Kurve* jenseits von Kreis und Gerade verdanken wir gemäß einem Bericht von **Proklos** (ca. 410 – 485) dem Sophisten **Hippias** aus Elis (geb. 460 v. Chr.), der diese um 420 v. Chr. ersonnen haben soll. Hippias bedient sich dazu einer *kinematischen Definition*, ähnlich wie später auch Archimedes bei der nach ihm benannten Spirale:

Im Quadrat $\square ABCD$ von Bild 8.6 werde die Strecke $[DC]$ parallel zu sich mit konstanter Geschwindigkeit bis in die Lage $[AB]$ verschoben, und $[AD]$ rotiere um A mit konstanter Winkelgeschwindigkeit ebenfalls bis in die Lage $[AB]$. Beide Bewegungen starten gleichzeitig und hören gleichzeitig auf. Der geometrische Ort der Schnittpunkte ist die zu definierende **Trisectrix**.

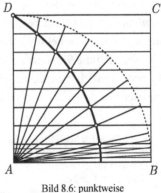

Bild 8.6: punktweise Konstruktion der Trisectrix

Bild 8.6 zeigt ihre *punktweise Konstruktion*, indem die Stützstellen von Hand „glatt" verbunden werden, wie man es auch damals gemacht haben könnte, wobei sich die hierfür benötigten Winkelschenkel durch fortgesetzte *Winkelhalbierung* einfach gewinnen lassen.

Anstelle der verbalen Definition kann man auch eine hand-
lungsorientierte wählen, indem man sich wie in Bild 8.7 einen
„Trisectrix-Zirkel" vorstellt (!), der die kinematische Erzeugung
der Trisectix *symbolisieren* soll. [816]

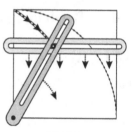

Bild 8.7:
„Trisectrix-Zirkel" als Idee

Ferner lässt sich die Entstehung der Trisectrix mit einem Programm für Bewegungsgeometrie durch die animierte Erzeugung
einer Ortslinie *simulieren.*

Liegt die Trisectrix wie (eine Parabelschablone) als „Kurvenlineal" vor, so kann man mit ihr (im Rahmen der zeichnerischen
Genauigkeit) spitze Winkel unter Anwendung des Strahlensatzes
wie in Bild 8.8 (praktisch!) dreiteilen, die Trisectrix tritt dann als
materielles, technisches Hilfsmittel auf.

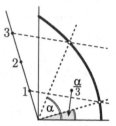

Bild 8.8: Winkeldreiteilung
mit Hilfe der Trisectrix

Brieskorn und Knörrer sprechen von der *„organischen Erzeugung"* einer Kurve, wenn diese im Ganzen, also nicht nur punktweise, darstellbar ist wie z. B. eine Ellipse [817] über die „Gärtner-
Konstruktion" (die übrigens gemäß Moritz Cantor im 9. Jh. n.
Chr. von den drei Banū-Mūsā-Brüdern in Bagdad erfunden wur-
de, die sich u. a. mit der Winkeldreiteilung durch *Bewegungsgeometrie* befasst haben). [818]

- *Die Trisectrix ist hier also nicht organisch erzeugt.*

Zugleich entsteht die spannende Frage, ob die Trisectrix möglicherweise *organisch erzeugbar*
ist – was hier aber nicht untersucht wird.

8.4.3   Lösungswerkzeug: die Archimedische Spirale

Unter den auf **Archimedes von Syrakus** (287 – 212 v. Chr.) zurückgehenden Werken trägt
eine den Titel „DE LINEIS SPIRALIBUS". Moritz Cantor nennt es „Die Schneckenlinien oder
Spiralen", [819] aber diese Bezeichnung verwendet auch schon vorher Ernst Nizze in seinem
1824 erschienenen Buch, in dem er Archimedes' Kapitel die Überschrift *„Von den Schneckenlinien* [820] gibt, und bereits 1670 betitelt Johann Christoph **Sturm** in seinem Buch das
diesbezügliche Kapitel mit *„Archimedis Buch Von Denen Schnekken-Lineen und Schnekken-
Flächen"* (Bild 8.9). Nizze teilt übrigens in der „Vorrede" seines Buches mit, dass auf Sturm
der erste Versuch zurückgehe, eine Schrift des Archimedes ins Deutsche zu übertragen, und er
kommentiert das:

---

[816]   Vgl. [Hischer & Scheid 1982, 213] und [Hischer 1994 a].
[817]   [Brieskorn & Knörrer 1981, 8]
[818]   [Cantor 1894, 690]
[819]   [Cantor 1894, 282]
[820]   [Nizze 1824, 116 ff.]; gemäß [Heath 1897, VII] ist es die *erste vollständige Übersetzung* von Archimedes'
        Werken ins Deutsche.

> Die Uebersetzung ist namentlich in den Beweisen nicht wörtlich treu, sondern hat häufig Abkürzungen, doch muß man gestehen, daß sie den Sinn der Urschrift nur selten verfehlt. [821]

Die nachfolgend nun zu erörternde **Archimedische Spirale** ist wie die Trisectrix eine *kinematisch definierte Kurve* (Bild 8.10), deren Entstehung bzw. Erzeugung Archimedes wie folgt als *Ortslinie* beschreibt: [822]

Archimedis Buch Von Denen Schnekken-Lineen und Schnekken-Flächen.

Des gantzen Buches Haupt-Zweck.

Der XVIII. Lehrsatz.

Der lang-gerade Strich muß hier der Krümme gleichen / Dem Umbkreiß / dessen Maaß die Kunst nie kunnt erreichen.

Der XXIV. Lehrsatz.

Was hier der Schnekken- und gerade Zug schliesst ein / Wird just der dritte Teihl der gantzen Scheiben seyn.

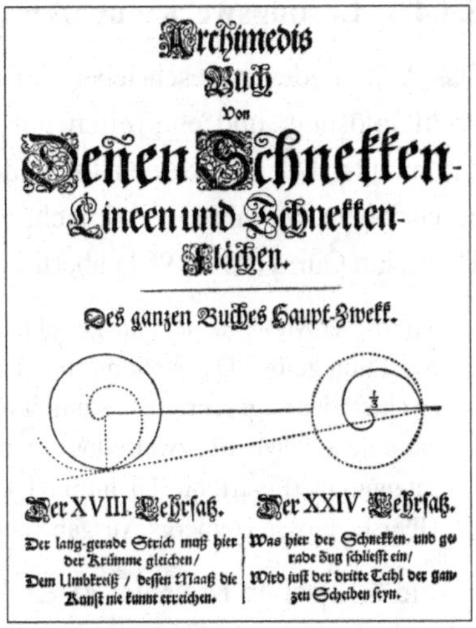

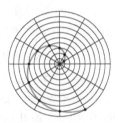

Bild 8.9: S. 380 aus [Sturm 1670]

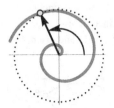

Bild 8.10: Archimedische Spirale in kinematischer Entstehung als Ortslinie

> Wenn eine gerade Linie in einer Ebene um einen ihrer Endpunkte, welcher unbeweglich bleibt, mit gleichförmiger Geschwindigkeit sich bewegt, bis sie wieder dahin gelangt, von wo die Bewegung ausging, und wenn zugleich in der bewegten Linie ein Punkt mit gleichförmiger Geschwindigkeit von dem unbewegten Endpunkte anfangend sich bewegt, so beschreibt dieser Punkt eine Schneckenlinie in der Ebene.

Auf einem Radial*strahl*, der mit *konstanter Winkelgeschwindigkeit* um den ortsfesten Anfangspunkt rotiert, bewegt sich also nach außen hin ein freier Punkt mit *konstanter Radialgeschwindigkeit.* Die Bahnkurve dieses Punktes, also dessen „Spur“, ergibt dann die Spirale als eine nicht begrenzt denkbare „**Schneckenlinie**“. Diese Spirale ist wie die Trisectrix punktweise manuell konstruierbar, indem man *Polarkoordinatenpapier* verwendet, das man sich ggf. mit einem Vektorgraphikprogramm leicht selber herstellen kann (Bild 8.11). [823]

Bild 8.11: Archimedische Spirale – erzeugt auf Polarkoordinatenpapier

Und man kann die Entstehung dieser Kurve wie bei der Trisectrix mit einem Geometrieprogramm durch Erzeugung einer Ortslinie simulieren. Ferner stellt sich auch hier die Frage, ob die Archimedische Spirale *organisch erzeugbar* ist, worauf jedoch ebenfalls nicht eingegangen werden soll.

Sodann ist klar, wie die Archimedische Spirale die Dreiteilung eines Winkels ($< 2\pi$) ermöglicht: Ein Radialstrahl (freier Schenkel des gegebenen Winkels) schneidet die Spirale in einem (ersten!) Punkt; der dadurch gegebene Radius wird mittels Strahlensatz gedrittelt; mit diesem neuen Radius wird ein Kreis um den Anfangspunkt der Spirale gezeichnet, und dessen Schnittpunkt mit der Spirale liefert den Schenkel für den gesuchten Winkel.

---

821 [Nizze 1824, iv]; eine ausführliche Darstellung der Kommentare von Eutokios zur den Werken von Archimedes bezüglich der Spiralen findet sich bei [Heath 1897, 151 ff.] und [Heath 1914, 283 ff.], insbesondere im griechisch-lateinischen Originalkommentar bei [Heiberg 1881a, 50 ff.].

822 Formulierung aus [Cantor 1894, 291].

823 Polarkoordinatenpapier ist ein klassisches empirisches Auswertungsmedium, vgl. S. 328.

8.4.4   Lösungswerkzeug: das „Einschiebelineal" des Archimedes

Das Archimedes zugeschriebene „Einschiebelineal" [824] führt zu einer verblüffend einfachen Problemlösung, und es greifen nur wenige, aber dennoch wichtige elementargeometrische Argumente. Mit den beiden folgenden Abbildungen wird das z. B. in [Cantor 1984, 284 f.] beschriebene Verfahren vereinfacht vorgestellt, das uns nur durch den syrischen Mathematiker Thabit ibn Qurra (830 – 901) überliefert worden ist, wie Felgner schreibt: [825]

> Mit dieser Methode der „ausgerichteten Einschiebung" (neusis) hat Archimedes auch die Winkeltrisektion gelöst. Das steht nur im „Liber assumptorum" (dort als Satz 8). Diese Schrift wird zwar Archimedes zugeschrieben, stammt aber nicht selbst von Archimedes. Sie enthält aber dennoch zahlreiche Sätze, die zweifellos von Archimedes stammen. Sie ist uns nur in einer arabischen Übersetzung überliefert, die Thabit ibn Qurra angefertigt hatte. Diese Schrift findet sich in lateinischer Übersetzung in Heibergs Ausgabe der Werke Archimedes' im 2. Band.

In Bild 8.12 sei im Kreis um M ein beliebiger spitzer Winkel $\sphericalangle QMP$ gegeben. Ferner sei von P eine Strecke $[PA]$ zu einem Punkt A auf der Geraden $\langle QM \rangle$ gezogen, die den Kreis in B schneidet. A werde nun so auf $\langle QM \rangle$ verschoben, dass $|AB| = |PM|$ ist, was auch offensichtlich möglich ist. Es gilt dann $|AB| = |PM| = |QM|$.

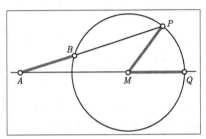

Behauptung: Dann ist $\sphericalangle QMP = 3 \cdot \sphericalangle MAB$.

Bild 8.12: „Einschiebelineal" – Grundsituation

Beweis: Die in Bild 8.13 mit α bezeichneten Winkel sind gleich groß (teils als Wechselwinkel bzw. Stufenwinkel an den als Hilfsgeraden eingezeichneten Parallelen, und das Dreieck $\triangle AMB$ ist gleichschenklig). Das Dreieck $\triangle PBM$ ist ebenfalls gleichschenklig, also gilt $\beta = 2\alpha$, und damit folgt

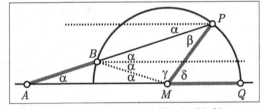

Bild 8.13: Zum Beweis von Archimedes' Verfahren

$$\delta = \pi - (\alpha + \gamma) = \pi - (\alpha + (\pi - 2\alpha - \beta)) = \pi - (\alpha + (\pi - 4\alpha)) = 3\alpha. \qquad \blacklozenge$$

Die Darstellung in Bild 8.13 lässt sich (ohne Winkelvorgabe) auch *konstruktiv invers* sehen:

(1) Man geht nicht von dem Winkel δ aus, sondern von einem Kreis um M, wählt einen Peripheriepunkt Q, dazu auf dem Strahl $[QM\rangle$ einen Punkt A außerhalb des Kreises so, dass der Kreisbogen um A mit dem Radius $|MQ|$ den Kreis um M in einem neuen Punkt B schneidet. Der Strahl $[AB\rangle$ schneidet dann den Kreis um M in einem weiteren Punkt P so, dass gilt: $\sphericalangle QMP = 3 \cdot \sphericalangle MAB$.

---

[824] [Bieberbach 1952] widmet dem „Einschiebelineal als Konstruktionswerkzeug" zwei Paragraphen.

[825] Diese Mitteilung von Ulrich Felgner an mich vom 11. 05. 2013 bezieht sich auf [Heiberg 1881 a].

Und es geht noch einfacher (ebenfalls Bild 8.13):

(2) Man gehe von einem Halbkreis h aus, wähle auf dem verlängerten Durchmesser einen
Punkt A so, dass sein Abstand zu h kleiner als der Radius r von h ist, schlage dann
einen Kreis k um A mit r und zeichne einen Strahl $[AB\rangle$ von A aus durch den Schnittpunkt B des Kreises k mit dem gegebenen Halbkreis h. Dessen Schnittpunkt mit $[AB\rangle$
ist P.

In diesen beiden „inversen" Konstruktionen wird nur ein Ausgangswinkel *verdreifacht* (was
natürlich viel einfacher als die Drittelung ist!). Beide Konstruktionen dienen aber dem Verständnis des eigentlichen gesuchten *technischen* Verfahrens zur Dreiteilung des (spitzen)
Winkels $\sphericalangle QMP$, mit dem nun der Punkt A passend gefunden werden kann:

Bild 8.14 zeigt dazu modellhaft ein sog. „Einschiebelineal" im Sinne des archimedischen
Verfahrens: Links vom Kreis um
M befindet sich ein auf der Gera-
den $\langle QM \rangle$ fest installiertes Lineal
mit einer Führungsrille für einen in
ihr gleitenden Stift, der vertikal zur
Zeichenebene im Punkt A des zweiten dunkelgrau dargestellten Lineals montiert ist. Dieses zweite Lineal – das meist so genannte „Einschiebelineal" – ist um den Stift in

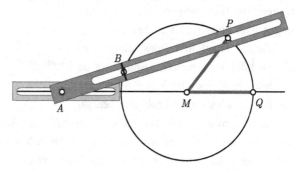

Bild 8.14: Archimedes' Einschiebelineal zur Winkeldreiteilung

A drehbar gelagert, und es besitzt ebenfalls eine Führungsrille, die einen im gewünschten
Punkt P des Kreises positionierten weiteren Stift umgreift.

Das Einschiebelineal kann damit durch horizontale Bewegung von A in der Führungsrille
des ersten fixierten Lineals um den Stift von P herum gleiten, wobei sich der Abstand von A
zur Kreisperipherie ändert. Auf dem Einschiebelineal werde ein Punkt B gemäß $|AB| = |PM|$
markiert. Nun muss A nur noch so bewegt werden, dass diese Markierung mit der Kreis-
peripherie zur Deckung kommt. Damit lässt sich schnell durch manuelles „Einschieben" jeder
spitze Winkel dritteln. (Man überlege sich, ob das Verfahren auch für stumpfe Winkel funktionieren kann!)

Zur praktischen Durchführung benötigt man den in Bild 8.14 dargestellten Apparat aber
nicht wirklich, denn es genügen anscheinend „Zirkel und Lineal", wenn man wie folgt vorgeht: Man zeichnet eine Gerade $\langle QM \rangle$, einen Kreis k um M durch Q und gibt mit $P \in k$
einen Winkel $\sphericalangle QMP$ vor. Auf dem Lineal markiert man eine Strecke $[AB]$ der Länge $|PM|$
und positioniert nun das Lineal manuell so in der Zeichenebene, dass die linke Markierung A
von $[AB]$ auf der Geraden $\langle QM \rangle$ liegt, die Linealkante durch den Punkt P verläuft und die
rechte Markierung B von $[AB]$ auf dem Kreisrand liegt. Die so positionierte Strecke $[AB]$
ist dann neben $[AM]$ der zweite Schenkel des gesuchten gedrittelten Winkels $\sphericalangle MAB$.

Das könnte nun zu der Beurteilung führen, dass das Winkeldreiteilungsproblem also doch „mit Zirkel und Lineal lösbar" sei, jedoch wäre dies ein *Fehlschluss*, weil etwas Wesentliches nicht beachtet wurde: Das „Einschiebelineal" besitzt eine *Längenmarkierung*. Im Sinne des (noch zu definierenden!) Verständnisses von „Konstruktion mit Zirkel und Lineal" darf aber nur die „Zeichenkante" eines Lineals als materielle Symbolisierung eines Geradenabschnitts verwendet werden, nicht aber die zu einem „üblichen Lineal" gehörende maßstäbliche Skalierung (vgl. die Anmerkung am Ende von Abschnitt 8.2.1). Abgesehen von diesem „Lineal-problem" ist die so generierte *Lösung* natürlich *nicht exakt*, sondern *nur manuell approximiert*.

8.4.5   Lösungswerkzeug: die Muschellinie des Nikomedes

Bild 8.15 zeigt eine **Muschellinie** oder **Konchoïde** (von κόγχη, lat. „concha", wegen ihrer Form für „Muschel").

Wie die Quadratrix (bzw. die Trisec-trix) und die Archimedische Spirale ist sie eine weitere Kurve, die in der Antike zur Lösung der klassischen Probleme benutzt

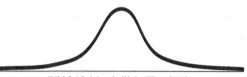

Bild 8.15: Muschellinie (Konchoïde)

wurde, und zwar sowohl zur *Winkeldreiteilung* als auch zur *Würfelverdoppelung*. Erfunden wurde sie nach Berichten von Pappos wohl von **Nikomedes** (280 – 210 v. Chr.), der zu deren Erzeugung sogar einen „Konchoïden-Zirkel" erfunden haben soll. [826] **Johann Christoph Sturm** beschreibt diesen „Zirkel" mit Bild 8.16 in seinem 1670 erschienenen Buch, [827] und der in Abschnitt 8.4.3 erwähnte Ernst Nizze nimmt darauf in seiner „Vorrede" Bezug: [828]

Der erste Versuch, eine Schrift des A r c h i -m e d e s ins Deutsche zu übertragen, ist von J o h . C h r i s t o p h S t u r m (damals Pfarrer zu D e i n i n g e n in der Grafschaft Oettingen, nachher Professor der Mathematik und Physik zu A l t d o r f , gestorben 1703 am 26 Dezember) durch die Uebersetzung des ψαμμίτης unter folgendem Titel gemacht worden:

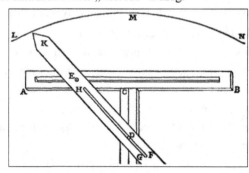

Bild 8.16: Konchoïden-Zirkel, Darstellung von Sturm

---

[826]   Vgl. dazu [Heath 1897, CVII].

[827]   [Sturm 1670, 111]; Bild 8.16 findet sich auch im Kommentar von Eutokios zu Archimedes' Werken – zunächst bei [Heiberg 1881b, 117] und [Heiberg 1972, 99], später auch bei [Cantor 1894, 335]. Allerdings ist die bei Sturm angedeutete Muschellinie nicht ganz korrekt, hingegen findet sie sich bei [Heath 1897, CVII] sehr schön.

[828]   [Nitze 1824, iii]; das von Nizze hier *erstgenannte* Werk von Sturm über Archimedes' berühmte „Sand-Rechnung" trägt übrigens den schönen (inhaltlich aufschlussreichen) Untertitel:
Die tiefsinnige Erfindung einer / mit verwunderlicher Leichtigkeit aussprechlichen / Zahl / welche Er unfehlbar beweiset grösser zu seyn als die Anzahl aller Sandkörnlein mit welchen die Höhle der ganzen Welt / biß an den äussersten Fix- oder Haft-Sternenhimmel könnte ausgefüllet werden.

*Des unvergleichlichen Archimedis Sand-Rechnung, aus dem Griechischen in das Hochteutsche
übersetzet, und mit notwendigen Anmerkungen durchgehends erläutert. Nürnberg in Verlegung
Paul Fürstens Wittib. 1667. Fol.* Drei Jahre darauf gab er eine Uebersetzung der übrigen damals bekannten Schriften des A r c h i m e d e s heraus unter dem Titel: *Des unvergleichlichen Archimedis
Kunst-Bücher u. s. w. Nürnberg in Verlegung Paul Fürstens Wittib und Erben. 1670. Fol.*

Der technische Aufbau des Konchoïden-Zirkels mag an das Einschiebelineal in Bild 8.14 und
an den Trisectrix-Zirkel im Bild 8.7 erinnern: Hier sind nun *zwei* Lineale rechtwinklig fest
miteinander verbunden. Das horizontal angeordnete „Basislineal" AB enthält eine Führungsrille für einen „Gleitstift" E, das andere enthält ein fixes Loch für einen Stift D, genannt **Pol**
(πόλον, „Polon"), der gleitend in die Führungsrille HG eines dritten „oben liegenden" Lineals EF, das als *Zeichenlineal* fungiert, greift, welches den o. g. Gleitstift E enthält, der in der
Führungsrille des Basislineals gleitet. Die Spitze K dieses Zeichenlineals enthält einen Zeichenstift, der bei horizontaler Bewegung des Gleitstifts E in der Führungsrille des Basislineals auf der Unterlage eine Ortslinie erzeugt, nämlich die in Bild 8.15 gezeigte Muschellinie (bzw. was dasselbe ist: die Konchoïde). Deren Ge-
stalt ist abhängig vom Abstand des Pols D zur Führungsrille des Basislineals und vom Abstand des Gleitstifts E zur Zeichenspitze bei K im Zeichenlineal. Die
Konchoïde lässt sich auf diese Weise *ohne Abzusetzen*
darstellen – und damit ist sie *organisch erzeugt* und
nicht nur *organisch erzeugbar* (vgl. Abschnitt 8.4.2).

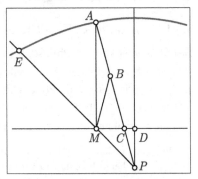

Bild 8.17 [829] symbolisiert das mathematisch Wesentliche dieses Konchoïden-Zirkels, wobei P hier der Pol
ist und $[PA]$ und $[PE]$ zwei Positionen des Zeichenlineals bedeuten.

Bild 8.17: Trisektion mittels Konchoïde

Behauptung: Zu jedem spitzen Winkel δ gibt es einen Konchoïdenzweig, [830] mit dessen
Hilfe die Dreiteilung dieses Winkels möglich ist.

Beweis: [831] Gegeben seien die Gerade $\langle CD \rangle$ und ein Punkt $P \notin \langle CD \rangle$ mit $\langle PD \rangle \perp \langle CD \rangle$.
Wähle $M \in \langle CD \rangle$ mit $\sphericalangle DPM = \delta$ und $|MP| =: d$, dazu $E \in [PM\rangle$ mit $|ME| = 2d$, und kon-
struiere damit den Konchoïdenzweig mit dem **Pol** P. Wähle dann A auf der Konchoïde mit
$\langle AM \rangle \perp \langle CD \rangle$ und dazu B als Mittelpunkt von $[AC]$.

Gemäß Definition der Konchoïde ist dann $|AC| = 2d$, und es ist $|BM| = |BC| = |MP| = d$.
Es folgt $\sphericalangle DPC = \sphericalangle MAB = \sphericalangle BMA$ (weil Wechselwinkel bzw. gleichschenklige Dreiecke
vorliegen) und $\sphericalangle CPM = \sphericalangle MBC = 2 \cdot \sphericalangle MAB = 2 \cdot \sphericalangle DPC$, und damit ist $\delta = 3 \cdot \sphericalangle DPC$.   ◆

---

[829]   Ähnlich so z. B. bei [Sturm 1670, 112] zu finden.
[830]   Eine vollständige Konchoïde besteht aus zwei Kurven (Zweigen), siehe Fachliteratur oder WWW.
[831]   Dieser Beweis lehnt sich an [Brieskorn & Knörrer 1981, 17 f.] an. Er findet sich ähnlich schon bei Eutokios (vgl.
[Heiberg 1881b, 118 ff.] und [Heiberg 1972, 100 ff.]) und auch bei [Sturm 1670, 112].

Diese auf Nikomedes zurückgehende „Lösung" der Winkeldreiteilung mit Hilfe „seiner" Konchoïde wirkt artifiziell und auch komplizierter als die Einschiebelösung seines Zeitgenossen und „Kollegen" Archimedes, und darüber hinaus muss im Gegensatz zu Archimedes' Lösung zu jedem zu drittelnden Winkel zunächst eine „eigene" Konchoïde erzeugt werden. Was mag wohl Nikomedes veranlasst haben, statt des einfachen und leicht durchschaubaren archimedischen Weges sein aufwendiges Verfahren zu entwickeln? Felgner schreibt dazu: [832]

> Nikomedes hat versucht, die archimedischen „Einschiebungen" zu eliminieren und durch Schnitte algebraischer Kurven zu ersetzen. Dazu hat er beispielsweise seine Konchoïde entworfen.

Gleichwohl folgen beide Verfahren rückblickend einem gemeinsamen Grundprinzip, nämlich dem auf Archimedes zurückgehenden Verfahren, das „Neusis" heißt und das im Zitat von Felgner auf S. 266 „ausgerichtete Einschiebung" genannt wird. Die sich aus dieser „Neusis" ergebende Lösungsmethode wird in Abschnitt 8.7.1 ausführlicher beschrieben.

8.5   Verdoppelung des Würfels

8.5.1   Grundidee: Ermittlung von zwei mittleren Proportionalen

Der Mathematiker und Philosoph **Eutokios** von Askalon (ca. 480 – ca. 540 n. Chr.) schreibt in seinem Kommentar zu Archimedes' Werken, **Eratosthenes** (276 – 194) habe in einem Brief an den ägyptischen König Ptolemäus über das Problem der Würfelverdoppelung berichtet. [833]

Der nachfolgende Text ist bei Moritz Cantor nachzulesen. [834] Die dort erwähnten „Delier" sind die Einwohner von Delos, und deshalb spricht man hier auch vom „Delischen Problem":

> Während nun lange Zeit hindurch Alle rathlos waren, entdeckte zuerst der Chier **Hippokrates**, dass, wenn man herausbrächte zu zwei gegebenen graden Linien, wovon die grössere der kleineren Doppelte wäre, zwei mittlere Proportionalen von stetigem Verhältnisse zu ziehen, der Würfel verdoppelt werden könnte; wonach er dann seine Rathlosigkeit in eine nicht geringere Rathlosigkeit verwandelte. Nach der Zeit, erzählt man, wären die **Delier**, weil sie von einer Krankheit befallen waren, einem Orakel zufolge geheissen worden einen ihrer Altäre zu verdoppeln und in dieselbe Verlegenheit gerathen. Sie hätten aber die bei **Platon** in der Akademie gebildeten Geometer beschickt und gewünscht, sie möchten ihnen das Verlangte auffinden. Da sich nun diese mit Eifer der Sache unterzogen und zu zwei Gegebenen zwei Mittlere suchten, soll sie der Tarentiner **Archytas** vermittelst der Halbcylinder aufgefunden haben, **Eudoxus** aber vermittelst der sogenannten Bogenlinien. Es widerfuhr ihnen aber insgesammt, dass sie zwar ihre Zeichnungen mit geometrischer Evidenz nachgewiesen hatten, sie aber nicht leicht mit der Hand ausführen und zur Anwendung bringen konnten, ausser etwa einigermassen die des **Menächmus**, doch auch nur mühsam. [835]

---

[832] In Ergänzung zu der mit Fußnote 825 zitierten Mitteilung.

[833] Eutokios in seinem Kommentar zur archimedischen Schrift über „Kugel und Zylinder", nachzulesen in [Heiberg 1881 b, 67 – 127] und [Heiberg 1972, 55 – 107]. Auf S. 256 wurde der Anfang dieses oft (z. B. bei [Herrmann 1927] und [Breidenbach 1953]) zitierten „Briefes" bereits kritisch betrachtet.

[834] Zitat [Cantor 1894, 199] auf S. 256; man beachte dazu die kritische Anmerkung von Felgner daselbst.

[835] Der diesem Zitat zugrundeliegende Originaltext von Eutokios findet sich in griechisch-lateinischer Fassung bei [Heiberg 1881 b, 102 ff.] und [Heiberg 1972, 88 ff.], und mit dem „Tragödiendichter" ist Euripides gemeint (vgl. auch Abschnitt 8.2.3.3); fett gesetzte Hervorhebungen nicht im Original.

Mit der von Eratosthenes in seinem Brief erwähnten „Rathlosigkeit" wird Zeugnis abgelegt über das (möglicherweise historisch erstmalige?) Auftreten eines wichtigen methodischen Kunstgriffs in der Mathematik: Man versucht ein Problem zu lösen, indem man es auf ein anderes und möglichst äquivalentes zurückführt und hofft, dieses andere besser lösen zu können als das gegebene – eine *geniale Idee!* Leider bleibt *hier* dennoch (zunächst!) die alte „Ratlosigkeit" bestehen. Aber immerhin wird behauptet, dass sowohl **Archytas** von Tarent (428 – 365) als auch **Eudoxos** (408 – 355) das Problem der Ermittlung zweier mittlerer Proportionalen und damit dann auch das Problem der Würfelverdoppelung gelöst hätten, wobei leider Eudoxos' Weg nicht überliefert ist. Zugleich wird deutlich, wie nützlich es wissenschafts-methodisch ist, bei einer nicht gelungenen Problemlösung auch die vergeblichen Schritte dahin veröffentlichend mitzuteilen. Wir betrachten nachfolgend das im obigen Zitat angedeutete *Ergebnis von Hippokrates* als einen *Hilfssatz*. Bei Cantor liest man dazu: [836]

> Als gesichert ist gemäss dem Berichte des Eratosthenes nur so viel zu betrachten, dass nach frucht-losen Versuchen Anderer über die Aufgabe der Würfelverdoppelung Herr zu werden, Hippokrates von Chios auf die Bemerkung fiel, dass die Aufgabe auch in anderer Gestalt sich aussprechen lasse. Findet die fortlaufende Proportion $a : x = x : y = y : b$ statt, so ist $x^2 = ay$, $y^2 = bx$, mithin $x^4 = a^2 y^2 = a^2 bx$ und $x^3 = a^2 b$ oder, wenn $b = 2a$, wie es bei der Würfelverdoppelung noth-wendig erscheint, $x^3 = 2a^3$. Die Seite des doppelten Würfels ist in der That die erste von zwei mitt-leren Proportionalen, welche zwischen der einfachen und der doppelten Seite des ursprünglichen Würfels eingeschaltet werden.

Ist also ein Würfel der Kantenlänge a gegeben, so ist die Kantenlänge x eines weiteren Würfels mit doppeltem Volumen gesucht, d. h.: $x^3 = 2a^3$.

Hippokrates behauptet nun, es würde genügen, ersatzweise *zwei mittlere Proportionale* x, y zwischen der Seitenlänge a und der doppelten Seitenlänge $2a$ zu ermitteln, wie es nach-folgend in (1) dargestellt ist. Das ist wohl kaum sofort einsichtig, aber dieser Umweg über zwei mittlere Proportionale sei hier als „Hilfssatz des Hippokrates" festgehalten. Dabei sei angemerkt, dass „Zahlen" für die Pythagoreer nur „natürliche Zahlen ab 2" waren, und Maß-beziehungen zwischen „gleichartigen Größen" untereinander (wie Längen, Flächeninhalte, ...) beschrieben sie verbal mit Hilfe von „Proportionen" solcher „Zahlen", die wir heutzutage als „Verhältnisse" schreiben, welche aus unserer Sicht für *positive reelle Zahlen* stehen. [837]

Hilfssatz des Hippokrates (470 – 410):

Es seien a, x und y gleichartige Größen. Dann gilt:

$$\frac{a}{x} = \frac{x}{y} = \frac{y}{2a} \;\Rightarrow\; x^3 = 2a^3 \qquad (1)$$

Der *Beweis* geht bereits aus dem letzten Zitat hervor. Er sei zusätzlich formal notiert:

$$\frac{a}{x} = \frac{x}{y} = \frac{y}{2a} \Leftrightarrow ay = x^2 \wedge 2ax = y^2 \Leftrightarrow a^2 y^2 = x^4 \wedge y^2 = 2ax \Rightarrow x^3 = 2a^3 \qquad \blacklozenge$$

---

[836] [Cantor 1984, 200]
[837] Vgl. hierzu [Hischer 2012, 105 ff.]

Das Problem der Würfelverdoppelung ist damit wie folgt lösbar: Statt bei gegebener Länge a *eine* Länge x mit $x^3 = 2a^3$ zu suchen, ermittelt man *zwei* Längen x, y, die die linke Seite von (1) erfüllen. Doch leider führte damit die erste „Ratlosigkeit" (zunächst!) zu einer neuen Ratlosigkeit, die dann allerdings durch Archytas von Tarent mit Hilfe seiner „krummen Linie" erstmalig überwunden wurde, später auch durch andere Werkzeuge, die ebenfalls auf der Bestimmung von zwei mittleren Proportionalen beruhten. Der Kunstgriff von Hippokrates passte zugleich methodisch bestens in die „Proportionenlehre" der Pythagoreer.

Archytas verwendet später den Hilfssatz (1) in der folgenden (äquivalenten) Modifikation:

Umformung des Hilfssatzes des Hippokrates:
Es seien a, x, y gleichartige Größen. Dann gilt:

$$\boxed{\frac{a}{x} = \frac{x}{y} = \frac{y}{\sqrt{2}\,a} \;\Rightarrow\; y^3 = 2a^3} \tag{2}$$

Beweis: Quadrierung der *Variablen* in (1) ergibt

$$\frac{a^2}{x^2} = \frac{x^2}{y^2} = \frac{y^2}{2a^2} \;\Rightarrow\; x^6 = 2a^6,$$

und daraus folgt wegen

$$\frac{a^2}{x^2} = \frac{x^2}{y^2} = \frac{y^2}{2a^2} \Leftrightarrow \frac{a}{x} = \frac{x}{y} = \frac{y}{\sqrt{2}\,a}$$

mit (1) zunächst

$$\frac{a}{x} = \frac{x}{y} = \frac{y}{\sqrt{2}\,a} \;\Rightarrow\; x^6 = 2a^6.$$

Wegen $x^4 = a^2 y^2$ ist $x^2 = ay$, also $x^6 = a^3 y^3$, und mit $x^6 = 2a^6$ folgt $y^3 = 2a^3$.   ◆

Umgekehrt lässt sich zeigen, dass (1) aus (2) folgt, indem man in (2) die Variablen radiziert und dann schrittweise analog vorgeht.

Viele antike Vorschläge zur Lösung des Delischen Problems beruhen daher auf der Ermittlung von zwei mittleren Proportionalen. So schreibt z. B. Moritz Cantor: [838]

> Eutokius von Askalon hat im VI. S. einen Commentar zu des Archimed Schrift über Kugel und Cylinder verfasst und in diesen Commentar sehr wichtige Mittheilungen über die Aufgabe der Würfelverdoppelung eingeflochten. Dorther kennen wir den Brief des Eratosthenes über jenes Problem [...], dorther eine ganze Anzahl von unter einander verschiedenen Auflösungen, darunter solche von Platon, von Menächmus, von Archytas. [...] Unter den von Eutokius mitgetheilten Auflösungen steht die Platons an der Spitze, muthmasslich wegen der grossen Berühmtheit des Verfassers.

---

[838]   [Cantor 1894, 213 f.]; zu „Eutokios" vgl. auch Fußnote 833; seine *Zuweisung zu Platon ist falsch!*

8.5.2   Lösungsweg: mechanische Einschiebung

Nachfolgend sollen nun einige wichtige antike Vorschläge zur Bestimmung von zwei mittleren Proportionalen vorgestellt werden, womit dann das Delische Problem „gelöst" wird. Johann Christoph **Sturm** [839] beschreibt 1670 in seinem Buch *„Des unvergleichlichen Archimedis Kunst-Bücher oder heutigs Tags befindliche Schrifften"* mehrere solcher Lösungsvorschläge:

8.5.2.1   Einschiebung mit einem Holzrahmen-Apparat (vermutlich durch Eratosthenes)

Sturm beginnt seine Darstellung der Methoden zur Auffindung von zwei mittleren Proportionalen mit einer „Betriebsanleitung" für „Platonis Apparat" unter der Überschrift: [840]

> Etliche Mechaniſche Wege der Alten / zwiſchen zweyen gegebenen Linieen zwey mittlere gleichverhaltende zu finden. Der Erſte des Platonis.

Die nachfolgende „Betriebsanleitung" bezieht sich auf Bild 8.18 und Bild 8.19. [841]

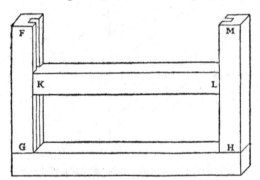

Bild 8.18: Einschiebe-Apparat, Darstellung von Sturm

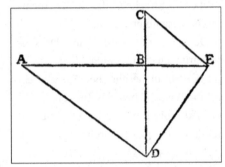

Bild 8.19: Lösungsstruktur zum Einschiebe-Apparat, Darstellung von Sturm

Dieser bedienet ſich eines gewiſſen Werkzeuges / deſſen Gestalt aus beygefügtem Abriß zu erſehen. GH ist ein dikkes wol geſchlichtetes Lineal / und an deſſen Enden zwey andere / in gleicher Dicke / winkelrecht eingezapfet / innwendig mit Hohlkehlen / in welchen das vierdte KL mit GH gleichlauffend möge auf- und abgeſchoben werden. Wann nun gegeben ſind zwey gerade Lineen / AB und BC, und zwischen dieſen zwey mittlere gleichverhaltende ſollen gefunden werden / so verfahre also : Setze BC auf AB winkelrecht in B, und verlängere ſo wol AB als BC nach Belieben gegen E und D hinaus ; Lege ſo dann das Inſtrument auf dieſe Verzeichnung alſo / daß GH auf A lige und gegen D hinaus ſich erſtrekke / biß (nach öfterem Hin- und Wiederrücken) das Ekk H die Lini BD durchſchneide / HM aber wie DE lige / KL aber/ auf C gerukket / zugleich in dem Winkel L den / von HM abgeſchnittenen / Punct E berühre / (welches / wie gemeldet / durch vieles Hin- und Wiederrukken endlich getroffen wird.) Wann ſolches geſchehen / ſo werden BD und BE die zwey begehrte mittlere gleichverhaltende ſeyn.

---

[839]   Vgl. hierzu das Zitat zu Fußnote 828 und den Anfang von Abschnitt 8.4.3.

[840]   Die Zuordnung dieses „Apparats" zu Platon ist jedoch falsch (vgl. Abschnitt 8.5.2.3). Hier und nachfolgend wurde die Transkription sämtlicher Textzitate von Sturm in Originalschreibweise aus dem Deutschen Textarchiv (DTA) mit freundlicher Genehmigung durch das DTA entnommen (siehe [Sturm 1670] im Literaturverzeichnis).

[841]   Beide Abbildungen und die „Betriebsanleitung" sind aus [Sturm 1670, 104 f.] entnommen.

Beweiß. Dann / weil auf diefe Weise / wegen Beschaffenheit des rechtwinklichten Inftrumentes / ADE und DEC gerade Winkel / und aus diefen geraden Winkeln DB und CB auf AE und DC fenkrecht gezogen find / [...] So wird fich [...] AB gegen BD verhalten / wie BD gegen BE, und ferner / wie BD gegen BE, alfo BE gegen BC, das ist / BD und BE werden zwifchen AB und BC zwey mittlere gleichverhaltende feyn.

Hier ist zu ergänzen, was *„verlängere ... nach Belieben"* bedeutet: Die Endpunkte E und D liegen zunächst noch nicht fest, sondern sie werden erst durch das „Rücken" ermittelt.

Es mag eine spannende Aufgabe sein, Sturms „Betriebsanleitung" in Verbindung mit seinem Beweis so zu deuten und zu interpretieren, dass damit dann in der Tat die Ermittlung der beiden gesuchten mittleren Proportionalen durch diese „Einschiebelösung" mit dem Holzrahmen-Apparat gelingt. Bild 8.20 symbolisiert dieses „Rücken" des Apparats: $[AB]$ und $[BC]$ sind die gegebenen Strecken, die in B rechtwinklig zusammenstoßen.

Der Apparat wird (aus Darstellungsgründen hier „unten" liegend), [842] wie bei Sturm beschrieben, so gedreht und mit Verschieben des Balkens $[KL]$ „gerückt", bis $[GH]$ mit $[AD]$ zusammenfällt und $[KL]$ durch E verläuft. Die Dreiecke $\triangle BAD$, $\triangle BDE$ und $\triangle BEC$ sind dann ähnlich, und es folgt

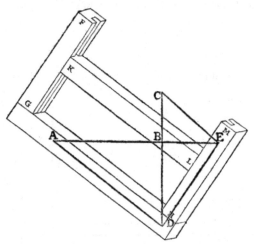

Bild 8.20: „Rücken" des Holzrahmens gemäß Sturms Anleitung

$$|BC| : |BE| = |BE| : |BD| = |BD| : |AB|. \qquad\qquad (*)$$

- $|BE|$ und $|BD|$ sind dann die gesuchten mittleren Proportionalen zu $|AB|$ und $|BC|$.

Das mathematisch Wesentliche an der Lösung mit dem Holzrahmen-Apparat lässt sich abstrahierend anhand von Bild 8.21 und Bild 8.22 zeigen:

Der in Bild 8.18 gezeigte Holzrahmen-Apparat (als „Einschiebe-Apparat") ist gemäß Bild 8.19 in *zwei Rechtwinkelzüge* zerlegt *zu denken*, die aus je zwei Strecken bestehen und rechtwinklig miteinander fest verbunden sind – hier das dick durchgezogene und das dick gestrichelte Streckenpaar in Bild 8.21.

Diese beiden Rechtwinkelzüge sind unter Erhalt ihrer Parallelität (gedanklich) zueinander beweglich (in Bild 8.18 ist das „Lineal" $[KL]$ gegenüber $[GH]$ parallel beweglich).

---

[842] Allerdings ist Bild 8.19 nach Augenmaß nicht korrekt, denn $[CE]$ soll nach Sturms Beschreibung der Strecke $[KL]$ entsprechen und muss daher parallel zu $[AD]$ sein, was drucktechnisch nicht gut gelungen ist.

Man „bewegt" nun einen
der beiden Rechtwinkelzüge so
weit, bis die beiden „unteren" in
Bild 8.21 zu sehenden Punkte
(hohl bzw. ausgefüllt) wie in
Bild 8.22 zusammenfallen (das
entspricht der in Bild 8.19 dargestellten „Lösungsstellung").
Aufgrund von Ähnlichkeits-

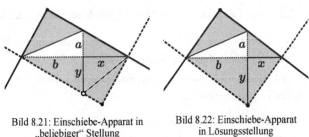

Bild 8.21: Einschiebe-Apparat in
„beliebiger" Stellung
(*symbolisch* gemäß Bild 8.19)

Bild 8.22: Einschiebe-Apparat
in Lösungsstellung
(*symbolisch* gemäß Bild 8.19)

beziehungen in sich entsprechenden Dreiecken ist dies dann die Lösung des Problems der
Würfelverdoppelung, denn man liest wie in (∗) ab:

$$a:x = x:y = y:b.$$

Diese in Bild 8.21 und Bild 8.22 angedeutete (auf Bild 8.19 basierende zunächst nur) *ideelle
Lösung* lässt sich mit einem Programm für Bewegungsgeometrie sehr schön simulieren, was
dem Verständnis dieser *Einschiebelösung* dienen mag.

8.5.2.2 Einschiebung mit einem Winkelhaken-Paar (vermutlich durch Hippokrates)

Der in Bild 8.18 dargestellte Holzrahmen-Apparat ist zwar für praktische Einschiebelösungen
prinzipiell geeignet, wenngleich er recht umständlich zu handhaben ist. Besser eignen sich
dafür sog. *Winkelhaken*, wie sie schon früher von Handwerkern als geometrische Werkzeuge
benutzt wurden. So schreibt z. B. Mayer: [843]

> Die hölzernen rechtwinklichten Dreyecke, und Winkelhaken, [844] so wie man sie
> gewöhnlich auch in Reiszeugen antrift, dienen zu Ziehung senkrechter und paralleler Linien.

Auch heute gibt es noch Winkelhaken im Handwerk, und zwar unter Bezeichnungen wie z. B.
Zimmermannshaken, Tischlerhaken, Schlosserhaken und *Anlegehaken*. [845]

Bild 8.23 zeigt, wie man mit einem Paar von zwei Winkelhaken (hinreichender Länge) eine solche Einschiebelösung auch praktisch erzielen
kann: Man lege das Winkelhakenpaar auf das aus [AB] und [BC] bestehende Streckenpaar in Bild 8.19 und passe es durch Drehen und In-Sich-
Parallelverschieben gemäß der „Betriebsanleitung" von Sturm (also
durch „Rücken") so ein, dass eine Lösungsposition wie in Bild 8.22 entsteht. Die „Winkelhakenlösung" und die „Holzrahmen-Apparat-Lösung"
aus Abschnitt 8.5.2.1 sind offensichtlich mathematisch gleichwertig.

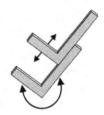

Bild 8.23:
Winkelhaken-Paar

---

[843] [Mayer 1814, 235] in seinem 6. Kapitel unter der Überschrift: *Vom Abtragen gerader Linien aufs Papier, nebst
verschiedenen Methoden, sie in gegebenen Verhältnissen zu theilen.*

[844] [Bieberbach 1952, 87 ff.] verwendet wegen ihrer „Bauweise" die Bezeichnung „*Rechtwinkelhaken*".

[845] Im Baubedarfshandel heißen aber auch rechtwinklig abgeknickte Schraubhaken oft „Winkelhaken".

8.5.2.3   Zur Fehlzuweisung dieser Einschiebelösungen zu Platon

Es wurde bereits angemerkt, dass sowohl die Holzrahmen-Apparat-Lösung (Abschnitt 8.5.2.1) als auch die Winkelhaken-Lösung (Abschnitt 8.5.2.2) fälschlich Platon zugeschrieben wurde. Durch mathematikhistorische Untersuchungen konnte der Grund für diese Fehlzuweisungen plausibel gemacht werden: [846]

> Platon hat in vielen Dialogen die übersinnliche Natur der Mathematik hervorgehoben und immer wieder betont, daß sich die abstrakten Wahrheiten der Mathematik nicht durch das sinnliche An-schauen, sondern nur durch das reine Denken erkennen lassen. In seiner Schrift „Politeia", 510 d – e, schreibt er beispielsweise:

> „Auch, daß sie sich der sichtbaren Gestalten bedienen und immer auf diese ihre Reden beziehen, unerachtet sie nicht von diesen handeln, sondern von jenem, dem diese gleichen, und um des Vier-ecks selbst willen und seiner Diagonale Beweise führen, nicht um dessen willen, welches sie zeich-nen, und auch sonst überall: dasjenige selbst, was sie nachbilden und abzeichnen, wovon es auch Schatten und Bilder im Wasser gibt, dessen bedienen sie sich zwar als Bilder, sie suchen aber im-mer jenes selbst zu erkennen, was man nicht anders sehen kann als mit dem Verständnis."
> (Übersetzung von Fr. Schleiermacher).

> Auch Plutarch beschreibt die Auffassung Platons in seinen „Tischgesprächen" (VIII, 2) auf sehr ähnliche Weise:

> „Vorzüglich ist es die Geometrie, die ... den von der Sinnlichkeit befreiten und allmählich gereinig-ten Verstand umlenkt. Daher tadelte auch Platon den Eudoxos, Archytas und Menaichmos, daß sie die Verdopplung des Kubus auf mechanische Instrumente und Vorrichtungen zurückzubringen such-ten. .... Eben dadurch, sagte er, geht der Nutzen und Vorzug der Geometrie ganz verloren, wenn sie zu den sinnlichen Dingen wieder zurückkehrt, anstatt sich emporzuschwingen und nur mit den ewi-gen unkörperlichen Bildern sich zu beschäftigen ... "

> In dem Platon zugeschriebenen mechanischen Verfahren werden die mittleren Proportionalen ledig-lich angenähert gefunden, weil das Auflegen der Apparatur auf die Zeichnung und das passende Hin-und-Her-Schieben des beweglichen Balkens sich ganz im Bereich des Sinnlichen abspielen. Die Existenz der fraglichen mittleren Proportionalen wird nur durch ungefähre Augenscheinnahme veri-fiziert und nicht (mit den Mitteln der Dialektik) im Bereich der idealen mathematischen Gegenstän-de nachgewiesen. Eine exakte Beschreibung der endgültigen Lage kann nicht vorab gegeben werden.

> Es ist sehr unwahrscheinlich, daß Platon dieses Verfahren als Lösung des Problems der Würfelver-dopplung vorgeschlagen hat. Es gibt außer der Zuschreibung von Eutokios keinen anderen Schrift-steller in der Antike, der diese Zuschreibung gemacht hat. Es ist sogar aufschlußreich, daß Plutarch in seiner Schilderung des Problems der Würfelverdopplung (in seiner Schrift „Der Schutzgeist des Sokrates") zwar erwähnt, daß man Platon gebeten habe, eine Lösung zu geben, daß Platon aber nur geantwortet habe, daß Eudoxos von Knidos oder Helikon von Kyzikos diese Aufgabe für sie lösen würden, und nicht er selber.

---

[846]   Vollständige Wiedergabe (in diesem und dem nachfolgenden Zitat) einer Mitteilung von Ulrich Felgner vom 15. 04. 2015 an mich im Rahmen unserer Korrespondenz; unterstreichende Hervorhebung im letzten Zitat nicht von Felgner.

Wie ist es dazu gekommen, daß Platon als Urheber dieses Verfahrens genannt wurde? Erich Frank (1923) und B. L. van der Waerden („Erwachende Wissenschaft", 1950/1966, pp. 264 – 265) haben dazu eine recht plausible Erklärung gefunden. Eratosthenes hatte eine Schrift mit dem Titel „*Plato-nikos*" (Πλατωνικός) verfaßt. Von dieser Schrift sind heute nur noch wenige Bruchstücke vorhanden. Diese Schrift war vermutlich, wie es damals üblich war, als Dialog verfaßt, in der auch Platon auftrat. Aus einem Bruchstück, das Theon von Smyrna aufbewahrt hat, geht hervor, daß in diesem „*Platonikos*" die Anekdote mit dem Befehl des Gottes Apollon an die Delier, seinen Altar auf Delos zu verdoppeln, erzählt wird und wie die Delier sich an Platon gewandt haben mit der Bitte, ihnen zu erklären, wie das geschehen könne. Vermutlich hat Eratosthenes im Anschluß daran über die verschiedenen Möglichkeiten gesprochen, wie dieser Befehl ausgeführt werden könne, aber in dem Dialog die Schilderung all dieser möglichen Verfahren dem fiktiven Platon in den Mund gelegt.

Dieser fiktive Platon hat dabei vermutlich nicht nur die Lösungen von Archytas, Eratosthenes und einigen anderen erläutert, sondern auch als weitere Lösung (die vermutlich ebenfalls auf Eratosthenes zurückgeht) ohne Namensnennung die oben genannte Apparatur mit dem hölzernen Rahmen beschrieben. Eutokios, dem dieser „*Platonikos*" aller Wahrscheinlichkeit nach vorlag, hat die Lösung, die mit keinem Urheber verbunden war, die aber in der Schrift von dem fiktiven Platon vorgetragen wurde, als tatsächlich von Platon stammende Lösung mißverstanden, und sie deshalb in seinem Kommentar ohne Bedenken dem wirklichen Platon zugeschrieben.

Das ist die sehr plausible Erklärung von Erich Frank (1923) und B. L. van der Waerden (1950). Fast alle Mathematiker und Historiker haben sich ihr angeschlossen.

Es sei also festgehalten, dass der in Abschnitt 8.5.2.1 beschriebene Holzrahmen-Apparat nicht – wie Sturm es schreibt – auf Platon zurückgeht, sondern vermutlich auf Eratosthenes. Aber auch die Winkelhaken-Lösung ist (mit derselben Argumentation) nicht Platon zuzuschreiben, wie Felgner weiter schreibt:

> Proportionen lassen sich ja gut mit winkelgleichen Dreiecken darstellen und die Konstruktion einer einzigen mittleren Proportionalen (etwa zum Ziehen einer Quadratwurzel) kann gut mit der Einschiebung eines rechten Winkels (anstelle der Verwendung des Thales- Kreises) bewerkstelligt werden. Damit war Hippokrates wohl vertraut. Er war auch mit dem allgemeinen Verfahren der Einschiebung wohl vertraut (vergl. v. d. Waerden „Erwachende Wissenschaft", pp. 220 – 221) und insofern liegt es nahe anzunehmen, daß die Konstruktion der beiden mittleren Proportionalen mit einem Winkelhaken-Paar bereits Hippokrates wohlbekannt war.

Bild 8.24 zeigt die Konstruktion *einer* mittleren Proportionalen mit *einem* Winkelhaken, wie sie also vermutlich schon Hippokrates kannte.

Im Gegensatz zur üblichen Konstruktion über den Thales-Halbkreis „mit Zirkel und Lineal" erfolgt diese Konstruktion nur mit Lineal und Winkelhaken, aber beide Konstruktionen nutzen den „Höhensatz des Euklid" aus, wobei Bild 8.24 zugleich auch die Umkehrung des Thales-Satzes visualisiert:

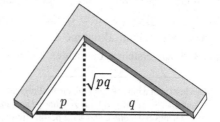

Bild 8.24: Winkelhakenkonstruktion von *einer* mittleren Proportionalen

Man denke sich dazu in den Endpunkten der Hypotenuse – wie in Bild 8.25 dargestellt – jeweils einen Nagel eingeschlagen und bewege nun (den hinreichend großen Winkelhaken) in „Kontakt von oben" um diese beiden Nägel. Dabei entsteht in Umkehrung des Satzes von Thales ein Kreisbogen. Das ist eine „handgreifliche" *mediale Visualisierung* der Umkehrung dieses Satzes – zugleich als Pendant zur „klassischen" Konstruktion eines Kreises mit einem Zirkel. [847]

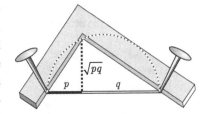

Bild 8.25: Kreisbogenkonstruktion mit Hilfe eines Winkelhakens

8.5.3   Lösungsweg: die „krumme Linie" des Archytas von Tarent

Der Lösungsweg von Archytas wird u. a. auch von Moritz Cantor ausführlich beschrieben. [848] Dieser Weg wird nun gestrafft und in aktueller Formulierung dargestellt.

Archytas greift zu einer raumgeometrischen Betrachtung, indem er *gedanklich* eine von Cantor „krumme Linie" genannte nicht ebene *Raumkurve* konstruiert, um auf ihr im Sinne von (2) [849] einen ausgezeichneten Punkt zu bestimmen, womit das Problem dann gelöst ist.

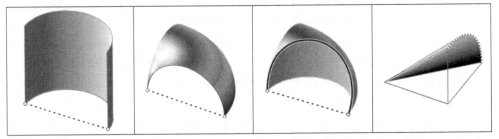

Bild 8.26: Halbzylinder   Bild 8.27: Achteltorus   Bild 8.28: Schnittkurve   Bild 8.29: Kegelmantel

Bild 8.26 zeigt einen auf einer Grundebene vertikal errichteten Halbzylinder, und Bild 8.27 zeigt einen *„Achteltorus"*, der aus einem *Torus* mit dem Innenradius 0 und dem Halbzylinderdurchmesser als Außendurchmesser entsteht, indem dieser Torus erst durch einen ebenen Horizontalschnitt halbiert und der so erzeugte *Halbtorus* dann noch vertikal geviertelt wird.

Der Halbzylinder wird nun mit dem Achteltorus so zum Schnitt gebracht, dass die beiden strichliert dargestellten Durchmesser in der Grundebene zusammenfallen. Das ergibt die in Bild 8.28 dargestellte (nicht ebene!) Raumkurve als Schnittkurve von zwei Flächen (die von Cantor so genannte „krumme Linie"), die gelegentlich auch **Archytas-Kurve** heißt. Um Bild 8.29 zu verstehen, betrachten wir zunächst Bild 8.30:

---

[847]   Das lässt sich natürlich auch mit einem Programm für Bewegungsgeometrie simulieren.

[848]   [Cantor 1894, 215 ff.], vgl. die zugehörige ausführliche Interpretation in [Hischer 2003]: Cantors Darstellung ist nicht leicht verständlich, und seine perspektivische Zeichnung ist nicht einwandfrei. Eine schöne Darstellung findet sich z. B. bei [van der Waerden 1956, ff.].

[849]   Gemeint ist der umgeformte Hilfssatz (2) von Hippokrates in Abschnitt 8.5.1 auf S. 272.

[AD] ist der in Bild 8.26 und Bild 8.27 strichliert dargestellte Halbzylinderdurchmesser, und die in Bild 8.30 dick strichliert dargestellte Kurve AKD ist die in Bild 8.28 zu sehende Schnittkurve. Erweitert man in Bild 8.30 den Basishalbkreis des Halbzylinders zu einem Vollkreis, so ist [BZ] ein weiterer Durchmesser dieses Kreises, wobei [BZ] ⊥ [AD] gilt.

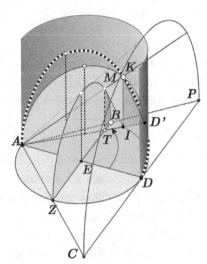

Die Kreistangente in D schneidet die Verlängerung der Strecke [AB] in P, und das Dreieck △ADP ist rechwinklig und gleichschenklig und beschreibt bei Rotation um [AD] den in Bild 8.29 zu sehenden Kegelmantelteil, wobei P dann den in Bild 8.30 zu sehenden Halbkreis über [CP] beschreibt. Zusätzlich zu diesem Halbkreis wird vertikal zur Grundebene über [BZ] ein weiterer Halbkreis errichtet, dessen Zenit durch einen kleinen Hohlkreis angedeutet ist.

Bild 8.30: Gesamtdarstellung zur Lösung der Würfelverdoppelung durch Archytas von Tarent

In anderer Sicht kann man sich die Schnittkurve AKD dadurch entstanden denken, dass der vertikal über [AD] errichtete (nicht eingezeichnete) Halbkreis um den Punkt A als Drehpunkt mathematisch positiv um 90° gedreht wird: In jeder Position des Drehwinkels von 0° bis 90° schneidet dieser Halbkreis dabei den Halbzylinder in genau einem Punkt, und so ist die entstehende Archytas-Kurve nicht nur als *Schnittkurve* von Halbzylinder und Achteltorus zu denken, sondern außerdem auch *kinematisch als Ortslinie*.

Behauptung: Ist [AB] die Kantenlänge des gegebenen Würfels, so ist |AK| die gesuchte Kantenlänge desjenigen Würfels mit doppeltem Volumen.

Beweis: Bild 8.30 zeigt eine Zwischenposition dieses über [AD] errichteten und um A gedrehten Halbkreises, bei der der Punkt D in den Punkt D' übergegangen ist. Dessen Schnittpunkt mit dem Halbzylinder ist der Punkt K, und I ist dessen Lotfußpunkt. Der Zenit dieses Halbkreises ist in dieser Position als kleiner Hohlkreis zu erkennen. Der Punkt K liegt zugleich auf dem in Bild 8.29 dargestellten Kegelmantel, und die Gerade ⟨AK⟩ schneidet den Halbkreis über [BZ] im Punkt M mit dem Lotfußpunkt T, also ist [BZ] ⊥ [MT]. Nach dem Höhensatz des Euklid gilt dann

$$|MT|^2 = |BT| \cdot |TZ|. \tag{3}$$

Da [BZ] und [AI] sich schneidende Sehnen in einem Kreis mit dem Schnittpunkt T sind, gilt weiterhin mit dem Sehnensatz

$$|BT| \cdot |TZ| = |AT| \cdot |TI|. \tag{4}$$

Aus (3) und (4) folgt

$$|MT|^2 = |AT| \cdot |TI|. \tag{5}$$

In Umkehrung des Höhensatzes des Euklid ist damit $\sphericalangle AMI = 90° = \sphericalangle AKD'$, d. h., die Dreiecke $\triangle AMI$ und $\triangle AKD'$ sind ähnlich, aber sie sind auch ähnlich zum rechtwinkligen Dreieck $\triangle AIK$ wegen $\sphericalangle IAM = \sphericalangle IAK$. Damit ist folgende fortgesetzte Proportion ablesbar:

$$|AM|:|AI| = |AI|:|AK| = |AK|:|AD'|. \tag{6}$$

(6) zeigt also die Einschiebung der *beiden mittleren Proportionalen* $|AI|$ und $|AK|$ zwischen $|AM|$ und $|AD'|$. Setzen wir also $a := |AB| = |AM|$, $b := |AD| = |AD'|$, $x := |AI|$ und $y := |AK|$, so liegt eine Ähnlichkeit mit der Voraussetzung von (2) vor, sofern $b = \sqrt{2a}$ gelten würde. Doch genau das tritt ein, weil $\triangle ADB$ ein gleichschenkliges rechtwinkliges Dreieck ist, und damit erhalten wir mit (2): $y^3 = 2a^3$.

Der Punkt K auf der Archytas-Kurve ergibt sich also als Schnittpunkt von Halbzylinder, Achteltorus und Kegelmantel, und sein Abstand zum Punkt E, dem Torusmittelpunkt, ist die zu konstruierende Kantenlänge des gesuchten Würfels, der das doppelte Volumen hat wie der Würfel mit der Kantenlänge $|AB|$.   ◆

Welch ein beeindruckender Lösungsweg, den Archytas von Tarent hier vor rund 2400 Jahren gefunden hat!

Da diese *Archytas-Kurve* in der Mantelfläche des Halbzylinders verläuft, lässt sie sich in die Ebene abwickeln: In einem kartesischen x-y-z-Koordinatensystem mit $A = (0,0,0)$ und $\langle AD \rangle$ als x-Achse nehmen wir die x-y-Ebene als Grundebene und die z-Achse als Torusachse. Sodann sind die Flächen ersichtlich wie folgt algebraisch beschreibbar:

Halbzylinder: $(x-1)^2 + y^2 = 1$, *Torus:* $x^2 + y^2 + z^2 = 2\sqrt{x^2 + y^2}$.

Mit $x = 1 + \cos(\varphi)$ und $y = \sin(\varphi)$ (in Polarkoordinaten) ergibt sich für die Schnittkurve

$$z = \sqrt{2} \cdot \sqrt{\sqrt{2 \cdot \left(1 + \cos(\varphi)\right)} - (1 + \cos(\varphi))}.$$

Diese Kurve besitzt genau einen lokalen Hochpunkt bei $\varphi \approx 2{,}1$ (Bild 8.31), was ohne Mittel der Analysis elementar begründbar ist: Gemäß Bild 8.30 liegt dieser Hochpunkt dort, wo der Zenith des gedrehten Halbkreises den Halbzylinder durchstößt. Der Lotfußpunkt dieses Zenits liegt auf dem Kreisumfang des Grundkreises. Da die entstehende Sehne wegen der Konstruktion genau so lang ist wie der Radius des Grundkreises, ist sie Teil eines einbeschriebenen Sechsecks. Der zugehörige Winkel ist also 120° oder $2\pi/3 \approx 2{,}0944$.

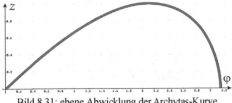

Bild 8.31: ebene Abwicklung der Archytas-Kurve

8.5.4   Lösungsweg: die Muschellinie (Konchoïde) des Nikomedes

Die von Nikomedes erfundene Muschellinie (vgl. Abschnitt 8.4.5) wurde von
ihm auch zur *Würfelverdoppelung* verwendet. Cantor kommentiert Nikomedes'
Beweisführung: [850]

> Den Ideengang seiner Auflösung und sei-
> nes Beweises lassen wir hier folgen, wo-
> bei wir nur diejenigen geringfügigen Ab-
> änderungen vornehmen, welche nothwen-
> dig sind, um statt eines Rechnens mit Pro-
> portionen das uns geläufigere Rechnen
> mit Gleichungen einzuführen.

In Bild 8.32 wird Nikomedes' Beweis-
gang in Anlehnung an Cantors Darstellung visualisiert: [851] Zunächst wird das
Rechteck $\square ABGL$ mit den Kantenlän-
gen $2a$ und $2b$ konstruiert und um die

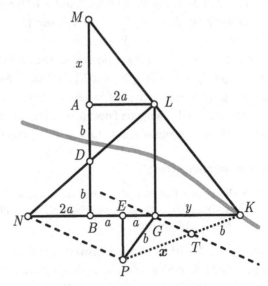

Bild 8.32: Kreisquadratur mit der Muschellinie

Punkte N und D mit den entsprechend angegebenen Strecken ergänzt. E ist Mittelpunkt von
$[BG]$, und P liegt so, dass $[EP] \perp [BG]$ mit $|PG| = b$. Dadurch ist $[NP]$ gegeben, und parallel hierzu wird eine Gerade durch G gezogen, die zur festen Geraden der zu konstruieren-
den Muschellinie wird (Gerade $\langle MD \rangle$ in Bild 8.17). P ist deren Pol mit b als festem Abstand
(entsprechend dem Abstand d in Bild 8.16 bzw. Bild 8.17. K ergibt sich als Schnittpunkt der
Muschellinie mit der Geraden $\langle BG \rangle$, und damit ist $|TK| = b$.

Die Geraden $\langle KL \rangle$ und $\langle BA \rangle$ liefern den Schnittpunkt M, und schließlich wird $|AM| := x$
und $|GK| := y$ gesetzt.

Behauptung:
$$\frac{2a}{x} = \frac{x}{y} = \frac{y}{2b}. \tag{*}$$

Beweis:

Wegen der Ähnlichkeit der Dreiecke $\triangle ALM$ und $\triangle GKL$ ist $x : (2a) = 2b : y$, also
$x = (4a) \cdot b : y = |NG| \cdot |TK| : |GK|$. Wegen der Parallelität von $[NP]$ und $[GT]$ gilt mit dem
Strahlensatz $|PT| : |NG| = |TK| : |GK|$, oder $|NG| \cdot |TK| : |GK| = |PT|$, also $|PT| = x$ und
$|PK| = x + b$.

---

[850]   [Cantor 1894, 335]
[851]   [Cantor 1894, 336 f.]; Cantors Darstellung ist nicht einfach nachzuvollziehen; die Abbildung findet sich auch bei
        [Sturm 1670, 114], [Heiberg 1981b, 124], [Heiberg 1972, 106] und [Heath 1914, 104], wenn auch jeweils ohne
        Muschellinie, die Cantor immerhin andeutet, wenn auch nicht korrekt.

Nun ist $[EP]$ Kathete in den rechtwinkligen Dreiecken $\triangle GEP$ und $\triangle KEP$ mit den zweiten Katheten der Längen a bzw. $y + a$ und den Hypotenusen der Längen b bzw. $x + b$.

Daher lässt sich die Länge der Kathete $[EP]$ auf zweifache Weise berechnen, was zu $b^2 - a^2 = (x + b)^2 - (y + a)^2$ führt, woraus sich $x \cdot (x + 2b) = y \cdot (y + 2a)$ und damit als Proportion $x : y = (y + 2a) : (x + 2b)$ ergibt. Auch die Dreiecke $\triangle BKM$ und $\triangle GKL$ sind ähnlich, daher gilt $(y + 2a) : (x + 2b) = |BK| : |BM| = |GK| : |GL| = y : (2b)$, und somit ergibt sich $x : y = y : (2b)$ oder äquivalent in heutiger Notation $2bx = y^2$.

Aus dieser Gleichung und der zuvor schon ermittelten $x \cdot (x + 2b) = y \cdot (y + 2a)$ ergibt sich $2ay = x^2$, und hieraus und aus $2bx = y^2$ folgt schließlich $(2a) : x = x : y = y : (2b)$.   ♦

Cantor schreibt hierzu: [852]

> Auflösung und Beweis sind gleichmässige Zeugnisse für den Scharfsinn des Erfinders, der schon um des oben beschriebenen Conchoidenzeichners willen einen rühmlichen Platz in der Geschichte der Mathematik verdient.

Und in der Tat ist es bewundernswert, wie hier bei Nikomedes geometrische Einsicht und algebraische Kombinationsgabe zu dieser Proportion (∗) führen, die also zu den beiden Längen $2a$ und $2b$ über die in Bild 8.32 dargestellte Konstruktion der Figur mit Hilfe der Muschellinie zwei mittlere Proportionale x und y liefert.

Doch wie wird nun damit das Problem der Verdoppelung des Würfels der gegebenen Kantenlänge a mit dem Hilfssatz von Dinostratos aus Abschnitt 4.1 gelöst?

Man ersetze in Bild 8.32 a durch $\frac{a}{2}$ und b durch a, und dann wird (∗) zu

$$\frac{a}{x} = \frac{x}{y} = \frac{y}{2a}.$$

Mit dem Hilfssatz von Dinostratos ist dann x die gesuchte Kantenlänge.

8.5.5   Lösungsweg: das Mesolabium des Eratosthenes

Eratosthenes von Kyrene (276 – 194) konstruierte einen konkreten mechanischen Apparat, den er „Mesolabium" nannte. [853]

Cantor beschreibt auch diese Lösung. [854] Zu dem in den Abschnitten 8.2.3.3 und 8.5.1 erwähnten Brief von Erathostenes an Ptolemäus schreibt er hier:

> Der Haupttheil des Briefes lehrt selbst eine Verdoppelung des Würfels unter Anwendung eines eigens dazu erfundenen Apparates, des Mesolabium, wie es genannt wurde, weil es dabei auf die Auffindung zweier geometrischer Mittel zwischen zwei gegebenen Grössen und zwar durch Bewegungsgeometrie ankam.

---

[852]   [Cantor 1894, 336]
[853]   „Mesolabium" = „Ergreifer der Mitte", siehe dazu den Kommentar von Felgner auf S. 257.
[854]   [Cantor 1984, 315]; vgl. dazu auch [Sturm 1670, 109 f.], [Heiberg 1881b, 109 ff.] und [Heiberg 1972, 93 f.]).

Bild 8.33 zeigt eine „Ausgangsposition"
dieses Mesolabiums, das aus drei kongruenten rechteckigen Täfelchen besteht, die
überlappend auf jeweils zwei parallelen
Schienen horizontal frei beweglich sind.

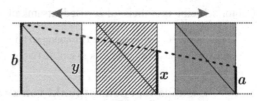

So möge z. B. das ganz links zu sehende Täfelchen oben liegen, darunter liegt

Bild 8.33: Mesolabium – Ausgangsposition

das mittlere und darunter, ganz unterhalb gelegen, liegt das rechte. Die drei auf den Täfelchen
markierten Diagonalen sind aufgrund der Anordnung parallel.

Und wie wird damit das Problem der Würfelverdoppelung gelöst?

Nach dem Hilfssatz des Hippokrates sind zu zwei gegebenen Längen a und b mit $a < b$
zwei Längen x und y mit $a : x = x : y = y : b$ gesucht. Wir wählen dazu a und b als Längen
auf den Außenrändern der äußeren Täfelchen wie in Bild 8.33.

Damit lässt sich im Prinzip jeder beliebige Fall erfassen, indem die Längenpaare ggf. mit
Hilfe des Strahlensatzes angepasst werden:

Zwischen den oberen Endpunkten der mit a und b markierten Strecken denken wir uns ein
Gummiband gespannt (gestrichelt in Bild 8.33; die mit x und y markierten Strecken sind
noch nicht die gesuchten Lösungen). Die Täfelchen werden
horizontal abwechselnd und „iterierend" so weit verschoben,
bis sich das Gummiband und die Diagonalen jeweils auf der
rechten Kante eines Täfelchens schneiden und damit zwei
neue Strecken der Längen x und y auf den beiden mittleren
Kanten kennzeichnen (siehe Bild 8.34).

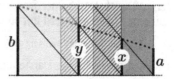

Bild 8.34: Lösungsposition

Behauptung: In Bild 8.34 sind x und y sind die gesuchten mittleren Proportionalen.

Beweis: Die drei hellen und die drei dunklen Dreiecke
in Bild 8.35 sind jeweils ähnlich, und wir lesen damit ab:

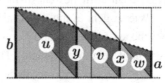

Bild 8.35: ähnliche Dreiecke

$$b : u = y : v = x : w \quad \text{und} \quad y : u = x : v = a : w.$$

Elementare Kombination dieser Gleichungen führt dann zu $a : x = x : y = y : b$.   ◆

Der Beweis weckt Assoziationen an die spätere Summierung der geometrischen Reihe durch
Torricelli (1608 – 1647). [855] Die beschriebene manuelle Iteration „konvergiert" überraschend
schnell und zufriedenstellend. Die rechteckigen Täfelchen des von Eratosthenes erfundenen
Mesolabiums bestanden aus Holz, Metall oder Elfenbein. Dieses Verfahren kann man auch
mit einem angelegten „Einschiebelineal" durchführen, und es lässt sich sehr schön mit einem
Programm für Bewegungsgeometrie simulieren.

---

[855] In [Torricelli 1644, 64 – 66]; vgl. dazu die Beschreibung auf S. 313 f.

Cantor schreibt abschließend zur Bedeutsamkeit dieser Erfindung: [856]

> Eratosthenes schlug diese seine Erfindung so hoch an, dass er zum ewigen Gedächtnisse derselben ein Exemplar als Weihgeschenk in einem Tempel aufhängen liess.

8.5.6   Lösungsweg: Schnittpunkt von zwei Kegelschnitten nach Menaichmos

Menaichmos (380 – 320), ein Bruder von Dinostratos (dem die Quadratur des Kreises mit Hilfe der Quadratrix zu verdanken ist, vgl. Abschnitt 8.6.1), gelang die für die Verdoppelung des Würfels erforderliche Auffindung von zwei mittleren Proportionen mit Hilfe der Ermittlung des Schnittpunkts zweier Kegelschnitte – sowohl durch den Schnitt von zwei Parabeln als auch durch den Schnitt einer Parabel und einer Hyperbel.

Johann Christoph Sturm beginnt seinen Abschnitt hierzu wie folgt (Bild 8.36): [857]

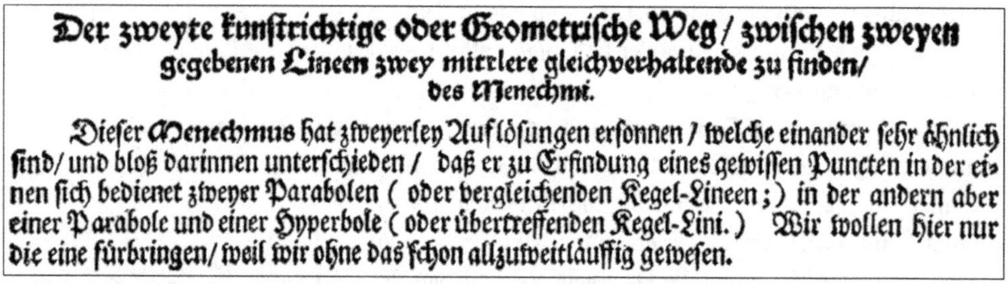

> **Der zweyte kunstrichtige oder Geometrische Weg / zwischen zweyen gegebenen Lineen zwey mittlere gleichverhaltende zu finden / des Menechmi.**
>
> Dieser Menechmus hat zweyerley Auflösungen ersonnen / welche einander sehr ähnlich sind / und bloß darinnen unterschieden / daß er zu Erfindung eines gewissen Puncten in der einen sich bedienet zweyer Parabolen (oder vergleichenden Kegel-Lineen;) in der andern aber einer Parabole und einer Hyperbole (oder übertreffenden Kegel-Lini.)   Wir wollen hier nur die eine fürbringen/ weil wir ohne das schon allzuweitläuffig gewesen.

Bild 8.36: Beschreibung der Würfelverdoppelung durch Menaichmos (Einleitungstext bei Sturm)

Da auch die bisherige Darstellung schon „allzu weitläufig gewesen" ist, soll hier ebenso nur der Weg über den Schnitt zweier Parabeln beschrieben werden. Das Verfahren ist bei Eutokios beschrieben, dessen Ausführung wir kurz folgen: [858]

Wieder geht es um die Bestimmung von zwei mittleren Proportionalen x und y zu zwei gegebenen Längen a und b mit $a < b$, so dass also $a : x = x : y = y : b$ gilt (wie im letzten Abschnitt beim Mesolabium). Hieraus lassen sich einerseits die beiden Gleichungen $ay = x^2$ und $xy = ab$ ablesen, was als Schnitt einer Parabel mit einer Hyperbel interpretierbar ist, und andererseits liest man die Gleichungen $ay = x^2$ und $bx = y^2$ ab, die als Schnitt von zwei Parabeln gedeutet werden können; dieser Fall sei hier betrachtet. Doch woher bekommt man diese beiden Kurven? Dazu sei erneut auf den in Abschnitt 4.1 zitierten Brief des Eratosthenes an König Ptolemaios verwiesen, in dem es zum Schluss heißt:

> Es widerfuhr ihnen aber insgesammt, dass sie zwar ihre Zeichnungen mit geometrischer Evidenz nachgewiesen hatten, sie aber nicht leicht mit der Hand ausführen und zur Anwendung bringen konnten, ausser etwa einigermassen die des Menächmus, doch auch nur mühsam.

---

[856] [Cantor 1894, 316]; gemäß [van der Waerden 1956, 384] ließ Eratosthenes seine „*mechanische Auflösung [...] im Tempel des Königgottes PTOLEMAIOS in Stein meisseln*", wobei „*darüber ein Modell in Bronze stand, das aus dreieckigen oder viereckigen Plättchen bestand [...]*".

[857] Aus [Sturm 1670, 118].

[858] Siehe hierzu [Heiberg 1881b, 92 ff.], [Heiberg 1972, 78 f.]), [Sturm 1670 f.], [Cantor 1894, 217 f.].

Das von Sturm umständlich beschriebene Lösungsverfahren von Menaichmos [859] sei angedeutet: Bild 8.37 zeigt zwei Parabeln in Normalformdarstellung $y^2 = 2px$ bzw. $x^2 = 2qy$ mit
den sog. *Halbparametern* p bzw. q. Dabei seien p und q

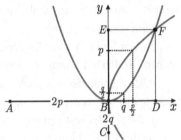

so gewählt, dass $a = 2q$ und $b = 2p$ gilt.

Dann ergibt sich, dass für die Koordinaten x und y
des Schnittpunkts F der beiden Parabeln gilt:

$$a : x = x : y = y : b.$$

x, y sind die beiden gesuchten mittleren Proportionalen.

Damit ist das Problem der Würfelquadratur im Prinzip „praktisch" gelöst, sofern sich ein Weg findet, aus
den gegebenen Größen a und b die beiden Parabeln zu
erhalten, um deren Schnittpunkt zu ermitteln. Menaich-

Bild 8.37: Schnitt zweier Parabeln zur
Würfelverdoppelung nach Menaichmos

mos bietet auch dafür eine elegante Lösung an, die sogar dazu geeignet ist, einen mechanischen „Parabelzirkel" zu bauen, ähnlich dem Konchoïdenzirkel, um damit die Normalparabel
wie eine Konchoïde „organisch" erzeugen zu können.

Dazu sei gemäß [Sturm 1670, 119 f.] in Bild 8.38 nur eine der
beiden Parabeln aus Bild 8.37 betrachtet und diese Darstellung
wie folgt ergänzt:

Parallel zu $\langle BD \rangle$ läuft die Gerade g durch C, und links von C
ist $H \in g$ frei gewählt. Die gestrichelte Halbgerade h ist orthogonal zur Geraden $\langle HB \rangle$ und schneidet g in G, also $[BG \rangle = h$.
$[BG \rangle$ ist fest mit $\langle HB \rangle$ in B derart verbunden, dass die Punkte G
und H bei Drehung dieses Verbundsystems um B auf g gleiten.

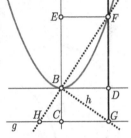

Die zu g orthogonale Gerade $\langle GD \rangle$ durch G schneidet $\langle HB \rangle$ in F,

Bild 8.38: Parabelzirkel
nach Menaichmos –
Prinzipdarstellung

und dieser Schnittpunkt liefert bei Verschiebung von H den rech-
ten Parabelast als Ortskurve. Aus Bild 8.38 liest man wegen der Ähnlichkeit von Dreiecken
$2q : x = x : y$ ab, was $x^2 = 2qy$ liefert, also die zu konstruierende Parabel.

Dieser *Parabelzirkel* von Menaichmos lässt sich (bis auf
die technische „Problemzone" in der Nähe des Punktes B)
sowohl mechanisch bauen als auch mit einem Programm für
Bewegungsgeometrie simulieren.

Frans van Schooten (1615 – 1660) hat bekanntlich mechanische „Zirkel" zum Zeichnen von Ellipsen, Hyperbeln
und Parabeln beschrieben, so z. B. auch den in Bild 8.39
dargestellten Parabelzirkel. [860]

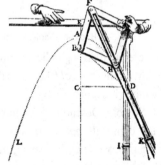

Bild 8.39: mechanischer Parabelzirkel
(van Schooten)

---

[859] [Sturm 1670, 118 f.]
[860] [van Schooten 1646; 26, 57, 74]

8.5.7   Lösungsweg: Schnittpunkt von Parabel und Kreis nach Descartes

Im Anschluss hieran erwähnt Sturm eine äußerst elegante Variation dieser Lösung durch René **Descartes** mit nur einer Parabel und einem Kreis. Den Kreismittelpunkt und den Kreisradius teilt Sturm ohne Beweis mit. [861]

Statt den Versuch einer Ergründung dessen zu unternehmen, wie er darauf gekommen ist, rechnen wir den bei Sturm präsentierten Sachverhalt einfach analytisch nach!

Für den Parabelschnittpunkt in Bild 8.37 setzen wir $F = (u, v)$ an. Aus den beiden Parabelgleichungen $x^2 = 2qy$ und $y^2 = 2px$ ergibt sich $u = 2 \cdot \sqrt[3]{pq^2}$ und $v = 2 \cdot \sqrt[3]{p^2q}$. Mit $a = 2q$ und $b = 2p$ bestätigt man sofort $a : x = x : y = y : b$.

Gemäß Bild 8.37 gilt dann für den Kreismittelpunkt $G = (p, q)$, also gilt für den gesuchten Radius $r = \sqrt{p^2 + q^2}$, so dass nur noch $|MF| = r$ zu zeigen ist, was man ebenfalls sofort nachrechnet.

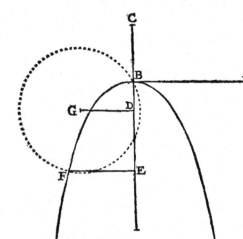

2. Diefem bißher erklärten Weg *Menechmi* ist nicht ungleich der jenige/ welchen der obenbelobte sinnreiche **Cartesius** in seiner Geometri erforschet hat/ ausgenommen daß er nur eine Parabel gebrauchet / an statt der andern aber (umb das Punct F zu bestimmen) eine Kreiß-Lini beschreibet; wie aus beygefügtem Abriß (in welchem wir obige Buchstaben oder Benennungen mit Fleiß behalten) zu ersehen ist.

Dann/ wann er zwischen A B und B C zwey mittlere gleichverhaltende finden solle/ und die Parabel umb die Mittel-Lini B E obiger begehrter massen beschrieben ist / so machet er B D gleich der halben B C, und richtet aus D auf die senkrechte Lini D G halb so groß als A B ; beschreibet endlich aus G, in der Weite G B einen Kreiß/ welcher die Parabel in F durchschneidet / und also die zwey mittlere gleichverhaltende/ B E und E F, bestimmet.

Bild 8.40: Variation von Menaichmos' Lösung durch Descartes (Darstellung bei Sturm)

Es bleibt allerdings die spannende Frage, mit welchem *medialen Blick* Descartes diesen Sachverhalt *entdeckt* hat, setzt doch seine Entdeckung subtile Kenntnisse der analytischen Geometrie voraus. [862]

Sowohl Descartes' als auch Menaichmos' Lösung setzen als „mechanische" Lösungen (und damit als *näherungsweise* Lösungen) voraus, dass es gelingt, zuvor die Parabel(n) zu zeichnen, wozu ein Parabelzirkel dienen mag. Darüber hinaus verbergen sich in hinter beiden Verfahren auch *exakte Lösungen*, weil sie ja *algebraisch exakt gedacht* werden können! [863]

---

[861]   Siehe das Faksimile in Bild 8.40.

[862]   Das sei einer Betrachtung der „Géométrie" von Descartes (1737) vorbehalten, die hier nicht Gegenstand ist.

[863]   Vgl. hierzu Abschnitt 8.7.3.

8.6 Quadratur des Kreises

8.6.1 Lösungswerkzeuge: die Trisectrix als Quadratrix, Satz des Dinostratos

Die *Kreisquadratur* trat zwar als erstes der drei klassischen Probleme auf, nämlich 434 v. Chr. bei **Anaxagoras** von Klazomene (499 – 428), sie wurde aber erst etwa 350 v. Chr. erstmals „gelöst", und zwar durch **Dinostratos** (390 – 320) unter Verwendung der 420 v. Chr. von **Hippias** von Elis (460 – 400) erfundenen *Trisectrix* (vgl. Abschnitt 8.4.2), die deshalb auch *Quadratrix* heißt (vgl. Abschnitt 8.2.3.4). Moritz Cantor schreibt dazu: [864]

> Dinostratus, der Bruder des Menächmus, bediente sich Pappus zufolge zur Quadrirung des Kreises jener krummen Linie, deren Erfindung wir für Hippias von Elis in Anspruch nehmen mussten, und welche muthmasslich nur von ihrer neuen Anwendung den Namen der Quadratrix erhielt (S. 183). Auch über das dabei eingeschlagene Verfahren gibt Pappus uns erwünschte Auskunft.

Dieses Quadraturverfahren wird nachfolgend in heutiger Formulierung ausführlich dargestellt. Die Betrachtungen sind aufwendiger als die bisherigen. Grundlegend ist mit Bezug auf Bild 8.41 folgender Satz:

Satz des Dinostratos: In der Quadratrix gilt $\dfrac{\hat{b}}{r} = \dfrac{r}{q}$.

Bild 8.41: zum Satz des Dinostratos

Die Quadratseite r ist also die *mittlere Proportionale* (das geometrische Mittel) zwischen der Bogenlänge $\hat{b}$ des Viertelkreises und der von der Quadratrix „erzeugten" Streckenlänge q: So beachten wir, dass der rechte Randpunkt der mit q bezeichneten Strecke gemäß Definition der Quadratrix in Bild 8.6 und Bild 8.7 *nicht als Schnittpunkt* existiert, vielmehr kann er nur als theoretische „*Grenzlage*" der kinematischen Kurvenerzeugung aufgefasst werden.

Zum Beweis verwendet Dinostratos einen für die griechische Antike typischen indirekten sog. *apagogischen Beweis*: So zeigt er unter Anwendung der *Trichotomie*, dass

$$\text{weder } \frac{\hat{b}}{r} < \frac{r}{q} \text{ noch } \frac{\hat{b}}{r} > \frac{r}{q}$$

möglich ist und dass deshalb die behauptete Gleichheit eintreten muss. Diesen Beweis werden wir elementargeometrisch über die kinematische Definition der Quadratrix führen. Dazu erweitern wir Bild 8.41 zu Bild 8.42 und betrachten zwei von drei möglichen Fällen, von denen jeder zu einem Widerspruch führen wird.

Wir verwenden hierbei die bekannten Zusammenhänge zwischen Bogenlänge, Kreisradius und dem Winkel im Bogenmaß:

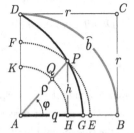

Bild 8.42: Zum Beweis des Satzes von Dinostratos

$$\hat{b} = \tfrac{\pi}{2}\, r, \quad \widehat{EP} = \varphi\rho.$$

---

[864] [Cantor 1984, 233]

Wir kommen damit zum

Beweis des Satzes von Dinostratos:

Fall 1: $\dfrac{\overset{\frown}{b}}{r} < \dfrac{r}{q}$

Es gibt dann einen Punkt E auf $[AB]$ mit $|AE| > |AG| = q$ und $\overset{\frown}{b} : r = r : |AE|$. Mit $\overset{\frown}{EF}$ als Länge des Viertelkreisbogens von E bis F ist $\overset{\frown}{EF} : |AE| = \overset{\frown}{b} : r$, also $\overset{\frown}{EF} = r$.

Aufgrund der kinematischen Definition der Quadratrix ist $\overset{\frown}{EF} : \overset{\frown}{EP} = r : h$, und mit $\overset{\frown}{EF} = r$ folgt daraus $\overset{\frown}{EP} = h$, was aber offensichtlich falsch ist.

Fall 1 kann damit nicht eintreten.

Fall 2: $\dfrac{\overset{\frown}{b}}{r} > \dfrac{r}{q}$

Dann gibt es einen Punkt H auf $[AB]$ mit $|AH| < |AG| = q$ und $\overset{\frown}{b} : r = r : |AH|$.

Wir deuten nunmehr Bild 8.42 so, dass der Punkt H auf der Quadratseite vorgegeben ist und senkrecht darüber der Punkt P auf der Quadratrix gewählt wird, so dass $h = |HP|$ ist.

Dann lesen wir die Proportionalität $\overset{\frown}{b} : r = \overset{\frown}{HK} : |AH|$ ab, woraus zunächst $\overset{\frown}{HK} = r$ folgt.

Analog zum ersten Fall gilt $\overset{\frown}{HK} : \overset{\frown}{HQ} = r : h$, und mit $|HK| = r$ folgt zunächst $\overset{\frown}{HQ} = h$. Cantor schreibt hierzu nur: *„und das ist nicht möglich".* [865] Das bedarf jedoch einer Begründung, auch wenn Bild 8.42 das nahelegt, doch damit ist noch nicht klar, wie Dinostratos seinen Schluss begründet. Stattdessen verwenden wir den (auch im Mathematikunterricht) üblichen Flächeninhaltsvergleich:

Ist $\overset{\frown}{AHQ}$ der Flächeninhalt des Kreisbogendreiecks AHQ, und ist $\overset{\frown}{AHP}$ der Flächeninhalt des Dreiecks AHP, so gilt erkennbar $\overset{\frown}{AHQ} < \overset{\frown}{AHP}$.

Wegen $\overset{\frown}{AHQ} = \frac{1}{2}\varphi \cdot |AH|^2$ und $\overset{\frown}{AHP} = \frac{1}{2}|AH| \cdot h = \frac{1}{2}|AH|^2 \cdot \tan\varphi$ gilt $0 < \varphi < \tan(\varphi)$ für $0 < \varphi < \frac{\pi}{2}$, also $\overset{\frown}{HQ} = |AH| \cdot \varphi < |AH| \cdot \tan\varphi = h$ im Widerspruch zu $\overset{\frown}{HQ} = h$.

Damit kann auch Fall 2 nicht eintreten, und aufgrund der Trichotomie folgt:

$$\dfrac{\overset{\frown}{b}}{r} = \dfrac{r}{q} \qquad \blacklozenge$$

Dieser apagogische Beweis basiert auf der Lückenlosigkeit des angeordneten Körpers $(\mathbb{R}, +, \cdot, \leq)$, also auf dessen Vollständigkeit und damit auf dem Zwischenwertsatz. Dieser war aus heutiger Sicht bereits Eudoxos für den angeordneten Halbkörper $(\mathbb{R}_+, +, \cdot, \leq)$ bekannt. [866]

---

[865]   [Cantor 1894, 234]
[866]   Vgl. dazu nähere Ausführungen z. B. in [Hischer 2012; 125, 344 f., 349 ff.].

Darauf aufbauend kommt Dinostratos nun wie folgt zur **Kreisquadratur**:

$\widehat{b}$ stellt eine Länge dar (die Länge des Viertelkreisbogens in Bild 8.41 bzw. in Bild 8.42). Also müsste man in der Proportion des Satzes von Dinostratos für $\widehat{b}$ die Länge s einer gleichlangen Strecke so einsetzen können, dass dann gilt:

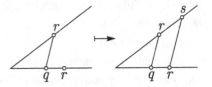

Bild 8.43: Konstruktion der Viertelkreislänge s mit Hilfe des Strahlensatzes

$$\frac{s}{r} = \frac{r}{q} \quad \text{mit} \quad s = \widehat{b}$$

Und solch eine Strecke s lässt sich mit Hilfe des Strahlensatzes (an dieser Stelle *noch* „mit Zirkel und Lineal") wie in Bild 8.43 dargestellt konstruieren.

Daraus ergibt sich mit Bild 8.44:

Ist ein Kreis mit dem Radius r gegeben, so liefert die Quadratrix die Länge q, und mit Hilfe des Strahlensatzes ist eine Strecke der Länge s so konstruierbar, dass für den Flächeninhalt des Kreises in heutiger Sichtweise $A = \pi r^2 = (\pi r)r = (2\widehat{b})r = (2s)r$ gilt.

Die Quadratrix ermöglicht also mittels der Streckenlänge q die Umwandlung eines Kreises in ein Rechteck mit demselben Flächeninhalt, womit dieses dann schließlich (z. B. mit dem Höhensatz des Euklid bzw. mit dem Winkelhaken wie in Bild 8.24) in ein Quadrat mit demselben Flächeninhalt verwandelt werden kann.

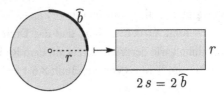

Bild 8.44: Zur Quadratur des Kreises

Damit ist das klassische Problem der *Quadratur des Kreises* dadurch „gelöst", dass anstelle einer Konstruktion, die nur mit Zirkel und Lineal erfolgt, als weiteres Werkzeug eine spezielle Kurve verwendet wird – hier also die *Trisectrix* (bzw. die *Quadratrix*) *des Hippias*. Mit $\widehat{b} = \frac{\pi}{2}r$ folgt dann aus dem Satz von Dinostratos $\frac{r}{q} = \frac{\pi}{2}$ oder $r = \frac{\pi}{2} \cdot q$ oder $q = \frac{2}{\pi} \cdot r$.

8.6.2   Lösungswerkzeug: die Archimedische Spirale

Mit der Archimedischen Spirale lässt sich nicht nur das Problem der Winkeldreiteilung „lösen", sondern erstaunlicherweise auch das Problem der Kreisquadratur, und zwar mit einem elementaren infinitesimalen Ansatz. Boyer schreibt: [867]

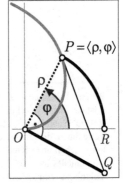

> Archimedes, in his study of the spiral, seems to have found the tangent to a curve through kinematic conciderations akin to the differential calculus.
> [… The spiral] can serve to square the circle, as Archimedes showed.

Bild 8.45: Tangente an Archimedische Spirale

---

[867]   [Boyer 1968, 141]

Anhand von Bild 8.45 sei zunächst die Grundidee skizziert: [868] Aufgrund der kinematischen Definition der Spirale gilt $\rho = a \cdot \varphi$ für die Polarkoordinaten $\langle \rho, \varphi \rangle$ [869] von P mit einem Proportionalitätsfaktor a.

Archimedes *untersucht die Lage der Tangente in einem Berührpunkt P der Spirale*, und es folgt, dass die hier schräg liegende „Subtangente" [870] $[OQ]$ genauso lang ist wie der Kreisbogen zwischen P und R. [871] Das damit entstehende Problem der Bestimmung der Tangentensteigung in P lässt sich elegant vereinfachen:

Für die Kreisquadratur genügt es nämlich, den Sonderfall in Bild 8.46 zu betrachten, bei dem der in Bild 8.45 zu sehende Punkt P die Polarkoordinaten $\langle \rho, \varphi \rangle = \langle r, \pi/2 \rangle$ hat, so dass er also auf der Hochachse liegt. [872] Damit ist $a = 2r/\pi$, und s ist die Länge der Subtangente (hier die Projektion des Tangentenabschnitts auf die Rechtsachse). Für $\rho \approx r$ geht der Punkt $\langle \rho, \varphi \rangle$ bei infinitesimaler Änderung von φ um $d\varphi$ über in den Punkt $\langle \rho + d\rho, \varphi + d\varphi \rangle$ mit $d\rho = a \cdot d\varphi$.

Bewegt sich nun ein Punkt auf einem Kreis um den Ursprung mit dem Radius r um $d\varphi$, so hat das zugehörige Bogenstück die Länge $r \cdot d\varphi$, wie es das charakteristische Dreieck in Bild 8.46 zeigt.

Mit $d\rho/(r \cdot d\varphi) = a \cdot d\varphi/(r \cdot d\varphi) = a/r = 2/\pi$ hat die Tangente dann die Steigung $2/\pi$, und es ergibt sich die Gleichung $y = -2/\pi \cdot x + r$.

Es folgt $s = \pi/2 \cdot r = \widehat{b}$, und das Dreieck mit den Katheten r und s hat denselben Flächeninhalt wie der Viertelkreis mit dem Radius r. [873]

Wie am Schluss von Abschnitt 8.6.1 erhält man wegen $s = \frac{\pi}{2} \cdot r$ auch hier $r = \frac{2}{\pi} \cdot s$.

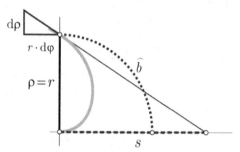

Bild 8.46: Archimedes' Kreisquadratur

[868] Weitere Andeutungen zu Archimedes' Vorgehensweise sind z. B. in [Boyer 1968, 141 f.] zu finden.
[869] ρ ist das kleine griechische „rho".
[870] Vgl. zu „Subtangente" auch S. 223.
[871] Siehe hierzu die umfangreiche Darstellung des Kapitels "On Spirals" bei [Heath 1897, 165 ff.], ferner schon im Original von Eutocios' Bericht bei [Heiberg 1881a, 51 ff.], dann auch bei [Archimedes 1972, 26 ff.] in deutscher Übersetzung.
[872] Vgl. hierzu Bild 8.9 auf S. 265.
[873] Physiker pflegen mit solchen „Differentialen" erfolgreich zu rechnen und zu argumentieren. Zur Rechtfertigung dieses auf Leibniz zurückgehenden „Kalküls" vergleiche Abschnitt 9.3.3.4.

8.7   Ergänzungen

8.7.1   Zur „Neusis" als Lösungsmethode

Bild 8.47 zeigt die *Lösungsstellungen* der Winkeldreiteilung: links mit dem „Einschiebelineal"
– aus Bild 8.13: Archimedes –, rechts mit der Konchoïde – aus Bild 8.17: Nikomedes –, wobei
die Figur aus Bild 8.17 hier um 90° entgegen dem Uhrzeigersinn gedreht ist. Sodann zeigt sich
eine vielleicht überraschende Gemeinsamkeit beider Figuren. [874]

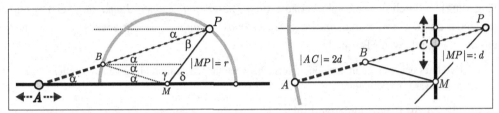

Bild 8.47: Verdeutlichung desselben Prinzips in Bild 8.13 und einem um 90° gedrehten Ausschnitt aus Bild 8.17

In beiden Fällen liegt ein fester Punkt P als „Pol" vor, und ein beweglicher Punkt kann auf
einer gegebenen Geraden mit nur einem Freiheitsgrad bewegt werden – links Punkt A und
rechts Punkt C. Dabei ist links A so zu positionieren, dass auf der Verbindungsgeraden $\langle AP \rangle$
(also der Trägerin des „Einschiebelineals", vgl. Bild 8.14 auf S. 267) der auf dem Lineal
fixierte Punkt B auf dem Kreis zu liegen kommt, und rechts ist C so zu positionieren, dass das
Lot vom Konchoïden-Punkt A auf die Gerade $\langle CM \rangle$ durch den vorgegebenen Punkt M läuft.

Hieran kann das „**Neusis**" genannte Prinzip erläutert werden, das schon auf S. 266 im Zitat
von Felgner zu Fußnote 825 als „*ausgerichtete Einschiebung*" erwähnt wird: Heath widmet in
der Einleitung seines Werks diesem Thema ein 23 Seiten umfassendes eigenes Kapitel mit
dem Titel "On the Problems known as ΝΕΥΣΕΙΣ". [875]

Im Vorwort erwähnt Heath, dass er sich eigentlich wegen des Umfangs dieses Kapitels zu
rechtfertigen gedenke, weil dieser über das Notwendige dessen hinausgehe, was zu einer
„Aufhellung" von Archimedes' Werk beitragen könne. Gleichwohl sei der Inhalt dieses Kapitels aber für sich genommen sehr interessant, und es vervollständige seine Untersuchungen zu
Apollonius und Archimedes. [876]

Auf der ersten Seite dieses Kapitels stellt er dann zunächst fest, dass es schwer sei, das
griechische Wort „Neusis" zufriedenstellend zu übersetzen, dass es aber mit Hilfe der Anmerkungen von Pappos zu den Büchern des Apollonius inhaltlich erschließbar sei:

> The word νεῦσις, commonly *inclinatio* in Latin, is difficult to translate satisfactorily, but its
> meaning will be gathered from some general remarks by Pappus having reference to the two Books
> of Apollonius entitled νεύσεις (now lost). Pappus says, "A line is said to *verge* (νεύειν) towards
> a point if, being produced, it reach the point," [...]

---

[874]   Nach einem Hinweis von Ulrich Felgner.
[875]   [Heath 1897, c ff.], in [Heath 1914, 94 ff.] in deutscher Übersetzung.
[876]   Siehe hierzu [Heath 1897, viii] und [Heath 1914, VI].

In der deutschen Übersetzung [Heath 1914, 94] heißt es:

> Das Wort νεῦσις, lateinisch gewöhnlich *inclinatio*, befriedigend zu übersetzen ist schwer, aber seine Bedeutung läßt sich aus einigen allgemeinen Bemerkungen bei Pappus entnehmen, die sich auf die zwei (jetzt verlorenen) Bücher des Apollonius mit dem Titel νεύσεις beziehen. Pappus berichtet: „Man sagt, eine Linie *neige sich* (νεύειν) gegen einen Punkt, wenn sie verlängert durch den Punkt geht," und gibt unter besonderen Fällen des allgemeinen Problems die folgenden an.

Gemäß dieser Übersetzung „neigt sich" eine Linie einem Punkt zu, wenn sie (ggf. nach Verlängerung) [877] durch diesen Punkt verläuft. Statt *„neigt sich … einem Punkt zu"*, sei dies nun treffender durch *„ in Richtung eines gegebenen Punktes zeigt …"* beschrieben. Heath erläutert das dann anhand zweier Beispiele:

> "Two lines being given in position, to place between them a straight line given in length and verging towards a given point."

Das heißt: Zu zwei „positionierten Linien" ist eine Strecke gegebener Länge so zu platzieren, dass sie *in Richtung eines gegebenen Punktes* zeigt. Was „Linien" sind, bleibt hier noch offen, es können Geraden sein, aber prinzipiell auch andere „Kurven" wie im zweiten Beispiel:

> "If there be given in position (1) a semicircle and a straight line at right angles to the base, or (2) two semicircles with their bases in a straight line, to place between the two lines a straight line given in length and verging towards a corner (γωνίαν) of a semicircle." [878]

> Thus a straight line has to be laid across two lines or curves so that it passes through a given point and the intercept on it between the lines or curves is equal to a given length.

Eine Gerade ist also so durch zwei „Linien" (das können Geraden oder „Kurven" – meist wohl Kreisbögen – sein) zu legen, dass sie *erstens* durch *einen gegebenen Punkt* verläuft und *zweitens* der dabei entstehende Geradenabschnitt eine *vorgegebene Länge* hat.

In der 1896 erschienenen deutschen Übersetzung zu „Die Lehre von den Kegelschnitten im Altertum" von Hieronymous Georg Zeuthen wird wohl erstmals im Deutschen das Wort „Einschiebung" in diesem Kontext verwendet, dem u. a. der „Zwölfte Abschnitt" gewidmet ist: [879]

> Namentlich giebt es eine bestimmte mechanische Operation, die so einfach ist und so oft von den Mathematikern des Altertums angewandt und erwähnt wird, daß man annehmen darf, die Zurückführung der Aufgaben auf dieselbe sei nicht ein bloßes Durchgangsglied zur Konstruktion durch Kegelschnitte gewesen. Dies ist die sogenannte *„ νεῦσις"*, welche im allgemeinen darin besteht, durch einen gegebenen Punkt eine gerade Linie so zu ziehen, daß zwischen zwei gegebenen Linien ein Stück von gegebener Länge abgeschnitten wird. In Übereinstimmung mit dieser Bedeutung wollen wir das Wort νεῦσις durch Einschiebung wiedergeben, nämlich Einschiebung des gegebenen Stückes zwischen die gegebenen Linien,

---

[877] Die Formulierung „ggf. nach Verlängerung" folgt dem Duktus der Übersetzung in [Heath 1914, 94].

[878] Heath übersetzt das griechische γωνίαν („gonian") mit „corner", also mit „Ecke", während in der deutschen Übersetzung seines Buches dafür „Winkel" genommen wird. Inhaltlich ist wohl in beiden Formulierung dasselbe gemeint, nämlich der von Durchmesser und Halbkreis gebildete „Eckpunkt".

[879] [Zeuthen 1886, 261]; der „Zwölfte Abschnitt" findet sich in [Zeuthen 1986, 258 – 238] und trägt die Überschrift: „Körperliche Aufgaben (Fortsetzung); Einschiebungen (νεύσεις)."

worunter dann gleichzeitig zu verstehen ist, daß die eingeschobene Strecke oder ihre Verlängerung durch einen gegebenen Punkt gehen soll. Diese Aufgabe läßt sich, wenn die eine der beiden gegebenen Linien eine Gerade ist, dadurch lösen, daß man die andere von einer K o n c h o i d e durchschneiden läßt, einer Kurve, die nach Pappus' und Eutokius' Zeugnis von N i k o m e d e s gefunden ist [...]

In einer Fußnote [880] nimmt Heath auf Zeuthens Werk kritisch Bezug und merkt an, dass hier das *Wort „Neusis" mit „Einschiebung" nicht passend übersetzt* worden sei, weil damit ebenso wie bei dem entsprechenden englischen Wort „insertion" eine wesentliche Bedingung noch nicht erfasst sei:

Die betreffende „Linie" („line", siehe Zitate von Heath) müsse nämlich durch einen *vorgegebenen Punkt* verlaufen. Und das Wort „inclinatio" (wie auch das griechische „neusis") würde ferner die weitere Bedingung nicht erfassen, dass nämlich der Geradenabschnitt eine vorgegebene Länge haben müsse. [881]

Betrachten wir daraufhin die beiden in Bild 8.47 dargestellten Situationen und prüfen, ob sie in dem von Heath geschilderten Sinne als „Neusis" interpretiert werden können:

Das zweite von Heath geschilderte Beispiel auf S. 292,

"If there be given in position (1) a semicircle and a straight line ...",

trifft schon in den Voraussetzungen auf keine der beiden Situationen zu, das erste Beispiel aber zunächst bezüglich dieser Voraussetzungen, sofern man „Linie" (im naiven Sinn von „durchzeichenbar") als eine „Kurve" deutet. Dazu betrachten wir beide Situationen einzeln:

- **Links in Bild 8.47**

Diese Situation (bei der archimedischen Einschiebung) erfüllt auch die andere von Heath genannte Bedingung, denn die Gerade $\langle AP \rangle$ verläuft durch den gegebenen Punkt P (den „Pol"), und der „entstehende Geradenabschnitt" zwischen der Geraden $\langle AM \rangle$ (einer der beiden „Linien") und dem Halbkreisbogen (der anderen Linie) hat in der Endposition die geforderte Länge $|AB|$. – *Genauer:* Durch den „Pol" P auf dem Kreis wird eine Gerade gelegt, die zwei weitere „Linien" schneidet, nämlich den verlängerten Kreisdurchmesser im variablen Punkt A und den Halbkreisbogen im entstehenden Schnittpunkt B. Durch Variation der Position von A muss die erste (strichliert dargestellte) Gerade nun so um P gedreht werden, dass der Abstand von A zu B gleich dem Kreisradius r wird. Der so erhaltene Punkt B ist eindeutig, und hier liegt tatsächlich eine *Problemlösung mittels Neusis* vor.

- **Rechts in Bild 8.47**

Auch hier liegen mit der Geraden $\langle CM \rangle$ und der speziellen, zu dem vorgegebenen Winkel δ konstruierten Konchoïden zunächst zwei „Linien" vor, außerdem ist gemäß Bild 8.17 auf S. 269 mit dem Winkel δ der Abstand $|ME| = 2d$ vorgegeben, mit dem die Konchoïde

---

[880] Siehe [Heath 1897, c] und [Heath 1914, 94].
[881] Der „vorgegebene Punkt" liegt natürlich auf keiner der beiden gegebenen Linien bzw. Kurven, weil sich sonst eine triviale Lösung als Schnittpunkt mit einem Kreis dieses Radius' ergeben würde.

„organisch erzeugt" wurde. [882] Nun muss die stets durch den Punkt P (den „Pol") verlaufende Gerade $\langle PE \rangle$ [883] „nur" so positioniert werden, dass sie durch den bereits konstruierten Punkt A läuft, weil dann – wie schon bewiesen wurde – der Strahl $[PA\rangle$ den Winkel δ drittelt. Es scheint also eine Neusis vorzuliegen. – *Aber in anderer Sicht:* Man bildet zunächst zum gegebenen Winkel δ, einem beliebig gewählten „Pol" P und einem beliebig gewählten Abstand d ein rechtwinkliges Dreieck $\triangle MPD$ mit $\sphericalangle DPM = \delta$ und der Hypotenusenlänge $|MD| = d$, und dazu wird – wie in Abschnitt 8.4.5 beschrieben – die zugehörige Konchoïde erzeugt. Das Lot auf die „Leitgerade" $\langle DM \rangle$ durch M liefert mit der Konchoïden den Schnittpunkt A, der definitionsgemäß den Abstand $2d$ zur Leitgeraden hat. Erkennbar wird an keiner Stelle etwas „eingeschoben", sondern es wird „konstruiert": *Es liegt also keine Neusis vor.*

- *Obwohl also mit beiden in Bild 8.47 gezeigten Verfahren eine Winkeldrittelung stattfindet, wobei beiden Verfahren jeweils dieselbe Beweisidee zugrunde liegt, ist nur das archimedische Verfahren mit dem Einschiebelineal eine „Neusis" im Sinne der Definition (und sie liefert also auch nur eine Näherungslösung!), während Nicomedes' Verfahren keine Neusis ist, sondern eine (exakte!) Schnittpunkt-Konstruktion mit Hilfe der Konchoïde.*

Ergänzend verdient folgender Kommentar von Heath zur „Neusis" Beachtung: [884]

> Wir brauchen uns nur ein Lineal (oder irgendeinen Gegenstand mit gerader Kante) zu denken mit zwei Marken, deren Abstand voneinander der gegebenen Strecke gleich ist, die nach der Aufgabe von zwei Kurven auf einer durch den festen Punkt gehenden Geraden abgeschnitten werden soll; wenn dann das Lineal so bewegt wird, daß es immer durch den festen Punkt geht, während einer der markierten Punkte auf ihm dem Laufe der einen Kurve folgt, so ist es nur nötig, das Lineal so lange zu bewegen, bis der zweite Punkt auf die andere Kurve fällt. Durch ein derartiges Verfahren dürfte Nikomedes wohl zur Entdeckung seiner Kurve, der Konchoide, geführt worden sein, die er (nach Pappus) bei seiner Verdoppelung des Würfels einführte, und mit der er auch einen Winkel in drei gleiche Teile teilte (nach derselben Autorität). [...]
>
> In der Tat kann die Konchoide des Nikomedes nicht nur benutzt werden, um alle bei Archimedes erwähnten νεύσεις zu lösen, sondern jeden Fall einer solchen Aufgabe, wo eine der Kurven eine gerade Linie ist.

Felgner präzisiert diesen Sachverhalt auch als mathematisches Theorem: [885]

- *Wenn in einer Anwendung der Neusis-Methode die eine Linie eine gerade Linie ist, dann ist die zweite Linie genau die Konchoide.*

Dieser wichtige „Satz" verblüfft vielleicht auf den ersten Blick, aber er ist nur eine knappe Formulierung aus der o. g. Kommentarpassage von Heath, dessen Wahrheit unmittelbar aus der Definition der Neusis folgt und der die archimedische Lösung einschließt, weil der Kreis eine spezielle Konchoïde ist.

---

[882] Siehe hierzu den Kommentar zu Bild 8.8.
[883] Siehe Bild 8.17.
[884] [Heath 1914, 100 f.]; Hervorhebungen nicht im Original.
[885] In einer Mitteilung an mich vom 11. 05. 2013; hier hervorgehoben und nicht als Zitat notiert.

Nikomedes' Verfahren zur Winkeldreiteilung über den Weg der Konstruktion einer Konchoïden ist also keine Neusis, und dennoch ist die *Konchoïde für die Methode der Neusis von grundsätzlicher Bedeutung*, nämlich falls eine der beiden „Linien" eine Gerade ist, wie Heath (unter Bezug auf Bild 8.16 von S. 268) in anderer Weise expressis verbis betont: [886]

> Wenn irgendein Radiusvektor von [D] nach der Kurve gezogen wird, so ist die auf ihm von der Kurve und der Geraden AB begrenzte Länge konstant. So kann jede νεῦσις, bei der eine der beiden gegebenen Linien eine Gerade ist, mittels des Durchschnitts der anderen Linie mit einer gewissen Konchoide gelöst werden, deren Pol der feste Punkt ist, nach dem die gesuchte Gerade sich neigen (νεύειν) soll. Pappus erzählt uns, daß in der Praxis die Konchoide nicht immer wirklich gezogen wurde, sondern daß „einige" ein bequemeres Verfahren einschlugen, indem sie das Lineal um den festen Punkt drehten, bis der Abschnitt durch Probieren die gegebene Länge bekam.

8.7.2 Konstruktion mit Zirkel und Lineal: *theoretische Geometrie* vs. *praktische Geometrie*

In der griechischen Antike wurden weitere Verfahren und Werkzeuge zur Lösung dieser drei klassischen Probleme ersonnen, und das setzte sich später auch bei den Arabern und Persern, im europäischen Mittelalter und in der Neuzeit mit vielen weiteren beeindruckenden Vorschlägen fort, [887] wie es z. B. in den eingangs zitierten Werken von Rudio, Herrmann und Breidenbach angedeutet wird. Doch was mag der Grund dafür gewesen sein, dass in der Mathematik über 2 000 Jahre lang immer weiter nach Lösungen für diese alten Probleme gesucht worden ist, wo es doch bereits eine solche Vielfalt unterschiedlicher Verfahren und Werkzeuge gab? Eine besondere Rolle spielte bei dieser Frage immer die sog. „Konstruierbarkeit mit Zirkel und Lineal", wobei andererseits doch spontan klar zu sein scheint, was damit gemeint ist (es wurden aber in der bisherigen Darstellung auch „andersartige Verfahren" erläutert, die zumindest auf den ersten Blick nichts mit „Zirkel und Lineal" zu tun haben).

Ulrich Felgner schreibt hierzu: [888]

> Erst wenn eine Konstruktion (mit bestimmten mechanischen Hilfsmitteln) nicht gelingen will, und wenn man dann zeigen will, daß sie auch gar nicht gelingen kann, muß man sehr genau sagen, worüber man in der Geometrie überhaupt spricht und welche Begriffe dabei zur Verfügung stehen.

Diese Feststellung Felgners schließt auch die gegenteilige Situation ein, nämlich *wenn man untersuchen will, ob sie gelingen kann.*

- *Das führt zu der vielleicht überraschenden Position,*

    daß es in der Geometrie nicht um die sinnlich wahrnehmbaren Linien auf dem Papier, auf einer Tafel oder auf einem Bildschirm geht, sondern nur um ihre begrifflichen Beschreibungen [...], daß es auch schon Euklid nicht um die sinnlich wahrnehmbaren Punkte (als „Einstiche", die mit

---

[886] [Heath 1914, 102]; bei Heath ist „C" der Pol statt „D", was hier wegen Bild 8.16 korrigiert wurde.
[887] Siehe z. B. eine „moderne" Kreisquadratur als „Beweis ohne Worte" in Bild 9.5 auf S. 313.
[888] In einer Mitteilung an mich vom 27. 04. 2015.

dem „Stachelstab" gemacht werden), mit dem Lineal gezogenen geraden Linien und den mit einem Zirkel geschlagenen Kreisen ging, sondern um ihre begrifflichen Festlegungen.

Es geht ja in der euklidischen Geometrie nicht darum, was die Augen sehen, sondern nur darum, was mit dem Verstand begriffen werden kann. [888]

Und in seiner Analyse von Hilberts „Grundlagen der Geometrie" weist Felgner darauf hin, dass Euklid in seinen Elementen nirgends von „Lineal" und „Zirkel" als *realen Instrumenten* gesprochen habe, sondern nur von „Strecke und Kreis" als zugehörigen *idealisierten Gegenständen*, was jedoch nicht dasselbe ist: [889]

> Daraus ergibt sich erneut, daß die Elemente Euklids nicht von den mechanisch ausführbaren Konstruktionen mit Zirkel und Lineal (κίρκινος, κανών, circini regulaeque) handeln, sondern von den begrifflich gegebenen Kreisen und Strecken (κύκλος, γραμμή). Das wird in der Literatur häufig übersehen.

Breidenbach beschreibt in seinen beiden Büchlein von 1933 und 1953 diese Situation plausibel, indem er zunächst die Bezeichnungen „elementare Lösung" und „exakte Lösung" (eines geometrischen Problems) verwendet und später dann von „gedachten Lösungen" spricht:

> *Genauere Fassung des Problems.* Was hatte man gesucht? Man verlangte eine z u g l e i c h   e x a k t e   u n d   e l e m e n t a r e   L ö s u n g . Eine Konstruktion heißt e l e m e n t a r , wenn sie lediglich das Lineal und den Zirkel als Konstruktionsmittel benutzt; und zwar dürfen beide Instrumente nur endlich oft und nur zu den folgenden Operationen verwendet werden: durch zwei Punkte eine Gerade legen und um einen Punkt mit bestimmtem oder beliebigem Radius einen Kreis zeichnen. [890]

Bereits die Forderung nach einer „elementaren" Lösung schließt alle bisher vorgestellten „Lösungen" aus dem Bereich „gewünschter Lösungen" aus. Die Forderung nach „Exaktheit" schließt darüber hinaus *alle* Vorschläge als Lösungen aus, die (nur) durch praktisches Handeln, hier also das manuelle Zeichnen (mit welchen Hilfsmitteln auch immer) „realisiert" werden, denn weder ein Punkt noch eine Gerade noch ein Kreis lassen sich „exakt" zeichnen. Immerhin kann man sich solche Konstruktion „denken".

In diesem Sinn schreibt Breidenbach daher anschließend exemplarisch zum Problem der Winkeldreiteilung:

> Ich d e n k e mir einen Winkel und um seinen Scheitelpunkt einen Kreis gezeichnet. Er schneidet die Schenkel in je einem Punkt. Um beide Punkte d e n k e ich mir je einen Kreis von gleichem (genügend großem) Radius gezeichnet. Einen ihrer Schnittpunkte d e n k e ich mir mit dem Scheitel des Winkels verbunden. Diese g e d a c h t e Verbindungsgerade halbiert den g e d a c h t e n Winkel: der eine Teil des Winkels muß notwendig genau so groß g e d a c h t werden wie der andere. [891]

Und Felgner schreibt passend hierzu: [892]

---

[888]

[889]   [Felgner 2014, 189], dort in Fußnote 4; vgl. dazu die Betrachtungen in Abschnitt 8.7.2.

[890]   [Breidenbach 1933, 1 f.]; ähnlich steht es bei [Breidenbach 1953, 9].

[891]   [Breidenbach 1933, 2]; ähnlich steht es bei [Breidenbach 1953, 7 f.].

[892]   [Felgner 2014, 189, Fußnote 5]; vgl. die Anmerkungen auf S. 253; Hervorhebungen nicht im Original.

In dem euklidischen Postulaten-System werden jedoch keine grundlegenden Wahrheiten zusammen-gestellt, wie fast überall behauptet wird, sondern lediglich Vereinbarungen, in denen festgehalten wird, wie mit den *idealisierten* Gegenständen der neuen, theoretischen Geometrie umgegangen werden darf. Die Konstruktionsaufgaben in den *Elementen* Euklids sollen auch keine praktischen Konstruktionen mit Zirkel und Lineal beschreiben, sondern zeigen, daß die jeweiligen Figuren (als ideelle Gebilde, bestehend aus Punkten, Kreisen und Strecken) dem reinen, begrifflichen Denken zur Verfügung stehen.

Wir müssen daher zwischen einer „theoretischen Geometrie" als einer „Geometrie gedachter Objekte" – oder wie Wittenberg es nennen würde: einer „Wirklichkeit sui generis" – und einer (dann vielleicht sinnig so genannten) „praktischen Geometrie" unterscheiden: [893]

Exakte Lösungen kann es nur in einer solchen „theoretischen Geometrie" geben, während in einer „praktischen Geometrie" stets nur *Näherungslösungen* entstehen können.

Andererseits können wir Konstruktionen, die wir uns innerhalb einer theoretischen Geo-metrie „bereits ausgeführt denken", bekanntlich in einer praktischen Geometrie durch Zeich-nungen (zumindest andeutungsweise) visualisieren – wobei wir stets beachten und uns be-wusst machen müssen, dass wir in diese nicht exakten Zeichnungen den *exakten Kontext stets hineindenken* bzw. ihn mitdenken (müssen).

Felgner schreibt hierzu mit Bezug auf die „Elemente von Euklid". [894]

Es wird gleich im ersten Buch der *Elemente* definiert, daß Punkte solche Gegenstände sind, *„die keine Teile haben"*, und daß Linien *„breitenlose Längen"* seien etc.

Damit hatte sich der Bereich der Gegenstände, der in der Geometrie untersucht werden soll, grund-legend geändert. Die Gegenstände sollen nicht mehr die sinnlich wahrnehmbaren Punkte, Linien und Flächen sein, sondern von nun an die gedachten, idealisierten Punkte, Linien, Flächen etc. Es handelt sich also um Gegenstände, die zwar „nicht von dieser Welt" sind, die aber dennoch ihr Fundament in der sinnlichen Anschauung haben.

Später vertieft Felgner diese Aspekte, indem er zunächst den berühmten Anfang von Hilberts „Grundlagen der Geometrie" zitiert, um dann Hilberts Position zu kommentieren: [895]

„Wir denken drei verschiedene Systeme von Dingen, ... "

Er verweist nicht auf die Wirklichkeit, wie es noch Moritz Pasch in seinen *Vorlesungen über die neuere Geometrie* (Berlin 1882) getan hat, sondern bezieht sich ganz bewußt auf Objekte, die nur gedacht werden, denen also kein *Erdenrest* mehr anhaftet. Auch die Grundbegriffe werden nicht durch Angabe ihrer anschaulichen Inhalte eingeführt, sondern rein formal durch implizite Definitio-nen. Auf diese Weise ist die Geometrie von allem *Erdenrest* befreit worden und es ist möglich geworden, die Geometrie einer logischen Analyse zu unterziehen.

---

[893]   Felgner präzisierte eine solche „theoretische Geometrie" in einer Mitteilung vom 27. 04. 2015 an mich auch als „ein Umgehen mit den geometrischen *Begriffen* »in Gedanken«", was hier kurz und sinnig durch *„Geometrie gedachter Objekte"* beschrieben wird; zu Wittenberg vgl. Abschnitt 2.2.2.

[894]   [Felgner 2014, 188]

[895]   [Felgner 2014, 203]; bezüglich „Erdenrest" siehe Fußnote 799 auf S. 254.

Damit ist die Geometrie, wie Freudenthal [...] betont hat, reine Mathematik geworden.

Aber ihre Herkunft als Wissenschaft, die vom sinnlich wahrnehmbaren Raum handelt, soll und kann die Geometrie keineswegs leugnen.

- Als *„allgemeines Wissensgebiet"* ist die Geometrie für Hilbert eine *„Naturwissenschaft"* [...]

- Aber die *„Theorie des Wissensgebietes"* ist nach Hilbert das *„Fachwerk der Begriffe"* [...]. Die *„Theorie des Wissensgebietes"* ist keine Naturwissenschaft, sie ist ein Gebiet der reinen Mathematik.

So sind zwei grundsätzlich verschiedene Auffassungen von „Geometrien" zu unterscheiden:

- *„praktische Geometrien"* (die den Naturwissenschaften zuzurechnen sind) und

- *„theoretische Geometrien"* (als „Theorien der jeweiligen Wissensgebiete"), die nur „Geometrien gedachter Objekte" sind – und dennoch gibt es einen Zusammenhang!

Felgner stellt hierzu nun mit Bezug auf die bisherigen „Lösungen" der drei klassischen Probleme der Antike fest, wobei er auch auf die „Einschiebungen" eingeht: [896]

> Erst jetzt kann man die Frage stellen, warum man mit diesen Konstruktionsmitteln unzufrieden ist. Man kann jetzt erkennen, daß man sich auf die sinnliche Anschauung berufen mußte, die doch unsicher ist und die logische Struktur (und Komplexität) der Lösung gar nicht durchsichtig macht.

> Die genaue Lage von Punkten, die mit Zirkel und Lineal gefunden wurden, kann man ganz exakt beschreiben (mit den Begriffen des Kreises und der Geraden), aber die Lage von Punkten, die mit Einschiebungen gefunden wurden, läßt sich rein begrifflich nicht beschreiben, sondern nur mit den Augen ungefähr „sehen". Dem Verstand ist die Lage solcher Punkte also nicht bekannt und deshalb sind diese Lösungen mit höheren Kurven oder Einschiebungen letztlich unbefriedigend und keine wirklich mathematisch befriedigenden Lösungen.

Damit kommen wir zur *euklidischen Geometrie,* die nun als eine *„theoretische Geometrie"* (s. o.) zu entlarven ist. Felgner fährt in diesem Sinne fort und schreibt, dass Euklid [896]

> [...] nur solche Konstruktionen behandelt, die sich nicht auf die sinnliche Anschauung stützen müssen, sondern vom Verstand auch ohne Anschauung begriffen werden können. In der Tat spricht Euklid auch nur von den Begriffen „Punkt, Strecke, Kreis" und nicht von den zugehörigen mechanischen Geräten „Punktierstift, Lineal, Zirkel".

Es ist also nicht richtig, dass Euklid – wie oft behauptet – von Konstruktionen „mit Zirkel und Lineal" spricht. Dieses kann man allenfalls „retten", indem man zugleich deutlich macht, dass damit keine „realen" Konstruktionen gemeint sind, sondern nur „gedachte".

Wie man nun auf Basis einer solchen euklidischen „Geometrie gedachter Objekte" zu exakten Konstruktionen und exakten Lösungen kommen kann, deutet Felgner in Fortsetzung seiner Mitteilung an: [896]

---

[896] In einer Mitteilung vom 11. 05. 2013 an mich.

Daß aber auch die „höheren" Methoden (Einschiebungen, Schnitte algebraischer Kurven) der antiken Mathematiker rein begriffliche Beschreibungen haben, die dem Verstand (ohne Zuhilfenahme
der Anschauung) zur Verfügung stehen, hat erst Descartes 1637 in seiner „Géométrie" gezeigt: es
werden Koordinaten eingeführt und dann unter Verwendung algebraischer Begriffe (Addition, Subtraktion, Multiplikation etc.) eine rein-begriffliche Beschreibung gegeben. Die „höheren" geometrischen Methoden werden also zwar nicht in der Begriffs-Sphäre Euklids dargestellt, sondern in einer
expandierten Begriffs-Sphäre, die auch algebraische Operationen einschließt.

Damit konnte auch in der von Gauß, Abel und Galois entworfenen „Galois-Theorie" gezeigt werden,
daß die oben genannten „höheren" geometrischen Methoden der griechischen Antike keine Definitionen in der engeren euklidischen Begriffs-Sphäre haben.

8.7.3   Vertiefung: exakte Lösungen vs. Näherungslösungen

Wie bereits in Abschnitt 8.2.4 angedeutet wurde, können die bisherigen Beispiele entweder als
eine *exakte Lösung* oder als eine *Näherungslösung* des jeweiligen Problems aufgefasst werden.
Sie seien nachfolgend demgemäß übersichtlich in historischer Reihenfolge gruppiert:

- **Exakte Lösungen**
  - Würfelverdoppelung nach *Archytas* mit Hilfe der „krummen Linie" (S. 278)
  - Würfelverdoppelung nach *Menaichmos* mittels Schnittpunkt von zwei Parabeln (S. 284)
  - Winkeldreiteilung, Würfelverdoppelung nach *Nikomedes* mit Konchoïde (S. 268, S. 281)

- **Näherungslösungen**
  - Würfelverdoppelung nach *Hippokrates* mit einem Winkelhaken-Paar (S. 275)
  - Kreisquadratur nach *Dinostratos* mittels Quadratrix (S. 287)
  - Winkeldreiteilung und Kreisquadratur nach *Archimedes* mittels Spirale (S. 263, S. 289)

Für die folgenden Näherungslösungen ist durch *manuelle Annäherung auf der Basis sinnlicher Wahrnehmung* eine „Lösungsposition" zu finden. [897] Insbesondere basiert Archimedes'
Einschiebelineal auf der *Neusis* (vgl. Abschnitt 8.7.1):

- Winkeldreiteilung nach *Hippias* mittels Trisectrix (S. 263)
- Winkeldreiteilung nach *Archimedes* mit einem Einschiebelineal (S. 266)
- Würfelverdoppelung nach *Eratosthenes* mit dem Holzrahmen-Apparat (S. 273)
- Würfelverdoppelung nach *Eratosthenes* mit dem Mesolabium (S. 282)

Manche Konstruktionen liefern eine Problemlösung durch Auffinden eines Schnittpunkts mit
bestimmten Kurven. Insofern könnte man sie alle als exakt ansehen. Beispielsweise betrachten wir **Nikomedes** mit seiner Konchoïde, denn er hat bekanntlich

versucht, die archimedischen „Einschiebungen" zu eliminieren und durch Schnitte algebraischer
Kurven zu ersetzen. Dazu hat er beispielsweise seine Konchoïde entworfen. [898]

---

[897]   Etwas „wahrnehmen" bedeutet wörtlich, es „für wahr zu nehmen", nicht aber notwendig, dass es „wahr *ist*".
[898]   Zitat von Felgner auf S. 270 zu Fußnote 832.

So ist bei Nikomedes' Einschiebung seine Konchoïde als eine (höhere) algebraische Kurve zu *denken*, [899] die einem gegebenen zu drittelnden Winkel δ eindeutig zugeordnet ist. Diese Kurve tritt dabei wie eine Gerade oder ein Kreis als ein *weiteres geometrisches* (wenn auch nur als gedachtes!) *Objekt* auf den Plan, das im Schnitt mit anderen Objekten (in diesem Fall also mit einer Geraden) einen gesuchten „Lösungspunkt" liefert.

Beispielsweise zeigt Bild 8.47 auf S. 291, dass die Orthogonale zur Geraden $\langle CM \rangle$ durch den vorgegebenen Punkt M eindeutig den Schnittpunkt A auf der Konchoïden für den gesuchten zweiten Schenkel von δ/3 liefert. Insofern ist Nikomedes' Konstruktion also als „exakt" anzusehen, wobei sie aber im Sinne von Breidenbach nicht „elementar" ist, denn sie beschränkt sich nicht auf die Verwendung der elementargeometrischen Objekte „Punkt", „Gerade" und „Kreis".

Entsprechend sind die Konstruktionen von Archytas und Menaichmos „exakt", weil hier ebenfalls algebraische Kurven benutzt werden. Auch bei der Trisectrix (= Quadratrix) und der Spirale werden Kurven zum Schnitt verwendet, es sind jedoch *transzendente Kurven*. Um *hierin exakte Lösungen sehen zu wollen, müssten aber Mittel der Analysis zugelassen werden.*

In Abschnitt 8.5.2.3 begründet Felgner ausführlich, dass vermutlich bereits **Hippokrates** von Chios, der ja das Problem der Würfelverdoppelung auf die Ermittlung zweier mittlerer Proportionalen zurückgeführt hat, [900] dieses „Delische Problem" mittels zweier Winkelhaken gelöst habe. Er schreibt ergänzend: [901]

> Diese „praktische" Lösung mit zwei Winkelhaken ist allerdings keine exakte Lösung des Problems der Würfelverdopplung, da die genaue Lage des Winkelhaken-Paares (mit den Ausdrucksmitteln der elementaren Geometrie) nicht exakt beschrieben wurde. Eine exakte Lösung hatte Hippokrates demnach noch nicht gefunden.

Und bezüglich der Ermittlung von zwei mittleren Proportionalen x, y zu a, b ergänzt er: [902]

> Hippokrates war weder eine Beschreibung der gesuchten Größe x noch der ebenfalls gesuchten Größe y (jeweils einzeln und unabhängig voneinander) unter Verwendung der elementar-geometrischen Begriffe der geraden Linie, des Kreises und des Winkels und der beiden vorgegebenen Längen a und b gelungen. Es war ihm nur gelungen, die beiden gesuchten Größen x und y simultan (!) in Beziehung zu a und b zu setzen (nämlich in der Gleichung $a : x = x : y = y : b$), und das war völlig exakt.

Wesentlich ist im letzten Zitat die unterstrichene Phrase: Die beiden gesuchten mittleren Proportionalen x und y existieren nämlich *nicht* unabhängig voneinander, was jedoch nicht bedeutet, dass sie nicht vielleicht dennoch sowohl sukzessive als auch exakt ermittelbar wären.

In diesem Sinn fährt Felgner a. a. O. fort:

---

[899] Siehe dazu den letzten Abschnitt: „theoretische Geometrie" als „Geometrie gedachter Objekte"!
[900] Siehe dazu Abschnitt 8.5.1.
[901] In einer Mitteilung Ulrich Felgners vom 07. 05. 2015 an mich.
[902] A. a. O.; Hervorhebung nicht im Original.

Aber auch nach Hippokrates wollte Niemandem eine explizite Beschreibung der beiden mittleren Proportionalen (jeweils einzeln) mit den elementaren, rein geometrischen Begriffen der euklidischen Geometrie gelingen. Erst im 19. Jahrhundert gelang mit den Mitteln der Theorie der reell-algebraischen Zahl-Körper der Nachweis, daß solche expliziten Beschreibungen nur mit elementargeometrischen Begriffen auch gar nicht möglich sind.

Aber es war dennoch einigen Geometern bereits in der Antike gelungen, entweder

- unter Verwendung algebraischer Kurven höheren Grades explizite (!) geometrische Darstellungen der beiden mittleren Proportionalen (Archytas, Diokles, Menaichmos, Nikomedes, et al.), oder

- unter Verwendung von Einschiebungen (Apollonios, Eratosthenes, Heron, Hippokrates, Philon, Platon, Sporos et al.) mehr oder weniger praxistaugliche Lösungen

zu geben. Explizite Beschreibungen der gesuchten mittleren Proportionalen unter Verwendung elementar-geometrischer Mittel (gerade Linien, rechte Winkel und Kreise) wollten nicht gelingen. Aber unter Verwendung krummer Linien gelangen sie! Dem Pythagoräer Archytas von Tarent war als Erstem eine solche explizite Beschreibung unter Verwendung von gekrümmten Raumkurven gelungen.

Und damit ist die in Abschnitt 8.5.3 dargestellte Lösung des Problems der Würfelverdoppelung gemeint. [903] Felgner kommentiert dann a. a. O. Archytas' Beweis: [904]

Aus dem Beweis ergibt sich, daß es Archytas gelungen war, unter Verwendung der Begriffe des Kegels, Zylinders und Torus' und der üblichen elementargeometrischen Begriffe (Gerade, Kreis, rechter Winkel) die gesuchte Kantenlänge x explizit zu beschreiben, so, daß ihre Beschreibung nicht von der ebenfalls gesuchten Größe y abhängt!

Die Abhängigkeiten der beiden Größen x und y von a und b konnten also getrennt werden; jede der beiden gesuchten Größen kann für sich allein in Abhängigkeit von a und b bestimmt werden. Das war ein wesentlicher Schritt über Hippokrates hinaus. Zugleich ergibt sich, daß die gesuchte Größe nicht approximativ gefunden war, sondern völlig exakt. Die Lösung war zwar begrifflich gegeben, aber dennoch nicht Praxis-tauglich.

Es ist fair zu sagen, dass es sich um eine theoretische Lösung handelt.

Nach Archytas war es auch Menaichmos, Nikomedes und Diokles gelungen, unter Verwendung algebraischer Kurven und ihrer Schnittpunkte die gesuchten mittleren Proportionalen explizit zu beschreiben. Auch sie gaben demnach völlig exakte, explizite (theoretische) Lösungen. Im Unterschied zu Archytas kamen sie mit ebenen (!) Kurven aus.

Die Lösungen von Apollonios, Eratosthenes, Heron, Pappos, Philon und Sporos waren demgegenüber keine exakten Lösungen, sondern nur mehr oder weniger Praxis-taugliche Näherungslösungen.

---

[903] Siehe dazu die ausführliche Betrachtung in [Hischer 2003].
[904] Siehe dazu S. 278 ff.

8.7.4   19. Jahrhundert: die endgültige Lösung der drei klassischen Probleme

8.7.4.1 Definition: „mit Zirkel und Lineal konstruierbar"

Der in Betracht stehende geometrische „Raum" (also die euklidische Ebene) besteht aus „Punkten" $(x, y) \in \mathbb{R}^2$, die wir uns in einem kartesischen Koordinatensystem „denken". Anstelle von „Lineal" und „Zirkel", die man praktisch zum Zeichnen von Geraden und Kreisen verwendet, werden diese letztgenannten Objekte – die bei Euklid axiomatisch beschrieben werden – nun analytisch (bzw. noch besser: „algebraisch") durch lineare bzw. quadratische Gleichungen beschrieben, und die „Schnittpunkte" solcher Objekte erscheinen dann als Lösungen linearer oder quadratischer Gleichungen. Nun ist die algebraische *Theorie der Körpererweiterungen* heranzuziehen, was hier nur angedeutet sei: [905]

$(\mathbb{R}, +, \cdot, \leq)$ ist ein vollständiger, archimedisch angeordneter Körper (und zwar ist er „maximal" unter allen archimedisch angeordneten Körpern), der Unterkörper $(\mathbb{Q}, +, \cdot, \leq)$ ist dagegen der kleinste archimedisch angeordnete Körper. Sind $(K, +, \cdot, \leq)$ und $(E, +, \cdot, \leq)$ Unterkörper von $(\mathbb{R}, +, \cdot, \leq)$ mit $K \subset E$, so nennt man $(E, +, \cdot, \leq)$ eine *Körpererweiterung* von $(K, +, \cdot, \leq)$. Ist $\alpha \in \mathbb{R} \setminus K$, so existiert dazu eine eindeutige *minimale* Körpererweiterung $(K(\alpha), +, \cdot, \leq)$ von $(K, +, \cdot, \leq)$ mit $\alpha \in K(\alpha)$, z. B. ist $\mathbb{Q}(\sqrt{2}) = \{a + b\sqrt{2} \mid a, b \in \mathbb{Q}\}$. Der „Grad" der Körpererweiterung von $(\mathbb{Q}(\sqrt{2}), +, \cdot, \leq)$ über $(\mathbb{Q}, +, \cdot, \leq)$ – in Kurzformulierung: „von $\mathbb{Q}(\sqrt{2})$ über $\mathbb{Q}$" – ist dann 2, und der von $\mathbb{Q}(\sqrt[3]{2})$ über $\mathbb{Q}$ ist 3.

Eine reelle Zahl ξ ist nun definitionsgemäß „**mit Zirkel und Lineal konstruierbar**", wenn ein Unterkörper $(K, +, \cdot, \leq)$ von $(\mathbb{R}, +, \cdot, \leq)$ mit $\xi \in K$ existiert, der als Vereinigung einer Kette von Körpererweiterungen, die jeweils den Grad 2 über ihrem Vorgänger haben, gewonnen werden kann.

8.7.4.2 Das Delische Problem

Dieses führt gemäß Bild 8.1 mit Bezug auf die „Punkte" $(x, 0)$ und $(a, 0)$ zur Gleichung $x^3 = 2a^3$. Ohne Beschränkung der Allgemeinheit (o. B. d. A.) sei $a = 1$. Dann ist $x^3 = 2$ zu lösen. Weil $(\mathbb{Q}(\sqrt[3]{2}), +, \cdot, \leq)$ als zugehöriger (minimaler!) Erweiterungskörper über $(\mathbb{Q}, +, \cdot, \leq)$ den Grad 3 hat, ist das *Delische Problem* **nicht** *mit Zirkel und Lineal lösbar*.

8.7.4.3 Die Quadratur des Kreises

Dieses Problem führt gemäß Bild 8.1 zunächst auf die Gleichung $x^2 = \pi r^2$, wobei hier die „Punkte" $(x, 0)$ und $(\pi, 0)$ zugrunde liegen. O. B. d. A. sei $r = 1$. Dann ist also $x^2 = \pi$ zu lösen. Wegen der von Ferdinand von Lindemann 1882 bewiesenen Transzendenz von π [906] gibt es jedoch keine π enthaltende Körpererweiterung von $(\mathbb{Q}, +, \cdot, \leq)$, deren Grad eine Potenz von 2 ist, und mithin ist die *Quadratur des Kreises mit Zirkel und Lineal* **nicht** *möglich*.

---

[905] Siehe Lehrbücher der Algebra.
[906] Vgl. S. 249 oben.

8.7.4.4 Die Winkeldreiteilung

Die Dreiteilung eines Winkels α führt gemäß Bild 8.1 mit $\beta := x$ zunächst auf die zu lösende Gleichung $\beta = \alpha/3$, wobei $0 \leq \alpha \leq \pi/2$ vorausgesetzt sei.[907] Auf $[0; \pi/2]$ ist $\cos$ injektiv, daher existiert umkehrbar eindeutig ein $c \in [0;1]$ mit $\cos(\alpha) = c \in \mathbb{Q}(c) \subseteq \mathbb{R}$, und mit $\beta = \alpha/3$ existiert ebenso umkehrbar eindeutig ein $\zeta \in [0;1]$ mit $\zeta = \cos(\beta)$, also gilt

$$c = \cos(\alpha) = \cos(3\beta) = 4\cos^3(\beta) - 3\cos(\beta) = 4\zeta^3 - 3\zeta \in \mathbb{R}, \text{ also } 4\zeta^3 - 3\zeta - c = 0,$$

d. h., ζ ist eine reelle Nullstelle des y-Polynoms $4y^3 - 3y - c$ mit Koeffizienten aus $\mathbb{Q}(c)$, und damit ist ζ definitionsgemäß *algebraisch* über $(\mathbb{Q}(c), +, \cdot, \leq)$. In $\mathbb{C}$ wäre nun bekanntlich $4y^3 - 3y - c$ stets als Produkt von drei Linearfaktoren darstellbar, in $\mathbb{R}$ zumindest stets in der Form $u(y - v)(y^2 - w)$. Der Grad der Körpererweiterung von $(\mathbb{Q}(c), +, \cdot, \leq)$ über $(\mathbb{Q}, +, \cdot, \leq)$ wäre dann entweder $1 \cdot 1 \cdot 1 = 2^0$ oder $1 \cdot 2 = 2^1$, in jedem Fall also eine Potenz von 2, und der Winkel α wäre dann mit Zirkel und Lineal drittelbar.

In $\mathbb{Q}(c)$ ist hingegen eine solche Faktorisierbarkeit nicht stets gewährleistet, wenn nämlich beispielsweise im zweiten Fall die Nullstellen v und $\sqrt{w}$ nicht zugleich in $\mathbb{Q}(c)$ liegen. In dem Fall wäre also $4y^3 - 3y - c$ in dem Polynomring über $\mathbb{Q}(c)$ nicht in Faktoren zerlegbar, d. h.: „irreduzibel" über $\mathbb{Q}(c)$, und der Grad der Körpererweiterung von $(\mathbb{Q}(c), +, \cdot, \leq)$ über $(\mathbb{Q}, +, \cdot, \leq)$ wäre 3, so dass der Winkel α nicht mit Zirkel und Lineal drittelbar wäre.

Dieser Fall tritt nun dann ein, wenn c *transzendent* über $(\mathbb{Q}, +, \cdot, \leq)$ ist (was „fast immer" der Fall ist, weil die Menge der algebraisch-reellen Zahlen abzählbar und die Menge der transzendent-reellen Zahlen hingegen überabzählbar ist).

Ein beliebiger Winkel ist damit „fast immer" **nicht** *mit Zirkel und Lineal drittelbar.*

8.7.5 Zusammenfassung

Die Frage der Lösbarkeit der drei klassischen Probleme der Antike „mit Zirkel und Lineal" ist damit bei Zugrundelegung einer „theoretischen Geometrie" (also einer „Geometrie gedachter Objekte", s. o.) abschließend negativ zu beantworten:

- *Die Würfelverdoppelung und die Kreisquadratur sind in keinem Fall mit Zirkel und Lineal möglich, die Winkeldreiteilung ist immerhin fast nie mit Zirkel und Lineal möglich.*

8.7.5.1 Winkeldreiteilung

Die Winkeldreiteilung gelang jedoch in den Beispielen sowohl mit *kinematisch erzeugten Kurven* als auch mittels *Neusis*. Als Kurven wurden die *Trisectrix*, die *Archimedische Spirale* und die *Muschellinie des Nikomedes* verwendet.

Der Nachweis der Dreiteilung sowohl mit Hilfe der Trisectrix als auch mit Hilfe der Archimedischen Spirale war formal-geometrisch sehr einfach, denn er beruhte im Wesentlichen jeweils nur auf dem Strahlensatz. Als Nachteil ist vielleicht anzusehen, dass beide Kurven nicht organisch erzeugt vorlagen, sondern punktweise erzeugt waren, wobei z. T. offen blieb, ob sie möglicherweise organisch *erzeugbar* sind. (Sie sind jedoch „exakt denkbar"!)

---

[907] Der allgemeine Fall lässt sich darauf zurückführen.

Dieser Nachteil entfällt bei der Muschellinie, die gemäß Bild 8.16 mit einem speziellen „Zirkel" organisch erzeugbar ist.

Nachteilig ist allerdings bei Nikomedes' Verfahren mit der Muschellinie, dass für jeden zu drittelnden Winkel zunächst eine eigene Muschellinie erzeugt werden muss. Ferner ist der Nachweis der Winkeldreiteilung durch die Muschellinie formal-geometrisch aufwendiger, wenngleich dieser nur grundlegende elementare Eigenschaften der Schulgeometrie erfordert.

Elegant ist hingegen das Verfahren der approximierenden *Neusis* mit Archimedes' Einschiebelineal als einem winkelunabhängigen Werkzeug, wobei der Beweis identisch ist mit dem für die Muschellinie.

8.7.5.2 Würfelverdoppelung

Alle vorgestellten Methoden zur Lösung der Würfelverdoppelung beruhen auf dem dazu äquivalenten Problem der Ermittlung von zwei mittleren Proportionalen.

Als Verfahren wurden

- *zwei Einschiebelösungen* (Holzrahmen-Apparat, Winkelhaken),

- *zwei Kurven* mit jeweils einem darauf zu bestimmenden Punkt (*Muschellinie* als ebene Kurve, *Archytas-Kurve* als Raumkurve) und der

- *Schnittpunkt von zwei ebenen Kurven* (Parabelschnitt nach *Menaichmos*)

vorgestellt.

Beide Einschiebeverfahren sind mathematisch gleichwertig und elementar zu verstehen, das Einschiebeverfahren mit zwei Winkelhaken ist auch leicht durchführbar. Das Verfahren nach Menaichmos erfordert zum Verständnis heute nicht mehr übliche, wenngleich elementare Kenntnisse über Kegelschnitte; es ist aber reizvoll, weil die zu schneidenden Parabeln sogar organisch erzeugbar sind.

Das Muschellinienverfahren ist nicht mehr trivial zu verstehen, obwohl in allen Schritten nur elementargeometrische Kenntnisse zum Tragen kommen; gleichwohl ist es besonders schön, weil hier eine organisch erzeugbare Kurve nicht nur zur Dreiteilung, sondern auch zur Würfelverdoppelung genutzt wird, was Fragen aufwerfen sollte.

Das aufwendigste Verfahren ist das nach Archytas, das aber auch gar *nicht als reales Verfahren* anzusehen ist, sondern das vor allem dem Verständnis geometrischer Zusammenhänge im Sinne einer *gedachten (Raum-)Geometrie* dient.

8.7.5.3 Kreisquadratur

Hierfür wurden zwei Verfahren vorgestellt, die auf der Verwendung je einer Kurve basieren, die schon zur Winkeldreiteilung verwendet wurde: die *Trisectrix* (als *Quadratrix*) und die *Archimedische Spirale*. Im Gegensatz zu den anderen betrachteten (algebraischen) Kurven liegen hier jeweils *transzendente Kurven* vor, was jedoch bei den Lösungsversuchen (noch) nicht explizit deutlich wurde.

Beim ersten Verfahren wird in einen Viertelkreis gemäß Bild 8.42 eine Quadratrix eingebettet, die die Strecke q liefert. Hieraus erhält man mit dem Strahlensatz eine Strecke der Länge s, die genauso lang ist wie der Viertelkreisbogen der Länge $\hat{b}$, so dass sich gemäß Bild 8.42 und dem Höhensatz des Euklid ein zum Kreis flächeninhaltsgleiches Quadrat konstruieren lässt. Doch wie erhält man die Länge q?

Jeder Punkt der Quadratrix ist definitionsgemäß als Schnittpunkt zwischen einem Radialstrahl und einer horizontalen Strecke definiert – aber bei $\varphi = 0$ existiert kein Schnittpunkt! Für $\varphi \neq 0$ und $\varphi \approx 0$ existiert zwar „idealgeometrisch" ein Schnittpunkt, jedoch ist dieser „realgeometrisch" sehr „wackelig". Vielmehr existiert der gesuchte „Schnittpunkt" nur ideell – quasi als *Grenzwert* q der beiden kinematisch definierten Bewegungen. Falls diese Bewegungen nicht exakt synchron ablaufen, ergeben sich für diesen Grenzwert geradezu katastrophal unterschiedliche Werte, [908] was mit Geometrieprogrammen schön visualisierbar ist.

Bei der auf der Archimedischen Spirale beruhenden Methode geht es darum, eine Tangente an die Spirale zu konstruieren, die den Schnittpunkt $(s, 0)$ liefert mit $s = (\pi/2) \cdot r = \hat{b}$, so dass $2sr = \pi r^2$ gilt. Anstelle der allgemeinen Konstruktion der Tangente wurde dies in Anlehnung an Archimedes für einen Spezialfall durchgeführt, so dass das Problem damit bereits „gelöst" werden konnte. [909]

Sowohl die Quadratrix als auch die Archimedische Spirale liefern damit wegen einer konstruktiven Unvollkommenheit bezüglich der benötigten Streckenlängen q bzw. s eigentlich keine „Lösungen" des Problems der Kreisquadratur. Immerhin offenbaren sie sehr reizvolle geometrisch-analytische Zusammenhänge, die jeweils darin gipfeln, dass eine Strecke gesucht ist, die zu einer gegebenen Strecke im Verhältnis $\pi : 2$ bzw. $2 : \pi$ steht.

8.7.5.4 Tabellarischer Überblick

Die nachfolgende Tabelle zeigt für die hier betrachteten „Lösungen" der drei klassischen Probleme die jeweils verwendeten Werkzeugen oder Methoden, woraus erneut ersichtlich ist, dass einige unter ihnen für die Lösung verschiedener Probleme verwendbar sind. In der Eingangsspalte stehen die Werkzeuge/Methoden, in der Eingangszeile die zu lösenden Probleme:

	Kreisquadratur	Winkeldreiteilung	Würfelverdoppelung
Trisectrix des Hippias (= Quadratrix)	×	×	
archimedische Spirale	×	× (via Neusis)	
archimedisches Einschiebelineal		×	
Muschellinie (Konchoïde)		×	× (via 2 mittlere Proportionale)
Archytas-Kurve, Mesolabium, Parabelschnitt, Winkelhaken			× (via 2 mittlere Proportionale)

---

[908]   Vgl. [Hischer 1994 a, 283 f.].
[909]   Bei [Jäger & Schupp 2013, 9 f.] findet sich eine allgemeine Untersuchung.

8.8   Fazit

In diesem Kapitel wurden einige wichtig erscheinende antike Lösungsvorschläge für die drei *klassischen Probleme der Antike* unter Berücksichtigung aktueller mathematikhistorischer Erkenntnisse und Sichtweisen vorgestellt, und das betrifft vordergründig *historische Aspekte*.

Dass solche Aspekte auch *mathematikdidaktisch bedeutsam* sein können, mag bereits mit den in Abschnitt 8.1 artikulierten Anliegen der Mathematiker Ferdinand Rudio und Aloys Herrmann nahe liegen, und auch der Mathematiklehrer Eugen Beutel und der Mathematikdidaktiker Walter Breidenbach sehen sich diesem Anliegen verpflichtet.

Und in Abschnitt 5.3 („Mathematik als Medium im historischen Kontext") wurde nicht nur die Wichtigkeit mathematikhistorischer Aspekte für den Unterricht im Rahmen einer „historischen Verankerung" betont, sondern auch bereits die Rolle von „Mathematik als Medium" angesprochen.

Aber *didaktische Aspekte* sind noch umfassender zu sehen, wie sie bereits in Kapitel 2 bezüglich der Rolle des Mathematikunterrichts im Rahmen von Bildung und Allgemeinbildung erörtert wurden.

So kennzeichnet Alexander Israel Wittenberg sein mit „Mathematik und Bildung" überschriebenes Anliegen mit der Formel *„Mathematik als Wirklichkeit sui generis"*, also Mathematik als *„Welt eigener Art"* bzw. *„Wirklichkeit eigener Art"*, und er plädiert zugleich für eine *„gültige Begegnung mit der Mathematik"* im Unterricht: [910]

> Im Unterricht muß sich für den Schüler eine *gültige Begegnung* mit der Mathematik, mit deren Tragweite, mit deren Beziehungsreichtum, vollziehen; es muß ihm am Elementaren ein echtes Erlebnis dieser Wissenschaft erschlossen werden.
>
> Der Unterricht muß dem gerecht werden, *was Mathematik wirklich ist.*

Wittenbergs Vorstellungen werden in Abschnitt 2.2.2 auf S. 23 wie folgt kommentiert:

> Die Mathematik wird also vom Menschen Kraft eigenen Denkens und Erkennens sowohl entdeckt als auch geschaffen, zugleich zeigt sie sich auch in der Natur als eine dort vorhandene Gesetzmäßigkeit, die dem Menschen erst die *Möglichkeit zur Schaffung von Technik* eröffnet. [911]

Hier zeigt sich ein wichtiger *didaktischer Aspekt* der *historischen Dimension der Mathematik*, die sich nicht einfach starr und kanonisiert in optimierten Vorlesungen oder Lehrbüchern offenbart, sondern die entstanden ist, lebendig ist und sich weiter entwickelt, und zwar gemäß Wittenberg sowohl als *„eigenartige Dimension menschlichen Denkens"* als auch durch das Erkennen von *„Gesetzlichkeiten unseres Denkens und der Natur".* [912]

Dies wird an den hier vorgestellten Problemen und Lösungsversuchen der Antike deutlich, indem diese nämlich einerseits als reale, handhabbar zu lösende Probleme im Sinne einer

---

[910] Vgl. S. 21.
[911] Schlusssatz in Abschnitt 2.2.2 zu „Wittenberg: Bildung und Mathematik".
[912] Zitatauszüge zu Wittenberg auf S. 22.

„praktischen Geometrie" auftreten, die uns andererseits aber schon seit über zweitausend Jahren auch als nicht-reale, ideelle Probleme einer „Geometrie mit gedachten Objekten", also einer *„theoretischen Geometrie"* [913] und damit einer *„Wirklichkeit sui generis"* begegnen.

- Solche unterschiedlichen *Sichtweisen* von „Geometrien" können (und sollten) auch ein *Bildungsziel gymnasialen Mathematikunterrichts* werden!

Dazu ist wieder Otto Toeplitz zu nennen, der einen nachhaltigen Beitrag zur *Bedeutung von Mathematikgeschichte für die Didaktik der Mathematik* lieferte, wie es auf S. 138 zitiert wurde, indem er eindringlich für die Rückkehr zu den *„Wurzeln der Begriffe"* und für das Befreien vom *„Staub der Zeiten"* und von den *„Schrammen langer Abnutzung"* plädiert.

Eine vertiefte bzw. vertiefende Behandlung dieser klassischen Probleme bietet weiterhin ein großes Potential für *vielfältige Einsichten in das „Wesen" der Mathematik*:

- Anhand der erfahrbaren Unterscheidung zwischen einer „realitätsbezogenen", *praktischen Geometrie* und einer „ideellen", *theoretischen Geometrie* kann die *Janusköpfigkeit der Mathematik* erlebt, entdeckt und wertgeschätzt werden, und zwar im Spannungsfeld

  … zwischen einer utilitaristischen, auf „Nutzen" und „Anwendung" gerichteten Haltung

  … und einer philosophischen Haltung, bei der es um reine Erkenntnis und nicht um die Frage des ökonomischen Nutzens geht.

- Die Erörterung dieser Beispiele kann einen Beitrag zu der individuellen Erkenntnis liefern, dass *„Begriffsbildung" in der Mathematik ein kulturhistorisch bedingter Prozess* ist (im Sinne einer „historischen Verankerung" [914]).

- Die auftretenden unterschiedlichen *Sichtweisen auf dasselbe Problem* können deutlich machen, dass Mathematik ein *Werkzeug zur Weltaneignung* und damit ein *Medium* ist.

Der letzte Aspekt betont das Anliegen dieses Buches: *Medialitätsbewusstsein als Bildungsziel*. Denn die unterschiedlichen „medialen" Sichtweisen dieser drei klassischen Probleme mit Hilfe des „Werkzeugs Mathematik", also mit diesem „Medium", führen zu folgenden Einsichten:

(1) Es sind *elementare Lösungen* [915] und *nichtelementare Lösungen* zu unterscheiden.

(2) Es sind *exakte Lösungen* und *Näherungslösungen (nichtexakte Lösungen)* zu unterscheiden.

(3) Nichtelementare Lösungen können sowohl exakt als auch nichtexakt sein.

(4) Zu keinem der drei Probleme gibt es eine elementare Lösung.

(5) Es ist zwischen *praktischer Geometrie* und *theoretischer Geometrie* zu unterscheiden.

---

[913]   Siehe dazu S. 295 ff.
[914]   Siehe hierzu die Darstellung in [Hischer 2012] und die Anmerkungen auf S. 138 f.
[915]   Lösungen „mit Zirkel und Lineal" heißen gemäß Breidenbach „elementar", vgl. S. 296.

- Die Unterscheidung in (1) ist lediglich eine „Arbeitsdefinition", die sich im Prozess der Lösungs(ver)suche ergibt, wobei sich ihr „Sinn" erst mit (4) zeigt, deren „Gültigkeit" jedoch im Mathematikunterricht nur mitgeteilt werden kann. Auch (2) ist eine Arbeitsdefinition, deren Gültigkeit allerdings an konkreten Beispielen erfahren werden kann, und das gilt auch für (3). Schließlich steht (5) am Ende der Untersuchungen als eine „globale" Einsicht in eine (vielleicht neue) „Sichtweise" von Geometrie bzw. von Geometrien.

Der tabellarische Überblick auf S. 305 und die weitere Übersicht in Abschnitt 8.7.3 mit den ausführlichen Kommentierungen zeigen konkret:

- Für die beiden Probleme der *Winkeldreiteilung* und der *Würfelverdoppelung* gibt es sowohl *exakte Lösungen* als auch *Näherungslösungen*, und zusätzlich gibt es für beide Probleme Näherungslösungen durch manuelle Annäherung aufgrund sinnlicher Wahrnehmung, dazu für die *Winkeldreiteilung* eine durch manuelle Annäherung mittels *Neusis*.

- Für das Problem der *Kreisquadratur* wurden hingegen *nur zwei Näherungslösungen* mit Hilfe je einer transzendenten Kurve (Quadratrix und Spirale) vorgestellt, wobei beide Kurven auch für Näherungslösungen zur Winkeldreiteilung dienten.

Neben dieser *Sicht von Mathematik als einem immateriellen Medium* tauchen bei der Lösung dieser Probleme *auch Medien im klassischen Sinn* auf: unterschiedliche *Kurven* (Kreis, Trisectrix/Quadratrix, Konchoïde, Parabel, Hyperbel) und *materielle Medien* (Winkelhaken, Holzrahmenapparat, Mesolabium, Konchoïdenzirkel, Parabelzirkel) – schließlich nicht zu vergessen Zirkel und Lineal als *materielle Grundwerkzeuge* (ebenfalls technische Medien).

Fassen wir zusammen: Eine Betrachtung dieser „drei klassischen Probleme" kann zu der verallgemeinerbaren Einsicht führen, dass ein „Problem" nicht per se als ein solches klar ist (bzw. überhaupt ein solches ist) und dass insbesondere die „Lösbarkeit eines Problems" ganz wesentlich davon abhängt, wie man es beschreibt.

So lässt sich – wie dargestellt – beispielsweise nicht definitiv feststellen, ob ein Kreis „mit Zirkel und Lineal" in ein flächeninhaltsgleiches Quadrat verwandelt werden kann oder nicht, solange nicht geklärt ist, was man unter „Konstruktion mit Zirkel und Lineal" verstehen *will oder soll*. Und erst recht ist ohne eine solche Klärung nicht beweisbar, dass eine wie auch immer geartete „Konstruktion" möglich bzw. nicht möglich ist.

Hier erweist sich die *Mathematik als* ein *spezifisches Werkzeug zur Weltaneignung*, mit dem eine besondere „Sicht" auf gewisse „Probleme" und damit auf deren Lösbarkeit oder Unlösbarkeit möglich wird:

- Die Mathematik ist damit im Sinne der Zusammenfassung von Abschnitt 5.1 ein *Medium*.

- Diese *„Medialität" der Mathematik* kann (und sollte) im Unterricht medienmethodisch, medienkundlich und medienreflektierend bewusst gemacht werden und so also zu einer *Vermittlung von Medialitätsbewusstsein* führen.

9 Weitere mediale Aspekte in der Mathematik

9.1 Visualisierungen

9.1.1 „Visualisierung" – was ist das eigentlich?

In den klassischen Print-Enzyklopädien des 20. Jahrhunderts taucht der Terminus „Visualisierung" noch nicht auf. Mittlerweile ist „Visualisierung" ein wichtiger Untersuchungsgegenstand in der „Medienwissenschaft" („Iconic Turn"[916]) geworden – und damit auch in der „Medienpädagogik". So verwendet Wagner diesen Terminus in Kapitel 4 dieses Buchs mehrfach selbstredend, wenn etwa auf S. 110

> Karten als Visualisierung raum-zeitlicher Informationen [...] wie ein Text gelesen werden

oder wenn er im Zusammenhang mit „Wissensbildern" auf S. 117 darauf hinweist, dass *„visuelle Darstellungen"* nicht einfach *„Abbildungen im herkömmlichen optischen Sinn"* seien.

Im vorliegenden Kontext von „Mathematik und Bildung" kann nicht auf den allgemeinen medienwissenschaftlichen Diskurs der aktuellen Bedeutung von Visualisierungen in den Wissenschaften eingegangen werden,[916] insbesondere sind „Visualisierungen" in der Mathematik von einem besonderem Typ, der in der Medienwissenschaft wohl bisher noch nicht erörtert wird.

Zunächst sei festgestellt bzw. unterstellt, dass „Bilder", die einer „Visualisierung" dienen (sollen!), auf „visuellem" Wege den *„Sinn"* nicht „bildlich" vorliegender Sachverhalte *erschließen helfen sollen.* In der Mathematik liegen dann solche Sachverhalte i. d. R. verbal oder formal als fachspezifische „Texte" vor (Definitionen, Theoreme, Beweise, ...).

Dabei ist einschränkend anzumerken, dass eine „Bebilderung" textlicher Darstellungen nicht per se einer *Sinnerschließung* dient. Man denke hier an die „Mode", Schulbücher ect. mit sachfremden Karikaturen zu „schmücken", um damit die Textfassung mit dem Ziel der Aufmerksamkeitssteigerung (oder gar der Motivierung?) bei den Adressaten (den Schülerinnen und Schülern) vermeintlich „lockerer" zu präsentieren. – *Das ist dann keine „Visualisierung"!*

Damit wird der Blick auf das *„Sinnbild"* gelenkt – hier aufgefasst als *bildliche Darstellung eines ggf. abstrakten Sachverhalts:* [917] Dieses „Sinnbild" erscheint dann quasi als Synonym für „visualisierte Darstellung", das der *„Sichtbarmachung"* zunächst nicht sichtbarer Sachverhalte dient. Diese „Sichtbarmachung" stünde dann bereits für eine „Visualisierung", die man umgangssprachlich auch einfach *„Veranschaulichung"* nennen könnte, denn die so erzeugten „Sinnbilder" sollen ja „angeschaut" werden, womit eine *bewusste Aktion* gemeint ist.

---

[916] Vgl. hierzu [Maar & Burda 2004].

[917] Neben dieser Auffassung als „bildliche Darstellung" gibt es in der deutschen Sprache auch das „Sinnbild" als *verbale Umschreibung* eines ggf. abstrakten Sachverhalts.

Man sollte nun genauer zwischen der „Sichtbarmachung" als einem *Prozess* (also einer Handlung) und dem „Sinnbild" als einem *Produkt* (dem Ergebnis dieser Sichtbarmachung) unterscheiden. Das führt dann vorschlagsweise *speziell für die Mathematik* zu folgender

- *Definition von „Visualisierung im mathematischen Kontext":*

  ▫ Die **Sichtbarmachung** (als *Prozess*) eines konkreten *mathematischen Sachverhalts* führt zu einem **Sinnbild** (als *Produkt*) dieses (oft abstrakten und erst noch dadurch zu erschließenden) *mathematischen Sachverhalts*, nämlich zu dessen *Darstellung*.

  ▫ Die **Visualisierung** eines konkreten mathematischen Sachverhalts besteht aus dessen *Sichtbarmachung* **und** dem auf diese Weise erzeugten *Sinnbild*.

9.1.2   Visualisierungen in der Mathematik

> *Was der Geometer an seiner Wissenschaft schätzt, ist, daß er sieht, was er denkt.*
>
> Felix Klein [918]

Mit Bild 9.1 wird das Zitat von Felix **Klein** (1849 – 1925) exemplarisch „visualisiert": Man kann in diese Darstellung den Höhensatz des Euklid „zweifach hineinsehen", und dann ist ohne jede formale Notiz sofort klar, dass alle Kreissehnen, die durch einen gemeinsamen Punkt verlaufen, dasselbe Sehnenabschnittsprodukt haben.

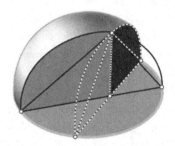

Dieses Felix Klein zugeschriebene Zitat passt zum beschriebenen Dualismus von „praktischer Geometrie" und „theoretischer Geometrie": [919] „Exakte Geometrien" lassen sich *nur denken*, denn es sind „Geometrien gedachter Objekte". [920] Denn jede reale, sichtbare „geometrische"

Bild 9.1: Satz von der Konstanz des Sehnenabschnittsprodukts – Beweis?

Konstruktion oder Zeichnung ist nur als Visualisierung einer „gedachten" geometrischen Situation aufzufassen, sie kann in diesem Sinn niemals exakt sein. Gleichwohl gründen sich gedachte und exakte geometrische Sachverhalte vielfach auf praktische und sichtbare Erfahrungen und Einsichten – und umgekehrt: [921]

> Andererseits können wir Konstruktionen, die wir uns innerhalb einer theoretischen Geometrie „bereits ausgeführt denken", bekanntlich in einer praktischen Geometrie durch Zeichnungen (zumindest andeutungsweise) visualisieren – wobei wir stets beachten und uns bewusst machen müssen, dass wir in diese nicht exakten Zeichnungen den *exakten Kontext stets hineindenken* bzw. ihn mitdenken (müssen).

---

[918] Zitiert von Egbert Brieskorn im Vorwort von [Brieskorn & Knörrer 1981, vi]. Er schickt diesem Zitat den Hinweis voraus: *„Bei Felix Klein habe ich einmal sinngemäß die Bemerkung gelesen:"*

[919] Abschnitt 8.7.2 auf S. 295 ff.

[920] Vgl. S. 298.

[921] Zitatwiederholung aus S. 297 oben.

Theoretische Geometrien haben also ihre Wurzeln (dennoch!) in *praktischen Geometrien*, und gleichwohl reichen sie weit darüber hinaus, weil erst die theoretische, abstrakte und formal strenge Durchdringung oft zu neuen Erkenntnissen (und meist auch Beweisen) führen kann. [922]

Die „Grundlagen der Geometrie" von David **Hilbert** [923] gehen konsequent den Weg einer „theoretischen Geometrie", aber sein Werk hat zugleich dazu geführt, dass vor allem in der zweiten Hälfte des 20. Jahrhunderts manche Vorlesungen und Lehrbücher (beispielsweise über Analytische Geometrie) ganz ohne Abbildungen und Zeichnungen auskamen, auch wenn es etwa um „Kegelschnitte" ging, die ja schon vom Namen her „eigentlich" (also: ursprünglich) etwas „Haptisches" sind. So entstand schnell ein für die Hochschullehre unerträglicher Zustand, weil solche Dozenten durchaus noch eigene konkrete *anschauliche* Vorstellungen etwa von dem hatten, was Kegelschnitte „ursprünglich sind", dieses aber ihren Studentinnen und Studenten nicht verrieten, sondern auf der abstrakten, formalen und exakten Reflexionsebene einer Theoretischen Geometrie blieben. Die Adressaten waren damit in ihrem Erkenntnisprozess betrogen, weil ihnen wichtige Erfahrungen und Ein-Sichten vorenthalten wurden.

Seit langem ist bekannt, dass die subjektive Anschauung als Mittel der Erkenntnissicherung in der Mathematik problematisch ist. Dazu gibt es viele Beispiele, die eindringlich zeigen, wie wenig zuverlässig diese Anschauung sein kann, weil Visualisierungen zu Trugschlüssen führen können. Bild 9.2 zeigt ein bekanntes Beispiel aus der Analysis, das andererseits durchaus der Sinngebung von „Grenzwert" dienen kann: Zwar scheint der Diagonalenstreckenzug als Punktmenge gegen die Diagonale (als Punktmenge) zu „konvergieren", jedoch gilt dies gewiss nicht für deren „Längen" als „Maßen" (2 bzw. $\sqrt{2}$). Mit Bild 9.3 würde sich analog dazu $2\pi = 8$ ergeben, weil bei Fortsetzung dieser „Approximation" der einbeschriebene Streckenzug (als Punktmenge) gegen die Kreislinie (als Punktmenge) zu „konvergieren" scheint; dennoch konvergiert der vom Streckenzug umrandete Flächeninhalt bekanntlich korrekt gegen den Kreisflächeninhalt ...

Bild 9.2: Diagonalenlänge in einem Einheitsquadrat: $\sqrt{2} = 2$?   Bild 9.3: $2\pi = 8$?

Diese beiden Beispiele sind in ihrer Problematik „offen sichtlich", und sie werden bewusst und gerne eingesetzt, um die Unzuverlässigkeit von Visualisierungen als „Beweismittel" zu demonstrieren. So entsteht jedoch die Frage, ob Bild 9.1 als „Beweis-Ersatz" gelten kann.

---

[922] Hier liegt „pars pro toto" ein Vergleich mit Einsteins Relativitätstheorie nahe, die zwar ihre Wurzeln in konkreten physikalischen Erfahrungen hat, aber erst durch die abstrahierende theoretische Durchdringung und Analyse zu Vorhersagen führen konnte, die nicht mit der Alltagserfahrung übereinstimmten, daher nicht „nahe gelegen" haben, sich aber später dennoch als richtig erwiesen haben.

[923] [Hilbert 1899]; siehe dazu die Analyse in [Felgner 2014].

Primär soll mit Hilfe dieser Visualisierung nur der zugehörige (!) geometrische (und abstrakte!) Sachverhalt *sichtbar* gemacht (und also „hineingedacht") werden. [924]

Zwar können Visualisierungen geometrischer Konstruktionen niemals im strengen Sinn einer theoretischen Geometrie „exakt" sein, sie können jedoch *gut, zutreffend, schlecht, nicht zutreffend* oder gar *definitiv falsch* sein. So findet man manchmal perspektivisch falsche Zeichnungen, z. B. aus der sphärischen Geometrie, wie etwa die misslungene Darstellung eines Kreisbogendreiecks auf einem Globus in Bild 9.4, [925] bei der statt drei hier erforderlicher Ellipsenbögen einfach Kreisbögen gewählt wurden und wo zu allem Überfluss die beiden Globuspole perspektivisch falsch platziert sind. Auch bei Schülerinnen und Schülern findet man bekanntlich derartige Fehlleistungen, die z. B. durch eine Betrachtung von Kegelschnitten bewusst gemacht werden können.

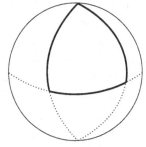

Bild 9.4:
falsche Globus-Darstellung

Wichtige und beliebte Visualisierungen in der Mathematik und auch in der Physik betreffen die „Schaubilder" von Funktionsgraphen. [926] In Abschnitt 6.2 wurden dazu Funktionenplotter betrachtet, insbesondere wurde auf S. 157 ff. hervorgehoben, dass z. B. „Stetigkeit" eigentlich nicht graphisch darstellbar ist, also nicht visualisierbar ist, sondern dass sie in das Schaubild *hineinzudenken* ist (wie es ähnlich für die Geometrie beschrieben wurde [920]).

Und es sei erneut angemerkt, dass „Bebilderungen" textlicher Darstellungen nicht per se zu einer Sinnerschließung führen und auch nicht immer so gedacht sind, so dass sie damit auch nicht stets Visualisierungen im Sinne der Definition aus Abschnitt 9.1.2 sind. Auch das hier vorliegende Buch ist gelegentlich nur „bebildert". [927]

9.1.3   Beweise ohne Worte

„Beweise ohne Worte" im Sinne von rein visualisierten Darstellungen kann es nach vorstehenden Ausführungen eigentlich nicht geben, weil man im Kontext von Mathematik visuellen Eindrücken nicht eo ipso trauen darf, ihnen dann keine Beweiskraft zukommt. Gleichwohl wird man geneigt sein, Bild 9.1 als ein Beispiel für einen „Beweis ohne Worte" anzusehen. Nimmt man nun die zugehörige zitierte Äußerung von Felix Klein auf S. 310 oben hinzu – nämlich: „*Was der Geometer an seiner Wissenschaft schätzt, ist, daß er sieht, was er denkt*" – so wird deutlich, dass visualisierte geometrische Sachverhalte nicht für sich stehen, sondern dass die zugehörigen beweiskräftigen Zusammenhänge *stets mit zu denken* sind. Insofern wird man dann Darstellungen wie in Bild 9.1 als *Beispiele für Beweise ohne Worte* ansehen können.

---

[924]   Vgl. die Definition von „Visualisierung im mathematischen Kontext" in Abschnitt 9.1.2.

[925]   Bild 9.4 fand sich 2007 ähnlich auf einer Webseite zur Einladung für einen „Tag der Mathematik" ...

[926]   Vgl. u. a. die Abschnitte 6.2.3.2, 6.2.3.3 und 7.10.3.

[927]   Die Leserinnen und Leser mögen bitte prüfen, welche der in diesem Buch vorliegenden „Bebilderungen" somit als „Visualisierungen" aufzufassen sind oder nur als „Ausschmückungen" dienen.

Entsprechenden Beispielen kann sogar ein hohes didaktisches Potential zukommen, weil sie dazu dienen können, erforderliche und mögliche Beweisargumente aus ihnen zu erschließen. Bild 9.5 zeigt aus der reichhaltigen, anregenden Sammlung von Roger B. Nelsen "The Rolling Circle Squares Itself" [928] als schöne Ergänzung zur „Quadratur des Kreises" in Kapitel 8. Die Leserinnen und Leser seien aufgefordert, sich in den hier knapp visualisierten

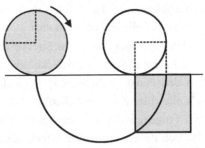

Bild 9.5: sich selbst quadrierender rollender Kreis

Beweis „hineinzudenken". Urplötzlich wird sich dann ein „Heureka" einstellen. Die „Anerkennung als Beweis" erfordert nur Kenntnisse der Schulgeometrie aus Jahrgang 8 bis 9. [929]

Mit Bild 9.6 wird folgender Satz wortlos visualisiert: [930]

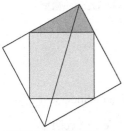

Bild 9.6: Quadrathalbierung

Die Winkelhalbierende des rechten Winkels eines rechtwinkligen Dreiecks halbiert den Flächeninhalt des Quadrats über der Hypotenuse.

Der elementargeometrische Beweis springt dann ebenfalls, wenn auch vielleicht nicht sofort, dann aber schlagartig ins Auge.

Auf **Pappos** von Alexandria (4. Jh. v. Chr.) geht die in Bild 9.7 gezeigte Visualisierung über den Größenvergleich von *arithmetischem, harmonischem* und *geometrischem Mittel* zurück. Sie ist aber von anderem Typ als die in Bild 9.5 und Bild 9.6 gezeigten: Zunächst lässt sich mit den Bezeichnungen aus Bild 9.7

$$x \leq H(x,y) \leq G(x,y) \leq A(x,y) \leq y$$

unmittelbar ablesbar. Falls Termdarstellungen der drei Mittelwerte bekannt sind (oder diese hierzu eigens erarbeitet werden bzw. bereits erarbeitet worden sind), ist obige Ungleichungskette dann „nur" elementargeometrisch zu *begründen.*

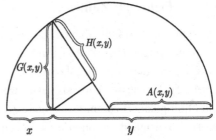

Bild 9.7: Mittelwertvergleich nach Pappos

Insofern wird auch mit Bild 9.7 zugleich ein Satz *und* der Beweis visualisiert! [931]

Bild 9.8 auf der nächsten Seite zeigt eine graphische *Summierung einer unendlichen geometrischen* Folge, wie sie 1644 Evangelista **Torricelli** (1608 – 1647) vorgestellt hat: [932]

---

[928] Eigene Nachbildung einer Abbildung von Thomas Elsner aus [Nelsen 1993, 10].

[929] Womit aber nicht gemeint ist, dass man diese Aufgabe in der achten Klasse stellen kann oder soll.

[930] Eigene Nachbildung einer Abbildung von Roland H. Eddy aus [Nelsen 1993, 16].

[931] Wie in Bild 9.1; Erörterung von Bild 9.7 in [Hischer 2002 b, 12 f.] und [Hischer 2012, 111 f.].
Eine ausführliche Erörterung der pythagoreischen Mittelwerte liegt in [Hischer 2002 b] vor.

[932] Siehe [Hischer & Scheid 1982, 82 f.] und [Hischer & Scheid 1995, 79 ff.]; man beachte die Ähnlichkeit mit der Darstellung der mittleren Proportionen beim Mesolabium in Bild 8.35 auf S. 283. Die historischen Beweise von Torricelli sind original nachlesbar in [Torricelli 1644, 64 – 66].

Gegeben seien das Anfangsglied $a \in \mathbb{R}_+$ der Folge und der Faktor $q \in \mathbb{R}_+$. Für das allgemeine Glied dieser Folge gilt also $a_n = aq^n$ mit $a_0 = a$.

Man zeichnet dann eine Strecke der Länge a und parallel dazu eine Strecke der Länge aq, was den Punkt C liefert und (andeutungsweise!) alle (hier durch Streckenlängen dargestellten) Folgenglieder ablesbar macht (Bild 9.8). Die sich daraus ergebende Streckenlänge $|AB|$ ist dann der gesuchte Grenzwert $\sum_{n=0}^{\infty} aq^n$.

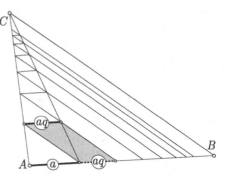

Bild 9.8: Summierung einer unendlichen geometrischen Folge nach Torricelli

Torricelli las aus der graphischen Darstellung nicht nur die Summe als Länge ab, sondern darüber hinaus auch die Summenformel, denn mit $a_0 = a$, $a_1 = aq$ und $|AB| =: s$ folgt wegen der Ähnlichkeit gewisser (welcher?) Dreiecke

$$\frac{s}{a} = \frac{a}{a - aq} \text{ und damit } s = \frac{a}{1-q}.$$

Das erblickt man wohl nicht ad hoc, denn es erfordert wieder vertieftes „Hineindenken".[933]

- So zeigt auch die Visualisierung in Bild 9.8 zugleich einen Satz *und* den Beweis!

9.1.4   Figurierte Zahlen [934]

Für Pythagoreer waren „Zahlen" natürliche Zahlen ab 2, die sich aus der „Einheit" 1 additiv zusammensetzten (vgl. S. 134). In diesem Sinn war für sie 1 eigentlich noch keine „Zahl" (was aber für die nachfolgenden Betrachtungen unbedeutend ist). Sie teilten die Zahlen in unterschiedliche Klassen ein, beispielsweise in gerade und ungerade Zahlen oder in Primzahlen und (multiplikativ) zusammengesetzte Zahlen. In den geraden und ungeraden Zahlen erkannten sie Folgenglieder (von arithmetischen Folgen), und mit Hilfe dieser Folgen konnten sie durch Summenbildung neue Folgen (und damit neue Zahlenklassen) konstruieren, z. B.:

$$1, \quad 1+3 = \mathbf{4}, \quad 1+3+5 = \mathbf{9}, \quad 1+3+5+7 = \mathbf{16}, \quad \ldots$$

Bild 9.9: Quadratzahlen als Punktfiguren

Die so erhaltenen Zahlen veranschaulichten sie mit ihren sie aufbauenden Summanden rekursiv durch Punktfiguren wie in Bild 9.9, von denen man einige bereits auf Töpferarbeiten der Jungsteinzeit fand.

---

[933] Man verschiebe dazu in Gedanken das grau hervorgehobene Parallelogramm samt Diagonale (wohin?) und erhält dann ein neues Dreieck ... Heureka!

[934] Siehe hierzu [Hischer & Scheid 1982, 72 ff.] und [Hischer & Scheid 1995, 82 ff.].

In den Figuren ist ein rekursiv-konstruktiver Aufbau erkennbar, bei dem schrittweise jeweils eine „Punktkette" in Gestalt eines „Winkelhakens" wie in Bild 9.10 hinzukommt. Diese hinzugefügte Figur nannten die Pythagoreer „Gnomon", was „Erkenner (der Zeit)" bedeutet und auf den „senkrechten schattenwerfenden Stab der Sonnenuhr" zurückgeht. [935]

Bild 9.10:
Gnomon

Der „Gnomon" wurde dann abstrahierend in der Geometrie zunächst zu einer Bezeichnung für eine Figur, die von einem Quadrat übrig bleibt, wenn man von einer Ecke ein kleineres Quadrat entfernt. Vermutlich **Heron** von Alexandria (ca. 100 n. Chr.) verallgemeinerte das später sinngemäß wie folgt:

- Alles, was zu einer Zahl oder Figur hinzugefügt das Ganze dem ähnlich macht, welchem es hinzugefügt worden ist, heißt *Gnomon*.

Bild 9.9 zeigt nun, dass aus einer „Quadratzahl" wieder eine Quadratzahl entsteht, wenn man einen Gnomon als Punktfigur hinzufügt, wie es deutlich nochmals in Bild 9.11 dargestellt ist. Hieran ist nun erkennbar, dass aus einer Quadratzahl die nächste Quadratzahl entsteht, indem eine bestimmte ungerade Zahl – die „*Gnomonzahl*" – addiert wird. Besteht eine Quadratseite aus n Punkten, so liest man aus Bild 9.11 zunächst unmittelbar folgende Summendarstellung ab:

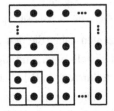

Bild 9.11: Quadratzahlen
und Gnomonzahlen

$$1 + 3 + 5 + \ldots + (2n - 1) = n^2 =: Q_n. \tag{1}$$

Q_n ist die „n-te Quadratzahl", und ferner lesen wir sofort auch eine Rekursionsformel ab:

$$Q_{n+1} = Q_n + (2n + 1). \tag{2}$$

Nun können wir mit anderen Gnonomzahlen „spielen":

Bild 9.12 zeigt z. B. die „n-te Dreieckzahl" D_n, für die zunächst erkennbar gilt:

Bild 9.12: Dreieckzahl

$$1 + 2 + 3 + \ldots + n =: D_n. \tag{3}$$

Offensichtlich kann man Bild 9.12 gemäß Bild 9.13 zu einem Rechteck mit n mal $n + 1$ Punkten zusammensetzen (hier „Rechteckzahl" [936] R_n, englisch "oblong number"), womit in geschlossener Darstellung folgt:

$$R_n := 2D_n = n \cdot (n + 1), \text{ also } D_n = \frac{n \cdot (n + 1)}{2}. \tag{4}$$

Bild 9.14 zeigt auch eine Gnomondarstellung der Rechteckzahl, und es folgt wieder

$$R_n = 2 + 4 + 6 + 8 + \ldots + 2n = 2D_n.$$

---

[935] Siehe hierzu die anschauliche Beschreibung in [von Humboldt 1850 a, 230].

[936] Allgemein sind Rechteckzahlen „Nicht-Quadratzahlen". In Platons „Theaitetos" heißen sie „heteromeke" Zahl, was (nach einem Hinweis von Ulrich Felgner) auf μῆκος („mekos") für „Länge, Weite, Breite" zurückgeht.

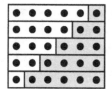

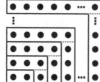

Bild 9.13: Rechteckzahl und Dreieckzahl

Bild 9.14: Rechteckzahl in Gnomondarstellung

Bild 9.15: Quadratzahl und Dreieckzahl

Und Bild 9.15 zeigt schließlich einen Zusammenhang zwischen Quadratzahl und Dreieckzahl, der sich als Rekursion formulieren lässt:

$$Q_n = D_n + D_{n-1}. \tag{5}$$

Bild 9.16: Fünfeckzahl

Mit Hilfe der Gnomondarstellung lassen sich auch *Fünfeckzahlen* (bzw. „Pentagonalzahlen"), *Sechseckzahlen* und verallgemeinert *Polygonalzahlen* definieren. Bild 9.16 zeigt eine solche Gnomondarstellung für Fünfeckzahlen, aus der man in Analogie zu (3) und (1) abliest:

$$1 + 4 + 7 + \ldots + (3n - 2) =: F_n. \tag{6}$$

Das legt sofort eine entsprechende Vermutung für allgemeine Polygonalzahlen nahe (die den Leserinnen und Lesern überlassen sei). Für rekursive oder geschlossene Darstellungen sind andere visuelle Darstellungen zweckmäßig – z. B. die „Spinnennetzdarstellungen" in Bild 9.17. [937]

Die Spinnennetzdarstellungen in Bild 9.17 sind offensichtlich – zumindest gedanklich – für beliebige Polygonalzahlen (die hier „k-Eckzahlen" genannt seien) möglich: Bild 9.18 liefert zunächst für die Quadratzahlen die

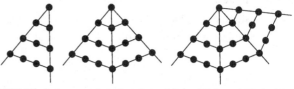

Bild 9.17: „Spinnennetzdarstellung" von 3-Eck-, 4-Eck- und 5-Eckzahlen

schon bekannte Rekursion (2). Entsprechend liefert Bild 9.19 für die Fünfeckzahlen:

$$F_n = Q_n + D_{n-1}. \tag{7}$$

Und für eine beliebige n-te k-Eckzahl V_n^k gilt dann erkennbar $V_n^k = V_n^{k-1} + D_{n-1}$.

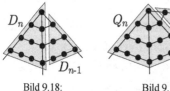

Bild 9.18: $Q_n = D_n + D_{n-1}$

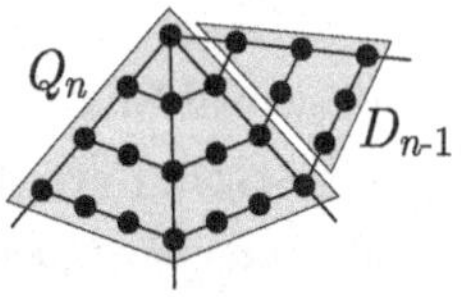

Bild 9.19: $F_n = Q_n + D_{n-1}$

Die Visualisierung von Polygonzahlen mit einem Wechsel zur Spinnennetzdarstellung ist also sehr vorteilhaft, weil „auf einen Blick" die Gesamtstruktur erkennbar wird.

Neben diesen „ebenen" figurierten Zahlen lassen sich entsprechend „räumliche" figurierte Zahlen definieren und visuell darstellen, insbesondere „Pyramidalzahlen" wegen ihres pyramidenartigen Aufbaus. Bild 9.20 symbolisiert (speziell für $n = 5$) die n-te *„quadratische Pyramidalzahl"*, die offenbar eine Summe der ersten n Quadratzahlen ist, so dass gilt:

$$P_n := 1^2 + 2^2 + 3^2 + \ldots + n^2. \tag{8}$$

---

[937] Vgl. [Hischer & Scheid 1982, 74 ff.] und [Hischer & Scheid 1995, 84 ff.].

Mit Hilfe der nachstehenden Bildfolge können wir dann ohne weitere Rechnung die in der elementaren Analysis nützliche Summenformel für P_n ablesen: [938]

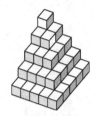  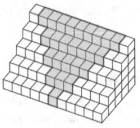 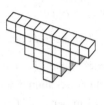

| Bild 9.20: quadratische Pyramidalzahl für $n = 5$ | Bild 9.21: „linke Wand" aus Bild 9.20 | Bild 9.22: „Treppe" aus $2n+1$ „Scheiben" gemäß Bild 9.21 | Bild 9.23: „Rückwand" des mittleren Körpers aus Bild 9.22 |

Die Anzahl der Würfel in Bild 9.21 ist gemäß (4) die Dreieckzahl D_n, visualisiert als „linke Außenwand" aus der Pyramidalzahldarstellung in Bild 9.20. Die „Treppe" in Bild 9.22 besteht aus zwei Körpern gemäß Bild 9.20 (dem rechten davon als horizontalem Spiegelbild des linken) und einem mittleren, herauslösbaren Körper. Sie kann aber auch aus $2n + 1$ „Scheiben" gemäß Bild 9.21 bestehend gedacht werden. Die „Rückwand" des mittleren Körpers identifiziert man leicht in der Gestalt von Bild 9.23, deren Würfelanzahl damit die n-te Quadratzahl ist. Damit kann der mittlere Körper als „Summe" der ersten n Quadratzahlen gedeutet werden, er besteht also aus genau so vielen Würfeln wie der Körper in Bild 9.20. Die Würfelanzahlen der drei Teilkörper der „Treppe" sind also jeweils gleich, nämlich P_n, also ist P_n ein Drittel der gesamten Würfelanzahl aus Bild 9.22, also von $(2n + 1) \cdot D_n$, und daher folgt mit (4) die bekannte Formel für die Summe der Quadratzahlen:

$$\sum_{v=1}^{n} v^2 = \tfrac{1}{6} n \cdot (n - 1) \cdot (2n + 1). \tag{9}$$

9.1.5 Illusionen durch Visualisierung unmöglicher Figuren

Bild 9.24 zeigt eine allseits bekannte *unmögliche Drei-Balken-Figur*. Sie mag vielleicht auf den ersten Blick noch „richtig" erscheinen, was sich aber schnell als nicht haltbar erweist: Jeder der drei „Ecken-Ausschnitte" dieses „Körpers" ist zwar für sich genommen real herstellbar, aber erkennbar passen keine zwei Ecken auf diese Weise zusammen. Hinzu kommt, dass mit Bild 9.24 die *Illusion* erweckt wird, dass je zwei Balken rechtwinklig aneinander stoßen, was ebenfalls nicht möglich ist. (Warum ist das unmöglich?) Hier kann man bei unkritischer Betrachtung schnell zum Opfer einer *visuell vermittelten Illusion* werden. [939]

Bild 9.24: Visualisierung einer unmöglichen 3-Balken-Figur

---

[938] Vgl. [Hischer & Scheid 1982, 80] und [Hischer & Scheid 1995, 92].

[939] „Illusion" geht auf das lateinische „in ludere" für „ein-spielen" zurück.

Bild 9.25 zeigt hingegen eine „richtige" Visualisierung einer „realen" Drei-Balken-Figur.

Bezüglich der Ursache von Wahrnehmungs-Irritationen wie in Bild 9.24 ist zu beachten:

- *Der menschliche Anschauungsraum ist dreidimensional.*

Bild 9.25: „richtige" Projektion einer 3-Balken-Figur

Jedes *ebene Bild*, das der *Visualisierung* einer (angeblichen) Situation aus dem Anschauungsraum dient, kann nur das Ergebnis einer (mehr oder weniger guten Projektion) in den *zweidimensionalen Raum der „Bildebene"* sein. So bleibt jedes solche Bild immer nur *ein Versuch der Darstellung*, die im mathematischen Sinne niemals ein Isomorphismus ist: Eine solche Projektion ist stets notwendig mit einem *Informationsverlust* verbunden, und das kann eine *Verzerrung* oder gar eine *Täuschung* zur Folge haben.

Wichtig für unsere visuelle Wahrnehmung [940] ist vor allem das „räumliche Sehen", mit dessen Hilfe uns ein „Tiefensehen" möglich ist, mit dem wir normalerweise u. a. „vorne" und „hinten" unterscheiden können, über das aber nicht alle Menschen gleichermaßen verfügen.

Der Schweizer Naturforscher L. A. Necker beschrieb 1832 sog. „Kippbilder", also solche Bilder, die in unserer Wahrnehmung plötzlich *von einer* subjektiven Interpretation *in eine andere* wechseln. Als Beispiel wählte er eine zweidimensionale Darstellung eines „Drahtmodells" eines Würfels (Bild 9.26 links), das nach ihm in der Wahrnehmungspsychologie *„Necker-Würfel"* genannt wird (engl.: "Necker Cube"): Hier ist *nicht objektiv entscheidbar, welche Würfelkanten „vorne" bzw. hinten verlaufen.* Unsere subjektive Wahrnehmung lässt uns zwischen den beiden möglichen Interpretationen in der Mitte von Bild 9.26 „kippen"! Der Zeitpunkt des Kippens ist von der betrachtenden Person kaum beeinflussbar. Darüber hinaus wurde aus dem Neckerwürfel in Bild 9.26 *ganz rechts* eine *unmögliche Figur* erzeugt.

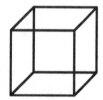 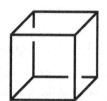 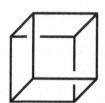 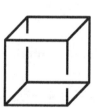

Bild 9.26: Drei verschiedene Interpretationsmöglichkeiten des links zu sehenden Necker-Würfels – mit zwei möglichen Figuren und einer unmöglichen Figur.

So erkennen wir, dass es offenbar möglich ist, zweidimensionale Darstellungen zu erzeugen, die uns zunächst die Illusion einer dreidimensionalen Realität vermitteln, die sich dann jedoch bei genauerem Hinsehen als unmögliche Figuren entlarven lassen. Hierzu gibt es mittlerweile eine reichhaltige Literatur. [941]

---

[940]   Zu „Wahrnehmung" siehe die vielfachen Bezüge von Wagner in Kapitel 4, insbesondere sein Hinweis auf die Definition in Fußnote 312 auf S. 95; ferner die Anmerkungen in den Fußnoten 474 und 897.

[941]   Siehe den Klassiker [Ernst 1985] und ferner [Seckel 2005].

Neben einer unmöglichen Drei-Balken-Figur kann man auch unmögliche Figuren mit anderen Balkenanzahlen „konstruieren" wie z. B. die *Zwei-Balken-Figur* in Bild 9.27. Bild 9.28 zeigt eine – ebenfalls unmögliche – Drei-Balken-Figur, die hier aus kongruenten Würfeln „aufgebaut" ist. Unter der Überschrift „Die verdrehte Dose" demonstriert Bruno Ernst, wie man aus Bild 9.28 eine unmögliche *Zwei-Balken-Figur* erhalten kann, ferner augenzwinkernd, dass man diesen Figuren auch ein „Volumen" zuordnen könne, was wie folgt „funktioniert": Zunächst mögen die Würfel die Kantenlänge 1 und damit das Volumen 1 haben, womit die Ausgangsfigur das „Volumen" 14 hat. In Bild 9.29 werden die obersten beiden Würfel zunächst herausgelöst, und in Bild 9.30 wird einer davon wieder eingefügt, so dass ein Körper mit dem „Volumen" 13 entstanden ist. [942]

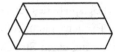

Bild 9.27:
unmögliche 2-Balken-Figur

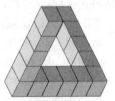

Bild 9.28:
unmögliche 3-Balken-Figur –
„Volumen": 14

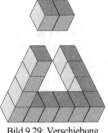
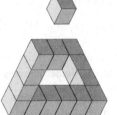

| Bild 9.29: Verschiebung der beiden „oberen" Würfel nach oben – Volumen Restkörper: 12 | Bild 9.30: Einfügen eines der beiden verschobenen Würfel in die Lücke – Volumen neuer Körper: 13 | Bild 9.31: Entfernen der oberen drei Würfe, Einfügen von zwei davon in Lücke – Volumen neuer Körper: 12 | Bild 9.32: Verschieben der 3 Würfel oben links in 2. Reihe, Löschen des Restwürfels – Volumen neuer Körper: 11 |

Anschließend wird jeweils ein Würfel entfernt, und die jeweils verbleibenden „oberen" Würfel werden passend verschoben, bis zum Schluss ein „Zwei-Balken-Körper" mit dem „Volumen" 11 entsteht, dessen wesentliche „unmögliche" Struktur ganz oben in Bild 9.32 mit einem „weichen" Graustufenübergang zu sehen ist. Bruno Ernst bietet einen Ausschneidebogen an, mit dem man Figuren wie in Bild 9.28 sogar „bauen" kann, indem man die beiden oberen Würfel nicht „verklebt", sondern den aus fünf Würfeln bestehenden linken Balken „nach vorne zeigend" und den entsprechenden rechten „nach hinten zeigend" denkt. Den Augpunkt wählt man so, dass die *Illusion* entsteht, die beiden Würfel seien miteinander verklebt, wie es ähnlich Bild 9.33 rechts zeigt. [943]

Bild 9.33: ausgeschnittene Figur – links
erkennbar möglich; rechts Figur gedreht
– Illusion einer unmöglichen Figur

---

[942] Bild 9.27 bis Bild 9.32 zeigen eigene Darstellungen in Anlehnung an Abbildungen in [Ernst 1985, 21 f.], wobei Ernst diese auf eine Darstellung des schwedischen Künstlers Oscar Reutersvärd gründet, der 1934 neun Würfel in ähnlicher Weise (aber mit kleinem Abstand zwischen ihnen quasi „frei schwebend") positioniert hatte (als „hommage à Bruno Ernst", dargestellt in [Ernst 1985, 14]).

[943] Bild 9.33 zeigt eigene Fotografien einer mit dem Ausschneidebogen von [Ernst 1985, 13] konstruierten Figur.

9.1.6   Optische Täuschungen

Die Beispiele des letzten Abschnitts haben gezeigt, dass Visualisierungen zu Illusionen über die Existenz raumgeometrischer Situationen führen können, die unserer raumgeometrischen Erfahrung einen Streich spielen und Irritationen bewirken, so dass wir uns *getäuscht* fühlen, denn damit liegen massive *Wahrnehmungstäuschungen* vor. Der niederländische Maler und Graphiker Maurits Cornelis **Escher** (18898 – 1972) hat diese Möglichkeiten der Schaffung von Illusionen in seinen Werken bekanntlich meisterhaft ausgereizt.

In Bild 9.2 und Bild 9.3 auf S. 311 sahen wir zwei Visualisierungen zu mathematischen Situationen, die bei unkritischer Betrachtung zu einem Fehlurteil führen, so dass man also durch diese Visualisierungen *getäuscht* wird.

In den beiden geschilderten Situationen wird man also als Betrachter *visuell getäuscht*, aber dennoch liegen hier *keine optischen Täuschungen* vor, weil man darunter bestimmte *subjektive Phänomene* versteht, wenngleich auch diese auf Visualisierungen beruhen.

So schreibt hierzu der „Brockhaus Naturwissenschaften": [944]

> **optische Täuschungen**, Wahrnehmungen des Gesichtssinns, die dadurch gekennzeichnet sind, dass die wahrgenommenen Maßverhältnisse oder Erscheinungsweisen nicht mit den geometrisch erfaßbaren Proportionen oder den physikal. Gegebenheiten der objektiven Gegenstände übereinstimmen und zu deren Erklärung teils physiolog., teils psycholog. Momente herangezogen werden.
>
> Die größte Gruppe der o. T. bilden die **geometrisch-opt. Täuschungen**. Sie bestehen darin, dass senkrechte Erstreckungen gegenüber waagerechten überschätzt werden (Horizontal-Vertikal-Täuschung), spitze Winkel eher für kleiner, stumpfe eher für größer gehalten werden, gleich lange Strecken unterschiedlich lang erscheinen [...]

Bild 9.34 und Bild 9.35 zeigen uns in diesem Sinn zwei bekannte optische Täuschungen. In der linken Darstellung sind alle vier Strecken parallel, in der rechten erscheint die durch zwei Parallelen unterbrochene Strecke versetzt.

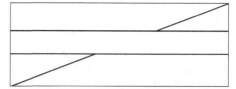

Bild 9.34: vier parallele Strecken   Bild 9.35: eine nur unterbrochene Strecke

Im World Wide Web findet man unter dem Suchbegriff „optische Täuschungen" eine Fülle von Bildern, die jedoch leider nicht alle der obigen Definition entsprechen, denn es finden sich auch „unmögliche Figuren" wie die Werke von Escher darunter. In den obigen beiden Bildern ist aber nichts falsch dargestellt wie bei den unmöglichen Figuren, sondern unser „Gesichtssinn" spielt uns einen Streich bei der Interpretation!

---

[944]   Aus Brockhaus: Naturwissenschaften und Technik, Vierter Band. Wiesbaden, F. A. Brockhaus, 1983, S. 35.

Hier ist auch nachdrücklich auf das in Abschnitt 6.2.5 ausführlich betrachtete Phänomen des „Aliasings" bei Funktionenplottern hinzuweisen, denn manchmal trifft man auf die Auffassung, dass es sich bei solchen Fehldarstellungen (und das sind sie wirklich!) um optische Täuschungen handeln würde. Dieses Aliasing gehört aber – wie dort dargestellt – ebenso wie die akustischen „Schwebungen" zum „Moiré" genannten Phänomen. Und hier wird man nicht getäuscht, denn was man hier sieht, ist wirklich vorhanden, wenngleich es nicht das ist, was man vielleicht erwarten würde.

9.2   Historische Werkzeuge der Mathematik

9.2.1   Vorbemerkung

Schülerinnen und Schüler des 21. Jahrhunderts (und wohl auch Studentinnen und Studenten) werden kaum eine Vorstellung davon haben, dass es in der „Vor-Computer-Zeit" eine Vielzahl von (materiellen oder ideellen) Werkzeugen gab, ohne die Anwendungen der Mathematik auf viele außermathematische und auch innermathematische (!) Fragen und Probleme nur schwer oder gar nicht möglich waren. Solche nunmehr „historischen Werkzeuge" betrafen dann *geometrische Konstruktionen* und *Messungen* und in ganz erheblichem Umfang *numerische Berechnungen* – und all das bis weit in die zweite Hälfte des 20. Jahrhunderts hinein.

So gehört beispielsweise der Beruf des am großen Zeichenbrett bzw. Reißbrett [945] (mit integrierter, komfortabler, manuell zu bedienender „Zeichenmaschine") stehenden *technischen Zeichners* faktisch der Vergangenheit an (ebenso wie der z. B. des Schriftsetzers oder der des Notenstechers), [946] weil für diese Aufgaben sehr leistungsfähige Anwendungsprogramme zur Verfügung stehen, die die früheren haptischen Möglichkeiten bei sinnvoller Nutzung sogar bei weitem übersteigen.

Und wer macht sich schon Gedanken darüber, welche Mühen es noch bis in die 1960er Jahre gemacht hat, eine konkrete, termdefinierte Funktion [947] in kleiner Schrittweite zu *tabellieren* und durch ein Schaubild [948] „schön" darzustellen?

Für diese Aufgaben der *Tabellierung termdefinierter Funktionen* wurden in den letzten Jahrhunderten etliche mathematische Algorithmen entwickelt, und der Verdruss über die mit deren Ausführung verbundenen zeitaufwendigen, fehlerträchtigen „händischen" Mühen (bis hin zur Erzeugung eines Schaubilds) war mit ein *Ansporn für die Erfindung des Computers.* Doch ging damit ein Verlust einher?

---

[945]   Hierzu findet man im WWW zahlreiche Abbildungen und Beschreibungen, u. a. die schöne Darstellung von Hans-Joachim Vollrath unter:
http://www.history.didaktik.mathematik.uni-wuerzburg.de/ausstell/parallelenlineale/zeichenbrett.html (25. 02. 2016)
Dort beschreibt Vollrath die Bilder wie folgt: *„Für Technische Zeichner, Architekten und Ingenieure wurden spezielle Zeichentische („Zeichenmaschinen") entwickelt, bei denen ein drehbarer Zeichenwinkel durch eine Parallelführung in jeder Richtung parallel verschoben werden konnte."*

[946]   Alles ist hier geschlechtsneutral gemeint und nur der Einfachheit halber „klassisch" formuliert.

[947]   Vgl. die Abschnitte 6.2.16.2.3.

[948]   Zu „Schaubild" vgl. die Abschnitte 6.2.3.2, 6.2.3.3 und 7.10.3.

9.2.2   Mechanische Instrumente zum Zeichnen, Messen und Rechnen

Das reich illustrierte Buch *„Verborgene Ideen. Historische mathematische Instrumente"* von Hans-Joachim Vollrath [949] ist in die drei Kapitel „Instrumente zum Zeichnen", „Instrumente zum Messen" und „Instrumente zum Rechnen" gegliedert, und so wird hier die Vielfalt der seit der Antike für mathematische Anwendungen entwickelten *technischen Medien* [950] erfasst:

Bei den *Instrumenten zum Zeichnen* werden allein acht Seiten den „Linealen" gewidmet – beginnend mit der *Idee des Zeichnens einer Geraden im Gelände*, und es werden kuriose (?) Instrumente wie *Roll-Lineal, Schraffier-Lineal, Parallel-Lineal* und *Streckenteiler* vorgestellt. Es folgen diverse *Zirkel*, so z. B. der *Parallel-Zirkel*, bei dem Zirkelspitze und Zeichenstift stets parallel und orthogonal zur Zeichenebene stehen, um bei großen Radien Ungenauigkeiten zu vermeiden. Natürlich fehlt nicht der *Stechzirkel*, aber auch ungewöhnliche Instrumente wie etwa der *Stangenzirkel* zum Zeichnen großer Kreise im Gelände werden beschrieben, und es werden *Einhandzirkel, Dreibeiniger Zirkel* und *Reduktionszirkel* vorgestellt, ferner auch „Kurvenzirkel" wie etliche *Ellipsenzirkel*, aber auch die Abbildung eines *Spiralzirkels* (für die Archimedische Spirale) ist zu sehen. Und schließlich werden mehrere *Pantographen* (zur zeichnerischen Vergrößerung bzw. Verkleinerung von Linienfiguren) dargestellt.

Im zweiten Teil werden *Längenmesser, Inhaltsmesser* und *Winkelmesser* als *Instrumente zum Messen* von *Längen, Rauminhalten* und *Winkelgrößen* beschrieben. Zwar werden heute im Bauwesen meist Digitalgeräte z. B. für „berührungslose Längenmessung" per Laser oder Ultraschall benutzt, wenngleich viele Handwerker gerne noch zum klassischen „Zollstock" greifen. Andererseits benutzt man nun gern *Schieblehren* mit Digitalanzeige, so dass leider die geniale Nonius-Skala in Vergessenheit gerät. Vollraths Buch bietet eine reichhaltige Sammlung wichtiger *historischer Maße und Messgeräte,* die – obwohl sie für die Entwicklung der (praktischen) Mathematik konstituierend sind – im Mathematikstudium kaum auftreten.

Im dritten und letzten Teil stellt Vollrath eine Fülle historischer *Instrumente zum Rechnen* vor, so u. a. *Proportionalzirkel, Rechenstab* bzw. *Rechenschieber, Rechenscheiben* als sog. „Analogrechner", andererseits *Rechenbretter, Zahlenschieber, Rechenwalzen, Zählwerke* und diverse *„Rechenmaschinen"* (Schickard, Pascal, Leibniz, Brunsviga, Curta, ...) als „Digitalrechner".

Hier ist anzumerken, dass Horst Herrmann, ein „früher Informatiker", vorschlägt, zwischen „Gerät" und „Maschine" zu unterscheiden: [951]

> Mit *Maschinen* bezeichnen wir eine Apparatur, die nach Mitteilung der Aufgabenstellung in geeigneter Form nach Anschaltung selbsttätig die ganze Rechnung ohne weitere Eingriffe von außen durchführt; bei einem *Gerät* dagegen ist laufend mehr oder weniger häufig ein Eingriff von außen durch den Bedienenden notwendig. Eine Tischrechenmaschine ist also keine „Maschine", sondern ein Gerät; dieser Unterschied wird im Sprachgebrauch nicht immer klar genug herausgestellt.

---

[949]   [Vollrath 2013].

[950]   Vgl. S. 66.

[951]   Aus meiner eigenen Vorlesungsmitschrift [Herrmann 1965, 2]. Herrmann war seit 1959 Professor für Rechentechnik an der TH bzw. TU Braunschweig und bis zu seiner Emeritierung 1973 Leiter des Rechenzentrums. Er war 1972 Mitbegründer und Befürworter des neuen Studiengangs „Informatik".

„Computer" sind also in diesem Sinne *Maschinen*, ein Handkurbelrechner wie die klassische „Brunsviga" [952] wäre hingegen nur ein *Gerät*.

9.2.3 Auf dem Wege zur Entwicklung von Rechenmaschinen

Die Wirkmöglichkeit von Rechen*maschinen* setzt also *automatisierbare Berechnungsabläufe* als *Algorithmen* voraus, und die Rechenmaschinen sind technisch so zu konstruieren, dass der Ablauf zumindest teilweise bzw. zeitweise ohne menschliches Eingreifen erfolgen kann.

Wir betrachten das schon in Abschnitt 9.2.1 erwähnte Tabellieren einer termdefinierten Funktion, das am Beispiel $f(n) := n^3 + n^2$ erläutert sei. Zum manuellen Anlegen einer zugehörigen Tabelle ist eine Termzerlegung wie $f(n) = n \cdot n \cdot (n+1)$ nach dem Horner-Schema nahe liegend, also n in den Speicher, mit sich selbst malnehmen, $n+1$ bilden und mit dem letzten Ergebnis multiplizieren.

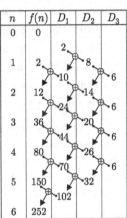

Bild 9.36 zeigt dagegen einen anderen Weg, wobei wir uns zunächst die Funktionswerte schon berechnet *denken*. In der dritten Spalte stehen die *Differenzen* D_1 dieser Funktionswerte, in der vierten deren *Differenzen* D_2 und in der fünften deren *Differenzen* D_3, die sich als konstant erweisen (es liegt also eine *arithmetische Folge dritter Ordnung* vor). Umgekehrt seien nun *nur* der erste Funktionswert 0 und die Anfangsdifferenzen $D_1 = 2$, $D_2 = 8$ und $D_3 = 6$ gegeben. So können dann durch *Summenbildung* alle Funktionswerte *iterativ* berechnet werden – und zwar unabhängig von den Argumentwerten! Damit zeigt Bild 9.36 das Berechnungsprinzip der von Charles **Babbage** (1791 – 1871) erdachten *Difference Engine*. [953] Herrmann schreibt dazu: [954]

Bild 9.36:
Berechnungsprinzip der
Difference Engine

> Ein einziges Verrechnen an einer beliebigen Stelle wirkt sich naturgemäß bei diesem Verfahren unheilvoll auf die ganze Rechnung aus, und zwar umso mehr, je höher die Ordnung der entsprechenden falschen Differenz ist. Ein Mathematiker kann zwar durch Betrachtung des Differenzenspiegels solche Fehler leicht aufdecken, aber die lediglich mit Addition und Subtraktion vertrauten Hilfskräfte des Pariser Rechenzentrums waren nicht dazu imstande.

Mit diesem erwähnten „Pariser Rechenzentrum" kommen wir zu Gaspard Riche de **Prony** (1755 – 1839), der 1794 Mathematikprofessor an der neuen École Polytechnique in Paris wurde: Im Laufe der Entwicklung von Wissenschaft und Technik wurden nämlich in immer größerem Umfang *mathematische Tafeln* benötigt, vor allem für Logarithmen und trigonometrische Funktionen, [955] die jedoch alle (noch!) von Hand berechnet wurden, dadurch jedoch nicht fehlerfrei waren, auch kam als weitere Fehlerquelle das notwendige Abschreiben hinzu.

---

[952] Zugehörige Abbildungen und Beschreibungen unter: https://de.wikipedia.org/wiki/Brunsviga (26. 10. 2015)
[953] Vgl. S. 116; Bild 9.36 basiert auf einer Skizze in meiner Vorlesungsmitschrift [Herrmann 1965].
[954] [Herrmann 1965, 6]
[955] Siehe die Abschnitte 7.7.2 und 7.7.3.

So konnte es geschehen, daß ein Kapitän in jener Zeit sein Schiff auf ein Riff steuerte, obwohl er nachweisen konnte, daß er richtige Berechnungen durchgeführt hatte, eben weil er einen falschen Tafelwert benutzt hatte. [956]

So kam Prony in Paris beim Aufbau eines „Rechenzentrums" auf die Idee, die Konzeptionen der modernen Massenproduktion auch auf die Berechnung mathematischer Probleme anzuwenden. Das war um 1800. Der Betrieb war damals folgendermaßen organisiert: 6 bis 8 Chefmathematiker – heute würden wir sie Diplommathematiker nennen – unter ihnen Legendre, erarbeiteten einen geeigneten Lösungsweg für das vorgesehene Problem, und fünf weitere Mathematiker zerlegten den Arbeitsgang so weit, daß etwa 80 weitere Hilfskräfte nur noch Additionen und Subtraktionen auszuführen brauchten. Trotz dieser Arbeitsweise traten in den so entstandenen Tabellen aber doch häufig Fehler auf. [957]

Ivor Grattan-Guinnes gibt eine ausführliche Beschreibung des Projekts von de Prony, der für diese Institution, die Herrmann „Rechenzentrum" nennt, die ebenfalls sinnige Bezeichnung *"computation factory"* verwendet. Unter anderem weist Grattan-Guinnes darauf hin, dass die o. g. „Hilfskräfte" oft Friseure gewesen seien, die durch die französische Revolution wegen der verhassten Frisuren der vorherigen Aristokratie arbeitslos geworden wären und die nun bei de Prony zu „Elementar-Arithmetikern" umgeschult wurden:

Many of these workers were unemployed hairdressers: one of the most hated symbols of the ancien régime had been the hair-styles of the aristocracy, and the obligatory reduction of coiffure 'as the geometers say, to its most simplest expression' left the hairdressing trade in a severe state of recession. Thus these artists were converted into elementary arithmeticians, executing only additions and subtractions. [958]

Unter der Überschrift *"de Prony's influence upon Babbage"* schreibt Grattan-Guinnes ergänzend:

Charles Babbage [...] gives in his autobiography two occasions for the origins of his interest in mechanical calculation [...]: Babbage does not refer to de Prony here, but he must surely have heard of the project, and he may have realised that mechanization was the better way to produce tables of this size. [...] The nature and extent of de Prony's influence on Babbage needs some exploration. It seems that Babbage had already envisioned his idea of mechanical calculation before learning of de Prony's tables; but he may well have been helped to crystallize some of his ideas, recognise difficulties, and so on, by acquaintance with that project. Babbage does not seem to have met de Prony or corresponded with him, but he examined the Observatoire set of tables during his visit to Paris perhaps in 1826 and had copies made of some of de Prony's writings on the project. Thus his contribution was to substitute manual labour by engineered automation in the construction of tables.

Babbage wollte also die oben erwähnten menschlichen Fehlerquellen durch „mechanische Automatisierung" beseitigen – *ein wesentlicher Schritt hin zur Entwicklung des Computers!*

---

[956] [Herrmann 1965, 5]; auch Wagner weist auf S. 115 f. auf diese Fehlerquelle für Schiffsunfälle hin.
[957] [Herrmann 1965, 5]
[958] [Grattan-Guinnes 2003, 109]

9.2.4 Tafelwerke

Numerische Tabellen begegneten uns schon bei den Babyloniern auf S. 197 f., später in den demographischen Statistiken bei Graunt auf S. 212, als „Tafelwerke" aber erst bei Rheticus auf S. 209 für trigonometrische Funktionen, ferner bei Napier auf S. 210 f. als „Logarithmentafeln". Die beiden letztgenannten Tabellen dienen aber nicht der (z. B. statistischen) Datenerfassung, sondern sie sind *Werkzeuge* für das numerische Rechnen. Um solche „Tafelwerke" geht es hier. Das Prinzip sei exemplarisch an den Briggsschen Logarithmen (nicht „Briggsche ...", vgl. S. 211) erläutert: Falls z. B. das Produkt von 105,3 und 37,27 gesucht ist, so erledigt man das natürlich leicht durch schriftliche Multiplikation mit dem Ergebnis 3924,531.

Es geht aber auch (zunächst umständlicher!) logarithmisch, wenn man die *Funktionalgleichung* $\log(a \cdot b) = \log(a) + \log(b)$ verwendet: Mit $\lg$ als dekadischer Logarithmusfunktion gilt $\lg(u \cdot 10^v) = v + \lg(u)$, womit $\lg(105,3) = 2 + \lg(1,053)$ und $\lg(37,27) = 1 + \lg(3,727)$ folgt und damit $\lg(105,3 \cdot 37,27) = 3 + \lg(1,053) + \lg(3,727)$. Die *Multiplikation wird also durch eine Addition der Logarithmen* ersetzt ($\log$ ist ein *Homomorphismus*), wobei die Kommastellung in einem ganzzahligen Summanden erscheint.

Bei obigem Beispiel $105,3$ ist $1,053 \cdot 10^2$ die *Gleitkommadarstellung* mit $m := 1,053$ als der *Mantisse* und $1 \le m < 10$. Bild 9.37 zeigt das Grundsätzliche:

Die linke Spalte „N." enthält den *Numerus*, von dem „L.", der *Logarithmus*, zu bilden ist. Die ersten drei Stellen der Mantisse führen auf die mit „105" beginnende sechste Zeile, und in der mit „3" überschriebenen Spalte steht als zugehöriger Wert „24$\underline{3}$".

Zusammen mit dem Wert „02" am Zeilenkopf unter „L." liest man zunächst „0,02243" ab. Hinzu kommt der obige Summand 2, und so folgt $\lg(105,3) = 2 + 0,02243$.

N.	L.	0	1	2	3	4	5	6	7	8	9
100	00 000	043	087	130	173	217	260	303	346	389	
101		432	475	518	561	604	647	689	732	775	817
102		860	903	945	988	•030	•072	•115	•157	•199	•242
103	01 284	326	368	410	452	494	536	578	620	662	
104		703	745	787	828	870	912	953	995	•036	•078
105	02 119	160	202	243	284	325	366	407	449	490	
106		531	572	612	653	694	735	776	816	857	898
107		938	979	•019	•060	•100	•141	•181	•222	•262	•302
108	03 342	383	423	463	503	543	583	623	663	703	
109		743	782	822	862	902	941	981	•021	•060	•100
110	04 139	179	218	258	297	336	376	415	454	493	
111		532	571	610	650	689	727	766	805	844	883
112		922	961	999	•038	•077	•115	•154	•192	•231	•269
113	05 308	346	385	423	461	500	538	576	614	652	
114		690	729	767	805	843	881	918	956	994	•032
115	06 070	108	145	183	221	258	296	333	371	408	
116		446	483	521	558	595	633	670	707	744	781
117		819	856	893	930	967	•004	•041	•078	•115	•151
118	07 188	225	262	298	335	372	408	445	482	518	
119		555	591	628	664	700	737	773	809	846	882
120		918	954	990	•027	•063	•099	•135	•171	•207	•243
121	08 279	314	350	386	422	458	493	529	565	600	
122		636	672	707	743	778	814	849	884	920	955
123		991	•026	•061	•096	•132	•167	•202	•237	•272	•307
124	09 342	377	412	447	482	517	552	587	621	656	
125		691	726	760	795	830	864	899	934	968	•003
126	10 037	072	106	140	175	209	243	278	312	346	
127		380	415	449	483	517	551	585	619	653	687
128		721	755	789	823	857	890	924	958	992	•025
129	11 059	093	126	160	193	227	261	294	327	361	
130		394	428	461	494	528	561	594	628	661	694

P. P.

	44	43	42		41	40	39		38	37	36		35	34	33
1	4,4	4,3	4,2	1	4,1	4,0	3,9	1	3,8	3,7	3,6	1	3,5	3,4	3,3
2	8,8	8,6	8,4	2	8,2	8,0	7,8	2	7,6	7,4	7,2	2	7,0	6,8	6,6
3	13,2	12,9	12,6	3	12,3	12,0	11,7	3	11,4	11,1	10,8	3	10,5	10,2	9,9
4	17,6	17,2	16,8	4	16,4	16,0	15,6	4	15,2	14,8	14,4	4	14,0	13,6	13,2
5	22,0	21,5	21,0	5	20,5	20,0	19,5	5	19,0	18,5	18,0	5	17,5	17,0	16,5
6	26,4	25,8	25,2	6	24,6	24,0	23,4	6	22,8	22,2	21,6	6	21,0	20,4	19,8
7	30,8	30,1	29,4	7	28,7	28,0	27,3	7	26,6	25,9	25,2	7	24,5	23,8	23,1
8	35,2	34,4	33,6	8	32,8	32,0	31,2	8	30,4	29,6	28,8	8	28,0	27,2	26,4
9	39,6	38,7	37,8	9	36,9	36,0	35,1	9	34,2	33,3	32,4	9	31,5	30,6	29,7

Bild 9.37: S. 2 der Briggsschen Logarithmen aus [Schlömilch 1957]

Vergleich z. B. mit dem Ergebnis eines Taschenrechners klärt, weshalb in der Tabelle die letzte Ziffer 3 hier unterstrichen ist: Sie wurde wegen der nachfolgenden Stelle aufgerundet.

Mit Bild 9.38 erhält man analog zum ersten Beispiel

$$\lg(37,27) = 1 + 0,57136.$$

Und so folgt durch Addition der beiden aus den Tafeln entnommenen Einzelergebnissen:

$$\lg(105,3 \cdot 37,27) = 3,59379.$$

Der sich ergebende „Nachkommawert" 59379 liegt zwischen den beiden „Tafelwerten" 59373 und 59384, die damit also eine „Tafeldifferenz" von 11 haben, während 6 die Differenz vom ersten Tafelwert zum Nachkommawert 59379 ist. Für die Ziffernfolgen der zu den beiden Tafelwerten zugehörigen „Numeruswerte" liest man 3924 und 3925 ab.

Die kleinen Tabellen in der

N.	L.	0	1	2	3	4	5	6	7	8	9	P. P.
370	56	820	832	844	855	867	879	891	902	914	926	
371		937	949	961	972	984	996	*008	*019	*031	*043	
372	57	054	066	078	089	101	113	124	136	148	159	12
373		171	183	194	206	217	229	241	252	264	276	
374		287	299	310	322	334	345	357	368	380	392	1|1,2 2|2,4 3|3,6 4|4,8 5|6,0 6|7,2 7|8,4 8|9,6 9|10,8
375		403	415	426	438	449	461	473	484	496	507	
376		519	530	542	553	565	576	588	600	611	623	
377		634	646	657	669	680	692	703	715	726	738	
378		749	761	772	784	795	807	818	830	841	852	
379		864	875	887	898	910	921	933	944	955	967	
380		978	990	*001	*013	*024	*035	*047	*058	*070	*081	
381	58	092	104	115	127	138	149	161	172	184	195	
382		206	218	229	240	252	263	274	286	297	309	11
383		320	331	343	354	365	377	388	399	410	422	
384		433	444	456	467	478	490	501	512	524	535	1|1,1 2|2,2 3|3,3 4|4,4 5|5,5 6|6,6 7|7,7 8|8,8 9|9,9
385		546	557	569	580	591	602	614	625	636	647	
386		659	670	681	692	704	715	726	737	749	760	
387		771	782	794	805	816	827	838	850	861	872	
388		883	894	906	917	928	939	950	961	973	984	
389		995	*006	*017	*028	*040	*051	*062	*073	*084	*095	
390	59	106	118	129	140	151	162	173	184	195	207	
391		218	229	240	251	262	273	284	295	306	318	
392		329	340	351	362	373	384	395	406	417	428	10
393		439	450	461	472	483	494	506	517	528	539	
394		550	561	572	583	594	605	616	627	638	649	1|1,0 2|2,0 3|3,0 4|4,0 5|5,0 6|6,0 7|7,0 8|8,0 9|9,0
395		660	671	682	693	704	715	726	737	748	759	
396		770	780	791	802	813	824	835	846	857	868	
397		879	890	901	912	923	934	945	956	966	977	
398		988	999	*010	*021	*032	*043	*054	*065	*076	*086	
399	60	097	108	119	130	141	152	163	173	184	195	
400		206	217	228	239	249	260	271	282	293	304	
N.	L.	0	1	2	3	4	5	6	7	8	9	P. P.

Bild 9.38: S. 11 der Briggsschen Logarithmen aus [Schlömilch 1957]

Spalte „P. P." (= „partes proportionales") ermöglichen zusätzlich eine *lineare Interpolation* zur Ermittlung einer weiteren, fünften Stelle, die den o. g. Nachkommawert 6 abbildet. Hier werden als Werte 5,5 und 6,6 angeboten, wobei der erste dichter an 6 liegt und wir uns also für diesen entscheiden, so dass wir mit dieser damit weiteren Stelle „5" die Mantisse 3,9245 erhalten. Wegen des dekadischen Exponenten 3 ergibt sich für das gesuchte Produkt schließlich der 10^3-fache Wert, also 3924,5 – in Übereinstimmung mit dem auf fünf geltende Stellen zu rundenden exakten Wert 3924,531.

Mit hinreichender Übung gelingen solche Berechnungen sehr schnell. Eine derartige Fertigkeit (und nicht nur die Fähigkeit!) war noch bis in die 1960er Jahre im gymnasialen Mathematikunterricht ab Jg. 9/10 gefordert und unverzichtbar. Weil die Division bei Übergang zu Logarithmen als Differenz erscheint, lassen sich mit solchen Tafeln auch große Brüche leicht approximativ berechnen. Gleichwohl treten kompliziertere Rechnungen erst im Zusammenhang mit trigonometrischen Funktionen auf, für die eigens Tafelwerke entwickelt worden sind, erstmals wohl bei Rheticus (auf S. 209). Da es bei Anwendungen vor allem um Produkte und Quotienten trigonometrischer Terme geht, hat man auch Tafelwerke für die Logarithmen trigonometrischer Funktionen entwickelt wie bei Napier (auf S. 210 f.). Beide *Tafeltypen* (sowohl gemäß Rheticus als auch Napier) sind ebenfalls Bestandteil des klassischen Tafelwerks [Schlömilch 1957].

9.2.5   Rechenschieber

Neben Tafelwerken und ferner mechanischen Rechengeräten für schnellere, relativ „genauere" numerische Berechnungen waren bis zur beginnenden Verbreitung elektronischer Taschenrechner seit den 1970er Jahren vor allem „Rechenschieber" ein *unverzichtbares Werkzeug*, das man ggf. im Westentaschenformat tatsächlich auch als „Taschenrechner" mit sich führen konnte.

Bild 9.39 zeigt einen Rechenschieber mit der hier nach rechts etwas herausgezogenen „Zunge" und dem horizontal beweglichen durchsichtigen „Läufer" mit vertikaler Positionslinie. Wir betrachten kurz die identischen Skalen „C" (Zunge links) und „D" (links unten) mit den logarithmischen Mantissendarstellungen von 1 bis 1 (letztere für „10" stehend) tragen.

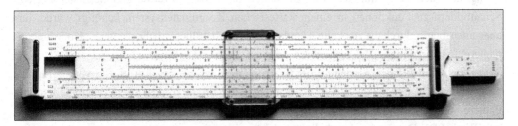

Bild 9.39: Rechenschieber

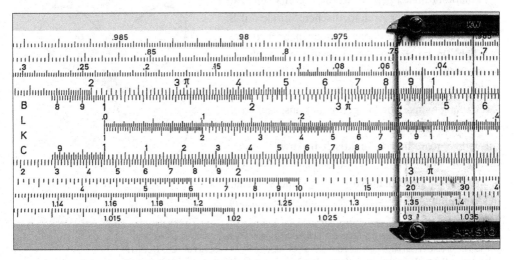

Bild 9.40: Ausschnitt aus Bild 9.39: $1,46 \cdot 2,381 \approx 3,48$ oder $14,6 \cdot 2,381 \approx 34,8$ oder $0,146 \cdot 0,2381 \approx 0,0348 \ldots$

Rechenschieber beruhen wie Logarithmentafeln auf der *strukturerhaltenden Eigenschaft* der Logarithmusfunktion, nämlich $\log(a \cdot b) = \log(a) + \log(b)$ und $\log(a \div b) = \log(a) - \log(b)$, so dass $\log$ ein *Homomorphismus* ist, sogar ein *Isomorphismus* von der abelschen Gruppe $(\mathbb{R}_+, \cdot)$ auf die abelsche Gruppe $(\mathbb{R}, +)$, und so sind damit *Multiplikation und die Division positiver reeller Zahlen* (als gedachte Operationen) auf die *Addition bzw. Subtraktion reeller Zahlen* in Gestalt von „Streckenrechnung" (als quasi materielle Operationen) zurückführbar.

Die Ausschnittvergrößerung in Bild 9.40 zeigt die Einstellung für die Rechnung $1,46 \cdot 2,381$, die aber auch für $14,6 \cdot 2,381$ oder $0,146 \cdot 0,2381$ usw. stehen könnte, weil die Stellung des Dezimalkommas für die Handhabung wie bei den Logarithmentafeln irrelevant ist. Ein positiver didaktischer Nebeneffekt ist (bzw. war!) also das *Erfordernis begleitender Überschlagsrechnung, ein weiterer besteht im notwendigen Training* nichtlinearer Skalenablesung.

9.2.6   Mathematische Papiere

Hiermit sind vorgedruckte *Koordinatenpapiere* unterschiedlichen Typs gemeint. Insbesondere ist hier natürlich das Millimeterpapier zu nennen, das früher für die sorgfältige Erstellung von Schaubildern zu Funktionen in einem kartesischen Koordinatensystem benötigt wurde, das aber auch heute durchaus noch im Handel ist. Es gab früher etliche weitere „Koordinatenpapiere", insbesondere *Polarkoordinatenpapier, halblogarithmisches Papier* und *doppeltlogarithmisches Papier*. All jene Koordinatenpapiere lassen sich mit einem Vektorgraphikprogramm leicht herstellen, und so ist es nicht verwunderlich, dass diese (ehemals teuren!) Papiere aus dem Handel faktisch verschwunden sind, nun aber alternativ kostenlos aus dem WWW als PDF-Dateien herunterladbar sind. [959]

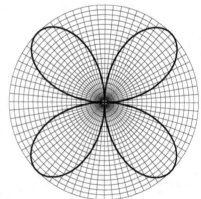

Polarkoordinatenpapier wurde bereits im Zusammenhang mit der Archimedischen Spirale auf S. 265 erwähnt. Solche Papiere waren nahezu unentbehrlich für die empirische Erfassung winkelabhängiger Größen, so bekanntlich für die Richtcharakteristik eines Mikrophons. [960] Andererseits gibt die Darstellung winkelabhängiger Funktionsgraphen in Polarkoordinatenpapieren auch neue interessante Einsichten jenseits von praktischen Anwendungen. So zeigt etwa Bild 9.41 die Darstellung von $r = \sin(2\varphi)$ als Vierblatt-Rosette. [961] (Und wie sieht die Darstellung von $r = \sin(k\,\varphi)$ für anderes k aus?)

Bild 9.41: Vierblatt-Rosette

---

[959] Beispielsweise http://www.heymathe.de/, http://www.papersnake.de/logarithmuspapier/ und
        http://grundpraktikum.physik.uni-saarland.de/scripts/Polarkoordinatenpapier.pdf (26. 10. 2015).
[960] Diverse Beispiele in https://de.wikipedia.org/wiki/Richtcharakteristik (26. 10. 2015).
[961] Ähnlich auch z. B. in [Steinberg 1993, 51], dort findet man viele weitere schöne Beispiele zu Polarkoordinaten.

Von ganz besonderer Bedeutung für praktische Anwendungen, insbesondere in der Physik, waren und sind halblogarithmisches und doppelt-logarithmisches Papier. Wenn man z. B. bei einer Messreihe zwischen zwei Größen x und y einen Zusammenhang der Form $y = ax + b$ vermutet, trägt man wie üblich die Messwertpaare (x, y) auf Millimeterpapier in ein kartesisches Koordinatensystem ein und kann dann durch diese Punkte per Augenmaß eine „Ausgleichsgerade" legen und damit empirisch Näherungswerte für die Parameter a und b ermitteln. Dasselbe Verfahren kann man bei gewissen anderen funktionalen Zusammenhängen mit halb- bzw. doppelt-logarithmischen Papieren anwenden. Wie funktioniert das?

Bei halblogarithmischem Papier trägt man z. B. über der Abszisse x als Ordinate $\lg(y)$ ab. Wenn sich hier empirisch eine *Ausgleichsgerade* ergibt wie in Bild 9.42, so erhält man mit $\lg(v) - \lg(u) =: s$ und $q - p =: r$ für deren Steigung $m = s \div r$.

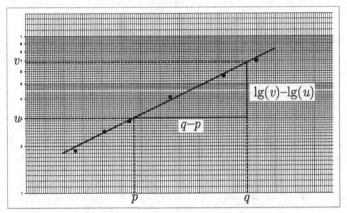

Bild 9.42: Beispiel zu halblogarithmischem Papier

Damit gilt also $\lg(y) = mx + b$ mit einem zu ermittelnden Wert b, so dass z. B. die Ordinate von p den Wert $\lg(u)$ hat. Das führt zu $y = 10^b \cdot 10^{mx}$, und mit $a := 10^b$ und $c := 10^m$ ist $y = a \cdot c^x$. Exponentialfunktionen werden also in halblogarithmischem Papier durch Geraden dargestellt, so dass sich dieses Papier zur empirischen Analyse von entsprechenden Ausgleichskurven sehr gut eignet (was im Mathematik- und Physikunterricht noch immer didaktisch sinnvoll wäre ...).

Und welche Funktionen werden in doppelt-logarithmischem Papier durch Geraden dargestellt? Hier ergibt sich entsprechend ein „linearer" Zusammenhang vom Typ $\lg(y) = m \cdot \lg(x) + b$, also $\lg(y) = \lg(x^m) + b$. Das führt mit $10^b =: c$ zu $y = c \cdot x^m$.

Während *Exponentialfunktionen* also mit halblogarithmischem Papier durch Geraden dargestellt werden, ergibt sich dies für *Potenzfunktionen* mit doppeltlogarithmischem Papier.

- *Es sei an dieser Stelle im didaktischen Kontext (!) nachdrücklich für die historische und sehr plausible Bezeichnung „Ausgleichskurve" geworben, die anstelle der im Mathematikunterricht ohne Not verzichtbaren Bezeichnung „Regressionskurve" früher auch in der Angewandten Mathematik üblich war (vgl. [Zurmühl 1961]).*

Für statistische Untersuchungen war noch ein weiteres Koordinatenpapier üblich und quasi unverzichtbar, nämlich das „Wahrscheinlichkeitsnetz" zur linearen Darstellung von Normalverteilungen durch empirische „Ausgleichsgeraden ".

Bild 9.43 zeigt einen rechten Ausschnitt aus einem solchen Papier, das in voller Größe das Format „DIN A3 quer" hatte.

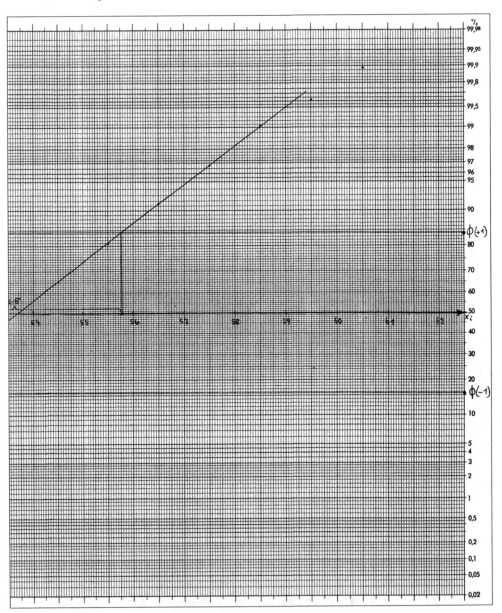

Bild 9.43: Wahrscheinlichkeitsnetz (Ausschnitt) zur Ermittlung einer Normalverteilung

9.3   Formale Aspekte

9.3.1   Vorbemerkung

Einzelnen Wissenschaften ist es oft zu eigen, eine besondere Sprache und eine besondere Sicht der „Dinge" dieser Welt zu entwickeln, wodurch das, was von ihnen „betrieben" wird, Außenstehenden dann rätselhaft oder unverständlich bleibt: Für die Mathematik scheint dies in ganz besonderer Weise zu gelten, obwohl sie doch anscheinend mit Zahlen und Formen zu tun hat, die „von dieser Welt" sind. Und darüber hinaus gibt es teilweise eine gewisse Sprachlosigkeit *zwischen* einzelnen Wissenschaften, so dass es Mathematikern ggf. schwer fallen mag, etwa soziologische Texte zu verstehen bzw. zumindest eine Bereitschaft dafür aufzubringen – und natürlich vice versa –, womit dann die unterschiedlichen „Kulturen" angesprochen sind, wie sie z. B. Charles Percy Snow mit den „Zwei Kulturen" in die Diskussion eingebracht hat. [962]

So können in einzelnen Wissenschaften spezifische Formen der „Weltaneignung" entstehen, womit sie wie die Mathematik (gemäß Kapitel 1) in die *Rolle eines Mediums* schlüpfen.

Das gewissermaßen „Elitäre" in der Mathematik besteht einerseits „sichtbar" in *formalen* Aspekten, wie sie in der schriftlichen Niederlegung der Gedanken durch spezielle Zeichen (Variablen, Formeln, ...) zum Ausdruck kommen – aber auch in ihrer „Sprache" und der besonderen Denkweise (Logik, Eindeutigkeit). Einige solcher Aspekte seien kurz angesprochen.

9.3.2   Variablen, Logik und Mengen

Zwar verwendeten schon die alten Römer ausgewählte *Buchstaben* zur Bezeichnung konkreter Zahlen, so z. B. „IV", aber das waren ebenso nur *Zahlzeichen* (also „Zeichen, die für Zahlen stehen") wie heute z. B. „4" oder „12". Diese römischen Zeichen waren also keine *Variablen*, die man nun mit Buchstaben zu bezeichnen pflegt (im 17. Jh. nahm man dafür die letzten Buchstaben des Alphabets: ..., x, y, z, – während man für die „Konstanten" die ersten Buchstaben des Alphabets reservierte: a, b, c, ...). [963] Ulrich Felgner schreibt hierzu genauer: [964]

> Viète hat über die Verwendung der Buchstaben (Vokale für gesuchte Größen, Konsonanten für vorgegebene Größen) in seiner Schrift *„In Artem Analyticen Isagoge"* (Tours, 1591) geschrieben (Nachdruck: Opera Math., p. 8). [...]
>
> Descartes schrieb ein Werk *„La Géométrie"* und erwähnt darin die Konvention, die vorgegebenen (also bekannten) Größen mit a, b, c, d, ... und die gesuchten (also noch unbekannten) Größen mit x, y, z, ... zu bezeichnen. Dabei sind a ,b, c, d, ... die heute sogenannten Formvariablen und x, y, z, ... die eigentlichen Variablen.
>
> Sowohl a, b, c, ... als auch x, y, z, ... sind gewissermaßen Variable, aber im jeweiligen Kontext sind a, b, c, ... als Konstante zu behandeln (also als Zeichen für Objekte, deren Interpretation festgelegt ist) und x, y, z, ... als Objekte, deren Interpretation noch nicht festgelegt ist.

---

[962] Siehe dazu S. 32 und S. 51 f.
[963] Vgl. [Hischer 2012, 141].
[964] In einer Mitteilung vom 13. 01. 2013 an mich.

Die Worte „Variable" und „Konstante" (bzw. „Veränderliche" und „Unveränderliche") sind leider irreführend, denn nicht die Variable verändert sich (wie der Name suggeriert), sondern ihre „Belegung" mit konkreten Werten, [965] ebenso ist nicht die Konstante unveränderlich, vielmehr ist sie „mit genau einem Wert belegt" (sie wird also eindeutig „interpretiert", siehe obiges Zitat). Im Mathematikunterricht der Grundschule ist daher anstelle von „Variable" die Bezeichnung „Platzhalter" üblich, die das inhaltlich Wesentliche ausdrückt – und zumindest bei Erstbegegnungen statt „Variable" oder „Veränderliche" angemessen und angeraten ist.

Seit Langem werden im guten mathematischen Buch- und Zeitschriftendruck *Variablen* kursiv gesetzt. *Konstanten* wären dann zwar nicht-kursiv zu setzen, was aber nicht immer erfolgt (also z. B. i für die imaginäre Einheit, aber i für einen „Index" als *Variable* für eine i. d. R. natürliche Zahl). Entsprechend ist z. B. f ein Zeichen für eine beliebige Funktion (damit also als eine Variable), und ln ist (als Konstante) das übliche Symbol für die (natürliche) Logarithmusfunktion zur Basis e (und nicht etwa e), wobei z. B. $f = \ln$ möglich ist.

Auch wenn in der Frühphase der Mathematik bei den Babyloniern und Ägyptern vor etwa 4 000 Jahren und ebenso später in der schon weit entwickelten Mathematik der griechischen Antike *Variablen* wohl noch nicht expressis verbis auftauchten, ist die rasante Entwicklung der Mathematik seit Beginn der Neuzeit ohne einen Variablenbegriff kaum denkbar. Denn erst mit Hilfe von Variablen ist das Allgemeine an einem mathematischen Sachverhalt knapp, klar und *nahezu international verständlich beschreibbar* (und auch für Beweise von Vorteil), etwa:

„Für alle natürlichen Zahlen n gilt: Wenn $n > 4$ ist, dann ist $n^2 < 2^n$."

Bevor man zu dieser Behauptung (und einem Beweis) kommen kann, entsteht die Frage: *„Für welche natürlichen Zahlen n gilt: $n^2 < 2^n$?"* Ohne explizite Verwendung von Variablen wäre das in normaler Schriftsprache nur umständlich zu formulieren, z. B.: *„Für welche natürlichen Zahlen ist ihr Quadrat kleiner als die mit ihnen gebildete Potenz zur Basis 2?"* Variablen ermöglichen die präzise, übersichtliche und unmissverständliche Formulierung von Problemen, Definitionen, Theoremen, und Beweisen. Zugleich zeigt obiges Beispiel mit *„wenn ..., dann ..."*, dass sich die Mathematik zur Präzision bestimmter Regeln der *Logik* bedient, und die Frage *„Für welche ... gilt ...?"* führt dazu, gewisse Gesamtheiten von jeweils vorliegenden Objekten zu betrachten und den Umgang mit ihnen und deren „Struktur" zu klären, was zum *Mengenbegriff* führt, wobei der Vorspann *„Für alle ... gilt ..."* die Einführung von *Quantoren* und damit die *Variablenbindung* erzwingt. [966]

Dieser kurze Abriss soll andeuten, dass „sauber kommunizierte" Mathematik ohne Variablen, ohne Klärung logischer Grundstrukturen und *ohne einen adäquaten Mengenbegriff kaum möglich* ist. Darin zeigt sich zugleich ein **wichtiger Aspekt medialer Sicht der Mathematik.**

Bemerkens- und beachtenswert ist in diesem Kontext eine Anmerkung von Ulrich Felgner zur *Bedeutung der Mengenlehre für die Mathematik:* [967]

---

[965] Hierauf weist auch Ulrich Felgner bei „Größen" mit Bezug auf Gottlob Frege hin, vgl. S. 226.
[966] Siehe dazu die Betrachtungen in [Hischer 2012].
[967] In einer Mitteilung vom 13. 01. 2013 an mich.

[Die Mengenlehre] ist heute in der Mathematik unverzichtbar, weil sie all die Gegenstände zu konstruieren gestattet, worüber man in der Mathematik sprechen möchte. Sie erlaubt es, neben der Interpretation der mathematischen Formalismen in der natürlichen Umwelt auch Interpretationen in
den verschiedensten Mengenwelten zu geben. Das ist ihr eigentlicher Sinn und Zweck.

9.3.3 Algorithmen und Kalküle

9.3.3.1 Erste Begriffsbeschreibungen

Algorithmen und Kalküle gehören zu den Urbeständen der *Mathematik,* und zugleich sind sie
Kristallisationskeime für die aus ihr im 20. Jahrhundert ab Ende der 1960er Jahre hervorge-
gangene *Informatik* als einer neuen Wissenschaft. Kalküle sind ferner grundlegend und typisch für die *formale Logik.* Beide lassen sich – zunächst *sehr verkürzt* – wie folgt umreißen:

- **Algorithmen** sind mathematisch-logisch beschreibbar als *eindeutig ablaufende Verfahren.*

- **Kalküle** sind *Regelsysteme,* die aus mathematisch-logisch präzise beschriebenen *Regeln*
  und gewissen vorgegebenen „Bausteinen" bestehen, so dass mit solchen Regelsystemen
  ggf. *neue Objekte konstruierbar* sind. [968]

So sind z. B. „Verfahren" zur *schriftlichen Addition* und *Multiplikation* zweier Dezimalzahlen, wie man sie bereits in der Grundschule (er-)lernt und (ein-)übt, *Algorithmen,* die man bei
entsprechend erworbener Fertigkeit [969] quasi „automatisch" durchführen kann (*ohne zu wissen*
oder *wissen zu müssen,* warum diese Verfahren funktionieren bzw. warum sie zum Erfolg führen). Entsprechendes gilt für die schriftlich auszuführenden Algorithmen zur *Subtraktion* und
zur *Division,* und sie alle können je nach kultureller Tradition sogar unterschiedlich sein.

Neben solchen *numerischen Algorithmen* gibt es aber auch „Rechenregeln", bei denen es
dann nicht um die „Berechnung" konkreter Dezimalzahlen als „Zahlwörtern" aus vorgegebenen Dezimalzahlen geht, sondern die auch den individuellen, jeweils gewünschten Umgang
mit Variablen und Termen betreffen, wozu die „Punkt-vor-Strichrechnung" und „Klammern-
Vorrang-Regeln" gehören, ferner auch (ggf. beweisbare) „Gesetze" wie die Kommutativ- und
Assoziativgesetze und das Distributivgesetz. Solche *Rechenregeln* bilden einen *Kalkül,* der
den Umgang mit diesen Objekten (Zahlen, Variablen, Terme, ...) „regelt". Im Gegensatz zu
einem Algorithmus wird hier aber keine *feste Reihenfolge des Vorgehens* vorgeschrieben,
sondern ein Kalkül *regelt, was man wie tun darf, jedoch nicht, wann man was tun muss.*

So ist ein Kalkül durchaus vergleichbar mit den Schachregeln, die *regeln,* welche Züge für
zulässige Objekte (Figuren) erlaubt sind, wobei man auch beim Schach ggf. neue Objekte bilden
bzw. „konstruieren" kann, z. B. eine zweite Dame. Kalküle begegnen uns auch im Zusammenhang mit Computeralgebrasystemen, so bei der Analyse z. B. dessen, was ein „Term" ist. [970]

---

[968] Die deutsche Sprache kennt übrigens sowohl „das Kalkül" (Neutrum) als auch „den Kalkül" (Maskulinum).
       Ersteres bezieht man in seine Überlegungen ein, und um Letzteren geht es hier.
[969] Siehe dazu Abschnitt 2.5 und Bild 2.3 auf S. 41.
[970] Vgl. dazu S. 161.

9.3.3.2 Zur Geschichte

Das Wort „Algorithmus" leitet sich ab vom Namen eines in Bagdad lebenden Mathematikers, *kurz genannt* **Alchwarismi** [971] (ca. 780 bis ca. 850), der wohl persischer Abstammung war (aus dem Gebiet des Aral-Sees im heutigen Russland) und als „frühester Algebraiker" gilt. [972]

Alchwarismi hatte eine Aufgabensammlung mit dem Titel „Hisab aljabr w'al-muqabala" für die Praxis des Testamentvollstreckers erstellt, in dem u. a. ein Verfahren (*Algorithmus*) zum Lösen quadratischer Gleichungen beschrieben wird. [973]

Doch bereits die *Pythagoreer* kannten Algorithmen, so etwa den Algorithmus zur *Wechselwegnahme* zwecks Ermittlung des größten gemeinsamen Teilers, der auch als *Euklidischer Algorithmus* bekannt ist. [974] Und selbst die *Babylonier* verwendeten vor fast 4 000 Jahren aus unserer Sicht Algorithmen, so den heute nach ihnen benannten *Babylonischen Algorithmus zur Quadratwurzelapproximation*, der im Wesentlichen das spätere nach Heron benannte Verfahren vorwegnimmt. [975]

Das Wort „Kalkül" geht auf das lateinische calculus zurück, mit dem ursprünglich *glatte Kieselsteine* bezeichnet wurden, die dann zum „Spielen" und bald auch als „Rechensteine" Verwendung fanden, so dass der Plural calculi zur „Rechnung" wurde. Im Französischen steht « le calcul » für „Rechnen", „Rechnung", „Berechnung", „Kalkulation" und ferner für „Stein".

Der im heutigen Verständnis vermutlich *erste mathematische „Kalkül"* überhaupt begegnet uns 1684 bei **Leibniz** (1646 – 1716) mit seinem „Differentialkalkül" [976] in dem Werk „Nova methodus pro maximis et minimis, itemque tangentibus, quae nec fractas nec irrationales quantitates moratur, et singulare pro illis calculi genus", und er verwendete hier bereits die Bezeichnung „Kalkül" in „regulae calculi", also für „Rechenregeln".

9.3.3.3 Zu Begriffsdefinitionen von „Algorithmus" und „Kalkül"

Hier sei ein Blick in einige Kommentare bzw. Definitionen zu „Algorithmus" und „Kalkül" geworfen. Die Logiker **Hermes** und **Markwald** unterscheiden 1962 in ihren „Grundlagen der Mathematik" noch nicht scharf zwischen diesen beiden so bezeichneten Begriffen, und sie verstehen unter einem *Kalkül* ein bestimmtes *Verfahren*, zu dessen „Ausübung"

---

[971] Dieser Namensteil bezieht sich wohl auf den Geburtssort Chwarism. Zur Aussprache des Namens schrieb mir Ulrich Felgner ergänzte am 13. 01. 2013: „*Der Name des arabisch-persischen Mathematikers „Alchwarismi" wird so ausgesprochen, daß die Betonung auf der zweiten Silbe (mit einem lang ausgesprochenen „a") liegt und das „i" der vierten Silbe lang ist. Das „ch" ist ein rauher Rachenlaut, mit einem „ch" wie im deutschen Wort „ach". Der Konsonant „w" wird wie das englische „w" (etwa in „water") ausgesprochen. Das „s" ist ein stimmhaftes „s" (wie im Wort „reisen" und nicht stimmlos, wie im Wort „reißen"). Eine deutsche Umschreibung des Namens könnte auch Alchwoarismi" lauten.*"

[972] Siehe dazu die Beschreibung in [Hischer 2012, 43 f.] mit weiteren Literaturverweisen.

[973] Auf „al-jabr" (gesprochen: „al-dschabr") geht unser Wort „Algebra" zurück, siehe Fußnote 972.

[974] Siehe dazu die ausführliche Untersuchung in [Hischer 2012, 111 f.; 117 ff.]

[975] Siehe dazu die Darstellung in [Hischer 2012, 112 f.].

[976] Manchmal auch „Infinitesimalkalkül" genannt; siehe dazu die Abschnitte 3.3 und 9.3.3.4 auf S. 337.

keine besonderen Eingebungen und keine Erfindergabe erforderlich sind. Es wird nur die Fähigkeit verlangt, Zeichenreihen in ihrem Aufbau zu erkennen und sie nach den im Kalkül vorgeschriebenen Regeln zusammenzusetzen und zu zerlegen. Es handelt sich hier um so elementare Prozesse, wie sie im Prinzip auch von einer Maschine ausgeführt werden können. [977]

Ein solches „Kalkül" genanntes „Verfahren" bezieht sich in diesem der Logik verpflichteten damaligen Verständnis auf die *Verarbeitung von Zeichenreihen*, wobei hier also nicht verlangt wird, dass die Verarbeitung eindeutig ablaufen muss, wie man es von einem „Algorithmus" (heute) erwarten würde. Und so können also bei einem Kalkül

> bei jedem Schritt mehrere (endlich viele) Möglichkeiten des Fortschreitens wahlweise offen gelassen werden. Als Beispiel sei ein Kalkül [...] genannt, der von irgend welchen (in Dezimaldarstellung) vorgegebenen ganzen Zahlen a, b ausgeht, und in jedem Schritt wahlweise zwei Möglichkeiten offen läßt: (1) die Bildung der Summe zweier bereits vorher gefundener Zahlen (wozu jedenfalls a und b gerechnet werden), (2) die Bildung der Differenz zweier solcher Zahlen. In diesem Kalkül kann man alle Zahlen des von a und b erzeugten Moduls (a, b) gewinnen. [978]

Die Autoren schreiben sogar explizit:

> Ein anderes Wort zur Bezeichnung von Kalkülen ist *Algorithmus* [...] [977]

Hingegen erwies sich in der Folgezeit – mit bedingt durch die Informatik – eine abgrenzende Unterscheidung zwischen „Kalkül" und „Algorithmus" als sinnvoll:

> Ein *Kalkül* besteht aus Regeln, nach welchen aus einer endlichen Menge von Zeichenreihen (Wörtern) beliebig viele weitere Zeichenreihen hergestellt werden können.

> [...] Kalküle können zur Festlegung formaler Sprachen benutzt werden. Wesentlich am Begriff des Kalküls ist, daß es sich beim Ableiten von Wörtern um ein *regelgeleitetes Operieren* mit Zeichen handelt, wobei die Regeln nur auf Form und Anordnung – nicht jedoch auf eine eventuell vorhandene Bedeutung – der Zeichen Bezug nehmen: das Operieren vollzieht sich interpretationsfrei. Vom Begriff des Kalküls ist der des Algorithmus zu unterscheiden. Gemeinsam ist beiden Begriffen, daß mit Zeichen formal operiert wird. Ein Kalkül ist aber im wesentlichen nur ein Regelsystem; in der Anwendung der Regeln besteht Freiheit. Beim Algorithmus hingegen ist die Folge der Operationen (Regelanwendungen) fest vorgegeben. Ein Kalkül wird also zum Algorithmus, wenn eine feste Reihenfolge der Regelanwendungen vorgeschrieben ist. [979]

Es wird zwar in der Informatik zumeist zutreffen, dass auch bei einem Algorithmus „*mit Zeichen formal operiert*" wird. Das ist jedoch in einem allgemeineren Verständnis als zu eng anzusehen, weil ein Algorithmus auch aus rein verbalen „Handlungsanweisungen" bestehen *kann*. Selbst ein Kalkül muss nicht auf „formales Operieren mit Zeichen" beschränkt sein (wie man an den oben erwähnten „Schachregeln" als einem Kalkül sieht). Es ist ferner zu beachten, dass im Beginn des letzten Zitats „*ein* Kalkül" als „*jeder* Kalkül" gemeint ist (wie so oft in der Mathematik). Damit lässt sich der letzte Satz des Zitats wie folgt formulieren:

---

[977] [Hermes & Markwald 1962, 33]
[978] Den hier beispielhaft beschriebenen elementaren Kalkül spiele man von Hand konstruktiv durch!
[979] [Baumann 1990, 57 f.]; unterstreichende Hervorhebungen nicht im Original. Auf das im zweiten Absatz erwähnte „*regelgeleitete Operieren*" gehen wir noch in den Zitaten auf S. 338 oben ein!

- *Jeder Kalkül wird zu einem Algorithmus,*
  wenn eine feste Reihenfolge der Regelanwendungen vorgeschrieben ist.

Jochen **Ziegenbalg** bestätigt das aktuell für die *„Schnittstelle zwischen den Begriffen Kalkül und Algorithmus"* und ergänzt das zugleich an erster Stelle durch eine weitere Aussage:

(a) Jeder Algorithmus ist auch ein Kalkül, und

(b) jeder Kalkül, der mit einer konkreten Heuristik für die Anwendung der Regeln versehen ist, ist ein Algorithmus. [980]

Es stellt sich die (nur rhetorisch gestellte) Frage, ob man *jeden* Algorithmus aus einem Kalkül entstanden *denken* kann. Das setzt präzise Definitionen von „Algorithmus" und „Kalkül" voraus. Vorliegend möge die folgende schöne und knappe „Arbeitsdefinition" von Ziegenbalg genügen, die sich erkennbar nicht auf das „formale Operieren mit Zeichen" beschränkt: [981]

> Ein **Algorithmus** ist eine endliche Folge von eindeutig bestimmten Elementaranweisungen, die den Lösungsweg eines Problems exakt und vollständig beschreiben. [982]

Hier wird also nicht die in der Informatik heute übliche *Endlichkeit des Verfahrens* gefordert, d. h., in diesem auch von Hermes und Markwald vertretenen allgemeineren Verständnis von „Algorithmus" muss ein solcher nicht stets abbrechen.

Aus jedem Kalkül kann man einen Algorithmus erzeugen (s. o.), also „konstruieren", und man kann auch neue Kalküle erzeugen (konstruieren). Das legt folgende Sprachregelung nahe:

- Die **Algorithmisierung** ist die Konstruktion eines konkreten Algorithmus,
  die **Kalkülisierung** ist die Konstruktion eines konkreten Kalküls,
  und **Kalkulieren** ist die konkrete Anwendung eines Kalküls. [983]

Konkret liegen Algorithmen und Kalküle meist formal vor, [984] sie können aber auch verbal beschrieben sein wie etwa der von Hermes und Markwald auf der vorigen Seite erwähnte Kalkül. Dieser Kalkül lässt sich *algorithmisieren*, indem die Entscheidung für eine der beiden Möglichkeiten (1) oder (2) nach einer „konkreten Heuristik" erfolgt (etwa dadurch, dass man fordert, die Möglichkeiten (1) oder (2) abwechselnd zu verwenden). Lässt man diese Heuristik wieder weg, so dass also nur noch der „Werkzeugkasten" mit den Möglichkeiten (1) oder (2) und den beiden „Startzahlen" vorliegt, so ist der Algorithmus wieder *kalkülisiert* worden. [985]

---

[980] In einer Mitteilung vom 10. 08. 2015 an mich. Mit „Heuristik" sind die „Regelanwendungen" gemeint.

[981] [Ziegenbalg 2016, 26]; die zuvor formulierte rhetorische Frage bleibe hier unbeantwortet.

[982] Damit ist dann gemäß [Ziegenbalg 2016, 28] jedes Computerprogramm ein Algorithmus.

[983] Statt „Algorithmisierung" ist in Analogie zu „Logarithmierung" auch „Algorithmierung" denkbar. „Algorithmisierung" passt aber zu „Kalkülisierung", und stets geht es um die Darstellung eines *Verfahrens*. „Logarithmisierung" wäre die Umstellung eines Verfahrens auf logarithmische Darstellung, „Logarithmierung" ist die Bildung des Logarithmus' eines Terms. Dazu passt dann „Kalkülieren", was man heute „Kalkulieren" nennt. So würde also „Algorithmierung" hier keinen Sinn ergeben.

[984] Mit Hilfe von Variablen etc., siehe Abschnitt 9.3.2.

[985] Es wird hier nicht behauptet, dass jeder Algorithmus aus einem Kalkül entstanden gedacht werden kann (und vice versa). Zur Wortwahl „kalkülisieren" siehe auch das Zitat von Krämer auf S. 338.

9.3.3.4 Beispiele für Kalküle

- **Aussagenkalkül**

Als Beispiel eines „modernen" formalen Kalküls sei der „Aussagenkalkül" erwähnt, bei dem es darum geht, konstruktiv zu definieren, was ein „aussagenlogischer Term" ist, also beispielsweise Gebilde wie $p \vee q$ oder $p \to q$, deren „Wahrheitswerte" w bzw. f bekanntlich mit Hilfe von *Wahrheitstabellen* festgesetzt sind. [986]

Zunächst werden die *„Grundbestandteile des Aussagenkalküls"* aufgelistet, nämlich: *Konstanten* W, F • *Variablen* $p, q, \ldots$ • *Junktoren* $\neg \wedge \vee \veebar \to \leftrightarrow$ • *Klammern* ( )

Die *aussagenlogischen Konstanten* W bzw. F bezeichnen zwei „Aussagen", deren Wahrheitswert stets w bzw. f ist. Eine *aussagenlogische Variable* (s. o.) steht für eine beliebige „Aussage". Konstanten und Variablen werden mit Hilfe von Junktoren und Klammern unter Beachtung von Regeln zu *aussagenlogischen Termen* zusammengesetzt, die mit großen Buchstaben bezeichnet seien. Ein „Aussagenkalkül" besteht dann z. B. aus folgenden „Regeln":

- (A1)   Jede aussagenlogische Konstante ist ein aussagenlogischer Term.
- (A2)   Jede aussagenlogische Variable ist ein aussagenlogischer Term.
- (A3)   Sind P und Q *aussagenlogische Terme*, so auch

  $(P), (\neg P), (P \wedge Q), (P \vee Q), (P \veebar Q), (P \to Q)$ und $(P \leftrightarrow Q)$.
- (A4)   Mit diesen Zeichenreihen sind *alle aussagenlogischen Terme* darstellbar.

Damit lässt sich beispielsweise zeigen, dass die aussagenlogischen Terme $((p \wedge q) \to p)$ und $p \wedge q \to p$ „gleichwertig" (auch „wertverlaufsgleich" genannt) sind, was dazu führt, dass man zusätzlich Regeln zur *Bindungsstärke der Junktoren* als „Klammern-Ersparnis-Regeln" einführt (ähnlich wie bei numerischen Termen).

Es ist darauf hinzuweisen, dass dieser Kalkül ohne semantische Definition von w bzw. f ausgeführt werden kann, d. h., man muss nicht wissen, was „wahr" und „falsch" hier bedeutet bzw. wie diese Belegungen interpretiert werden sollen – also ganz im Sinne von Hermes und Markwald gemäß dem Zitat zu Fußnote 977. Damit ist man in der „Aussagenlogik" von der Situation „befreit", sich mit der klassischen *tiefgründigen philosophischen Frage von „Wahrheit"* zu befassen, etwa „wahr" auf die „Realität" beziehen zu müssen. In diesem Verständnis ist also dasjenige „wahr" bzw. „falsch", was man dafür hält (bzw. „akzeptiert" oder „anerkennt"), und wenn man dann den o. g. Kalkül plausibel gemacht hat, kann man erfolgreich „mit Zeichenreihen operieren", wie es in den Eingangszitaten auf S. 334 skizziert wird.

- **Differentialkalkül**

Der in Abschnitt 9.3.3.2 angedeutete „Differentialkalkül" von **Leibniz** besteht aus einem Satz mehrerer „Formeln" als „Rechenregeln", von denen nachfolgend exemplarisch nur die ersten

---

[986]   Vergleiche die ausführliche Darstellung der damit verbundenen Probleme in [Hischer 2012, 59 ff.].

fünf aufgeführt seien. [987] Dabei werden hier auch Konstante kursiv gesetzt, [988] um das wichtige „d" (als „**Differentialoperator**") optisch gegenüber Variablen und Konstanten zu betonen. Zeichenreihen wie $\mathrm{d}\,y$ sind dann die *Leibnizschen Differentiale,* und dabei ist dann nicht $\mathrm{d}\,y$ eine Variable, sondern nur y – mit dem darauf wirkenden (konstanten) Operator d (was bezüglich y noch weiterer Klärungen bedarf, auf die hier nicht eingegangen werden kann).

$$(1) \quad \mathrm{d}\,a = 0 \text{ für konstantes } a \qquad (2) \quad \mathrm{d}\,y = \mathrm{d}\,v \text{ für } y = v$$

$$(3) \quad \mathrm{d}(z - y + w + x) = \mathrm{d}\,z - \mathrm{d}\,y + \mathrm{d}\,w + \mathrm{d}\,x$$

$$(4) \quad \mathrm{d}(xv) = x\,\mathrm{d}\,v + v\,\mathrm{d}\,x \qquad\qquad (5) \quad \mathrm{d}\frac{x}{y} = \frac{x\,\mathrm{d}\,y - y\,\mathrm{d}\,x}{y^2}$$

Auch dieser Kalkül „funktioniert", ohne dass er inhaltlich gedeutet werden muss, was für Kalküle (und auch für viele Algorithmen) typisch ist. Sybille Krämer spricht hier von der

> Idee eines operativen Gebrauches mathematischer Symbole mittels Kalkülisierung [989]

und von der

> *Kalkülisierung* des infinitesimalen Rechnens, [990]

denn

> Leibniz konzipiert seinen Differentialsymbolismus nicht einfach als ein *referentielles,* sondern als ein *operatives* Medium. [990]

➤   Wir beachten, dass Krämer Leibniz' Differentialkalkül als „**Medium**" bezeichnet!

Da dieser Kalkül also nicht „referentiell" ist, hat er *ohne inhaltlichen Bezug Bestand,* was bedeutet: Man kann den Differentialkalkül anwenden, ohne zu „verstehen", was er bedeutet, und daher eignet er sich auch für die Anwendung in Computerprogrammen wie z. B. CAS. [991]

Das führt zur Frage nach dem *Bildungswert der Entwicklung händischer Fertigkeiten* [992] bei der Anwendung der Infinitesimalrechnung, wie es Buchberger 1989 formuliert hatte:

> Should students learn integration rules? [993]

Die alte Forderung nach individueller „Beherrschung" gewisser Kalküle und Algorithmen (die nun von Programmen wie z. B. Computeralgebrasystemen „ausgeführt" werden), kann damit seit dem Auftreten solcher Programme *nicht mehr primär* damit gerechtfertigt werden, dass die Beherrschung derartiger Kalküle oder Algorithmen für das konkrete Lösen von Aufgaben oder Problemlösungen erforderlich sei, sondern vielmehr ist gemäß Abschnitt 6.7.2.1 darzulegen, dass solche zu erwerbenden Fertigkeiten [994] einen „eigenen Bildungswert" haben!

---

[987]   Aus [Hischer & Scheid 1982, 183], [Hischer & Scheid 1995, 191 f.]; siehe insbes. [Krämer 1991, 119].
[988]   Vgl. Abschnitt 9.3.2.
[989]   [Krämer 1991, 117]
[990]   [Krämer 1991, 118]
[991]   Siehe Abschnitt 6.3.1.
[992]   Siehe die Erörterungen zu „Kompetenz" und „Fertigkeit" usw. in Abschnitt 2.5.
[993]   Siehe Abschnitt 6.3.2.
[994]   Siehe hierzu die Betrachtungen zu *Fähigkeit, Geschicklichkeit* und in *Fertigkeit* in Abschnitt 2.5.

- **Anwendung des Leibnizschen Differentialkalküls**

Bei Betrachtung des Leibnizschen Differentialkalküls wird wohl die Frage auftreten, ob und wie diese „Regeln" mit heutigen Notationen wie $\frac{\mathrm{d}y}{\mathrm{d}x}$ vereinbar sind, wobei dieses bruchähnliche Gebilde der Tradition folgend „Differentialquotient" heißt, jedoch als „Grenzwert des Differenzenquotienten" $\frac{\Delta y}{\Delta x}$ mit dubiosen, angeblich neuen „Variablen" Δx usw. definiert wird, dann aber z. T. mit *„sieht aus wie ein Bruch, ist aber keiner"* kommentiert wird.

Gleichwohl ist der *Bruchrechnungs-Kalkül* („Bruchrechenregeln") hier ohne Konflikt mit der heutigen Notation erfolgreich anwendbar, was an drei Beispielen demonstriert sei:

$$y = x + a:\quad \mathrm{d}y = \underset{(2)}{\mathrm{d}(x+a)} = \underset{(3)}{\mathrm{d}x + \mathrm{d}a} = \underset{(1)}{\mathrm{d}x + 0} = \mathrm{d}x,\ ^{995}\ \text{„also":}\ \frac{\mathrm{d}y}{\mathrm{d}x} = \frac{\mathrm{d}x}{\mathrm{d}x} = 1.$$

$$y = x^2:\quad \mathrm{d}y = \underset{(2)}{\mathrm{d}(x \cdot x)} = \underset{(4)}{x \cdot \mathrm{d}x + x \cdot \mathrm{d}x} = 2x \cdot \mathrm{d}x,\ \text{„also":}\ \frac{\mathrm{d}y}{\mathrm{d}x} = \frac{\mathrm{d}x^2}{\mathrm{d}x} = \frac{2x \cdot \mathrm{d}x}{\mathrm{d}x} = 2x.\ ^{996}$$

$$y = x^3:\quad \mathrm{d}y = \underset{(2)}{\mathrm{d}(x \cdot x^2)} = \underset{(4)}{x \cdot \mathrm{d}x^2 + x^2 \cdot \mathrm{d}x} = x \cdot 2x \cdot \mathrm{d}x + x^2 \cdot \mathrm{d}x = 3 \cdot x^2 \cdot \mathrm{d}x,$$

„also" folgt $\frac{\mathrm{d}y}{\mathrm{d}x} = \frac{\mathrm{d}x^3}{\mathrm{d}x} = \frac{3x^2 \cdot \mathrm{d}x}{\mathrm{d}x} = 3x^2$ (durch vollständige Induktion verallgemeinerbar!).

Die Beispiele legen somit nahe, dass man *im Differentialkalkül „Differentialquotienten" wie Brüche behandeln* kann, wobei noch eine geeignete algebraische Struktur vorauszusetzen ist.

9.3.4 Axiome, Strukturen und Modelle

9.3.4.1 Vorbemerkung

Axiomen begegnet man zu Studienbeginn bei den *Vektorraum-Axiomen* und später dann auch z. B. bei den *Gruppen-Axiomen*, dann ggf. verbunden mit der möglicherweise bleibenden, nicht korrekten Wahrnehmung, dass Axiome *nur* der Definition gewisser „Strukturen" dienen.

Ferner kennt man „Modell" seit einigen Jahren (sowohl im Studium als auch in der Schule) wohl meist (leider nur noch) im Kontext von „Modellierung" (bzw. „Modellbildung"), und dann wohl eher verbunden mit einem gewissen Bedeutungsverlust strukturmathematischer Betrachtungsweisen. Für vertiefende Reflexionen zur für den Aufbau des mathematischen „Gebäudes" grundlegenden Rolle von Axiomen, Axiomensystemen und Modellen, die eigentlich unverzichtbarer Bestandteil eines wissenschaftlichen Mathematikstudiums sein müssten, ist aber meist kein Raum mehr vorhanden – und das schon gar nicht in einem durch „Module" ausbildungsmäßig organisierten Studium. Daher seien hierzu wenige, recht oberflächliche Anmerkungen mit Blick auf die *Medialität* der damit verbundenen Begriffe gewagt.

---

[995] An dieser Stelle zeigt sich, dass das neutrale Element der Addition als vorhanden unterstellt wird.
[996] Hier zeigt sich, dass „Vielfachbildung" möglich sein muss.

9.3.4.2   Historische Aspekte zu Axiomen

Der Mathematiker Johann Christoph **Sturm** [997] erläutert 1670 in seinem Buch [998] – der ersten deutschsprachigen Darstellung von Archimedes' Werken – eingangs unter der Überschrift

> „Die in diefem Werk vorkommende Lateinifche und Griechifche
> Kunft-Wörter / mit ihren Verteutfchungen."

in einer Liste u. a. folgende hier und für ihn relevante Termini:

> Axioma, ein Grundfatz oder unbeweißlicher Ausfpruch.
> Poftulatum, eine Forderung.

Auch in der späteren deutschen Übersetzung von **Euklid**s „Elementen" durch Clemens Thaer werden „Axiom" und „Postulat" ähnlich unterschieden, und zwar zu Beginn des „I. Buchs" *vor* den 48 inhaltlichen Paragraphen, aus denen dieses Buch besteht, beginnend mit 23 *Definitionen* und dann fünf *Postulaten* und neun *Axiomen*, deren Anfänge hier angedeutet seien: [999]

> **Definitionen.**
> 1. *Ein Punkt ist, was keine Teile hat,* [1000]   2. *Eine Linie breitenlose Länge.* [999]   ...
>
> **Postulate.**
> *Gefordert soll sein:*
> 1. *Daß man von jedem Punkt nach jedem Punkt die Strecke ziehen kann,*
> 2. *Daß man eine begrenzte gerade Linie zusammenhängend verlängern kann,*   ...
>
> **Axiome.**
> 1. *Was demselben gleich ist, ist auch einander gleich.*
> 2. *Wenn Gleichem Gleiches hinzugefügt wird, sind die Ganzen gleich.*
> 3. *Wenn von Gleichem Gleiches weggenommen wird, sind die Rest gleich.*   ...

Clemens Thaer schreibt dazu kommentierend: [1001]

> **Die Definitionen** stehen logisch nicht auf der Höhe des übrigen Werkes. Neue Begriffe wollen sie eigentlich nicht schaffen; [...]
>
> **Postulate und Axiome.** Die Grenze zwischen beiden Arten von Grundsätzen fließt; schon im Altertum haben Umstellungen stattgefunden. In der Hauptsache ist ein Postulat (Altema, Forderung) ein speziell geometrischer Grundsatz, der die Möglichkeit einer Konstruktion, die Existenz eines Gebildes sicherstellen soll: ein Axiom (für wahr Gehaltenes) – der überlieferte Euklid-Text selbst hat den weniger gebräuchlichen Ausdruck Koine Ennoia (allgemein Eingesehenes) – ist ein allgemein logischer Grundsatz, den kein Vernünftiger, auch wenn er von Geometrie nichts weiß, bestreitet.

Würde man dieser Auffassung folgen, so wären Axiome „für wahr gehaltene Grundsätze".

---

[997] Vgl. S. 264, 268 f., 273, 275, 284 f.
[998] [Sturm 1670]
[999] [Euklid 1962, 1 ff.]; bei der 2. Definition ist natürlich „Eine Linie *ist eine* ..." gemeint.
[1000] Siehe hierzu auch das Zitat von Felgner zu Fußnote 894 auf S. 297.
[1001] [Euklid 1962, 417; 419]

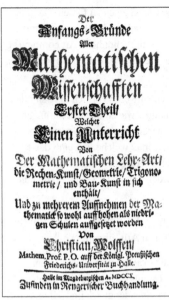

Bild 9.44: Titelseite des ersten Teils
von Christian Wolffs Buch

1710 publizierte der Mathematiker und Universal-gelehrte Christian **Wolff** (1679 – 1754) sein Buch „*Der Anfangsgründe aller Mathematischen Wissenschaften Erster Theil*" (siehe Bild 9.44). Nach einer „Vorrede" beginnt Wolff einen aus 49 Paragraphen bestehenden Abschnitt mit *der Überschrift „Kurtzer Unterricht von der Mathematischen Methode oder Lehr-Art".* [1002] Hier beschreibt er in §1 das Vorhaben dieses Abschnitts als „Ordnung der Mathematischen Methode": [1003]

Die Lehr-Art der Mathematicorum fängt an von den Erklärungen, ge-het fort zu den Grund-Sätzen und hiervon weiter zu den Lehr-Sätzen und Aufgaben: überall aber werden Zusätze und Anmerckungen nach Gelegenheit angehänget.

Bild 9.45: Titelseite zum „Kurtzen Unterricht"

Mit „**Erklärungen**" meint Wolff „Definitiones", und zwar sowohl „Erklärungen der Wörter" (definitiones nominales) als auch „Erklärungen der Sachen" (definitiones reales). Als Beispiel für den ersten Typ führt er die Definition eines Quadrats an: als eine „*Figur/ welche vier gleiche Seiten und gleiche Winckel hat*", zum zweiten Typ einen Kreis:

§. 4. Die Erklährungen der Sachen find ein klahrer und deutlicher Begrief von der Art und Weife/ wie die Sache möglich ift: Als wenn in der **Geometrie** gefaget wird; ein Circul wird befchrieben/ wenn eine grade Linie fich umb einen feften Punct beweget. [1004]

Hier taucht bei Wolff erstmalig der „Begrief" auf, also der „**Begriff**", dessen Bedeutung Wolff in den folgenden Paragraphen entfaltet, von denen hier nur die ersten drei aufgeführt seien: [1004]

§. 5. Wir nennen einen Begrief einen jeden Gedancken/ den man von einer Sache hat.

§. 6. Es ift aber mein Begrief klahr/ wenn meine Gedancken machen/ daß ich die Sache erkennen kan/ fo bald fie mir vorkommt/ als z. E. daß ich weiß/ es fey diejenige Figur/ welche man einen Triangel nennet.

§. 7. Hingegen ift der Begrief dunckel/ wenn meine Gedancken nicht zulangen die Sache/ fo mir vorkommt/ zu erkennen/ als wenn mir eine Pflantze gezeiget wird und ich bin zweifelhafft/ ob es eben diefelbige fey/ die ich zu anderer Zeit gefehen und die diefen oder jenen Nahmen führet.

Wir überspringen die Lektüre des weiteren spannenden Gedankengangs direkt zu § 26: [1005]

[1002]   Bild 9.45; „Lehr-Art" ist als „Lehr-Kunst" zu verstehen. Statt des Trennstrichs „=" wird hier nur „-" geschrieben.
[1003]   [Wolff 1710, 5]; hier und nachfolgend wird die Transkription der Textzitate von Wolff aus dem Deutschen Textarchiv (DTA) mit freundlicher Genehmigung durch das DTA übernommen.
[1004]   [Wolff 1710, 6]; „z. E:" bedeutet nachfolgend „zum Exemplum", also „z. B.".
[1005]   [Wolff 1710, 14]

§. 26. Jn der Geometrie fället es nicht fchweer die Erklåhrungen der Sachen zu finden. Denn die Bewegungen der Puncte geben Linien; die Bewegungen der Linien Flåchen; die Bewegungen der Flåchen Côrper. Wenn man alfo die Puncte/ Linien und Flåchen auf alle erfinnliche Art combiniret/ und ihnen nach und nach alle mögliche Arten der Bewegungen zueignet/ fo kommen die verlangten Erklåhrungen heraus.

§. 27. Die Erklåhrungen fowol der Wôrter als der Sachen können entweder vor fich ins befondere erwogen/ oder mit andern verglichen werden. Betrachtet ihr dasjenige/ was in den Erklåhrungen enthalten ift/ und fchlieffet etwas unmittelbahr daraus; fo nennen wir folches **einen Grundfatz**. Z. E. wenn ihr bey der Erklåhrung des Circuls bedencket/ daß die Linie/ welche fich umb den Mittelpunct herumb beweget/ immer einerley Långe behålt; fo werdet ihr bald begreiffen/ daß alle Linien welche aus dem Mittelpuncte an die Peripherie gezogen werden/ ein ander gleich find. Diefe Wahrheit nun ift ein Grundfatz.

Nach „Definition" und „Begriff" taucht hier wie bei Euklid der „Grundsatz" als unmittelbar erkennbare „Wahrheit" auf. Interessant sind dazu nun die weiteren Ausführungen: [1006]

§. 28. Diefe Grundfåtze zeigen entweder/ daß etwas fey/ oder daß etwas könne gethan werden. Ein Grundfatz von der erften Art ift/ den wir erft aus der Erklåhrung des Circuls hergeleitet/ daß nemlich alle Linien/ die aus dem Mittelpuncte an die Peripherie gezogen werden/ einander gleich find. Hingegen ein Grundfatz von der andern Art ift/ der aus der Erklåhrung der geraden Linie flieffet/ daß nemlich von einem jeden Puncte zu jedem Puncte eine gerade Linie könne gezogen werden. Jm lateinifchen nennet man die Grundfåtze der erften Art **Axiomata**; die Grundfåtze aber der andern Art **Poftulata**. Jch habe es nicht vor nöthig erachtet diefelben von eiander zu unterfcheiden/ weil beyde auf einerley Art aus den Erklåhrungen entfpringen/ und alfo wefentlich mit einander übereinkommen.

§. 29. Weil nun die Grundfåtze unmittelbahr aus den Erklåhrungen gezogen werden/ haben fie keines Beweifes nöthig/ fondern ihre Wahrheit erhellet/ fo bald man die Erklåhrungen anfiehet/ daraus fie flieffen. Man kan demnach nicht ehe verfichert feyn/ ob der Grundfatz wahr fey oder nicht/ biß man die Möglichkeit der Erklåhrungen unterfuchet hat. Sonft weiß man nichts/ als daß die Grundfåtze richtig find/ wofern die Erklåhrungen möglich find.

§. 30. Mit den Grundfåtzen werden unterweilen die Erfahrungen verworren. Man nennet aber eine **Erfahrung** dasjenige/ welches man erkennet/ wenn man auf feine Empfindungen acht hat. Z. E. ich fehe/ daß/ wenn ein Licht angezůndet wird/ alle Dinge die um mich find/ fichtbar werden/ diefe Erkåntnis wird eine Erfåhrung genennet.

Wolff sieht also keinen wesentlichen Unterschied zwischen „Axiom" und „Postulat", und er grenzt sie gegenüber der individuellen „Erfahrung" deutlich ab.

9.3.4.3   Aktuelle Auffassungen zu Axiomen und Axiomensystemen

Auch Ulrich Felgner unterscheidet Axiome und Postulate nicht (mehr), weist aber bezüglich ihrer „Wahrheit" auf Folgendes hin: [1007]

[1006]   [Wolff 1710, 14 f.]; der Text wurde wie im Zitat original mit Schreibfehlern wiedergegeben; unterstreichende Hervorhebungen nicht im Original.

[1007]   In einer Mitteilung an mich vom 13. 01. 2013.

Die Axiome (oder Postulate) der meisten mathematischen Theorien geben keine Sachverhalte wieder, die „wahr" sind, sondern stellen Idealisierungen (von realen oder anderen) Sachverhalten dar, die der Theorie zugrunde gelegt werden. Als Idealisierungen weichen sie bereits von den „wahren" Sachverhalten ab, und sind insofern auch nicht „wahr". In den Axiomen werden alle Idealisierungen angegeben, die der mathematischen Theorie zugrunde liegen sollen. Aus den Axiomen darf nur noch auf rein logischem Wege gefolgert werden; weitere Idealisierungen dürfen während des Beweisens nicht mehr vorgenommen werden. (Damit ist einerseits die Rolle der Axiome und andererseits die Rolle (und Aufgabe) der Logik in der Mathematik genannt.)

Wenn also Axiome keine „wahren" Sachverhalte wiedergeben, so wird man sie allerdings „akzeptieren" [1007] (müssen!), um sie dann bei Beweisen „auf logischem Wege" so nutzen zu können, *als wären es wahre Aussagen.* In diesem Sinne führen Hermes und Markwald aus: [1008]

Es ist heute üblich, mathematische Wissenschaften axiomatisch aufzubauen, d. h. in der Art, daß man eine Anzahl von *Aussagen* als *Axiome* an die Spitze stellt und sich bemüht, Folgerungen aus diesen Axiomen zu gewinnen. Die Gesamtheit der jeweils zugrunde liegenden Axiome nennt man ein *Axiomensystem.* Die in den Axiomen vorkommenden Subjekte und Prädikate heißen die *Grundbegriffe* des Axiomensystems. Diese Grundbegriffe können [...] als Variablen aufgefasst werden [...].

Es bedarf der Erläuterung, inwiefern *Grundbegriffe als Variablen* aufgefasst werden können.

Dies hat bekanntlich David **Hilbert** in seinen „Grundlagen der Geometrie" sehr drastisch deutlich gemacht, indem er bezüglich des dafür von ihm entwickelten „Axiomensystems" sagte: [1009]

Man muss jederzeit anstelle von ,Punkte', ,Geraden' und ,Ebenen' auch ,Tische', ,Stühle' und ,Bierseidel' sagen können.

Es wird gewiss plausibel sein, dass „Punkte", „Geraden" und „Ebenen" *Grundbegriffe der Geometrie* bezeichnen – doch wie soll man Verständnis dafür aufbringen, ohne Qualitätseinbuße dafür auch „Tische", „Stühle" und „Bierseidel" sagen zu können? Die Antwort ist einfach: Hilbert will damit nur eindringlich klar machen, dass man sich bei Folgerungen und Beweisen, die sich auf ein *Axiomensystem* beziehen, *nicht auf die intuitive, subjektive Deutung dieser Grundbegriffe stützen* darf (wie man das in der „Elementargeometrie" gern und aus gutem Grunde macht [1010]). Eine solche intuitive Deutung darf bei der „axiomatischen Methode" sogar in keiner Weise berücksichtigt werden, sondern es darf nur streng logisch aus dem Axiomensystem gefolgert werden – gewissermaßen *wie Justitia (!) „ohne Ansehen der Person".*

Dann aber kann man „Punkte", „Geraden" und „Ebenen" auch durch andere Wörter und schließlich sogar durch Variablen ersetzen (das sind dann die „Subjekte"), ebenso Beziehungen wie „liegt auf" oder „schneiden sich" usw. (das sind dann die „Prädikate"), die gemeinsam die *Grundbegriffe des Axiomensystems* bilden. Das sei an einem Beispiel verdeutlicht: [1011]

[1008] [Hermes & Markwald 1962, 26]

[1009] So z. B. zitiert bei [Hermes & Markwald 1962, 22].

[1010] ... und wie es hier etwa bei den Beweisen in Kapitel 8 ganz bewusst gemacht worden ist!

[1011] In Anlehnung an [Hermes & Markwald 1962, 23].

In einer „Inzidenzgeometrie" seien x, y, g *Subjekte* und P, G, L *Prädikate*, die wie folgt inhaltlich zu deuten sind: Px: x ist ein Punkt; Gg: g ist eine Gerade; Lxg: x liegt auf g. Das erste sog. „Inzidenzaxiom" lässt sich dann formal wie folgt formal notieren:

$$\bigwedge_{x,y} \big(Px \wedge Py \wedge x \neq y \rightarrow \bigvee_{g} (Gg \wedge Lxg \wedge Lyg) \big) \tag{$*$}$$

Dies ist das *„Axiom von der Existenz von Verbindungsgeraden"*, das in verbaler (inhaltlich gedeuteter!) Fassung lautet:

- „Zu je zwei verschiedenen Punkten x, y gibt es (mindestens) eine Gerade g derart, dass sowohl x als auch y auf dieser Geraden liegen".

(Nicht nur) in der formalen Fassung $(*)$ sind x, y, g (durch Quantoren) *gebundene Variablen*. Sofern die hier vorkommenden Variablen *nicht* inhaltlich gedeutet werden, sind P, G, L in dieser Fassung allerdings *freie Variablen*, und es liegt damit in $(*)$ eine *Aussageform* vor: [1012]

> Solche Aussageformen nennt man *Ausdrücke der Prädikatenlogik*. Dabei ist wichtig, daß nur die Subjektsvariablen, nicht aber die Prädikatenvariablen durch Quantoren gebunden werden dürfen. [1013]

9.3.4.4 Heteronome und autonome Axiomensysteme

Man gewinnt also zunächst ein Axiomensystem aus konkreten Kenntnissen oder Erfahrungen heraus, muss dieses dann aber schließlich so formulieren, dass man von den konkreten anschaulichen, intuitiv gegebenen „Grundbegriffen" *abstrahiert*, um dann die *Beweise losgelöst von der Anschauung* und damit „streng" führen zu können. Das ist ein wesentliches Kennzeichen der *axiomatischen Methode*.

Allerdings besteht gemäß Hermes und Markwald ein grundsätzlicher Unterschied z. B. zwischen dem Axiomensystem der *euklidischen Geometrie* (sie nennen es ein *heteronomes Axiomensystem*) und dem Axiomensystem einer *Gruppe* (einem Beispiel für ein *autonomes Axiomensystem*), und zwar in Bezug auf die „Herkunft" dieser Axiomensysteme. Zunächst sei beispielhaft erläutert, was für sie „heteronome Axiomensysteme" sind: [1014]

> Die grundlegenden geometrischen Begriffe, wie die des Punktes und der Geraden, sind ursprünglich zur <u>Charakterisierung physikalischer Gegebenheiten</u> entstanden. Damit waren auch die <u>ersten geometrischen Aussagen physikalischer Natur</u>. Dies gilt z. B. für den Satz „des Pythagoras", welcher bereits 1700 v. Chr. den Babyloniern bekannt war. [...] Mit der Axiomatisierung der Geometrie haben die Griechen begonnen, indem sie seit THALES (etwa 590 v. Chr.) geometrische Aussagen auf andere geometrische Aussagen zurückführten. Sie verzichten darauf, sich auf die Erfahrung zu berufen und wurden damit Schöpfer der Mathematik im strengen Sinne. Der Name EUKLID (etwa 300 v. Chr.) kennzeichnet die (vorläufige) Vollendung der Axiomatisierung der Geometrie.

[1012] [Hermes & Markwald 1962, 24]

[1013] Die Autoren merken dazu an: „Läßt man auch die Bindung der Prädikatenvariablen zu, so befindet man sich in der Sprache der sogenannten S t u f e n l o g i k."

[1014] [Hermes & Markwald 1962, 28]; Hervorhebungen nicht im Original.

Wir beachten dazu die Position von David Hilbert, wie sie Ulrich Felgner beschreibt: [1015]

> Damit ist die Geometrie, wie Freudenthal [...] betont hat, reine Mathematik geworden. Aber ihre
> Herkunft als Wissenschaft, die vom sinnlich wahrnehmbaren Raum handelt, soll und kann die Geo-
> metrie keineswegs leugnen.
>
> Als „allgemeines Wissensgebiet" ist die Geometrie für Hilbert eine „Naturwissenschaft" [...]
> Aber die „Theorie des Wissensgebietes" ist nach Hilbert das „Fachwerk der Begriffe" [...].
> Die „Theorie des Wissensgebietes" ist keine Naturwissenschaft, sie ist ein Gebiet der reinen
> Mathematik.

So erweist sich die euklidische Geometrie überraschenderweise in Bezug auf ihre „Wurzeln"
als eine empirische Naturwissenschaft, jedoch hat sie sich dann in ihrer axiomatischen Fassung
von einer „praktischen Geometrie" zu einer „theoretischen Geometrie" gemausert. [1016] Und die
Autoren sehen eine ähnliche Situation bei anderen heute streng axiomatisierten Gebieten: [1014]

> Man kann vermuten, daß auch die Arithmetik und, um eine neues Beispiel zu nennen, die Mengen-
> lehre empirischen Ursprungs sind.

Im Gegensatz zu solchen heteronomen Axiomensystemen stehen autonome Axiomensysteme,
die Hermes und Markwald auch „Axiomensysteme als Quelle neuer Theorien" nennen: [1017]

> Die Tatsache, daß die vorhin genannten mathematischen Theorien in gewissem Sinn vor den Axio-
> mensystemen vorhanden sind, wird auch dadurch illustriert, daß diese Wissenschaften im mathema-
> tischen Unterricht häufig behandelt werden, ohne daß man sich dabei auf ein Axiomensystem beruft
> (euklidische Geometrie in der höheren Schule — Infinitesimalrechnung an der Universität — naive
> Mengenlehre). Dies ist ganz anders bei neueren mathematischen Theorien, wie Gruppentheorie,
> Ringtheorie oder Verbandstheorie. Diese Wissenschaften sind von ihren Axiomen nicht zu trennen,
> sie werden erst durch ihre Axiome ins Leben gerufen.

Das möge am Beispiel der Gruppentheorie angedeutet werden: Im 19. Jahrhundert wurden in
unterschiedlichen mathematischen Teilbereichen (Invarianten in der Geometrie; Auflösbarkeit
in der Gleichungslehre; quadratische Formen in der Zahlentheorie) [1018] überraschende Gemeinsamkeiten entdeckt, die mit dem durch Cayley und Weber begründeten neuen Gruppen-
begriff beschrieben werden konnten, was dann zu einer wirklich neuen Theorie führte. Aber
damit nicht genug:

> Die Untersuchung und Modifikation der Gruppenaxiome führte zu speziellen Theorien
> über abelsche Gruppen, zyklische Gruppen, Permutationsgruppen, endliche Gruppen, Liesche
> Gruppen usw. – und darüber hinaus zu komplexeren Strukturen wie Ringen und Körpern und
> zu Strukturtheorien, also: „Gruppenaxiome als Quelle neuer Theorien".
> Wenn man nun die axiomatische euklidische Geometrie als Beispiel für ein heteronomes
> Axiomensystem sieht, so sind die dann später durch Modifikation dieses Axiomensystems
> entdeckten nichteuklidischen Geometrien allerdings Beispiele für autonome Axiomensysteme:

[1015]   Siehe dazu die ausführlichen Betrachtungen auf S. 297.
[1016]   Siehe hierzu Abschnitt 8.7.2.
[1017]   [Hermes & Markwald 1962, 28 f.]
[1018]   [Hischer 2012, 46 ff.]; siehe auch S. 346.

In neueren geometrischen Untersuchungen werden oftmals die Folgerungen aus einem Teil der eukli-dischen Axiome betrachtet, z. B. die Folgerungen aus den Verknüpfungs- und Anordnungsaxiomen der Geometrie allein. Auch derartige Axiomensysteme kann man als autonom ansehen. In ähnlicher Weise kann man sich die autonomen algebraischen Axiomensysteme aus einem heteronomen arith-metischen Axiomensystem entstanden denken. [1019]

Um Missverständnissen oder Unklarheiten vorzubeugen, seien der *Unterschied zwischen heteronomen und autonomen Axiomensystemen* nochmals beispielhaft erläutert:

- Das hier so genannte *„euklidische Axiomensystem"* ist *heteronom*, weil die dadurch ge-kennzeichnete euklidische Geometrie in ihren Grundzügen als (naturwissenschaftliche) Theorie in Elementen schon existierte, bevor sie durch ihre Axiomatisierung eine struktu-relle Ordnung erhalten hat und damit zu einer axiomatisch begründeten Theorie wurde.

- Die Axiome für eine *Gruppe* bilden ein *autonomes Axiomensystem*, weil die dadurch ge-kennzeichnete *Gruppentheorie* erst durch dieses Axiomensystem entstanden ist, also erst dadurch ein Blick für das entstanden ist, was eine „Gruppe" ausmacht. Ebenso sind die Axiomensysteme für nichteuklidische Geometrien autonom, weil es diese Geometrien und ihre Theorien vor der Modifikation des euklidischen Axiomensystems noch gar nicht gab, denn sie wurden erst dadurch „ins Leben gerufen".

Offensichtlich gibt es *mindestens zwei Typen von autonomen Axiomensystemen:* einerseits solchen, die durch Abstraktion konkreter Gegebenheiten entstehen wie beispielsweise die Gruppenaxiome, [1020] und andererseits z. B. Axiomensysteme für nichteuklidische Geometrien, die durch Modifikation eines bereits bestehenden Axiomensystems entstehen.

9.3.4.5   Axiomatische Beschreibung mathematischer Strukturen

Zahlzeichen begegnen uns bereits in vorgeschichtlicher Zeit vor der Erfindung der Schrift im Zusammenhang mit dem *Zählen*; vor rund 4 000 Jahren werden bei den Ägyptern und den Babyloniern je unterschiedliche Zahlensysteme für praktische Berechnungen entwickelt, und bei den Pythagoreern findet erstmals eine fundierte Entwicklung des *Zahlbegriffs* statt. Die Entwicklung des *Funktionsbegriffs* wurde in Kapitel 7 ausführlich dargestellt, beginnend bei babylonischen Keilschrifttabellen bis hin zur mengentheoretischen Fassung als *Relation* durch Felix Hausdorff Anfang des 20. Jahrhunderts. [1021]

Auch mit „Struktur" wird – neben „Zahl" und „Funktion"– ein *grundlegender Begriff* der Mathematik bezeichnet, was schon bei oberflächlicher Betrachtung an den Termini „Zahlen-theorie", „Funktionentheorie" und „Strukturmathematik" erkennbar ist. Allerdings erschien der Strukturbegriff erst sehr spät in der Mathematik, dann aber mit großer Wucht:

[1019]   [Hermes & Markwald 1962, 29]
[1020]   Siehe die drei zu Fußnote 1018 genannten Beispiele.
[1021]   Siehe S. 236 f.

Strukturen tragen und beschreiben das Gebäude der Mathematik, und strukturelle Aspekte ermöglichen es, Teilgebäude der Mathematik zu entwerfen, zu bauen, zu verändern und zu erweitern, so dass Zusammengehörigkeiten zwischen ihnen erkennbar werden oder sogar erst hergestellt werden können. So weist sowohl das *Strukturieren der Mathematik* als auch das *Strukturieren in der Mathematik* nicht nur *deskriptive Aspekte* auf, sondern auch *konstruktive Aspekte* (wie in der Architektur und in der Städtebau- und Raumordnung).

Dieses historisch relativ neue, sowohl deskriptive als auch konstruktive Strukturieren als mathematische Aktivität basiert auf der *„Wende in der Algebra vom Verfahren zur Struktur"*, die gegen Mitte des 19. Jahrhunderts einsetzte. So ging es nämlich bis dahin in der Algebra darum, *Verfahren* zur Lösung von Gleichungen und Gleichungssystemen zu entwickeln, wie man sie etwa bei Hieronimus Cardano in seiner „Ars Magna" von 1545 findet.

Seit der auf S. 345 erwähnten abstrahierenden Entdeckung der „Gruppeneigenschaften" fragte man nun nicht mehr, *wie* man Gleichungen unterschiedlichen Typs löst, sondern, *ob* und vor allem *unter welchen Bedingungen* Gleichungen *lösbar* sind, wobei das Studium dieser Bedingungen zugleich eine Untersuchung der zugrunde liegenden *Strukturen* bedeutete.

Zur formalen Beschreibung von Strukturen wie *Gruppe, Ring, Körper* usw. kamen die mathematische *Logik* (Boole, Frege) und die *Mengenlehre* (Cantor) als neue Werkzeuge bzw. Sprachen wie gerufen hinzu, gepaart mit einer dadurch möglichen zunehmend präziseren *Axiomatisierung* mathematischer Strukturen (Dedekind, Peano, Hilbert).

Wenn man etwa von der *„additiven Gruppe der ganzen Zahlen"* spricht, so wird deutlich, dass es um eine gewisse nichtleere Menge geht, hier die Menge $\mathbb{Z}$ der ganzen Zahlen, und dass die Elemente dieser Menge bezüglich der Addition bestimmten Eigenschaften genügen. So ist es daher nicht sinnvoll, von der „Gruppe $\mathbb{Z}$" bzw. allgemein von einer „Gruppe G" zu sprechen, sondern die betreffende „Verknüpfung" gehört im Prinzip stets notwendig dazu.

Es geht dann also um die „Gruppe $(\mathbb{Z}, +)$" bzw. verallgemeinert um die „Gruppe $(G, *)$" mit einer abstrakten Verknüpfung $*$, wobei man dann $\mathbb{Z}$ bzw. G die **„Trägermenge"** der betreffenden Gruppe – also dieser *Struktur* – nennt. Es liegt allerdings erst dann eine Gruppe $(G, *)$ vor, wenn für dieses geordnete Paar bestimmte charakteristische Eigenschaften erfüllt sind, die man als „Axiome" zu notieren pflegt, wobei wir jetzt M statt G schreiben. Man setzt eine *nichtleere Menge M* und eine *Verknüpfung* $*$ voraus, und dann ist $(M, *)$ per definitionem genau dann eine **Gruppe**, wenn folgende *„Gruppenaxiome"* erfüllt sind:

(G1') $\bigwedge\limits_{a,b \in M} a * b \in M$ (Abgeschlossenheit der Menge M bezüglich $*$)

(G2') $\bigwedge\limits_{a,b,c \in M} (a * b) * c = a * (b * c)$ (Assoziativität der Verknüpfung $*$)

(G3') $\bigvee\limits_{e \in M} \bigwedge\limits_{a \in M} a * e = a$ (Existenz eines globalen rechtsneutralen Elements)

(G4') $\bigwedge\limits_{a \in M} \bigvee\limits_{a' \in M} a * a' = e$ (zu jedem Element existiert ein rechtsinverses Element)

Diese **Axiome** haben (als „Forderungen") den *formalen Fehler*, dass das in (G4') erscheinende Element e nicht quantifiziert wurde, wobei natürlich gemeint ist, dass e hier ein in (G3') per Existenzquantor *gefordertes* Element ist. Das wird leider häufig so gemacht, denn man „weiß" ja, worum es geht. Dieser formale Fehler lässt sich aber reparieren, indem man etwa (G3') und (G4') zu einem komplexen Axiom zusammenfasst – oder „aufgeblasen" wie folgt vorgeht:

Es sei M eine nicht leere Menge, $*$ und i seien Funktionen und $e \in M$.

$(M, *, i, e)$ ist genau dann eine **Gruppe**, wenn gilt:

(G1) $* : M \times M \to M$ (Abgeschlossenheit der Menge M bezüglich $*$)

(G2) $*$ ist assoziativ   (Assoziativität der Verknüpfung $*$)

(G3) $\bigwedge\limits_{a \in M} a * e = a$ (Eigenschaft *des* rechtsneutrales Elements)

(G4) $i : M \to M \ \wedge \ \bigwedge\limits_{a \in M} a * i(a) = e$ (Eigenschaft *der* Rechtsinversenfunktion)

Hier wird also nicht nur das Paar $(M, *)$ als Gruppe charakterisiert, sondern das Quadrupel $(M, *, i, e)$ wird „sauber" beschrieben: mit einer Menge M, einer auf M erklärten *2-stelligen Funktion* $*$ (einer „Verknüpfung"), einer *1-stelligen Funktion* i (der Inversenfunktion) und ferner einer *0-stelligen Funktion* e (dem neutralen Element). (G3) und (G4) regeln dabei das *Zusammenspiel* der drei Funktionen $*$, i und e – es sind sog. „**Verträglichkeitsaxiome**". [1022]

9.3.4.6 Modell, Widerspruchsfreiheit, Monomorphie und Vollständigkeit

Oliver **Deiser** bietet eine *intuitive* „Eingangsdefinition" für „**Modell**" an: [1023]

> Ein Modell ist intuitiv eine Welt für ein mathematisches Axiomensystem, ein Bereich von Objekten, innerhalb dessen die Axiome gelten, oder etwas weniger hochgestochen, ein konkretes Beispiel.

Mit $M := \{-1, 1\}$ und der üblichen Multiplikation ist $(M, \cdot, 1, 1)$ – oder kurz $(M, \cdot)$ – eine Gruppe, denn *alle Gruppenaxiome* werden „*erfüllt*" (sie gelten ohne Ausnahme). $(M, \cdot)$ ist somit ein *Modell* für das Axiomensystem einer Gruppe. Damit können sich die Gruppenaxiome logisch nicht widersprechen: Ein solches Axiomensystem heißt daher **widerspruchsfrei**. [1024]

Andererseits gilt: Wenn man ein *neues Axiomensystem* bildet und es ohne Konstruktion eines Modells gelingt, formal-logisch zu beweisen, dass das System widerspruchsfrei ist, so weiß man, dass ein Modell existiert, auch wenn man noch kein einziges konkret gefunden hat.

[1022] Verträglichkeitsaxiome sind bei einer axiomatischen Strukturbeschreibung immer dann nötig, wenn mehr als eine Funktion vorkommt, so z. B. das *Distributivgesetz* beim Körper $(\mathbb{R}, +, \cdot)$.

[1023] [Deiser 2010, 153]

[1024] Genauer „semantisch widerspruchsfrei" ([Hermes & Markwald 1962, 32], [Hischer 2012, 196 f.]).

So führt z. B. die Vorstellung eines „Kettenmodells" •→−•→−•→−•→−•→−•→ ⋯
für die „Struktur" der − wie auf einer nicht abbrechenden Perlenkette aufgefädelt gedachten −
natürlichen Zahlen zu den Dedekind-Peano-Axiomen. [1025]

Ist dieses Axiomensystem widerspruchsfrei? Falls man zu akzeptieren bereit ist, obige
Visualisierung des Aufeinanderfolgens als konkretes *Modell* aufzufassen, ist man fertig. Man
kann aber andererseits versuchen, *auf gesicherter Grundlage ein Modell zu „konstruieren"*.

Ein solches schlug 1923 John von Neumann (1903 − 1957) vor, indem er iterativ die
Menge $\{\varnothing, \{\varnothing\}, \{\varnothing, \{\varnothing\}\}, \ldots\}$ bildete, die erkennbar (und beweisbar!) alle Dedekind-Peano-
Axiome erfüllt, wobei die Möglichkeit dieser Konstruktion allerdings auf der axiomatischen
Mengenlehre beruht.

Sofern diese widerspruchsfrei ist, würde also ein Modell für das Dedekind-Peano-
Axiomensystem existieren, das damit dann widerspruchsfrei wäre.

Jedoch gelten die bekanntesten Axiomensysteme der Mengenlehre zwar

> heute bei den Mengentheoretikern als widerspruchsfrei. Ein Widerspruchsfreiheitsbeweis, wie er bis
> in die zwanziger Jahre unseres Jahrhunderts noch für möglich gehalten wurde, kann nach einem von
> Kurt GÖDEL (1931) stammenden Satz der mathematischen Logik selbst mit Hilfsmitteln von der me-
> thodischen Stärke der Mengenlehre nicht erbracht werden. [1026]

Die Widerspruchsfreiheit der Dedekind-Peano-Axiome stützt sich also auf die − leider nicht
beweisbare − Widerspruchsfreiheit eines Axiomensystems der Mengenlehre, wobei diese
Axiome nur *plausibel* sind. Immerhin lässt sich (aufwendig) beweisen, dass je zwei Modelle für
das System der Dedekind-Peano-Axiome *isomorph* sind, [1027] was bedeutet, dass sie sich nur in
der Schreibweise unterscheiden. *Die natürlichen Zahlen sind also einzigartig*, und Entsprechendes gilt z. B. für die *reellen Zahlen*. Solche Axiomensysteme, bei dem je zwei Modelle
isomorph sind, heißen **monomorph** oder **kategorisch**.

So bewies erstmals David Hilbert 1899, dass das *Axiomensystem der euklidischen Geometrie monomorph* ist. [1028] Hingegen sind z. B. die Axiomensysteme für Gruppen, Ringe,
Körper und Vektoräume nicht monomorph.

Schließlich sei angemerkt, dass ein Axiomensystem **vollständig** heißt, wenn es bei Hinzu-
fügung eines weiteren Axioms, das mit den bereits vorhandenen nicht beweisbar (also nicht
„deduzierbar") ist, **widerspruchsvoll** wird und also kein Modell mehr besitzt.

Bekannte Beispiele hierfür sind alle Axiomensysteme für die *reellen Zahlen* [1029] und für
die *euklidische Geometrie*. [1030]

[1025] Ausführlich dargestellt in [Hischer 2012, 209 ff.].

[1026] [Ebbinghaus 1983, 305]

[1027] Beweis z. B. in [Hischer 2012, 226], eine Definition der hier auftretenden „Isomorphie" findet sich dort zuvor.

[1028] [Felgner 2013, 186]; auch die Axiomensysteme für die reellen Zahlen sind monomorph.

[1029] Vollständigkeitsbeweis z. B. in [Oberschelp 1968], Beweisetappen angedeutet in [Hischer 2012, 344 f.]

[1030] Erster Vollständigkeitsbeweis für die euklidische Geometrie nach [Felgner 2013, 186] durch Hilbert.

9.3.4.7 Modell und Modellierung in der Mathematik bzw. in der Physik

„Modell" und „Modellierung" sind aktuelle Termini in der Didaktik der Mathematik. Doch hat das etwas mit dem zu tun, was vorseitig als „Modell" eines Axiomensystems bezeichnet wurde? Dazu sei obige „intuitive Modelldefinition" von Oliver Deiser [1023] etwas umformuliert:

- Im Rahmen der Strukturmathematik [1031] ist ein **Modell** ein (subjektiv) zweifelsfrei existierendes, konkretes Objekt, das ein gegebenes Axiomensystem erfüllt.

Bisher wurden „Modelle" in Bezug auf Axiomensysteme in zweifacher Weise angesprochen:

(1) **Axiomatisierung**: Modell als *vorhandene „Leitstruktur"* mit dem Ziel ihrer axiomatischen Beschreibung, also *zur Entwicklung eines Axiomensystems*, dem diese Leitstruktur genügt;

(2) **Verifizierung**: Modell als (zu findende oder zu konstruierende) konkrete *„Teststruktur" zwecks Überprüfung eines gegebenen Axiomensystems* auf Widerspruchsfreiheit.

Diese beiden Fälle seien kurz betrachtet:

Fall (1) ist beispielhaft in der abstrahierenden Entwicklung der euklidischen Axiome auf der Basis physikalischer Erfahrungen und Kenntnisse zu erkennen, also bei der Entwicklung eines *heteronomen Axiomensystems*. [1032] Allerdings lagen auch der Entwicklung des Gruppenbegriffs (und damit eines *autonomen Axiomensystems*) konkrete Strukturen zugrunde, [1033] die jedoch als solche erst – ganz anders als in der euklidischen Geometrie – *vergleichend* „entlarvt" werden mussten, [1032] um dann ein völlig neues Axiomensystem generieren zu können.

Auch die Entwicklung bzw. Entdeckung des Dedekind-Peano-Axiomensystems für die natürlichen Zahlen fiel nicht vom Himmel, sondern sie orientierte sich an deren anscheinend „vorhandener" und „nur noch" zu entdeckender „ideell erkannter" Struktur. Hier entsteht zugleich die philosophische Frage, ob dieses Axiomensystem als heteronom oder autonom anzusehen ist: Sind die natürlichen Zahlen a priori vorhanden, um dann nur noch axiomatisch beschrieben zu werden, oder werden sie erst durch ein Axiomensystem „erschaffen"? [1034]

Fall (2) wird immer dann virulent, wenn man mit einem (wie auch immer entstandenen) Axiomensystem konfrontiert wird und klären möchte, ob dieses widerspruchsfrei ist. Das gilt auch für autonome Axiomensysteme. Ein solches entsteht z. B. durch Modifikation des euklidischen Axiomensystems (einem heteronomen System) derart, dass dafür ein Modell gesucht wird, welches das Parallelenaxiom *nicht* erfüllt. [1035]

[1031] In der „Strukturmathematik" untersucht man „strukturierte Mengen" (Gruppen, Ringe, Körper, usw.), die jeweils durch ein Axiomensystem „definiert" sind. Näheres dazu z. B. in [Hischer 2012].

[1032] Vgl. S. 344 f.

[1033] Siehe S. 346: Auflösbarkeit von Gleichungen; Invarianten in der Geometrie; Quadratische Formen.

[1034] Vgl. [Hischer 2012, 95 und 209] zu den konträren Auffassungen von Dedekind und Kronecker.

[1035] Siehe S. 349; darüber hinaus entsteht dann die Frage, ob dieses neue Axiomensystem – wenn es denn widerspruchsfrei sein sollte – monomorph ist.

Anders formuliert: Im Fall (2) dient ein (zu findendes oder erst noch zu konstruierendes) Modell der *Verifikation* eines vorhandenen bzw. vorgelegten Axiomensystems, das sich damit dann als *widerspruchsfrei* bzw. als *erfüllbar* erweisen könnte.

* Und was ist nun unter (mathematischem) „**Modellieren**" zu verstehen?

Sprachlich ist das zunächst eindeutig: *Modellieren ist die Herstellung eines Modells.* Doch nun bleibt die Frage: „Modell wovon?"

Wenn man im Fall (2) zu einem vorliegenden Axiomensystem ein Modell konstruiert oder dieses findet, so hat man damit wohl im Wortsinn etwas **modelliert**.

Im Fall (1) hingegen liegt ein Modell bereits vor, das nun also **axiomatisiert** worden ist.

Wenn dann auf diese Weise ein so entstandenes Axiomensystem auf die Existenz weiterer (möglichst nicht-isomorpher) Modelle untersucht wird und solche gefunden werden, hat man auch hier *modelliert*. Hat man dann tatsächlich nicht-isomorphe Modelle gefunden, die nicht den „Erwartungen" entsprechen, kann man versuchen, dem durch Modifikation des Axiomensystems abzuhelfen: es wird dann wieder *axiomatisiert*. Diese Aktionen des *Modellierens* und *Axiomatisierens* können *aufeinander folgen*, was Assoziationen an den sog. „Modellierungskreislauf" wecken mag, den Bandelt aber treffender „Ablauf" nennt, denn der „Kreislauf"

> hatte eigentlich einen engeren Kontext und wurde von den Mathematikdidaktikern verabsolutiert. Ich würde selbst nie von einem Kreislauf sprechen wollen. Und ein „Ablauf" kann je nach Gebiet etwas anders sein. [1036]

Nun ging es bisher nicht um die „Anwendung der Mathematik auf den Rest der Welt", denn ein derartiger *Modellierungsablauf* ist innermathematisch relevant. Doch dieser *Aspekt des Modellierens* spielt aktuell in der Didaktik der Mathematik und wohl auch in der Angewandten Mathematik expressis verbis keine Rolle. Vielmehr geht es dann dort um die Untersuchung von außermathematischen Phänomenen und Situationen usw. *mit Hilfe der Mathematik:* Man macht sich ein erstes „Bild" von einem bestimmten Ausschnitt der „Realität", bildet sich also ein gedachtes *Modell* von diesem *Ausschnitt*, um dieses dann mathematisch zu beschreiben, was also ein *Mathematisieren* ist. Das so gebildete *mathematische Modell* besteht i. d. R. aus einem System von (Un-)Gleichungen, Differentialgleichungen, Anfangs- und Randbedingungen etc., das in seiner Gesamtheit **als Axiomensystem aufzufassen** ist, welches sich im Modellierungsablauf beim Verfahren der Verifikation entweder als widerspruchsfrei oder als „unangemessen" im Sinne von „nicht passend" zu erweisen hat, um dann ggf. bedarfsweise angepasst und „verbessert" zu werden. Damit ist zweierlei klar:

These 1: *„Mathematisches Modellieren" ist* – in strenger Interpretation und Ausführung" – als *„Axiomatisieren"* aufzufassen.

These 2: *„Modellieren"* ist jedoch *allein aus der Mathematik heraus meist nicht leistbar.*

These 1 wurde bereits ausführlich begründet.

[1036] Hans-Jürgen Bandelt, Universität Hamburg, in einer Mitteilung an mich vom 23. 09. 2015.

Die These 2 leuchtet schon dadurch ein, dass einerseits zwingend solide Fachkenntnisse aus dem Fachgebiet oder den Fachgebieten des zu „modellierenden" Phänomens erforderlich sind, was in aller Regel eine *transdisziplinäre Zusammenarbeit* erfordert, weil Mathematiker nur selten über notwendige solide „externe" Fachkenntnisse verfügen (können). Und andererseits verfügen Experten aus dem zu modellierenden Themenbereich meist nicht über erforderliche umfangreiche mathematische Kenntnisse.

Liegt jedoch ein Phänomen oder eine Situation aus der Physik vor, so ist die Modellierung meist ohne Zuhilfenahme von Mathematiker(inne)n zu bewerkstelligen, weil in der (forschenden) Physik die dazu erforderliche Mathematik zum Alltagswerkzeug gehört bzw. dort sogar erst entwickelt wird und weil die Physik wesentlich zur Weiterentwicklung der Mathematik beigetragen hat: So führte z. B. die in der Physik erfundene Diracsche Deltafunktion zur Entwicklung der nunmehr mathematischen Theorie der Distributionen.

Die *Physik* ist par excellence diejenige Disziplin, in der ständig *modelliert* wird, und der *Modellierungsablauf* wird in der Physik wie selbstverständlich praktiziert (ohne aber beides stets zwingend so zu benennen). So sind die in der Physik üblichen und typischen *Idealisierungen* [1037] physikalischer Situationen stets *Modellierungen* (wenn man sie denn so benennen will) – man denke hier z. B. an das *Fadenpendel* und den (elektrischen) *Schwingkreis*.

Und auch der elektrische Widerstand und der elektrische Strom sind über Modellvorstellungen zu erfassen, die sich erst bewähren mussten (oder auch nicht). Ferner denke man an die ersten „Atommodelle" (Demokrit, Dalton, Bohr) und die (zunächst) gegensätzlichen Modellvorstellungen von „Licht" („Teilchen vs. Welle"), die erst später „versöhnt" werden konnten. Und die im 19. Jahrhundert gängige Modellvorstellung eines „Äthers" (eines fiktiven „Mediums") zur Erklärung der Möglichkeit der Ausbreitung elektromagnetischer Strahlung im Weltraum musste später komplett verabschiedet werden.

Hervorhebenswert sind interpretierende und weiterführende Theorien wie die Relativitätstheorie (mittels Modellvorstellung und wesentlicher mathematischer Modellierung!), die bis dahin ungeahnte Vorhersagen möglich machte – und zuletzt die Theorie von Peter Higgs, der in seiner Theorie in den 1960er Jahren das nach ihm benannte „Teilchen" („Higgs-Boson") vorhersagte, dessen Existenz dann 2013 endlich experimentell bestätigt werden konnte, wofür er im selben Jahr den Nobelpreis erhielt.

- *Modellierungen sind wesentliche Triebfedern zur Weiterentwicklung der Physik!*

Ohne Mathematik wären also viele wichtige physikalische Phänomene nicht modellierbar gewesen, allerdings hätten diese Modelle auch nicht aus der Mathematik allein heraus entstehen können – denn in der Physik gehen Realmodell und Mathematisierung Hand in Hand. Es ist noch anzumerken, dass bis in die zweite Hälfte des 20. Jahrhunderts hinein eine enge (auch personal repräsentierte) Verwandtschaft zwischen Mathematik und Physik bestand, was sich auch darin zeigte, dass beide Disziplinen universitär zur selben Fakultät oder demselben

---

[1037] Vgl. betr. „Idealisierung" das in Fußnote 1007 bezeichnete Zitat von Ulrich Felgner.

Fachbereich gehörten – und entsprechend dieser Entwicklung gehört es heute nicht mehr zum Normalfall, dass Physik ein übliches Zweitfach für Mathematiklehrkräfte ist (und vice versa).

9.3.4.8   Modell und Modellierung: Heinrich Hertz – Modellieren als Axiomatisieren

Das „Bewusstsein" für Modellierung in der Physik wird dem genialen, früh verstorbenen Physiker Heinrich Hertz (1857 – 1894) mit seinem 1894 posthum erschienenen fundamentalen Werk *„Die Prinzipien der Mechanik in neuem Zusammenhange dargestellt"* zugeschrieben. Er spricht allerdings nur selten expressis verbis von „Modell" (zweimal in der 49 Seiten umfassenden Einleitung, dann allerdings 29-mal im „Zweiten Buch" beim drei Seiten umfassenden Thema „Dynamische Modelle", und sonst nirgends explizit, sondern nur implizit). Der Anfang der aufschlussreichen Einleitung sei nachfolgend ausführlich wiedergegeben: [1038]

> Es ist die nächste und in gewissem Sinne wichtigste Aufgabe unserer bewußten Naturerkenntnis, daß sie uns befähige, zukünftige Erfahrungen vorauszusehen, um nach dieser Voraussicht unser gegenwärtiges Handeln einrichten zu können. Als Grundlage für die Lösung jener Aufgabe der Erkenntnis benutzen wir unter allen Umständen vorangegangene Erfahrungen, gewonnen durch zufällige Beobachtungen oder durch absichtlichen Versuch. Das Verfahren aber, dessen wir uns zur Ableitung des Zukünftigen aus dem Vergangenen und damit zur Erlangung der erstrebten Voraussicht stets bedienen, ist dieses: Wir machen uns <u>innere Scheinbilder</u> oder <u>Symbole der äußeren Gegenstände</u>, und zwar machen wir sie von solcher Art, daß die <u>denknotwendigen Folgen der Bilder stets wieder die Bilder seien von den naturnotwendigen Folgen der abgebildeten Gegenstände.</u> Damit diese Forderung überhaupt erfüllbar sei, müssen gewisse Übereinstimmungen vorhanden sein zwischen der Natur und unserem Geiste. Die Erfahrung lehrt uns, daß die Forderung erfüllbar ist und daß also solche Übereinstimmungen in der That bestehen. Ist es uns einmal geglückt, aus der angesammelten bisherigen Erfahrung Bilder von der verlangten Beschaffenheit abzuleiten, so können wir an ihnen, <u>wie an Modellen</u>, in kurzer Zeit die Folgen entwickeln, welche in der äußeren Welt erst in längerer Zeit oder als Folgen unseres eigenen Eingreifens auftreten werden; wir vermögen so den Thatsachen vorauszueilen und können nach der gewonnenen Einsicht unsere gegenwärtigen Entschlüsse richten. – Die Bilder, von welchen wir reden, sind <u>unsere Vorstellungen von den Dingen</u>; sie haben mit den Dingen die eine wesentliche Übereinstimmung, welche in der Erfüllung der genannten Forderung liegt, aber es ist für ihren Zweck nicht nötig, daß sie irgend eine weitere Übereinstimmung mit den Dingen haben. In der That wissen wir auch nicht, und haben auch kein Mittel zu erfahren, ob unsere Vorstellungen von den Dingen mit jenen in irgend etwas anderem übereinstimmen, als allein in eben jener e i n e n fundamentalen Beziehung.

Aufgrund gemachter Erfahrungen machen wir uns also „(Schein-)Bilder" der „äußeren Gegenstände" als „unsere Vorstellungen von den Dingen", die „wie Modelle" anzusehen sind, so dass wir daraus „Folgen" vorhersagen können. „Modell" ist hier offenbar als konkretes, fassbares Objekt (wie z. B. ein „Flugzeugmodell") anzusehen, das beispielhaft und „anschaubar" für etwas anderes „Reales" (oder auch „Gedachtes") steht, wodurch aber *„Modell" schließlich zur Metapher* auch für etwas nicht Greifbares wird.

[1038]   [Hertz 1894, 1 f.]; Hervorhebungen nicht im Original. Die Übernahme des damals üblichen Schriftzeichens „ſs" für das „scharfe s" anstelle des heutigen „ß" erfolgte hier in allen Textzitaten von Hertz nachträglich manuell.

Hertz schreibt dann weiter:

> Eindeutig sind die Bilder, welche wir uns von den Dingen machen wollen, noch nicht bestimmt durch die Forderung, daſs die <u>Folgen der Bilder wieder die Bilder der Folgen</u> seien. [1039] Verschiedene Bilder derselben Gegenstände sind möglich und diese Bilder können sich nach verschiedenen Richtungen unterscheiden. Als unzulässig sollten wir von vornherein solche Bilder bezeichnen, welche schon einen Widerspruch gegen die Gesetze unseres Denkens in sich tragen und wir fordern also zunächst, daſs alle <u>unsere Bilder logisch zulässige</u> oder kurz zulässige seien. Unrichtig nennen wir zulässige Bilder dann, wenn ihre wesentlichen Beziehungen den Beziehungen der äuſseren Dinge widersprechen, das heiſst wenn sie jener ersten <u>Grundforderung</u> nicht genügen. [1040] Wir verlangen demnach zweitens, daſs unsere Bilder richtig seien. Aber zwei zulässige und richtige Bilder derselben äuſseren Gegenstände können sich noch unterscheiden nach der Zweckmäſsigkeit. Von zwei Bildern desselben Gegenstandes wird dasjenige das zweckmäſsigere sein, welches mehr wesentliche Beziehungen des Gegenstandes wiederspiegelt als das andere; welches, wie wir sagen wollen, das deutlichere ist. Bei gleicher Deutlichkeit wird <u>von zwei Bildern dasjenige zweckmäſsiger</u> sein, welches neben den wesentlichen Zügen die <u>geringere Zahl überflüssiger oder leerer Beziehungen</u> enthält, welches also das einfachere ist. [1041] Ganz werden sich leere Beziehungen nicht vermeiden lassen, denn sie kommen den Bildern schon deshalb zu, weil es eben nur Bilder und zwar Bilder unseres besonderen Geistes sind und also von den Eigenschaften seiner Abbildungsweise mitbestimmt sein müssen.

> Wir haben bisher die Anforderungen aufgezählt, welche wir an die Bilder selbst stellen; etwas ganz anderes sind die Anforderungen, welche wir an eine wissenschaftliche Darlegung solcher Bilder stellen. Wir verlangen von der letzteren, daſs sie uns klar zum Bewuſstsein führe, welche Eigenschaften den Bildern zugelegt seien um der Zulässigkeit willen, welche um der Richtigkeit willen, welche um der Zweckmäſsigkeit willen. Nur so gewinnen wir die Möglichkeit an unsern Bildern zu ändern, zu bessern. Was den Bildern beigelegt wurde um der Zweckmäſsigkeit willen, ist enthalten in den Bezeichnungen, Definitionen, Abkürzungen, kurzum in dem, was wir nach Willkür hinzuthun oder wegnehmen können. Was den Bildern zukommt um ihrer Richtigkeit willen, ist enthalten in den Erfahrungstatsachen, welche beim Aufbau der Bilder gedient haben. Was den Bildern zukommt, damit sie zulässig seien, ist gegeben durch die Eigenschaften unseres Geistes. Ob ein Bild zulässig ist oder nicht, können wir eindeutig mit ja und nein entscheiden und zwar mit Gültigkeit unserer Entscheidung für alle Zeiten. Ob ein Bild richtig ist oder nicht, kann ebenfalls eindeutig mit ja und nein entschieden werden, aber nur nach dem Stande unserer gegenwärtigen Erfahrung und unter Zulassung der Berufung an spätere reifere Erfahrung. Ob ein Bild zweckmäſsig sei oder nicht, dafür giebt es überhaupt keine eindeutige Entscheidung, sondern es können Meinungsverschiedenheiten bestehen. Das eine Bild kann nach der einen, das andere nach der andern Richtung Vorteile bieten, und nur durch allmähliches Prüfen vieler Bilder werden im Laufe der Zeit schlieſslich die zweckmäſsigsten gewonnen.

[1039] Das kann man heute strukturtheoretisch durch ein „kommutatives Diagramm" erfassen.
[1040] Diese „Grundforderung" meint die „logische Zulässigkeit der Bilder".
[1041] Das würde man heute „Ockhams Rasiermesser" nennen.

Insgesamt wird man in diesen Ausführungen implizit den o. g. *Modellierungsablauf* erkennen können. Vor allem weckt Hertz' Darstellung Assoziationen an ein heteronomes Axiomensystem. [1042] Dazu passen beispielsweise seine Ausführungen zu „Dynamischen Modellen": [1043]

Dynamische Modelle.

Definition. Ein materielles System heißt dynamisches Modell eines zweiten Systems, wenn sich die Zusammenhänge des ersteren durch solche Koordinaten darstellen lassen, daß den Bedingungen genügt ist:

1. daß die Zahl der Koordinaten des ersten Systems gleich der Zahl der Koordinaten des andern Systems ist,

2. daß nach passender Zuordnung der Koordinaten für beide Systeme die gleichen Bedingungsgleichungen bestehen,

3. daß der Ausdruck für die Größe einer Verrückung in beiden Systemen bei jener Zuordnung der Koordinaten übereinstimme.

Je zwei einander zugeordnete Koordinaten beider Systeme heißen auch korrespondierende. Korrespondierende Lagen, Verrückungen, u.s. w. heißen solche Lagen, Verrückungen, u.s.w. beider Systeme, welchen gleiche Werte der korrespondierenden Koordinaten und ihrer Änderungen zugehören.

Daran schließen sich „Folgerungen" an, so dass alles strukturell an das auf S. 346 so genannte „euklidische Axiomensystem" erinnert. Das Werk ist streng mathematisch aufgebaut, und es ähnelt Vorlesungen über „Theoretische Mechanik" (bis hin zu partiellen Differentialgleichungen). Im Vorwort schreibt Hermann von Helmholtz, Hertz' akademischer Lehrer: [1044]

Wie sehr das Nachsinnen von Hertz auf die allgemeinsten Gesichtspunkte der Wissenschaft gerichtet war, zeigt auch wieder das letzte Denkmal seiner irdischen Thätigkeit, das vorliegende Buch über die Prinzipien der Mechanik.

Er hat versucht, darin eine konsequent durchgeführte Darstellung eines vollständig in sich zusammenhängenden Systems der Mechanik zu geben und alle einzelnen besonderen Gesetze dieser Wissenschaft aus einem einzigen Grundgesetz [1045] abzuleiten, welches logisch genommen natürlich nur als eine plausible Annahme betrachtet werden kann. Er ist dabei zu den ältesten theoretischen Anschauungen zurückgekehrt, die man eben deshalb auch wohl als die einfachsten und natürlichsten ansehen darf, und stellt die Frage, ob diese nicht ausreichen würden, alle die neuerdings abgeleiteten allgemeinen Prinzipien der Mechanik konsequent und in strengen Beweisen herleiten zu können, auch wo sie bisher nur als induktive Verallgemeinerungen aufgetreten sind.

Das entspricht dem Vorgehen in der Mathematik bei der Entwicklung eines heteronomen Axiomensystems! Und damit sind wir bei dem in der Didaktik so genannten „Modellieren":

[1042]   Vgl. S. 344 f.

[1043]   [Hertz 1894, 197]

[1044]   [Hertz 1894, XIX f.];

[1045]   Dieses „Grundgesetz" beschreibt Hertz wie folgt auf S. 162:
„Jedes freie System beharrt in seinem Zustande der Ruhe oder der gleichförmigen Bewegung in einer geradesten Bahn."

Die Analyse des für die Mathematik innermathematisch typischen Axiomatisierens und des für Anwendungen der Mathematik auf außermathematische Fragestellungen propagierten „mathematischen Modellierens" hat gezeigt, dass zwischen beiden Vorgehensweisen *kein grundsätzlicher technischer Unterschied* besteht, dass jedoch bei der Anwendung dieses Modellierens auf den „Rest der Welt" nicht-mathematische Fachkenntnisse erforderlich sind, die *in der außerschulischen Praxis* meist *durch transdisziplinäre Zusammenarbeit zu lösen* sind.

Im Mathematikunterricht bedeutet das fachübergreifende Zusammenarbeit, die aber wohl nur schwer realisierbar ist. Die *Technik des „mathematischen Modellierens"* lässt sich aber innerhalb des Mathematikunterrichts *intellektuell ehrlich* [1046] durch Axiomatisierung erlernen und üben, wie es in den 1960er und 1970er Jahren vielfach vorgeschlagen wurde. Ein konkretes Beispiel zum elementaren Modellieren wird in Abschnitt 10.2.2.4 beschrieben.

9.4   Mathematik, Sprache und Logik

Die *gesprochene Sprache* ist ein wichtiges *Medium für die Kommunikation* der Menschen untereinander (neben anderen wie z. B. Mimik, Gestik und Musik). Aber auch jegliche Aufschreibsysteme [1047] als Kulturtechniken [1048] gehören dazu, und damit auch die *Schriftsprache*. Die Mathematik bedient sich ihr eigener typischer Elemente und Regeln, die eine *mathematische Sprache* ausmachen – sowohl als gesprochene Sprache als auch als Schriftsprache – und die man sich mehr oder weniger gut aneignen kann, um an einer „mathematischen Kommunikation" verstehend und ggf. konstruktiv teilhaben zu können. [1049] Zu dieser Sprache gehören Elemente und Regeln, wie sie im Abschnitt 9.3 als „formale Aspekte" angesprochen wurden.

Der Mathematik ist eine besondere Form der gesprochenen Sprache (und damit auch der Schriftsprache) zu eigen, die aus gutem Grund durch Exaktheit der Formulierung gekennzeichnet ist und wenig Spielraum zur Interpretation durch den Kommunikationspartner lässt (und diesen Spielraum auch absichtlich nicht lassen will), womit sie sich wegen der so gewollten „Eindeutigkeit der Interpretierbarkeit" deutlich von der im „Rest der Welt" gesprochenen Sprache absetzt. Zwar mag man einwenden, dass dies doch auch für die Sprache der Juristen gelte, wobei man aber bedenken möge, dass hier oft bewusst und gekonnt Hintertüren und Fallen eingebaut werden, die dann später anders als vermutet ausgelegt werden können.

Solange die Wissenschaft Mathematik ihre *Forschungsgegenstände als Idealwissenschaft aus* sich *selbst heraus bildet* (sic!) – etwas, das sie *dann* über den spielerischen, nicht auf Nutzen und Anwendbarkeit gerichteten Aspekt mit der ihr verwandten Philosophie gemein hat –, treten hier keine Probleme auf, denn sie ist dann eine *Wirklichkeit sui generis.* [1050]

[1046] Im Sinne von [Kirsch 1976, 104].
[1047] Vgl. Fußnote 328 auf S. 99.
[1048] Vgl. die Abschnitte 3.1.4, 4.5 und 4.6.
[1049] Siehe hierzu Habermas auf S. 51 (Zitat zu Fußnote 155).
[1050] Siehe dazu Wittenberg auf S. 21 und S. 254.

Aber bereits, wenn die Mathematik zunehmend in Bereiche der Realwissenschaften und auch in praktische Wissenschaften Einzug hält – wenn sie *angewendet* wird –, treten Kommunikationsprobleme auf: Man würde heute sagen können, dass die „Schnittstellen" definiert und angepasst werden müssen. [1051] Dazu ein bekanntes Beispiel: [1052]

Ein Bürger *A* frage einen Bürger *B*: „*Können Sie mir bitte sagen, wie spät es ist?* "

Wenn nun *B* ein „normaler" Mensch mit „gesundem Menschenverstand" ist und hilfsbereit dazu, so wird er oder sie selbstverständlich die augenblickliche Uhrzeit nennen. Ist *B* aber beispielsweise ein Mathematiklehrer und *A* eine Schülerin, [1053] so wird der Lehrer dieser Schülerin vermutlich wohlmeinend erzieherisch – je nach Situation – mit „Ja" oder „Nein" antworten, um ihr damit bewusst zu machen, dass sie ihre Frage unpräzise gestellt habe.

Denn das können Mathematiker(innen) doch: *präzise formulieren*, und sie wissen auch, wie wichtig das ist, um „Theorien" zu bilden und sie anzuwenden! – *Anwenden?* Stimmt das? Kann man so präzisierend wirkliche Anwendungen durchführen? In der geschilderten Situation wird solche Präzision außerhalb der Mathematik wohl auf Unverständnis stoßen.

So kommen wir zur „Künstlichen Intelligenz", [1054] einer *technologischen* [1055] *Disziplin* mit den Aspekten *Forschung* und *Entwicklung:* einerseits als *computerorientierte Wissenschaft* mit dem Ziel der Erforschung der intelligenten Fähigkeiten des Menschen und seiner kognitiven Kräfte, andererseits als eine *Technik*, die mit Hilfe der Forschungsergebnisse aus der o. g. „Wissenschaft KI" Computer „menschenähnlicher" machen soll bzw. will, um sie für die Benutzung flexibler, situativ anpassbarer und effizienter zu machen. [1056]

Im Rahmen der KI-Forschung erweist sich insbesondere die *Erforschung der menschlichen, natürlichen Sprache als schwierige Aufgabe*: Denn während die Mathematik – wie auch andere Wissenschaften – von der *Eindeutigkeit der Begriffe und Aussagen* lebt (s. o.), ist die „natürliche Sprache" durch *Polysemantik* (also Vieldeutigkeit) gekennzeichnet, weiterhin z. B. durch *Vagheit* (also Ungenauigkeit und Unschärfe in der Aussage) oder *elliptische Verkürzung* (z. B. „Ende gut, alles gut"). Insofern kommt den Bemühungen der KI, die Computer „menschenähnlicher" zu machen, besondere Bedeutung zu, denn es darf nicht darum gehen, den Menschen „computerähnlicher" zu machen – eine fatale Einstellung, von der wir uns eigentlich längst entfernt haben sollten. Denn Computer sollen (wie alle technischen Medien) dem Menschen dienen – und nicht umgekehrt! [1057]

[1051] Eine *Schnittstelle* (engl. Interface oder Port) ist ein Übergang zwischen zwei Systemen und ermöglicht die Kommunikation zwischen ihnen. Dieser Terminus wird hier also auch für die zwischenmenschliche Kommunikation verwendet, und schon das „face" scheint das zu rechtfertigen.

[1052] Siehe [Hischer 1991, 13] und [Hischer 2002, 126].

[1053] Diese Formulierungen möge man bezüglich der Geschlechterzuweisung nach Belieben permutieren!

[1054] KI, eine fehlinterpretierbare Übersetzung des englischen „Artificial Intelligence" (AI), entstanden in den 1950er Jahren am MIT. Hier sind insbesondere die Namen Joseph Weizenbaum und Marvin Minsky zu nennen.

[1055] Zu „Technologie" siehe Abschnitt 2.3.

[1056] In Anlehnung an [v. Hahn 1988, 80].

[1057] Allerdings gilt es auf der Hut zu sein, falls nämlich beispielsweise das klassische manuelle Buchlayout aufgrund sich ändernder Lesegewohnheiten durch eine automatische Erstellung ersetzt werden sollte, um so den technischen Anforderungen neuer „Lesemöglichkeiten" auf unterschiedlichen Displays gerecht werden zu können.

So wird man also vom Selbstverständnis der Mathematik her in ganz besonderer Weise zu berücksichtigen haben, dass der *mathematische Denkstil*, der *von klarer Begrifflichkeit und zweiwertiger Logik* – also dem „tertium non datur" – geprägt ist, großartige Leistungen zu erbringen vermag, dass es daneben aber auch andere Denkstile gibt, die das Menschsein im Ganzen erst ausmachen. Und wir sollten berücksichtigen, dass beispielsweise die Dichtung von den o. g. Eigenschaften der natürlichen Sprache geradezu lebt, denn *Dichtung will und soll individuell gedeutet werden!* Auch in der Mathematik sollte man akzeptieren, dass es kein lästiger Mangel von Dichtung und Poesie ist, wenn diese in ihren Aussagen nicht scharf ist und wenn individuelle, unterschiedliche Interpretationen möglich sind, sondern dass dies geradezu ein Vorzug und eine besondere Qualität darstellt – ganz im Gegensatz zu (notwendigen!) wissenschaftlichen Standards in den exakten Wissenschaften wie der Mathematik.

Es geht somit um die *Achtung des andersartigen Denkstils*, und solche Fragen wie nach der Uhrzeit sollten in normalen Situationen des menschlichen Miteinander auch von Mathematiker(inne)n durch *assoziatives „Mitdenken"* und *nicht durch logisch stringente Auslegung* beantwortet werden!

Schließlich ist noch darauf hinzuweisen, dass die in der Mathematik übliche *zweiwertige Logik* (s. o.) zwar eine hier sinnvolle und außerordentlich erfolgreiche Form von Logik ist, jedoch nur eine *spezielle Modellierung von Logik* neben anderen möglichen Modellierungen. Hier sei z. B. die „unscharfe" Fuzzy Logic erwähnt, bei der gewissermaßen beliebige „Zwischenwerte" zwischen „wahr" und „falsch" möglich sind (genannt „Möglichkeitswerte"). [1058] So kann deutlich werden, wie einseitig die in der Mathematik verwendete zweiwertige Logik ist und wie weit sie von der natürlichen Sprache entfernt ist. Denn:

- *Einsicht in die Grenzen führt zugleich zu einer Stärkung der Anwendbarkeit, weil sie uns davor bewahren kann, unsere Möglichkeiten im Diskurs zu überschätzen!*

9.5   Fazit

Die vielfältigen in diesem Kapitel vorgestellten weiteren Beispiele – über Neue Medien, Funktionen und die exemplarische Sicht „mathematischer Probleme" hinaus – sollten ergänzend verdeutlichen, dass sich die Mathematik stets unterschiedlichster *Medien* bedient, seien es nun technische Medien diverser Art (wie z. B. mechanische Instrumente, Tabellenwerke oder mathematische Papiere), Visualisierungen oder mathematik-typische formale Elemente und Aspekte. Hierzu gehört dann auch die besondere Form mathematischer Kommunikation als „mathematische Sprache". Insgesamt wird so erneut deutlich, dass die Mathematik eine *besondere „Sichtweise" auf die Welt* ermöglicht und vermittelt, und also selber ein Medium ist: Denn Medien können nie die „Wirklichkeit" liefern, sondern nur *medienspezifisch konstruierte und inszenierte Wirklichkeitsausschnitte* – das aber leistet die Mathematik vorzüglich!

[1058] Weitere Betrachtungen dazu in [Hischer 2002, 128 ff.] und [Hischer 2012, 91 ff.].

10   Vernetzung als Medium zur Weltaneignung

10.1   Einleitung

Um ein Kapitel mit dem Titel „Vernetzung" im Kontext von „Medien" und „Medialitätsbewusstsein" zu rechtfertigen, ist darzulegen, dass mit Hilfe von „Vernetzung" *medienspezifisch konstruierte und inszenierte Wirklichkeitsausschnitte* geliefert werden können. Damit ist zugleich das Ziel dieses Kapitels umrissen.

Über „Vernetzung" wird allenthalben in Politik, Presse und Wissenschaft im Sinne eines „selbstredenden" Alltagsbegriffs diskutiert und geschrieben, der sich auch in der Mathematikdidaktik zunehmender Beliebtheit bei der Beschreibung von Unterrichtszielen und Bildungskonzepten erfreut. Da dann „Vernetzung" in der Rolle eines für diese Disziplin wichtigen fachwissenschaftlichen Begriffs auftritt, ist eine inhaltliche Analyse und eine darauf gegründete begriffliche Interpretation erforderlich. Insofern unterscheidet sich dieses Kapitel von den bisherigen, weil ausführlich zu entfalten ist, was unter „Vernetzung" zu verstehen ist:

Zu Beginn erfolgt am Phänomen der *Kleinen Welten* mit zwei unterrichtsgeeigneten Beispielen ein Einstieg in die *Netzwerktheorie*, denn Kleine Welten bieten sowohl innermathematische als auch anwendungsbezogene Möglichkeiten des Experimentierens, Modellierens und Reflektierens: Diese beiden Beispiele lassen sich im WWW „spielend" erkunden, und ihre zu entdeckenden Eigenschaften dienen einem grundlegenden Verständnis.

Es folgt eine Klärung bzw. Sammlung pädagogisch orientierter Begriffsinterpretationen und „alltagsüblicher" Deutungen, Bedeutungen und Verwendungszusammenhänge von *„Netz"* und *„vernetzen"*, was zu für den mathematikdidaktischen Kontext zweckmäßigen Begriffsbestimmungen führt. Es werden dann drei historisch wichtige Ansätze zur *Modellierung Kleiner Welten* angesprochen und verglichen, und die Erkenntnisse führen zu Konsequenzen für einen *vernetzenden Unterricht* und zu einer Klärung dessen, was *soziale Netzwerke* ausmacht. Im Fazit dieses Kapitels wird abschließend zusammenfassend herausgearbeitet, dass *Vernetzung ein Medium zur Weltaneignung* ist.

10.2   Kleine Welten und Netzwerke

10.2.1   Vorbemerkung

Das Kleine-Welt-Phänomen ist typisch für viele gewachsene und wachsende (auch soziale) große „Netzwerke". Dieses Phänomen hat dazu beigetragen, wichtige Methoden der in den letzten knapp fünf Dezennien entstandenen *Diskreten Mathematik* zu entwickeln, die nicht nur von innermathematischen Interesse sind, sondern die zugleich wesentlich zur Entwicklung der aktuellen transdisziplinären „Netzwerktheorie" beigetragen haben.

Wichtige Impulse zu deren Etablierung gingen dabei von Anwendungsdisziplinen aus, z. B. von der Soziologie, aber auch von der Biologie und der Medizin. Insbesondere gelangen Ende der 1990er Jahre eine *mathematische Modellierung* und ein Verständnis mancher Phänomene mit Hilfe von Methoden der „Mean-Field Theory" der Statistischen Physik. Die Netzwerktheorie ist damit ein Musterbeispiel für die (mathematische) *Modellierung* „realer" Situationen. [1059]

10.2.2   Kleine Welten – zwei Einstiegsbeispiele und ihre (Be-)Deutung

10.2.2.1 Das Kevin-Bacon-Orakel

Kevin **Bacon** ist ein amerikanischer Film- und Fernsehschauspieler, der früher nur Nebenrollen spielte und bis Ende der 1990er Jahre kaum bekannt war. [1060] Duncan J. Watts schreibt hierzu 1999 in der ersten Auflage seines Buches „Small Worlds": [1061]

> For those who don't know him, Kevin Bacon is an actor best known for *not* being the star of many films.

Bacon war dann 1996 zu internationaler Bekanntheit gelangt, als im *Time Magazine* die Website „The Oracle of Bacon" des Informatikers Brett Tjaden von der Universität Virginia als eine der „Top Ten" ausgezeichnet wurde. Worum geht es dabei?

Bild 10.1 zeigt einen *Ausschnitt* aus dem „*Zusammenarbeitsgraphen*" („*collaboration graph*") von Filmschauspielerinnen und Filmschauspielern (in Anlehnung an das englische „actors" hier „**Akteure**" genannt) mit dem Titel: *A tiny portion of the movieperformer relationship graph.* [1062] Diese Akteure bilden die *Knoten* des Graphen: Zwischen zwei Akteuren verläuft genau dann eine *Kante*, wenn sie in einem Film gemeinsam mitgewirkt haben, wobei in Bild 10.1 zusätzlich je *ein* solcher „vermittelnder" Film eingetragen ist, der die betreffende erwähnte Kante markiert.

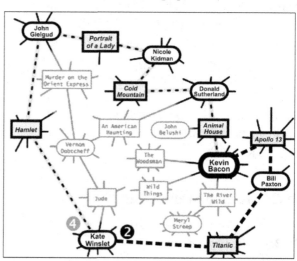

Bild 10.1: Ausschnitt aus dem Zusammenarbeitsgraphen der Akteure

[1059]   Siehe dazu im Grundsätzlichen die Abschnitte 9.3.4.7 und 9.3.4.8.
[1060]   Informationen zu Kevin Bacon z. B. unter https://de.wikipedia.org/wiki/Kevin_Bacon (26. 10. 2015).
[1061]   [Watts 1999, 3]
[1062]   Bild 10.1 wurde erstellt auf der Grundlage von http://introcs.cs.princeton.edu/java/45graph/ (26. 10. 2015).

So hat Kevin Bacon beispielsweise mit Donald Sutherland „zusammengearbeitet", weil beide (zumindest) in dem Film „Animal House" mitgewirkt haben (vgl. Bild 10.1). Entsprechend hat Donald Sutherland mit Nicole Kidman in dem Film „Cold Mountain" zusammengearbeitet und so fort. Durch diese Kette von Ereignissen „unmittelbarer Zusammenarbeit" ergibt sich schließlich eine „mittelbare Zusammenarbeit" zwischen Kevin Bacon und Kate Winslet, die durch „4 Schritte" in diesem Graphen gekennzeichnet ist. Wir erkennen aber auch einen anderen „Weg" von Kevin Bacon zu Kate Winslet über Bill Paxton, der nur 2 Schritte umfasst: Bild 10.2 zeigt einen Ausschnitt aus Bild 10.1 als einen auf das Wesentliche reduzierten Untergraphen, der die „vermittelnden Filme" nicht mehr explizit enthält.

Der „Abstand" $d(A, B)$ zweier Knoten A und B ist graphentheoretisch die Länge *eines* kürzesten Weges (deren es mehrere geben kann) zwischen A und B. Für den Fall, dass zwischen A und B kein Weg existiert, ist wie üblich $d(A, B) := \infty$.

In der ständig aktualisierten Datenbank „*Internet Movie Data Base*"[1063] werden die weltweit agierenden (lebenden und nicht mehr lebenden) Akteure und „ihre" Filme erfasst. Der aus diesen Akteuren bestehende zeitabhängige „**Akteurs-Graph**" sei mit C_a („collaboration graph") bezeichnet.

- *Benennung:* Für alle $A \in C_a$ ist $d(A, \text{Bacon})$ die „**Bacon-Zahl** von A".

So hatte Kate Winslet Jahre 2015 die Bacon-Zahl 2, und Donald Sutherland hat die Bacon-Zahl 1. Diese Bacon-Zahlen beschreiben damit den „filmschauspielerischen Verwandtschaftsgrad" eines Akteurs zu Kevin Bacon.

Das von Brett Tjaden entwickelte Web-Spiel „The Oracle of Bacon" (Bild 10.3) basiert auf der *Internet Movie Data Base* und liefert bei Eingabe eines (in der Datenbank erfassten) Akteurs dessen Bacon-Zahl.[1064]

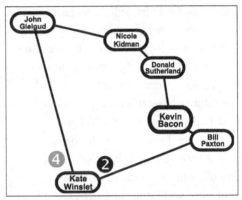

Bild 10.2: Untergraph des Zusammenarbeitsgraphen aller Akteure in Reduktion von Bild 10.1

Bild 10.3: The Oracle of Bacon – http://oracleofbacon.org

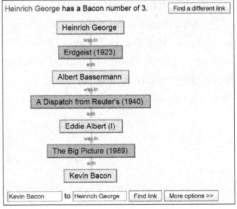

Bild 10.4: Ergebnis bei Eingabe von „Heinrich George"

[1063] http://www.imdb.com/ (26. 10. 2015)
[1064] http://oracleofbacon.org/ (26. 10. 2015); das Kevin-Bacon-Orakel wird von Patrick Reynolds aktualisiert und mit weiteren Recherchemöglichkeiten versehen, vgl. http://piki.org/patrick/ (26. 10. 2015).

So fand man z. B. 2013 bei Heinrich George die Bacon-Zahl 3 (Bild 10.4). Zugleich werden sowohl vermittelnde Filme als auch „Zwischenakteure" angegeben, und darüber hinaus können mittels der Taste *„Find a different Link"* weitere Verbindungswege derselben Länge angefordert werden. Und man kann die Default-Eingabe „Kevin Bacon" durch einen anderen Akteurs-Namen ersetzen und damit also den *Zusammenarbeitsabstand* („collaboration distance") von zwei beliebigen Akteuren ermitteln.

Es mag verwundern, dass Heinrich George in diesem Graphen nur „3 Schritte" von Kevin Bacon „entfernt" ist, jedoch findet man „meistens" die Bacon-Zahl 3 – und das ist die eigentliche Überraschung! Insbesondere war 8 bis 2013 die größte endliche Bacon-Zahl, also $d(A, \text{Bacon}) \in \{0, 1, \dots, 8, \infty\}$ für alle $A \in \mathbf{C}_a$.

Tabelle 1 zeigt die absoluten Häufigkeiten der Bacon-Zahlen (aus http://oracleofbacon.org), und Bild 10.5 visualisiert deren bisherige zeitliche Entwicklung. In den zehn Jahren von 1999 bis 2009 ist also die mittlere (endliche) Bacon-Zahl trotz Verfünffachung der Datenbasis kaum größer geworden, und auch in den folgenden drei Jahren ist sie fast konstant geblieben.

Man möge nach möglichen Gründen dafür suchen, warum z. B. von September 2013 bis November 2013 die *absolute Häufigkeit* der Bacon-Zahl 8 sogar *gesunken* ist!

Bacon-Zahl	1999	2009	1.9.2013	25.11.2013
0	1	1	1	1
1	1.181	2.251	2.796	2.799
2	71.397	22.5506	311.207	313.045
3	124.975	719.767	1.059.651	1.078.865
4	25.665	178.784	266.847	276.680
5	1.787	12.205	21.222	22.296
6	196	1.040	2.157	2.361
7	22	165	226	251
8	2	17	28	24
mittlere Bacon-Zahl:	2,81	2,98	3,00	3,006
Datenbasis:	225.226	1.139.736	1.664.135	1.696.322

Tabelle 1: absolute Häufigkeiten der Bacon-Zahlen

Darüber hinaus zeigt Bild 10.6 auf der Basis von Tabelle 1 die Verteilung der *relativen Häufigkeiten* der Bacon-Zahlen: Die drei Häufigkeitsverteilungen für die Jahre 2008 und 2013 sind nahezu identisch, und sie weichen gegenüber der Verteilung von 1999 (punktiert dargestellt) nur geringfügig ab.

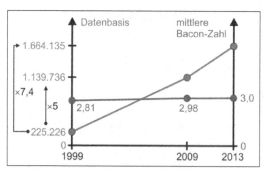

Bild 10.5: zeitliche Entwicklung der Bacon-Zahlen
von 1999 bis 2013

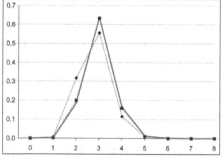

Bild 10.6: relative Häufigkeit der Bacon-Zahlen
(punktiert: 1999, Rest: 2009, 2013)

10.2.2.2 Die Erdős-Zahl

1969 erschien in den "American Mathematical Monthly" folgende aufschlussreiche Note von Casper **Goffman** mit dem Titel "And what is your Erdős Number?": [1065]

> The great mathematician Paul Erdős has written joint papers with many mathematicians. This fact may lend some interest to the notion of Erdős number which we are about to describe.
>
> Let A and B be mathematicians, and let A_i, $i = 0, 1, \cdots, n$, be mathematicians with $A_0 = A$, $A_n = B$, where A has written at least one joint paper with $A_{i+1}, i = 0, 1, \cdots, n-1$. Then $A_0, A_1, \cdots, A_n$ is called a chain of length n joining A to B. The A-number of B, $v(A, B)$, is the shortest length of all chains joining A to B. If there are no chains joining A to B, then $v(A, B) = +\infty$. Moreover, $v(A, A) = 0$. Then $v(A, B) = v(B, A)$ and $v(A, B) + v(B, C) \geq v(A, C)$. For the special case $A = \text{Erdős}$, we obtain the function $v(\text{Erdős}; \cdot)$ whose domain is the set of all mathematicians.
>
> I was told several years ago that my Erdős number was 7. It has recently been lowered to 3. Last year I saw Erdős in London and was surprised to learn that he did not know that the function $v(\text{Erdős}; \cdot)$ was being considered. When I told him the good news that my Erdős number had just been lowered, he expressed regret that he had to leave London the same day. Otherwise, an ultimate lowering might have been accomplished.

Dies ist möglicherweise das erste Mal, dass eine Publikation über die Erdős-Zahl erschien, obwohl Goffman mitteilt, dass man ihm schon einige Jahre früher gesagt habe, dass seine Erdős-Zahl 7 sei. Dass sie 1968 auf 3 gesunken ist und noch weiter sinken könne, passt zu der Angabe in Tabelle 1, dass die Anzahl derer mit der Bacon-Zahl 8 innerhalb von zwei Monaten (bei gleichzeitiger Zunahme der Datenbasis!) gesunken ist. Und das wohl augenzwinkernde Bedauern von Erdős über seine Abreise aus London noch am selben Tage zeigt, dass Goffman damit die Chance verpasst hat, schnell noch die Erdős-Zahl 1 zu erreichen. [1066]

Zwei Jahre nach dieser Note von Goffman erschien mit Bezug darauf ein kurzer Artikel des bedeutenden Graphentheoretikers Frank **Harary**, [1067] bekannt durch sein grundlegendes Buch „Graph Theory", das Goffman wohl nicht kannte: [1068]

> Goffman [...] discussed the distance between Erdős and other mathematicians in the collaboration graph, apparently without realizing he was using graph theoretic concepts. Using for convenience the notation and terminology of graph theory [...], we define this graph M as follows. The points of M are all the living mathematicians who have published at least one paper, either solo or jointly, in the Mathematical Reviews list of journals. Two points u and v of M are adjacent if and only if they have written a joint paper, which has already been published. In these terms, the Erdős number of u is precisely the distance in M between Erdős and u. If u and Erdős are in different connected components of M, then by convention the distance $d(\text{Erdős}, u) = \infty$. It is certainly reasonable to assume

---

[1065] [Goffman 1969]; die Bezeichnung „Erdős-Zahl" bezieht sich auf den ungarischen Mathematiker Pál Erdős (1913 – 1996), gesprochen „Errdöhsch" mit langem „ö" wie in „böse". Informationen zu Erdős z. B. unter http://www-history.mcs.st-and.ac.uk/Biographies/Erdos.html (26. 10. 2015).

[1066] Goffman teilt nicht mit, ob er sich neben den aktuell lebenden auch auf die nicht mehr lebenden Mathematikerinnen und Mathematiker bezieht. Was bedeutet das für die Erdős-Zahl jedes Einzelnen?

[1067] Informationen zu Harary z. B. unter http://www-history.mcs.st-and.ac.uk/Biographies/Harary.html (26. 10. 2015).

[1068] [Harary 1969]; mit "notation and terminology of graph theory" (3. Zeile des nachfolgenden Zitats) bezieht sich Harary auf dieses Buch.

that the largest component in *M* is the one containing Erdős, since he apparently has more collaborators than any other one mathematician. However, it is not true that in every disconnected graph, a largest component contains a point of maximum degree.

Die hier von Harary angesprochene graphentheoretische Terminologie sei angedeutet:

Ein *Graph* besteht aus *Knoten* und *Kanten*, wobei die Kanten des Graphen je zwei Knoten des Graphen *verbinden*. Je zwei verbundene Knoten sind *adjazent*, sie *inzidieren* mit der sie verbindenden Kante. *Einfache Graphen* ("simple graphs") haben keine Mehrfachkanten und keine Schlingen. Durchläuft man verschiedene Knoten über mit ihnen inzidierende Kanten, so bilden diese Kanten einen *Weg*. Die Knotenmenge eines *Untergraphen* U eines Graphen G ist eine Teilmenge der Knotenmenge von G, und die Kantenmenge von U besteht aus all den Kanten von G, die mit den Knoten von U inzidieren, während ein *Teilgraph* von G nicht all solche Kanten wie U enthalten muss.

Genau dann ist ein Graph *zusammenhängend*, wenn zwischen je zwei Knoten ein Weg existiert. Eine *Komponente* eines Graphen G ist ein *maximaler* (d. h.: in G nicht vergrößerbarer) zusammenhängender Untergraph (deren es dann mehrere geben kann).

Nun liegt es nahe, in Analogie zum „Zusammenarbeitsgraphen der Akteure" einen „Zusammenarbeitsgraphen der Mathematiker(inne)n" zu betrachten. Tatsächlich wurde ein solcher schon lange vor dem erstgenannten betrachtet, und zwar findet man in dem von Frank Harary 1979 herausgegebenen Tagungsband "Topics in Graph Theory" zu einer Tagung von 1977 in einem Beitrag von Tom Odda (einem Pseudonym von Ronald **Graham**) die Skizze eines Zusammenarbeitsgraphen:

Bild 10.7 zeigt einen (wenn auch sehr kleinen) *Teilgraphen* aus dem *Zusammenarbeitsgraphen* aller Mathematiker(inne)n, und dennoch weist er grundlegende Eigenschaften auf: Im Gegensatz zu der Beschreibung von Harary im letzten Zitat beschränkt er sich – wie der Zusammenarbeitsgraph der Akteure (s. o.) – nicht nur auf lebende Personen, wie man z. B. an „Gauss" (ganz links oben in Bild 10.7) sieht, und er besteht erkennbar aus mehreren *Komponenten:*

Die Mitglieder der „inneren" großen Komponente haben eine endliche Erdős-Zahl (so haben Ronald Graham und Frank Harary die Erdős-Zahl 1), und die Mitglieder der kleinen Komponente oben links und der beiden unten links haben alle die Erdős-Zahl ∞. Allerdings fehlen hier „isolierte Personen", also solche, die keinen Publikationspartner haben.

Es sei angemerkt, dass Ronald („Ron") Graham (*1935) [1069] einer der maßgeblichen Architekten bei der Entwicklung der Diskreten Mathematik seit den 1970er und 1980er Jahren ist. Er lieferte u. a. wichtige Beiträge zur Entwicklung von Approximationsalgorithmen, etwa 1972 den „Graham Scan" der Computer-Geometrie zur Ermittlung der konvexen Hülle einer endlichen Punktmenge. Er war lange Zeit Chef-Wissenschaftler bei den Bell Labs und organisierte dort den Umbau zu einem Zentrum für *Diskrete Mathematik* und *Theoretische Informatik*.

[1069] Informationen zu Graham z. B. unter http://www-history.mcs.st-and.ac.uk/Biographies/Graham.html (26. 10. 2015).

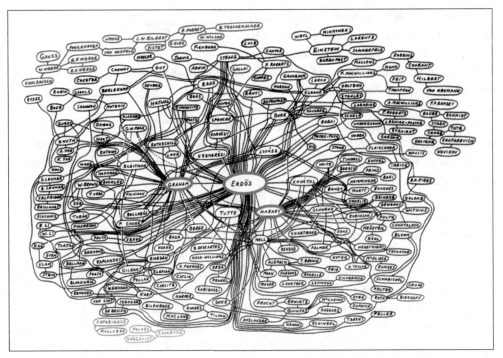

Bild 10.7: Ausschnitt aus dem Zusammenarbeitsgraphen der Mathematiker(inne)n 1977
nach Tom Odda (alias Ronald Graham) [1070]

Das Konzept der anschaulich begründeten „Erdős-Zahl" weist strukturelle Ähnlichkeiten mit
demjenigen der „Bacon-Zahl" auf, und daher bietet sich mit Bezug auf obige Darstellung von
Harary eine analoge graphentheoretische Kennzeichnung an, wobei Hararys Einschränkung
„lebende" (wie heute üblich) entfallen kann:

Dazu sei nun C_m der „**Mathematiker-Graph**": der (zeitabhängige) "collaboration graph"
aller (weltweit!) sowohl lebenden als auch nicht mehr lebenden, jeweils publiziert habenden
Mathematiker(inne)n, wie sie in der von der *American Mathematical Society* gepflegten
„MathSciNet" genannten Datenbank [1071] zusammen mit den Publikationen dieser „Mathematik-Autoren" dokumentiert werden. Zwischen zwei Knoten von C_m (also diesen Autoren) verläuft daher genau dann eine Kante, wenn sie mindestens eine Publikation *gemeinsam* verfasst
haben (wobei auch weitere Autoren beteiligt sein können!). Das führt zu folgender

- *Benennung:* Für alle $M \in C_m$ ist $d(M, \text{Erdős})$ die „**Erdős-Zahl** von M".

Hierbei ist aus unterschiedlichen Gründen $d(M, \text{Erdős}) = \infty$ möglich (vgl. z. B. Bild 10.7),
auch bei denjenigen, die nur ohne Koautor publiziert haben. [1072]

[1070] Dies ist eine nachträglich bearbeitete Fassung der Originaldarstellung aus [Odda 1979].
[1071] http://www.ams.org/mathscinet/   (26. 10. 2015) (Diese Quelle ist z. B. aus Hochschulnetzen heraus nutzbar.)
[1072] Solche Autoren kommen allerdings in Bild 10.7 erkennbar nicht vor; man könnte sie ggf. definitorisch aus C_m
ausschließen.

Es ist nicht verwunderlich, dass es auch zur Erdős-Zahl ein mit einem Web-Browser zu benutzendes „Spiel" gibt, und zwar auf einer öffentlich zugänglichen Seite des erwähnten MathSciNet (vgl. Bild 10.8), mit dem die Erdős-Zahl jedes (in der Datenbank erfassten) Autors ermitteln werden kann.

Auch hier kann man – analog zur Berechnung der Bacon-Zahl – „Erdős" durch einen anderen Namen ersetzen, um damit den „mathematischen Zusammenarbeitsabstand" ("collaboration distance") zweier beliebiger Autoren zu ermitteln (wobei dieser Abstand ebenso wie die Bacon-Zahl ggf. ∞ ist). Wie beim Kevin-Bacon-Orakel findet man auch hier (überraschenderweise?) meist recht „kleine" Erdős-Zahlen.

Bild 10.8: Berechnung der Erdős-Zahl in www.ams.org/mathscinet/collaborationDistance.html

Jerry **Grossman** von der Oakland University betreibt eine „Erdős Number Project" genannte Website, die vor allem auf der Datenbank des MathSciNet beruht und viele interessante Auswertungen bzw. Auswertungsmöglichkeiten bietet. [1073] Eine Aktualisierung erfolgt etwa alle fünf Jahre. [1074] Über MathSciNet hinaus berücksichtigt Grossman nach eigenen Angaben manuell auch andere Datenbanken wie etwa zbMATH oder ERAM. Grossmans Website vermeldet für 2010 bei C_m rund 401.000 Knoten, 676.000 Kanten und eine aus 268.000 Knoten mit jeweils endlicher Erdős-Zahl bestehende große Komponente ("giant component"). Dieser mit C_e bezeichnete Untergraph sei **Erdős-Graph** genannt. Ferner enthielt C_m rund 84.000 isolierte Knoten, also Autoren, die nur ohne Koautoren publiziert haben. Der Rest von knapp 50.000 Knoten zerfällt in mehrere Komponenten.

Erdős-Zahl	Häufigkeit 2010
1	504
2	6593
3	33605
4	83642
5	87760
6	40014
7	11591
8	3146
9	819
10	244
11	68
12	23
13	5
mittlere Erdős-Zahl:	4,65
Datenbasis:	268.015

Tabelle 2:
Erdős-Zahlen 2010

Tabelle 2 zeigt die *absoluten Häufigkeiten* der Erdős-Zahlen im Jahre 2010, und Bild 10.9 zeigt wie Bild 10.6 die Verteilung der *relativen Häufigkeiten*. Qualitativ entspricht dies dem Befund bei den Bacon-Zahlen: Auch hier überrascht zunächst eine niedrige mittlere Erdős-Zahl zwischen 4 und 5 (in Übereinstimmung mit „Spielergebnissen" auf der Website von MathSciNet), und es wird verblüffen, dass in dieser Komponente die größte damals vorkommende Erdős-Zahl nur 13 war: Die meisten damals (erfassten) Mathematiker und Mathematikerinnen waren in diesem Sinne entweder maximal 13 oder unendlich viele Schritte von Erdős „entfernt", und darunter war die Mehrheit nur 4 oder 5 Schritte von Erdős entfernt.

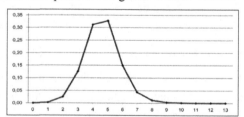

Bild 10.9: relative Häufigkeiten der Erdős-Zahlen 2010

[1073] http://www.oakland.edu/enp/ (26. 10. 2015)

[1074] Weitere Aktualisierungen fanden im Oktober 2010 und am 14. Juli 2015 statt.
Hier werden jedoch exemplarisch nur die Daten von 2010 dargestellt (30. 08. 2015).

10.2.2.3 Der Akteurs-Graph und der Erdős-Graph als „Kleine Welten"

Aus Tabelle 1 und Tabelle 2 kann man neben den mittleren Abständen zu Erdős bzw. zu Bacon und der jeweiligen Datenbasis auch den jeweils maximal möglichen Knotenabstand ent-nehmen, der im zweiten Fall sogar niedriger als maximal möglich ist (Bild 10.10).

2007: mittlere Erdős-Zahl: 4,65 Datenbasis: $n = 268.015$	2013: mittlere Bacon-Zahl: 3,01 Datenbasis: $n = 1.696.322$
Maximaler Knotenabstand im „Collaboration Graph": 26 (möglicherweise geringer)	Maximaler Knotenabstand im „Collaboration Graph": 16 (tatsächlich derzeit nur 15)

Bild 10.10: Globaldaten von C_e und C_a im Vergleich (Nov. 2013)

Der *maximale Knotenabstand* eines Graphen ist sein *Durchmesser*, der also in beiden Fäl-len *im Vergleich zur großen Datenbasis sehr klein* ist. Das hat zur Folge, dass jeweils auch der *mittlere Knotenabstand „relativ klein"* ist, nämlich notwendigerweise kleiner als der jeweili-ge maximale Knotenabstand. Das bedeutet per saldo eine *„schnelle Durchsuchbarkeit"* der beiden Graphen und lässt beide Zusammenarbeitsgraphen als *„Kleine Welten"* erscheinen. **Watts** schreibt zu diesem „Kleine-Welt-Phänomen" ("small-world phenomenon"): [1075]

> The small-world phenomenon formalises the anecdotal notion that
> "you are only ever **six 'degrees of separation'** away from anybody else on the planet."

Dieses Phänomen war nämlich schon lange vorher unter der Bezeichnung *"Six degrees of separation"* bekannt, und Watts erläutert das an der „alltäglichen" Erfahrung: wenn man etwa als völlig Fremder zu einer Party oder einer anderen Versammlung stößt und nach kurzer Un-terhaltung feststellt, dass man mit einem anderen Teilnehmer einen gemeinsamen Bekannten hat – was man dann etwa kommentiert mit: *„Ach, wie ist die Welt doch klein!"*

Die Bezeichnung "small-world phenomenon" wird dem Psychologen Stanley **Milgram**[1076] zugeschrieben. Das von ihm 1967 hierzu durchgeführte Experiment beschreiben die beiden Physiker Albert-László **Barabási** und Eric **Bonabeau** wie folgt: [1077]

> Stanley Milgram, Sozialpsychologe an der Harvard-Universität, schickte im Jahre 1967 Hunderte von Briefen an Menschen in Nebraska. Darin bat er sie, diese Nachricht an einen <u>persönlichen Be-kannten</u> weiterzugeben, der sie wieder an einen Bekannten weiterreichen sollte, und so weiter, bis sie schließlich bei dem namentlich genannten Empfänger, einem Börsenmakler in Boston, eintreffen würde. Um die einzelnen Wege verfolgen zu können, bat er die Teilnehmer auch, ihm eine Postkarte zu schicken, sowie sie den Brief weitergeleitet hatten. Die Briefe, die schließlich ihren Bestim-mungsort erreichten, hatten im Durchschnitt sechs Zwischenstationen durchlaufen – daher die popu-läre Vorstellung, dass zwei beliebige Personen nur <u>sechs Stationen</u> (»Händedrucke«) voneinander entfernt sind. [1078]

[1075]   [Watts 1999, 4]; Hervorhebung nicht im Original.
[1076]   Informationen zu Milgram z. B. unter https://de.wikipedia.org/wiki/Stanley_Milgram (26. 10. 2015).
[1077]   Aus [Barabási & Bonabeau 2004, 69]; unterstreichende Hervorhebungen nicht im Original.
[1078]   Der letzte Satz des Zitats ist in sich inkonsistent, denn „sechs Zwischenstationen" würde „sieben Stationen ... voneinander entfernt" bedeuten und nicht sechs! Durch Vergleich mit Publikationen anderer Autoren zum selben Thema folgt, dass es wohl „fünf Zwischenstationen" heißen muss. (Möglicherweise liegt hier ein Übersetzungs-fehler der Redaktion vor.)

Die „Mitwirkenden" an diesem Versuch kannten also lediglich den *Namen des vorgesehenen Empfängers.*

Watts erwähnt das nach Milgram benannte Schauspiel *"Six degrees of separation"* von John Guare (1990), das 1993 auch oscarreif durch MGM verfilmt wurde, und zitiert hier die Protagonistin Ouisa: [1079]

> Everybody on this planet is separated by only six other people. Six degrees of separation. Between us and evereybody else on this planet. The president of the United States. A gondolier in Venice ... It's not just the big names. It's anyone.

Barabási und Bonabeau schränken aber sogleich ein, denn: [1080]

> Einen so weit reichenden Schluss gibt Milgrams Arbeit nicht her (die meisten der Briefe hatten den Endempfänger nie erreicht); gleichwohl finden sich Eigenschaften einer »Kleinen Welt« in anderen Netzen. So konnten wir zeigen, dass zwei beliebige chemische Stoffe in einer Zelle fast immer nur über drei Reaktionen miteinander verbunden sind. Im World Wide Web mit seinen mehr als drei Milliarden Dokumenten [1081] liegen zwei Seiten typischerweise 19 Klicks auseinander.

Bild 10.11 zeigt einen Ausschnitt aus einer Seite der Universität Princeton mit Beispielen für einen Programmierkurs in Java im Informatikstudium, bei dem „Kleine Welten" bereits Übungsgegenstand

GRAPH	VERTICES	EDGES
Communication	telephones, computers	fiber optic cable
Transportation	street intersections, airports	highways, air routes
Internet	web pages	hyperlinks
Social networks	people, actors, terrorists	friendships, movie casts, associations
Protein interaction networks	proteins	protein-protein interactions
Neural networks	neurons	synapses
Infectious disease	people	infections

Bild 10.11: Beispiele Kleiner Welten aus einem Programmierkurs

sind. [1082] Erwähnt werden hier diverse Graphen mit ihren Knoten (Vertices) und Kanten (Edges), die ggf. Eigenschaften Kleiner Welten aufweisen. Die bisher erörterten Beispiele des Akteurs-Graphen C_a und des Erdős-Graphen C_e rangieren hier unter "Social networks". Die Vielfalt der Bereiche, aus denen diese Beispiele stammen, ist verblüffend: Wirtschaft, Technik, Verkehr, Medizin, Biologie, Chemie, Physik, Soziologie, ...

10.2.2.4 Der Mathematiker-Graph und das Potenzgesetz („Power Law")

Tabelle 2 und Bild 10.9 zeigen Statistiken über die Erdős-Zahl, und zwar bezogen auf die absolute bzw. relative Häufigkeit der vorkommenden Erdős-Zahlen (hier und zu der Zeit von 0 bis 13). Im publizierten Stand von 2010 wurde für den Erdős-Graphen C_e ein Bestand von 268.000 Knoten vermeldet (s. o.). C_e ist eine sehr große Komponente im Mathematiker-Graphen C_m, der neben weiteren kleineren Komponenten (vgl. hierzu exemplarisch Bild 10.7) auch rund 84.000

[1079]   Aus [Watts 1999, 11]; Hervorhebung nicht im Original. Zu diesem Film gibt es auch einen Trailer in der *Internet Movie Database*: http://www.imdb.com/video/screenplay/vi3416524057/ (26. 10. 2015)
[1080]   [Barabási & Bonabeau 2004, 68]
[1081]   Im Stand von ca. Anfang 2004; nachfolgend geht es um „kürzeste Wege".
[1082]   Montierter Screenshot von http://introcs.cs.princeton.edu/java/45graph/ (wie Bild 10.1).

isolierte Knoten enthält, insgesamt enthält er rund 401.000 Knoten. Die o. g. Website von Grossman zum "Erdős Number Project" [1073] enthält Tabelle 3 als weitere Statistik mit den *absoluten Häufigkeiten der Knotengrade*, wobei der Grad eines Knotens hier die Anzahl der Koautor(inn)en angibt. [1083]

0	83621
1	107647
2	71452
3	39574
4	22815
5	15205
6	10679
7	7917
8	6255
9	4959
10	4141
11	3283
12	2808
13	2368
14	1993
15	1756
16	1575
17	1311
18	1147
19	1046
20	945
21	825
22	720
23	665
24	563
25	541
26	468
27	460
28	390
29	364
30	311
31	279
32	264
33	222
34	221
35	227
36	177
37	172
38	130
39	150
40	111
41	113
42	99
43	95
44	98
45	67
46	83
47	79
48	68
49	67
50	61
51–60	399
61–70	189
71–80	103
81–90	57
91–100	35
101–150	60
151–200	10
201–504	5

Tabelle 3: Knotengrad-Verteilung in $\mathbf{C}_m$

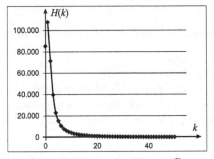

Bild 10.12: Knotengradverteilung in $\mathbf{C}_m$

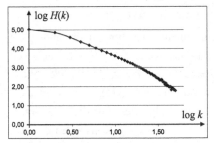

Bild 10.13: Knotengradverteilung in
in doppelt-logarithmischer Darstellung

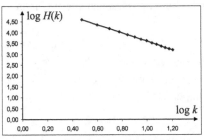

Bild 10.14: Ausschnitt aus Bild 10.13

Bild 10.12 visualisiert diese Knotengradverteilung über dem Knotengrad k durch absolute Häufigkeiten, wobei auch die 84.000 isolierten Knoten (Knotengrad = 0) dargestellt sind. Diese Kurve ruft Assoziationen an eine Hyperbel, also an eine Potenzfunktion vom Typ $H(k) = c \cdot k^{-\lambda}$ hervor, so dass es nahe liegt, diese Vermutung an einer doppelt-logarithmischen Darstellung zu überprüfen, wie sie in Bild 10.13 zu sehen ist. [1084]

Der mittlere Teil aus Bild 10.13 ist in Bild 10.14 vergrößert dargestellt und bestätigt die Vermutung, denn *für diesen Teil* gilt ersichtlich näherungsweise ein geradliniger Verlauf gemäß

$$\log(H(k)) \approx b - \gamma \cdot \log(k) = b + \log(k^{-\gamma}),$$

wobei b und γ Konstanten sind.

Das führt mit $c := e^b$ zur modellierenden Vermutung $H(k) = c \cdot k^{-\gamma}$, die Physiker als *Proportionalität* darstellen:

$$H(k) \sim k^{-\gamma} \text{ für große } k.$$

Dieses „*Potenzgesetz*" (in der Fachliteratur "Power Law" genannt) der Knotengrad-Verteilung ("power-law degree distribution") wurde hier am Beispiel des Mathematiker-Graphen $\mathbf{C}_m$ plausibel gemacht und als statistische Aussage über absolute Häufigkeiten formuliert.

[1083] Jerry Grossman hat mir gegenüber am 01. 12. 2013 bestätigt, dass er diese Tabelle bereits im Mai 2000 erstellt habe. Es ist aber hier nicht wichtig, von wann genau die Daten stammen, weil es nur um die in ihnen verborgene Struktur geht. Die Daten aus Tabelle 3 wurden mit Excel für Bild 10.12 bis Bild 10.14 dargestellt.

[1084] Vgl. hierzu Abschnitt 9.2.6 auf S. 328 f.

Üblicherweise formuliert man das Potenzgesetz für die *relativen Häufigkeiten*, und zwar als *Auftretenswahrscheinlichkeit* $p(k)$ der Knotengrade k in großen „Netzwerken",

$$p(k) \sim k^{-\gamma},$$

denn es hat sich durch vielfältige empirische Untersuchungen gezeigt, dass es typisch ist für viele „reale", sich selbst organisierende Netzwerke. [1085]

In der grundlegenden, 51 Seiten umfassenden Arbeit von Albert & und Barabási liest man hierzu erläuternd: [1086]

> Not all nodes in a network have the same number of edges (same *node degree*).
> The spread in the node degrees is characterized by a distribution function *P(k)*, which gives the probability that a randomly selected node has exactly *k* edges. [...] In particular, for a large number of networks, including the World Wide Web [...], the Internet [...], or metabolic networks [...], the degree distribution has a power-law tail [...].

Mit "power-law tail" ist der rechte „Schwanz" der Knotengrad-Verteilung gemeint, genauer: der in Bild 10.13 zu sehende Ausschnitt. [1087] Barabási und Albert ergänzen: [1088]

> This result indicates that large networks self-organize into a scale-free state [...].

Doch was bedeutet es, dass „große Netzwerke" sich in einem „skalenfreien Zustand selbst organisieren"? – Zunächst: „Selbstorganisieren" ist intuitiv nachvollziehbar als ein „nicht von außen *gesteuertes* Entwickeln" (des betreffenden Netzwerks). Und der in der Physik übliche Terminus „skalenfrei", englisch „scale-free" (beide Autoren sind Physiker), ist im deutschen Sprachraum besser „skaleninvariant" zu nennen und meint Folgendes: Für die o. g. Wahrscheinlichkeitsfunktion p gilt $p(k) \sim k^{-\gamma}$, also $p(k) = c \cdot k^{-\gamma}$ mit einer Konstanten c. Führt man nun für die Rechtsachse eine „Skalentransformation" der Gestalt $k \mapsto a \cdot k$ durch (eine Stauchung bzw. Streckung), so ist $p^*(k) := p(a \cdot k) = a^{-\gamma} \cdot p(k)$ und damit also $p^*(k) \sim p(k)$. Es liegt somit eine *vertikale Stauchung* bzw. *Streckung* des Funktionsgraphen vor, was man in der Netzwerktheorie *„Skaleninvarianz"* nennt.

Tabelle 4 zeigt für einige Graphen aus Bild 10.11 die Werte von γ, dazu auch weitere Werte. Der „mittlere Knotenabstand" wurde betr. C_a und C_m bereits angesprochen: Jeder *Akteur* aus C_a hat also durchschnittlich mit 113 Kolleg(inne)n zusammengearbeitet, bei den in C_m erfassten *Mathematik-Autoren* sind es hingegen nur ca. 4 Kolleg(inne)n. [1089]

[1085]   Ausführliche Information dazu bei [Albert & Barabási 2002], [Barabási & Albert 1999], [Barabási & Bonabeau 2004], [Barabási 2009], [Newman & Strogatz & Watts 2001], und [Newman 2010, 247 ff.].

[1086]   [Albert & Barabási 2002, 49]

[1087]   Weitere Ausführungen zum Potenzgesetz z. B. bei: [Albert & Barabási 2002], [Barabási & Albert 1999], [Barabási & Bonabeau 2004], [Barabási 2009], [Newman & Strogatz & Watts 2001] und [Newman 2010, 247 ff.].

[1088]   [Barabási & Albert 1999, 510]

[1089]   Die Werte in Tabelle 4 stammen bis auf γ bei C_m aus [Newman 2010, 237], wo für C_m aber kein γ-Wert genannt wird. Newmans Werte sind aktueller als die entsprechenden bei [Albert & Barabási 2002, 50 f.].
         Jerry Grossman führt auf seiner Website [1073] für γ den Wert 2,97 bei C_m an. Meine eigenen Berechnungen auf der Basis von Tabelle 3 und Bild 10.14 ergaben 1,93. Ich habe ihm das am 01. 12. 2013 mitgeteilt, und er meinte, damals möglicherweise eine andere Datenbasis zugrunde gelegt zu haben.

In Tabelle 4 werden „Internet" und „World Wide Web" (WWW) getrennt und mit teils recht unterschiedlichen Werten aufgeführt. Das liegt daran, dass im netzwerktheoretischen Kontext zwischen beiden streng zu unterscheiden ist:

Das Internet ist nämlich ein materieller Graph, der aus Servern, Routern und Computern als *Knoten* und physikalischen (ungerichteten) Datenleitun-

Graph	mittlerer Knotenab-stand	mittlerer Knoten-grad	Exponent γ (Power Law)
Akteurs-Graph C_a	3,48	113,43	2,3
Mathematiker-Graph C_m	7,57	3,92	1,93
Internet	3,31	5,98	2,5
World Wide Web	11,27	5,55	2,1/2,4 (in/out)
Protein-Interaktionen	6,80	2,12	2,4

Tabelle 4: Graphen mit ausgewählten „Netzwerkstatistiken"

gen als *Kanten* besteht. Das WWW ist hingegen ein virtueller, nicht materieller Graph, dessen Knoten Webseiten mit Hyperlinks als Kanten sind: Es ist aufgrund dieser „verweisenden" Links im Gegensatz zum Internet ein gerichteter Graph („Digraph" für "directed graph"), und folglich muss man bei jedem Knoten zwischen seinem „Eingangs-Grad" (in-degree) und seinem „Ausgangs-Grad" (out-degree) unterscheiden. [1090]

10.3   Netz, Netzwerke und Vernetzung

10.3.1   Vorbemerkung

Die Termini „Netzwerke", „Vernetzen" und „Vernetzung" gehen allesamt auf „Netz" zurück und sind inflationär in die Alltagssprache eingezogen – leider auch teilweise undefiniert in manche Fachpublikationen, auch in der Didaktik der Mathematik. Im vorliegenden wissenschaftlichen Kontext ist jedoch eine angemessene Definition unumgänglich. Es ergibt sich hier aber das Dilemma, dass zu unterscheiden ist, ob man 1.) eine Definition *innerhalb der Mathematik* sucht oder ob man 2.) *mit Hilfe der Mathematik außermathematische* Phänomene oder Probleme zu beschreiben oder gar zu verstehen und zu lösen sucht („modellieren"). Im ersten Fall ist man bekanntlich erfreulich frei in der Sinnfestlegung (ein bedeutendes Kreativitätsmerkmal der Mathematik!), was für den zweiten Fall nur mit Einschränkungen angebracht und möglich ist, weil man die Intentionen der Anwender zu berücksichtigen hat.

Bei den „Kleinen Welten" liegt der zweite Fall vor, und so ist einerseits zu prüfen, was diesbezüglich mit den oft üblichen Termini „Netzwerk" und „Vernetzung" bei den Anwender(inne)n gemeint ist, und andererseits ist zu klären, ob die Mathematik diese Termini bereits in bestimmten Kontexten verwendet und ob diese dann im pädagogisch-didaktischen Kontext von Nutzen sind:

[1090]   Vgl. dazu Abschnitt 6.6.1. Eine schöne Visualisierung findet sich dazu in [Albert & Barabási 2002, 51], herunterladbar unter http://barabasi.com/f/103.pdf (30. 03. 2016)

Da die vorliegenden skizzenhaften Betrachtungen vor allem mit Blick auf mögliche Anwendungen in der Mathematikdidaktik und der Pädagogik als unterrichtsbezogenen Fachwissenschaften entfaltet werden, sind insbesondere deren Anwendungskontexte zu berücksichtigen.

Ein aktuelles Werk zu „Netzwerken" ist das 2010 erschienene 772 Seiten umfassende Buch *"Networks – An Introduction"* des Physikers Mark **Newman**. [1091]
Gleich zu Beginn schreibt er:

> A NETWORK is, in its simplest form, a collection of points joined together in pairs by lines. In the jargon of the field the points are referred to as *vertices* or *nodes* and the lines are referred to as *edges*. Many objects of interest in the physical, biological, and social sciences can be thought of as networks [...].

Unter „Netzwerk" versteht Newman also einfach „Graph" im Sinne der mathematischen Graphentheorie. Möglicherweise will er damit den Anwendungsdisziplinen (an die sein Buch sich richtet) entgegenkommen und also deren Termini übernehmen, aber andererseits hat seine Sinnbelegung durchaus den Vorteil, dass die ggf. unterstellbare Doppeldeutigkeit von „Graph" in der Mathematik (nämlich einerseits als „Funktionsgraph" bzw. „Relationsgraph" und andererseits als „Graph" in der Graphentheorie) so vermieden wird.

In einer Arbeit von 1951 verwenden die Physiker **Solomonoff** und **Rapoport** die Bezeichnung „Netz" für die – vermutlich erstmals von ihnen – untersuchten „Zufallsnetze" wie folgt: [1092]

> Numerous problems in various branches of mathematical biology lead to the consideration of certain structures which we shall call "random nets". Consider an aggregate of points, from each of which issues some number of outwardly directed lines (axones). Each axone terminates upon some point of the aggregate, and the probability that an axone from one point terminates on another point is the same for every pair of points in the aggregate. The resulting configuration constitutes a *random net*.

> The existence of a *path* in a random net from a point *A* to a point *B* implies the possibility of tracing directed lines from *A* through any number of intermediate points, on which these lines terminate, to *B*.

⇨ „Netz" wird hier wie „Netzwerk" bei Newman nur als Synonym für „Graph" im Sinne der Graphentheorie verwendet und bringt nichts Neues für außermathematische Anwendungen.

„Zufallsnetze" wurden bekanntlich in einer wichtigen, grundlegenden und oft zitierten Arbeit von Pál **Erdős** und Alfréd **Rényi** [1093] untersucht, aber dort taucht weder „Netz" noch „Netzwerk" auf, sondern nur „Graph".

⇨ Diese Abhandlung ist eine rein mathematische und nicht vordergründig auf Anwendungen gerichtete Arbeit.

[1091]   [Newman 2010]; Newman lehrt und forscht an der University of Michigan.
[1092]   [Solomonoff & Rapoport 1951, 107]; „Axone" sind „Kanten" in (natürlichen) „neuronalen Netzen".
[1093]   [Erdős & Rényi 1959]

Wenige Jahre nach der o. g. Abhandlung von Erdős und Rényi erschien von den Mathematikern Frank **Harary** und Robert Z. **Norman** und dem Psychologen Dorwin **Cartwright** das Buch *"Structural Models: An Introduction to the Theory of Directed Graphs"*, [1094] in dem sie sie theoretische Grundlagen der Graphentheorie mit Blick auf die Verwendung in außermathematischen Anwendungssituationen entfalten, und sie schreiben im Vorwort u. a.:

> In addition to organizing the known results of digraphs theory, we have endeavored to fill a few of the gaps in the existing mathematical literature. In this work, we have addressed ourselves primarily to structural phenomena of interest to social scientists. We believe, however, that the material will also be of value to those working with computers, programming, information retrieval, automata, linguists, cryptology, and electrical engineering.

Gleich zu Beginn wird zwar in diesem Buch der Terminus "net" axiomatisch definiert, und zum Schluss gibt es sogar ein eigenes Kapitel über "Networks". Mit "net" meinen sie aber lediglich einen innermathematischen *Hilfsbegriff* (und zwar im Sinne von „gerichteter Multigraph"), um dann darauf aufbauend „Relation" und „Digraph" (für "directed graph" als „gerichteter Graph") zu definieren.

⇨ Damit führt aber "net" hier zu keiner anwendungsbezogenen Klärung von „Netz".

Ansonsten untersuchen die Autoren „Graphen" nicht explizit und beschränken sich auf Digraphen (die aber Graphen implizit mit einschließen). Wesentlich ist für sie die Auffassung von *„Netzwerk" als Relation mit bewerteten Kanten* (also als „bewerteter Graph"), passend zu folgender enzyklopädischer Auffassung: [1095]

> **Netzwerk**, ein zusammenhängender, gerichteter Graph N mit genau einer Quelle, genau einer Senke und mit einer Kapazitätsfunktion.

Diese Deutung von „Netzwerk" findet sich in der aktuellen Fachliteratur zur Diskreten Mathematik, und sie hat sich dort pragmatisch zwecks Modellierung eines „Flusses" (z. B. von Wasser, Elektrizität, Daten, ...) durch ein (hier naiv zu verstehendes) System vom „Leitungsabschnitten" entwickelt, die jeweils an „Knoten" miteinander verbunden sind. Dazu eignet sich ein aus *Kanten* und *Knoten* aufgebauter Graph, der ggf. als *gerichtet* vorauszusetzen ist, um einen *einseitigen Transport* zu modellieren:

Das *MaxFlow-MinCut-Theorem* von Ford und Fulkerson aus dem Jahre 1956 trifft dann eine wesentliche Aussage über den *maximalen Fluss* in Netzwerken. [1096]

⇨ Ob dieses „Netzwerk-Verständnis" im pädagogisch-didaktischen Kontext hilfreich ist, sei dahingestellt, hier aber nicht weiter verfolgt.

Harary definiert 1974 „Netz" im Sinne eines speziellen regulären Graphen: [1097]

• Für $n \geq 3$ ist ein *n-Netz* ein kubischer Graph der *Taille n* mit minimaler Knotenanzahl.

[1094]   [Harary & Norman & Cartwright 1965]
[1095]   Aus [Lexikon der Mathematik 2000]; vgl. aber die Definitionen von „Netzwerk" auf S. 372 und S. 380.
[1096]   Vgl. z. B. [Aigner 2006, 147 ff.], vertiefend [Diestel 2010,162 f.] und [West 2001, 176 ff.].
[1097]   [Harary 1974, 182]

In Bild 10.15 sind dazu exemplarisch zwei bekannte Graphen zu sehen: links der *Petersen-Graph* (ein 5-Netz), rechts der *Heawood-Graph* (ein 6-Netz). [1098]

⇨ Solche schönen und mathematisch interessanten
Graphen sind jedoch wegen ihrer regelmäßigen
Struktur für außermathematische Anwendungen
im pädagogisch-didaktischen Kontext ohne Relevanz, so dass dieses „Netz-Verständnis" hier
nicht hilfreich ist.

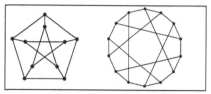

Bild 10.15: Petersen-Graph und Heawood-Graph

Auch Diestel bietet in seinem Standardwerk zur Graphentheorie eine interessante Definition
von „Netz" an, und zwar als *„Menge paarweise berührender zusammenhängender Ecken-
mengen"*. [1099]

⇨ Für „Netze" im Sinne von Diestel ist aber ebenfalls keine Anwendungsmöglichkeit im
pädagogisch-didaktischen Kontext erkennbar.

10.3.2   Alltagssprachlicher Bedeutungsumfang von „Netz"

Um eine für den pädagogisch-didaktischen Kontext sinnvolle Definition von „Netz" und
„Netzwerk" zu entwickeln, ist es hilfreich, der *Vielfalt des Bedeutungsumfangs von „Netz" in
der Alltagssprache* nachzuspüren. Das liefert eine große Aspektfülle, die sich beispielsweise
wie folgt (nicht abschließend) zusammenfassen lässt: [1100]

• Ein *Netz* ... dient dem Fangen und Einfangen, aber auch dem Trennen — ... stellt Zusam-
mengehörigkeit her — ... dient der Verbindung — ... gibt (als Geflecht) Menschen Sicherheit — ... schützt Menschen oder Dinge gegen äußere Angriffe bzw. Feinde — ... hält
Menschen oder Dinge zusammen im Sinne von „Sammeln" — ... verbindet Menschen,
Dinge oder Begriffe — ... kann sowohl undurchdringlich als auch durchlässig sein — ...
hat Maschen und Knoten — ... ist wegen der Maschen (für hinreichend kleine Objekte)
nicht dicht — ... ist (im Gegensatz zu einem Gitter) flexibel und meist leicht — ... zeigt
einerseits Zusammenhänge auf und — ... dient andererseits über das Verbinden dem Herstellen von Zusammenhängen — ... vermag „andere" über seinen „Inhalt" zu täuschen — ...

Diese Sammlung lässt sich zu folgendem Katalog abstrahierend weiter verdichten:

[1098] In *regulären* Graphen haben alle Knoten denselben *Grad* (Grad eines Knotens = Anzahl der mit ihm inzidie-
renden Kanten). Hat dieser Grad den Wert 3, so ist der Graph *kubisch*. Die in Hararys Definition auftretende
Taille eines Graphen ist die kleinste Kantenanzahl aller seiner *Kreise*, also die Länge eines kürzesten Kreises,
wobei ein *Kreis* ein geschlossener *Kantenzug* ist, bei dem jeder Knoten und jede Kante genau einmal auftritt.
Kreise sind also stets *doppelpunktfrei* und auch *mehrfachkantenfrei*. Der *Umfang* eines Graphen ist die größte
Kantenanzahl seiner Kreise.
[1099] [Diestel 2010, 290 ff.]
[1100] Vgl. hierzu die ausführliche Analyse und Deutung in [Hischer 2010].

- Ein *Netz*

  ... dient einerseits dem *Aufzeigen* von *Verbindungen/Zusammenhängen,*

  ... dient andererseits dem *Herstellen* von *Verbindungen/Zusammenhängen,*

  ... kann zwar ein *Gefangensein* bewirken,

  ... kann aber zugleich *Sicherheit* bzw. *Schutz* bieten,

  ... enthält dennoch oft *Schlupflöcher,*

  ... vermag über seinen Inhalt zu *täuschen.*

Dieser Katalog zerfällt aus pädagogischer Sicht in *drei wesentlich unterschiedliche Blöcke:*

- Die *ersten beiden Eigenschaften* betreffen die **Bestandteile** eines Netzes (das sind im pädagogisch-didaktischen Kontext relevante Objekte wie etwa Begriffe, Ideen, Dinge, Lebewesen, ...), die man wie in der Graphentheorie *Knoten* nennen kann und die durch die oben angesprochenen *Verbindungen* bzw. *Zusammenhänge* als *Kanten* verbunden sind.

- Die *nächsten drei Eigenschaften* betreffen die **Benutzer** eines Netzes. Sie bilden wie in einem Gemüsenetz den „Inhalt" eines Netzes, es sind also hier die mit den Bestandteilen umgehenden Benutzer (z. B. Schülerinnen und Schüler).

- Die *letzte Eigenschaft* (Täuschung über den Inhalt) betrifft die **Betrachter** eines Netzes (z. B. Lehrpersonen, die ihre Schülerinnen und Schüler beim Recherchieren im World Wide Web beobachten).

Eine vierte denkbare Gruppe der *Konstrukteure* eines Netzes scheint verzichtbar zu sein, denn diese können als Betrachter auftreten (etwa bei der Kontrolle des von ihnen oder anderen erschaffenen Netzes), aber auch als Benutzer (wie z. B. eine Spinne oder ein Servicetechniker), und auch die Benutzer eines Netzes können dieses verändern. Auch Veränderungen des Netzes durch externe *Störungen* („Perturbationen") mögen hiermit (vorläufig) erfasst werden.

Aus pädagogischer Sicht ist ferner zu beachten: Wie bei einem Spinnennetz oder einem Fischernetz können die Benutzer „Opfer" eines Netzes werden oder sein, wenn sie sich z. B. in den „Maschen des Netzes" verfangen, etwa beim Surfen im WWW. So kann ein Netz für seine Benutzer (schicksalhaft) zum Gefängnis werden, aus dem es sich zu befreien gilt: Menschliche *Benutzer* eines Netzes *laufen damit Gefahr, zum Bestandteil dieses Netzes zu werden* – wenn sie etwa bei dessen Benutzung nicht hinreichend „emotionale Distanz" wahren!

Und weiterhin können menschliche *Benutzer* eines Netzes *zu Betrachtern dieses Netzes werden* und umgekehrt, wobei das Netz diese (und ggf. andere) Gruppen (möglicherweise „durchlässig") trennt.

Die begriffliche *Unterscheidung zwischen Bestandteilen, Benutzern und Betrachtern* eines Netzes ist also weder scharf noch absolut, sie ist relativ, meint eine *zweckbezogene Tendenz,* und es ist ein *Rollenwechsel* möglich.

10.3.3 „Netz" in pädagogisch-didaktischer axiomatisch orientierter Sicht

Im Zuge der Entwicklung einer „Definition" von „Netz" ergaben sich folgende *strukturelle Entdeckungen* in Bezug auf *Netze im pädagogisch-didaktischen Kontext:* [1101]

(a) Es ist *unzureichend*, solche „Netze" nur als Graphen anzusehen, deren Knoten die „Bestandteile" sind, also z. B. Themen und „Inhalte" und ihre Beziehungen. Vielmehr sind auch diejenigen Objekte mit einzubeziehen, die mit diesen „Netzen" umgehen: also die „Benutzer" und die „Betrachter".

(b) Bei der Kennzeichnung solch strukturell erweiterter Netze sind *drei Aspektgruppen* zu berücksichtigen: *Zweck-Aspekte, Handlungs-Aspekte* und *Zustands-Aspekte*.

Diese beiden Entdeckungen, die anfangs nicht vorhersehbar waren, erweisen sich nachträglich als sachgerecht, denn:

(a*) Im pädagogisch-didaktischen Kontext sind *Netze nur im Sinne von Graphen uninteressant*, auch wenn sie nur Unterrichtsgegenstände betreffen sollten.

Denn um deren *Entstehung* und *Veränderung* und den *Umgang* mit ihnen untersuchen zu können, bedarf es sowohl der *Bestandteile* als auch der *Benutzer* und der *Betrachter*.

(b*) *Erstens:* Wenn es um Netze im pädagogisch-didaktischen Kontext geht, muss mit Bezug auf Bildungsziele stets geklärt werden, welchem *Zweck* solche Netze dienen sollen.

Zweitens: Handlungen sind für Pädagogik und Didaktik ohnehin essentiell.

Drittens: Dazu gehört stets auch eine Änderung von *Zuständen*.

Nun liegt es durchaus nahe, den hier „Netz" genannten Begriff als *n-Tupel* (B_1, B_2, B_3, R_1, R_2, ..., O_1, O_2, ...) zu definieren, bestehend aus den Trägermengen B_1 (Bestandteile), B_2 (Benutzer) und B_3 (Betrachter) – jeweils aufgefasst als Knotenmengen –, aus gewissen *binären Relationen* R_1, R_2, ... und ggf. aus gewissen *Operationen* O_1, O_2, ... – jeweils aufgefasst als (gerichtete bzw. ungerichtete) Kanten bezüglich dieser Knotenmengen – und all dies wie üblich in Verbindung mit *Verträglichkeitsaxiomen*, die das komplexe „Zusammenspiel" regeln. [1102]

Das kann aber im Anfangsstadium der Betrachtungen nur ein Fernziel sein. Stattdessen soll hier eine „weiche" axiomatisch orientierte *Beschreibung* von „Netz" vorgestellt werden, um die mögliche Richtung einer weiteren Entwicklung aufzuzeigen.

Diese Beschreibung hat noch nicht den Status einer Definition, sie wird zunächst nur verbal mittels der drei o. g. Aspekt-Gruppen gegeben: Deren erste, betreffend den *Zweck* eines Netzes, zerfällt in drei „Teilaxiome", und zwar bezüglich der Trägermengen der *Bestandteile*, der *Benutzer* und der *Betrachter*: Jeweils wird formuliert, worin der betreffende Zweck besteht, und zwar in der Form *„Ein Netz bewirkt"* oder *„Ein Netz bewirkt ggf."*. Mit dem Zusatz *„ggf."* wird zum Ausdruck gebracht, dass im konkreten Einzelfall eines Netzes das mit diesem Zweck beschriebene Ereignis nur *möglich* ist, jedoch *nicht notwendig* eintreten *muss*.

[1101] Vgl. wiederum die ausführliche Darstellung in [Hischer 2010].
[1102] Vgl. Abschnitt 9.3.4.5.

Ein **Netz im pädagogisch-didaktischen Kontext** ist eine strukturierte Zusammenfassung gedachter oder realer [1103] Objekte, die folgenden Aspekten genügt:

(1) Zweck-Aspekte

(1.1)   **Verbindungen bzw. Zusammenhänge**
(betrifft die *Bestandteile* eines Netzes):

Ein Netz bewirkt das *Aufzeigen* bzw. das *Herstellen* von Verbindungen bzw. von Zusammenhängen zwischen gedachten bzw. realen Objekten.

(1.2)   **Sammeln bzw. Zusammenhalten, aber auch Trennen**
(betrifft primär die *Benutzer* eines Netzes, aber auch die *Betrachter*):

Ein Netz bewirkt das *Einfangen* bzw. *Gefangenhalten* bzw. die *Verpackung* seiner Benutzer, aber auch die Gewährung von *Sicherheit* bzw. *Schutz* für seine Benutzer, weiterhin auch die (einseitige oder zweiseitige) *Trennung* seiner Benutzer von seinen Betrachtern, ggf. auch der Benutzer(gruppen) unter sich.

(1.3)   **Verschleierung**
(betrifft primär die *Betrachter* eines Netzes, aber auch die *Betrachter*):

Ein Netz bewirkt ggf. die *Beschönigung*, *Täuschung* oder *Verführung* seiner „Betrachter" in Bezug auf die Wahrnehmung seiner Benutzer.

(2) Handlungs-Aspekte

(2.1)   **„Vernetzen"** (betrifft die *Benutzer* und die *Betrachter* eines Netzes):
gedachte bzw. reale *Objekte als Knoten eines* neuen oder eines noch zu erweiternden *Netzes deuten* bzw. *dazu machen.*

(2.2)   **„Vernetzt denken"**
(betrifft primär die *Benutzer* eines Netzes, aber auch die *Betrachter*):
vorhandene *Netze* bei Analysen, Planungen und Entwicklungen nutzen.

(2.3)   **„Vernetzend denken"**
(betrifft primär die *Benutzer* eines Netzes, aber auch die *Betrachter*):
Objekte des (eigenen) Denkens bewusst vernetzen oder *als Knoten* eines vorhandenen Netzes *deuten* bzw. *entdecken.*

(3) Zustands-Aspekte

(3.1)   **„Vernetzt sein"**
(betrifft primär die *Bestandteile* eines Netzes, dann aber auch die *Benutzer*):
Bestandteil (oder *Benutzer*) *eines Netzes sein*
(als Knoten mit entsprechenden Verbindungen).

(3.2)   **„im Netz sein"**
(betrifft primär die *Benutzer* eines Netzes, dann aber auch die *Betrachter*):
Benutzer eines Netzes sein (z. B.: „ich bin drin").

[1103]   Mit „real" ist hier „nicht gedacht" im Sinne von z. B. „materiell" oder „physisch" gemeint.

10.3.4   Netzgraphen, Netzwerke, Vernetzung und Verzweigung

Während ein materielles, „greifbares" Netz mathematisch bei Bedarf oft als *Graph* beschreibbar ist, der aus Kanten und Knoten besteht, scheint dies nach dem hier vorliegenden Ansatz für ein „Netz" im pädagogisch-didaktischen Kontext unpassend zu sein. Vielmehr liegen zunächst Assoziationen mit dem soziologischen „System" nahe (bei dem ebenfalls die „Betrachter" eine wichtige Rolle spielen). Dennoch benötigt man hier den dubiosen Systembegriff wohl nicht:

So bieten sich zur strukturellen Beschreibung der *Bestandteile* (den „Knoten" mit ihren „Verbindungen", genannt „Kanten") sog. „einfache" („mehrfachkantenfreie") Graphen an, die man sich überlagert bzw. kombiniert denken kann, um auf diese Weise ggf. vorhandene Mehrfachkanten (bei „Multigraphen") zu erfassen. Die (ebenfalls vielfältig denkbaren) Beziehungen der *Benutzer* zu den Knoten der Bestandteile (oder zu deren Verbindungen) und der Benutzer untereinander lassen sich dann bei Bedarf durch weitere Graphen beschreiben. Hinzu kommen noch Beziehungen der *Betrachter* untereinander, zu den Benutzern und zu den Bestandteilen, so dass etliche Graphen vorliegen können, die insgesamt in ihrer Kombination ein *Netz im pädagogisch-didaktischen Kontext* ausmachen.

Das führt dazu, in einem ersten Schritt *spezielle einfache Graphen* für das *graphentheoretisch „Innerste" der Netze* (nämlich für ihre *Bestandteile*) axiomatisch zu charakterisieren:

Im *idealtypischen Fall* ist dies ein *Netzgraph* als endlicher, zusammenhängender Graph, bei dem jede Kante „Teil einer Masche" ist, ergänzt durch die sinnvolle Zusatzforderung, dass jeder Knoten mindestens den Grad 3 hat. [1104] In Netzgraphen gibt es dann *zwischen je zwei Knoten stets mindestens zwei verschiedene Wege*. Das sei kurz formal dargestellt, wobei wie üblich ein Graph (V, E) die Knotenmenge V und die Kantenmenge E hat.

Definition: Es sei (V, E) ein Graph. (V, E) ist genau dann ein **Netzgraph**, wenn gilt:

  (NG1) (V, E) ist *endlich*.

  (NG2) (V, E) ist *zusammenhängend*.

  (NG3)   Jede Kante aus (V, E) ist Teil einer *Masche*. [1105]

  (NG4)   Für alle Knoten P aus (V, E) gilt: $Grad(P) \geq 3$.

Satz: Es sei (V, E) ein Netzgraph. Dann ist (NG3) äquivalent zu:

  (NG5)   Zwischen je zwei Knoten gibt es stets verschiedene Wege.

Beweis:

Da ein Graph vorausgesetzt wird (nicht aber ein Multigraph, bei dem zwei Knoten mit mehreren Kanten inzidieren können), sind Maschen aus nur zwei Kanten nicht möglich, jede Masche besteht daher aus mindestens drei Kanten und (als Kreis) auch aus mindestens drei Knoten.

[1104]   Vgl. die ausführlichen Untersuchungen in [Hischer 2010].

[1105]   Anschaulich: Eine *Masche* ist ein *sehnenfreier Kreis,* und eine „Verbindungskante" zweier in einem Kreis nicht adjazenter Knoten ist *Sehne* dieses Kreises.

(1) Es sei (NG3) erfüllt.

k sei eine beliebige Kante. Sie ist Teil einer Masche. Man wähle zwei beliebige Knoten P_1, P_2. Diese mögen zunächst nicht zu der Masche gehören (also „innerhalb" oder „außerhalb" liegen, vgl. Bild 10.16). Q_1, Q_2 seien zwei beliebige verschiedene Knoten der Masche. Diese existieren, weil Maschen sogar mindestens drei Knoten enthalten. Wegen (NG2) existieren sowohl ein Weg [1106] von P_1 nach Q_1 als auch ein Weg von Q_2 nach P_2, und in der Masche gibt es zwei verschiedene Wege von Q_1 nach Q_2, weil sie auch mindestens drei Kanten enthält. Per saldo lassen sich daraus zwei unterschiedliche Wege von P_1 nach P_2 zusammensetzen. Sollte einer der beiden Knoten P_1, P_2 oder sollten sogar beide zur Masche gehören, so funktioniert das Verfahren entsprechend.

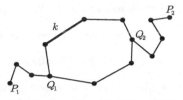

Bild 10.16: zum Beweis (NG3) $\Rightarrow$ (NG5)

(2) Es sei (NG5) erfüllt.

Es sei wieder k eine beliebige Kante. Diese Kante möge mit den Knoten P und Q inzidieren (vgl. Bild 10.17), also $k = PQ$, [1107] wobei PQ bereits ein (trivialer) Weg von P nach Q ist. Gemäß Voraussetzung existiert auch ein weiterer, davon verschiedener Weg von P nach Q. Dieser Weg kann die Kante k nicht enthalten. Daher lässt er sich mit dem Weg PQ zu einem Kreis zusammensetzen (Bild 10.17).

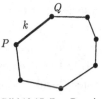

Bild 10.17: Zum Beweis (NG5) $\Rightarrow$ (NG3)

Dieser Kreis kann nur endlich viele *Sehnen* [1108] enthalten. Jede dieser Sehnen „zerlegt" den Kreis in zwei „Teilkreise", von denen genau einer die gegebene Kante k enthält. Diesen Kreis wähle man aus und behandle ihn wie zuvor. In endlich vielen Schritten erhält man einen sehnenfreien Kreis und damit eine Masche, so dass k Teil dieser Masche ist. ◆

Man beachte, dass weder behauptet wird noch bewiesen wurde, dass (NG3) und (NG5) für sich genommen äquivalent sind, sondern dies gilt *nur unter der Voraussetzung*, dass ein Netzgraph vorliegt, das heißt: *Dann* darf (NG3) durch (NG5) ersetzt werden! Betrachten wir aber nun das aus (NG1), (NG2), (NG4) und (NG5) bestehende Axiomensystem, so ist dies nicht unabhängig, denn für jeden Graphen folgt (NG2) stets bereits aus (NG5):

Folgerung: Es sei (**V, E**) ein Graph. (**V, E**) ist genau dann ein Netzgraph, wenn gilt:

> (NG1)   (**V, E**) ist *endlich.*
>
> (NG4)   Für alle $P \in \mathbf{V}$ gilt: $Grad(P) \geq 3$.
>
> (NG5)   Zwischen je zwei Knoten gibt es stets verschiedene Wege.

Diese Folgerung kann zugleich als *Alternativdefinition für „Netzgraph"* gelesen werden, wobei bei Bedarf – in inhaltlicher Erweiterung der Definition – die Voraussetzung der Endlichkeit verzichtbar ist.

[1106] Ein „Weg" in einem Graphen ist eine Kanten-Knoten-Folge, vgl. [Hischer 2010, 100] und [Hischer 2010, 102].

[1107] Übliche Notation für die (in einfachen ungerichteten Graphen) eindeutige Kante zwischen zwei Knoten.

[1108] Eine *Sehne* ist eine Kante zwischen zwei Knoten eines Kreises, die aber nicht Kante dieses Kreises ist.

Das *Wesentliche eines Netzgraphen* besteht daher in den folgenden beiden Eigenschaften:

- Existenz unterschiedlicher Wege zwischen je zwei beliebigen Knoten

- $Grad(P) \geq 3$ (für alle Knoten P)

Das führt in diesem Kontext zu folgender

Definition: Ein endlicher, zusammenhängender, maschenhaltiger Graph heißt **Netzwerk**. [1109]

„Netzwerk" meint hier zunächst das strukturelle Insgesamt der *Bestandteile* bezüglich „Netz im pädagogisch-didaktischen Kontext", was die „Maschenhaltigkeit" begründet, während „Netzwerk" für Newman nur ein Graph ist, der in der Netzwerktheorie betrachtet wird.

Eine solche Identifikation von „Netzwerk" und „Graph" wie bei Newman scheint in der „Netzwerktheorie" (oft unausgesprochen) üblich zu sein. Auf der anderen Seite muss man der oben vorgeschlagenen Auffassung von „Netzwerk" nicht folgen, bei der zwar jeder Netzgraph ein spezielles Netzwerk ist, aber nicht umgekehrt.

Darüber hinaus sei angemerkt, dass die Benutzer und die Betrachter jeweils „soziale Netzwerke" bilden können, die aber nicht maschenhaltig sein müssen. [1110]

Bild 10.18 veranschaulicht exemplarisch einige unterschiedliche Stadien bei schrittweiser Kanten-Reduktion eines anfangs vorliegenden Netzgraphen:

(a) Netzgraph, ist *ideal vernetzt*;

(b) zwar kein Netzgraph, ist aber ein Netzwerk; jede Kante ist hier sogar Teil einer Masche; ist immerhin *noch recht gut vernetzt*;

(c) kein Netzgraph, ist noch ein Netzwerk, ist zusammenhängend, besitzt eine Masche; ist *schlecht vernetzt*;

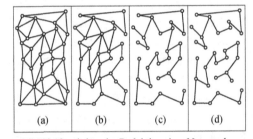

Bild 10.18: schrittweise Reduktion eines Netzgraphen

(d) besteht aus zwei Komponenten; obere Komponente ist noch ein Netzwerk, ist schlecht vernetzt; untere Komponente ist ein Baum, ist also kein Netzwerk, ist *nicht vernetzt*.

Ein Netzgraph stellt gemäß dieser Auffassung den *idealtypischen Fall* einer „Vernetzung" dar, weil jede Kante Teil einer Masche ist, und das bedeutet zugleich, dass je zwei Knoten durch *mindestens zwei verschiedene Wege verbunden* sind. Aber das ist in einem Baum gerade nicht der Fall, denn hier sind diese beiden (gleichwertigen!) All-Eigenschaften nicht erfüllt, genauer sogar: Ein *Baum besitzt* sogar *keine einzige Masche*, und das bedeutet, dass es keine zwei Knoten gibt, die auf verschiedenen Wegen miteinander verbunden sind! So sind auch „*lineare Ketten*" wie ●→●→●→●→●→● ··· (als spezielle Bäume) stets *nicht vernetzt*!

[1109]   Auf die Voraussetzung „zusammenhängend" kann man ggf. verzichten, sie erscheint aber im vorliegenden Kontext als sinnvoll. „Maschenhaltig" bedeutet: Der Graph besitzt *mindestens eine Masche*.

[1110]   Vgl. Abschnitt 10.5.5.

„Netzgraph" und „Baum" sind in diesem Verständnis von „Vernetzung" *graphentheoretische „Antipoden"*: Jeder Baum ist stets nicht vernetzt, er ist nur „verzweigt", jeder Netzgraph ist hingegen definitionsgemäß stets „vernetzt", wobei seine Vernetzung durch neue Kanten ggf. „verbessert" werden kann, sofern er nicht schon vollständig ist, denn vollständige Graphen sind sogar *optimal vernetzt*. (Zwar könnte man auch in einem vollständigen Graphen weitere Kanten einfügen, aber dann liegt kein Graph mehr vor, sondern ein Multigraph.)

Zunächst sei damit Folgendes definitorisch vereinbart bzw. festgehalten:

- *Verbindung:* Zwei *Knoten* eines Graphen sind genau dann *verbunden*, wenn zwischen ihnen *(mindestens) ein Weg* existiert. [1111]

- *Verzweigung:* Ein zusammenhängender *Graph* ist genau dann *verzweigt*, wenn je zwei verschiedene Knoten durch *genau einen Weg* verbunden sind.

- *Starke Vernetzung*: Ein *Graph* ist genau dann *stark vernetzt*, wenn er ein Netzgraph ist.

- *Schwache Vernetzung*: Ein *zusammenhängender Graph* ist genau dann *schwach vernetzt*, wenn er weder verzweigt noch stark vernetzt ist.

- *Vernetzung:* Ein *Graph* ist genau dann *vernetzt*, wenn er entweder schwach vernetzt oder stark vernetzt ist.

Einige *wesentliche Folgerungen* lassen sich wie folgt formulieren:

- Jeder endliche, zusammenhängende Graph ist entweder verzweigt oder vernetzt, d. h.: Für zusammenhängende Graphen bezeichnen *„verzweigt"* und *„vernetzt"* kontradiktorische *Begriffe*.

- *Jeder Netzgraph* ist (stark) vernetzt, aber *nicht verzweigt*.

- *Jeder Baum* hingegen ist verzweigt, jedoch *nicht vernetzt*. [1112]

Daraus lässt sich u. a. schließen:

- Wenn je zwei Knoten eines endlichen Graphen verbunden sind (wenn er also zusammenhängend ist), so ist er entweder verzweigt oder vernetzt, es liegt dann *entweder ein Baum oder ein vernetzter Graph* (und bei Maschenhaltigkeit sogar ein Netzwerk) vor.

Konsequenzen mit Blick auf Didaktik und Pädagogik:

Folgende Eigenschaften kennzeichnen eine *idealtypische Vernetzung*:

1. Jeder Knoten hat *einen „Eingang"* („in-degree") und mindestens *zwei „Ausgänge"* („out-degree").

2. Es gibt stets verschiedene Wege zu einem Ziel – und das ist z. B. typisch für „offenen Unterricht".

3. Im Falle von „Kleiner-Welt-Vernetzung" gibt es zudem zu jedem Ziel stets „kurze" Wege.

[1111]   Genau in zusammenhängenden Graphen sind also je zwei Knoten verbunden!

[1112]   Ist jede Komponente eines Graphen ein Baum, so ist dieser Graph ein **Wald**. Auch Wälder sind daher im vorliegenden Verständnis nicht vernetzt.

- Die obigen Kennzeichnungen von „Vernetzung" sind *qualitative Vernetzungsgradmaße.*

- Daneben gibt es auch *quantitative Vernetzungsgradmaße,*
z. B. den *mittleren Knotenabstand,* den *Durchmesser* oder den *Clusterkoeffizienten.* [1113]

10.3.5 Das „Netz-Dilemma"

Man spricht gerne von „vernetztem Denken", auch in der Fachliteratur, z. B. Frederic Vester bereits im Titel seines Buchs „Die Kunst vernetzt zu denken". [1114] Hingegen spricht Wolfgang Klafki von „vernetzendem Denken" (S. 16), was schon sprachlich nicht dasselbe ist.

So wurde bei den „Handlungs-Aspekten" und den „Zustands-Aspekten" auf S. 377 dieser sprachlich bedingte Unterschied zwischen „vernetzen", „vernetzend denken" „vernetzt denken" und „vernetzt sein" hervorgehoben.

Die üblicherweise verwendete Floskel „vernetzt denken" wurde „gerettet", indem sie auf die Nutzung vorhandener Netze bezogen wurde, doch eigentlich könnte man „vernetzt denken" als eine biologische Tautologie ansehen, weil ja unser Gehirn tatsächlich „vernetzt" ist und wir also aufgrund des „neuronalen Netzes" im Gehirnaufbau gar nicht anders können, als „vernetzt" zu denken:

- Das intern vorhandene neuronale Netz ist also *unhintergehbar* „vernetzt" zu nutzen. [1115]

Andererseits sind im gängigen Sprachgebrauch sowohl das *vernetzte Denken* als auch das *vernetzende Denken* meist durch die Auffassung gekennzeichnet, dass *nicht* in *Kausalketten* (als „linearen Ketten" [1116]) geplant, gedacht und argumentiert wird – und das passt dann zur üblichen Gegenüberstellung zwischen dem „vernetzten" bzw. „vernetzenden" Denken einerseits und dem sog. „linearen Denken" andererseits.

Kießwetter weist in diesem Zusammenhang auf folgenden beachtenswerten Aspekt hin: [1117]

Unser menschliches Handeln – und damit auch das Erklären, das Textformulieren und -lesen usw. – geschieht in der Zeit und ist damit automatisch linearisiert. Wir stehen also bei der Darstellung eines vernetzten Zusammenhangsgewebes vor dem in der Regel nur mangelhaft lösbaren Problem, dessen „Knotenpunkte" in eine sinnvolle Reihenfolge zu bringen, weil bei jeder Reihung automatisch (zu) viele „Zusammenhangskanten" verloren gehen. Leider wird vielfach – und dies auch in der Schule – der „lineare Rest" von Zusammenhangsgeweben als Idealfall betrachtet, was sich dann u. a. darin bemerkbar macht, daß der „gute" (?) Lehrer seinen Schülern leicht nachvollziehbare Regeln für algorithmische Ketten vorgibt.

Schließt man sich dieser (plausiblen) Auffassung von Kießwetter an, so ergibt sich eine anscheinend unlösbare Situation, die „**Netz-Dilemma**" genannt sei: [1118]

[1113] Siehe dazu die Ausführungen in [Hischer 2010].
[1114] [Vester 2002]
[1115] Vgl. hierzu die von Jörissen & Marotzki angesprochene „unintergehbar mediale Sozialisation" auf S. 79 f.
[1116] Siehe S. 380.
[1117] [Kießwetter 1993, 7]

- Die „*Komplexität der Welt*", in der wir leben, ist (vermutlich) eine im vorliegenden Sinn „vernetzte" und kann damit eigentlich nur zumindest durch „vernetztes Denken" oder sicherlich besser *durch „vernetzendes Denken"* approximierend *erschlossen* werden, nicht aber durch „monokausales Denken". Zugleich findet unser *Handeln grundsätzlich* in der Zeit und damit *nur „linear"* und also *nicht vernetzt* statt. Das betrifft dann entsprechend auch den (zeitlichen) Aufbau von Kognition im Individuum selbst.

Das hat Konsequenzen: Ein als Programmablaufplan dargestellter *Algorithmus* [1119] kann als zusammenhängender, gerichteter Graph aufgefasst werden. Die *Struktur eines konkreten, sinnvollen Algorithmus* wird in aller Regel nicht monokausal sein wie bei linearen Ketten, denn er wird „Maschen" enthalten. Das *Abarbeiten eines konkreten Algorithmus hingegen –* ob nun durch eine Maschine oder durch einen Menschen *– erfolgt dagegen* in aller Regel *stets „linear"* (also monokausal) wie in einer Kette. Somit tragen (sowohl terminierende als auch nicht terminierende) „maschenhaltige" Algorithmen meist das o. g. Netz-Dilemma bereits a priori in sich selber. Dies macht auf andere Weise das „**Netz-Dilemma**" deutlich:

- *Man kann zwar vernetzend denken, aber nur monokausal („linear") handeln.*

10.4   Modellierung natürlich wachsender Netzwerke

10.4.1   Übersicht

„Natürliche" Netzwerke entstehen i. d. R. nicht planmäßig, sondern unter stochastischen Bedingungen. Die ersten Untersuchungen solcher „Zufallsgraphen" waren rein graphentheoretischer Natur. Bei dem auf Pál **Erdős** und Alfréd **Rényi** [1120] (1959) zurückgehenden *ER-Modell* werden *vorhandene Knoten* zufallsbedingt durch Kanten verbunden. Dieses Modell konnte jedoch das Auftreten „Kleiner Welten", wie man sie z. B. bei der *Erdős-Zahl* oder beim *Kevin-Bacon-Orakel* kennt, nicht erklären.

Eine neue Phase in der mathematischen Modellierung „realer" Netzwerke wurde durch das 1998 von **Watts** und **Strogatz** präsentierte *WS-Modell* eingeleitet: Hier werden *vorhandene Kanten* eines gegebenen regulären Graphen zufallsgesteuert nur „neu verdrahtet". Damit konnte zwar das Entstehen „Kleiner Welten" erklärt werden, nicht jedoch das Entstehen von „*Naben*" in realen Netzwerken: Wenige Knoten des Netzwerks weisen hier einen extrem hohen Grad auf (mit sehr vielen Verbindungen zu anderen Knoten). Daraufhin stellten **Barabási** und **Albert** 1999 alternativ ihr *BA-Modell* vor, das durch *dynamisches Wachstum* und *bevorzugendes Andocken* ("rich get(s) richer") gekennzeichnet ist, denn „reale" Netzwerke wachsen oft durch Entstehung *sowohl* neuer Kanten *als auch* neuer Knoten. Diese Modelle werden nun kurz beschrieben und in Bezug auf „Kleine Welten" verglichen. [1121]

[1118]   Siehe dazu [Hischer 2010, 185 f.].
[1119]   Siehe hierzu Abschnitt 9.3.3.
[1120]   Informationen zu Rényi z. B. unter http://www-history.mcs.st-and.ac.uk/Biographies/Renyi.html (26. 03. 2016).
[1121]   Siehe die ausführliche Beschreibung in [Hischer 2010] und [Newman 2010].

10.4.2   Das „ER-Modell" von Erdős und Rényi (1959)

Es liegt nahe, den mit „Netzwerk" zusammenhängenden Themenkreis ganz in der Obhut der mathematischen Graphentheorie sehen zu wollen, einer Disziplin, deren Anfänge bereits im „Königsberger Brückenproblem" (Leonhard Euler) liegen. Die Graphentheorie hat sich aber anfangs vor allem *regulären Graphen* gewidmet (also Graphen, bei denen alle Knoten denselben Grad haben): [1122]

> Traditionally the study of complex networks has been the territory of graph theory. While graph theory initially focused on regular graphs, since the 1950s largescale networks with no apparent design principles have been described as random graphs, proposed as the simplest and most straightforward realization of a complex network. Random graphs were first studied by the Hungarian mathematicians Paul Erdős and Alfréd Rényi.

„Zufallsgraphen" bilden offensichtlich einen Kontrast zu regulären Graphen, und sie wurden in der Graphentheorie seit 1959 umfassend untersucht. [1123] So wird im *Erdős-Rényi-Modell* ein Zufallsgraph (**V**, **E**) dadurch erzeugt, dass bei n *vorliegenden* Knoten einer bereits *gegebenen* Knotenmenge **V** (also $|\mathbf{V}| = n$) und gegebener Wahrscheinlichkeit p aus den maximal $\binom{n}{2}$ *möglichen* Kanten eines vollständigen Graphen dieser Knotenanzahl rund $\binom{n}{2} \cdot p$ *Kanten zufällig ausgewählt* werden.

Dieses „ER-Modell" ist zwar mathematisch reizvoll und untersuchenswert, doch hat es sich bezüglich praktischer Anwendungen bei „realen großen Netzen" als nicht durchgängig tauglich erwiesen, wie Albert und Barabási berichten: [1124]

> This model has guided our thinking about complex networks for decades since its introduction. But the growing interest in complex systems has prompted many scientists to reconsider this modeling paradigm and ask a simple question: are the real networks behind such diverse complex systems as the cell or the Internet fundamentally random? Our intuition clearly indicates that complex systems must display some organizing principles, which should be at some level encoded in their topology. But if the topology of these networks indeed deviates from a random graph, we need to develop tools and measurements to capture in quantitative terms the underlying organizing principles.

Als Nachteil des ER-Modells zeigte sich später, dass das Kleine-Welt-Phänomen hiermit nicht erklärbar ist und dass es also schon deshalb für die Untersuchung großer natürlicher Netzwerke nicht taugt. Hinzu kommt, dass es in den ersten Jahrzehnten seiner Entstehungszeit zunächst mangels verfügbarer Datenbanken noch nicht an „realen" Netzwerken testbar war, was erst seit den 1980er Jahren (durch Computer) zunehmend möglich wurde. Seit Ende der 1990er Jahre kam es dann aber zu einer explodierenden Fülle von Untersuchungen und Veröffentlichungen bezüglich der *Abweichung der Topologie realer Netzwerke von derjenigen von Zufallsgraphen* im Sinne des ER-Modells: so in der mathematischen Optimierungstheorie und in der Informatik, dann theoriebildend und damit fundierend insbesondere in der Statistischen

---

[1122]   Hierauf wird in [Albert & Barabási 2002, 48] hingewiesen.
[1123]   Vgl. die Initialarbeit [Erdős & Rényi 1959].
[1124]   [Albert & Barabási 2002, 48]; mit *„random graph"* beziehen sie sich auf das Erdős-Rényi-Modell.

Physik (z. B. in der „Perkolationstheorie" zur Erklärung von „Magnetismus"), und schließlich auch mit Blick auf weitere Anwendungsbereiche wie die Biologie und die Medizin. Insbesondere gingen von der *Soziologie* in den letzten Jahrzehnten *entscheidende Impulse* aus, und *mathematische Methoden* ermöglichten schließlich wesentliche formalisierende Fortschritte.

10.4.3   Das „WS-Modell" von Watts und Strogatz (1998)

Duncan J. **Watts** und sein Doktorvater Steven H. **Strogatz** [1125] entwickelten ein *Modell zur Simulation des Kleine-Welt-Phänomens*, das sich ganz in ihrem Sinn beispielsweise anhand von Bild 10.19 in seiner Grundstruktur beschreiben lässt: [1126]

Links ist hier ein aus 12 Knoten [1127] bestehender regulärer Graph **G** zu sehen, der ein *„1-dimensionales Gitter"* darstellt und bei dem jeder Knoten genau 4 *Nachbarn* (also den „Grad" 4) hat. Betrachtet man einen aus dieser „Nachbarschaft" bestehenden *Untergraphen*, wie er z. B. in Bild 10.19 hervorgehoben ist, so ist erkennbar, dass dieser genau 3 Kanten enthält. Dieser aus 4 Knoten und 3 Kanten bestehende Untergraph bildet ein „Cluster", dem noch 3 Kanten fehlen, um ein vollständiger Graph zu sein (er wäre dann ein Tetraeder). Diese 4 Knoten würden dann eine „Clique" bilden (denn typisch für eine „Clique" ist im soziologischen Kontext, dass jeder mit jedem aus dieser Gruppierung in Beziehung steht). Der (lokale) *Clusterkoeffizient* ist ein Maß für die „Cliquenhaftigkeit" der Nachbarschaft eines Knotens. Er hat genau dann den Wert 1, wenn diese Nachbarschaft eine Clique (also ein vollständiger Untergraph) ist, und andernfalls ist er kleiner als 1.

Das WS-Modell basiert auf einem Algorithmus zur *Neuverdrahtung („rewiring")* eines solchen „Gittergraphen", der bewirkt, dass in Abhängigkeit von einem gewählten Wahrscheinlichkeitswert $p \in [0; 1]$ ein entsprechender Anteil aller vorhandenen Kanten durch neue, andere Kanten ersetzt wird.

Bild 10.19 zeigt für den Fall eines *eindimensionalen Gitters* (hier: eines regulären Graphen mit dem Grad 4) drei markante Stadien: Ganz links ist das *Stadium größter Ordnung* zu sehen (alle Kanten des regulären Graphen sind unverändert), ganz rechts liegt dagegen ein *Stadium großer Unordnung* vor (nahezu alle Kanten wurden bereits verändert). Dazwischen befindet sich ein *Übergangsstadium*, bei dem nur wenige Kanten verändert wurden.

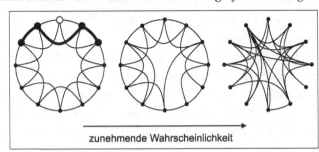

zunehmende Wahrscheinlichkeit

Bild 10.19: WS-Modell: Simulation der Entstehung von „Small worlds"

[1125] Informationen zu den Autoren z. B. unter
https://de.wikipedia.org/wiki/Duncan_Watts und https://de.wikipedia.org/wiki/Steven_Strogatz (26. 10. 2015).

[1126] Primär in[Watts & Strogatz 1998], sekundär auch z. B. in [Albert & Barabási 2002, 67] und in [Watts 2004, 245].

[1127] In der primäre, originalen Darstellung bei [Watts & Strogatz 1998, 441] besteht der Graph aus 20 Knoten.

Bei dieser „Neuverdrahtung" geht zwar die Regularität des Graphen verloren, jedoch bleibt der mittlere Knotengrad erhalten, weil die Knotenanzahl und die Kantenanzahl unverändert bleiben. Dieses Modell untersuchten Watts und Strogatz in Computersimulationen für unterschiedliche „Gitter", Knotenanzahlen und Knotengrade:

Für jeden Wahrscheinlichkeitswert p lassen sie mit ihrem Programm sowohl den *mittleren Knotenabstand*[1128] L als auch den *Clusterkoeffizienten* C berechnen. Da beide Werte von p abhängen, verwenden Sie die Bezeichnungen $L(p)$ bzw. $C(p)$. Hier liegen nun *Zufallsgraphen anderer Art* als im ER-Modell vor: Sie entstehen nicht durch stochastische Erzeugung neuer Kanten, sondern durch *Neuverdrahtung vorhandener Kanten!*

Bild 10.20[1129] zeigt dazu die auf maximal 1 normierten Werte einer Simulationsreihe in halblogarithmischer Darstellung. Dadurch wird insbesondere der „Anfangsbereich" (für kleine Werte von p) horizontal „logarithmisch gezoomt"!

Stets ist $C(p)/C(0) \leq 1$, und bei $p = 0$ liegt optimale Clusterbildung vor. Bei $p = 1$ ist die Clusterbildung hingegen sehr gering, denn $C(p)$ ist hier nahezu 0 (siehe Bild 10.20 rechts).

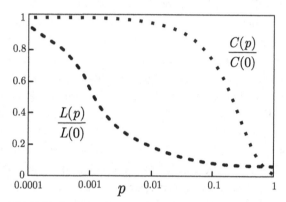

Bild 10.20: Simulation des WS-Modells bei 20 Zufallsgraphen mit je 1000 Knoten und 5000 Kanten

Der mittlere Knotenabstand $L(p)$ und der globale Clusterkoeffizient $C(p)$ sind quantitative Vernetzungsgradmaße:[1130]

So bedeuten höhere Werte von $L(p)$ schlechtere Durchsuchbarkeit des Graphen, weil der Weg zwischen zwei beliebigen Knoten „im Mittel" länger ist als bei Graphen mit geringerem Wert von $L(p)$. In diesem Sinne sind dann die in Bild 10.20 ausgewerteten „Zufallsgraphen" bis etwa $p \approx 0,001$ als „schlecht vernetzt" anzusehen, für größere Werte von p hingegen „besser bis gut vernetzt".

Hohe Werte von $C(p)$ zeigen andererseits an, dass es viele cliquenhafte Cluster gibt (also Nachbarschaften von Knoten, in denen eine hohe wechselseitige „Bekanntschaft" vorliegt) – sie signalisieren daher quantitativ, dass solche Graphen in diesem Sinne relativ gut vernetzt sind. Somit sind die in Bild 10.20 ausgewerteten Zufallsgraphen von $p = 0$ bis hin zu etwa $p \approx 0,02$ als *„gut vernetzt"* anzusehen, für größere Werte von p hingegen als *„schlechter bis sehr schlecht vernetzt"*.

Wie sind diese beiden Effekte zu erklären?

[1128]   Vgl. Tabelle 4

[1129]   In Anlehnung an [Watts & Strogatz 1998, 441] modifiziert dargestellt.

[1130]   Vgl. Tabelle 4 und die Anmerkungen auf S. 367 und 382, ausführlich in [Hischer 2010].

Die „Neuverdrahtung" der Kanten führt, ausgehend vom Zustand bei $p = 0$, zum Entstehen von *„Abkürzungen"*, wie sie bereits in der mittleren Figur von Bild 10.19 zu sehen sind:

- *Mittlerer Knotenabstand:* Durch die „Neuverdrahtung" bei wachsendem p nimmt nicht nur der Abstand der so direkt *neu verbundenen* Knoten drastisch ab, sondern auch der Abstand zwischen Knoten aus deren Nachbarschaften und den zugehörigen „iterierten Nachbarschaften"! $L(p)$ nimmt daher in der Nähe von $p = 0$ bei nur gering wachsendem p *sehr schnell* ab, wie in Bild 10.20 zu sehen ist.

- *Clusterkoeffizient:* Diese Abkürzungen führen in der Nähe von $p = 0$ bei nur wenigen Nachbarschaften zum Verlust von internen Kanten, so dass hier insgesamt also zunächst ein nur sehr geringer Effekt bezüglich der Abnahme des Clusterkoeffizienten vorliegt (in Übereinstimmung mit Bild 10.20). [1131]

Wendet man nun beide Vernetzungsgradmaße *gemeinsam* auf die hier untersuchten Zufallsgraphen an, so erkennt man einen *mittleren Bereich* für p (nämlich etwa von $0,002$ bis $0,02$), innerhalb dessen diese Graphen hinsichtlich beider Maße als (quantitativ)*„relativ gut vernetzt"* anzusehen sind.

Und genau dieses *Auftreten eines gemeinsamen Bereiches* eines einerseits relativ geringen mittleren Knotenabstandes und eines relativ hohen Clusterkoeffizienten gilt nun seit [Watts & Strogatz 1998] als *Kennzeichen für das Vorliegen des Kleine-Welt-Phänomens.* Während also damit ursprünglich nur kleine mittlere Knotenabstände gemeint waren, geht es jetzt um die überraschende Beobachtung, dass bei Kleinen Welten in einem großen Bereich zwischen Ordnung und Zufälligkeit kleine mittlere Knotenabstände *gemeinsam* mit großer Cliquenhaftigkeit (und also mit einem hohen Clusterkoeffizienten) auftreten!

➤ Da jedoch das in Abschnitt 10.2.2.4 beschriebene Potenzgesetz mit dem WA-Modell noch nicht erklärt werden kann, ist diese Modellierung trotz ihres großen Fortschritts gegenüber dem ER-Modell auch noch nicht zufriedenstellend.

10.4.4 Das „BA-Modell" von Barabási und Albert (1999)

Die Biologin und Physikerin Réka **Albert** und der Physiker Albert-László **Barabási** [1132] motivieren in einer umfangreichen Übersichtsarbeit die Begriffsbildung zum zuvor gerade angesprochenen „Clusterkoeffizienten" mit Blick auf dessen soziologische Wurzeln: [1133]

A common property of social networks is that cliques form, representing circles of friends or acquaintances in which every member knows every other member. This inherent tendency to cluster is quantified by the clustering coefficient [...]

[1131] Das ergibt sich auch eindrucksvoll aus der numerischen Darstellung des Clusterkoeffizienten, worauf hier aus Umfangsgründen verzichtet werden muss (vgl. [Hischer 2010, 154 ff.]).

[1132] Informationen zu den Autoren unter https://en.wikipedia.org/wiki/R%C3%A9ka_Albert und https://en.wikipedia.org/wiki/Albert-L%C3%A1szl%C3%B3_Barab%C3%A1si (26. 10. 2015).

[1133] [Albert & Barabási 2002, 49]

Sie suchen (ebenso wie Watts und Strogatz mit deren WS-Modell) nach einer geeigneten Modellierung großer, realer Netzwerke, die eine Erklärung des Kleine-Welt-Phänomens liefert, die aber – im Gegensatz zum WS-Modell – darüber hinaus auch eine Simulation des „Potenzgesetzes" und damit eine Erklärung der „Skaleninvarianz"[1134] möglich macht.

Das von ihnen dazu gemeinsam mit Hawoong **Jeong** 1999 mit Hilfe von Methoden der physikalischen "Mean-Field Theory" (mit der nur das *Verhalten von Mittelwerten* betrachtet wird) entwickelte „BA-Modell" basiert auf einem *grundlegend anderen Ansatz* als beim ER-Modell und beim WS-Modell: Es geht *nicht* von einer *vorhandenen und unveränderten Knotenmenge* aus,

– die durch stochastische *Kantenerzeugung* zu einem „Zufallsgraphen" zu erweitern ist (wie beim ER-Modell) oder

– bei der die *vorhandenen Kanten* stochastisch nur noch neu „zu verdrahten" sind (wie beim WS-Modell).

➤ Vielmehr liegt dem BA-Modell die realistische Annahme zugrunde, dass *Netzwerke* „nicht einfach vorhanden sind", sondern dass sie *entstehen* und *wachsen*, indem *neue Kanten und neue Knoten hinzukommen*. Das heißt: *Netzwerke „wachsen dynamisch"*,[1135] indem neue Kanten an alten oder neuen Knoten gewissermaßen „*andocken"*.

Genauer: Beim BA-Modell liegt *nicht nur* eine stochastische *Steuerung* der Netzwerkveränderung vor, *sondern sogar* eine *Regelung*, die allerdings *Zufallsgraphen ganz anderer Art* liefert: Und zwar wird unterstellt, dass *neue Kanten nicht gleichwahrscheinlich an den verfügbaren Knoten* andocken, sondern dass für dieses Andocken *rückkoppelnd* „reiche" Knoten bevorzugt werden, die bereits mit herausragend mehr Kanten inzidieren. Dieser „unfaire" bzw. „ungerechte" Auswahl-Modus entspricht dem „Verhalten" in natürlichen Prozessen, wie er im *Matthäus-Evangelium* beschrieben wird:[1136]

Denn wer da hat, dem wird gegeben werden, und er wird die Fülle haben;
wer aber nicht hat, dem wird auch, was er hat, genommen werden.

Der Wissenschaftssoziologe Robert K. **Merton** sprach deshalb 1968 mit Bezug auf das *Zitierverhalten* bei wissenschaftlichen Publikationen vom „*Matthäus-Effekt"*:[1137] Bekannte Autoren erscheinen oft „glaubwürdiger" als andere und werden daher dann häufiger zitiert als weniger bekannte, was ihren Bekanntheitsgrad (zumindest zunächst) steigert!

Im Jargon beschreibt man den Matthäus-Effekt gern durch „*Reiche werden immer reicher, und Arme werden immer ärmer"*, und in der einschlägigen Fachliteratur heißt es oft *"rich get richer"* oder *"rich gets richer"*.[1138]

[1134] Vgl. hierzu die exemplarische Beschreibung der Skaleninvarianz im Abschnitt 10.2.2.4 auf S. 368 ff.

[1135] Vgl. zu „dynamisch" S. 59 f. und S. 178.

[1136] Matthäus-Evangelium 25, 29 (Textfassung aus einer Bibel-Ausgabe von 1914).

[1137] [Merton 1968]

[1138] Erstmals wohl [Merton 1968, 7], dann u. a. auch [Barabási & Albert & Jeong 1999, 181], [Adamic et al. 2001, 7], [Albert & Barabási 2002, 85], [Barabási 2009, 412] und [Newman 2010, 487]. *"rich gets richer"* ist die auch zu findende Singularform.

Das BA-Modell basiert also auf folgenden zwei **Grundannahmen**:

1. *dynamisches Wachstum* des Graphen bezüglich Knoten *und* Kanten ("dynamic grow")

2. *bevorzugendes Andocken* neuer Kanten an vorhandene Knoten ("preferential attachment")

Diese Grundannahmen werden in Bild 10.21 [1139] exemplarisch visualisiert: also die *Simulation* eines solchen Prozesses *aus Wachstum und bevorzugendem Andocken.* Das entstehende Netzwerk enthält zum Schluss 20 Knoten. Zu Beginn liegen drei isolierte Knoten vor, zu denen sich sukzessive 17 weitere wie folgt hinzugesellen: In jedem Schritt wird *ein neuer Knoten* hinzugefügt,

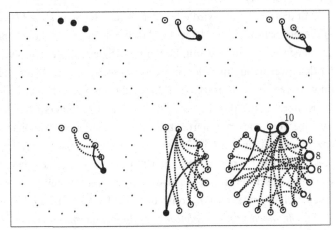

Bild 10.21: exemplarische schrittweise Simulation der Netzwerkentstehung gemäß dem BA-Modell

gefolgt von *jeweils zwei neuen Kanten*, die nach dem Prinzip des bevorzugenden Andockens (dem sog. *preferential attachment*) mit zwei vorhandenen Knoten inzidieren, die bereits „stärker" gefragt sind.

Insgesamt entstehen 34 Kanten, wobei sich unter den 20 Knoten einige *„Naben"* (englisch: *hubs*) mit besonders hohem Knotengrad herausgebildet haben. Diese Naben sind vor allem bei den früh entstandenen Knoten zu finden: Die neuen Knoten haben scheinbar nur geringe Chancen, zu Naben aufzusteigen ("rich get richer"). [1138]

Aber: Es werden nicht nur „reiche" Knoten mit neuen Kanten verbunden, sondern auch „arme Schlucker" wie etwa der „oberste" Knoten. Die Erklärung ist einfach: Im konkreten Beispiel von Bild 10.21 wird bei jedem Schritt zu den schon vorhandenen n Knoten $P_1,...,P_n$ zunächst *ein* weiterer neuer Knoten P_{n+1} hinzugefügt. Zu P_{n+1} sind dann *zwei* Knoten aus $P_1,...,P_n$ als „Andock-Knoten" auszuwählen, und zugleich werden *zwei* neue Kanten erzeugt, die mit diesen beiden Andock-Knoten und mit P_{n+1} inzidieren. Die Auswahl dieser beiden Knoten erfolgt gemäß dem "preferential attachment" durch eine stochastische Modellierung, welche die „reicheren" Knoten $P_i \in \{P_1,...,P_n\}$ durch einen linearen Ansatz [1140] für die *Auswahlwahrscheinlichkeit* p_i bevorzugt bedient, wobei $k_i := \mathrm{Grad}(P_i)$ ist: [1141]

Mit $K_n := \sum_{i=1}^{n} k_i$ ist $p_i := k_i / K_n$ für $i \in \{1, 2, ..., n\}$, also $\sum_{i=1}^{n} p_i = 1$.

[1139] Eine eigene Darstellung auf der Basis von http://backspaces.net/sun/PLaw/ (10. 12. 2013).

[1140] Gemäß der "Mean-Field Theory" der Statistischen Physik ist das ein „Mittelwert-Feld-Ansatz", der nur die Mittelwerte der Knotengrade berücksichtigt, nicht aber „individuelle" Knoteneigenschaften.

[1141] [Barabási & Albert 1999, 511], [Barabási & Albert & Jeong 1999, 179].

Im Beispiel aus Bild 10.21 ist das zwar nicht möglich, weil hier $K_3 = 0$ ist, was sich aber leicht „heilen" lässt, indem man z. B. $p_i := (k_i+1)/(K_n+n)$ für $i \in \{1, 2, \ldots, n\}$ wählt, wobei dann für große n ersichtlich $p_i \approx k_i/K_n$ gilt, genauer: $p_i \simeq k_i/K_n$ (was „asymptotisch gleich" bedeutet).

Mit diesem Ansatz wird einer der „alten" Knoten $P_j \in \{P_1, \ldots, P_n\}$ entsprechend der ihm in diesem Schritt zugeordneten Wahrscheinlichkeit p_j rückkoppelnd (regelnd) zum Andocken der neuen Kante ausgewählt. Durch modifiziertes „Ziehen ohne Zurücklegen" wird das auch für den zweiten auszuwählenden Knoten durchgeführt. Damit werden dann auch die „Ärmsten" im weiteren Auswahlprozess für das Andocken neuer Kanten nicht völlig ausgeschlossen!

Konkret wird das BA-Modell für die Computersimulationen wie folgt ausgelegt: [1142] Es wird von einer zur Startzeit $t_1 = 1$ vorhandenen Knotenanzahl ausgegangen, die mit m_1 bezeichnet sei (in Bild 10.21 ist $m_1 = 3$). Zu diskreten Zeitpunkten $t \in \mathbb{N}^*$ kommt jeweils *genau ein* neuer Knoten hinzu, der mit *genau* m vorhandenen Knoten inzidiert, die, ähnlich wie oben beschrieben, stochastisch ausgewählt werden, wobei stets $m \le m_1$ gilt und (unter vereinfachter Annahme) m konstant ist (in Bild 10.21 ist $m = 2$).

Die *mathematische Modellanalyse* liefert dann, dass unter diesen Voraussetzungen für die relative Häufigkeit $h(k)$ der Knotengradverteilung von k für große t in Übereinstimmung mit Abschnitt 10.2.2.4 das *Potenzgesetz* $h(k) \sim k^{-3}$ gilt. [1143]

Eine weitere, ebenfalls einfache Simulation der Netzwerkentstehung nach dem BA-Modell stellte Barabási 2009 im Science Magazine vor: [1144] Es ist wieder $m_1 = 3$ und $m = 2$, und die drei Anfangsknoten bilden mit drei Kanten ein Dreieck, also einen zusammenhängenden Graphen. (In Bild 10.21 bilden im dritten Stadium die Knoten 2, 4 und 5 ein Dreieck). Auch hier kommen bei jedem Schritt wieder genau ein Knoten und genau zwei Kanten hinzu. Barabási schreibt hierzu: [1144]

> The simplest process that can produce scale-free topology was introduced a decade ago [...] and it is illustrated in the top two rows. Starting from three connected nodes (top left), in each image new node (shown as an empty circle) is added to the network. When deciding where to link, new nodes prefer to attach to the more connected nodes, process known as preferential attachment. Thanks to growth and preferential attachment, rich-gets-richer process is observed, which means that the highly connected nodes acquire more links than those that are less connected, leading to the natural emergence of few highly connected hubs. The node size, which was chosen to be proportional to the node's degree, illustrates the natural emergence of hubs as the largest nodes.

Barabási vergleicht dann dieses *Simulationsergebnis* mit einem *realen statistischen* Ergebnis, und zwar mit einem „Zusammenarbeitsgraphen" publizierender Physiker und schreibt: [1144]

[1142] [Barabási & Albert 1999, 510], [Barabási & Albert & Jeong 1999, 179 f.].

[1143] Nach [Barabási & Albert 1999, 511], [Barabási & Albert & Jeong 1999, 181] und [Albert & Jeong & Barabási 2000, 379]. [Newman 2010, 500 ff.] gibt eine ausführliche Berechnung an. Man vergleiche hierzu die einführenden exemplarischen Erörterungen zum Potenzgesetz auf S. 368 ff.

[1144] [Barabási 2009, 412], mit schönen Abbildungen auch zu finden in einem Science-Beitrag (26. 10. 2015): http://www.barabasilab.com/pubs/CCNR-ALB_Publications/200907-24_Science-Decade/200907-24_Science-Decade.pdf

Illustration of the growth process in the co-authorship network of physicists. Each node corresponds to an individual author, and two nodes are connected if they coauthored a paper together. The four images show the network's growth at 1-month time intervals, indicating how the network expands in time, leading to the emergence of a clear hub. Once again, the node size was chosen to be proportional to the node's degree.

Wir können auch Bild 10.21 als ein solches "co-authorship network" unterpretieren. Es lässt sich auch als ein in der Zeit wachsendes „Zitationsnetzwerk" interpretieren, wobei es in der Realität nicht so sein muss, dass die im letzten Stadien erkennbaren Naben auch solche bleiben, falls nämlich die betreffenden Autoren dann nicht oder kaum mehr zitiert werden.

Das BA-Modell vermag nicht nur die für viele natürliche Netzwerke typische Entstehung Kleiner Welten zu erklären, sondern auch das *Potenzgesetz* (die *Skaleninvarianz*) und die Entstehung von *Naben*.

➢ Die theoretische Analyse zeigt sogar: Ist nur *eine* der beiden *Grundannahmen* nicht erfüllt, dann liegt *keine Skaleninvarianz* vor! [1145] Damit ist das BA-Modell dem ER-Modell und dem WS-Modell wesentlich überlegen.

Das BA-Modell war zwar ein Durchbruch für das Verständnis der Prozesse bei der Netzwerkentstehung, aber es hat beachtenswerte, weit frühere Vorgänger gegeben, obwohl Barabási und Albert „ihr" Modell wohl später unabhängig davon entdeckt haben: Derek J. de Solla **Price** publizierte 1965 in SCIENCE eine Arbeit über *"Networks of Scientific Papers"*, in der er den Prozess des wissenschaftlichen *Zitierens* mit Hilfe *gerichteter Netzwerke* beschrieb und an dem er das *Potenzgesetz der Knotengradverteilung* bereits empirisch entdeckt hatte! [1146]

Price wollte klären, weshalb hier diese ungewöhnliche Verteilungsfunktion auftritt und griff dazu auf eine Abhandlung aus dem Jahre 1955 von Herbert A. **Simon** mit dem Titel *"On a Class of Skew Distribution Functions"* in der Zeitschrift BIOMETRIKA zurück, in der dieser das Auftreten eines solchen Potenzgesetzes bei verschiedenen ökonomischen Datensätzen (ohne Betrachtung von „Netzwerken") beschrieb, beispielsweise bei der Vermögensentwicklung in der Bevölkerung: [1147]

Vermögende pflegen ihr Geld gewinnbringend anzulegen und somit eine Rendite zu erwirtschaften, die entsprechend (im Ansatz von Simon proportional) zu ihrer Investition steigt, womit das Prinzip "rich-get-richer" und damit der Matthäus-Effekt modelliert wird. Simon wies theoretisch nach, dass die Vermögensverteilung nach diesem Ansatz in Übereinstimmung mit den empirischen Daten tatsächlich einem *Potenzgesetz* folgt.

Newman beschreibt die Modellierung durch Price ausführlich und zeigt, dass diese allgemeiner ist als die von Barabási und Albert, die wiederum als Spezialfall von Price's Modellierung erscheint. [1147]

[1145] [Barabási & Albert & Jeong 1999, 182 ff.]; zu den „Grundannahmen" siehe S. 388.
[1146] [Price 1965] und [Price 1976] mit Untersuchungen zum „citation index" und Quellenangaben. Hierauf weist [Newman 2010, 487 ff.] nachdrücklich hin.
[1147] Ausführliche Beschreibung bei [Newman 2010, 486 ff.].

Zwar basiert das BA-Modell auf ungerichteten Graphen, jedoch lässt es sich auch auf gerichtete Graphen anwenden. [1148] Bei gerichteten Graphen muss allerdings zwischen dem
„Ausgangs-Grad" („out-degree") eines Knotens und seinem „Eingangs-Grad" („in-degree")
unterschieden werden, [1149] was z. B. für sog. „Zitations-Netzwerke" und das WWW unmittelbar einleuchtend ist: Die Anzahl der Verweise von einem WWW-Dokument auf andere muss
nicht mit der Anzahl der Verweise von anderen Dokumenten auf dieses übereinstimmen.

Und bei *Zitationsnetzwerken* kommt die Zeitabhängigkeit des Erscheinens der Publikationen hinzu, denn nur in kuriosen Ausnahmesituationen kann es Verweise von „alten" Publikationen auf neuere geben. Bei einer mathematischen Modellierung kann man solche „Ausrei-
ßer" sogar strikt ausschließen. Das hat dann zur Folge, dass in Zitationsnetzwerken keine
„durchlaufbaren Kreise" existieren. (Solche Netzwerke bzw. Graphen heißen „azyklisch".)

Der Modellierungsansatz von Price führt in Übereinstimmung mit empirischen Daten zu
einer geschlossenen Lösung derart, dass sich bei der Zitation von Publikationen für die Knotengradverteilung $h(q)$ mit dem „in-degree" q ein Potenzgesetz der Gestalt $h(q) \sim q^{-\gamma}$ mit
$\gamma > 2, \gamma \approx 3$ ergibt. Und für das BA-Modell (als Spezialfall aus dem Price-Modell) folgt auch
hier wieder exakt $\gamma = 3$ (s. o.) wobei „in-degree" und „out-degree" dann übereinstimmen.

10.4.5   Ausfallverhalten von Netzwerken: Fehlertoleranz und Stabilität

Interessant ist in dem hier nicht dargestellten zweiten Beispiel aus Science, [1144] dass bis auf eine
große „Nabe" die anderen drei Autoren der ersten beiden Phasen am Ende keine Rolle mehr
spielen und dass zwei spät hinzugekommene Knoten zu Naben werden. Wie kommt das?

Zunächst zeigt uns dieses Beispiel, dass auch das BA-Modell in seiner vorgestellten Form
die „Realität" formal noch nicht vollständig erfasst. Denn was geschieht in der Praxis, z. B.
beim Zitieren von wissenschaftlichen Arbeiten? So wird eine „bahnbrechende Arbeit" in aller
Regel zunächst in vielen Nachfolgearbeiten anderer Autoren zitiert und wird damit zu einer
Nabe. Der Zusammenarbeitsgraph wächst aber ständig weiter, und bald sind die wesentlichen
Ideen der „Ursprungsarbeit" zum Allgemeingut innerhalb der betreffenden wissenschaftlichen
Community geworden, so dass diese Arbeit nicht mehr zitiert wird, sondern allenfalls (vor al-
lem anfangs) noch mit bestimmten Namen in Verbindung gebracht wird. Solche Naben wach-
sen dann nicht mehr und können sogar von anderen, später entstandenen „überholt" werden.

„Reale" Netzwerke verändern sich aber nicht nur dadurch, dass neue Knoten hinzukommen, sondern auch dadurch, dass vorhandene wegfallen, so beispielsweise in den sog.
„Freundschaftsnetzwerken", [1150] wenn etwa Mitglieder ausscheiden oder sterben, ferner in den
(natürlichen) „neuronalen Netzen" des Gehirns, wenn Neuronen oder Axone ausfallen, oder
in Netzwerken von Flugverbindungen, wenn einzelne Flughäfen geschlossen werden. Hierauf
ist das BA-Modell vom Ansatz her nicht ausgelegt, um solche Prozesse zu beschreiben.

[1148]   In „Zitationsnetzwerken" verlaufen (wie auch in Bild 10.21) Kanten normalerweise von neuen zu alten Knoten.
[1149]   Vgl. und Tabelle 4 auf S. 371.
[1150]   Dies sind Beispiele für „soziale Netzwerke", vgl. hierzu auch die Beispiele im letzten Abschnitt 10.4.4.

Und es ist anzumerken, dass die für Simulationen bequeme und nützliche Voraussetzung, dass „m konstant" sei, [1151] eine nicht unerhebliche und nicht praxisgerechte Einschränkung ist.

Weiterhin können offenbar nicht nur einzelne *Knoten* wegfallen, sondern es können auch *Verbindungen* ohne Löschung von Knoten wegfallen, wenn etwa eine Freundschaft aufgekündigt oder eine Flughafenverbindung eingestellt wird. So sind alle bisher vorgestellten Netzwerk-Modelle in ihrer Genese zwar geeignet, um das Verständnis vom Aufbau und dem Funktionieren von Netzwerken zu vertiefen, jedoch müssen sie evtl. im konkreten Fall auf die jeweilige Situation angepasst bzw. weiter verändert werden.

Die Entstehungs- und Veränderungsprozesse „realer" Netzwerke (der *Bestandteile* des Netzes) haben externe Ursachen, die im Konzept von „Netz" [1152] als Störungen („Perturbationen" [1153]) vor allem auf die *Benutzer* oder die *Betrachter* zurückgehen und also denen zu „verdanken" oder „anzulasten" sind. Die *Auswirkungen* sind mit geeigneten Vernetzungsgradmaßen als sog. „Netzwerkstatistiken" *messbar.* [1154] Und so entsteht die Frage, welche Einwirkungen ggf. zu einer *kritischen Veränderung* eines Netzwerks führen können, und zwar derart, dass ein wichtiges Vernetzungsgradmaß *wesentlich* in dem Sinne geändert wird, dass dieses Netzwerk *instabil* wird:

In der Praxis auftretende wichtige Netzwerke sind beispielsweise *Energieversorgungsnetze* (*Knoten:* Kraftwerke und Umspannungsstationen; *Kanten:* Überlandleitungen und Leitungen zu den Verbrauchern), das *Internet* als *ungerichteter Graph* (*Knoten:* Router, Server, persönliche Endgeräte; *Kanten:* Datenleitungen unterschiedlichen Typs wie z. B. Kabel und Funk) und das *World Wide Web* (WWW) als *gerichteter Graph* (*Knoten:* Dokumente unterschiedlichen Typs; *gerichtete Kanten:* Verweise von einem Dokument auf ein anderes).

Mit Blick auf das einwandfreie Funktionieren solcher Netzwerke tauchen brisante Fragen auf wie z. B.: Welche und wie viele *Kanten* dürfen in einem Energieversorgungsnetz ausfallen, damit es noch „akzeptabel" funktioniert? Und analog: Welche und wie viele *Knoten* dürfen in einem Energieversorgungsnetz ausfallen? Ganz entsprechend kann man diese Fragen für das Internet, das WWW und letztlich für jedes Netzwerk stellen! Anders gefragt: Gibt es in einem konkreten Netzwerk typische *„Schwellen"*, „jenseits" derer es (in einem zu definierenden Sinn) *instabil* wird? Welche *„Fehlertoleranzen"* haben konkrete Netzwerke?

Für „reale große Netzwerke" – wie beispielsweise die oben genannten – können derartige Fragen nicht immer quantitativ untersucht werden, und schon gar nicht immer ohne weiteres empirisch-experimentell, weil die jeweiligen „Verbraucher" künstlich herbeigerufene Netzwerkmängel gewiss nicht „begrüßen" würden.

Hier sind meist *Modelle* zur *Simulation* solcher „Schadenssituationen" erforderlich!

[1151] Vgl. die Prozessbeschreibung zum in Fußnote 1144 erwähnten Beispiel von Barabási aus Science.

[1152] Vgl. den Abschnitt „Netz" im pädagogisch-didaktischen Kontext.

[1153] Vgl. den Abschnitt *Alltagssprachlicher Bedeutungsumfang von „Netz":*
Nach Maturana und Varela („Baum der Erkenntnis") sind Perturbationen „wahrgenommene Störungen".

[1154] A. a. O.

Die Physiker Réka Albert, Albert-László Barabási und Hawoong Jeong sind in diesem Sinne vorgegangen und haben ihren Simulationen zwei extrem unterschiedliche Netzwerkmodelle zugrunde gelegt, nämlich das ER-Modell und das BA-Modell.

Bei vollständigen Graphen (bei denen jeder Knoten mit jedem anderen durch genau eine Kante verbunden ist) ist zu erwarten, dass nach Löschung weniger zufällig ausgewählter Kanten im „Restgraphen" jeder Knoten mit jedem anderen noch durch einen Weg verbunden ist, so dass dieser also weiterhin zusammenhängend ist. Solche Kanten sind dann im Sinn der Funktionalität eines Netzwerks „redundant". In Netzgraphen ist Ähnliches zu erwarten, weil hier je zwei Knoten *zunächst* durch mindestens zwei Wege verbunden sind: Löschung „nicht zu vieler" zufällig ausgewählter Kanten wird die „Funktionalität" eines solchen Netzwerkes dann vermutlich noch nicht beeinträchtigen. Auch diese Kanten sind „redundant".

Ein „reales großes" (zusammenhängendes) Netzwerk wird aber nicht notwendig ein Netzgraph sein, geschweige denn ein vollständiger Graph. Dennoch kann es durchaus eine *Kleine Welt* darstellen, sodass zwei beliebige Knoten aufgrund hinreichend vieler zusätzlicher Direktverbindungen bzw. der Verfügbarkeit von *Naben* einen relativ geringen mittleren Knotenabstand aufweisen. Könnten dann diesbezüglich evtl. auch solche Kanten „redundant" sein?

Die Simulationsergebnisse von Albert, Jeong und Barabási [1155] zeigen nun, dass Zufallsnetzwerke, die mit dem ER-Modell beschreibbar sind *oder* die mit dem WS-Modell beschreibbar sind, nicht automatisch hinreichend fehlertolerant sind: Sie müssen darüber hinaus (wie bereits erörtert) *skaleninvariant* sein – und das trifft auf Netzwerke zu, die mit dem BA-Modell beschreibbar sind. So untersuchten die Autoren anhand der beiden unterschiedlichen Netzwerkmodelle für nicht skaleninvariante Netzwerke (nur beim ER-Modell) den Einfluss von lokalen Ausfällen *("errors and attacks")* einzelner Bestandteile auf die Funktionalität der „Restnetzwerke". Dabei betrachteten sie den *ursächlichen Ausfall einzelner Knoten* (der den Ausfall inzidierender Kanten nach sich zieht). Als *quantitatives Maß für die Vernetztheit* der jeweiligen Netzwerke, also als deren *Vernetzungsgradmaß*, legten sie den *mittleren Knotenabstand* zugrunde (den sie allerdings im Gegensatz zur graphentheoretischen Terminologie „Durchmesser" nennen):

Ist $\mathbf{G}$ das zu untersuchende Netzwerk mit $\mathbf{G} = (\mathbf{V}, \mathbf{E})$ [1156], so wird in der Simulation ein Anteil f (= *fraction*) von zufällig ausgewählten Knoten aus $\mathbf{V}$ entfernt, so dass ein Graph $\mathbf{G}' = (\mathbf{V}', \mathbf{E}')$ mit $|\mathbf{V}'| / |\mathbf{V}| \approx f$ entsteht, und es wird die Abhängigkeit des *mittleren Knotenabstands* $L(\mathbf{G}')$ von f untersucht, also $f \mapsto L(\mathbf{G}')$ mit $L(\mathbf{G}') =: \ell(f)$. Dabei ist $\ell(0)$ der mittlere Knotenabstand $L(\mathbf{G})$ in $\mathbf{G}$. Diese Abhängigkeit wird getrennt für die Fälle „*zufälliger Ausfall von Knoten*" („**failure**") und „*gezielte Zerstörung von Knoten*" („**attack**") betrachtet.

Der erste Fall beschreibt das „*Fehlerverhalten*" (Bild 10.22), der zweite das „*Angriffsverhalten*" (Bild 10.23), und mit „*Ausfallverhalten*" sei hier beides zusammen bezeichnet.

[1155] [Albert & Jeong & Barabási 2000]
[1156] $\mathbf{V}$ ist die Menge aller Knoten (Vertices), $\mathbf{E}$ die Menge aller Kanten (Edges).

Den in diesen Abbildungen dargestellten *Simulationen* [1157] legen die Autoren Netzwerke aus jeweils 10.000 Knoten und 20.000 Kanten zugrunde (also mit dem *mittleren Knotengrad* $\langle k \rangle = 4$ [1158]), die als *Zufallsnetzwerke* entweder nach dem ER-Modell oder dem BA-Modell erzeugt worden sind. Es wird dann jeweils sowohl das *Fehlerverhalten* als auch das *Angriffsverhalten* dieser Netzwerke untersucht. [1159]

Beim **Fehlerverhalten** (Bild 10.22) ist zu erwarten, dass der Ausfall einzelner Knoten (und in der Folge davon auch einzelner Kanten) zwar nirgends zu einer Verkleinerung der Knotenabstände führt, wohl aber zu einer Vergrößerung des Abstandes einiger verbleibender Knoten und damit zu einer Vergrößerung des *mittleren Knotenabstands* $L(G')$ gegenüber $L(G)$. Da diese Veränderung durch den Anteil f als Parameter verursacht wird, müsste der Funktionsplot von $f \mapsto \ell(f)$ monoton steigen.

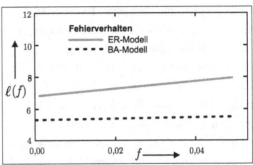

Bild 10.22: Abhängigkeit des *mittleren Knotenabstands* $\ell(f)$ in Netzwerken beim ER-Modell und beim BA-Modell gegenüber dem stochastischen Ausfall eines prozentualen Anteils f aller Knoten (Simulation)

Das ist beim ER-Modell im dargestellten Intervall $[0; 0,05]$ für f auch tatsächlich von Anfang an der Fall (der Verlauf ähnelt einem „linearen" Anstieg), hingegen ist $\ell(f)$ in diesem Intervall beim BA-Modell nahezu konstant. Und so liefert die Simulation:

Werden bei Netzwerken, deren Entstehung auf dem BA-Modell beruht, bis zu etwa 5% *zufällig ausgewählter Knoten* entfernt, so scheint dies ohne Auswirkung auf die Funktionalität dieser Netzwerke zu sein, wenn als „Maß" dafür der mittlere Knotenabstand genommen wird.

Warum ist das so?

Die „stark verlinkten" Naben werden im *Zufallsprozess* der Knotenlöschung gleichwahrscheinlich wie die „schwach verlinkten" anderen ausgewählt, und falls es von den erstgenannten nur sehr wenige gibt, ist „anfangs" (wie hier bei $f \leq 5\%$) noch nahezu keine Wirkung in Bezug auf eine Änderung des mittleren Knotenabstand feststellbar.

Beim **Angriffsverhalten** (Bild 10.23) wird man hingegen erwarten, dass im „Angriffsfall" (also beim gezielten Löschen von stark verlinkten Knoten, die es ja im BA-Modell wegen des Kleine-Welt-Phänomens gibt) ein anderes Verhalten vorliegt: So ist bei der Simulation des ER-Modells in Bild 10.23 keine wesentliche Änderung gegenüber dem Fehlerverhalten in Bild 10.22 erkennbar. Das ist plausibel, weil bei derartigen Zufalls-Netzwerken alle Knoten nahezu denselben Grad haben. Hingegen bewirkt das gezielte Löschen von Naben *beim BA-Modell* von Anfang an eine *dramatische Zunahme* des mittleren Knotenabstands.

[1157] Diese Abbildungen wurden auf der Basis von [Albert & Jeong & Barabási 2000, 379] für diesen Zweck erstellt.

[1158] $\langle k \rangle$ ist in der Statistischen Physik das übliche Symbol für den (arithmetischen) Mittelwert der Größe k, also für den mittleren Knotengrad.

[1159] [Albert & Jeong & Barabási 2000, 379 f.]

Allerdings ist kritisch anzumerken, dass man beim ER-Modell eigentlich nicht von „Naben" sprechen kann, die ohne das Prinzip "rich get(s) richer" gar nicht „vorgesehen" sind, aber man könnte ersatzweise Knoten mit höherem Knotengrad wählen. Möglicherweise sind die Autoren bei ihren Simulationen so vorgegangen.

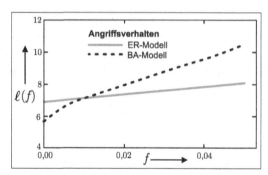

Bild 10.23: Abhängigkeit des *mittleren Knotenabstands* $\ell(f)$ in Netzwerken beim ER-Modell und beim BA-Modell gegenüber dem gezielten Löschen von Naben als einem prozentualen Anteil f aller Knoten (Simulation)

Es stellt sich nun die Frage, inwieweit diese Simulationsergebnisse „reale Netzwerke" korrekt betreffen. Auch ohne solche Schadenssituationen als „Netzwerkmängel" *künstlich* erzeugen zu müssen, konnten die Autoren dieses jedoch überprüfen, weil sie damals (noch!) auf Daten des *"National Laboratory for Applied Network Research (NLANR) Project"* zurückgreifen konnten, das leider nicht mehr existiert. [1160]

In Bezug auf diese (nicht mehr verfügbaren) Daten führten Albert, Jeong und Barabási analog zu Bild 10.22 und Bild 10.23 statistische Auswertungen durch, und zwar jeweils sowohl für das Internet (mit 6.209 Knoten und 12.200 Kanten, also mit $\langle k \rangle = 3,4$), als auch für das World Wide Web (mit 325.729 Knoten und $1.498.353$ Kanten, also mit $\langle k \rangle = 4,59$), die beide eindrucksvoll bestätigten, dass das BA-Modell diese beiden recht unterschiedlichen Netzwerke adäquat simuliert: [1161]

Man beobachtet eine *geringe Anfälligkeit gegenüber stochastischen Ausfällen* einzelner Knoten, jedoch eine *dramatische Anfälligkeit gegenüber gezielten Angriffen auf Naben.*

Netzwerke, deren Entstehung mit dem BA-Modell beschreibbar ist, sind daher *in hohem Maße verletzlich gegenüber gezielten Attacken.* Zugleich kann das z. B. pharmakologisch vorteilhaft bei der Bekämpfung von (als Naben auftretenden) Erregern genutzt werden:

[...] attack survivability: the diameter of these networks increases rapidly and they break into many isolated fragments when the most connected nodes are targeted. Such decreased attack survivability is useful for drug design, but it is less encouraging for communication systems, such as the Internet or the WWW. Although it is generally thought that attacks on networks with distributed resource management are less successful, our results indicate otherwise. The topological weaknesses of the current communication networks, rooted in their inhomogeneous connectivity distribution, seriously reduce their attack survivability. [...] [1162]

[1160] Die in [Albert & Jeong & Barabási 2000] angegebene Adresse http://moat.nlanr.net/Routing/rawdata/ gilt nicht mehr, denn das NLANR wurde am 30. 06. 2006 geschlossen, und die Nachfolgeorganisation CAIDA hat ihren Service für nlanr.net im Mai 2009 eingestellt. Auch die am 29. 03. 2010 noch verfügbare Ersatzadresse http://moat.nlanr.net wird nicht mehr gepflegt, allerdings findet man dort Hinweise auf neue Archive. (26. 10. 2015)

[1161] Entsprechende empirisch fundierte Abbildungen sind bei [Albert & Jeong & Barabási 2000, 379] zu finden.

[1162] [Albert & Jeong & Barabási 2000, 381]

10.4.6 Zusammenfassung

Das WS-Modell bietet gegenüber dem ER-Modell eine wesentliche Verbesserung der Simulationsmöglichkeit „realer" Netzwerke und dessen Verständnis, weil damit das *Kleine-Welt-Phänomen* erklärbar wird. Es liefert aber noch keine Erklärung für die bei realen Netzwerken oft zu beobachtende *Skaleninvarianz* und das damit zusammenhängende *Potenzgesetz*.

Jedoch wird beides vom BA-Modell geleistet, welches im Gegensatz sowohl zum ER-Modell als auch zum WS-Modell nicht von einer konstanten Knotenanzahl ausgeht, sondern vielmehr in speziell modellierender Weise ein *dynamisches Wachstum* realer Netzwerke bezüglich der Knotenanzahl *und* der Kantenanzahl berücksichtigt. Sogar der beim empirisch beobachteten Potenzgesetz auftretende Exponent γ wird in der theoretisch-analytischen Auswertung des BA-Modells in seiner Größenordnung bestätigt.

Als besonders erfolgreich muss bei diesem Modell der (auf Price zurückgehende) Ansatz des *"preferential attachment"* gelten, mit dem das Prinzip des "rich get(s) richer" und damit der „Matthäus-Effekt" erfasst wird. Dieser Ansatz führt in den Simulationen des Modells zur Entstehung von *Naben*, die einerseits bei „realen" Netzwerken tatsächlich auftreten und die andererseits zu einem besseren Verständnis des Kleine-Welt-Phänomens beitragen können. Und obwohl das BA-Modell im Ansatz das faktisch mögliche Schrumpfen von Netzwerken nicht explizit berücksichtigt, wird das in bestimmten Netzwerken auftretende *Ausfallverhalten* auch in Simulationen eindrucksvoll bestätigt.

Naben sind in gewissem Sinn „Mittelpunkte" in ihrem zugehörigen Netzwerk, weil sie einen sehr kleinen mittleren Abstand zu den anderen Knoten aufweisen. Sie treten auch in den eingangs vorgestellten Zusammenarbeitsgraphen auf. So ist beispielsweise Kevin Bacon im Akteursgraphen eine Nabe, also ein „Mittelpunkt" mit der Bacon-Zahl von etwa $3{,}00$ als mittlerem Abstand zu den anderen Akteuren.

Patrick Reynolds teilt auf der von ihm gepflegten Website oracleofbacon.org mit, dass er im Stande von April 2013 insgesamt 369 Akteure gefunden habe, die ein „besserer Mittelpunkt" als Bacon seien, beispielsweise Sean Connery mit dem mittleren Abstand $2{,}937$ zu den anderen Akteuren (so gibt es also auch eine „Connery-Zahl"). [1163] All diese Akteure sind ebenfalls Naben in diesem Zusammenarbeitsgraphen. [1164]

Und auch der Erdős-Graph enthält Naben:

In dem in Bild 10.7 auf S. 365 dargestellten Teilgraphen identifiziert man hier als weitere Naben neben Erdős leicht z. B. Graham (links neben Erdős) und Harary (rechts unterhalb von Erdős), ferner z. B. oben auch Straus.

[1163] Stand am 24. 09. 2015: mittlere Bacon-Zahl $\approx 3{,}009$ und mittlere Connery-Zahl $\approx 2{,}982$.
[1164] Diese Website enthält übrigens auch die Option „Center of the Hollywood Universe", mit der man jeden Akteur auf seinen mittleren Abstand zu den anderen hin überprüfen kann.

10.5   Fazit: Vernetzung als Medium zur Weltaneignung

10.5.1 Vorbemerkung

Das Kleine-Welt-Phänomen wird in der Netzwerktheorie transdisziplinär untersucht und hat maßgeblich zu deren Entwicklung beigetragen, andererseits gehört es aus graphentheoretischer Sicht zur „Diskreten Mathematik", die eines der Grundlagengebiete der Informatik ist und sich zu einem „Brückengebiet" zwischen Mathematik und Informatik entwickelt hat. Und dabei war die Graphentheorie ursprünglich ein rein innermathematisches Gebiet und bietet nunmehr als Teil der Diskreten Mathematik wichtige außermathematische Anwendungsmöglichkeiten. Insofern soll hier angedeutet werden, dass sowohl das Kleine-Welt-Phänomen als auch das korrelierende graphentheoretische bzw. netzwerktheoretische Umfeld ein Potential einerseits für Anwendungen in der Didaktik der Mathematik als Unterrichtswissenschaft und andererseits darüber hinaus auch für inhaltliche Aspekte des Mathematikunterrichts und schließlich auch fachübergreifend für schulpädagogische Aspekte besitzt. Weil all dies sich auf die *Diskrete Mathematik* stützt, sei es plakativ „diskretes Potential" genannt. Zusammenfassend erweist sich *Vernetzung als Medium*, und zwar als *Medium zur Weltaneignung*.

10.5.2 Vernetzung, Kleine Welten und Mathematikdidaktik: Grundsätzliches

Da in der Mathematikdidaktik z. B. bezüglich der Unterrichtsgegenstände oft und gerne von deren „Vernetzung" und dann von einem „vernetzenden Unterricht" gesprochen wird, soll angedeutet werden, welches „diskrete Potential" eine sog. „Vernetzung" entfalten kann, wenn das hier vorgeschlagene Konzept von „Netz" und das Kleine-Welt-Phänomen kritisch-konstruktiv herangezogen werden. Geht man der Frage nach, was denn einen „vernetzenden Unterricht" ausmacht oder ausmachen soll, so entsteht sogleich die weitere Frage, wer oder was denn hier von wem und wie vernetzt werden soll. So wird man vielleicht geneigt sein, primär an „Unterrichtsinhalte" zu denken, die zu „vernetzen sind" – aber soll nun diese Vernetzung von den Schülerinnen und Schülern oder von den Lehrpersonen oder von sonst jemandem vorgenommen werden – oder gar von allen mit je eigenen Aufgaben und Beiträgen?

Das führt zur in Abschnitt 10.3.3 beschriebenen *Struktur von „Netz im pädagogisch-didaktischen Kontext"* mit den Trägermengen der *Bestandteile*, der *Benutzer* und der *Betrachter*. Dazu gehören die drei *Zweckaspekte*, die drei *Handlungsaspekte* und die beiden *Zustandsaspekte*. Dabei ist zu beachten, dass *„Vernetzung"* durchaus *doppeldeutig* ist, weil darunter situativ sowohl ein *Produkt* (also ein *Zustand*, z. B. das *Vernetzt-Sein*) als auch ein *Prozess* (hier im Sinne einer *Handlung*, dem *Vernetzen*) zu verstehen ist.

„Vernetzender Unterricht" meint dann das *Vernetzen* als Handlung bzw. als Prozess im Unterricht, an dessen Ende (oder dem einer Phase bzw. einer Etappe) eine Vernetzung von irgendetwas (im Sinne eines neuen Zustands bzw. Produkts) stehen soll. Das ist zunächst ein Zweck, möglicherweise aber auch ein *Unterrichtsziel*.

Der neue *Zustand* betrifft gemäß den beiden Zustandsaspekten sowohl das *Vernetzt-Sein* als auch das *Im-Netz-Sein:*

- Das *Vernetzt-Sein* bezieht sich in einem ersten Ansatz auf die *Bestandteile* des Netzes, die als *Knoten* eines Netzwerks aufgefasst werden können, und das betrifft in vereinfachter Betrachtung gewiss auch (sich bildende!) *Unterrichtsgegenstände.* [1165] Dazu gehören *Kanten* als strukturierende Verbindungen bzw. Beziehungen zwischen diesen Knoten. Mit diesem auf die *Bestandteile* des Netzes bezogenen *Vernetzt-Sein* wird bereits *ein* nahe liegendes bzw. vordergründiges Ziel eines „vernetzenden Unterrichts" angesprochen.

- Das *Im-Netz-Sein* bezieht sich jedoch primär auf die *Benutzer* des Netzes, womit zunächst und beispielsweise an die Schülerinnen und Schüler gedacht werden kann (im Sinne von „ich bin drin"): Sie sind die „Adressaten" des Unterrichts als *lernende und zu bildende und sich selbst bildende Subjekte.* Damit wird möglicherweise nicht schon stets ein Unterrichtsziel angesprochen, jedoch kann hier zumindest eine unbeabsichtigte Nebenfolge vorliegen, und bei bewusster Berücksichtigung kann daraus durchaus auch ein weiteres Unterrichtsziel werden.

Diesen beiden Zuständen liegen jeweils *Handlungen* zugrunde, die mit den Handlungsaspekten *„vernetzen", „vernetzt denken"* und *„vernetzend denken"* beschrieben sind. Hiermit sind zunächst Handlungen der *Benutzer* gemeint, deren Aufgabe oder eigenes Ziel es ist, im Sinne des Zweck-Aspekts (1.1) *Zusammenhänge* zwischen den o. g. *Knoten* als *Verbindungen* zu erkennen bzw. zu entdecken bzw. diese eigenständig zu konstruieren.

- Ein „vernetzender Unterricht" kann sich damit aber nicht nur auf die *Bestandteile* beziehen, sondern es sind *notwendig* diejenigen zu berücksichtigen, die hier etwas vernetzen, und das sind zuvörderst die *Benutzer*, also die Schülerinnen und Schüler.

- Hinzu kommen auch die *Betrachter,* also vor allem die Lehrpersonen, denen die Aufgabe der Inszenierung eines solchen „vernetzenden" Unterrichts zufällt – und zugleich wird klar, dass diese Betrachter schon „vorher" eine wichtige Rolle spielen, nämlich bei den Unterrichtszielen, die unter ihrer Betreuung im Rahmen der Zweckaspekte *entstehen.* [1166]

Zwar werden die Benutzer schon mit dem *Im-Netz-Sein* und dem „vernetzenden Denken" bzw. dem „schüleraktiven Zusammenhangsdenken" angesprochen, jedoch fehlt noch die Betonung der *Zweck-Aspekte* (1.2) und (1.3):

- Der Zweck-Aspekt (1.2) ist insofern bedeutsam, weil er die *Lehrerinnen und Lehrer* auffordert, über die fachlichen Unterrichtsziele eines solchen „vernetzenden Unterrichts" hinaus nicht nur auf die *geplanten* Folgen betreffend Haltungen und Einstellungen zu achten, sondern insbesondere auch auf die *unbeabsichtigten* Folgen, um diese pädagogisch berücksichtigen zu können.

[1165] Hier und nachfolgend wird bewusst der Terminus „Unterrichtsinhalte" vermieden, vgl. hierzu Abschnitt 2.1.5.

[1166] Hier wurde ganz bewusst *„unter ihrer Anleitung ... entstehen"* formuliert:
Würden die Lehrpersonen nämlich solche Ziele *setzen*, so wären es ja (nur) „*Lehrziele".*

- Und der Zweck-Aspekt (1.3) ruft die Lehrerinnen und Lehrer dazu auf, sich nicht bezüglich der geplanten Wirkungen eines vernetzenden Unterrichts auf die Schülerinnen und Schüler täuschen zu lassen! [1167]

Solch ein „vernetzender Unterricht" wäre *nicht nur unterrichtstechnisch bedeutsam* (bezüglich individueller „Vernetzung" von z. B. Kenntnissen und Wissen in den Köpfen der Schülerinnen und Schüler), sondern dieser Unterricht würde erst durch die Berücksichtigung der Zweck-Aspekte bezüglich der *Benutzer* (hier: den Schülerinnen und Schülern) und der *Betrachter* (hier: den Lehrpersonen) eine *eigentliche didaktische* (und auch pädagogische) *Dimension* erhalten. Zugleich wird deutlich, dass mit einem derartigen Verständnis von „*Vernetzen*" im didaktisch-pädagogischen Kontext ein *sehr anspruchsvolles Konzept* einhergeht – und weiter: dass also das „Vernetzen" im fachwissenschaftlichen Sprachgebrauch *nicht zu einer blumigen, vieldeutigen Floskel verkommen* darf!

- „*Vernetzen*" bzw. „*Vernetzung*" bedeutet dann sehr viel mehr als nur ein „*schüleraktives Zusammenhangsdenken*".

10.5.3   Kleine Welten, BA-Modell und „vernetzender Unterricht"

10.5.3.1 Grundsätzliches

Hier werden der Einfachheit halber – *zunächst und exemplarisch* – nur solche Netzwerke betrachtet, die strukturelle Zusammenhänge von *Unterrichtsgegenständen* beschreiben, wobei diese Netzwerke dann die „Bestandteile" eines „Netzes im pädagogisch-didaktischen Kontext" betreffen, [1168] also die Knoten eines Netzwerkes, und dazu gibt es gewisse Kanten.

Als *Knoten* kommen z. B. *Themen, Ideen, Begriffe, Definitionen, Vermutungen* usw. infrage, aber es können auch zugehörige erhellende *Beispiele* unter Einschluss von *Übungsaufgaben* sein. *Kanten* können Beziehungen zwischen diesen Knoten sein: nicht nur *logische* im Sinne des Schließens und des Folgerns bzw. des Folgens, sondern z. B. auch *emotionale* des Entdeckens, Erlebens, Irrens, Ratlosseins usw., die insgesamt zu einer individuellen lernpsychologischen „Verankerung" der Knoten beitragen (können). Diese Kanten können sowohl *gerichtet* sein (etwa beim „Schließen") als auch *ungerichtet* (evtl. beim Vergleich inhaltlicher Aspekte).

Das „Vernetzen" ist dann ein Prozess, bei dem aus bereits vorliegenden Knoten durch Einziehen von Kanten ein *Netzwerk* [1169] gebildet wird, oder indem ein vorhandenes Netzwerk erweitert wird – durch Einfügung neuer Knoten und/oder durch Einziehen weiterer Kanten. Zu Beginn eines solchen Prozesses müssen die ersten Knoten und Kanten noch kein Netz-

---

[1167] Für die Untersuchung dieser beiden wichtigen Zweck-Aspekte (1.2) und (1.3) müssten geeignete Beobachtungs-, Handlungs- und Auswertungsinstrumentarien entwickelt und erprobt werden.

[1168] Vgl. Abschnitt 10.3.3.

[1169] Siehe Abschnitt 10.3, insbesondere 10.3.4.

werk im definierten Sinn bilden, auch kann der Graph zunächst nur „verzweigt" sein (also ein Baum, evtl. spziell nur eine lineare Kette). Doch mit der ersten auftretenden Masche liegt dann zumindest eine teilweise Vernetzung vor. Dieser *„Vernetzung"* genannte Prozess kann ggf. auf die Entstehung eines Netzgraphen hinauslaufen. Aber auch ein „Schrumpfen" ist möglich. Aufgrund der unterschiedlichen Kantentypen (gerichtet oder ungerichtet), können die Bestandteile ggf. in mehrere Graphen zerlegt gedacht werden, die sich überlagern.

Das soll und kann hier nicht weiter ausgeführt werden. Vielmehr bedürfen diese Andeutungen einer Vertiefung an anderer Stelle: So werden Pädagogik und Didaktik nicht umhin kommen, beim theoretisch analysierenden und empirisch auswertenden Verstehen solcher Vernetzungsprozesse auch die aktuellen *Erkenntnisse und Methoden der soziologischen Netzwerkanalyse* mit einzubeziehen.

Hier soll es nur darum gehen, mögliche Konsequenzen aus dem beschriebenen BA-Modell der Netzwerkentstehung für die angedeuteten individuellen Vernetzungsprozesse der Unterrichtsgegenstände (also den Bestandteilen) bei den Schülerinnen und Schülern (also den *Benutzern*) in einem hier sog. *kognitiven Netzwerk* aufzuzeigen. Folgende *drei Eigenschaften*, die mit dem BA-Modell verbunden sind, erscheinen dabei beachtens- und bemerkenswert:

➢ Didaktisch beachtenswerte Eigenschaften des BA-Modells:

   1. kleiner mittlerer Knotenabstand – 2. Naben – 3. Ausfallverhalten

Diese werden nachfolgend bezüglich denkbarer didaktischer Konsequenzen betrachtet.

10.5.3.2 kleiner mittlerer Knotenabstand

- **Kennzeichen**: Ein kleiner mittlerer Knotenabstand ist typisch für Kleine Welten, und er wird bereits durch das WS-Modell begründet. Er ist in dem Sinne „klein", als dass er auch bei zunehmender Knotenanzahl des Netzwerks im Wesentlichen nicht wächst (wie dies z. B. bei der Erdös-Zahl oder beim Kevin-Bacon-Orakel erkennbar ist).

- **Didaktischer Bezug**: Als *Knoten* eines kognitiven Netzwerks möge man im mathematik-didaktischen Kontext u. a. an „kognitive Elemente" wie z. B. *Themen, Ideen, Begriffe, Definitionen, Vermutungen, Beispiele, Sätze* usw. denken. Als *Kanten* kommen u. a. „logische Elemente" wie z. B. *Vermuten, Behaupten, Schließen, Folgern, Beweisen* usw. und schließlich auch „affektive bzw. emotionale Elemente" wie etwa *Entdecken, Erleben, Irren, Ratlossein* usw. und infrage (s. o.), auch *Strategien* sind möglicherweise Kanten.

- **Didaktische Konsequenz**: Um als Benutzer effektiv im jeweils subjektiven kognitiven „eigenen" Netzwerk navigieren zu können, wird es vermutlich vorteilhaft sein, wenn hier „kurze Wege" im Sinne eines kleinen mittleren Knotenabstands vorliegen. Hier wird zu untersuchen sein, ob und wie die Benutzer das von sich aus – gewissermaßen „automa-tisch" und unbewusst – organisieren und wie der Unterricht seitens der Betrachter so angelegt und organisiert werden kann, dass die Entstehung Kleiner Welten „in den Köpfen der Benutzer" gefördert werden kann.

10.5.3.3 Naben

- **Kennzeichen**: Naben sind typisch für viele „natürliche", wachsende Netzwerke, und sie werden durch das BA-Modell begründet. Nur wenige Knoten mit herausragend hohem Knotengrad im Vergleich zum Rest der Knoten sind Naben. Naben ermöglichen das Auftreten eines extrem kleinen mittleren Knotenabstands, was zu „Kleinen Welten" führt. Naben entwickeln sich beim natürlichen Wachstum eines Netzes durch „bevorzugendes Andocken" (über den „Matthäus-Effekt").

- **Didaktischer Bezug**: Falls ein kognitives Netzwerk eine Kleine Welt darstellt und über Naben verfügt, wird es ggf. möglich sein, zwischen je zwei Knoten dieses Netzwerks über nur wenige Kanten kognitive oder affektive Verbindungen herzustellen. Solche *Naben* können *Ankerpunkte des Wissens und Könnens* sein und möglicherweise zu einem erfolgreichen „schnellen" Navigieren in dem kognitiven Netzwerk beitragen.

- **Didaktische Konsequenz**: Es wird zu untersuchen sein, wie einerseits einzelne Benutzer ggf. von sich aus welche Knoten als Naben herausbilden (können), wie aber andererseits der Unterricht seitens der Betrachter so angelegt und organisiert werden kann, dass die Entstehung von Naben hier gefördert werden kann. In der didaktischen Planung des Mathematikunterrichts – sowohl auf der *Ebene der wissenschaftlichen Curriculumentwicklung* als auch auf der *Ebene der individuellen Unterrichtsplanung* durch die Lehrpersonen – ist zu prüfen, welche *Themen, Ideen, Begriffe, Definitionen, Vermutungen, Beispiele, Sätze* usw. sich als mögliche Naben im Sinne eines „*Gerüsts eines Netzwerks von Bestandteilen*" anbieten, und bei der Evaluation – sowohl einer wissenschaftlichen empirischen Überprüfung als auch einer individuellen Nachbesinnung des (eigenen) Unterrichts – ist zu ergründen, welche Naben tatsächlich auftreten.

10.5.3.4 Ausfallverhalten

- **Kennzeichen**: Das Ausfallverhalten eines Netzwerks beschreibt, wie sich ein zufälliger Ausfall von Knoten oder Kanten („Fehlerverhalten") bzw. ein gezielter Angriff auf ggf. vorhandene Naben („Angriffsverhalten") auswirkt.

- **Didaktischer Bezug**: Das Ausfallverhalten eines kognitiven Netzwerks bezieht sich auf die unter 10.5.3.2 exemplarisch angedeuteten Knoten und Kanten und auf die unter 10.5.3.3 angedeuteten Naben als Ankerpunkte des Wissens und Könnens.

- **Didaktische Konsequenz**: Es ist zu untersuchen, wie individuelle kognitive Netzwerke so ausgebildet werden können, dass sie stabil gegenüber Ausfällen von Knoten und Kanten sind. Es ist zu untersuchen, welche Knoten gewissermaßen als Naben (im Sinne eines o. g. „Gerüsts") ausgebildet werden sollten und wie diese Ausfälle abgesichert werden können. Ein Prinzip könnte hier sein:

Wichtiges gegenüber Unwichtigem betonen und stärken – was ist wichtig?

10.5.4   Kleine Welten, Netzwerke: Anregungen für den Mathematikunterricht

Die bisherigen Darstellungen bieten eine Fülle von konkreten Möglichkeiten zur inhaltlichen Behandlung im Mathematikunterricht, die nachfolgend nur angedeutet werden sollen und keineswegs erschöpfend sind:

- *Experimentieren mit „kleinen" endlichen Graphen*

Zunächst könnte es (noch ohne Blick auf Kleine Welten) zu einer Renaissance der Thematisierung endlicher Graphen im Unterricht kommen. Die bereits auf Euler zurückgehende Graphentheorie bietet schöne, anregende und teilweise elementar lösbare bzw. zumindest plausibel formulierbare Fragestellungen, die die *Mathematik* ohne vordergründiges Trachten nach Anwendbarkeit und Nützlichkeit zum freudigen *Spiel des Geistes* werden lassen können – und so auch der Talentförderung zu dienen vermögen.

Graphentheorie ist aus dem Mathematikstudium leider oft nahezu verschwunden, und Graphen sind auch wie manch andere interessante Themen und Gebiete den „Bildungsreformen" der letzten Zeit zum Opfer gefallen. Beides sollte nachdenklich stimmen.

- *Aneignung empirischen Wissens*

Graphen bieten aber auch mit Blick auf außermathematische Anwendungen eine Vielzahl von Möglichkeiten der Thematisierung und Behandlung im Unterricht:

– *Experimentieren im World Wide Web (WWW)*

Hier lassen sich vielfältige Erfahrungen im spielerischen Umgang mit „großen" endlichen Graphen sammeln (Bacon-Zahl, Erdős-Zahl, ...).

– *Entdecken Kleiner Welten und deren plausible Begründung*

Experimente können zur Entdeckung des Kleine-Welt-Phänomens führen, das über im WWW verfügbare Darstellungen plausibel erklärbar ist. Viele „natürlich" entstehende Netzwerke, die das Kleine-Welt-Phänomen aufweisen, sind erstaunlich gut mit dem BA-Modell simulierbar.

Elementare Prototypen einer „Kleinen Welt" sind beispielsweise der Akteurs-Graph in Bild 10.1 und der Ausschnitt des Erdős-Graphen als Untergraph des Mathematiker-Graphen in Bild 10.7.

– *Statistische Auswertung von im WWW verfügbaren großen Datenbanken (s. o.)*

Mittelwerte, zeitliche Entwicklungen mittels numerischer und graphischer Darstellung (Tabellenkakulation [1170]), "Power Law" (hier auch die Logarithmus-Funktion und Vorteile logarithmischer Darstellungen [1171]), ...

[1170] Vgl. Abschnitt 6.4.4.2.
[1171] Vgl. Abschnitt 9.2.6.

– *Eigenschaften großer „Netzwerke"*

Naben, Ausfallverhalten (Information darüber, Erörterung, Bedeutung für Individuum und Gesellschaft), ...

– *Netzwerkstatistiken („ Vernetzungsgradmaße")*

mittlerer Knotenabstand, mittlerer Knotengrad, Durchmesser, Clusterkoeffizient, ...

• *Transfer dieses empirischen Wissens auf andere große „Netzwerke"*

Das betrifft: das Entdecken weiterer „realer" Netzwerke; deren Erörterung bezüglich gewonnener Erfahrungen und Kenntnisse; ferner die Entwicklung einer Vorstellung von „Netzwerk".

10.5.5   Pädagogische Aspekte: soziale Netzwerke

In Abschnitt 10.3 („Netz, Netzwerke und Vernetzung") wurde begründet, dass bei „Vernetzungen" in Bezug auf Didaktik und Pädagogik drei unterschiedliche Objektmengen in ihrem komplexen Zusammenspiel zu beachten sind, die ein „Netz im pädagogisch-didaktischen Kontext" bilden: *Bestandteile, Benutzer* und *Betrachter*. Und in den Abschnitten 10.5.2 und 10.5.3 wurde darüber hinaus exemplarisch dargelegt, dass die Bestandteile für sich bereits eine Struktur bilden, die mit Hilfe (eines oder mehrerer) Graphen erfasst werden kann, wobei betont wurde, dass diese „Netzwerke" nicht von selbst entstehen, sondern dass hieran sowohl die Benutzer (hier vor allem: die Schülerinnen und Schüler) als auch die Betrachter (hier vor allem: die Lehrerinnen und Lehrer) als wesentliche Personen (unter Einschluss von „Störungen" [1172]) handelnd beteiligt sind.

Jedoch bilden sich in diesem „sozialen Prozess" nicht nur in jedem Benutzer aus ihm selbst heraus kognitive und affektive Netzwerke der Bestandteile, sondern hierbei sind auch vielfältige Beziehungen der Benutzer unter sich, der Betrachter unter sich und zwischen den Benutzern und den Betrachtern usw. aktiv wirksam. Insgesamt kann diese sehr komplexe Struktur eines Netzes damit als „System" im Sinne der Soziologie aufgefasst werden, wobei aber der recht dubiose Systembegriff nicht wirklich benötigt wird, wie etwa der Soziologe Boris Holzer betont: [1173]

> Der hohe Allgemeinheitsgrad des Netzwerkbegriffs führt ihn in eine gewisse Konkurrenz zum Systembegriff: Kann man oder muss man deshalb sagen, der Netzwerkbegriff könnte den Systembegriff ersetzen? Oder ist umgekehrt die Rede von Netzwerken überflüssig? Sind Netzwerke vielleicht Systeme, vielleicht sogar ein eigenständiger Systemtypus neben Interaktion, Organisation und Gesellschaft? Oder gedeihen sie nur in den Zwischenräumen der Systeme und müssen deshalb als Inter-System-Beziehungen aufgefasst werden?

[1172] Nach Maturana und Varela auch „Perturbationen" genannt, vgl. S. 375.
[1173] [Holzer 2008, 156]; unterstreichende Hervorhebung nicht im Original.

[...] Wie bereits angedeutet ist die <u>Organisation sozialer *Komplexität*</u> ein gemeinsamer Bezugspunkt von Netzwerken und sozialen Systemen. Beide beruhen auf der selektiven Verknüpfung von Elementen: Nicht jeder kann mit jedem reden, nicht jede Handlung auf alle anderen bezogen werden. In der Systemtheorie sind die zu verknüpfenden Elemente allerdings Kommunikationen, also Ereignisse, während wir bei sozialen Netzwerken an mehr oder weniger stabile Identitäten wie Personen oder Organisationen denken.

Den Aspekt der *Organisation sozialer Komplexität* greift Holzer an späterer Stelle nochmals separat auf, indem er darauf hinweist, dass Netzwerke einerseits *innerhalb von Systemen* entstehen, dass sie aber zugleich auch als *Bindeglieder zwischen Systemen* entstehen: [1174]

Netzwerke sind Formen sozialer Ordnungsbildung über reflexive Kontakte, die sich *innerhalb und zwischen* Systemen herausbilden.

Hiermit wird in anderer Form als oben betont, dass es – bezogen auf die hier vorgestellte Strukturierung von „Netz" – auch zu Querbezügen zwischen den Benutzern unter sich, zwischen den Betrachtern unter sich, zwischen den Benutzern und den Betrachtern und schließlich sogar zwischen Benutzern, Betrachtern und Bestandteilen kommt – wobei jedem Benutzer gewiss „individuelle Bestandteile" zukommen, die er bzw. sie aber mit den anderen Benutzern und auch den Betrachtern in unterschiedlichem Grad kommuniziert, was empirisch zu ergründen ist. Dieses äußerst komplexe „System" (also hier „Netz" genannt) bedarf einer pragmatischen Reduktion. Eine erste wichtige und zugleich noch gut überschaubare Struktur sind „soziale Netzwerke", die nicht zu verwechseln sind mit dem einer „sozialen Absicherung" dienenden „sozialen Netz".

Newman kennzeichnet soziale Netze wie folgt: [1175]

Soziale Netzwerke sind Netzwerke, deren Knoten für Personen oder für Gruppen von Personen stehen und deren Kanten soziale Interaktionen zwischen ihnen bedeuten wie z. B. Freundschaft.

Solche Netzwerke lassen sich graphentheoretisch als *„bipartite Graphen"* beschreiben, die man in der Soziologie als *"affiliation networks"* („Verwandtschaftsnetzwerke") untersucht. Ein solcher Graph wird vereinfacht und exemplarisch in Bild 10.24 angedeutet:

Die Knotenmenge des im oberen Teil von Bild 10.24 dargestellten Graphen besteht aus 6 Ziffern und den 8 Buchstaben A bis H. Die gesamte Knotenmenge ist hier erkennbar in zwei disjunkte Teilmengen so zerlegbar, dass die Knoten innerhalb jeder dieser Teilmengen jeweils *nicht adjazent* sind (dass also zwischen ihnen keine Kanten existieren). Daher nennt man derartige solchermaßen „zweigeteilte" Graphen in der Graphentheorie *bipartit*.

Hier können wir nun eine Analogie zu dem Akteursgraphen aus Bild 10.1 herstellen: Die Buchstaben stehen dann für Akteure und die Ziffern für Filme. Dann haben z. B. die beiden Akteure A und D in einem Film (hier: Nr. 1) zusammengewirkt, und D hat mit G in dem Film Nr. 4 zusammengewirkt, jedoch A nicht direkt mit G. Damit hat A von G den *Abstand* 2.

[1174] [Holzer 2008, 162]
[1175] [Newman 2010, 36]; Übersetzung Hischer.

Der obere (bipartite) Graph in Bild 10.24 entspricht offenbar strukturell dem Akteursgraphen in Bild 10.1.

Der untere Graph in Bild 10.24 ist nun aus dem oberen bipartiten Graphen auf ähnliche Weise entstanden wie Bild 10.2 aus Bild 10.1: Zwei Akteure (Buchstaben) sind genau dann verbunden, wenn sie in einem Film gemeinsam agiert haben. Dieser untere Graph in Bild 10.24 ist eine *unipartite Projektion* des bipartiten Graphen. Beispielsweise erkennen wir in dieser unipartiten Partition nicht mehr, dass A und D nicht nur in Film Nr. 1 zusamengewirkt haben, sondern auch in Film Nr. 2. Damit ist der bipartite Graph aus der unipartiten Projektion nicht mehr vollständig rekonstruierbar, die vermittelnden Filme sind in der unipartiten Projektion nicht mehr erkennbar, oder anders:

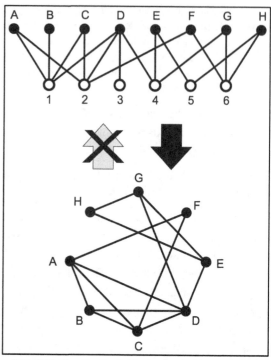

Bild 10.24: bipartiter Graph (oben) mit unipartiter Projektion

Wie in Bild 10.2 ist diese Projektion nicht umkehrbar, weil der unipartite Graph weniger Informationen enthält als der bipartite Graph. Zugleich wird klar, dass jegliche „Zusammenarbeitsgraphen" (wie auch z. B. der Mathematiker-Graph aus Bild 10.7) sich entweder zumindest als *unipartite Projektionen* eines bipartiten Graphen darstellen lassen oder ggf. sogar wie in Bild 10.1 (bei expliziter Erfassung der „Zusammenarbeitskanten") bereits bipartite Graphen sind. Im soziologischen Kontext stehen also Kanten in den unipartiten Projektionen hier für „soziale Interaktionen". [1176]

Somit stellen bipartite Graphen ein *Werkzeug* (und damit ein **Medium** [1177]) dar, mit dem sich Teilstrukturen eines Netzes im pädagogisch-didaktischen Kontext als "affiliation networks" bzw. „Verwandtschaftsnetzwerke" (s. o.) und damit als „**soziale Netzwerke**" erfassen lassen: Beispielsweise können im bipartiten Graphen aus Bild 10.24 die oberen Knoten für Bestandteile (z. B. irgendwelche Unterrichtsgegenstände) stehen und die unteren Knoten für Benutzer (z. B. Schülerinnen und Schüler), und die Kanten bedeuten konkrete Bezüge zwischen den Benutzern und diesen Unterrichtsgegenständen, so dass damit gewisse Gemeinsamkeiten zwischen Teilmengen von Benutzern beschreibbar werden.

[1176] Vgl. obiges Zitat von Newman bezüglich sozialer Netze.
[1177] Vgl. bezüglich „Werkzeug als Medium" u. a. die Abschnitte 3.3 und 3.8.

Derselben Benutzermenge kann man offenbar unterschiedliche Bestandteilsmengen gegenüberstellen und damit dann recht unterschiedliche soziale Netzwerke einer Benutzermenge bilden. Hinzu kommen die Betrachter, für die Ähnliches gilt, und man kann dann entsprechend die graphentheoretische Struktur beispielsweise zu *„tripartiten Graphen"* erweitern: Beziehungen zwischen den Benutzern und gewissen Bestandteilen, Beziehungen zwischen den Betrachtern und denselben Bestandteilen und schließlich Beziehungen zwischen den Benutzern und den Betrachtern.

Diese Andeutungen mögen verdeutlichen, dass eine derartige *graphentheoretisch orientierte Kennzeichnung sozialer Netzwerke* im Prinzip ein *reichhaltiges Werkzeug* [1177] zur Erfassung kommunikativer und sozialer Strukturen im Unterricht darstellt, welches sich für Untersuchungen, Beschreibungen und Planungen im pädagogischen Rahmen anbietet. Entsprechende Methoden sind jedoch an anderer Stelle noch auszuarbeiten und zu erproben. Dabei ist zu prüfen und zu berücksichtigen, welche konkreten Werkzeuge in der Netzwerktheorie und insbesondere in der Soziologie bereits vorliegen, um (in ggf. modifizierter Form) darauf zurückgreifen bzw. darauf aufbauen zu können.

10.5.6   Zusammenfassung

Zu Beginn von Abschnitt 5.1 wurde mit Bezug auf Abschnitt 3.4 festgehalten: *„In und mit Medien setzt der lernende und erkennende Mensch seine Welt und sich selbst in Szene."*

Unabhängig davon fordert Klafki in seinem Allgemeinbildungskonzept die *Bereitschaft und Fähigkeit zu vernetzendem Denken,* [1178] denn aus seinen Studien ergäbe sich diese Forderung

> zwingend aus neueren Zeit- und Gesellschaftsanalysen, die jene vielfältigen Verflechtungen herausgearbeitet haben, die heute, im Zeitalter hochentwickelter Technik und ihrer möglichen Folgen [...] „alles mit allem" verknüpfen [...] [1179]

Vernetzendes Denken meint die Erzeugung bzw. Gestaltung einer Vernetzung (als Zustand), während *vernetztes Denken* (nur) die Erfassung der Struktur einer bereits vorhandenen Vernetzung (als Zustand) ist. [1180] *Vernetzendes Denken* schließt also das *vernetzte Denken* mit ein, *Vernetzung* ist jedoch eine individuelle *Handlung* und damit ein *Prozess*. Bezogen auf Klafkis zitierte „Bereitschaft und Fähigkeit zu vernetzendem Denken" als einem wichtigem Bestandteil in seinem Allgemeinbildungskonzept ergibt sich daher in anderer Sichtweise:

- *Durch vernetzendes Denken (und damit durch „Vernetzung") setzt der lernende und erkennende Mensch seine Welt und sich selbst in Szene.*

Somit erweist sich schon dadurch gemäß Abschnitt 3.5

- *„Vernetzung" als Medium in der weiten Auffassung.*

[1178]   Auf S. 16 zitiert.
[1179]   [Klafki 2007, 63 ff.], fast wortgleich in [Klafki 1989, 21 ff.]; Hervorhebungen nicht im Original.
[1180]   Vgl. hierzu die sog. *Handlungs-Aspekte von „Netz"* auf S. 377.

Insbesondere kann „*Vernetzung*" gemäß Abschnitt 3.3 im Sinne von Wagner als *Hilfsmittel* oder gar als *Werkzeug zur Weltaneignung* angesehen werden. Dieses wurde bereits am Beispiel der *sozialen Netzwerke* exemplarisch deutlich: Das mit „Vernetzung" gekennzeichnete „Werkzeug" vermag nämlich nicht nur deren Struktur zu beschreiben, sondern auch zum Verständnis ihrer Entstehung, Weiterentwicklung und Veränderung beizutragen

Insgesamt tritt damit „*Vernetzung als Prozess*" einerseits in den Rollen als *Vermittler von Kultur oder Natur* auf und andererseits aber auch als eine *Umgebung bei Handlungen* – so beim „vernetzenden Denken". Darüber hinaus tritt „*Vernetzung als Zustand*" – und damit im Sinne von „Vernetztheit" – bei *dargestellter Kultur oder Natur* auf: Vorhandene Vernetzungen in Kultur bzw. Natur vermögen wir zu entdecken und in Wort und Bild darzustellen und zu deuten, sofern wir ein Verständnis von „Vernetzung" entwickelt haben. Die Mathematik ist hierbei ein wichtiges Werkzeug zur mathematischen Modellierung und Interpretation.

Das alles kann abschließend vermöge der einzelnen in Abschnitt 5.1 aufgeführten Aspekte verallgemeinernd wie folgt zusammengefasst werden:

- **Vernetzung begegnet uns als ein Medium zur Weltaneignung.**

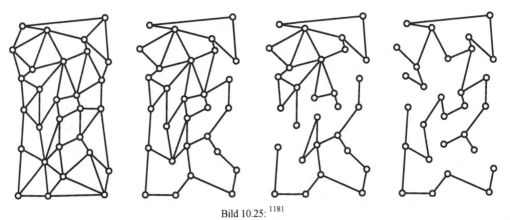

Bild 10.25: [1181]
Im Falle von Vernetzung gibt es immer verschiedene Wege zum selben Ziel!

[1181]   Vgl. S. 378 ff.

11 Nachwort

Bei der Vermittlung von Medialitätsbewusstsein im Mathematikunterricht geht es primär nicht um neue Inhalte, sondern um eine *neue Sicht auf Medien*.

In erstaunlich großer Vielfalt trifft man im Zusammenhang mit Mathematik auf Medien – dies zeigen die (oft auch historischen) Beispiele in den Kapiteln 6 bis 1. Dabei handelt es sich zunächst um *traditionelle technische Medien*, wie man sie aus dem bisherigen bzw. früheren Mathematikunterricht kennt (oder kannte): so etwa Rechenschieber und „klassische Zeichengeräte" wie Zirkel und Lineal, ferner aber auch *antike technische Medien* wie Konchoïdenzirkel, Winkelhaken, Mesolabium und Eratosthenes' „Holzrahmenapparat".

Hinzu kommen aber auch *aktuelle technische Medien* in Gestalt „immaterieller" Software – insbesondere Funktionenplotter, Computeralgebrasysteme, Tabellenkalkulationssysteme, Bewegungsgeometriesysteme und das World Wide Web –, die allerdings sämtlich an Hardware als *materielle „technische Träger"* (die also weitere technische Medien sind!) notwendig gebunden sind. Und in diesem Kontext sind auch *andere materielle, greifbare Medien* wie z. B. diverse, heute (leider?) kaum mehr gebräuchliche Koordinatenpapiere zu nennen.

Solche *technischen Medien* dienen im Unterricht nicht nur der *Anwendung von Mathematik*, sondern auch der *Reflexion über Mathematik*, denn sie sind nicht nur *medienmethodisch* einzusetzen, sondern ihre Wirkungs- und Funktionsweise sollte dann dort (auch mit Blick auf ihre vielleicht nur noch *historische Bedeutung*) *medienkundlich* erörtert werden.

Und schließlich sollten *medienreflektierend* Wege aufgezeigt werden, mit denen deutlich werden kann, inwieweit diese technischen Medien für das mathematische Verständnis nützlich sind (bzw. im historischen Rückblick: dafür nützlich oder gar wichtig waren), um damit ihre für mathematisches Handeln, Entdecken und Erkennen wichtige *Medialität* bewusst werden zu lassen.

Neben solchen technischen, materiellen Medien wurden auch ungewöhnliche *immaterielle Medien* vorgestellt: so in Kapitel 7 – *Funktionen als Medien* – und in Abschnitt 9.3 – *Formale Aspekte* –, und dazu gehört überraschenderweise sogar die Mathematik selber, die eine ihr eigene *mediale Sicht* sowohl auf die materielle als auch die die immaterielle Welt bietet!

Die im Sinne von Medienmethodik, Medienkunde und Medienreflexion anwendende, erkundende und reflektierende *Thematisierung der den Mathematikunterricht betreffenden Medien* sollte bei den Schülerinnen und Schülern durch geeignete Unterrichtsinszenierung die *Entstehung von Medialitätsbewusstsein* bewirken, wobei dann zur Medienreflexion auch eine kritische, vorurteilsfreie Betrachtung der mit diesen Medien jeweils verbundenen Einsatz- und Erkenntnismöglichkeiten und möglicher Probleme gehört. [1182]

[1182]   Siehe dazu die ausführlichen grundlegenden und fachübergreifenden Betrachtungen in Kapitel 4, ferner auch die speziell auf den Mathematikunterricht bezogenen Anmerkungen in Kapitel 5.

Kapitel 8 – *Zur Medialität mathematischer „Probleme" am Beispiel der „drei klassischen Probleme"* – ist nicht nur, wie es erscheinen mag, eine Beispielsammlung für eine mögliche Betrachtung historischer (sowohl technischer als auch ideeller) Medien im Mathematikunterricht, sondern so kann erkennbar werden, dass die *Mathematik selber ein Medium* ist: Im Kontext von „Geometrie" zeigen diese Beispiele nämlich, dass ein „Problem" je nach Standpunkt in Bezug auf seine „Lösbarkeit" völlig unterschiedlich erscheinen kann, nämlich wenn es sich zwar als ein *reales Problem* durchaus als „lösbar" erweist, nicht jedoch als *ideales Problem*. Es geht also um einen durch Mathematik vermittelten *spezifischen Zugang zur Aneignung von Welt*, denn über diese Beispiele kann deutlich werden, dass zwischen einer *praktischen Geometrie* und einer *theoretischen Geometrie* zu unterscheiden ist, was exemplarisch auch auf andere mathematische Gebiete übertragbar ist, womit man insgesamt einerseits (wie vor wenigen Jahrzehnten noch üblich) von *praktischer Mathematik* und andererseits auch von *theoretischer Mathematik* (meist bisher noch „reine Mathematik" genannt) sprechen kann.

Kapitel 10 – *Vernetzung als Medium zur Weltaneignung* – mag vielleicht im vorliegenden Kontext verwundern: „Vernetzung als Medium"? Falls jedoch mit den vorherigen Beispielen deutlich werden konnte, dass mit „Medium" nicht stets etwas Greifbares, Materielles gemeint sein muss, sondern dass damit im Sinne von „Vermittlung" oder „Darstellung" auch etwas Immaterielles erfasst sein kann, wie man es z. B. an Émile Durkheims Formulierung *„im Medium von Moral"* – und generell an: *„im Medium von ..."* [1183] – erkennen kann, so sollte das zum Aufbrechen einer möglichen Verständnisbarriere beitragen können. Die Rolle der Mathematik für ein Verständnis von „Vernetzung" wurde ebenfalls exemplarisch dargestellt.

In diesem Zusammenhang sei auf die in Abschnitt 3.14 angedeutete *medienphilosophische Sicht* verwiesen, die zu der perspektivischen Aussage führt, dass die *Palette der semiotischen Kommunikationsmedien um Mathematik zu ergänzen* sei.

Die hier in den Kapiteln 2 bis 4 vorliegende, vielleicht nicht immer leicht verdauliche *Theorie* mag möglicherweise erst nach Lektüre der vielfältigen Beispielgruppen ihren Sinn entfalten, so dass dann deutlich werden kann, dass die *Bildung von Medialitätsbewusstsein für den Mathematikunterricht nichts der Mathematik „Wesensfremdes"* ist.

• Insbesondere sollte damit klar werden, dass sich auch im Mathematikunterricht die didaktische Rolle von „Medien" nicht auf den *Einsatz* „digitaler Werkzeuge" im Unterricht beschränken darf, sondern dass vielmehr Medien in dem hier sowohl theoretisch als auch beispielhaft vorgestellten *weiten Sinn* immanent zum Unterricht gehören.

Damit kommen wir aber zugleich zurück zum Ausgangspunkt und Anlass der hier vorliegenden Betrachtungen bezüglich *Mathematik, Medien und Bildung:* zum Verhältnis von Mathematikunterricht und Medienbildung im Kontext von (Allgemein-)Bildung – *ausgelöst* durch die *Neuen Medien*, die seit den 1980er Jahren die bildungstheoretische und auch bildungspolitische Diskussion bestimmt haben und nun zu einer *Forderung nach Medienbildung* führten.

[1183] Siehe hierzu S. 57 f.

Der Aspekt der *Medienreflexion*, wie er in Bild 5.1 auf S. 132 (*„Medienbildung"* unter dem übergeordneten Ziel *„Medialitätsbewusstsein"*) visualisiert wird und mit *„Anleitung zu kritischer Haltung und verantwortungsvollem Umgang"* kommentiert ist, hat durch das rasante Auftauchen vielseitiger Tablet-PCs nebst „Familienangehörigen" wie „Smartphones" und „Apps" in Bezug auf früher erörterte sog. „medienerzieherische" Anliegen dramatisch an Bedeutung zugenommen, dem sich auch der Mathematikunterricht nicht entziehen kann.

Dazu gehört auch, wie man sich in Bezug auf ständige „medial" verfügbare Versuchungen wappnen kann: vorschnelles und unkritisches *Googeln* und blindes Vertrauen auf diverse *Wikis* vermeiden lernen – suchthaften Verlockungen zum „nur Spielen" mit den Geräten zu widerstehen lernen.

Das lässt sich – zunächst *nur mit Blick auf die Neuen Medien!* – thesenartig pointieren:

▫ Die aus der Mathematik und der Informatik hervorgegangenen Neuen Medien sind leistungsfähige Werkzeuge, die auch inner- und außermathematischen Anwendungen dienen.

▫ Es ist daher naheliegend, in *medienmethodisch* begründeten Situationen Neue Medien im Mathematikunterricht als zeitgemäße Werkzeuge einzusetzen, wenn dadurch kritisches Nachdenken nicht ersetzt wird.

▫ Eine „Computereinsatzmöglichkeitensuche" kann jedoch im Unterricht unter *medienmethodischen* Aspekten keinen (und in pädagogischer Hinsicht sowieso keinen) Platz haben.

▫ Wohl aber wird es im Mathematikunterricht im Rahmen eines Beitrags zu einer Medienbildung darüber hinaus sowohl in *medienkundlicher* als auch in *medienreflektierender* Sicht sinnvolle Einsatzmöglichkeiten Neuer Medien geben.

▫ Eine „aufklärende" *medienkundliche* und *medienreflektierende* Thematisierung Neuer Medien erfordert allerdings nicht immer deren Unterrichtseinsatz.

▫ Es ist (gemäß Klafki: „epochaltypisch"!) diskursiv zu klären, was allgemeinbildungsrelevante *informatische Aspekte* sein sollen und welche darunter – auch und gerade im Sinne von Medienbildung – den Mathematikunterricht betreffen (sollen/können).

▫ Die möglicherweise negativen Folgen bei übermäßiger *Auslagerung individueller Tätigkeiten* auf den Computer sind mit Blick auf das epistemologische Dreieck zu untersuchen und zu beachten.

Das sei um folgende verschärfende These in Bezug auf Computeralgebrasysteme ergänzt:

▫ Ohne hinreichend gefestigte *händische Erfahrung* im Umgang mit Termen *vor* Einsatz eines Computeralgebrasystems im Unterricht wird vermutlich kein Verständnis für formal beschriebene mathematische Zusammenhänge zu erwarten sein.

Bereits diese nur auf Neue Medien bezogenen Thesen erfordern Maßnahmen in Forschung und Entwicklung zum Bereich *„Mathematikunterricht und Medienbildung"*.

Das Thema „Mathematikunterricht und Medienbildung" ist damit aber noch längst nicht abschließend umrissen, auch wenn man nur Neue Medien in den Blick nehmen würde.

So schrieb mir Hans Schupp ganz in diesem Sinn am 3. März 2016 als Rückmeldung auf mein ihm vorab übersandtes Vorwort und das Inhaltsverzeichnis:

> [...] Aber jetzt schon eine Frage, die sich mir aufdrängt gerade nach Deiner (und von mir durchaus geteilten) Auffassung von Ubiquität, Potenz und Essenz der Medien in unserer Welt. Schon lange, aber immer mehr erlebe ich Medien und überhaupt die ganze digitale Welt um mich herum auch als Lieferer von Möglichkeiten des Verführens, des Räuberns und des Zerstörens. Davon sind auch Schule und Unterricht betroffen, vielleicht noch nicht offensichtlich, aber darum umso gefährlicher. Und wohl auch unsere gesamte politische Welt, wie man dem im Spektrum der Wissenschaft gerade erschienenen Digital-Manifest von neun internationalen Experten [1184] entnehmen muss.

Das passt zu Wolf-Rüdiger Wagners Forderung nach „digitaler Aufklärung" (S. 121) und zu Abschnitt 2.3, und es zeigt eindringlich, dass man im Mathematikunterricht im Rahmen von Medienbildung *bereits in Bezug auf Neue Medien* weit „über den Tellerrand hinausschauen" sollte, um auch dort situativ konkrete „mediale" Themen wie z. B. „Big Data" [1185] oder „NSA" (und verallgemeinert Probleme der globalen „Vernetzung") ansprechen zu können und diese nicht einfach beiseite zu schieben. [1186]

Allein die medienpädagogische Bedeutsamkeit der Neuen Medien für die Allgemeinbildung – also in Bezug auf Medienmethodik, Medienkunde und Medienreflexion – bietet ein *großes didaktisches Potential* für die Schule und also auch (in fachspezifischer Weise) für den Mathematikunterricht, das weit über nur einen „Einsatz digitaler Werkzeuge" hinausgeht. Aber eine Einschränkung auf nur Neue Medien wäre zu wenig, denn es ist zu beachten:

- **Das hier theoretisch und exemplarisch dargestellte Bildungskonzept erfordert ein weit über die Neuen Medien hinausgehendes Verständnis von Medien!**

Der Choreograph und Tänzer William Forsythe [1187] verwendet für sein weites Verständnis von „Choreographie" die Kennzeichnung:

> Choreographie wahrnehmen, wo man sie nicht vermutet! [1188]

Damit lässt sich der Untertitel dieses Buches – „*Medialitätsbewusstsein als Bildungsziel*" – zugleich in ein mnemotechnisches *Motto dieses Buches* umwandeln, das dazu dienen möge, bei der Planung, Gestaltung und Reflexion von (Mathematik-)Unterricht den Blick zu öffnen:

- **Medien wahrnehmen, wo man sie nicht vermutet!**

[1184] „Digital-Manifest" in *Spektrum der Wissenschaft:* http://www.spektrum.de/pdf/digital-manifest/1376682 (05. 03. 2016)
[1185] Pimärliteratur hierzu: [Meyer-Schönberger & Cukier 2013].
[1186] Siehe dazu auch die „Dagstuhl-Erklärung" der Gesellschaft für Informatik vom 07. 03. 2016 zu „Bildung in der digitalen vernetzten Welt" :
http://www.gi.de/aktuelles/meldungen/detailansicht/article/dagstuhl-erklaerung-bildung-in-der-digitalen-vernetzten-welt.html
[1187] https://de.wikipedia.org/wiki/William_Forsythe_(T%C3%A4nzer) (26. 10. 2015)
[1188] Am 15. 10. 2015 in der Sendung „Kulturzeit" des Fernsehsenders 3sat.

Medien wahrnehmen, wo man sie nicht vermutet!

Herzog August in der Herzog-August-Bibliothek zu Wolfenbüttel (Kupferstich von Conrad Bruno um 1650)

12 Literatur

Ein * vor dem Namen des Autors zeigt an, dass dieses Werk im Kapitel 4 (von Wagner) zitiert wurde, ein # zeigt an, dass dieses Werk sowohl von Wagner als auch von Hischer zitiert wurde.

Adamic, Lada A. & Lukose, Rajan M. & Puniyani, Amit R. & Huberman, Bernardo A. [2001]: Search in power-law networks. In: *Physical Review E*, **64**(2001), 046135, 1 – 8.

Aigner, Martin [2006]: *Diskrete Mathematik*. Wiesbaden: Vieweg + Teubner (6., korrigierte Auflage).

Albert, Réka & Barabási, Albert-László [2002]: Statistical mechanics of complex networks. In: *Reviews of Modern Physics*, **74**(2002)1, 47 – 97.

Albert, Réka & Jeong, Hawoong & Barabási, Albert-László [2000]: Error and attack tolerance of complex networks. In: *Nature* (2000)406, 378 – 382 (Ausgabe vom 27. Juli 2000).

Amidror, Isaac [2000]: *The Theory of the Moiré Phenomenon*. Dordrecht / Boston / London: Kluwer Academic Publishers.

Apinian, Petrus [1533]: *Jnstrument Buch*. Ingolstadt.

Archimedes [1972]: *Werke*. Übersetzt und mit Anmerkungen versehen von Arthur Czwalina. Im Anhang: Kreismessung (übersetzt von F. Rudio). Des Archimedes Methodenlehre von den Mechanischen Lehrsätzen. (übersetzt von J. L. Heiberg und kommentiert von H. G. Zeuthen). Darmstadt: Wissenschaftliche Buchgesellschaft. (Unveränderter Nachdruck von Ausgaben aus Ostwald's Klassikern (1922, 1923, 1925), erschienen bei der Akademischen Verlagsgesellschaft Frankfurt. ferner von bei Teubner, Stuttgart, erschienenen Werken).

*Baacke, Dieter [1973]: *Kommunikation und Kompetenz. Grundlegung einer Didaktik der Kommunikation und ihrer Medien*. München: Juventa Verlag

*Baacke Dieter [1996]: *Medienkompetenz – Begrifflichkeit und sozialer Wandel*. In: von Rein, Antje (Hrsg.): Medienkompetenz als Schlüsselbegriff. Bad Heilbrunn: Klinkhardt, 1996, 112 – 124.

Barabási, Albert-László [2009]: Scale-Free Networks: A Decade and Beyond. In: *Science*, Vol. 325, 24. Juli 2009, 412 – 413.

Barabási, Albert-László & Albert, Réka [1999]: Emergence of scaling in random networks. In: *Science*, (1999) 286, 509 – 512.

Barabási, Albert-László & Albert, Réka & Jeong, Hawoong [1999]: Mean-field theory for scale-free random networks. In: *Physica A*, **272**(1999)1–2, 173 – 187 (Ausgabe vom 01. 10. 1999).

Barabási, Albert-László & Bonabeau, Eric [2004]: Skalenfreie Netze. In: *Spektrum der Wissenschaft*, Juli 2004, 62 – 69.

*von Bauernfeind, Karl Maximilian [1862]: *Elemente der Vermessungskunde*. München: J. G. Cotta, 2., verm. u. verb. Auflage.

Baumann, Rüdeger [1990]: *Didaktik der Informatik*. Stuttgart: Ernst Klett Schulbuchverlag.

Becker, Barbara [2005]: *Medienphilosophie der Nahsinne*. In: [Sandbothe & Nagl 2015, 65 –80].

Beckmann, Johann [1787]: *Anleitung zur Technologie*. Göttingen:Vandenhoeck & Ruprecht. (Dritte, verbesserte und vermehrte Ausgabe; die erste Ausgabe erschien 1777).

Beckmann, Johann [1984]: *Anleitung zur Technologie*. Herausgegeben von Peter Buck als Band 6 in der Reihe *reprinta historica didactica*. Hildesheim: Franzbecker. (Reprint der 1796 als „vierte, verbesserte und vermehrte Ausgabe" bei Vandenhoeck & Ruprecht in Göttingen erschienenen Fassung.)

*Beech, Martin [2006]: On Seeing D2. In: *The Journal of the Royal Astronomical Society of Canada*, Nr. 3, Juni 2006, 118 – 120.

Behnke, Heinrich & Bachmann, Friedrich & Fladt, Kuno & Süss, Wilhelm [1962]: *Grundzüge der Mathematik. Band I: Grundlagen der Mathematik – Arithmetik und Algebra*. Göttingen: Vandenhoeck & Ruprecht.

Behrens, Gerd & Gevers, Heiko & Hischer, Horst & Schoof, Dieter & v. Zimmermann, Thomas [1986]: *Zur niedersächsischen Konzeption „Informations- und kommunikationstechnologische Bildung"*. In: v. Puttkamer, Ewald (Hrsg.). Informatik-Grundbildung in Schule und Beruf, Informatik-Fachberichte 129. Berlin / Heidelberg: Springer, 1986, 201 – 209.

*Bellarminoff, Leonid Georgievič [1885]: *Anwendung der graphischen Methode bei Untersuchung der Pupillenbewegung. Photocoreograph*. In: E. Pflüger, Archiv für Physiologie, Bd. XXXVII/1885, 107 – 122.

Berg, Hans Christoph [1988]: Schule braucht Bildung – Konzepte der Allgemeinbildung von den Tübinger Beschlüssen bis zum Heidelberger Allgemeinbildungs-Kongreß (1986). In: *Erziehungswissenschaft und Beruf*, 8. Sonderheft (Tagungsband), 20 – 41 (Rinteln).

Beutel, Eugen [1913]: *Quadratur des Kreises*. Leipzig / Berlin: B. G. Teubner.

Bieberbach, Ludwig [1952]: *Theorie der geometrischen Konstruktionen*. Basel: Birkhäuser.

*Bildungsstandards im Fach Physik für den Mittleren Schulabschluss [2005] (hrsg. vom Sekretariat der Ständigen Konferenz der Kultusminister der Länder in der Bundesrepublik Deutschland). München und Neuwied: Luchterhand.

*Blumenberg, Hans [1975]: *Die Genesis der kopernikanischen Welt*. Frankfurt am Main: Suhrkamp.

*— [2014]: *Das Fernrohr und die Ohnmacht der Wahrheit*. In: Blumenberg: Hans (Hrsg.): Galileo Galilei. Sidereus Nuncius. Nachricht von neuen Sternen. Frankfurt am Main: Suhrkamp, 2014, 3. Auflage, 7 – 75.

Bobynin, Viktor Viktorovich [1908]: *Elementare Geometrie*. In: [Cantor 1908, 319 – 402].

*Boehm, Gottfried [2004]: *Jenseits der Sprache? Anmerkung zur Logik der Bilder*. In: [Maar & Burda 2004, 28 – 54].

Boehme, Harald [2013]: Oskar Becker, Bryson und Eudoxos. In: *Mathematische Semesterberichte* **60**(2013)1, 85 – 104.

*Böhme, Hartmut [2004]: *Das Unsichtbare – Mediengeschichtliche Annäherungen an ein Problem neuzeitlicher Wissenschaft.* In: [Krämer 2004 a, 215 – 245].

Bolz, Norbert [2009]: Flow Control. Über den Umgang mit Informationen in einer Zeit der Sintflut des Sinns. In: *Forschung & Lehre*, **16**(2009)12, 872 – 874.

Bottazzini, Umberto [1999]: *Theorie der komplexen Funktionen, 1780 – 1900.* In: [Jahnke 1999 b, 267 – 327].

Boyer, Carl Benjamin [1947]: Note on an Early Graph of Statistical Data (Huygens 1669). In: *Isis*, **37**(1947)3/4, 148 – 149.

— [1968]: *A History of Mathematics.* New York / Chichester / Brisbane / Toronto: John Wiley & Sons.

*Braune, Wilhelm & Fischer, Otto [1895]: Der Gang des Menschen. I. Theil: Versuche am unbelasteten und belasteten Menschen. In: *Abhandlungen der mathematisch-physischen Klasse der königlich sächsischen Gesellschaft der Wissenschaften*, Bd. 21/1895. Leipzig: S. Hirzel, 1895, 151 – 322.

Breidenbach, Walter [1933]: *Die Dreiteilung des Winkels.* Leipzig / Berlin: B. G. Teubner.

— [1953]: *Das Delische Problem. Die Verdoppelung des Würfels.* Stuttgart: B. G. Teubner. (Völlige Neubearbeitung auf der Basis von [Herrmann 1927].)

Brieskorn, Egbert & Knörrer, Horst [1981]: *Ebene algebraische Kurven.* Boston / Basel / Stuttgart: Birkhäuser.

*Brockhaus Enzyklopädie [1988]: in 24 Bänden. 19., völlig neu bearbeitete Auflage, Bd. 7, Mannheim: Brockhaus.

Bromme, Rainer & Steinbring, Heinz [1990]: *Die epistemologische Struktur mathematischen Wissens im Unterrichtsprozeß. Eine empirische Analyse von vier Unterrichtstunden in der Sekundarstufe I.* In: Bromme, R. & Steinbring, H. & Seeger, F. (Hrsg.): Aufgaben als Anforderungen an Lehrer und Schüler – Empirische Untersuchungen. Köln: Aulis Verlag Deubner & Co, 1990.

Bruns, Martin & Förster, Frank & Herget, Wilfried & Hischer, Horst & Körner, Henning & Pruzina, Manfred & Winkelmann, Bernard & Wolff, Klaus P. [1994]: *Stellungnahme zur Forderung des „Fakultätentags Informatik", Informatik als obligatorisches Fach in der Sekundarstufe II einzurichten* (Auftragsarbeit für den Vorstand der Gesellschaft für Didaktik der Mathematik). In: [Hischer 1994, 162 – 164].

Buchberger, Bruno [1989]: *Should Students Learn Integration Rules?* Technical Report. RISC-LINZ Series no. 89-07.0, March 13, 1989. Johannes Kepler University, Linz, Austria.

Bund-Länder-Kommission für Bildungsplanung und Forschungsförderung [1987]: *Materialien zur Bildungsplanung, Heft 16: Gesamtkonzept für die informationstechnische Bildung.* Bonn.

Campbell-Kelly, Martin & Croarken, Mary & Flood, Raymond & Robson, Eleanor (Hrsg.) [2003]: *The History of Mathematics Tables. From Sumer to Spreadsheets.* Oxford / New York: Oxford University Press.

Cantor, Moritz [1880]: *Vorlesungen über Geschichte der Mathematik*, Erster Band, von den ältesten Zeiten bis zum Jahre 1200 n. Chr. Leipzig: B. G. Teubner, erste Auflage.

— [1894]: *Vorlesungen über Geschichte der Mathematik*, Erster Band, von den ältesten Zeiten bis zum Jahre 1200 n. Chr.; Leipzig: B. G. Teubner, zweite, überarbeitete und aktualisierte Auflage (3. Auflage 1907).

— [1900]: *Vorlesung über Geschichte der Mathematik*. Zweiter Band, von 1200 – 1668. Leipzig: B. G. Teubner, 2. Auflage.

— [1901]: *Vorlesung über Geschichte der Mathematik*. Dritter Band, von 1668 – 1758. Leipzig: B. G. Teubner, 2. Auflage.

— [1908]: *Vorlesungen über Geschichte der Mathematik*. Vierter Band, von 1759 – 1799. Leipzig: B. G. Teubner.

Capurro, Rafael [1990]: Ethik und Informatik – Die Herausforderung der Informatik für die praktische Philosophie. Antrittsvorlesung an der Universität Stuttgart, gehalten am 02.05.1990. In: *Informatik-Spektrum* **13**(1990), 311 – 320.
Auch unter: http://www.capurro.de/antritt.htm (26. 10. 2010)

Dedekind, Richard [1888]: *Was sind und was sollen die Zahlen?* Braunschweig: Vieweg.

Deiser, Oliver [2010]: *Einführung in die Mengenlehre*. Berlin / Heidelberg: Springer (3., korrigierte Auflage).

Diestel, Reinhard [2010]: *Graphentheorie*. Berlin / Heidelberg: Springer (4., erweiterte Auflage).

Dieudonné, Jean Alexandre Eugène [1960]: *Foundations of Modern Analysis*. New York / London: Academic Press Inc.

*Dipper, Christof [2009]: Stadt, Land, Volk. Historische Atlanten und die Schaffung der deutschen Nation. In: *Archiv für Kulturgeschichte* **91**(2009)2, 359 – 380.

Du Bois-Reymond, Paul [1875]: Versuch einer Classification der willkürlichen Functionen reeller Argumente nach ihren Aenderungen in den kleinsten Intervallen.
In: *Journal für die reine und angewandte Mathematik*, **79**(1875), 21–37.

— [1876]: Untersuchungen über die Konvergenz und Divergenz der Fourierschen Darstellungsformeln. In: *Abhandlungen der Kgl. bayerischen Akademie der Wissenschaften*, II. Kl. XII. Bd. II. Abt., München 1876. Ein Nachdruck erschien 1912 unter dem Titel: *„Abhandlung über die Darstellung der Funktionen durch trigonometrische Reihen"* in: Ostwalds Klassiker der Exakten Wissenschaften. Leipzig: Verlag Wilhelm Engelmann.

Dürer, Albrecht [1525]: *Underweysung der Messung, mit dem Zirckel und Richtscheyt, in Linien, Ebenen unnd gantzen corporen*. Nüremberg: Hieronymus Andreae.

Durkheim, Émile [1984]: *Erziehung, Moral, Gesellschaft. Vorlesungen an der Sorbonne 1902/1903*. Frankfurt a. M.: Suhrkamp (zuvor 1973 erschienen in Neuwied / Darmstadt: Hermann Luchterhand).

Ebbinghaus, Heinz-Dieter [1988]: *Mengenlehre und Mathematik.* In: Ebbinghaus, Heinz-Dieter & Hermes, Hans & Hirzebruch, Friedrich & Koecher, Max & Mainzer, Klaus & Neukirch, Jürgen & Prestel, Alexander & Remmert, Reinhold: *Zahlen.* Berlin / Heidelberg / New York / London / Paris / Tokyo: Springer 1988 (2., überarbeitete und ergänzte Auflage; 1. Auflage 1983), 298 – 319.

Eberhard, Johann August [1910]: *Johann August Eberhards synonymisches Handwörterbuch der deutschen Sprache.* Leipzig: Grieben (17. Auflage).
Auch online: http://www.textlog.de/synonym.htm (16. 10. 2015)

*Eder, Josef Maria [1886]: *Die Moment-Photographie in ihrer Anwendung auf Kunst und Wissenschaft.* Halle a. d. Saale: Wilhelm Knapp.

*— [1906]: *Neuer mikrophotographischer Universalapparat. Mitteilungen aus der optischen Werkstätte E. Leitz in Wetzlar.* In: Eder, Josef Maria (Hrsg.): Jahrbuch für Photographie und Reproduktionstechnik für das Jahr 1906. Halle a. d. S.: Wilhelm Knapp, 1906, 105.

Erdős, Pál & Rényi, Alfréd [1959]: On Random Graphs. In: *Publicationes Mathematicae,* 6(1959), 290 – 297.

Evangelische Akademie Loccum (Hrsg.) [1983]: *Neue Technologien und Schule.* Dokumentation einer Tagung der Evangelischen Akademie Loccum und des Niedersächsischen Kultusministeriums vom 14. bis 16. Oktober 1983. Loccumer Protokolle 23/1983.

Ermert, Karl (Hrsg.) [1989]: *Was bedeutet heute pädagogischer Fortschritt? Für eine Auseinandersetzung um Bildungsbegriff und -politik.* Rehburg-Loccum: Evangelische Akademie Loccum, Loccumer Protokolle 8/1989.

Ernst, Bruno [1985]: *Abenteuer mit unmöglichen Figuren.* Berlin: Taco Verlagsgesesllschaft.

Euler, Leonhard [1988]: *Introduction to Analysis of the Infinite.* Nachdruck in englischer Übersetzung des lateinischen Originals „Introductio in analysin infinitorum" von 1748. New York / Berlin / Heidelberg: Springer.

Euklid [1962]: *Die Elemente. Buch I – XIII.* Darmstadt: Wissenschaftliche Buchgesellschaft. Herausgegeben und ins Deutsche übersetzt von Clemens Thaer. (Nachdruck der 1933 bis 1937 erschienenen Ausgaben bei Ostwald's Klassikern.)

Felgner, Ulrich [2002]: *Der Begriff der Funktion.* In: Felix Hausdorff – Gesammelte Werke Band II, Grundzüge der Mengenlehre. New York / Berlin / Heidelberg: Springer.

— [2014]: Hilberts *„Grundlagen der Geometrie"* und ihre Stellung in der Geschichte der Grundlagendiskussion. In: *Jahresbericht der Deutschen Mathematiker-Vereinigung,* 115(2014)3/4, 185 – 206.

*Feyerabend, Paul [1986]: *Wider den Methodenzwang.* Frankfurt am Main: Suhrkamp.

Fischer, Roland & Malle, Günther [1985]: *Mensch und Mathematik. Eine Einführung in didaktisches Denken und Handeln* (unter Mitarbeit von Heinrich Bürger). Mannheim / Wien / Zürich: B. I. Wissenschaftsverlag.

Fourier, Jean Baptiste Joseph [1833]: *Recherches statistiques sur la ville de Paris et le département de la Seine*. Paris: de l'Imprimerie Royale (2. Auflage; 1. Auflage 1821).

Frege, Gottlob [1891]: *Function und Begriff*. Jena. (Nachdruck in [Patzig 1962].)

— [1892]: Über Begriff und Gegenstand. In: *Vierteljahresschrift für wissenschaftliche Philosophie*, **16**(1892), 192 – 205. (Nachdruck in [Patzig 1962])

Freudenthal, Hans [1973]: *Mathematik als Pädagogische Aufgabe*, Band 2. Stuttgart: Klett.

Friendly, Michael [2009]: *Milestones in the history of thematic cartography, statistical graphics, and data visualization*.
http://www.math.yorku.ca/SCS/Gallery/milestone/milestone.pdf   (26. 10. 2015).

Friendly, Michael & Denis, Daniel J. [2001]: *Milestones in the history of thematic cartography, statistical graphics, and data visualization*. Web document,
http://www.datavis.ca/milestones/   (26. 03. 2016)

Funkhouser, H. Gray [1936]: A note on a tenth century graph. In: *Osiris*, (1936)1, 260 – 262.

*Gehlen, Arnold [1986]: *Anthropologische und sozialpsychologische Untersuchungen*. Reinbek bei Hamburg: Rowohlt.

*Gerhard, Ute & Link, Jürgen & Schulte-Holtey, Ernst (Hrsg.) [2001]: *Infografiken, Medien, Normalisierung. Zur Kartografie politisch-sozialer Landschaften*. Heidelberg: Synchron Wissenschaftsverlag.

*GiB (Gesellschaft für interdisziplinäre Bildwissenschaft) [2014]:
Glossar der Bildphilosophie. Stichwort „Medialität".
http://www.gib.uni-tuebingen.de/netzwerk/glossar/index.php?title=Medialit%C3%A4t   (26. 10. 2015)

*Giesecke, Michael [2002]: *Von den Mythen der Buchkultur zu den Visionen der Informationsgesellschaft. Trendforschungen zur kulturellen Medienökologie*. Frankfurt am Main: Suhrkamp.

*— [2007]: *Die Entdeckung der kommunikativen Welt. Studien zur vergleichenden Mediengeschichte*. Frankfurt am Main: Suhrkamp.

Goffman, Casper: And what is your Erdős Number? In: *American Mathematical Monthly*, **6**(1969)7, 791.

*Goody, Jack & Watt, Ian [1981]: *Konsequenzen der Literalität*. In: Goody, Jack (Hrsg.): Literalität in traditionellen Gesellschaften. Frankfurt am Main: Suhrkamp, 1981, 45 – 104.

Graetzer, Jonas [1883]: *Edmund Halley und Caspar Neumann. Ein Beitrag zur Geschichte der Bevölkerungs-Statistik*. Breslau: Druck und Verlag von S. Schottlaender.

*Gramelsberger, Gabriele [2006]: *Computersimulation – Neue Instrumente der Wissensproduktion. Transdisziplinarität und Heterogenität der Computational Science*. Expertise im Rahmen des Themenfelds „Politik, Wissenschaft und Gesellschaft" zum Themenbereich „Neue Formen der Wissensproduktion".
http://www.sciencepolicystudies.de/dok/expertise-gramelsberger.pdf   (03. 07. 2007)

Grattan-Guinnes, Ivor [2003]: *The computation factory: de Prony's project for making tables in the 1790s*. In: [Campbell-Kelly et al. 2003, 105 – 121].

Graunt, John [1665]: *Natural and Political Observations mentioned in a following Index, and made upon the Bills of Mortality.* London: Royal Society, 3. Auflage (1. Auflage 1662).
Creative Commons Lizenz BY-SA durch das Max-Planck-Institut für Wissenschaftsgeschichte.
Digitalisat: http://echo.mpiwg-berlin.mpg.de/MPIWG:CH1FFQH1 (27. 03. 2016)

Griesel, Heinz [1997]: Zur didaktisch orientierten Sachanalyse des Begriffs Größe.
In: *Journal für Mathematikdidaktik,* **18**(1997), 259 – 284.

— [2012]: *Fünf Grundformen der Konstitution einer Größe.* NATC (Normenausschuss Technische Grundlagen) im DIN. Berlin 2012, NA 152-01-01-06 AK N19.

*Groeben, Norbert [2002]: *Dimensionen der Medienkompetenz: Deskriptive und normative Aspekte.* In: Groeben, Norbert & Hurrelmann, Bettina (Hrsg.): Medienkompetenz – Voraussetzungen, Dimensionen, Funktionen. Weinheim und München: Juventa, 2002, 160 – 197.

*Groeben, Norbert & Schreier, Margrit [2000]: Die Grenze zwischen (fiktionaler) Konstruktion und (faktueller) Wirklichkeit: mehr als eine Konstruktion? In: [Zurstiege 2000, 165 – 184].

*Groebner, Valentin [2004]: Der Schein der Person – Steckbrief, Ausweis und Kontrolle im Mittelalter. München: C. H. Beck.

Guggenberger, Bernd [1987]: *Das Menschenrecht auf Irrtum – Anleitung zur Unvollkommenheit.* München / Wien: Carl Hanser Verlag.

Günther, Adam Wilhelm Siegmund [1877]: Die Anfänge und Entwickelungsstadien des Coordinatenpricipes. In: *Abhandlungen der naturhistorischen Gesellschaft zu Nürnberg,* VI(1877), 19.

Habermas, Jürgen [1968]: *Technik und Wissenschaft als >Ideologie<.* Frankfurt am Main: Suhrkamp.

*Habermas, Jürgen [1971]: *Vorbereitende Bemerkungen zu einer Theorie der kommunikativen Kompetenz.* In: Habermas, Jürgen & Luhmann, Niklas: Theorie der Gesellschaft oder Soziotechnologie. Frankfurt am Main: Suhrkamp, 1971, 101 – 141.

Haefner, Klaus [1982]: Die neue Bildungskrise. Herausforderung der Informationstechnik an Bildung und Ausbildung. Basel: Birkhäuser. (Gesamtwerk unter: http://www.haefner-k.de/)

— [1983]: Die Herausforderung der Informationstechnik an Bildung und Ausbildung. In: [Evangelische Akademie Loccum 1983, 13 – 24].

v. Hahn, Walther [1988]: *Was ist Künstliche Intelligenz?*
In: Der Bundesminister für Forschung und Technologie (Hrsg.): Künstliche Intelligenz: Wissensverarbeitung und Mustererkennung. Bonn, 1988, 80 – 87.

Halley, Edmund [1686]: A Discourse of the Rule of the Decrease of the Height of the Mercury in the Barometer, According as Places are Elevated Above the Surface of the Earth, with an Attempt to Discover the True Reason of the Rising and Falling of the Mercury, upon Change of Weather. In: *Philosophical Transactions* **16**(1686 – 1692), 104 – 116.
Siehe auch: http://www.jstor.org/stable/101848?seq=1#page_scan_tab_contents (06. 04. 2016)

*Hamel, Jürgen [2010]: *Kepler, Galilei, das Fernrohr und die Folgen.* In: Gaulke, Karsten & Hamel, Jürgen (Hrsg.): Kepler, Galilei, das Fernrohr und die Folgen. Acta Historica Astronomiae, Vol. 40. Frankfurt am Main: Verlag Harri Deutsch, 2010, 9 – 34.

Harary, Frank (Hrsg.) [1967]: *Graph Theory and Theoretical Physics.* London / New York: Academic Press.

— [1974] *Graphentheorie.* München / Wien: Oldenbourg.

— (Hrsg.) [1979]: *Topics in Graph Theory.* New York, NY: New York Academy of Sciences, John Wiley and Sons. (Tagungsband)

Harary, Frank & Norman, Robert Z. & Cartwright, Dorwin [1965]: *Structural Models: An Introduction to the Theory of Directed Graphs.* New York / London / Sidney: John Wiley & Sons, Inc.

Harper's New Monthly Magazine [1864]: Recreations of a Philosopher: *Harper's New Monthly Magazine*, **30**(1864)175, 34 – 39, http://digital.library.cornell.edu/h/harp/ (26. 10. 2015)

Hastedt, Heiner [2012]: *Was ist Bildung? Eine Textanthologie.* Stuttgart: Reclam.

Hausdorff, Felix [1914]: *Grundzüge der Mengenlehre.* Leipzig: Verlag von Veit & Comp.

Heath, Thomas Little [1897]: *The Works of Archimedes. Edited in Modern Notation with Introductory Chapters.* Cambridge: At the University Press.

— [1914]: *Archimedes' Werke. Mit modernen Bezeichnungen herausgegeben und mit einer Einleitung versehen.* Deutsch von Dr. Fritz Kliem. Berlin: Verlag O. Häring.

Heiberg, Johan Ludvig (Hrsg.) [1880]: *Archimedes – Opera Omnia. Cum Commentariis Eutocii*, Vol. I. Stuttgart: B. G. Teubner. (Doppelseitig in griechisch-lateinisch.)

— [1881a]: *Archimedes – Opera Omnia. Cum Commentariis Eutocii*, Vol. II. Stuttgart: B. G. Teubner. (Doppelseitig in griechisch-lateinisch.)

— [1881b]: *Archimedes – Opera Omnia. Cum Commentariis Eutocii*, Vol. III. Stuttgart: B. G. Teubner. (Doppelseitig in griechisch-lateinisch.)

— [1972]: *Archimedes – Opera Omnia. Cum Commentariis Eutocii*, Vol. III. Stuttgart: B. G. Teubner. (Doppelseitig in griechisch-lateinisch, Nachdruck der 1915 bei B. G. Teubner, Leipzig, erschienenen 2., korrigierten Auflage.)

*Heidelberger, Michael & Thiessen, Sigrun [1981]: *Natur und Erfahrung. Von der mittelalterlichen zur neuzeitlichen Naturwissenschaft.* Reinbek bei Hamburg: Rowohlt.

*Heintz, Bettina & Huber, Jörg [2001]: *Der verführerische Blick. Formen und Folgen wissenschaftlicher Visualisierungsstrategien.* In: Heintz, Bettina & Huber, Jörg (Hrsg.): Mit dem Auge denken. Strategien der Sichtbarmachung in wissenschaftlichen und virtuellen Welten. Zürich: Edition Voldemeer/Springer, 2001, 9 – 40.

von Hentig, Hartmut [1984]: *Das allmähliche Verschwinden der Wirklichkeit – Ein Pädagoge ermutigt zum Nachdenken über die Neuen Medien.* München / Wien: Carl Hanser Verlag.

–   [2002]: *Der technischen Zivilisation gewachsen bleiben. Nachdenken über die Neuen Medien und das gar nicht mehr allmähliche Verschwinden der Wirklichkeit.* Weinheim / Basel: Beltz Verlag, München / Wien: Carl Hanser Verlag.

Herget, Wilfried & Sperner, Peter [1977]: Die harmonische Reihe konvergiert gegen 8,449? In: *Praxis der Mathematik* **19**(1977)11, 281 – 285.

Herget, Wilfried & Hischer, Horst & Sperner, Peter [1987]: Taschenrechner und Rechenstab im Mathematikunterricht – Eine aktuelle Lehrer- und Schülerbefragung. In: *Praxis der Mathematik* **20**(1978)7, 205 – 208.

Herget, Wilfried [1990]: Konvergenz-Experimente mit dem Computer. In: *mathematik lehren* (1990) Heft 39, 49 – 54.

Herget, Wilfried & Bardy, Peter [1999]: Rechner rechnen manchmal richtig falsch. In: *mathematik lehren* (1999) Heft 93, 55 – 59.

Herget, Wilfried & Malitte, Eva & Richter, Karin [2000]: *Funktionen haben viele Gesichter – auch im Unterricht!* In: Flade, Lothar & Herget, Wilfried (Hrsg.): Mathematik lehren und lernen nach TIMSS – Anregungen für die Sekundarschulen. Berlin: Verlag Volk und Wissen, 2000, 115–124.

Hermes, Hans & Markwald, Werner [1962]: *Grundlagen der Mathematik.* In: [Behnke et al. 1962, 1 –89].

Herrmann, Aloys [1927]: *Das Delische Problem. Die Verdoppelung des Würfels.* Leipzig / Berlin: B. G. Teubner.

Herrmann, Max Horst [1965]: *Ziffern* I. (eigene Vorlesungsmitschrift vom WS 1965/66)

Herskovits, Melville Jean [1949]: *Man and his Works. The Science of Cultural Anthropology.* New York. (3. Auflage; 1. Aufl. 1948)

Hertz, Heinrich [1894]: *Die Prinzipien der Mechanik in neuem Zusammenhange dargestellt. Mit einem Vorworte von H. v. Helmholtz.* Leipzig: Johann Ambrosius Barth.

*Heßler, Martina, in Zusammenarbeit mit Hennig, Jochen und Mersch, Dieter [2004]: *Explorationsstudie im Rahmen der BMBF-Förderinitiative „Wissen für Entscheidungsprozesse" zum Thema Visualisierungen in der Wissenskommunikation.* http://www.sciencepolicystudies.de/dok/explorationsstudie-hessler.pdf (10. 10. 2008)

Heymann, Hans Werner [1995]: Acht Thesen zum allgemeinbildenden Mathematikunterricht. Eine komprimierte Zusammenfassung der Habilitationsschrift. In: *Mitteilungen der Gesellschaft für Didaktik der Mathematik,* Nr. 61, Dezember 1995, 24 – 25.

—   [1996]: *Allgemeinbildung und Mathematik.* Studien zur Schulpädagogik und Didaktik, Bd. 13. Weinheim / Basel: Beltz.

Hilbert, David [1899]: *Grundlagen der Geometrie.* (Festschrift zur Feier der Enthüllung des Gauß-Weber Denkmals in Göttingen.) Leipzig: Teubner.

Hischer, Horst [1989]: Neue Technologien in allgemeinbildenden Schulen – Ein Beitrag zur begrifflichen Klärung. In: *Schulverwaltungsblatt für Niedersachsen* **41**(1989)4, 94 – 98.

— [1991]: Neue Technologien als Anlaß einer erneuten Standortbestimmung für den Mathematikunterricht. In: *mathematica didactica* **14**(1991)2/3, 3 – 24. (Fassung eines zur 25. Bundestagung für Didaktik der Mathematik 1991 in Osnabrück gehaltenen Hauptvortrags.)

— (Hrsg.) [1992]: *Mathematikunterricht im Umbruch? – Erörterungen zur möglichen „Trivialisierung" von mathematischen Gebieten durch Hardware und Software.* Tagungsband 1991. Hildesheim: Franzbecker.

— (Hrsg.) [1993]: *Wieviel Termumformung braucht der Mensch? Fragen zu Zielen und Inhalten eines künftigen Mathematikunterrichts angesichts der Verfügbarkeit informatischer Methoden.* Tagungsband 1992. Hildesheim: Franzbecker.

— [1994 a]: Geschichte der Mathematik als didaktischer Aspekt (2): Lösung klassischer Probleme. Ein Beispiel für die gymnasiale Oberstufe. In: *Mathematik in der Schule*, **32**(1994)5, 279 – 291.

— [1994 b]: Mathematikunterricht und Computer: Perspektiven. In: *Mathematik in der Schule*, **32**(1994)7/8, 385 – 397.

— (Hrsg.) [1994 c]: *Mathematikunterricht und Computer: neue Ziele oder neue Wege zu alten Zielen?* Tagungsband 1993. Hildesheim: Franzbecker.

— [1994 d]: *Mathematikunterricht im „Bannkreis des Computers" – oder: Wohin führt uns der Computer?* In: [Hischer 1994 c, 8 – 18].

— [1996]: *Begriffsbilden und Kalkulieren vor dem Hintergrund von Computeralgebrasystemen.* In: [Hischer & Weiß 1996, 8 – 19].

— [2000]: *Klassische Probleme der Antike – Beispiele zur „Historischen Verankerung".* In: Blankenagel, Jürgen & Spiegel, Wolfgang (Hrsg.): Mathematikdidaktik aus Begeisterung für die Mathematik – Festschrift für Harald Scheid. Stuttgart / Düsseldorf / Leipzig: Klett, 97 – 118.

— [2001]: *Integrative Medienpädagogik – auch bedeutsam für den Mathematikunterricht?* In: Herget, Wilfried & Sommer, Rolf (Hrsg.): Lernen im Mathematikunterricht mit Neuen Medien. Hildesheim: Franzbecker, 2001, 79 – 82.

— [2002 a]: *Mathematikunterricht und Neue Medien – Hintergründe und Begründungen in fachdidaktischer und fachübergreifender Sicht.* Mit Beiträgen von Anselm Lambert, Thomas Sandmann und Walther Ch. Zimmerli. Hildesheim: Franzbecker (3. Auflage 2005).

— [2002 b]: Viertausend Jahre Mittelwertbildung – Eine fundamentale Idee der Mathematik und didaktische Implikationen. In: *mathematica didactica*, **25**(2002)2, 3 – 51.

— [2003 a]: *Moritz Cantor und die krumme Linie des Archytas von Tarent.* In: Hefendehl-Hebecker, Lisa & Hußmann, Stephan (Hrsg.): Mathematikdidaktik zwischen Fachorientierung und Empirie. Festschrift für Norbert Knoche. Hildesheim: Franzbecker, 2003, 72 – 83.

— [2003 b]: *Neue Medien und (Allgemein-)Bildung – dargestellt am Beispiel des Mathematikunterrichts.* In: Schwill, Andreas (Hrsg.): Grundfragen multimedialer Lehre. (Tagungsband GML 2003, bei http://www.bod.de/ S. 67 – 85. Als „Preprint Nr. 80" in der Preprint-Reihe der Fachrichtung Mathematik der Universität des Saarlandes erschienen, dort eingereicht am 09. April 2003: http://www.math.uni-sb.de/service/preprints/ (26. 10. 2015).

— [2003 c]: *Mathematikunterricht und Neue Medien – oder: Bildung ist das Paradies!* In: Bender, Peter et. al. (Hrsg.): Lehr- und Lernprogramme für den Mathematikunterricht. Tagungsband 2002. Hildesheim: Franzbecker, 24 – 42.

— [2004]: Treppenfunktionen und Neue Medien – medienpädagogische Aspekte. In: *Der Mathematikunterricht*, **50**(2004)6, 36 – 45.

— [2005]: *Aliasing und Neue Medien – Ein Beitrag zur Integrativen Medienpädagogik.* In: Kaune, Christa & Schwank, Inge & Sjuts, Johann (Hrsg.): Mathematikdidaktik im Wissenschaftsgefüge: Zum Verstehen und Unterrichten mathematischen Denkens. Osnabrück: Schriftenreihe des Forschungsinstituts für Mathematikdidaktik, 2005, 115 – 130.

— [2006 a]: Abtast-Moiré-Phänomene als Aliasing. In: *Der Mathematikunterricht*, **52**(2006)1, 18 – 31.

— [2006 b]: *Funktionen und Medien – Anmerkungen zur Trias ihrer Beziehung.* In: Malitte, Elvira & Richter, Karin & Schöneburg, Silvia & Sommer, Rolf (Hrsg.): Die etwas andere Aufgabe. Festschrift für Wilfried Herget. Hildesheim: Franzbecker, 2006, 137 – 160.

— [2010]: *Was sind und was sollen Medien, Netze und Vernetzungen? – Vernetzung als Medium zur Weltaneignung.* Hildesheim: Franzbecker.

— [2012]: *Grundlegende Begriffe der Mathematik: Entstehung und Entwicklung. Struktur, Funktion, Zahl.* Wiesbaden: Springer Spektrum.

— [2013 a]: Zum Einfluss der Informatik auf die Mathematikdidaktik. Weiterhin nur Computereinsatz und noch immer keine Medienbildung? In: *Mitteilungen der Gesellschaft für Didaktik der Mathematik*, Heft 95, Juli 2013, 15 – 24. Als Preprint Nr. 335 der Universität des Saarlandes unter: http://www.math.uni-sb.de/service/preprints/ (26. 10. 2015)

— [2013 b]: Funktion: kulturhistorische Aspekte (Version vom 13.11.2013). In: *Madipedia.* http://madipedia.de/index.php?title=Funktion:_kulturhistorische_Aspekte&oldid=12936

— [2014 a]: *Kleine Welten und Netzwerke und ihr mögliches Potential für Didaktik, Unterricht und Pädagogik.* Vortrag am 28. 09. 2013 in der Universität des Saarlandes gehaltenen Vortrags bei der Tagung des Arbeitskreises „Mathematikunterricht und Informatik" in der Gesellschaft für Didaktik der Mathematik e. V.; am 21. 01. 2014 als Preprint 342 erschienen unter: http://www.math.uni-sb.de/service/preprints/

— [2014 b]: Funktion: mengentheoretische Auffassung (Version vom 6.06.2014). In: *Madipedia.* http://madipedia.de/index.php?title=Funktion:_mengentheoretische_Auffassung&oldid=17697

Hischer, Horst & Scheid, Harald [1982]: *Materialien zum Analysisunterricht.* Freiburg im Breisgau: Herder.

— [1995]: *Grundbegriffe der Analysis. Genese und Beispiele aus didaktischer Sicht.* Heidelberg / Berlin / Oxford: Spektrum Akademischer Verlag.

#Hischer, Horst & Weigand, Hans-Georg [1998]: Mathematikunterricht und Informatik – Gedanken zur Veränderung eines Unterrichtsfachs. In: *LOG IN*, **18**(1998) 2, 10 – 18.

Hischer, Horst & Weiß, Michael (Hrsg.) [1996]: *Rechenfertigkeit und Begriffsbildung – Zu wesentlichen Aspekten des Mathematikunterrichts vor dem Hintergrund von Computeralgebrasystemen.* Tagungsband 1995. Hildesheim: Franzbecker.

Hochstetter, Erich [1979]: *Gottfried Wilhelm Leibniz.* In: Siemens Aktiengesellschaft (Hrsg.): Herrn von Leibniz' Rechnung mit Null und Eins. Berlin / München: Siemens Aktiengesellschaft, 1979, 3. Auflage, 11 – 19.

Holzer, Boris [2008]: *Netzwerke und Systeme. Zum Verhältnis von Vernetzung und Differenzierung.* In: [Stegbauer 2008, 155 – 164].

*Hooke, Robert [1665]: *Micrographia. Some Physiological Descriptions of Minute Bodies Made by Magnifying Glasses with Observations and Inquiries Thereupon.* London, hier zitiert nach: http://www.gutenberg.org/ebooks/15491?msg=welcome_stranger (26. 10. 2015)

Hörner, Wolfgang & Drinck, *Barbara* & Jobst, Solvejg [2008]: *Bildung, Erziehung, Sozialisation. Grundbegriffe der Erziehungswissenschaft.* Opladen / Farmington Hills: Verlag Barbara Budrich.

Huber, Hans-Dieter [2004]: *Im Dschungel der Kompetenzen.* In: Huber, Hans Dieter, & Lockemann, Bettina & Scheibel, Michael: Visuelle Netze. Wissensräume in der Kunst. Ostfildern-Ruit: HatjeCantz Verlag, 2004, 15 – 29. Auch unter: http://www.hgb-leipzig.de/artnine/huber/aufsaetze/kompetenzdschungel.pdf (26. 10. 2015), komplettes Buch: http://www.hgb-leipzig.de/artnine/huber/aufsaetze/visuellenetze.pdf (26. 10. 2015).

Huizinga, Johan [1987]: *Homo Ludens. Vom Ursprung der Kultur im Spiel.* Reinbek bei Hamburg: Rowohlt. (Originalausgabe erschien 1938 unter dem Titel: „Homo Ludens".)

von Humboldt, Alexander [1817]: Sur les lignes isothermes. In: *Annales de chimie et de physique*, **5**(1817), 102 – 112.

— [1829]: Ueber die Mittel, die Ergründung einiger Phänomene des tellurischen Magnetismus zu erleichtern. In: *Annalen der Physik und Chemie*, Bd. 15, St. 3, (1829), 319 – 336.

#— [1850 a]: *Kosmos. Entwurf einer physischen Weltbeschreibung*, Band 3. Stuttgart: Cotta. Digitalisat: http://www.deutschestextarchiv.de/book/show/humboldt_kosmos03_1850 (26. 10. 2015)

— [1850 b]: *Kosmos. Entwurf einer physischen Weltbeschreibung*, Band 3. Stuttgart: Cotta. (Druckfassung aus der Univ.-Bibliothek der TU Braunschweig)

Huygens, Christiaan [1669]: *Anhang II zu seinem Brief vom 21. November 1669 an seinen Bruder Lodewijk.* Als Nr. 1778 in: [Huygens 1976, 531 f.]. (Abbildung der „Lebenslinie" auf unpaginierter Seite vor S. 531.)

— [1976]: *Œuvres Complètes, T. 6: Correspondence 1666 – 1669.* Publiées par la Societé Hollandaise des Sciences [de l'éd, La Haye] 1893. Amsterdam: Swets & Zeitlinger, 1976 = 1895 (653 Seiten).

Issing, Ludwig J. [1983]: *Bilder als didaktische Medien.* In: Issing, Ludwig J. & Hannemann, Jörg (Hrsg.): Lernen mit Bildern. Grünwald: Institut für Film und Bild in Wissenschaft und Unterricht, 1983, 9 – 39.

Issing, Ludwig J. (Hrsg.) [1987]: *Medienpädagogik im Informationszeitalter.* Weinheim: Deutscher Studienverlag.

Jäger, Joachim & Schupp, Hans [2013]: Tangenten in der Analysis. In: *Der Mathematikunterricht* **59**(2013)2, 3 – 15.

Jahnke, Hans Niels [1999 a]: *Die algebraische Analysis des 18. Jahrhunderts.* In: [Jahnke 1999 b, 131 – 170].

— (Hrsg.) [1999 b]: *Geschichte der Analysis.* Heidelberg / Berlin: Spektrum Akademischer Verlag.

Jank, Werner & Meyer, Hilbert [1994]: *Didaktische Modelle.* Frankfurt: Cornelsen Verlag Scriptor.

— [2002]: *Didaktische Modelle.* Frankfurt: Cornelsen Verlag Scriptor, 5., völlig überarbeitete Auflage.

Jonas, Hans [1984]: *Das Prinzip Verantwortung – Versuch einer Ethik für die technologische Zivilisation.* Frankfurt: Suhrkamp.

*Jörissen, Benjamin [2014]: *Medialität und Subjektivation. Strukturale Medienbildung unter besonderer Berücksichtigung einer Historischen Anthropologie des Subjekts.* Habilitationsschrift, Universität Magdeburg. http://joerissen.name/publikationen/ (26. 10. 2015)

Jörissen, Benjamin & Marotzki, Winfried [2009]: *Medienbildung – Eine Einführung.* Bad Heilbrunn: Verlag Julius Klinkhardt.

*Keil-Slawik, Reinhard [1992]: Gestaltung interaktiver Systeme. Ein ökologischer Ansatz. In: *LOG IN*, **12**(1992)5/6, 18 – 27.

Kießwetter, Karl (Hrsg.) [1994]: *Vernetzungen.* Themenheft „Der Mathematikunterricht", **40**(1994)3.

Kirsch, Arnold [1976]: Eine „intellektuell ehrliche" Einführung des Integralbegriffs in Grundkursen. *Didaktik der Mathematik*, **4**(1976)2, 867 – 105.

— [1979]: Ein Vorschlag zur visuellen Vermittlung einer Grundvorstellung vom Ableitungsbegriff. In: *Der Mathematikunterricht* **25**(1979)3, 25 – 41.

Klafki, Wolfgang [1959]: *Das pädagogische Problem des Elementaren und die Theorie der kategorialen Bildung.* Weinheim: Beltz.

— [1963]: *Studien zur Bildungstheorie und Didaktik.* Weinheim: Beltz.

— [1985]: *Neue Studien zur Bildungstheorie und Didaktik – Beiträge zur kritisch-konstruktiven Didaktik.* Weinheim / Basel: Beltz.

— [1989]: *Grundlinien eines neuen Bildungsverständnisses – oder: Was bedeutet heute pädagogischer Fortschritt?* In: [Ermert 1989, 9 – 28].

— [2007]: *Neue Studien zur Bildungstheorie und Didaktik – Zeitgemäße Allgemeinbildung und kritisch-konstruktive Didaktik.* Weinheim / Basel: Beltz (6., erheblich erweiterte, durchsichtiger gegliederte und überarbeitete Fassung der 1. Auflage von [Klafki 1985]).

*Kleiner, S. Marcus [2013]: *Einleitung: Performativität, Performanz, Performance.* In: Kleiner, Marcus S. & Wilke, Thomas (Hrsg.): Performativität und Medialität Populärer Kulturen. Wiesbaden: Springer VS, 2013, 13 – 48.

*Klook, Daniela [1995]: *Von der Schrift- zur Bild(schirm)kultur.* Berlin: Wissenschaftsverlag Volker Spiess.

Knobloch, Eberhard [2009]: Alexander von Humboldts Weltbild. In: *HiN* X (2009), 19, 34 – 43 (Internationale Zeitschrift für Humboldt Studien, X 19, ISSN 1617-5239), Web: http://www.uni-potsdam.de/romanistik/hin/hin19/knobloch.htm (26. 10. 2015)

*Koch, Robert [1881]: Zur Untersuchung von pathogenen Organismen. In: *Mittheilungen aus dem Kaiserlichen Gesundheitsamte,* Bd. 1, 1 – 48.

Knorr, Wilbur [1986]: *The ancient tradition of geometric problems.* Basel: Birkhäuser.

— [1989]: *Textual Studies in Ancient and Mediaval Geometry.* Basel: Birkhäuser.

Krämer, Sybille [1991]: Zur Begründung des Infinitesimalkalküls durch Leibniz. In: *Philosophia Naturalis,* **28**(1991), 117 – 146.

#— (Hrsg.) [1998 a]: *Medien, Computer, Realität. Wirklichkeitsvorstellungen und Neue Medien.* Frankfurt am Main: Suhrkamp.

*— [1998 b]: Das *Medium als Spur und als Apparat.* In: [Krämer 1998 a, 73 – 94].

*— [2003]: *Erfüllen Medien eine Konstitutionsleistung? Thesen über die Rolle medientheoretischer Erwägungen beim Philosophieren.* In: [Münker et al. 2003, 78 – 90].

*— (Hrsg.) [2004 a]: *Performativität und Medialität.* München: Wilhelm Fink Verlag.

*— [2004 b]: *Was haben „Performatitvität“ und „Medialität“ miteinander zu tun? Plädoyer für eine in der „Aisthetisierung“ gründende Konzeption des Performativen.* In: [Krämer 2004 a, 13 – 32].

— [2005]: *Die Welt – ein Spiel? Über die Spielbewegung als Umkehrbarkeit.* http://userpage.fu-berlin.de/~sybkram/media/downloads/Die_Welt_-_ein_Spiel.pdf (26. 10. 2015). Eine erweiterte Fassung erschien später in: Niehoff, Rolf & Wenrich, Rainer (Hrsg.): Denken und Lernen mit Bildern. Interdisziplinäre Zugänge zu Ästhetischer Bildung. (Kontext Kunstpädagogik Bd. 12), München: kopaed, 2007, 238 – 254.

— [2007]: *Ist Schillers Spielkonzept unzeitgemäß? Zum Zusammenhang von Spiel und Differenz in den Briefen »Über die ästhetische Erziehung des Menschen«.* In: Bürger, Jan (Hrsg.): Friedrich Schiller – Dichter, Denker, Vor- und Gegenbild. Göttingen: Wallstein Verlag, 2007, 158 – 171.

*— [2008]: *Medium, Bote, Übertragung. Kleine Metaphysik der Medialität.* Frankfurt am Main: Suhrkamp.

Kramp, Wolfgang [1972]: *Fachwissenschaft und Menschenbildung*. In: Kochan, Detlef C. (Hrsg.): Allgemeine Didaktik – Fachdidaktik – Fachwissenschaft. Darmstadt: Wissenschaftliche Buchgesellschaft, 1972, 322 – 384. (Ausarbeitung eines Vortrags bei den Pädagogischen Hochschultagen in Berlin 1963.)

Kreuzer, Helmut (Hrsg.) [1987]: *Die zwei Kulturen. Literarische und naturwissenschaftliche Intelligenz. C. P. Snows These in der Diskussion*. München: Deutscher Taschenbuchverlag. (Ersterscheinung 1969 in Stuttgart: Klett)

Kron, Friedrich W. [2000]: *Grundwissen Didaktik*. München / Basel: Ernst Reinhardt Verlag (3. aktualisierte Auflage; 1. Aufl. 1993).

*Krotz, Friedrich [2008]: *Marshall McLuhan*. In: Sander, Uwe & von Gross, Friederike & Hugger, Kai-Uwe (Hrsg.): Handbuch Medienpädagogik. Wiesbaden: VS Verlag für Sozialwissenschaften, 2008, 257 – 262.

Krüger, Katja [2000]: *Erziehung zum funktionalen Denken. Zur Begriffsgeschichte eines didaktischen Prinzips*. Berlin: Logos Verlag.

*Kuri, Jürgen [2010]: *Herrschaft der Algorithmen. Die Welt bleibt unberechenbar*. In: faz.net vom 05.06.2010: http://www.faz.net/-gqz-16shx (26. 10. 2015).

Lambert, Johann Heinrich [1779]: *Pyrometrie oder vom Maaße des Feuers und der Wärme*. Berlin: Haude und Spener. Creative Commons Lizenz BY-SA durch das Max-Planck-Institut für Wissenschaftsgeschichte. Digitalisat: http://echo.mpiwg-berlin.mpg.de/MPIWG:YQKCGDUN (27. 03. 2016)

*Latour, Bruno [2006]: *Der Berliner Schlüssel. Erkundungen eines Liebhabers der Wissenschaften*. Berlin: Akademie Verlag.

* — [2006]: *Drawing Things Together: Die Macht der unveränderlich mobilen Elemente*. In: Belliger, Andréa & Krieger, David J. (Hrsg.): Anthology. Ein einführendes Handbuch zur Akteur-Netzwerk-Theorie. Bielefeld: transkript Verlag, 2006, 259 – 307.

Lexikon der Mathematik [2000]: Mannheim / Heidelberg: Spektrum Akademischer Verlag.

Loch, Werner [1969]: *Enkulturation als anthropologischer Grundbegriff der Pädagogik*. In: Weber, E. E. (Hrsg.): Der Erziehungs- und Bildungsbegriff im 20. Jahrhundert. Bad Heilbrunn (Obb.): Julius Klinkhardt Verlag, 1969, 122 – 140.

*Maar, Christa & Burda, Hubert [2004]: *Iconic Turn. Die neue Macht der Bilder*. Köln: DuMont.

Maaß, Jürgen [1988]: *Mathematik als soziales System. Geschichte und Perspektiven der Mathematik aus systemtheoretischer Sicht*. Weinheim: Deutscher Studien Verlag.

*Mach, Ernst [1903]: *Bemerkungen über wissenschaftliche Anwendungen der Photographie*. In: Mach: Populär-wissenschaftliche Vorlesungen. Leipzig: Johann Ambrosius Barth, 3. vermehrte und durchgesehene Auflage, 1903, 130 – 134.

*Marey, Étienne-Jules [1868]: *Du mouvement dans les fonctions de la vie.*
Paris : Librairie Germer Baillière.

*— [1873]: *La Machine Animale. Locomotion terrestre et aérienne.*
Paris: Librairie Germer Baillière.

*— [1878]: *La méthode graphique dans les sciences expérimentales et particulièrement en physiologie et en médecine.* Paris: Librairie de l'Académie Médecine.

*— [1885]: *La méthode graphique dans les sciences expérimentales et principalement en physiologie et en médecine. Deuxième tirage augmenté d'un supplément sur le développement de la méthode graphique par la photographie.*
Paris: Librairie de l'Académie de Médecine

*— [1886]: *La Machine Animale. Locomotion terrestre et aérienne.* Paris: Ancienne Librairie Germer Baillière et Cie.

*— [1891] : La Chronophotographie. Nouvelle méthode pour analyser le mouvement dans les sciences physiques et naturelles. In: *Revue générale des sciences pures et appliquées,* **2**(1891), 689 – 749.

*— [1894]: La station physiologique de Paris (1). In: *La nature : revue des sciences et de leurs applications aux arts et à l'industrie,* Jg. XXXI, S. 802 – 808.

*— [1888 a]: *Modification de la Photo-chronographie pour l'analyse des mouvements exécutés sur place par un animal.* Extraits des Comptes rendus hebdomadaires des séances de l'Académie des Sciences, t. CVII; séance du 15. Octobre:
http://www.biusante.parisdescartes.fr/histmed/medica/cote?marey205 (26. 10. 2015)

*— [1888 b]: Décomposition des phases d'un mouvement au moyen d'images photographiques successives, recueillies sur une bande de papier sensible qui se déroule.
In: *Extrait des Comptes rendus hebdomadaires des séances de l'Académie des Sciences,* t. CVII; séance du 29 octobre 1888.
Digitalisat: http://www2.biusante.parisdescartes.fr/livanc/?do=page&cote=extcdf005&p=138 (26. 10. 2015)

*— [1893]: *Die Chronophotographie.* Berlin: Mayer & Müller.

*— [1899]: *Préface.* In: Trutat, Eugène & Marey, Etienne-Jules (Hrsg.): Photographie animée – avec une préface de J. Marey. Paris: Gauthier-Villars, 1899.

*— [1901]: La Chronophotographie et les sports athlétiques in: *La nature: revue des sciences et de leurs applications aux arts et à l'industrie,* 13. April 1901, 310 – 315.

Marquard, Odo [1981]: Ve*rnunft als Grenzreaktion. Zur Verwandlung der Vernunft durch die Theodizee.* In: Poser, Hans (Hrsg.): Wandel des Vernunftbegriffs. Freiburg / München: Verlag Karl Alber, 1981, 107 – 133.

— [1986]: *Entlastungen. Theodizeemotive in der neuzeitlichen Philosophie.* In (derselbe): Apologie des Zufälligen. Philosophische Studien. Stuttgart: Reclam, 1986, 11 – 32.

*Maye, Harun [2010]: Was ist eine Kulturtechnik? In: *Zeitschrift für Medien- und Kulturforschung*, Heft 1/10 (Schwerpunkt Kulturtechnik). Hamburg: Felix Meiner, 121 – 135.

Mayer, Johann Tobias [1814]: *Gründlicher und ausführlicher Unterricht zur praktischen Geometrie*. Erster Theil, mit sieben Kupfertafeln. Göttingen: Vandenhoeck & Ruprecht, vierte verbesserte und vermehrte Auflage. (1. Auflage 1777).

*McLuhan, Marshall [1968]: *Die Gutenberg-Galaxis. Das Ende des Buchzeitalters*. ECON: München. (Originalausgabe: The Gutenberg Galaxy: The Making of Typographic Man. Toronto University Press: Toronto, 1962.)

*— [1994]: *Die magischen Kanäle: Understanding Media*. Dresden / Basel: Verlag der Kunst. (Originalausgabe: Understanding Media. New York City: McGraw Hill, 1964)

Merton, Robert K. [1968]: The Matthew Effect in Science. The reward and communication systems of science are considered. In: *Science*, **159**(1968)3810, 56 – 63.

Meyer-Schönberger, Viktor & Cukier, Kenneth [2013]: *Big Data: Die Revolution, die unser Leben verändern wird*. München: Redline-Verlag.

*Meyers Konversations-Lexikon [1878]: Bd. 13. Leipzig: Verlag des Bibliographischen Instituts, 3. Auflage.

*Missomelius, Petra [2014]: *Medienwissenschaft: Von Medienkultur und Bildung – bildungstheoretisch relevantes Medienwissen explizit machen*. In: Meister, Dorothea & von Gross, Friederike & Sander, Uwe (Hrsg.): Enzyklopädie Erziehungswissenschaften Online – Fachgebiet/Unterüberschrift: Medienpädagogik, Die Nachbardisziplinen der Medienpädagogik, 2014, 1 – 15.

*Mouchez, Ernest Barthélémy [1887]: *La photographie astronomique à l'Observatoire de Paris et la carte du ciel*. Paris: Gauthier-Villars.

*Mumford, Lewis [1984]: *Mythos der Maschine*. Frankfurt am Main: Fischer.

*Münker, Stefan [2009]: *Philosophie nach dem „Medial Turn". Beiträge zur Theorie der Mediengesellschaft*. Bielefeld: transcript Verlag.

*Münker, Stefan & Roesler, Alexander & Sandbothe, Mike (Hrsg.) [2003]: *Medienphilosophie. Beiträge zur Klärung eines Begriffs*. Frankfurt am Main: Fischer-Taschenbuch.

*Muybridge, Eadweard [1887]: *Animal Location. An Electro-Photographic Investigation of Consecutive Phases of Animal Movements*. Prospectus and Catalogue of Plates. Philadelphia: University of Philadelphia, printed by J. B. Lippincott Company.

Napier, John [1614]: *Mirifici Logarithmorum Canonis Descriptio Ejusque usus, in utraque Trigonometria; ut etiam in omni Logistica Mathematica, Amplissimi, Facillimi & expeditißimi explicatio*. Edinburgi: ex officina Andreæ Hart.
„Public Domain Mark 1" gemäß https://www.deutsche-digitale-bibliothek.de/ (27. 03. 2016)
Digitalisat: http://gdz.sub.uni-goettingen.de/dms/load/img/?PPN=PPN527914568&DMDID=DMDLOG_0001
Niedersächsische Staats- und Universitätsbibliothek Göttingen.

Nelsen, Roger B. [1993]: *Proofs Without Words. Exercises in Visual Thinking.* Washington, D. C.: The Mathematical Association of America (Incorporated).

— [2000]: *Proofs Without Words. More Exercises in Visual Thinking.* Washington, D. C.: The Mathematical Association of America (Incorporated).

Neugebauer, Otto (Hrsg.) [1935]: *Mathematische Keilschrift-Texte.* Erster Teil. Texte. Berlin: Springer.

Neugebauer, Otto & Sachs, Abraham [1945]: *Mathematical Cuneiform Texts.* New Haven, Connecticut: American Oriental Series, Vol. 29, American Oriental Society.

Newman, Mark E. J. [2010]: *Networks. An Introduction.* Oxford: Oxford University Press.

Newman, Mark E. J. & Strogatz, Steven H. & Watts, Duncan J. [2001]: Random graphs with arbitrary degree distributions and their applications. In: *Physical Review E,* **64**(2001), 026118, 1 – 17.

Nizze, Johann Ernst [1824]: *Archimedes von Syrakus vorhandene Werke.* Aus dem Griechischen übersetzt und mit erläuternden und mit kritischen Anmerkungen begleitet. Stralsund: Löffler.

Oberschelp, Arnold [1968]: *Aufbau des Zahlensystems.* Göttingen: Vandenhoeck & Ruprecht.

Oberschelp, Walter [1996]: *Computeralgebrasysteme als Implementierung symbolischer Termalgorithmen.* In: [Hischer & Weiß 1996, 31 – 37].

Odda, Tom [1979]: On Properties of a Well-Known Graph, or, What is Your Ramsey Number? In: [Harary 1979, 166 – 172].

*Ong: Walter J. [1982]: *Orality and Literacy. The Technologizing of the Word.* Routledge: London / New York.

Oresme, Nicolas [1486]: *Tractatus de latitudinibus formarum.* Padua: Matthaeus Cerdonis. (Inkunabel; gemäß [Cantor 1892, 117] möglicherweise vor 1361 geschrieben, dann 1482, 1486, 1505 und 1515 im Druck erschienen.)

Patzig, Günther (Hrsg.) [1962]: *Gottlob Frege – Funktion, Begriff, Bedeutung. Fünf logische Studien.* Göttingen: Vandenhoeck & Ruprecht. (2002 erschien im selben Verlag durch Mark Textor eine neue Herausgabe, 2007 in erneuter Auflage.)

*Pernkopf, Elisabeth [2006]: *Unerwartetes erwarten: Zur Rolle des Experimentierens in naturwissenschaftlicher Forschung.* Würzburg: Königshausen u. Neumann.

*Pinder, Ulrich [1506] : *Epiphanie Medicorum.* Nürnberg: Privatdruckerei des Ulrich Pinder.

Playfair, William [1786]: *The Commercial and Political Atlas; Representing by Means of Stained Copperplate Charts, the Exports, Imports, and General Trade of England, at a Single View.* [London], [1785-6]. *The Making Of The Modern World.* Web. 1 Apr. 2016.

— [1821]: *A Letter on our Agricultural Distresses, their Causes and Remedies: Accompanied with Tables and Copper-Plate Charts Shewing and Comparing the Prices of Wheat, Bread, and Labour from 1565 to 1821.* London, 1821. *The Making Of The Modern World.* Web. 1 Apr. 2016.

— [2005] : *The Commercial and Political Atlas and Statistical Breviary.* Edited and Introduced by Howard Wainer and Ian Spence. New York: Cambridge University Press.

Pouchet, Louis Ézéchiel [1797]: *Métrologie terrestre ou table des nouveaux poids, mesures, et monnaies de France.* Nouvelle Édition. Rouen: Guilbert & Herment.

Price, Derek J. de Solla [1965]: Networks of Scientific Papers. In: *Science,* **149**(1965)3683, 510 – 515.

— [1976]: A general theory of bibliometric and other cumulative advantage processes. In: *Journal of the American Society for Information Science,* **27**(1976)5/6, 292 – 306.

Prosper, Paul & Prosper, Henry [1885]: La Photographie astronomique a l'oberservatoire de Paris. In: *La Nature,* Nr. 653/1885, 23 – 26.

*Rammert, Werner [2007]: *Technik – Handeln – Wissen. Zu einer pragmatistischen Technik- und Sozialtheorie.* Wiesbaden: VS Verlag für Sozialwissenschaften. (Siehe dazu auch die Vorstudie: *Technik, Handeln und Sozialstruktur: Eine Einführung in die Soziologie der Technik.* Berlin: Technical University Technology Studies, Working Papers, TUTS-WP-3-2006. https://www.ts.tu-berlin.de/fileadmin/fg226/TUTS/TUTS_WP_3_2006.pdf (26. 10. 2015)

Resnikoff, H. L. & Wells jr., R. O. [1983]: *Mathematik im Wandel der Kulturen.* Braunschweig / Wiesbaden: Vieweg.

*Regal,Wolfgang & Nanut, Michael [2010]: *Von Brunzdoktoren und Pisspropheten,* In: SpringerMedizin.at vom 07.12.2010: http://www.springermedizin.at/artikel/19898-von-brunzdoktoren-und-pisspropheten/ (26. 10. 2015)

*Reuning, Arndt [2014]: *Vorläufer des Taschenrechners. Vor 400 Jahren wurde die erste Logarithmentafel veröffentlicht.* In: Deutschlandradio Kultur, Beitrag vom 14.01.2014. http://www.deutschlandradiokultur.de/mathematik-vorlaeufer-des-taschenrechners.932.de.html?dram: article_id=274497 (26. 10. 2015)

Rheticus, Georg Joachim von Lauchen [1551]: *Canon Doctrinae Triangulorum.* Lipsiae: Officina Wolphgangi Gunteri.

Robson, Eleanor [2001]: Neither Sherlock Holmes nor Babylon: A Reassessment of Plimpton 322. In: *Historia Mathematica* **28**(2001), 167 – 206.

– [2002]: Words and Pictures – New Light on Plimpton 322. In: *American Mathematical Monthly,* **109**(2002)2, 105 – 120.

–   [2003]: *Tables and tabular formatting in Sumer, Babylonia, and Assyria, 2500 – 50 BCE.*
    In: Campbell-Kelly, M. & Croarken, M. & Flood, R. G. & Robson, E. (Hrsg.):
    The History of Mathematical Tables from Sumer to Spreadsheets. Oxford: Oxford University Press 2003, 18 – 47.

Rudio, Ferdinand [1892]: *Archimedes, Huygens, Lambert, Lengendre. Vier Abhandlungen über die Kreismessung, mit einer Übersicht über die Geschichte des Problemes von der Quadratur des Zirkels, von den ältesten Zeiten bis auf unsere Tage versehen.*
Leipzig: B. G. Teubner.

–   [1907]: *Der Bericht des Simplicius über die Quadraturen des Antiphon und des Hippokrates.* Griechisch und deutsch. Leipzig: B. G. Teubner.

*Rückert, Sabine [2011]: *Lügen, die man gerne glaubt,* In: Die Zeit Nr. 28 /2011, S. 17.

Ruprecht, Horst [1989]: *Spiel-Räume fürs Leben – Musikerziehung in einer gefährdeten Welt.*
(Festvortrag auf der 7. Bundesschulmusikwoche in Karlsruhe 1988). In: Ehrenforth, Karl-Heinrich (Hrsg.): Spiel-Räume fürs Leben – Musikerziehung in einer gefährdeten Welt.
Kongreßbericht 7. Bundesschulmusikwoche Karlsruhe 1988. Mainz: Schott, 1989, 32 – 39.

*Sandbothe, Mike [1996]: *Interaktive Netze in Schule und Universität.*
http://www.sandbothe.net/31.98.html (26. 10. 2015).

–   [2003]: *Medienphilosophie. Zur Klärung eines Begriffs.* Frankfurt a. M.: S. Fischer.

Sandbothe, Mike & Nagl, Ludwig (Hrsg.) [2005]: *Systematische Medienphilosophie.* Berlin:
Akademie Verlag.

Sander, Uwe & von Gross, Friederike & Hugger, Kai-Uwe (Hrsg.) [2008]:
Handbuch Medienpädagogik. Wiesbaden: VS Verlag für Sozialwissenschaften.

*Sarasin, Philipp [2001]: *Reizbare Maschinen. Eine Geschichte des Körpers 1765 – 1914.*
Frankfurt am Main: Suhrkamp.

*Saxer, Ulrich [2012]: *Mediengesellschaft. Eine kommunikationssoziologische Perspektive.*
Wiesbaden: VS Verlag für Sozialwissenschaften.

Schlömilch, Oskar [1957]: *Fünfstellige Logarithmen und trigonometrische Tafeln.*
Mit Anhang Mathematische Formelsammlung.
Braunschweig: Friedr. Vieweg & Sohn, 53. Auflage (1. Auflage 1866).

*Schmidt, Siegfried J. [2001]: *Blickwechsel. Umrisse einer Medienepistemologie.* In: Wenzel,
Horst & Seipel, Wilfried & Wunberg, Gotthart (Hrsg.): Audiovisualität vor und nach Gutenberg. Zur Kulturgeschichte der medialen Umbrüche. (Schriften des Kunsthistorischen Museums Bd. 6). Wien: Kunsthistorisches Museum, 2001, 261 – 272.

*Scholz, Sebastian [2008]: *Sichtbarkeit aus dem Labor: Mediengeschichtliche Anmerkung zum epistemischen Bild.* (Vortrag im Rahmen der Jahrestagung der Gesellschaft für Medienwissenschaft „Was wissen Medien?“ 2. – 4. Oktober 2008, Institut für Medienwissenschaft, Ruhr-Universität Bochum.) (26. 10. 2015)
http://redax.gfmedienwissenschaft.de/webcontent/files/2008-abstracts/Scholz_EpistemischesBild_GfM2008.pdf

van Schooten, Frans [1646]: *De organica conicarum sectionum in plano descriptione tractatus: geometris, opticis, praesertim vero gnomonicis & mechanicis utilis.* Leyden. Creative Commons Lizenz BY-SA durch das Max-Planck-Institut für Wissenschaftsgeschichte. Digitalisat: http://echo.mpiwg-berlin.mpg.de/MPIWG:YCF79PQK (27. 03. 2016)

*Schorb, Bernd [2005]: *Medienkompetenz.*
In: Hüther, Jürgen & Schorb, Bernd: Grundbegriffe Medienpädagogik München: kopaed, 4., vollständig neu konzipierte Auflage, 2005, 257 – 262.

*Schüttpelz, Erhard [2006]: *Die medienanthropologische Kehre der Kulturtechniken.*
In: Archiv für Mediengeschichte. Kulturgeschichte als Mediengeschichte (oder vice versa). Weimar: Universitätsverlag, 2006, 87 – 110.

*— [2009]: *Die medientechnische Überlegenheit des Westens. Zur Geschichte und Geographie der immutable mobiles Bruno Latours.* In Döring, Jörg & Thielmann, Tristan (Hrsg.): Mediengeographie: Theorie – Analyse – Diskussion. Bielefeld: transcript Verlag, 2009, 67 – 110.

Seck, Friedrich [1978]: *Wilhelm Schickard 1592 – 1635. Astronom, Geograph, Orientalist, Erfinder der Rechenmaschine.* Tübingen: J. C. B. Mohr (Paul Siebeck).

Seckel, Al [2005]: *Optische Illusionen. Band 1: Von Arcimboldo bis Kitaoka.* (Mit einem Vorwort von Douglas R. Hofstadter.) Wien: Tosa Verlagsgesellschaft.

Seeger, Falk [1990]: Die Analyse von Interaktion und Wissen im Mathematikunterricht und die Grenzen der Lehrbarkeit. In: *Journal für Mathematikdidaktik* **11**(1990)2, 129 – 153.

*Seel Martin [1998]: *Medien der Realität und Realität der Medien.*
In: [Krämer 1998 a, 244 – 268].

Selzer, Pia [2006]: *Dem Aliasing auf der Spur – Wie wir Neue Medien als Funktionen entdecken können.* In: Malitte, Elvira & Richter, Karin & Schöneburg, Silvia & Sommer, Rolf (Hrsg.): Die etwas andere Aufgabe. Festschrift für Wilfried Herget. Hildesheim: Franzbecker, 137–160.

*Siegert, Bernhard [2009]: *Weiße Flecken und finstre Herzen. Von der symbolischen Weltordnung zur Weltentwurfsordnung.* In: Gethmann, Daniel & Hauser, Susanne (Hrsg.): Kulturtechnik Entwerfen. Praktiken, Konzepte und Medien in Architektur und Design Science. Bielefeld: transcript Verlag, 2009, 17 – 47.

Simon, Herbert A. [1955]: On a Class of Skew Distribution Functions. In: *Biometrika* **42**(1955)425 – 440.

Snow, Charles Percy [1959 a]: *Die zwei Kulturen. Rede Lecture.* In: [Kreuzer 1987, 19 – 58].

— [1959 b]: *Die zwei Kulturen. Ein Nachtrag.* In: [Kreuzer 1987, 59 – 96].

Solomonoff, Ray & Rapoport, Anatol [1951]: Connectivity of Random Nets. In: *Bulletin of Mathematical Biophysics*, **13**(1951), 107 – 116.

Sonar, Thomas [2011]: *3000 Jahre Analysis. Geschichte, Kulturen, Menschen.* Heidelberg / Dordrecht / London / New York: Springer.

Stegbauer, Christian (Hrsg.) [2008]: *Netzwerkanalyse und Netzwerktheorie. Ein neues Paradigma in den Sozialwissenschaften.* Reihe „Netzwerkforschung, Band 1". Wiesbaden: VS Verlag für Sozialwissenschaften.

Steinberg, Günter [1993]: *Polarkoordinaten.* Hannover: Metzer Schulbuchverlag.

Steinbring, Heinz [1993]: Die Konstruktion mathematischen Wissens im Unterricht – Eine epistemologische Methode der Interaktionsanalyse. In: *Journal für Mathematikdidaktik* **14**(1993)2,113 – 145.

Steiner, Hans-Georg [1969]: Aus der Geschichte des Funktionsbegriffs. In: *Der Mathematikunterricht,* **15**(1969)3, 13 – 39.

*Stütz, Carsten [2005/2006]: Die Wirklichkeit der Welt. In: *Du: Die Zeitschrift der Kultur,* Nr. 11/12, 82 – 86.

Sturm, Johann Christoph [1670]: *Des Unvergleichlichen Archimedis Kunst-Bücher Oder Heutigs Tags befindliche Schrifften.* Nürnberg: Fürst (427 Seiten). In: Deutsches Textarchiv http://www.deutschestextarchiv.de/sturm_kunst_1670 (03.04.2016)

Süßmilch, Johann Peter [1741]: *Die göttliche Ordnung in den Veränderungen des menschlichen Geschlechts, aus der Geburt, Tod, und Fortpflantzung desselben erwiesen von Johann Peter Süßmilch, Prediger beym hochlöblichen Kalcksteinischen Regiment. Nebst einer Vorrede Herrn Christian Wolffens.* Berlin: Zu finden bey J. E. Spener.

Süßmilch, Johann Peter [1761]: *Die göttliche Ordnung in den Veränderungen des menschlichen Geschlechts, aus der Geburt, dem Tode und der Fortpflanzung desselben erwiesen von Johann Peter Süßmilch, Königl. Preuß.Oberkonsitorialrath, Probst in Cölln, und Mitglieder der Königl. Academie der Wissenschaften. Erster Theil [...]. Zwote und ganz umgearbeitete Ausgabe.* Berlin: Verlag des Buchladens der Realschule.

Süßmilch, Johann Peter [2008]: *Die göttliche Ordnung in den Veränderungen des menschlichen Geschlechts, aus der Geburt, Tod, und Fortpflantzung desselben erwiesen ...* (Reprint von [Süßmilch 1741]). Hildesheim / Zürich / New York: Georg Olms Verlag.

*Swade, Doron [2000]: *The Cogwheel Brain: Charles Babbage and the quest to build the first computer.* London: Little, Brown and Company.

*Switalla, Bernd [1994]: Hypermedia-Arbeitsumgebung: Gestaltung und Erprobung wissenschaftlich gesehen. In: *Computer und Unterricht,* H. 13, 53 – 57.

— [2008]: *Ernst Cassirer – ein Medienphilosoph?* In: [Sander et al. 2008, 224 – 232].

Toeplitz, Otto [1927]: Das Problem der Universitätsvorlesungen über Infinitesimalrechnung und ihrer Abgrenzung gegenüber der Infinitesimalrechnung an den höheren Schulen. In: *Jahresbericht der Deutschen Mathematiker-Vereinigung* **36**(1927), 88 – 100.

Torricelli, Evangelista [1644]: *Opera geometrica* (Kapitel: De dimensione parabola). Florenz: Florentiae typis Amatoris Masse & Laurentij de Landis.

Tufte, Edward R. [1983]: *The Visual Display of Quantitative Information*.
  Cheshire, Connecticut: Graphics Press (12. Auflage März 1992).

Tulodziecki, Gerhard [1989]: *Medienerziehung in Schule und Unterricht*.
  Bad Heilbrunn (Obb.): Verlag Julius Klinkhardt.

— [1997]: *Medien in Erziehung und Bildung. Grundlagen und Beispiele einer handlungs-
  und entwicklungsorientierten Medienpädagogik*.
  Bad Heilbrunn (Obb.): Verlag Julius Klinkhardt.

*Vagt, Christinia [2009]: *Zeitkritische Bilder. Bergsons Bildphilosophie zwischen Topologie
  und Fernsehen*. In: Volmar, Axel (Hrsg.): Zeitkritische Medien. Berlin: Kulturverlag
  Kadmos, 2009, 105 – 125.

Vester, Frederic [2002]: *Die Kunst vernetzt zu denken. Ideen und Werkzeuge für einen neuen
  Umgang mit Komplexität. Der neue Bericht an den Club of Rome*. München: Deutscher
  Taschenbuchverlag.

*Vismann, Cornelia [2000]: *Akten. Medientechnik und Recht*. Frankfurt am Main: S. Fischer.

*— [2011]: *Medien der Rechtsprechung*. Frankfurt am Main: Fischer.

*Vogl, Joseph [2001]: *Medien-Werden: Galileis Fernrohr*. In: Engell, Lorenz; Vogl, Joseph
  (Hrsg.): Mediale Historiographien. Weimar: Universitätsverlag, 2001
  (Archiv für Mediengeschichte, Bd. 2001), 115 – 124.

Vollrath, Hans-Joachim [1989]: Funktionales Denken.
  In: *Journal für Mathematikdidaktik* **10**(1989), 3–37.

— [1999]: Historische Winkelmeßgeräte in Projekten des Mathematikunterrichts.
  In: *Der Mathematikunterricht* **45**(1999)4, 42 – 58.

— [2013]: *Verborgene Ideen. Historische mathematische Instrumente*.
  Wiesbaden: Springer Spektrum.

van der Waerden, Bartel Leendert [1956]: *Erwachende Wissenschaft. Ägyptische, Babylonische und griechische Mathematik*. Basel / Stuttgart, Birkhäuser.

Wagner, Wolf-Rüdiger [1992]: *Kommunikationskultur und Allgemeinbildung – Plädoyer für
  eine integrative Medienpädagogik*.
  In: Schill, Wolfgang & Tulodziecki, Gerhard & Wagner, Wolf-Rüdiger (Hrsg.): Medien-
  pädagogisches Handeln in der Schule. Opladen: Leske + Budrich, 1992, 135 – 149.

— [2004]: *Medienkompetenz revisited – Medien als Werkzeuge der Weltaneignung: ein
  pädagogisches Programm*. München: kopaed.

#— [2013]: *Bildungsziel Medialitätsbewusstsein. Einladung zum Perspektivwechsel in der
  Medienbildung*. München: kopaed.

Watts, Duncan J. [1999]: *Small Worlds – The Dynamics of Networks between Order and
  Randomness*. Princeton, New Jersey: Princeton University Press. (8. Auflage 2004, zu-
  gleich 1. Auflage als Paperback, 262 Seiten). (Dieses Buch entstand im Anschluss an
  Watts' Dissertation von 1997 zu "The Structure and Dynamics of Small-World Systems".)

— [2004]: The "New" Science of Networks.
In: *Annual Review of Sociology*, **30**(2004), 243 – 270.

Watts, Duncan J. & Strogatz, Steven H. [1998]: Collective dynamics of 'small-world' networks. In: *Nature* (1998)393, 440 –442 (Ausgabe vom 4. Juni 1998).

Weber, Werner [1936]: Über Konstruktionen mit Zirkel und Lineal in günstigen Fällen. In: *Deutsche Mathematik* **1**(1936), 782 – 802.

Weigand, Hans-Georg & Weth, Thomas [2002]: *Computer im Mathematikunterricht.* Heidelberg / Berlin: Spektrum Akademischer Verlag.

Weigl, Engelhard [1990]: *Instrumente der Neuzeit. Die Entdeckung der modernen Wirklichkeit.* Stuttgart: Metzler.

Weinert, Franz Emanuel [2001]: *Vergleichende Leistungsmessung in Schulen – eine umstrittene Selbstverständlichkeit.* In: Weinert, F. E. (Hrsg.): Leistungsmessungen in Schulen. Weinheim und Basel: Beltz Verlag, 2001, 17 – 31.

* Weinrich, Harald [1964]: Typen der Gedächtnismetaphorik.
In: *Archiv für Begriffsgeschichte* **9**(1964), 23 – 26.

von Weizsäcker, Carl Friedrich [1992]: *Zeit und Wissen.* München / Wien: Carl Hanser.

* Welsch, Wolfgang [1997]: *Medienwelten und andere Welten.*
In: Wolfgang Zacharias (Hrsg.): Interaktiv – Im Labyrinth der Möglichkeiten. Die Multimedia-Herausforderung, kulturpädagogisch. Remscheid: Schriftenreihe der Bundesvereinigung Kulturelle Jugendbildung (BKJ), 1997, 25 – 36.

West, Douglas Brent [2001]: *Graph Theory.* Upper Saddle River, NJ: Prentice Hall (2. Auflage).

Winiwarter, Verena [1999]: *Grenzen der interdisziplinären Verständigung und ihre Überschreitung. Sind neue Medien eine Lösung?* (Beitrag zu einem Symposium „Computergestützte Raumplanung").
http://www.corp.at/archive/CORP1999_winiwarter.pdf (26. 10. 2015)

Winkelmann, Bernard [1992]: *Zur Rolle des Rechnens in anwendungsorientierter Mathematik: Algebraische, numerische und geometrische (qualitative) Methoden und ihre jeweiligen Möglichkeiten und Grenzen.* In: [Hischer 1992, 32 – 42].

* Winkler, Hartmut [2004]: *How to do things with words, signs, machines. Performativität, Medien, Praxen, Computer.* In: [Krämer 2004 a, 97 – 111].

Winter, Heinrich Wynand [1995]: Mathematikunterricht und Allgemeinbildung. In: *Mitteilungen der Gesellschaft für Didaktik der Mathematik,* Nr. 61, Dezember 1995, 37 – 46.

Wittenberg, Alexander Israel [1990]: *Bildung und Mathematik: Mathematik als exemplarisches Gymnasialfach.* Stuttgart: Klett (2. Auflage; 1. Auflage 1963 bei Birkhäuser, Basel).

* Wissenschaftsrat [2007]: *Empfehlungen zur Weiterentwicklung der Kommunikations- und Medienwissenschaften in Deutschland.* Oldenburg, 25. Mai 2007.
http://www.wissenschaftsrat.de/download/archiv/7901-07.pdf (26. 10. 2015)

Wolff, Christian [1710]: *Der Anfangs-Gründe Aller Mathematischen Wissenschafften. Bd. 1.*
Halle (Saale): Rengerische Buchhandlung. In: Deutsches Textarchiv.
http://www.deutschestextarchiv.de/wolff_anfangsgruende01_1710 (30. 03. 2016)

Wynands, Alexander [1993]: *Was mir an MathCAD und was mir an DERIVE (nicht) gefällt –
Thesen und Beispiele für den Mathematikunterricht.* In: [Hischer 1993, 65 – 67].

Zeuthen, Hieronymous Georg [1896]: *Die Lehre von den Kegelschnitten im Altertum.*
Kopenhagen: Verlag von Andr. Fred. Höst & Sohn.

Ziegenbalg, Jochen & Ziegenbalg, Oliver & Ziegenbalg, Bernd [2016]: *Algorithmen. Von
Hammurapi bis Gödel. Mit Beispielen aus den Computeralgebrasystemen Mathematica
und Maxima.* Wiesbaden: Springer Spektrum (4., überarbeitete und erweiterte Auflage).

Zimmerli, Walther Ch. [1988]: *Das antiplatonische Experiment. Bemerkungen zur technologischen Postmoderne.* In: Zimmerli, Walther Ch. (Hrsg.); Technologisches Zeitalter oder
Postmoderne? München: Wilhelm Fink Verlag, 1988, 13 – 35.

— [1989 a]: *Der Mensch als Schöpfer seiner selbst – Realität und Utopie der Neuen Technologien.* In: Kwiran, Manfred & Wiater, Werner: Schule im Bannkreis der Computertechnologie. Braunschweig / Augsburg: Brockhaus Verlag, 1989, 81 – 96.

*— [1989 b]: *Zur kulturverändernden Kraft der Computertechnologie.* In:
Aus Politik und Zeitgeschichte. Beilage zur Wochenzeitung „Das Parlament", B 27/89.

— [2002]: *Bildung ist das Paradies.* In: [Hischer 2002, 19 – 22]. Nachdruck aus dem
gleichnamigen Artikel in: *DIE WOCHE,* 14. 7. 2000.

Zurmühl, Rudolf [1961]: *Praktische Mathematik für Ingenieure und Physiker.*
Berlin / Göttingen / Heidelberg: Springer (dritte, verbesserte Auflage).

*Zurstiege, Guido (Hrsg.) [2000]: *Festschrift für die Wirklichkeit.* Wiesbaden: Westdeutscher
Verlag.

Zseby, Siegfried [1994]: $y = 1 / x$ *und umgekehrt: Inversionen mit und ohne Computer.*
In: [Hischer 1994 c, 116 – 118].

13 Abbildungsverzeichnis

Abbildung	Quellenangabe (Literaturangabe mit Bezug auf Kapitel 12 und/oder URL)
Seite 3	Herzog August in seiner Bibliothek (mit freundlicher Genehmigung der Herzog-August-Bibliothek Wolfenbüttel vom 30. 03. 2016: Wa 4° 335)
Bild 2.1	Aus [Wittenberg 1990, II] (mit freundlicher Genehmigung durch den Birkhäuser Verlag Basel)
Bild 2.2	[Beckmann 1787, Titelseite], entnommen aus: http://digitale.bibliothek.uni-halle.de/id/6868509, Universitäts- und Landesbibliothek Sachsen-Anhalt, Halle; („Public Domain Mark 1" gemäß https://www.deutsche-digitale-bibliothek.de/, 27. 03. 2016)
Bild 2.3	„Typus Arithmetica" aus: Gregor Reisch: Margarita philosophica, cu[m] additionibus nouis, ab auctore suo studiosissima revisio[n]e tertio sup[er]additis. Basileae, 1508 (mit freundlicher Genehmigung der Bayerischen Staatsbibliothek München, Abteilung für Handschriften und Alte Drucke vom 31. 03. 2016: Res/4 Ph.u.118, fol. k8v)
Bild 2.4	Illustrirte Zeitung Nr. 1698 vom 15. Januar 1876. S. 59 (eigene Reproduktion von Wolf-Rüdiger Wagner – mit Dank an ihn für die Nutzung dieser Bilddatei)
Seite 44	[Dürer 1525], dort Bild Nr. 58, ohne Paginierung (Wiedergabe hier mit freundlicher Genehmigung der Bayerischen Staatsbibliothek München vom 31. 03. 2016: 4 L.impr.c.n.mss. 119, Abb. 58)
Bild 3.1	Émile Durkheim (Wiedergabe mit freundlicher Genehmigung vom Suhrkamp Verlag Frankfurt/M., 08. 04. 2016)
Bild 3.2	Privat
Bild 3.3	Privat
Bild 3.4	selbst erstelltes Digitalisat aus dem Original [von Humboldt 1829, 31]
Bild 3.5	Privat
Bild 3.6	Selbst erstellte Abbildung
Bild 3.7	Selbst erstellte Abbildung
Bild 3.8	Aus [Dürer 1525], keine Bildnummer, ohne Paginierung, vorletzte Seite des Buches (mit freundlicher Genehmigung der Bayerischen Staatsbibliothek München vom 31. 03. 2016: fol. °3 recto)
Seite 84	Illustrirte Zeitung vom 15. Januar 1876, Nr. 1698, S. 150 (eigene Reproduktion von Wolf-Rüdiger Wagner)
Bild 4.1	https://commons.wikimedia.org/wiki/File:Marey.jpg (mit Dank an Wolf-Rüdiger Wagner, 02. 04. 2016)
Bild 4.2	[Marey 1886, 165] (eigene Reproduktion von Wolf-Rüdiger Wagner)
Bild 4.3	[Eder 1886, 153] (eigene Reproduktion von Wolf-Rüdiger Wagner)
Bild 4.4	[Marey 1891, 692] (eigene Reproduktion von Wolf-Rüdiger Wagner)
Bild 4.5	[Marey 1886, 302] (eigene Reproduktion von Wolf-Rüdiger Wagner)
Bild 4.6	[Braune & Fischer 1895, Tafel 1] (eigene Reproduktion von Wolf-Rüdiger Wagner)
Bild 4.7	[von Bauernfeind 1862, 1. Abteilung, 117] (eigene Reproduktion von Wolf-Rüdiger Wagner)
Bild 4.8	[Eder 1906, 105] (eigene Reproduktion von Wolf-Rüdiger Wagner)
Bild 4.9	[Mouchez 1887, 29], entnommen aus http://echo.mpiwg-berlin.mpg.de/MPIWG:2PK8KH32 (01. 04. 2016) Copyright: Max Planck Institute for the History of Science (unless stated otherwise), License: CC-BY-SA (unless stated otherwise)
Bild 4.10	Ramellis „Leserad" (mit freundlicher Genehmigung der Herzog-August-Bibliothek Wolfenbüttel vom 01. 04. 2016: HAB: 12 Geom. 2°)
Bild 4.11	[Pinder 1506], 2. Seite „Tabule" (eigenes Digitalisat einer von der Niedersächsischen Staats- und Universitätsbibliothek Göttingen gelieferten Fotokopie, 30. 03. 2116)
Bild 4.12	http://www.bundesbank.de/Redaktion/DE/Bilder/Bilderstrecken/Banknoten_Serie3_BBK/banknoten_bdl_10_deutsche_mark_rs.jpg?__blob=poster4&v=4, (Lizenzangabe "The use of these images is free of charge", 01.04. 2016) unter: http://www.bundesbank.de/Navigation/EN/Press/Pictures_archive/DM_Banknotes_and_coins/bm_banknotes_and_coins.html)
S. 128	Ausschnitt aus einer Seite von [Apian 1533], entnommen aus http://nbn-resolving.de/urn/resolver.pl?urn=urn:nbn:de:bsz:15-0005-23937 (31. 03. 2016) (mit Creative Commons Lizenz BY der Sächsischen Landesbibliothek Dresden, Signatur: Math.76)

Abbildung	Quellenangabe (Literaturangabe mit Bezug auf Kapitel 12 und/oder URL)
Seite 140	Skizze von Wilhelm Schickard (mit freundlicher Genehmigung der Württembergischen Landesbibliothek Stuttgart vom 01. 04. 2016: Cod. hist. 4° 203, Bl. 50)
Bild 6.1 – Bild 6.19	Selbst erstellte Abbildungen
Bild 7.1	Transkription von Plimpton 322 in [Robson 2001, 171], [Robson 2002, 105] und [Robson 2003, 34] (die Autorin hatte mir ihre Arbeiten bereits 2002 und 2005 für meine Publikationen zur Verfügung gestellt)
Bild 7.2	Selbst erstellte Abbildung, korrigiert dargestellt in Anlehnung an [Resnikoff & Wells 1983, 18] (mit freundlicher Genehmigung vom Vieweg Verlag, Wiesbaden)
Bild 7.3	Selbst erstellte Tabelle auf Basis der Transliteration in [Robson 2001, 173] bzw. auch in [Robson 2002, 107]
Bild 7.5 – Bild 7.4	Selbst erstellte Abbildungen
Bild 7.6	[Funkhauser 1936, 261] (selbst erstelltes Digitalisat von einer Fotokopie der Saarländischen Landes- und Universitätsbibliothek, 15. 01. 2002)
Bild 7.7	Selbst erstellte Abbildung
Bild 7.8	[Oresme 1486], Anfang der ersten Seite (selbst erstelltes Digitalisat aus einer 2002 von der Deutschen Bibliothek in Leipzig erhaltenen Fotokopie der Inkunabel dieses Traktats)
Bild 7.9	Selbst erstellte Montage aus Bildern der ersten drei Seiten aus [Oresme 1486], vgl. Bild 7.8
Bild 7.10	Aus der siebtletzten Seite von [Oresme 1486], vgl. Bild 7.8
Bild 7.11	[Rheticus 1551], Ausschnitt aus der ersten Tafel (selbst erstelltes Digitalisat einer von der Niedersächsischen Staats- und Universitätsbibliothek Göttingen gelieferten Fotokopie, 30. 03. 2016)
Bild 7.12 – Bild 7.13	[Napier 1614] („Public Domain Mark 1" gemäß Literaturverzeichnis)
Bild 7.14	Ausschnitt aus Bild 7.13
Bild 7.15	[Graunt 1665], Titelseite (Creative Commons Lizenz BY-SA gemäß Literaturverzeichnis)
Bild 7.16	Sterbetabelle aus [Graunt 1665, 174] (Lizenz siehe Bild 7.15)
Bild 7.17	Christiaan Huygens (mit freundlicher Genehmigung durch die Herzog-August-Bibliothek Wolfenbüttel vom 05. 04. 2016 aus der Portraitsammlung, Signatur: Portr. II 2663)
Bild 7.18	Lebenslinie von Huygens (mit freundlicher Genehmigung des Max-Planck-Instituts für Wissenschaftsgeschichte, Berlin, geliefert am 05. 04. 2016)
Bild 7.19	Edmund Halley (mit freundlicher Genehmigung durch die Herzog-August-Bibliothek Wolfenbüttel vom 05. 04. 2016 aus der Portraitsammlung, Signatur: Portr. I 5571.1)
Bild 7.20	Aus [Halley 1686] in http://www.jstor.org/stable/101848?seq=1#page_scan_tab_contents (Public Domain gemäß freundlicher Mitteilung von JSTOR am 06. 04. 2016)
Bild 7.21	Titelseite von [Süßmilch 1761] (selbst erstelltes Digitalisat einer von der Niedersächsischen Staats- und Universitätsbibliothek Göttingen gelieferten Fotokopie, 05. 04. 2016)
Bild 7.22	[Süßmilch 1761, 280] (selbst erstelltes Digitalisat einer von der Niedersächsischen Staats- und Universitätsbibliothek Göttingen gelieferten Fotokopie, 30. 03. 2016)
Bild 7.23	[Lambert 1779], Titelblatt (Creative Commons Lizenz BY-SA gemäß Literaturverzeichnis)
Bild 7.24	aus [Lambert 1779, 358] (Lizenz siehe Bild 7.23)
Bild 7.25 – Bild 7.26	[Lambert 1779], Tafel VII im Anhang (Lizenzen siehe Bild 7.23)
Bild 7.27	Eigene Reproduktion aus [Marey 1878, 30/Fig. 14]
Bild 7.28	Eigene Reproduktion aus [Marey 1878, 14/Fig. 4]
Bild 7.29	Eigene Nachbildung von http://datavis.ca/milestones//admin/uploads/images/playfair1805-pie2.jpg (30. 03. 2016)
Bild 7.30	[Friendly & Denis 2001] (05. 04. 2016)
Bild 7.31	James Watt (mit freundlicher Genehmigung durch die Herzog-August-Bibliothek in Wolfenbüttel vom 05. 04. 2016 aus der Portraitsammlung, Signatur: Portr. II 5792)
Bild 7.32	[Friendly 2009, 14] und [Friendly & Denis 2001] (06. 04. 2016)
Bild 7.33	Alexander von Humboldt (mit freundlicher Genehmigung durch die Herzog-August-Bibliothek Wolfenbüttel vom 05. 04. 2016 aus der Portraitsammlung, Signatur: Portr. I 6513)
Bild 7.34	Anhang zu [von Humboldt 1817] (selbst erstelltes und bearbeitetes Digitalisat)

Abbildung	Quellenangabe (Literaturangabe mit Bezug auf Kapitel 12 und/oder URL)
Bild 7.35	Tafel 9 aus « Article 1er. Recencement de la Ville de Paris, fait en 1817 » (Erfassung der Stadt Paris von 1817), S. 112 der nicht paginierten PDF-Fassung von [Fourier 1833], Permalink: https://opacplus.bsb-muenchen.de/search?oclcno=895009908&db=100 (Mit freundlicher Genehmigung der Bayerischen Staatsbibliothek München vom 12. 04. 2016: 4 Gall.sp. 71 u-1/2, fol. xx)
Bild 7.36	Isaac Newton (mit freundlicher Genehmigung durch die Herzog-August-Bibliothek Wolfenbüttel vom 05. 04. 2016 aus der Portraitsammlung, Signatur: Portr. III 1068)
Bild 7.37	Gottfried Wilhelm Leibniz (mit freundlicher Genehmigung durch die Herzog-August-Bibliothek Wolfenbüttel vom 05. 04. 2016 aus der Portraitsammlung, Signatur: Portr. II 3123)
Bild 7.38	Selbst erstellte Abbildung
Bild 7.39	Jakob I. Bernoulli (mit freundlicher Genehmigung durch die Herzog-August-Bibliothek Wolfenbüttel vom 05. 04. 2016 aus der Portraitsammlung, Signatur: Portr. I 1010)
Bild 7.40	Johann I. Bernoulli (mit freundlicher Genehmigung durch die Herzog-August-Bibliothek Wolfenbüttel vom 05. 04. 2016 aus der Portraitsammlung, Signatur: Portr. II 379)
Bild 7.41	Leonhard Euler (mit freundlicher Genehmigung durch die Herzog-August-Bibliothek Wolfenbüttel vom 05. 04. 2016 aus der Portraitsammlung, Signatur: Portr. I 3995a)
Bild 7.42	Eigenes Digitalisat aus [Dedekind 1888, 6]
Bild 7.43	Universität des Saarlandes, 2008 (aus einem Modulhandbuch Mathematik)
Bild 7.44 – Bild 7.51	Selbst erstellte Abbildungen
Bild 8.1 – Bild 8.8	Selbst erstellte Abbildungen
Bild 8.9	[Sturm 1670, 380]; (Creative Commons Lizenz BY-SA durch das Max-Planck-Institut für Wissenschaftsgeschichte, 27. 03. 2016, Digitalisat unter: http://echo.mpiwg-berlin.mpg.de/MPIWG:Z8ARUP9R)
Bild 8.10 – Bild 8.15	Selbst erstellte Abbildungen
Bild 8.16	[Sturm 1670, 111] (Lizenz wie bei Bild 8.9)
Bild 8.17	Selbst erstellte Abbildung
Bild 8.18	[Sturm 1670, 104] (Lizenz wie bei Bild 8.9)
Bild 8.19	[Sturm 1670, 105] (Lizenz wie bei Bild 8.9)
Bild 8.20	Montage aus Bild 8.18 und Bild 8.19
Bild 8.21 – Bild 8.35	Selbst erstellte Abbildungen
Bild 8.36	[Sturm 1670, 118] (Lizenz wie bei Bild 8.9)
Bild 8.37 – Bild 8.38	Selbst erstellte Abbildungen
Bild 8.39	[van Schooten 1646, 74] (Lizenz siehe dort)
Bild 8.40	Sturm 1670, S. 120 (Lizenz wie bei Bild 8.9)
Bild 8.41 – Bild 8.47	Selbst erstellte Abbildungen
Bild 9.1 – Bild 9.36	Selbst erstellte Abbildungen
Bild 9.37	Schlömilch 1957, S. 2 (mit freundlicher Genehmigung vom Vieweg Verlag, Wiesbaden)
Bild 9.38	Schlömilch 1957, S. 11 (mit freundlicher Genehmigung vom Vieweg Verlag, Wiesbaden)
Bild 9.39	Fotografie eines eigenen Rechenschiebers
Bild 9.40	Ausschnitt aus Bild 9.39
Bild 9.41	Selbst erstellte Abbildung
Bild 9.42	Aus eigenem Bestand (erstellt im Rahmen eines Physik-Praktikums im Wintersemester 1963/64 an der TU Braunschweig) mit nachträglich angebrachter Legende

Abbildung	Quellenangabe (Literaturangabe mit Bezug auf Kapitel 12 und/oder URL)
Bild 9.43	Aus eigenem Bestand (Bestimmung der Normalverteilung aus einer gegebenen Stichprobe von Samenkörnern unterschiedlicher Größe, erstellt im Rahmen eines „Mathematischen Praktikums" im Sommersemester 1963 an der TU Braunschweig)
Bild 9.44	Titelseite von [Wolff 1710], hier aber aus: http://digitale.bibliothek.uni-halle.de/id/3751742, Universitäts- und Landesbibliothek Sachsen-Anhalt, Halle/S. (Digitalisat vom 27. 03. 2016 ist „Public Domain Mark 1" gemäß https://www.deutsche-digitale-bibliothek.de/)
Bild 9.45	Ausschnitt der Titelseite zum „Kurtzen Unterricht" in Wolff 1710 (Lizenz wie Bild 9.44)
Bild 10.1	Selbst erstellte Abbildung, basierend auf http://introcs.cs.princeton.edu/java/45graph/ (mit freundlicher Genehmigung der Autoren Robert Sedgewick und Kevin Wayne am 30. 03. 2016)
Bild 10.2	Selbst erstellte Abbildung als Reduktion von Bild 10.1 (Lizenz wie in Bild 10.1)
Bild 10.3	Selbst bearbeitete (gestauchte) Kopfleiste von http://oracleofbacon.org (25. 11. 2013)
Bild 10.4	Screenshot aus http://oracleofbacon.org bei Eingabe von „Heinrich George" (25. 11. 2013)
Bild 10.5 – Bild 10.6	Selbst erstellte Abbildungen
Bild 10.7	Kontrastverstärkte Abbildung aus [Odda 1979] (mit freundlicher Genehmigung der "New York Academy of Sciences" vom 05. 04. 2016)
Bild 10.8	Screenshot als Ausschnitt aus http://www.ams.org/mathscinet/collaborationDistance.html (25. 11. 2013)
Bild 10.9 – Bild 10.10	Selbst erstellte visuelle Darstellungen auf Basis von numerischen Daten aus http://www.oakland.edu/enp/ und aus http://oracleofbacon.org im Stand von November 2013
Bild 10.11	Ausschnitt aus einem Screenshot von http://introcs.cs.princeton.edu/java/45graph/ (Lizenz wie in Bild 10.1)
Bild 10.12 – Bild 10.14	Selbst erstellte visuelle Darstellungen auf Basis der numerischen Daten aus Tabelle 3
Bild 10.15 – Bild 10.18	Selbst erstellte Abbildungen
Bild 10.19	Selbst erstellte Darstellung in Anlehnung an [Watts & Strogatz 1998, 441], umfassender als diese
Bild 10.20	Selbst erstellte Prinzipdarstellung auf Basis der qualitativen visuellen Daten in [Watts & Strogatz 1998, 441]
Bild 10.21	Selbst erstellte Abbildung in Anlehnung an http://backspaces.net/sun/PLaw/ (24. 02. 2010)
Bild 10.22 – Bild 10.23	Selbst erstellte Darstellungen basierend auf visuellen Daten bei [Albert & Jeong & Barabási 2000, 379]
Bild 10.24 – Bild 10.25	Selbst erstellte Abbildungen
Seite 413	Herzog August in seiner Bibliothek (mit freundlicher Genehmigung durch die Herzog-August-Bibliothek in Wolfenbüttel vom 30. 03. 2016: HAB: Wa 4° 335)

14 Register

Printed in the United States
By Bookmasters